甘肃多儿国家级自然保护区

本底资源调查

研究报告

李晓鸿　杨晓峰／主编

中国林业出版社

图书在版编目（CIP）数据

甘肃多儿国家级自然保护区本底资源调查研究报告 /
李晓鸿, 杨晓峰主编. -- 北京：中国林业出版社,
2023.9

ISBN 978-7-5219-2333-9

Ⅰ.①甘… Ⅱ.①李… ②杨… Ⅲ.①自然保护区－
资源调查－调查报告－甘南藏族自治州 Ⅳ.
①S759.992.424

中国国家版本馆CIP数据核字(2023)第176262号

策划编辑：张衍辉
责任编辑：葛宝庆　张衍辉
封面设计：北京鑫恒艺文化传播有限公司

出版发行：中国林业出版社
　　　　　（100009，北京市西城区刘海胡同7号，电话010-83143521）
电子邮箱：cfphzbs@163.com
网址：www.forestry.gov.cn/lycb.html
印刷：北京博海升彩色印刷有限公司
版次：2023年9月第1版
印次：2023年9月第1次
开本：889mm×1194mm　1/16
印张：25.5
插页：40P
字数：690千字
定价：180.00元

《中华人民共和国自然保护区条例》规定"调查自然资源"是自然保护区管理机构的主要职责之一；2021年，中共中央办公厅、国务院办公厅发布的《关于进一步加强生物多样性保护的意见》强调要"持续推进生物多样性调查监测"；《自然保护区生物多样性调查规范》（LY/T 1814—2009）规定自然保护区的生物多样性调查周期"一般为每十年进行一次"。摸清本底资源，是自然保护区实现有效管理的必要条件；调查本底资源，是自然保护区管理重要的工作任务。

甘肃多儿国家级自然保护区（以下简称"多儿保护区"）地处青藏高原东侧、岷山山脉北麓，生物多样性丰富、珍稀濒危物种较多，区位关键、生境原始、民族文化特色浓郁，具有很高的保护价值、科学研究价值、自然教育价值、文化价值，是自然资源的庇护所、贮藏库、博物馆，是进行生物学、生态学、自然地理学、地质地貌学、水文学、气象学、森林土壤学、民族学、人文地理学、社会学等多学科科学研究、教学实验的理想基地，是普及自然科学知识、进行自然教育、开展社会实践的天然课堂。

2014年，基于晋升国家级自然保护区的需要，多儿保护区开展了综合科学考察工作，首次系统调查了野生脊椎动物、昆虫、植物、社区经济等，促进了多儿保护区成功晋升为国家级；在此基础上，甘肃省野生动植物管理局组织专家进行了补充调查，并出版了调查报告，初步摸清了多儿保护区高等动植物的本底资源情况。2020年，为进一步摸清家底，提高保护管理决策的科学性，在2020年中央财政林业改革发展资金的支持下，通过公开招标，甘肃多儿国家级自然保护区管护中心委托天水市陇右环境保育协会负责多儿保护区的本底资源调查工作。

2020年8月至2022年9月，经过两年多工作，天水市陇右环境保育协会组织不同领域的10余名专家和90余名调查人员，完成了多儿保护区本底资源调查任务，查清了多儿保护区自然地理、野生动植物资源，特别是珍稀濒危物种资源、文化旅游资源、社会经济现状等，分析评价了保护价值和保护管理现状，取得了丰富的调查成果。该次调查全面查清了多儿保护区的本底资源现状。①首次调查了藻类、地衣、苔藓等资源；②首次调查分析了土壤微生物多样性；③继全国第四次大熊猫调查后十年来首次发现并查明了大熊猫种群及栖息地现状；④首次查明了梅花鹿、羚牛等10余种主要濒危野生动物的种群数量和栖息地；⑤首次调查了野猪资源现状并评估了其危害情况；⑥发现了1种甘肃省鸟类新记录、17种保护区鸟类新记录和5种保护区兽类新记录；⑦首次对岩石标本进行了切片微观分析；⑧首次测量了土壤的化学成分，研究了土壤理化指标及分布特征；⑨首次研究了浮游植物沿海拔梯度的群落分布格局；⑩首次对多儿保护区的保护价值、保护管理现状进行了定量分析。这些成果极大丰富了多儿保护区的基础数据，对多儿保护区的建设和发展具有重要意义，也可供其他类似调查研究，供省内外保护管理部门参考。本调查研究报告中，除首次出现及必须用全称的特殊情况外，甘肃多儿国家级自然保护区均简称为"多儿保护区"，甘肃多儿国家级自然保护区管护中心均简称为"多儿保护区管护中心"。

本调查研究报告第1章由李晓鸿、杨晓峰编写；第2章主要由张君弟、邹亚丽编写，参与编写的人员有冷拜、李尕让、杨金明、加西才让、年保周、李志安、范玉玲、石强蕊、孙小艳、赵文秀、王文学、伏慧、郑伟、石婷婷、段慧慧、郭冰洁、孔武胜；第3章主要由王静、张宗舟、虎永胜、魏存玉编写，参与编写的人员有闹九次仁、陈三梅、曾伟、刘祖琴、孙雪花、程子艳、马芳芳；第4章主要由汪之波、杨文林、陈玺、刘晓东编写，参与编写的人员有黄志敏、贡宝草、李芳文、桑开军、任向红、裴雅玲、王茂正、刘升亮、祝金凤、冯有婧、汪荣；第5章主要由李晓鸿、周福东、李三相、马瑞林、师燕丽编写，参与编写的人员有九落、沙拜次力、加保次仁、闹九次仁、唐尕让、贡宝草、尕让、仍秀、王彬宇、杨金明、仵勇、德江敦珠、樊聚越、魏蓉蓉、宋乾、尼布九、崔龙、曹会娟、李兵毅、田华玮、韦彩金、金芸芸、李晓雪、赵宁、邓淑方、刘文娟、张钰、吕鹏耀、王虎豹、董永刚、王德龙、冯亚萍、文淑兰、蒲丽、夏芳花；第6章主要由王新民、侯菊红、杨玉贵、李金刚、杨振国编写，参与编写的人员有茹地草、杨建民、加保、沙拜次力、马雄英；第7章主要由任竞、赵宝林、李斌、景利忠编写，参与编写的人员有周向军、张路达、日班。

本次调查成绩斐然，与多儿保护区管护中心的鼎力支持密不可分！与甘肃省林业和草原局、天水师范学院、迭部县气象局等单位的大力支持密不可分！与参与调查的各位专家和工作人员的辛勤工作更是密不可分！在此对本次调查中的支持者和参与者，致以衷心的感谢！

由于水平所限，不当之处在所难免，敬请读者批评指正！

编者

2022年10月

目录

前言

1 总论

本底资源调查是《中华人民共和国自然保护区条例》规定的自然保护区管理机构重要的工作职责之一，是自然保护区优先开展的科学研究工作，对自然保护区的管理与决策有重要意义。2021年中共中央办公厅、国务院办公厅发布的《关于进一步加强生物多样性保护的意见》强调要"持续推进生物多样性调查监测"，《自然保护区生物多样性调查规范》（LY/T 1814—2009）规定自然保护区的生物多样性调查周期"一般为每十年进行一次"。

甘肃多儿国家级自然保护区（以下简称"多儿保护区"）位于青藏高原东侧、岷山山脉北麓，生境原始程度较高，生物多样性丰富，生态区位重要，有重要的保护价值。2014年，基于晋升国家级自然保护区的需要，天水市陇右环境保育协会负责开展了多儿保护区综合科学考察工作，首次系统调查了野生脊椎动物、昆虫、植物、社会经济等本底资源，2017年甘肃省野生动植物管理局在此基础上进行了补充调查，但仍然存在一些关键性物种的种群数量不清、生物多样性类群了解不全面、社会经济数据较陈旧、文化资源调查缺失等不足，为充分掌握保护区资源现状及保护对象情况，进一步摸清家底，制定更具针对性的保护管理措施，提高保护管理决策的科学性，在2020年中央财政林业改革发展资金中央财政补助资金的支持下，经甘肃省林业和草原局批准，由甘肃多儿国家级自然保护区管护中心（以下简称"多儿保护区管护中心"）负责，通过公开招标后，由天水市陇右环境保育协会组织专家，于2020年8月至2022年9月，开展了多儿保护区本底资源调查研究工作。本报告为该项调查研究工作的技术成果，是目前关于多儿保护区调查最全面、研究最深入的本底资源调查报告。

1.1 调查过程简述

（1）项目来源

本次调查为甘肃省林业和草原局立项的2020年中央财政林业改革发展资金项目，由多儿保护区管护中心负责实施，资金来源为2020年中央财政林业改革发展资金，项目类型为新建生态公益型项目。

（2）研究内容

调查研究的内容包括自然地理调查、野生动物资源调查、野生植物资源及植被调查、大型真菌和土壤微生物资源调查、社会经济与文化资源调查、威胁因素调查、保护管理现状调查等七大方面。

（3）组织结构

本次调查的承担单位为天水市陇右环境保育协会，主要参加单位为天水师范学院和多儿保护区管护中心。

调查的组织结构包括领导小组、调查办公室和调查队3级，由多儿保护区管护中心主要领导和科室负责人组成领导小组，统一协调领导调查工作。调查办公室设在多儿保护区管护中心科研宣教科，负责日常调查事务。调查队由承担单位、参与单位不同领域的专家和调查协助人员组成，由承担单位统一管理。调查队设自然地理组、动物组、植物植被组、微生物组、社会经济与文化组、数据管理组、后勤组、内业分析组，由各领域专家担任组长。

参与调查的人员共100余人，其中，正高级职称3人、副高级职称以上14人。

（4）过程

调查研究时间为2020年8月至2022年9月。

2020年8月收到中标通知后，依据项目实施方案，立即开始了准备工作，首先成立了后勤组和技术组，开始联系专家，购置物资，快速完成了调查队伍的组建工作，制定了工作计划。

外业调查时间为2020年9月至2022年8月，主要调查时间为2020年9月至2021年11月。2020年9—10月为第一次外业调查时间，历时19天，主要调查了大型真菌、鸟类、兽类、植物等，同时采集了第一批土壤样品，测量了土壤剖面；2020年12月至2021年1月，第二次野外调查，历时11天，主要调查冬季鸟类和兽类；2021年3—4月，第三次外业调查，历时17天，主要调查冬季鸟类和兽类、社会经济；2021年5月、7—8月，第四次、第五次外业调查，历时67天，调查了植物、动物、地质地貌、土壤、大型真菌、土壤微生物、文化资源、旅游资源、社会经济、保护管理等，持续时间最长；2021年10—11月，第六次外业调查，补充调查了动物、植物、社会经济、水文气候、大型真菌、保护管理等；2022年5月，第七次外业调查，历时13天，补充调查了动物和植物；2022年8月，第八次外业调查，历时9天，补充调查了动物。

外业调查开始时，内业工作已经同步开始。每次外业调查结束后，即开始标本整理与鉴定、资料查阅、数据录入与汇总等内业工作。不同研究内容的报告撰写工作时间不一致，主要撰写时间为2021年底至2022年6月。2022年7—9月，进行内业统稿、数据纠错、矢量化及制图等工作。

1.2　保护区基本情况

1.2.1　位置与范围

多儿保护区位于甘肃省甘南藏族自治州迭部县东南部，地处青藏高原东侧、岷山山脉北麓、白龙江的上游，地理坐标为33°39′25″～33°58′48″N、103°37′30″～104°03′47″E，总面积54575.0hm²。东以洋布梁为界与甘肃白龙江插岗梁省级自然保护区相接，南与四川省阿坝藏族羌族自治州九寨沟县黑河林区相连，西与白龙江甘肃阿夏省级自然保护区相交，北隔白龙江与迭部生态建设管护中心水泊沟林场毗邻。

1.2.2　保护对象

根据《自然保护区类型与级别划分原则》（GB/T 14529—93），多儿保护区属于"野生生物"类别的"野生动物类型"的自然保护区。

多儿保护区的主要保护对象为大熊猫、羚牛、梅花鹿等珍稀濒危野生动物及其栖息地，典型完整的高山森林生态系统，国家珍稀野生植物资源。

1.2.3 法律地位

2004年甘政函〔2004〕118号文件批准建立甘肃多儿省级自然保护区，2017年国务院国办发〔2017〕64号文件批准多儿保护区由省级自然保护区升为国家级自然保护区。

1.2.4 林权

2014年8月，迭部县人民政府为多儿保护区管护中心颁发放了林权证，面积50371.2hm²。此外，多儿保护区范围内4203.8hm²的非林业用地为多儿保护区社区居民所有，多儿保护区管护中心与当地社区签署了委托管理协议。多儿保护区管护中心拥有多儿保护区范围内所有林地的管理权（附图1）。

1.2.5 功能区划

根据国务院批文（国办发〔2017〕64号）文件，多儿保护区总面积54575.0hm²，其中，核心区面积为19389.50hm²，缓冲区9496.35hm²，实验区25689.15hm²（附图2）。

（1）核心区

核心区总面积19389.50hm²，被成兰铁路隧道（拟建）分成2个部分：西边为工布隆核心区，面积12557.83hm²，占多儿保护区总面积的23.01%，占核心区面积的64.77%，该区域保护价值极高，是多儿保护区大熊猫的主要分布区域；东边为扎嘎吕核心区，面积6831.67hm²，占多儿保护区总面积的12.52%，占核心区面积的35.23%。在成兰铁路非建设期，2个核心区之间宽800m、面积953.2hm²的实验区参照核心区管理。

（2）缓冲区

缓冲区处于核心区外围，根据核心区区划，缓冲区分为工布隆缓冲区和扎嘎吕缓冲区。缓冲区总面积9496.35hm²，其中，工布隆缓冲区面积7477.66hm²，占保护区总面积的13.70%，占缓冲区面积的78.74%；扎嘎吕缓冲面积2018.69hm²，占多儿保护区总面积的3.70%，占缓冲区面积的21.26%。缓冲区森林植被大体完好，人烟稀少，没有大型工程、电站等方面的干扰，能对核心区的生态环境和生物资源起到缓冲和屏障作用。

（3）实验区

实验区为除核心区、缓冲区外的其他区域。实验区面积25689.15hm²，占多儿保护区面积的47.07%，主要位于低山河谷地区、多儿保护区东部，生境以森林、灌丛、农田为主。实验区集中了区内15个居民点和耕地、道路等，林地权属以国有为主，仅有少部分为集体权属。

1.2.6 保护价值

选择多样性、稀有性、脆弱性、自然性、典型性、面积适宜性、人类干扰作为评价层指标，运用层次分析法（AHP）对多儿保护区进行评价，结果表明多儿保护区生态质量指数为0.9442，说明多儿保护区整体生态质量很好，保护价值极高，属于优先保护区域。

有国家重点保护野生动物63种，其中，国家一级保护野生动物21种，国家二级保护野生动物42种，甘肃省省级重点保护野生动物12种，"三有"动物156种；列入《中国脊椎动物红色名录》的无危级以上物种68种，列入《世界自然保护联盟濒危物种红色名录》（IUCN红色名录）的无危级以上物种36种，列入国际《濒危野生动植物种国际贸易公约》附录（CITES附录）物种42种；中国特有物种45种。

有国家重点保护植物24种，其中一级重点保护植物1种，二级重点保护植物23种；中国植物红皮书植物9科10属10种；列入IUCN红色名录的植物5科6属6种；列入CITES附录的植物6科16属25种。

1.3 主要调查研究结论

1.3.1 自然地理

（1）地质

在大地构造上属于松潘-甘孜褶皱带。松潘-甘孜地块自早古生代末的加里东运动而形成，至三叠纪末晚印支运动而消亡、褶起成山，与扬子地台、秦岭褶皱带经历了"分-合-分-消亡"的演化过程；地层属松潘-甘孜地层分区，以海相沉积为主，有部分陆相碎屑岩建造，其中中生界三叠系地层最为发育。以洋布梁为界，南部为松潘-甘孜褶皱系的东北部分，褶皱、断裂活动相对较小，岩浆不甚发育；多儿保护区东北部旺藏-洋布一带断裂构造发育，属武都-白马斜叠弧构造。断褶带由一些压性、压扭性断裂及其间所夹的石炭系、二叠系线状褶皱和北西向洋布梁北侧冲断层、旺藏-洋布冲断层组成。

（2）地形地貌

地貌基本类型为中等-深切割石质中高山地。地势南高北低，地形起伏较大，海拔高度1800～4350m，相对高差1000～1700m。高山地带发育古冰川遗迹和现代季节性冰雪，冰缘地貌；坡面地形陡峭，重力堆积地貌——崩积、滑坡发育；沟谷以流水地貌为主，谷地上游开阔、下游狭窄，支流沟口冲洪积、泥石流扇发育。多儿保护区经历了多期的地质构造运动——晚印支运动、燕山运动、喜马拉雅运动，这些地质构造运动奠定了保护区地貌的基本格架和发展方向，综合气候环境条件（机械风化和搬运），形成了如今的多儿河流域"人"字形水系格局。据现代地貌形态初步推断，保护区地貌演化尚处于幼年晚期-青年早期阶段。

（3）气候

气候属温带季风气候向高原山地气候过渡的半湿润气候类型。基本气候特征主要表现为冬长无夏，春秋相接；降水充沛但分布不均，春季风多雨少，秋季阴雨绵绵；因地形高差大，气候垂直变化显著。1990—2020年白古寺一带（海拔2400m）年平均气温7.8℃，且该值在以平均0.46℃/10a的速率升温，年内最冷1月，最热7月；年均降水量567.7mm，主要集中在5—9月，7月最多，12月最少；年均风速1.7m/s，前半年主导东北风，后半年为西风。年均日照时数2242.2h，总辐射量为119.72千卡/cm²·年；日照百分率为51%，12月最大，9月最小。区内海拔1800～4350m，地势南高北低，海拔由低到高具中温带、寒温带、寒带的气候特征。

（4）水文

地表径流为多儿河，主要来源于大气降水，其次为高山融雪水，径流丰沛、稳定。年平均流量16.5m³/s，年径流量5.1932亿m³。径流大部分集中在5—10月，汛期为7—9月，枯期为1—3月。地下水主要分布在低阶地和漫滩内，由大气降水补给，多以岩层裂隙水和孔隙水存在于地下，经过岩层裂隙及堆积物孔隙运移，呈泉和潜流形式排入当地河沟，转化为地表径流。多儿河流域地下水平均年径流量1.1亿m³。保护区水资源丰富，水质优良，可作为生活用水和农田灌溉用水。

（5）土壤

土壤种类 土壤共划分出4个土纲、6个亚纲、6个土类、9个亚类，海拔由高到低，其土壤垂直带谱为高山寒冻土-草毡土（高山草甸土）-暗棕壤-棕壤-灰褐土-新积土。随土壤剖面深度垂直变化，由浅到深，土壤碱性程度略有增强，其他各营养成分含量不同程度地降低，尤其速效氮（N）、磷（P）表现出迅速降低的特征。土壤营养成分碱解氮、速效钾、全氮、全磷、全钾含量均达到中等偏丰富水平及以上，速效磷含量表现缺乏，尤其暗棕壤和灰褐土表现突出。土壤有机质含量表现普遍不丰富，均为中等水平。土壤pH值为7.51～8.49，属微碱性或弱碱性土壤。

土壤理化性质垂直分布特征　测定了2200～3400m的海拔梯度间0～20cm、20～40cm、40～60cm土壤养分含量。结果表明，土壤碳、氮、磷含量的变异系数表现为氮＞磷＞碳，且土层越深，其变异度越大。土壤有机碳、全氮、全磷含量的变化范围分别为6.15～17.73g/kg、0.8～4.95g/kg和1.05～5.78。0～20cm土壤有机质和0～40cm全氮含量随着海拔的上升显著增加，0～20cm土层土壤碱解氮含量随海拔高度的增加呈单峰增加趋势，在海拔3200m达到最大值。0～60cm土壤全磷、速效磷、全钾、速效钾含量与海拔不相关。土壤有机质、全氮、碱解氮、全磷、速效磷、全钾、速效钾含量均具有显著层次效应，沿土层深度增加而显著下降（$P<0.001$）。因此，海拔是影响高寒山区土壤养分垂直分布的重要因素，土壤基质可能是影响土壤养分土层分布的主要因素。

土壤生态化学计量特征的空间变异性　沿海拔梯度土壤生态化学计量比的变异系数表现为C∶N＜C∶P＜N∶P，20～40cm土层变异度最大，其中C∶P和N∶P的变异系数分别为42.32%和54.46%，土壤C∶N随海拔梯度增加而显著下降，土壤C∶P与N∶P与海拔无相关性，土壤C、N、P在土层空间变化具有一致性，土壤C∶N、C∶P、N∶P均无显著层次效应。土壤平均C∶N值为9.02，N∶P、C∶P比值较低，表明多儿保护区植物生长更易受到氮限制和磷限制，该区土壤养分处于低水平平衡状态。

不同植被类型土壤生态化学计量特征　多儿保护区植被类型对表层（0～20cm）土壤碳氮养分含量影响较大，农田土壤碳氮含量均显著低于针阔叶混交林、灌丛，其土壤碱解氮较针阔混交林降低了52.96%（$P<0.05$），在0～40cm土层土壤速效磷表现为针阔混交林和针叶林显著高于其他植被类型。20～40cm层农田土壤C/N显著高于高山草甸、针阔混交林和针叶林。0～40cm层高山草甸的C/P和N/P均显著高于针叶林和农田，表明灌丛、针叶林和农田作物主要受到了氮限制，林草地转变为农田会加速土壤碳氮损失。

土壤金属元素含量　分析土壤有效态金属元素Cu、Fe、Mn、Zn、Mo、Ca、Mg的含量差异及其与土壤有机碳、pH值间的相关性，结果表明：土壤有效态Mo含量达到极丰富水平，有效态Fe、Cu含量处于丰富水平，有效态Mn、Zn含量适中，土壤有效态Ca含量低于临界值，有效Mg含量是临界值的18.05倍；0～40cm层土壤有效态Fe含量随海拔高度增加而增加，有效态Mo含量表现为随海拔增加呈现先增加后降低的趋势，2600m为有效态Mo含量的转折点。Fe、Mn、Mo三种元素表现出由表层向底层逐渐减少的趋势，为表聚型有效态金属元素；有效态Fe、Mn、Cu、Mg均与有机碳呈显著正相关。0～60cm层土壤有效态Fe、Mo与pH值呈显著负相关（$P<0.05$），0～20cm层有效态Mn含量与pH值呈极显著负相关，土壤中有效态微量元素Cu、Mn、Fe两两之间存在着极显著正相关关系，Cu、Ca和Mo存在显著正相关关系。

多儿保护区土壤有效态土壤金属元素有效性指数大小表现为Fe（9.44）＞Cu（8.38）＞Mo（3.63）＞Mn（2.17）＞Zn（1.19），Fe和Cu含量极其丰富，达到高等水平。Fe、Mn、Mo三种元素含量均随土层的加深而显著下降。不同植被类型中，微量元素有效性综合指数顺序为针阔混交林＞草甸＞针叶林＞灌丛＞农田。

1.3.2　微生物资源

（1）土壤微生物

多儿保护区不同植被类型微生物多样性均较高，土壤细菌和根际细菌的香农指数均在9左右；其中，针叶林和针阔混交林的微生物丰度高于其他植被类型。土壤微生物菌群结构和多样性与根际间差异不显著。多儿保护区各生境的细菌群落在门的水平上组成基本一致，其中，变形菌门（Proteobacteria）、酸杆菌门（Acidobacteria）、厚壁菌门（Firmicutes）、放线菌门（Actinobacteria）在不同生境土壤中的相对丰度均大于10.0%，是细菌中的优势菌门。优势菌属分别为Unspecified_RB41，Unspecified_iii1_15，Unspecified_Chitinophagaceae，DA101占总相对丰度的47.0%，Unspecified_RB41在不同生境土壤中丰度较高。

不同植被类型下，海拔梯度可显著影响土壤微生物数量。随着海拔梯度的升高，针阔混交林和农田土壤微生物数量整体呈降低的变化趋势，灌丛和草甸土壤微生物数量呈波浪式增加后降低。随着海拔梯度的升高，多儿保护区土壤真菌数量整体呈降低的变化趋势，根际土壤真菌数量呈先升高后降低的变化趋势；多儿保护区林地的霉菌多样性指数高于其他几种生境；根际霉菌多样性指数整体高于土壤的；在土壤或根际土壤中的霉菌皆以青霉属为优势属。

（2）大型真菌

多儿保护区有173种大型真菌，隶属4纲10目34科72属，以口蘑科、红菇科、丝膜菌科种类较多。

1.3.3 野生植物资源

（1）藻类

多儿保护区共有藻类4门19科33属46种，以硅藻门、绿藻门、蓝藻门为主，且占比分别为60.87%、26.09%和10.80%，同时采用显微摄影，对其中的42种代表种类进行了拍照，描述了其形态特征。

多儿保护区浮游植物多样性指数和藻密度，分别为1.69~2.26和$0.18×10^3$~$2.5×10^4$cells/L，且多样性指数和藻密度随着海拔的降低均呈现出显著升高的趋势（$P<0.05$）；综合浮游植物细胞密度和物种组成的群落结果对水质进行评价可知，K1、K2样点为贫营养，K5、K6、K7为中营养；Spearman相关性分析显示，多样性指数H'与水温、有机碳、总氮含量呈显著正相关；藻密度与电导率、盐度、氨氮，藻密度与溶解氧，分别呈显著的正相关、负相关。相对周围的如插岗保护区、阿夏自然保护区，其物种的丰富度不相上下。

（2）地衣

多儿保护区内共有地衣植物14种，隶属8科12属。

（3）苔藓

苔藓植物49种，隶属18科34属。从苔藓的分布区类型来看，主要是中国特有种，共有26种，占比53.06%；其次为东亚分布6种，北温带分布9种，东亚和北美洲间断分布及其变型2种，旧世界温带分布及其变型1种，以及世界分布5种。从分布生境来看，发现大多数苔藓为石生，共有29种，占比59.18%；树生的苔藓有13种，占比26.53%；裸露石壁上生产的苔藓有10种，占比20.41%。

（4）维管植物

多儿保护区共有维管植物110科428属1132种，其中，被子植物97科397属1114种（包括变种）。采用郑万钧系统，多儿保护区共有裸子植物4科9属22种。采用秦仁昌蕨类植物分类系统，多儿保护区共有蕨类植物16科24属59种。相对周围的如插岗保护区、阿夏自然保护区，其物种的丰富度不相上下。

（5）濒危植物

多儿保护区有国家一级保护野生植物1种，国家二级保护野生植物23种；有10个物种列入《中国植物红皮书》；6种植物列入IUCN红色名录，其中，大果青扦为极危，其余均为无危；有25个物种被列入

CITES附录，其中列入附录Ⅱ22种，附录Ⅲ3种。

（6）大熊猫主食竹

多儿保护区内大熊猫主食竹有华西箭竹、缺苞箭竹及糙花箭竹三种；空间分布上以多儿保护站辖区内分布最广，海拔2600~3200m的区间内分布最为集中，是适宜大熊猫四季栖息的最佳生存区域；华西箭竹从2004年至2007年曾大面积开花，直接影响了大熊猫的食物来源和栖息地质量，因此要高度关注林下华西箭竹和缺苞箭竹的生长和更新状况。

（7）药用植物资源

多儿保护区有药用维管植物资源115科310属544种，种数占保护区维管植物种数的46.29%，种类非常丰富，其中，药用蕨类植物13科16属29种，药用裸子植物4科8属12种，药用被子植物85科286属503种，被子植物比例优势明显。

（8）植被

多儿保护区处于温带阔叶林向寒温性针叶林的过渡地区，所以其植被的类型相对丰富和复杂，不仅其植被水平分布广泛，而且垂直分布也颇为明显。我们以其植被生长环境特点和植物群落本身的特征为前提，将植被划分为4个植被型组、8个植被型、9个植被亚型、14个群系组、43个群系（附图3）。

（9）森林资源及特点

在收集了多儿保护区森林资源连续清查数据、二类资源调查数据和林地一张图数据的基础上，通过45个样地和170条样线的实地调查，查清了多儿保护区森林资源现状、林分结构和特点，结果表明：多儿保护区林地面积为38241.42hm²，以有林地占优势。活立木蓄积量为6087083.49m³。森林覆盖率66.47%，以核心区最高，达到75.80%。林种以特种用途林种下的自然保护区林亚种占绝对优势，达到96.14%。森林类型以针叶林为主，占有林地面积的80.75%。林龄以成熟林面积最大，占有林地面积的39.24%；近熟林、过熟林、中龄林接近，均占20%左右；幼林龄很少，仅占有林地面积的1.91%。优势树种主要有冷杉、云杉、油松、圆柏、栎类、桦类等。

1.3.4 野生动物资源

（1）昆虫

共采集昆虫标本1919号，鉴定昆虫种类670种，隶属于17目118科427属，其中，鳞翅目的种类数最多，共250种；其次为鞘翅目和半翅目，分别为131种、116种，这些均为保护区的优势物种。而竹节虫目、长翅目、毛翅目、广翅目、螳螂目、石蛃目均为3种以内，且数量稀少，为保护区的稀有物种。

（2）鱼类

鱼类有2目4科5属6种及亚种，按动物区系成分，东洋界2种、古北界3种、广布型1种，6种鱼全部为留居型。

（3）两栖动物性

两栖动物有2目3科5种，占甘肃省两栖动物总物种数的15.15%，除西藏山溪鲵为易危外，其余均为无危，但均是中国特有物种。两栖动物区系成分以横断山区北部动物群为特征，同时又有我国北部、东部广布种的成分特征。

两栖动物划分成农田灌丛群落、森林灌丛群落和溪流群落三个群落类型，以农田灌丛群落多样性指数最高，为2.04；森林灌丛群落和溪流群落多样性指数接近，分为1.37和1.39，低于农田灌丛群落。

（4）爬行动物多样性

爬行动物有10种，隶属2目3科8属，其中黑眉锦蛇（*Elaphe taeniura*）为保护区新记录。其Shannon-Wiener多样性指数1.77，G-F指数0.24，反映出多儿保护区爬行动物不太丰富，物种多样性一般，但科属多样性尚可。区系上以东洋界成分为主，占60%，分布型以东洋型略多。水平分布以然子最丰富，花园、后西藏、劳日、工布隆、洋布等次之，种类接近。垂直分布以2500m以下种类较多，海拔3500m以下种类明显减少。生境分布以落叶阔叶林、针阔叶混交林种类较多。濒危性相对较低，但也需要给予重视。

（5）鸟类多样性

①种类与区系

鸟类146种，隶属12目33科，其中，留鸟84种（57.53%）、夏候鸟47种（32.19%）、冬候鸟10种（6.85%）、旅鸟5种（3.42%）。区内以繁殖鸟类为主，珍稀濒危鸟类种类多，鸟类资源的保护价值高。鸟类区系中，东洋界物种26种（17.81%）、古北界物种69种（47.26%）、广布种51种（34.93%），以东洋界占优势，并呈现与古北界、广布种相混杂的格局。各生境类型中的鸟类丰富度从高到低依次为林地＞灌丛＞河湖湿地＞草地＞村落耕地；林地与灌丛之间的鸟类群落结构相似性最高，林地与河湖湿地的最低。通过调查分析既丰富了多儿保护区的鸟类资料，也为多儿保护区进行保护决策提供了科学依据。

②新记录

发现鸟类甘肃省新记录白斑翅雪雀（*Montifringilla nivalis*）和灰喉山椒鸟（*Pericrocotus solaris*）2种，保护区新记录3目11科17种，即丘鹬（*Scoloparusticola*）、池鹭（*Ardeola bacchus*）、牛背鹭（*Bubulcus ibis*）、白鹭（*Egretta garzetta*）、暗灰鹃鵙（*Coracina melaschistos*）、煤山雀（*Parus ater*）、黄腹山雀（*Parus venustulus*）、棕眉柳莺（*Phylloscopus armandii*）、极北柳莺（*Phylloscopus borealis*）、栗头树莺（*Cettia castaneocoronata*）、白领凤鹛（*Yuhina diademata*）、斑背噪鹛（*Garrulax lunulatus*）、金色林鸲（*Tarsiger chrysaeus*）、黑喉石䳭（*Saxicola maurus*）、暗胸朱雀（*Carpodacus nipalensis*）、小鹀（*Emberiza pusilla*）、黄喉鹀（*Emberiza elegans*）。

③雉类资源

环颈雉（*Phasianus colchicus*）种群数量为943（±482）只，栖息地面积89.67km^2；红腹锦鸡（*Chrysolophus pictus*）种群数量为39只，栖息地面积为6.55km^2；藏雪鸡（*Tetraogallus tibetanus*）种群数量为799（±486）只，栖息地面积为77.49km^2；雪鹑（*Lerwa lerwa*）仅见于文献记载，样线和红外相机均未发现实体。

④高山兀鹫种群

高山兀鹫（*Gyps himalayensis*）种群数量为122（±73）只，栖息地面积350.5km^2，种群密度较高。栖息地主要包括洋布梁、苏伊亚黑、劳日沟、工布隆、扎嘎吕、来依雷、巴尔格等区域，偏好针叶林和高山草甸生境。

⑤橙翅噪鹛种群

橙翅噪鹛（*Trochalopteron elliotii*）种群数量为6700±（1438）只，栖息地面积447.75km^2，种群密度较高。除高山流石滩、高山草甸区域没有橙翅噪鹛外，大部分区域都有橙翅噪鹛分布。在栖息地选择上，偏好落叶阔叶灌丛生境和谷地地貌。

（6）哺乳动物

①种类和区系

兽类有68种，隶属7目24科55属。以古北界物种占优势，有34种；东洋界物种有16种；广布种物种有18种。从分布型来看，有11种分布型，以东洋型和古北型最多，高地型、喜马拉雅-横断山区型、全北型、季风型次之，华北型、东北-华北型、中亚型、南中国型和不易归类的分布最少。

②新记录

红外相机发现荒漠猫（*Felis bieti*）、猕猴（*Macaca mulatta*）、狍（*Capreolus pygargus*）和隐纹花松鼠（*Tamiops swinhoei*）4种保护区新记录，经访问调查确认棕熊（*Ursus arctos*）也为保护区新记录。

③大熊猫种群

调查共发现大熊猫（*Ailuropoda melanoleuca*）粪便及活动痕迹46处，大熊猫种群数量保持稳定，年龄结构"优美"；分布在工布隆沟辉加洛至省界线一带，以扎杰普沟口附近密度较高；栖息地范围包括扎嘎吕和工布隆等区域；潜在栖息地范围包括劳日沟、来依雷、洋布沟、阿大黑、台力沟、在易沟等。受竹子开花影响，与2010年相比，栖息地面积有所减少，潜在栖息地面积变化不大。放牧干扰是大熊猫及栖息地保护的主要干扰因素，建议通过政策或重大项目解决。

④梅花鹿种群

在170条调查样线中的19条样线上发现梅花鹿（*Cervus nippon*）实体数量39只，计算出梅花鹿种群平均密度为0.65只/km²，种群数量为118只，栖息地面积182.36km²，栖息于海拔2300～3200m的针阔混交林、灌丛及林缘草甸区域。

⑤羚牛种群

羚牛（*Budorcas taxicolor*）种群数量为246（±155）只，栖息地面积162.52km²，主要在工布隆区域。在亚种问题上，多儿保护区羚牛属秦岭亚种还是四川亚种，需进一步研究。

⑥中华斑羚种群

中华斑羚（*Naemorhedus griseus*）种群数量为835（±111）只，栖息地面积371.5km²，主要包括布梁上坡坡位的森林，阿大黑、台力敖、在力、然子、白古等村落西部的森林区域，劳日沟、工布隆、扎嘎吕、来依雷、巴尔格、洋布沟等沟系的森林区域。在栖息地选择上，偏好海拔2500～3500m的针叶林和针阔混交林的生境，脊部地形。

⑦中华鬣羚种群

中华鬣羚（*Caricornis milneedwardsii*）种群数量为747（±92）只，栖息地面积395.5km²，包括阿大黑、台力敖沟、在易沟、劳日、工布隆、扎嘎吕、来依雷、洋布沟等区域。栖息地选择上偏好海拔2500～3500m的针叶林、针阔混交林生境，对地形没有特别偏好。

⑧野猪种群

野猪（*Sus scrofa*）的种群密度为0.92只/km²，种群数量为421只，栖息地面积463.67km²。野猪主要栖息于灌丛、森林生境，存在造成农作物毁坏、林地及草地破坏、危害人身安全的问题，为此提出了人为干扰、设置障碍、科学捕杀、调整产业结构、落实野生动物损害补偿政策的防控对策。

⑨啮齿动物群落结构

利用主成分分析法（PCA法）研究了群落结构，利用Shannon-Wiener多样性指数分析了不同群落的物种多样性，结果显示，该保护区的啮齿动物共7科17属22种，以社鼠、大林姬鼠、黄胸鼠、喜马拉雅旱獭为优势种；可划分成3个群落，即黄胸鼠（农田）群落、社鼠（森林）群落、喜马拉雅旱獭（草地）群落，以黄胸鼠（农田）群落物种多样性最高。

1.3.5 文化与经济

（1）旅游资源

多儿保护区旅游资源丰富、类型多样，具有自然环境优美，地形复杂多变，动植物种类繁多，景观资源原始古朴，原生姿容完整，山、林、草、村交会，民族特色鲜明，传统文化浓郁等独特风采。保护区共有8个主类、15个亚类、41个基本类型，共确定旅游资源单体211个，其中，优良级占43.60%、普通级占40.76%、未获得等级占15.64%。在优良级旅游中，自然资源占比显著高于人文资源；但在普通级旅游资源中，人文资源占比高于自然资源。提出了以保护为前提，科学设计、合理规划；提高区位条件，建立反哺机制；加大宣传和教育力度，打造低碳旅游景区；与学校合作，提供实习和科研基地等旅游开发建议。

（2）传统文化

多儿保护区藏族群众世代定居于多儿河流域内，相对封闭的地理环境和传承体系比较完整地保留了藏族传统习俗，并在长期的发展中形成了独具特色民俗文化。通过社会调查、文献采集，分析和梳理了多儿保护区内藏族群众文化风俗习惯。调查发现：服饰与周边地区相比，在佩饰、搭配、色彩上有所差别，并形成独有的软胎平顶圆筒高帽；以蕨麻猪、牛为主的家庭养殖和以小麦、青稞为主的种植业构成了传统农业结构，并由此衍生出集群的定居模式。在与保护区环境适应的过程中，发展形成了以木梁为骨、土石为基、木板为盖板的榻板房，与寺庙、农田、草场形成了完备的聚落体系。发展形成了"阳山八寨，阴山三村，一佛两寺三教"的独特文化格局，以法会、端午节、春节、插箭节为主的节庆活动反映出保护区群众文化生活的多样性。

多儿保护区在厚重的藏文化环境中发展形成了系统的丧葬文化，以火葬为主要葬法的火-土二次葬制度。多儿保护区火葬葬法与周边乡镇整体相似，个别仪轨存在不同，与其他地区葬法存在较大差异，表现在丧葬规程、火葬台、葬法的差异。多儿及下迭火葬葬法是在密林山地、藏传佛教、苯教的影响下形成的，反映了保护区藏族群众灵魂不灭的生死轮回观、万物有灵的价值观念，以及对自然环境的适应。

（3）聚落空间分布特点

多儿保护区社区有18个聚落，大部分位于多儿河河谷，均在实验区内，聚落密度不高，聚落面积平均为4.3hm²，聚落日常活动区域平均为182.7hm²，影响区域平均为735.4hm²，最远影响距离平均为4.4km。户数与聚落面积呈高度线性正相关，与日常活动区域呈中度线性正相关，与影响区域、最远影响距离呈中低度线性正相关。除聚落之外，还有7个短期居住的放牧点，其中位于核心区内的放牧点对生物多样性的影响较大，应采取措施解决。

（4）社区经济特点

保护区范围有8个行政村、18个自然村、992户、4978人。民族均为藏族，信仰藏传佛教，白古、后西藏、然子三个村子信仰萨加派，其余村子信仰格鲁派。

保护区内主要公路为麻牙寺—洋布的通乡公路，全长40km，水泥硬化。此外，有通村公路和后西藏沟口至劳日的林区巡护道路。社区已经实现了无线通信全覆盖，户户通水通电。有完全小学1所，村级小学3所，卫生院1所。

区内居民以种植业和畜牧业为主；耕地面积2569.52hm²，主要种植农作物有小麦、玉米、青稞、马铃薯等，产量较低。经济作物主要有党参、当归等药材。畜牧业主要是散养牛，较大规模的牧场有7处。

多儿保护区居民2019年家庭人均可支配收入为4933元，家庭人均消费支出为4167元。家庭可支配收入和家庭消费支出之间具有一定的正相关关系。主要收入来源是放牧、打工、生态补偿等，支出主要方向是生活消费品、教育、生产资料等。

社区能源结构以薪柴为主，建筑木材主要来源于保护区森林，社区对森林资源的依赖程度较高，每年砍伐薪柴和木材相当于53.1hm²的森林。社区土地利用以草地为主，放牧是当地的支柱性产业，也是保护区的主要威胁因素。采集主要对象为冬虫夏草、蕨菜和羊肚菌。改变产业结构、推广砖混式建筑、推广节柴技术和新能源技术，是应对社区对自然资源依赖程度较高问题的主要策略。

总体而言，多儿保护区内居民生态保护意识相对较低。调查显示，就生态保护意识而言，常住居民中30%的为强，18%较强，2%较弱，50%弱；按性别统计，男性居民保护意识高于女性居民；按年龄统计，青少年保护意识高于中年人，中年人保护意识高于老年人；按文化程度统计，保护意识与文化程度呈正相关，文化程度高的居民保护意识高于文化程度低的居民。

1.3.6 保护管理

（1）历史沿革

多儿保护区在新石器时期已有人类居住，史上多属汉族边地，政权易手频繁。汉前属羌地，东晋为吐谷浑所占，南北朝属氐族仇池国，唐归吐蕃，元后回归中央政府，实行地方自治，直至1950年归新中国卓尼自治区。1962年设迭部县，治所电尕镇。同年设多儿乡，治所然子村。保护区前身是1981年建立的多儿林场，2004年建立甘肃多儿省级自然保护区，2017年晋升为国家级自然保护区。

（2）威胁因素分析

为掌握多儿保护区的威胁因素及其威胁程度，利用线路法、访谈法调查了威胁因素，结合二手资料，采用格网法分析威胁因素的空间分布并提出相应的保护对策。结果显示，整体上多儿保护区的受威胁程度较低，大部分区域受威胁程度为极弱和弱，中级以上的受威胁程度主要出现在多儿河谷及两岸浅山，基本上都在实验区，核心区受威胁程度为弱及以上的受威胁区域主要出现在劳日、工布隆、洋布沟的阳坡草山；主要威胁因素的威胁程度排序为道路、放牧、耕种、居民点、砍柴、采集、旅游、盗伐、水电站、偷猎，以道路、放牧、耕种、居民点威胁程度较高；主要威胁因素具有空间分布差异性，道路、耕种和居民点威胁主要位于多儿河谷及两岸浅山，不在主要保护对象的栖息地范围内，影响相对较小；放牧是范围最大的威胁因素，出现在劳日沟、工布隆、洋布沟、洋布梁等主要保护物种的栖息地范围内，且对主要保护对象的影响最强，需要给予优先关注并通过政策或大型项目等予以解决。

（3）保护管理现状

组织结构 2005年，甘南藏族自治州机构编制委员会州机编办字〔2005〕92号批准设立甘肃多儿自然保护区管理局，为甘肃多儿省级自然保护区管理机构，副处级建制。2014年，迭部县政府同意将多儿林场并入甘肃多儿自然保护区管理局，保留"多儿林场"牌子，由保护区和县林业局双重管理（迭政纪〔2014〕17号县政府常务会议纪要）。2022年1月，甘肃多儿自然保护区管理局和多儿林场合并，上划为甘肃省林业和草原局直属单位。2022年7月，更名为甘肃多儿国家级自然保护区管护中心。机关设置保护科、科研宣教科、社区工作科、计财科、办公室5个科室，保护科下辖花园、多儿、洋布3个保护站。

保护管理现状 多儿保护区建立近20年来，开展了技能培训、生物多样性监测、社区共管、宣传教育等多方面的工作，提高了人员工作能力，强化了保护管理措施，加强了巡护监测力度，获得了社区的信任和支持，使大熊猫等珍稀濒危物种的栖息环境持续改善，大熊猫种群保持稳定，梅花鹿等珍稀动物种群数量持续增加，威胁因素逐渐减少，在组织建设、制度建设、基础设施和设备建设、巡护监测、合作交流等方面取得了一定成绩，保护成效显著，但仍然存在人员不足、基层基础设施缺乏、设备不够、信息化建设不足等短板。

人力资源 现有职工125人，其中，正式职工61人，临聘人员64人。正式职工中，存在第一学历普遍较低，专业需求空缺较严重，年龄结构偏老，女性比例较低等问题；也存在工作经验丰富，对当地社会文化熟悉的优势。建议增加编制，引进人才，增强专业技能培训，增加技术人员及女性人数比例。

（4）融资策略分析

保护区管护基础设施比较落后，科研、宣教难以满足保护形势发展的需要，受地方财力所限，多儿保护区亟须拓宽融资渠道以改变单纯依靠国家财政发展的现状，可从优化管理体系，完善资金管理；完善基础设施；增强人力资源，提高专业能力；增加设备；建立政府立项项目数据库，瞄准专项项目；积极争取国际和基金会捐赠；接受企业和个人捐赠；提升保护区自身"造血"能力；加强对外交流合作；尝试其他融资渠道等10个方面，开展融资工作。

1.3.7 评价

（1）基于METT的保护管理能力评价

依据世界自然基金会在中国大熊猫自然保护区使用的METT，分别于2013年、2016年、2021年，评估了多儿管理局的管理成效，结果显示，该保护区的得分从2013年的32分提升到2021年的67分，保护管理成效显著。同时，在相邻保护网络协同管理、界碑界桩、保护站点建设、文件及档案管理、人事管理制度、外来人员控制、自我监测与评估等方面管理成效相对较低，在经费使用、资源管理、旅游管理、宣教材料、科研、对外合作、标准化建设、在编在岗高学历员工、宣教活动、社区参与等方面还有一定的提升空间，今后应加强这些方面的工作。

（2）基于AHP的保护价值评价

根据保护区类型自然保护区生态评价指标体系，以生物多样性、森林景观生态改善、生态结构、生态系统服务作为准则层，选择多样性、稀有性、脆弱性、自然性、典型性、面积适宜性、人类干扰作为评价层指标，运用层次分析法（AHP）对多儿保护区进行评价。综合评价结果表明：多儿保护区生态质量指数为0.9442，说明多儿保护区整体生态质量很好，保护价值极高，属于优先保护区域。该评价结果为多儿保护区自然资源管护提供了科学依据。

1.4 主要成果和发现

（1）全面系统调查了本底资源现状

本次调查，全面系统地调查了多儿保护区的本底资源现状，包括地质结构、地形地貌、气候特点、水文特征、土壤种类等自然地理特征；兽类、鸟类、爬行类、两栖类、鱼类、昆虫等野生动物资源；藻类、苔藓、地衣、蕨类、裸子植物、被子植物等野生植物资源以及植被类型；大型真菌和土壤微生物资源；旅游资源、传统文化、聚落结构、社区经济、资源利用等文化经济本底资源；威胁因素以及保护管理现状。

（2）首次调查了低等植物和土壤微生物资源

本次调查，首次调查了多儿保护区的藻类、地衣、苔藓等低等植物资源，首次调查分析了土壤微生物资源，填补了多儿保护区在土壤微生物、藻类、地衣、苔藓等生物类群调查研究的空白；研究了浮游植物与海拔梯度的关系。

（3）深入分析了自然环境理化指标

本次调查，采用了理化分析手段，深入分析了自然地理环境的一些理化指标和特征，如绘制了地质构造图；采集了岩石手标本，制作了切片，进行了显微结构分析；收集了30年的气候和水文数据，分析了气候、水文特征；测量了不同土种pH值、有机碳、速效钾、速效磷、碱解氮、全氮、全磷、全钾、有机质等土壤肥力指标，测量了土壤有效态铜、锌、铁、锰、钼、钙、镁等微量元素含量，分析了不同植被类型土壤金属元素的差异等，将本底资源调查的深度拓展到理化指标的微观水平。

（4）查明了主要濒危野生动物的种群数量和栖息地，分析了部分野生动物类群的群落结构

本次调查，是全国第四次大熊猫调查后十年来首次发现并查明了大熊猫种群和栖息地现状，证明了多儿保护区的大熊猫种群数量和栖息地基本稳定；首次查明了梅花鹿、四川羚牛、中华鬣羚、中华斑羚、高山兀鹫、橙翅噪鹛、雉类等珍稀濒危动物的种群数量及栖息地现状，使保护管理部门对濒危珍稀物种的资源现状有了更清晰的掌握；查明了野猪种群资源及危害程度，为野猪防控提供了数据支持；初步分析了啮齿动物、两栖动物的群落结构。这些研究，使资源调查内容更深入，成果更全面。

（5）发现了一批新记录

本次调查发现了甘肃省新记录1种——灰喉山椒鸟。

本次调查发现了多儿保护区新记录23种，其中，兽类新记录5种，包括国家一级保护野生动物1种，国家二级保护野生动物3种；鸟类新记录17种，隶属于3目11科；爬行类新记录1种。发现的新记录，丰富了多儿保护区物种多样性，增加了濒危物种的分布区域。

（6）初步分析了重要植物资源

本次调查分析了大熊猫主食竹类资源及生长现状，为大熊猫栖息地质量分析提供了食物数据支持；调查分析了森林资源及特征、药用植物资源，掌握了重要资源植物的基本情况。

（7）调查评估了文化资源，深入分析了社区经济和威胁因素

本次调查，通过定量与定性分析，评估了多儿保护区的旅游资源及社区文化特征，深入分析了社区经济发现现状、资源利用现状、居民收支情况，对社会经济有更多的了解；首次分析了社区聚落空间结构特点，详细分析了威胁因素及其空间分布特征，为保护管理提供了数据支持。

（8）采用量化指标评价了保护价值和保护管理能力

本次调查采用量化指标，首次定量评价了多儿保护区的保护价值，更加直观、明确地证明了多儿保护区的重要性。采用METT评价了多儿保护区的管理能力，通过2013年、2016年、2020年截面数据的比较，分析了多儿保护区管理方面的成就和不足，对更好地建设多儿保护区有重要指导意义。

（9）应用了新的技术方法

本次调查研究成果的数据来源，包括了多儿保护区建立以来积累的巡护监测数据、专项调查数据及本次调查数据，丰富的数据量支持了分析结果的准确性。本次调查研究使用了大量红外相机，除采用路线法、样方法、访谈法等传统调查方法外，还采用了红外相机法、MaxEnt模型、AHP、METT、空间占位法、原子吸收分光光度法、$K_2Cr_2O_7$外加热法、凯式定氮法、钼锑抗比色法测、火焰分光光度法等方法技术。

1.5 存在的问题和建议

1.5.1 存在的问题

（1）自然资源保护与社区生产、生活之间矛盾突出

多儿保护区的社区产业结构以放牧和农业生产为主，放牧是社区最主要的收入来源。多儿保护区的核心区和缓冲区，存在大面积的社区传统牧场，数千头牛常年在这些牧场活动，成为多儿保护区最严重的威胁。薪柴是社区最主要的能源利用方式，目前还没有价廉物美的替代品；外运木材成本太高，建筑寺院、民居的木材，主要来源于国有森林；对冬虫夏草等中药材和羊肚菌等林下产品的采集，在家庭收入中依然占有一定比例；社区建设项目审批程序烦琐，降低了相关部门申请项目的意愿等。保护自然资源与社区生产、生活之间的矛盾，仍然比较尖锐。

（2）威胁依然严重

与十年前相比，威胁因素明显下降，整体上多儿保护区的受威胁程度较低，但放牧、砍柴、采集等威胁依然对保护区的生物多样性产生较大的干扰，核心区威胁程度较高的区域出现在劳日、工布隆、洋布沟的阳坡草山。放牧是范围最大的威胁因素，出现在劳日沟、工布隆、洋布沟、洋布梁等主要保护物种的栖息地范围内，对主要保护对象的影响最强。砍柴对森林植被的破坏严重，造成栖息地局部丧失或质量下降。采集导致冬虫夏草、羌活等中药材资源日渐枯竭。

（3）保护管理能力与国家级自然保护区的发展不匹配

多儿保护区的保护管理能力相对较弱，与新形势下国家级自然保护区的发展不匹配，主要表现在保护管理人员第一学历普遍较低，专业方向不对口，保护技能缺乏或不足，年龄结构偏大；经费严重不足；野外保护设备不足；信息化程度和水平较低，数据管理、分析能力严重不足，缺乏或空缺基于GIS的管理系统；科研能力不足，缺乏生态定位监测站、气象水文监测站等科研设施建设；监测的规范程度不足，系统性不强，野外识别能力不足；激励机制不健全，部分职工工作的积极性不高，主动性不强；生态旅游规划空缺，宣传教育设施空缺，宣传的创新性不足；与相邻保护区之间有协作关系，但没有组建协同管理网络，同行合作交流不足；界碑界桩、保护站点建设、野外监测设施建设不够；巡护不足，对外来人员的管控较弱；没有专业扑火队伍，缺乏相关防火设施设备和培训；自我监测与评估不足；社区有一定程度的参与，但社区资源的可持续管理不足；保护站点尚在建设中，未投入使用。

1.5.2 对策建议

（1）着力解决核心区牧场放牧的问题

由于存在民族习俗、传统文化、缺乏替代产业、没有专项资金等问题，解决多儿保护区的放牧威胁，困难重重。但核心区放牧的问题比较突出，通过解决核心区放牧的问题，可以推动社区共管程度和水平的提高，推动其他威胁因素的解决。建议保护区管理机构不断向上级主管部门反映情况，邀请上级领导现场调研，引起上级主管部门对这一问题的重视；邀请地方政协、人大等部门参政议政人员访问保护区，展示放牧问题，推动他们将解决核心区放牧问题作为工作提案在重要会议上提出；设立研究课题，聘请专家，深入研究核心区放牧的程度及对野生动植物的影响，找出放牧与生物多样性保护之间的核心关系，用数据定量地说明问题；开展小范围、少量牧民参与的放牧防控试验，多方面征询意见，探

索解决核心区放牧的途径；向政府主管部门提出完整的方案，最终通过生态补偿或重大项目，调整社区的产业结构，解决核心区放牧的问题。

（2）设法减少社区砍薪和盗伐林木的威胁，恢复已经退化的栖息地

薪柴仍然是社区最主要的能源提供者，而且短期内难以找到替代能源。建议从三个方面减少社区对薪柴的消耗，一是使用节柴灶、改进烟道、生料饲养家畜等，推广节柴设施，减少薪柴消耗；二是寻找项目或资金，补贴社区购置家电炊具、液化气灶、太阳能热水器、太阳灶等，扩大清洁能源的用量，替代部分薪柴；三是改造建筑结构，推广现代化钢混结构建筑，通过扩大或增设玻璃窗，建设玻璃暖棚，外墙增贴保温层等，提高建筑的保温程度；四是鼓励社区营造薪炭林，增加薪柴贮备。针对盗伐林木的问题，一是要强化打击力度，让盗伐者受到惩罚，才能产生震慑作用，让骑墙者畏而止步；二是要加强对钢混结构建筑的宣传倡导，让社区认识到钢混结构的优点；三是对使用钢混结构建筑的家庭，给予物资或资金的鼓励；四是营造鼓励社区在实验区的集体土地上植树造林，增加集体用材林贮存量。

对因砍柴、盗伐、地震、地质灾害、竹子开花等导致退化的栖息地，通过补植、营造本土树种混交林、驱赶家畜等多种手段，增强植被覆盖度，改变林分结构，提高栖息地质量。对关键的栖息地、廊道等，增强巡护，减少威胁，防止栖息地进一步退化。

（3）完善管理制度，增强激励机制，提高职工的积极性和工作能力

向国内管理先进的自然保护区取经，组建工作小组，聘请专家指导，梳理完善管理制度，增强激励机制，将职称与职务晋升、外出考察学习机会、绩效工资发放、评优选先等与工作完成情况挂钩，逐渐树立积极、认真、负责、钻研的工作精神；针对职工文化程度较低，专业性不强的现状，开展培训需求评估，制定培训方案计划，开展不同层次的针对性培训，力争每位员工至少熟练一项技能；对新入职工的员工，针对个人情况，有意识地开展培育工作，力争5～10年培养出10名左右区域性专家。

（4）完善巡护监测体系，开展规范的巡护监测工作

针对巡护监测工作的不足，建议如下：规范巡护任务、目的、方式与方法、线路、表格、信息管理、处置程序等；任务划片，按林班承包，责任到人，保护站与巡护员签订责任书，保护科与保护站签订责任书；保护科负责对保护站考核，对每位巡护员抽查考核，并将考核结果与奖惩挂钩，保护站负责考核每位巡护员；巡护数据由保护科统一管理，定期分析，并向管护中心提出管理建议。

建立包含环境因子监测、生态定位监测、生物多样性监测、威胁因素监测、保护成效监测等在内的综合监测体系，购置监测设备，建设监测站点，制定监测技术规范，开展科学、定期、规范的监测工作；完善监测管理制度，监测任务与监测人员的绩效挂钩，对监测样线不到位、相机位置不到位、相机电池更换逾期等主观性工作失误，给予必要的处罚。监测数据专人管理，聘请外部技术力量定期分析，为管理决策提供依据。

（5）增强融资工作

资金是保护工作的基础。建议组建专门小组，研究保护区资金渠道；建设项目库，储备各类项目；积极与有关部门、机构、组织沟通，拓宽资金渠道；与科研单位、社会组织、企业合作，联合申请项目；研究国家特许经营的政策，争取特许经营试点，通过特许经营融资；编制生态旅游规划，开展生态旅游，通过生态旅游增加社区就业，增强保护区融资。

2 自然地理

地质演化过程决定着地层、岩浆岩、构造等的分布、产状、岩性、岩相特征。通过地质内、外动力过程进而影响地形地貌、土壤母质、土壤过程等生物生存的基础环境。地貌是地球表层系统最重要的要素之一，并在一定程度上决定着生态环境因子的分布（杨勤业等，2002）。自然保护区地貌特征直接或间接影响着气候、水文、土壤等野生动植物生存的环境因素。

气候、水文环境是自然保护区的重要非生物环境，全面、正确地分析保护区气候、水文特征及资源，对保护区建设和发展具有重要作用（张家诚，1988；张超和马娉琦，1989）。影响保护区气候的主要因素，除太阳辐射、地理纬度、大气环流、海陆位置等大方位共性因素外，山势、地形、植被、地表（下垫面）等建造的独特性也是重要因素。

土壤是地球生物圈的重要组成部分，是农业生产和自然生态系统的基础，是人类生存最基本的自然资源（李小方等，2009；张玉龙和王秋兵，2005），是陆地表面具有一定肥力、能够生长植物的疏松表层，是母质、气候、地形、生物和时间综合作用下发生形成的一个独立的历史自然体。土壤在整个地球自然生态系统中作用特殊且重要，是结合有机自然界与无机自然界的中心环节，连接着各自然、地理要素。由于其基础性作用强，研究备受关注（龚子同等，2007）。土壤肥力是森林植物健康生长的前提之一，而土壤的理化性质又是土壤肥力的重要方面（李鹏，2015）。土壤最基本的功能在于它作为绿色植物的生产者，提供了植物生长过程中的所需养分和所有陆生生物赖以生存的载体（曹志洪和周建民，2008）。

因此，调查研究其地质、地貌、气候、水文、土壤及理化指标，是自然保护区资源本底调查研究的重要内容。本次调查研究分析了多儿保护区的地质背景、地质演化过程、地层构造、岩浆岩特征及其分布、土壤类型与土壤理化性质，以期更充分地了解多儿保护区的环境因素，掌握自然地理的基础数据，为自然资源的保护管理、规划利用等提供参考。

2.1 研究方法

（1）实地调查

采用样线法，自然地理调查人员与野生动植物资源调查人员一起，沿野生动植物资源样线实地调查地质、地形地貌，采集岩石标本。

2020年，在多儿河两侧2200～3400m的沿海拔梯度，选择高山草甸、灌丛、针阔叶混交林、针叶林、农田等不同生境，设置多个10×10m样方（表2-1、图2-1）。在每个样方内，采取蛇形取样法选10个点取样，土样多点混合后按"四分法"取土，算一个重复，取样时先去除地表枯枝落叶等杂物，利用土钻采集0～20cm、20～40cm、40～60cm三个土层的土壤，并记录土壤剖面形态特征及成土环境条件，每个土层35个土样，共计105个样品，装入无污染布袋，带回实验室风干、研磨过筛待测。

表2-1　部分土壤采样点基本特征

样地类型	海拔（m）	坡向	经纬度	优势种组成	样本量
高寒草甸	3084	西南	103°55′28″E，33°47′34.82″N	珠芽蓼、圆穗、藓生马先蒿等	12
	3075	西南	103°55′25.45″E，33°47′32.25″N		
	3217	西南	104°01′57.10″E，33°44′03.72″N		
	3246	西南	103°54′07.10″E，33°45′14.13″N		
灌丛	2870	西南	103°54′40.28″E，33°48′01.39″N	黄蔷薇、西康扁桃、毛莲蒿、灰枸子、西北枸子、河朔荛花、窄叶鲜卑花等	33
	2618	西南	103°54′45.88″E，33°48′07.00″N		
	3126	西南	103°54′04.06″E，33°45′8.79″N		
	2765	东南	103°51′23.68″E，33°48′32.49″N		
针阔混交林	3100	东北	103°55′20.90″E，33°45′20.84″N	辽东栎、白桦、红桦、山杨、青海云杉等	21
	2832	东北	103°55′47″E，33°45′25.46″N		
	2899	无	104°00′56.45″E，33°43′46.18″N		
	3119	北	103°59′40.86″E，33°42′26.38″N		
	3103	东南	103°51′0.03″E，33°48′35.09″N		
针叶林	2861	东南	103°54′14.74″E，33°48′04.27″N	青海云杉、岷江冷杉、青扦等	9
	3234	西南	104°00′02.60″E，33°45′33.54N		
	3012	西南	103°59′55.75″E，33°45′22.32″N		
农田	2840	南	103°54′14.01″E，33°48′11.47″N	小麦、玉米、马铃薯、党参、当归、羌活等	12
	2555	东北	103°55′25.17″E，33°45′58.63″N		
	2893	西南	103°54′42.35″E，33°45′00.86″N		
	2527	东北	103°51′37.97″E，33°48′53.39″N		

（2）二手资料法

收集保护区内有关自然地理方面的参考文献资料、调查报告、相关图件。

由于多儿保护区内未建立气象站和水文站，收集距离保护区48.5km的迭部县气象站31年（1990—2020年）的气象数据，作为分析多儿保护区气候特征的基础数据。迭部气象站海拔2400m，接近保护区多儿乡政府驻地海拔，纬度与保护区北界相差0.11°，基本能够代表保护区气象平均特征。收集部分麻牙寺（多儿河）水文站（曾设立）资料、多儿水电站水文数据，对多儿保护区水文特征进行初步分析研究。

（3）样品测定

岩性矿物鉴定由甘肃省第一地质勘查院实验测试中心通过切片法完成。

土壤有机碳用 $K_2Cr_2O_7$ 外加热法，TOC总有机碳分析仪测定；土壤全氮用凯式定氮法测定；土壤碱解氮采用碱解扩散法；土壤全磷用 $H_2SO_4-HClO_4$ 消煮，钼锑抗比色法测定；土壤有效磷采用0.5mol/L $NaHCO_3$ 浸提-钼锑抗比色法测定；土壤全钾采用 $H_2SO_4-HClO_4$ 消煮，火焰分光光度法测定；土壤速效钾采用1mol/L NH_4OAc 浸提-火焰分光光度法测定（鲍士旦，2000）。微量元素有效态Cu、Fe、Mn、Zn、Mo用0.005mol/L DTPA提取后，用原子吸收分光光度计测定。交换性钙（Ca^{2+}）、镁（Mg^{2+}）采用乙酸铵交换-原子吸收分光光度法测定。土壤pH值用酸度计测定。

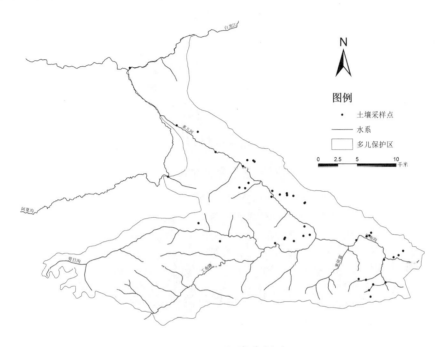

图2-1　土壤采样点

（4）数据分析

在参考相关参考文献资料、图件的基础上，结合实地调查和实验室检测结果，利用常规统计分析方法综合分析。

结合实地调查，岩性矿物鉴定（由甘肃省第一地质勘查院实验测试中心完成），对多儿保护区地质及地貌特征、地形地貌进行初步分析研究，绘制该区地质简图（地层、构造分布图），同时对该区地质发展历程进行初步研究分析。

气候水文环境作为自然保护区生物生存的重要非生物环境，全面、正确地分析保护区气候、水文特征和气候、水文资源，对保护区建设和发展具有重要作用（张家诚，1988；张超和马娉琦，1989）。影响保护区气候的主要因素，除太阳辐射、地理纬度、大气环流、海陆位置等大方位共性因素外，山势、地形、植被、地表（下垫面）等建造的独特性也是重要因素。多儿保护区位于北纬33°40′～34°00′之间，这决定了该地正午太阳高度角的大小和昼夜的长短，从而决定太阳辐射量的多少和气温的高低；又因地处青藏高原东侧、岷迭山系之间的深山峡谷之中，错综复杂的地形、地貌和垫面的建造，又促成境内气候复杂多变的特点。利用气候统计方法，对月平均气温，年极端高、低温，≥0℃、≥10℃积温，月降水量等气象数据进行统计分析，用趋势分析方法分析各年月平均气温和年极端气温，各年月降水量、湿度、风速、风向、光照辐射等趋势变化及其空间分布特征，同时分析了≥0℃积温和≥10℃积温以及首日和终日特征，从而初步掌握了多儿保护区的气候特征。

通过对保护区土壤样品采集、有关文献资料收集、数据分析，结合实地调查研究，按照现行《中国土壤分类系统》的分类原则和依据，对保护区内分布的土壤进行分类，并对区内主要土壤的成土条件进行了初步调查研究。

土壤理化性质的所有数据使用Microsoft Excel 2010进行整理和制图，使用SPSS 20.0软件进行统计分析，采用One-way ANOVA方法检验不同海拔梯度间土壤养分含量的差异性，C：N、C：P和N：P的差异性。采用线性方程对土壤养分进行回归分析，对海拔、pH值与土壤养分变化进行Pearson相关性分析。

土壤微量元素有效性评价参考土壤重金属污染评价标准与方法（赵串串等，2017），采用单项指数（Ei）和综合指数（Et）相结合，先计算各元素有效性指数，再采用均方根法计算综合有效性指数，测算公式：

$$Ei = \frac{Ci}{Si}$$

$$Et = \sqrt{\frac{1}{n}\sum_{i=1}^{n} Ei}\,)$$

式中，Ci为土壤微量元素i含量的实测值，Si为土壤微量元素i含量的临界值，n为微量元素种类。

2.2 地质

2.2.1 地质背景

多儿保护区位于西秦岭西端，松潘-甘孜褶皱系东北缘，迭部-武都断褶带南缘，白龙江复背斜南翼。以洋布梁子为界线，西南部为松潘-甘孜褶皱系的东北部分，褶皱、断裂活动相对较小，岩浆不甚发育；北部为西秦岭褶皱带，断裂活动强烈，岩浆活动频繁（汤中立和梁建德，1973）。

2.2.2 地层

多儿保护区地层出露不全，大部分地层相对较古老，属甘孜-松潘地层分区（汤中立和梁建德，1973），以海相沉积为主，有部分陆相碎屑岩建造，主要为古生界志留系、泥盆系、石炭系、二叠系、中生界三叠系、白垩系，以及新生界第四系松散堆积体，其中中生界三叠系地层最为发育。

2.2.2.1 志留系（S）

下志留统（S_1）为多儿保护区最老地层，见于班藏南部区域，北西向展布。本统岩性为灰色千枚状板岩、灰色千枚岩、绢云千枚岩夹千枚状粉砂岩、硅质绢云千枚岩、粉砂岩及少量石英砂岩、炭质板岩、钙质板岩等，以板岩、千枚岩为主，向西硅质增高，厚度巨大，化石几乎全为笔石，局部含炭质、黄铁矿晶体。在旺藏一带出露厚度大于3590m。本统岩性单一，相变不明显，向西延伸，板岩、硅质板岩增多，千枚岩相对减少。由于断层破坏，区内各地出露厚度差异较大。属还原环境下浅海相笔石页岩建造及硅质页岩建造，是还原环境下形成的笔石页岩相沉积，岩石中含有黑色有机物质，局部形成黑色炭质板岩或含炭质硅质板岩，凡是有机质高的岩石中，放射性伽马强度也高，有时形成低强度异常。

中上志留统（S_{2-3}）见于多儿保护区北部班藏—花园一带，北西向展布。花园—年藏一带该地层下部为灰色千枚岩、绢云绿泥千枚岩夹千枚状板岩；上部为灰黑、灰白色千枚状钙质板岩、炭质板岩、千枚状含炭硅质板岩夹薄层变质细粒石英砂岩；顶部为细粒石英砂岩夹板岩，总厚度6527m。此地层向东南延伸至年藏附近，砂岩多变为暗紫红色。千枚岩、千枚状板岩岩质软弱，片理较发育；砂岩岩质坚硬，单层厚度20～40cm，最厚1.5m。综上所述，中上志留统以钙质、泥质、炭质板岩、硅质板岩为主，夹石英砂岩，颜色灰到黑色，主要产笔石化石，属浅海相－陆棚软泥相，含笔石页岩－硅质页岩建造。

通过对手标本实验室镜下鉴定（彩图2-1），岩性为钙质泥质板岩，岩石主要由泥质（58%）、碳酸盐（25%）、绿泥石（8%）、白云母（3%）、石英（5%）等组成，并含有金属矿物。岩石中的泥质为隐晶质－显微晶质，相互混杂，定向分布；碳酸盐（方解石、白云石均有，各自不均匀分布）为显拉长的不规则小团状，沿长轴方向具定向性，长轴方向与泥质的定向方向一致；绿泥石、白云母为极小的片状，定向分布；石英为细粉砂状，略显定向零散分布。金属矿物（<1%）以略显拉长的不规则小点状为主（零散分布），少量为呈与板理方向一致的丝线状。

除瓦至水泊沟一带的中上志留统与上述不同，其特点为含硅质较高，出现较多硅质千枚岩、硅质条带；碳酸盐含量增高，出现薄层大理岩、灰色含铁白云石板岩、灰黑色白云质灰岩；局部由中-细粒石英细砂岩与板岩、粉砂质板岩交互成层；化石群以珊瑚为主，笔石极少发现；年藏至花园一带，中上志留统未发现放射性异常，除瓦至水泊沟一带则出现若干条异常带，沿地层走向分布。属浅海-陆棚软泥相及碳酸盐相沉积。以页岩建造为主，包括部分硅质页岩建造及碳酸盐岩建造。

2.2.2.2 泥盆系（D）

多儿保护区周边北部区域上出露下泥盆统和中泥盆统地层。下泥盆统（D_1）以碎屑岩为主夹黑灰色块状灰岩，中泥盆统（D_2）以碳酸盐为主。

下泥盆统（D_1）分布于多儿保护区北部，花园以北至头沟坝东南，呈带状北西西向延伸。本统下部为绿色千枚岩及硅质板岩，上部为黑灰色板岩及绿色千枚岩，总厚度大于779m，由西北向东南，灰岩减少，千枚岩相对增加。下部出现紫色千枚岩、杂色千枚岩及泥质白云岩、白云质灰岩、变质砂岩等，局部出现含砾粗砂岩、砾岩。总体来看，下统岩性不够稳定，自东向西有变粗之势，多珊瑚、腕足、瓣鳃等化石，属没海相碎屑岩及碳酸盐岩建造。与下伏中上志留统（S_{2-3}）岩性相似，地层产状一致，为连续沉积。与上覆地层未见直接接触，然而顺走向延至卓尼当多沟，在白依-桑坝背斜北翼为平行不整合关系，与下伏中上志留统（S_{2-3}）根据岩性和古生物群的过渡特征应为整合接触。

少量的中泥盆统（D_2）出露于多儿保护区周边东北区域内，为中统古道岭组（D_2^2g），向东南延入舟曲境内，向西北延入卓尼境内，与志留系呈不整合接触关系。

中泥盆统古道岭组下岩组（$D_2^2g_1$），该岩性段表现为下部为黄褐色中厚层含铁砂岩、灰紫色、黄绿色千枚岩、含钙砂质板岩、长石石英砂岩、浅褐色、灰色钙质页岩夹中薄层泥砂质灰岩，扁豆体灰岩；上部为灰色、深灰色中薄层到厚层块状泥砂质灰岩，疙瘩状泥砂质生物灰岩，含白云质灰岩，燧石条带灰岩，夹含炭千枚岩、板岩、砂岩、页岩。该岩性段主要以灰岩、结晶灰岩为主，夹砂岩、含铁砂岩及页岩，向上页岩增多，厚约483米。泥砂质灰岩中富含腕足和珊瑚化石，代表了正常浅海相碳酸盐岩及韵律不完整的细碎屑岩建造。

中泥盆统古道岭组上岩组（$D_2^2g_2$），本段仅出露于白龙江南侧一带，下部为炭质板岩、千枚岩、砂岩夹薄层硅质灰岩、薄层泥砂质灰岩；中部为深灰色厚层状灰岩、灰色薄板状灰岩、疙瘩状生物灰岩夹角砾状灰岩及炭质千枚岩、板岩；上部为灰色千枚岩，含炭板岩夹中薄层生物灰岩及薄层泥砂质条带灰岩和灰岩透镜体。该岩性段主要以炭质板岩、生物灰岩为主，夹砂岩、千枚岩，向上板岩、千枚岩增多，向下灰岩增多，厚约1410m。在疙瘩状生物灰岩和泥砂质灰岩中盛产腕足、珊瑚化石。属滨海-浅海相碳酸盐岩建造。

2.2.2.3 石炭系（C）

石炭系主要分布于多儿保护区的东部及北部区域的当当-洋布梁一带，北西-东南向展布。可分为下、中、上统，由于断层错断，出露均不完整。

下石炭统略阳组（C_1^2l）在多儿保护区内岩性基本一致，上部为浅灰、灰白色中厚层状结晶（微晶）灰岩、灰岩夹紫红色泥岩，下部颜色较深，为灰黑色厚层状灰岩夹不纯灰岩、薄层灰岩及杂色泥灰岩。其厚度由于断层影响，各地差异很大，在九龙峡剖面可见厚度为406米。与上覆中石炭统岷河群（C_2mn）为整合接触，与下伏地层均系断层关系。古生物的数量和种属均较丰富，并以珊瑚、腕足类等底栖动物最多，属浅海相碳酸盐岩建造。

通过对下石炭略阳组实验室岩性鉴定（彩图2-2），岩性为结晶（微晶）灰岩。岩石主要由方解石（93%）、白云石（1%）、泥质（3%）、长石（1%）、硅质（1%）等组成，并含有金属矿物（＜1%）。微晶结构，层块状构造。岩石中的方解石粒径以0.01mm～0.03mm为主，少量较小或较大，薄片中见最大粒径达0.06mm，相互混杂，堆积而成，略显定向性；白云石粒径与微晶方解石相当，呈不规则小团状聚集，零散分布。方解石、白云石薄片中无色，闪突起显著，具高级白干涉色和强色散，经茜素红-S溶液染色，方解石呈红色，白云石不着色。手标本遇冷稀盐酸剧烈冒泡。泥质为粉状，较为均匀地分布于方解石等颗粒之间；长石为他形板粒状，不均匀零散分布；硅质为显微晶质，呈不规则小团状，分布状态与长石相同。岩石中有较为纯净的柱状或粒状的方解石脉，有的夹杂有少量的粒状石英。金属矿物为不规则小团点状、锯齿缝合线状。

中石炭统岷河群（C_2mn）在多儿保护区区域上略有变化，在九龙峡和九龙峡以东以红色-灰白色白云质灰岩为主，夹角砾状白云质灰岩，硅化灰岩或大理岩化灰岩，厚度大于252m。向东至尼藏附近，出现白色大理岩。由九龙峡向西尖尼沟附近为灰色灰岩、条带状灰岩夹白云岩及紫红色粉砂岩，底部为厚度大于82米的石英细砂岩，总厚度大于687m。至卡坝、安子沟一带，碎屑岩又有增多趋势，下部以灰色细砂岩为主夹薄层泥岩。上部为灰白色块状灰岩，顶部为暗灰色粗粒硬砂质砂岩。与尖尼沟中石炭统剖面岩性大体一致，厚度大于223m。

从上述各地岩性和分布可以看出，多儿保护区内本群仍以海相碳酸盐岩为主，继承了下石炭统的沉积环境。只是在早石炭世之后，由于海水动荡，故本群底部沉积了石英细砂岩。自东向西，碎屑岩逐步增多，而碳酸盐岩相对减少，反映了海水自东向西由深变浅，同时由于海水含盐度较高（主要是Mg），白云质灰岩乃至白云岩沉积到处可见。本群在卡坝、安子沟一带整合于含大量䗴科化石的上石炭统之下，在台力傲以北，与有化石证据的上石炭统及下石炭统为整合关系。本群底部一般见有石英砂岩，而其上部也常见有碎屑岩夹层，同时有较多的白云质灰岩和白云岩出现，岩石颜色较浅。

上石炭统尕海群（C_3gh）主要分布与多儿保护区北部然子寺北至当当西一带，出露面积较小，与下伏地层中石炭岷河群（C_2mn）整合接触，与上覆下二叠统大关山群（P_1dg）呈不整合（断层）接触。

根据多儿沟当当一带上石炭统尕海群岩性有深灰色中厚层状灰岩夹薄层灰岩，深灰色破碎灰岩，深灰色中厚层块状粉-微晶灰岩夹薄层硅化灰岩，乳白色块状白云质灰岩，灰色夹乳白色硅化灰岩，灰白色白云岩。总体看来，为一套以碳酸盐岩为主的沉积建造，属正常的海相沉积，继承了早、中石炭世的沉积环境。

通过对手标本的实验室岩性鉴定（彩图2-3），岩性为块状粉-微晶灰岩。岩石主要由方解石（93%）、白云石（2%）、泥质（3%）、长石（1%）等组成，并含有金属矿物（1%）。粉-微晶结构，块状构造。岩石中的方解石粒径以0.02～0.05mm为主，少量较小或较大，薄片中见最大粒径达0.1mm，相互混杂，堆积而成；白云石粒径与方解石相当，呈不规则小团状聚集，零散分布。方解石、白云石薄片中无色，闪突起显著，具高级白干涉色和强色散，经茜素红-S溶液染色，方解石呈红色，白云石不着色。手标本遇冷稀盐酸剧烈冒泡。泥质为粉状，较为均匀地分布于方解石等颗粒之间；长石为他形粒状，零散分布。岩石具碎裂，宽窄不等的裂隙中有较为纯净（手标本中为白色）的方解石充填。金属矿物为不规则小团点状，零散分布。

2.2.2.4 二叠系（P）

二叠系在多儿保护区主要出现下统大关山群（P_1dg），该地层主要断续分布于多儿保护区北部，仅见下统，呈北西西向展布，与不同时代的地层呈断层接触，上覆地层为下白垩统（K_1），下伏地层为上石炭统尕海群（C_3gh）。从多儿保护区北部当当剖面来看，从上到下岩性为炭质板岩与薄层灰岩（板状微晶灰岩，彩图2-4）互层，灰黑色中厚层状含燧石条带灰岩，深灰色炭质板岩与同色薄层灰岩互层。分布于然寺敖和台力敖一带的下二叠统，为灰黑色薄层燧石灰岩夹板岩，炭质板岩。燧石呈团块或条带状出现。灰岩中产蜓及珊瑚化石。晚石炭世以后，因构造运动影响，本区沉积环境有正常的海相灰岩沉积逐渐变为滨-浅海相沉积。

通过对薄层灰岩手标本岩性鉴定，其岩性为板状微晶灰岩。岩石主要由方解石（91%）、白云石（1%）、泥质（3%）、石英（2%）、白云母（<1%）、绿泥石（微量）、黑云母（微量）等组成，并含有金属矿物（<1%）。微晶结构，板状构造。岩石中的方解石粒径以0.01～0.03mm为主，少量较小或较大，薄片中见最大粒径达0.06mm，略显拉长，并沿长轴方向定向分布；白云石粒径、形态与微晶方解石相当，呈不规则小团状聚集，零散分布。方解石、白云石薄片中无色，闪突起显著，具高级白干涉色和强色散，经茜素红-S溶液染色，方解石呈红色，白云石不着色。手标本遇冷稀盐酸剧烈冒泡。泥质为粉状，较为均匀地分布于方解石等颗粒之间；石英为细粉砂状，较为均匀地零散分布；白云母为极小的片状，定向分布；绿泥石为小片状-鳞片状、黑云母为雏晶状-极小的片状，相互混杂，呈与板理方向一致的、不连续的脉状和丝线状。金属矿物为不规则小点状，零散分布。

2.2.2.5 三叠系（T）

多儿保护区三叠系地层分布最广，约占多儿保护区面积的三分之二，北西西向展布，属秦岭区三叠系地层，多儿保护区出露中、上统，各分两个岩组。

中三叠统（T_2）主要分布于劳日果巴上游的马拉哈一带，呈北西向带状分布，属浅海相碳酸盐和碎屑岩建造，进一步分为两个岩组。

中三叠统下岩组（T_2^a）的岩性为中厚层状砂岩、细砂岩、粉砂岩夹黑色粉砂质板岩、黑色板岩及薄层灰岩。砂岩中见植物化石碎片。厚度约5300m。

在阿夏以西，碳酸盐成分大量增加，形成灰色薄层状隐晶质灰岩、隐晶质块状灰岩、中厚层、块状结晶灰岩、灰色块状砂砾状碎屑灰岩夹深灰-灰黑色板状硅质岩。碎屑灰岩之碎屑多为隐晶质灰岩、方解石、化石碎片等。尚有少量燧石、石英，胶结物为隐晶质碳酸盐及粉砂、方解石、石英等。多儿保护区马拉哈西南附近，本岩组钙质增加，出现较多薄层状灰岩。

中三叠统上岩组（T_2^b）：上部为灰色薄层钙质粉砂岩夹黑色板岩及薄层灰岩；下部为褐灰色薄层细砂岩及薄层灰岩，厚约1024m。该组顶部有贫铁矿夹层，在阿夏剖面中为含铁砂岩。此层层位稳定，颜色为紫灰色，延伸远，有时成为数个夹层，各夹层间距离不超过100m，形成一个含铁岩系。主要为灰绿色中厚层砂岩及砂质板岩夹薄层灰岩，沉积韵律明显。

本区中三叠统的细粒长石砂岩，碎屑约占70%，主要为石英、长石，占30%～40%，尚有少量黑云母、白云母、硅质岩、喷出碎屑等，碎屑磨圆度及分选性均差。胶结物主要为绢云母，其次为铁白云石、硅质等。细粒硬砂岩碎屑呈不等粒状，直径一般0.1～1mm。碎屑成分主要为石英、长石及岩屑，三者含量近等或石英赂多些，约占1/2左右。岩屑成分包括英安岩、硅质岩、板岩、千枚岩、粉砂岩及安山岩等。碎屑磨圆度差，多为楼角状及半棱角状，分选性差。

中三叠统岩层，以细粒碎屑岩及碳酸盐岩为主，水平层理发育，含海相腕足、瓣鳃化石及植物化石碎片，岩石颜色较深。证明其为还原环境下的正常浅海相沉积。砂岩中长石含量较多。

上三叠统（T_3）呈北西西向带状展布，分布于多儿保护区劳日果巴一带。

上三叠统下岩组（T_3^a）为中-厚层状细砂岩、长石石英细砂岩、砂岩及钙质粉砂岩夹灰色薄层灰岩、黑色板岩及粉砂质板岩，岩性较稳定。上三叠统下岩组之粉砂岩中碎屑约占60%，直径0.01～0.1mm，其中石英、长石约占90%，云母及方解石少量，尚有个别电气石。绢云母，碳酸盐胶结，基底式胶结为主。

上三叠统上岩组（T_3^b）上部以深灰-灰黑色薄到中层状钙质细砂岩及粉砂岩为主，夹薄到中层状灰岩和板岩、砂质板岩（彩图2-5）、石英细砂岩；下部为深灰、灰绿色石英细砂岩、石英长石砂岩及长石砂岩夹砂质板岩、泥质板岩。本层底部以泥质板岩为主夹钙质粉砂岩、薄层灰岩。白古寺一带出现数层灰色薄层状灰岩。达拉沟一带岩性与化石同白古寺一带一致，砂岩中见有流水波层及交错层理。上岩组的细粒石英长石砂岩，碎屑直径0.02～0.2mm。其中，石英少于60%，长石25%～30%，含少量云母及个别安山岩岩屑、方解石、铁白云石。碎屑以次棱角状为主。灰岩隐晶-微晶结构，方解石占95%以上，余为少量石英微粒。细粒长石砂岩之碎屑以石英及长石为主，长石约占35%，含少量云母及微量方解石、错石。碎屑直径0.1～0.25mm，分选差，次棱角状及棱角状。胶结物以高岭土为主，碳酸盐较少，充填式及孔隙式胶结。上岩组的砂质板岩，岩石主要由石英（63%）、长石（12%）、黑云母（3%）、白云母（1%）、岩屑（6%）、碳酸盐和泥质（15%）等组成，并含有金属矿物（少量）。变余砂状结构，板状构造。岩石中的石英为略显拉长的不规则状，沿长轴方向具定向性；长石为他形板粒状，具不同程度的蚀变：有的双晶晰，有的几乎完全被蚀变矿物（主要为碳酸盐）所取代，仅有少量长石的残留；黑云母、白云母为小片状，定向分布，有的黑云母具强烈的绿泥石化；岩屑为略显拉长的不规则小团状，大多边界模糊，有的透明度较差，种类以长英质岩屑为主，少量为灰岩岩屑。碳酸盐为集合体状、泥质为隐晶质-显微晶质，相互不均匀混杂或各自聚集，显定向性，分布充填于以上矿物和岩屑（粒径在0.06～0.5mm）之间。金属矿物为略显拉长的不规则小团点状，零星分布。

本区上三叠统以细砂岩为主，灰岩层位较稳定，水平层理为主，且有海相菊石、瓣鳃等化石发现，并含鲕粒、植物化石碎片等，说明以找海相沉积为主。斜层理及流水波痕表明局部可能有河流相或三角洲相沉积。岩层厚度巨大，长石砂岩较多，碎屑之分选性、磨圆度较差，说明沉积较为迅速。根据岩性及化石，应属海相碎屑岩建造及海相碳酸盐岩建造。

2.2.2.6 白垩系（K）

多儿保护区出露下白垩统，主要分布于尼藏-洋布一带，北西向展布。根据尼藏下白垩统剖面，从下到上可分为下岩组（K_1^a）和上岩组（K_1^b）。

下岩组（K_1^a）与上三叠统上岩组不整合接触。下岩组厚度大于78m，从下到上岩性依次为紫红色厚层砾岩，紫红色中厚层砾岩。

上岩组（K_1^b）未见顶，厚度大于442m，从下到上岩性依次为紫红色泥岩，灰绿色、灰色泥岩夹薄层泥灰岩，紫红色泥岩偶夹粉砂岩，灰绿色泥岩，紫红色泥岩夹厚约10m的灰绿色泥岩。

从下白垩统分布情况可以看出应为山间盆地及断陷盆地沉积。受断裂控制，沿断层走向呈长条状分布。由于受古地形条件的影响，各地所见厚度差异较大。岩性由下到上由粗变细，即由砾岩、砂砾岩逐渐变为泥岩。尼藏剖面的这种变化很清楚。砾岩中砾石成分为黑色灰岩、黄绿色粗砂岩、粉砂岩以及少量板岩、硅质岩、石英闪长岩及石英等。砾径一般3～5cm，大者可达20～30cm，呈次棱角-棱角状，分选差，常大小混杂，砂泥质胶结，充填式胶结类型。

根据红色地层的分布一般受断层控制，下部粗，砾石多具磨圆度、分选性均较差，上部泥岩为主，含陆生植物孢粉。

2.2.2.7 第四系（Q）

第四系不甚发育，主要分布在多儿河以及各支流两岸阶地上。根据地貌形态和沉积物的特点，可分为两种类型。

一是阶地沉积物，流域内河谷两岸分布的河流阶地大都属于侵蚀阶地和基座阶地。主要为含砾砂土和黄土状粉砂、含碎石粉砂及沙砾层。阶地面主要为农田的分布地带。

二是其他堆积（沉积）物，主要是冲洪积物（分布于主要沟谷及其支流中），坡积物普遍分布，生物堆积（分布于森林区及其周边）。

按成因类型主要有冲积和崩、坡积。冲积层（Q_4al）：上部为沙壤土，厚度1.5～3m，下部为砂卵砾石层，厚度10～15m，磨圆度较好，密实，呈条带状分布在公路以上地带。河床冲积层厚3～7m，为磨圆度良好的砂卵砾石，较密实。 崩、坡积（$Q_4col+dl$）零星分布在河岸斜坡及阶地后缘，为块碎石及碎石土，厚度3～8m，松散，局部有架空现象。

2.2.3 侵入岩

多儿河流域岩浆岩不发育。仅在多儿保护区北部班藏一带有脉岩出露，发育的脉岩有斜长细晶岩脉、闪长岩脉、闪斜煌斑岩。主要集中于志留纪地层中。

（1）斜长细晶岩

斜长细晶岩是最常见的一种脉岩。其余均见于志留系中，尤以中上统出现最多。一般顺层侵入，有时边界不太规则。小脉宽0.4～0.5m，长2～3m；大脉宽达10～20m，长达30～50m。斜长细晶岩淡红色、灰白色、浅灰绿色，斑状结构。斑晶为斜长石、石英，暗色斑晶少见，有角闪石及黑云母。斜长石板状，0.3mm×0.2mm至1.6mm×0.8mm不等，有时具聚片双晶及卡钠双晶，属奥长石石英近等轴状，$d≈0.25mm$，具溶蚀构造。斑晶含量30%，基质为斜长石、石英、白云母，具细晶结构，$d<0.01mm$。微量矿物有锆石、磷灰石、榍石。

（2）石英闪长玢岩（δol）

顺层侵入下石炭统中，脉体最宽处可达10m。岩石具斑状结构。斑晶主要为斜长石，次为暗色矿物。斜长石板状，具钠长石双晶，环带构造，属中奥长石，一般1.2mm×0.5mm。暗色矿物为黑云母，少数角闪石。斑晶含量为40%。基质具细晶结构，主要由斜长石及石英组成。微量矿物有磷灰石、锆石。

（3）闪斜煌斑岩（x）

顺层侵入志留系中，宽0.4～0.5m。黄绿色，全自形粒状结构，岩石全由普通绿色角闪石及斜长石组成。角闪石有很好的菱形及六边形柱状自形晶，斜长石结晶稍差。微量矿物有绿帘石及锆石。

（4）石英脉（q）

较大的石英脉往往伴有矿化现象。阿西岩体西南的石英脉伴有辉锑矿化，志留系中的石英脉或附近常常出现放射性异常现象。

以上各类脉岩之间均未见穿插关系，其侵入先后时代难以确定。初步认为斜长细晶岩侵入志留系和石炭系，同时也侵入中三叠统下部岩性组中，而在白垩纪地层中未见任何脉岩，其侵入时代可能与下包座一带石英闪长岩一致，同属印支期产物。除石英脉外，闪长玢岩、细粒闪长岩及闪斜煌斑岩均侵入志留纪地层中，更新的地层中尚未发现上述脉岩，其侵入时代可能较斜长细晶岩脉更早。

2.2.4　地质构造

区内断裂构造主要分布在旺藏-洋布一带，属武都-白马斜叠弧构造，东南与文县弧形西翼褶带在卡坝-洋布一线衔接，西北延伸至卓尼一带。属挤压断褶带，发育在白龙江复背斜南缘，宽约8km。断褶带由一些压性、压扭性断裂及其间所夹的石炭系、二叠系线状褶皱组成，又有与它们斜交的低序次扭断裂发生。可分为北西东南向早期构造和晚期北东西南向、北西东南向构造。

洋布梁北侧冲断层：从科牙到年藏后进入舟曲，在幅内长超过20km。断层呈舒缓波状展布，西段走向110°，往南东渐变为130°，倾向北东。上盘志留系推复于下盘下石炭统及中-上石炭统之上。沿断层志留系千枚岩片理化，并形成拖拉褶曲；石炭系灰岩压碎后形成角砾岩；在破碎带中发育石英脉，并见硅化及褐铁矿化现象，局部见有擦痕。该断层被北东东向扭断层错移，发生右行运动。

旺藏-洋布斜冲断层：从卡坝、尼傲、帕尕、台力傲、尼藏到洋布。断层西段走向110°，往南东逐渐变为120°，倾向北东，倾向60°～70°。上盘古生界斜冲于下盘三叠系之上，北东盘向北西、南西盘向南东发生了扭动。该断层具70～100米宽的挤压破碎带，出现断层泥和角砾岩。有方解石脉、石英脉贯入附近岩层。岩石有硅化、褐铁矿化现象，见有擦痕。两侧地层中发育有断层引起的低序次小褶曲（南侧小褶曲轴面产状270°∠70°）和小断层（北侧小逆断层产状70°∠85°）。在该大断层北侧有几条分支断层与之形成"入"字形。这些断层的主要特点是与主干断层只有10°～20°的交角，所交锐角尖指向南东，大致互相平行，从不越过主干断裂，其力学性质为压性。由分支断裂与主干断裂的关系及主干断裂与其两旁一些低序次褶、断的关系判断，该大断层在平面上移动的方向是北盘向西，南盘向东。

褶皱：由石炭系、二叠系形成的几个褶皱是该断褶带的又一重要成分。它们由东向西是洋布梁倒转背斜、然寺傲向斜。褶皱核部分别出露下石炭统、下二叠统，其间中、上石炭统则是共用的翼部。除洋布梁背斜北翼中一上石炭统正常北倾，南翼倒转北倾成为轴面北倾的倒转背斜外，其余为正常褶皱。前述各方向断裂一方面受到制约，往往沿不同时代地层接触线发生，另一方面又对在这些地层中发育的褶皱加以破坏，或者使翼部残缺不全，或者使核部相对横移。

2.2.5　地质发展史

在大地质构造位置上，多儿保护区位于秦岭东西向构造带的西秦岭南部印支褶皱带南部，松潘甘孜褶皱系东北缘。该区构造以大型的紧闭线状褶皱和大规模的压型-压扭型断裂为基本特征（汤中立和梁建德，1973）。松潘-甘孜褶皱带位于青藏高原东北缘，为华北地台、扬子地台、羌塘块体的构造汇聚区，地质构造演化复杂，具有"中国地质百慕大"之称（许志琴等，1992）。

在震旦纪和早古生代，松潘-甘孜地块生物群和岩相与扬子地台相似。因此，该时期应与南秦岭褶皱带同属古扬子地台的一部分。古早生代加里东运动期，古扬子地台西北出现三个裂陷槽，但本次裂解不够彻底，后来各裂陷槽通过弥合填平，三者自石炭纪至中三叠世安尼期共同接受浅海碳酸盐沉积，重新连接在一起。早二叠世晚期，晚海西-早印支期的峨眉地裂运动发生，形成了松潘-甘孜地块内南北向的木里-平武裂陷带和中秦岭区内东西向同仁-酒奠梁裂陷带，形成了半深海-深海沉积。中三叠世安尼期与拉丁期之间的早印支运动，在扬子、华北地台和中、北秦岭、祁连褶皱带均表现强烈（杨逢清等，1994；殷鸿福，1982）。拉丁期扬子、华北地台抬升成陆地，中、北秦岭、祁连褶皱成山，南秦岭及松潘-甘孜地块下陷，接受来自周边陆地的岩屑沉积，形成浊积盆地。晚三叠世，南秦岭及松潘-甘孜地块继续强烈下陷，接受了巨厚的复理石碎屑沉积，松潘-甘孜地块古老的花岗质基底大幅沉陷，随之解体软化，部分熔融，形成再生酸性岩浆侵贯入沉积盖层。古老地块到此消亡。直到晚三叠世末，晚印支运动席卷整个南秦岭和松潘甘孜海域，致海槽关闭，全部褶起成山（杨逢清等，1994；邓飞等，2008）。

综上所述，松潘-甘孜地块自早古生代末加里东运动而形成，至三叠纪末晚印支运动而消亡。它与扬子地台、秦岭褶皱带在志留纪末分开；在石炭纪、二叠纪裂陷槽填平，三者又弥合一起；在早二叠世晚期再一次与扬子地台、中秦岭褶皱带分离，并和南秦岭褶皱带连接一起；在中三叠世、晚三叠世的持续下陷，古地块花岗质基底解体，接受周边褶皱隆起为源区的碎屑沉积和浅海相碳酸盐沉积；直到晚三叠世末海槽关闭，褶起成山。因此，它与扬子地台、秦岭褶皱带经历了分-合-分-消亡的演化过程。

2.2.6 小结

多儿保护区在大地构造上位于西秦岭西端、松潘-甘孜褶皱系东北缘、迭部-武都断褶带南缘、白龙江复背斜南翼。以洋布梁子为界线，南部为松潘-甘孜褶皱系的东北部分，褶皱、断裂活动相对较小，岩浆不甚发育；北部为西秦岭褶皱带，断裂活动强烈，岩浆活动频繁。松潘-甘孜地块自早古生代末加里东运动而形成，至三叠纪末晚印支运动而消亡、褶起成山，与扬子地台、秦岭褶皱带经历了"分-合-分-消亡"的演化过程。

多儿保护区地层主体是中生界三叠系，区内地层出露不全，大部分地层相对较古老，属秦岭地层分区和甘孜-松潘地层分区，以海相沉积为主，有部分陆相碎屑岩建造。主要为古生界志留系、泥盆系、石炭系、二叠系，中生界三叠系、白垩系，以及新生界第四系松散堆积体，其中中生界-三叠系地层最为发育。

多儿保护区东北部旺藏-洋布一带断裂构造发育，属武都-白马斜叠弧构造。断褶带由一些压性、压扭性断裂及其间所夹的石炭系、二叠系线状褶皱和北西向洋布梁北侧冲断层、旺藏-洋布冲断层组成。

2.3 地形地貌

2.3.1 地形地貌基本特征

保护区地处迭部境内的南部岷山地区（汤中立和梁建德，1973），山高谷深，沟壑纵横，地形崎岖。地势南高北低，地形起伏较大，海拔高度1800～4350m，相对高差1000～1700m。

海拔4000m以上的岭脊有四条，主要分布在保护区南缘巴旦哲西（海拔4350m）-泡乌突（海拔4248m）-优拉卡（海拔4192m）-透木扎夏（海拔4270m）一线（该区甘-川交界线），山脊近东西走向；保护区东部与舟曲的分水岭达益萨尔（海拔4150m）-洋布梁子（海拔4150m）-希内（海拔4213m）-宝鸡山（海拔4168m）一线，山脊北西走向；保护区劳日果巴与工布隆分水岭，巴旦哲西（海拔4350m）-希布土（海拔4094m）-克马哈（海拔4142m）一线，山脊北东走向；劳日果巴北侧山脊亚胡曹（海拔4086m）－苏伊亚黑（海拔4128m）段，东西走向。其余主山脊海拔均在海拔3000m以上。山峰基岩裸露，为侵蚀构造型中高山区。山体阳坡多为草坡和农田，阴坡多为茂密的森林，森林线3600m左右。沟谷河流纵横，岩石裸露，山间河谷深陷，泉涌细流，坡度大多在45°左右，天然植被良好，生态环境优美（附图3）。

保护区属迭部县内白龙江的第二大一级支流——多儿河（多儿曲）流域，多儿河发源于四川省九寨沟县的戈藏佳则山，在多儿乡境西南界入境，向东北流经白古村东后转向西北，经白古寺、然子寺、台尼傲村，于乡境西北与阿夏河（阿夏曲）汇合，向北在多儿沟口注入白龙江。迭部县境段河流长58km，流域面积605.6km²。主河道NW330°走向，长约32.5km，最高海拔2360m，最低海拔1920m，沟床平均纵比降13.5‰，深宽比1：6～1：4，多儿河中下游白古-麻牙主河道相对较直，河谷深切，水流湍急。沿沟河两岸阶地发育，冲洪积扇、崩积体发育。

上游支流蜿蜒曲折，主要分布在工布隆沟谷、劳日果巴沟谷和洋布沟谷。工布隆沟谷为多儿河流域的第一大常年流水支沟，起源于四川省戈藏佳则山，长约29km，在保护区内长约15km，沟谷NE56°走向。该沟谷在保护区内的最高海拔2980m，最低2540m；沟床平均纵比降29.3‰，深宽比1：7～1：5；水流于后西藏（西让）与劳日果巴河流汇合，河谷深切，水流较急。劳日果巴沟谷为多儿河流域的第二大常年流水支沟，起源于保护区巴旦哲西以西的甘-川界山，长约21km，沟谷上游NE62°走向，在劳日村走向转为SE98°方位，到囊囊沃东北部走向偏南转为SE150°方位。该沟谷在保护区内的最高海拔3290m，最低2540m，沟床平均纵比降35.7‰，深宽比1：～1：5。洋布沟谷为多儿河流域的第三大常年流水支沟，起源于保护区甘-川界山哉孜尼嘎，长约11km，沟谷上游SN0°走向，在且勒村弧形转向为NW316°，洋布村东北部又转为SW211°方位与雷伊来小支流汇合，再一次转向NW285°方位在白古村汇入多儿主沟。该沟谷在保护区内的最高海拔2890m，最低2360m；沟床平均纵比降48.2‰，深宽比1：7～1：5。三沟谷依流域面积由大到小曲折程度依次增加。

根据W. M. 戴维斯的地表侵蚀循环理论结合沟谷形态（Davis W M, 1899），多儿河中下游主沟为"V"型谷，分水岭形态尖锐，河道出现砂砾堆积，沟床纵比降相对较小，地貌演化初步判断为青壮年早期发育阶段。上游各支沟也为"V"型谷，但河流纵比降明显增大，局部出现跌水现象，地貌演化初步判断为幼年晚期发育阶段。整体来看，保护区地貌演化处于幼年晚期-青壮年早期阶段。

2.3.2 地貌类型

地貌是营力、岩石、构造和时间共同作用的产物（杨勤业等，2002；杨景春等，2001），受内外力作用（内力为构造运动，外力为侵蚀与堆积作用）的共同影响，形成了保护区独特的地貌形态。从海拔、起伏高差、形态、成因分析，保护区属于侵蚀剥蚀中等-深切割石质中高山地地貌（中国科学院地理研究所，1987；杨炳元等，2008），可分为山岭和谷地两大系统（图2-2）。

2.3.2.1 山岭系统

（1）峰岭

保护区山峰重峦叠嶂，山脊裸露，主要山峰30余座（表2-2），主要分布在海拔3200～4300m地段。海拔3200～3800m的峰岭山顶浑圆状、相对平坦；海拔3800～4300m的峰岭以线状分布为主，山顶较平坦，残留明显的早期夷平面。山顶既有季节性积雪，也有第四纪古冰川作用的遗迹，雪蚀、冰蚀作用明显，形成角峰、古冰斗刃脊、冰蚀槽谷、雪蚀洼地地貌（彩图2-6）。沿槽谷，冰缘地貌不太明显，偶见

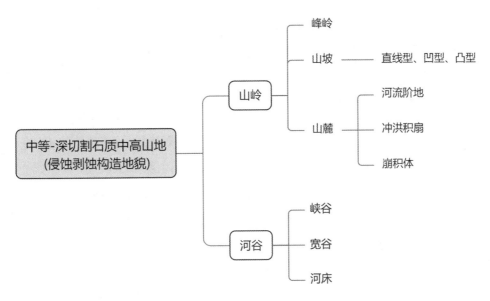

图2-2 甘肃多儿国家级自然保护区地貌系统

较小的测碛、终碛垄堆积平台，由大小混杂、分选极差的灰岩砾岩组成，大块砾岩可见明显的古冰川擦痕（彩图2-7）。除上述峰岭古冰川地貌发育外，高耸的石灰岩山岭发育，在冻融差异风化作用下，形成参差不齐的锯齿状山脊。

（2）山坡

保护区海拔约3800m以上山坡陡峭，坡度大于50°，形成明显的雪蚀、冰蚀、冻融地貌，峰壁陡立。海拔3000～3800m坡度变缓，坡度20°～40°，出现重力堆积地貌，山体顶部的风化崩塌岩块部分滚落在该地段山坡上，随着时间的推移，形成倒石堆。在雨季或地震作用的影响下，这些倒石堆极易再一次崩塌对山体下方动植物生存环境产生较大的威胁。海拔约3000m以下至坡底，坡度又有变陡趋势，大多为30°～50°，崩塌和滑坡体十分发育。以上所述即为保护区最典型的高海拔阶梯型坡底，除此之外，海拔3500m以下起伏较小的中山地，随着山坡岩性、重力堆积及河流下切等综合因素的影响，以石灰岩为主岩性的坡体，坡体稳定，坡底重力堆积少，凸型坡较为发育；以板岩、千枚岩为主的坡体，坡体不稳定，坡底重力堆积地貌发育，常形成凹型坡；随着地貌的演化，凹、凸、阶梯型坡将演化为直线型坡，直线型坡在保护区发育不多，进一步印证了区内地貌处在幼年晚期发育阶段。

（3）山麓

主沟两旁、支沟沟口的山麓地带冲洪积扇（彩图2-8）、滑坡体（彩图2-9）、崩积体（彩图2-10）、河流阶地（彩图2-11）或暴雨进一步对滑动面的软化、润滑或地震，这些原本稳定性较差的堆积体极易发生二次滑坡或崩塌，崩、坡积物进入河道后又为泥石流提供了充足的物源。尤其在多儿沟主沟中下游地段表现突出，这些滑坡、崩积、泥石流等对沿沟、岸坡的村庄、公路、农田等形成极大威胁。相对于流水侵蚀作用而言，重力作用过程具有明显的突发性，它所形成的重力地貌常常使局地动植物生存环境发生灾害性变化。保护区坡度大，导致山体地表稳定性差，使得重力崩塌、滑坡、泥石流等更加明显，山坡坡麓倒石堆堆积，滑坡后裸地到处可见，给保护区野生动植物生存带来不利影响。

2.3.2.2 谷地系统

（1）峡谷

峡谷主要分布于海拔2000m以下多儿河下游，尤以与阿夏河交汇段最为典型。沟谷形态以峡谷为

表2-2 多儿河流域主要山峰

山（峰）名	名称含义	高程（m）	位置
北日	草坡山	3627	阿夏乡纳告村东南
劳日	南山	3655	阿夏乡克浪村东南
克马哈	红蒿草湾	4142	阿夏乡境东南角
马拉哈	兵道湾	4026	阿夏乡纳告村南
巴旦哲西	吉祥	4350	阿夏乡境南界处
苏伊亚黑	—	4128	多儿乡然子村西
贡毛扎	上白石峡	3968	多儿乡西让村西
扎切布	大石崖	3972	多儿乡西让村西南
杂亨沃	—	3307	多儿乡白古村西
希布土	—	4094	多儿乡西让村西南
优拉卡	左坡上	4192	多儿乡布哈村南
透木扎夏	高处灰岩	4270	多儿乡达益村南境界
特玛纳	下坡处	3630	多儿乡达益村南
哈久兹	凹	3805	多儿乡达益村南
扎嘎吕	白石沟	3786	多儿乡西让村南
扎格达日	白石山	3640	多儿乡达益村东南
萨德波	饮食草滩	3250	多儿乡达益村东南
达益那隆	虎穴沼泽	3520	多儿乡达益村东南境界
扎夏纳	白岩林	4050	多儿乡达益村东南
帕嘎纳	对岸林	3385	多儿乡达益村南
足巴哈	草滩垭口	3070	多儿乡达益村东
泡乌突	大石上	4248	多儿乡西让村南境界
亚胡曹	柏树乡	4086	多儿乡西让村西境界
召斯亏	—	3422	多儿乡白古村西
则孜尼嘎	顶上阳西	4221	多儿乡西让村南境界
拜德果嘎	僧徒雪山	3575	多儿乡达益村东
希内	增畜	4213	多儿乡达益村东
塔栋	屋边梁	3620	多儿乡达益村东南
巴尔岗	中间岗	3926	多儿乡达益村南
栋更波	九梁草滩	3525	多儿乡达益村东南境界
达益萨尔	虎窝梁	4150	多儿乡达益村东北境界

主，局部出现隘谷、障谷。横剖面呈"V"字形，谷坡陡峻，出现阶梯状陡坡，局部有新鲜裸露线性滑坡面。谷底为岩滩、雏形河漫滩。雏形河漫滩为河床相砾、砂组成。这一地段河床位于基岩之上，水流湍急，河床下切厉害，为深切河谷。

（2）宽谷

宽谷主要分布于海拔2000m以上多儿河中上游河谷，大多谷地开阔，谷坡相对较缓，形成时间较早，洋布沟表现较为典型。工布隆、劳日果巴沟局部沟谷狭隘，两岸灰岩陡壁。因此，多儿河流域中上游形成了"V""U"型谷并存的局面。

（3）河床

河床的堆积、加积作用原本是一个自然过程。多儿河流域山地，地形坡度大、风化作用强烈、堆积物物源丰富，松散物质在重力及流水作用下（泥石流、崩塌、滑坡等）进入沟谷或河谷，显著阻止了河床及沟谷的流水侵蚀下切。支沟交汇处河床宽阔，大多形成巨厚的河床堆积，砾石、泥沙、朽木等杂乱堆积。另外，近百年来人类的乱伐滥垦造成保护区山地植被的破坏，加剧了坡地的水土流失，从而增强了河流的加积。

2.3.3 地貌成因

地貌的形成是地质作用和气候环境的综合历史产物（杨景春等，2001）。

（1）地质构造作用

在地质构造位置上，多儿保护区位于秦岭东西向构造带的西秦岭南部印支褶皱带南部，松潘甘孜褶皱系东北缘。在晚三叠世末，晚印支运动席卷整个南秦岭和松潘甘孜海域，致海槽关闭，全部褶起成山（杨逢清等，1994）。在后期，印度板块不断向北俯冲，青藏高原随之向北挤压，使得位于高原东北缘的保护区地层压扭性断层、褶皱发育（彩图2-12、彩图2-13），变得该区域支离破碎，为区域地貌的外力侵蚀提供了条件。

（2）古冰川作用

保护区高海拔地区，古冰川遗迹（古冰斗、刃脊、"U"型槽谷、测碛、终碛、冰川擦痕）清楚可见。据古冰川遗迹的规模和保存的新鲜程度推测，该区域冰川应为第四纪唯———次冰川作用，发生在晚更新世后期，属季风型海洋性冰川（杨逸畴等，1989），规模较小，雪线在海拔4000m左右。现代高山只有季节性冰雪作用，寒冻风化作用明显，形成一系列冰缘地貌类型。

（3）河流侵蚀作用

保护区地貌形成的外力作用中，河流侵蚀起到了主导作用。由于新构造运动在该区域表现频繁强烈，并以抬升为主，河流起初沿着构造薄弱带发育，经后期不断抬升、不断侵蚀，形成了如今的多儿河流域"人"字形水系格局。

（4）重力堆积作用

随着保护区地貌形态的不断演变，区内地貌年龄处于幼年晚期-青壮年早期阶段，地形愈加变得陡峭，加上板岩、片岩、千枚岩软弱地层、构造搓碎及人为因素等条件，使得重力堆积作用进一步加强，重力堆积地貌成为保护区重要的地貌类型之一。巨厚的冲洪积扇、滑坡、崩塌、泥石流堆积等随处可见。

2.3.4 地貌的演化

古老的地质构造运动奠定了保护区现代地貌的基本格局。从上古生代到晚三叠世中期，该区域还处于汪洋、浅海、滨海环境。直到晚三叠世末，晚印支运动席卷整个南秦岭和松潘甘孜海域，导致海槽关闭，全部褶起成山，形成陆地（杨逢清等，1994）。尔后经过晚侏罗世早白垩世的燕山运动（郭进京和韩文峰，2008），褶皱再次隆升，断裂进一步发育。后来经历了长期的剥蚀、夷平，中新世晚期至更新世初期又发生强烈地壳运动——喜马拉雅运动。喜马拉雅运动使得区内山体明显隆升，地表大规模的构造变形、变位，山地剥蚀面高差急剧增大。中更新世以来西秦岭乃至松潘甘孜褶皱带表现出不同程度的间歇性抬升，地表侵蚀作用不断加强。近1万年来的全新世，该区域仍在缓慢抬升（佘雕，耿增超，2009）。河流起初沿着构造薄弱带发育，经后期不断抬升、不断侵蚀，形成了如今的多儿河流域"人"字形水系格局。海拔3000m以上以机械风化为主，流水侵蚀为辅；海拔3000m以下以流水侵蚀为主，机械风化为辅。在高海拔山顶形成晚更新世古冰川遗迹及现代冰雪、机械冻融地貌；在坡度较缓谷地和山坡上随处可见现代河流冲积物和崩积物，支沟沟口冲洪积扇十分发育。

2.3.5 小结

保护区地处迭部境内的南部岷山地区，地貌基本类型为中等-深切割石质中高山地，可分山岭和谷地两大地貌系统。区内最高山峰为保护区南缘巴旦哲西（海拔4350m），最低处为代古寺西部的保护区区界（海拔1800m）。

保护区基本地貌特征：高山地带发育古冰川遗迹和现代季节性冰雪，冰缘地貌；坡面地形陡峭，重力堆积地貌——崩积、滑坡发育；沟谷以流水地貌为主，谷地上游开阔、下游狭窄，支流沟口冲洪积、泥石流扇发育。

保护区经历了多期的地质构造运动——晚印支运动、燕山运动、喜马拉雅运动，这些地质构造运动奠定了保护区地貌的基本格架和发展方向，综合气候环境条件（机械风化和搬运），形成了如今的多儿河流域"人"字形水系格局。

2.4 气候

多儿保护区位于北纬33°40′～34°00′，它决定了该地正午太阳高度角的大小和昼夜的长短，从而决定太阳辐射量的多少和气温的高低；又因地处青藏高原东侧，岷、迭山系之间的深山峡谷之中，错综复杂的地形、地貌和垫面的建造，又促成境内气候复杂多变的特点。

2.4.1 气温

2.4.1.1 年均温变化特征

（1）年均气温

根据1990—2020年（31年）年均气温的统计（图2-3），多儿保护区年均气温为7.8℃，其变幅在6.7～9.0℃，最高值9.0℃出现在2016年，最低值6.7℃出现在2008年。31年年均气温曲线表现出明显的一次方程 $[y=0.0461x-84.662, R^2=0.6193]$ 递增趋势，以0.46℃/10a的速率在升温，略低于西藏西北部羌塘地区（1978—2006年）0.53℃/10a的升温速率（李林等，2010）。世界气象组织（WMO）于2020年4月22日发表公布称，全球平均气温较工业化前时代升高了1.1℃，与2011—2015年间相比升高了0.2℃，2015—2019年成为人类有记录以来最热的5年。中国气象局发布的《中国气候变化蓝皮书（2020）》指出1951年到2019年，中国年平均气温每10年升高0.24℃，升温率明显高于同期全球平均水平。

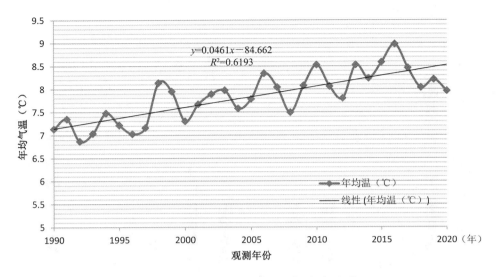

图2-3　1990—2020年年均温变化曲线

（2）年极端气温

具1990—2000年（11年）逐月极端气温统计（图2-4、图2-5），年内极端高气温在30.2～35.5℃，多年平均32.6℃。分布在4、5、7、8、9月，发生的频数分别为4月2次、5月2次、7月3次、8月3次、9月1次。极端最高温35.5℃发生于2000年7月，并呈3.1℃/10a升温速率较大幅度地升温。年内极端低气温在−16.1℃～−18.6℃，多年平均−16.9℃。分布在1、2、12月，发生的频数分别为1月6次、2月1次、12月4次。极端最低温−18.6℃发生于1991年12月，并呈0.62℃/10a的速率升温，接近11年年平均气温的升温速率0.63℃/10a。

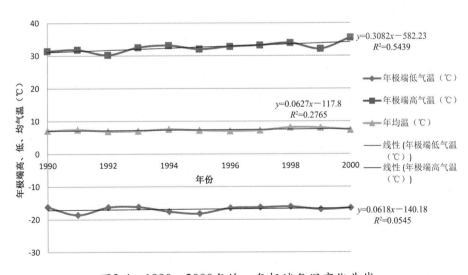

图2-4　1990—2000年均、年极端气温变化曲线

2.4.1.2　月均温变化特征

根据1990—2020年（31年）月均气温的统计（图2-6），多儿保护区月平均气温以7月最高，其值为17.5℃；1月最冷，月均温为−3.2℃；月较差为20.5℃。1—7月气温逐月回升，7—12月逐月下降，秋季降温速度比春季升温速度快。总体趋势线符合三次曲线方程[$y=-0.0347x^3+0.0311x^2+5.0492x-9.0903$，$R^2=0.9727$]。根据2020年日均温变化曲线（图2-7），年内12月上旬平均气温最低，为−3.6℃；8月上旬

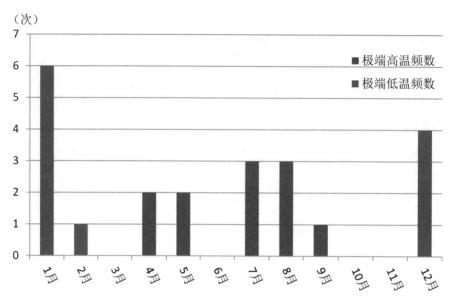

图2-5 1990—2000年极端气温月分布频数

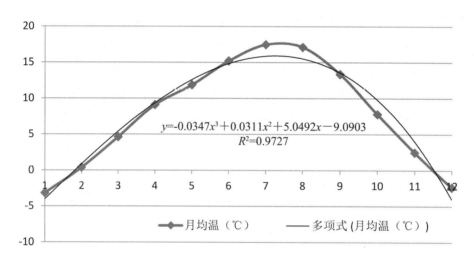

图2-6 1990—2020年月均温变化曲线

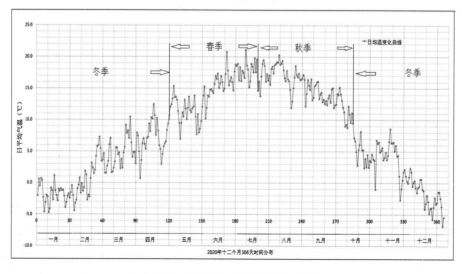

图2-7 2020年日均温变化曲线

最高，为18.9℃。2月上旬至12月上旬平均气温在0℃以上，3月下旬至10月下中旬平均气温在5℃以上，5月上旬至10月上旬平均气温在10℃以上，6月中旬至9月上旬平均气温在15℃以上。

2.4.1.3 日均温变化特征

多儿保护区白天日照强，地面接收热量多，升温迅速；夜间热量散失快，降温剧烈。日较差虽比本省河西地区小，但与同纬度东部地区相比较大。年平均气温日较差为14.9℃，以春季最大，冬季最小，最大日较差为30℃。按气象学意义的四季划分，以及2020年日均温变化统计曲线分析，4月29日开始连续5天日均温≥10℃，且后续日均温<10℃的天数未连续超过5天。因此4月29日为2020年春季的开始日期，4月28日为上年冬季的结束日期。随后气温逐步上升，但统计曲线未出现连续5天日均温≥22℃的时段（夏季），日均气温在7月7日出现单日最大值21.1℃，曲线上升趋势在7月17日到达顶点后随即步入日均温降温趋势，且符合连续5天日均温<22℃的条件时段（秋季），出现了春、秋季节相接（无夏季）的气候特点。因此，按气象学判断，2020年春季在7月17日结束，秋季在7月18日开始。而后气温逐步下降，10月11日开始日均温连续5天<10℃，且稳定在10℃以下，因此可判断10月11日为该年冬季的开始，直到春季来临。尽管季节划分的方法多样（天文法、气温法、农历及阳历等），但按照气象学（气温法）划分的季节更具实际气候学意义。

综上，2020年春季为4月29日至7月17日，共计80天；秋季为7月18日至10月10日，共计85天；冬季为1月1日至4月28日及10月11日至12月31日，共计200天。因此，多儿保护区具有冬长无夏、春秋相接的气候特点。

2.4.1.4 气温的垂直分布特征

多儿保护区内海拔1800～4350m，地势南高北低。气温分布的一般规律随海拔高度的增高而降低。按地域分，气温自东南向西北递减，且变幅较大；按同地垂直高度分，河谷高，高山低，由河谷至山顶递减，变幅更为显著，多处高峰常年积雪，年均温在0℃以下。根据《迭部县水资源调查评价及水利区划报告》及《迭部县农业气候区划综合报告》对区内不同海拔高度多个气象水文站数据统计，得出经验公式：海拔每升高100m，阳坡年均温下降0.53℃，阴坡下降0.6℃；极端低气温下降1.1℃，极端高气温下降0.5℃。保护内各层次海拔高度气温分布状况（表2-3）：极端高温平均为22.9～33.6℃，极端低温平均为−37.4～−9.3℃，年均温−3.9～11.1℃。

表2-3 多儿保护区不同海拔高度的气温分布

海拔高度（m）	极端高温（℃）	极端低温（℃）	年均温（℃）	
			阴坡	阳坡
1800	33.6	−9.3	9.0	11.1
2000	34.6	−11.5	10.2	10.0
2500	32.1	−17.0	7.2	7.3
3000	29.6	−22.5	4.2	4.7
3500	27.1	−28.0	1.2	2.0
4000	24.6	−33.5	−1.8	−0.7
4350	22.9	−37.4	−3.9	−3.3

2.4.2 积温

2.4.2.1 年积温特征

积温是多儿保护区动植物生长发育及繁殖等的重要热量指标，通常以<0℃、≥0℃和≥10℃的积温作为衡量当地热量资源的标准，日平均气温<0℃的日平均气温总和也称负积温，以研究作物越冬的抗寒能力和作物经受寒冷锻炼的程度；日平均气温稳定通过0℃的持续期作为喜凉植物的生长期，或称为农耕期，稳定通过0℃持续期的积温可反映多儿保护区总的热量指标；10℃是喜温植物适宜生长的起始温度，也是喜凉植物和多年生植物迅速生长的温度。

根据2020年迭部气象站日均温数据，日均温<0℃的首日为12月3日，终日为2月17日，负积温−144.4℃；日均温稳定≥0℃的首日为2月18日，终日为12月2日，≥0℃年积温3065.1℃；日均温≥10℃的首日为4月13日，终日为10月10日，≥10℃年积温2580.6℃。迭部县志记载：20世纪七八十年代迭部县日均温稳定≥0℃的首日平均为3月6日，终日为11月9日，≥0℃年积温2732.8℃；日均温≥10℃的首日平均为5月10日，终日为9月23日，≥10℃年积温1952.8℃（迭部县志编纂委员会，1998）。与2020年相比较发现，随着全球气候逐步变暖的趋势，2020年日均温≥10℃、≥0℃的首日提前、终日推迟，年积温增加，且变幅较大。

2020年<0℃、≥0℃和≥10℃积温月分配特征：负积温12月最大，其次为1月，2月最小，持续77日的动植物越冬期；日均温≥0℃月积温从2月中下旬开始逐渐增多，至7月达到最大，随后逐步减少，12月降至最少，月初结束，持续289日的喜凉植物生长期；≥10℃月积温从4月中旬开始逐步增多至7月达到最大，随后到10月上旬降至最低而结束，持续180日的喜温植物生长期（图2-8）。

2.4.2.2 年积温垂直分布特征

为了确定不同海拔高度的热量资源，《迭部县农业气候区划综合报告》中对区域内8个气象站点的海拔高度与≥0℃、≥10℃的首终日及其积温进行了相关性计算，发现它们之间呈明显的直线相关，相关系数均在0.93以上，可靠性好。得出如下结论：当海拔每升高100m，日均温≥0℃的首日推迟3.7天、终

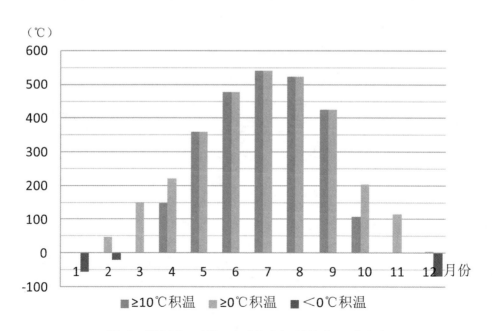

图2-8　2020年<0℃、≥0℃和≥10℃积温月分配

日提前4天，≥0℃的积温减少164.8℃，日均温≥10℃的首日推迟5.6天、终日提前4.2天，≥10℃的积温减少184.6℃。多儿保护区不同海拔高度≥0℃、≥10℃的首终日及其积温（平均值）计算结果见表2-4。

表2-4 多儿保护区不同海拔高度≥0℃、≥10℃的首终日及其积温（平均值）

海拔 (m)	≥0℃（平均值）				≥10℃（平均值）			
	首日	终日	天数	年积温	首日	终日	天数	年积温
1800	16/2	13/12	301	4067.7	6/4	22/10	200	2953.7
2000	24/2	6/12	286	3408.5	29/4	5/10	160	2584.5
2500	14/3	16/11	248	2584.5	27/5	14/9	111	1661.5
3000	2/4	27/10	209	1760.5	24/6	24/8	62	738.5
3500	20/4	7/10	171	936.5	无			
4000	8/5	17/9	133	112.5				
4350	无							

资料来源：《迭部县农业气候区划综合报告》。

2.4.3 降水

多儿保护区深居内陆，距降水的主要源地太平洋和印度洋均有数千里之遥。海陆位置本是影响降水偏少因素，但又因地处行星风带的东西风过渡地带、并受东亚季风影响较重，处在东南风迎风坡上，加之岷、迭主山脉呈东西走向，使海洋水汽沿谷地易于吹入。另外，区内植被良好，森林密布，林地覆盖率高，这些因素又促成本区降水较多。

2.4.3.1 降水的年变化特征

根据1990—2020年迭部站降水数据统计，该区年平均降水量为567.7mm，最多年达880.8mm（2020年），最少为416.5mm（2002年）。从31年降水量的演变趋势看，2005年以后降水量较之前有所增加，尤其以2017—2020年增加更为突出，但规律性不强。2015—2020年，年降雨量表现出明显的持续增加。1998、2005、2013、2019、2020年为多雨年份，年降雨量超过650mm，其中1998和2019年均超过700mm、2020年强降雨年甚至逼近900mm；1999、2002、2004、2009、2015年为少雨年份，年降雨量低于500mm，其中2002、2004年均低于450mm。按照干湿区年降雨量划分标准，该区属半湿润区（400～800mm）（图2-9）。

2.4.3.2 降水的月变化特征

区内降水受季风影响较大，暖季西太平洋副热带高压北移，太平洋东南季风印度洋西南季风增强，暖湿气流输入增多，使得暖季降雨量多、冷季少。暖季（4—10月）平均降水量为545mm，占年平均降水量的94.7%；冷季（11月至翌年3月）平均降水量30.7mm，占年平均降水量的5.3%。各月降水分布极不均匀，月际变化趋势：1—5月逐月增多，6月与5月相比略有减少，7月达到平均降水峰值104.7mm，7—12月逐月减少，7—9月减少趋势较缓，9—12月迅速减少，且减少速度明显大于1—7月的增加速度。故降水主要集中在暖季4—10月，尤其以5—9月更为突出（累计降雨量461.4mm，占全年的80.1%），7月最多，8、9月次之，12月降水量只有1～2mm，1月次之（图2-10）。旬降水量变化与月降水量变化大致相

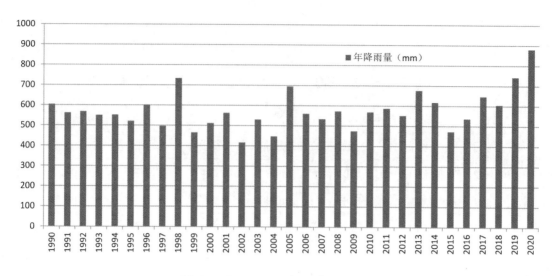

图2-9　1990—2020年年降雨量分布

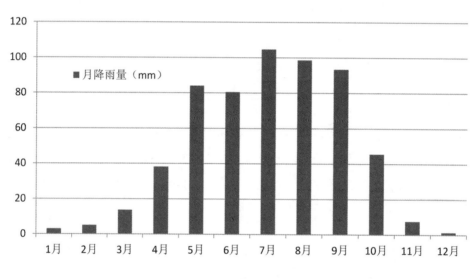

图2-10　1990—2020年月降雨量分布

同，以旬降水量≥15mm作为雨季，雨季则从4月下旬开始，10月中旬结束，共183天左右。以旬降水量≥30mm为汛期标准，汛期一般从5月中旬开始至9月中旬结束，共132天左右。

2.4.3.3　降水的垂直分布特征

为了确定迭部县不同海拔高度的降水量，《迭部县气候农业区划综合报告》对坡向大致相同的该区域内11个气象水文站的海拔高度与年降水量之间进行了相关性分析计算，结果显示：它们之间呈幂函数关系，相关系数为0.82，检验信度0.01，为显著相关。其方程：

$$R=24.7856 \times H^{0.4086}$$

R为年降水量，H为海拔高度，与实测值验证平均误差为±8.1%。高度每升高100m，年降水量增加3.7～6.9mm，单位高差内增加的降水量随海拔的增高而逐渐减小。根据上述方程计算得到多儿保护区不同海拔高度年均降水量见表2-5。降水的时空分布不均，地理分布自南向北随海拔高度的降低而递减，高山多于河谷。冬春干旱不雨，秋季阴雨连绵，时有暴雨和冰雹骤降成灾。这给该地区农、牧、林业生产、交通及人民生活造成严重影响。

表2-5 不同海拔高度年均降水量

海拔高度（m）	1800	2000	2500	3000	3500	4000	4350
年降水量（mm）	530.0	553.4	606.2	653.1	695.5	734.5	760.1

资料来源：《迭部县气候农业区划综合报告》。

2.4.4 湿度

2.4.4.1 湿度的年变化特征

根据1990—2020年年均相对湿度统计来看（图2-11），区内最高年均相对湿度（67%）出现在2005年，最低年均相对湿度（57%）出现在2010年，31年平均值为63%。从31年变化趋势来看，1990年开始至2010年出现明显的递减趋势，2010年开始至2020年出现明显的递增趋势，但31年年均相对湿度变化整体趋势表现出了递减特征。

2.4.4.2 湿度的月变化特征

根据1990—2020年月均相对湿度统计来看（图2-12），区内最高月均相对湿度（75%）出现在2005年9月，最低年均相对湿度（52%）出现在1、2月，月平均值为63%。从12个月变化趋势来看，1、2月

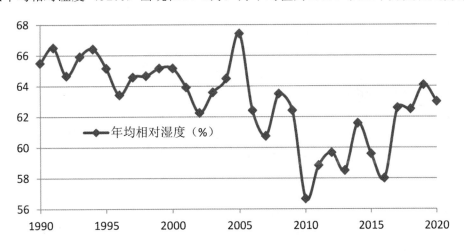

图2-11 1990—2020年年均相对湿度变化曲线

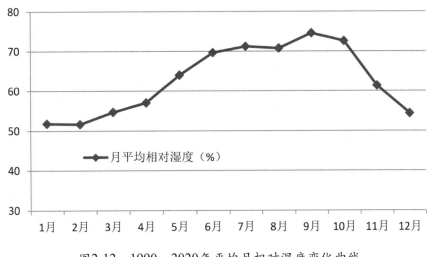

图2-12 1990—2020年平均月相对湿度变化曲线

月均相对湿度相近（均为51%），2月开始至7月持续递增，7、8月相近（均为71%），9月增至最大值（75%），9—12月持续递减，12月与3月月均相对湿度相近（54%～55%）。

2.4.5 风

2.4.5.1 风速

多儿保护区深处内陆，深受东亚季风、西风带及本区域地形地势的共同影响。根据迭部气象站2001—2020年年均风速数据（2017年数据缺失），该区19年年均风速1.7m/s，最大为2015年2m/s，最小为2019年1.1m/s。据19年年均风速变化曲线（图2-13），2001—2005年年均风速在1.6m/s±0.1m/s徘徊；2006—2016年年均风速较前6年增大，且变化较为稳定（1.8～1.9m/s），仅有2015年年均风速达到2.0m/s；2018—2020年年均风速较前两阶段明显减小，维持在1.1～1.3m/s。整体曲线的变化出现阶梯式变化。

根据迭部气象站2001—2020年月均风速数据（2017年数据缺失），该区2019年月平均风速变化如图2-14所示，从12月开始到来年3月持续增大，最大为3、4月2.1m/s；从4月至7月开始逐渐减小，减小速度略小于1月至3月的上升速度；7、8、9月月均风速相当，基本稳定在1.6m/s；9月至12月再次减小，12月降到最小，为1.3m/s。整体来看，月均风速全年2、3、4、5月相对较大，3、4月达到最大，7、8、9月相当，12月降到最低。

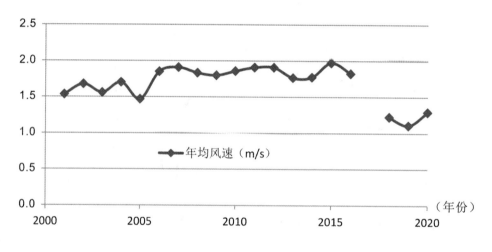

图2-13 年均风速变化曲线

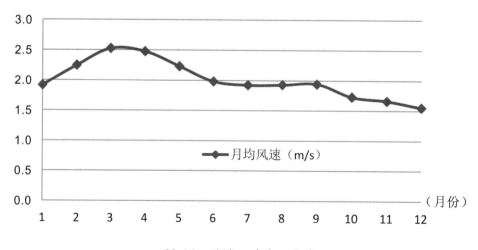

图2-14 月均风速变化曲线

该区1d内，午后风速大，午夜至清晨最小。据迭部县县志记载，历年出现8级以上大风平均有2.8d，3月最多，平均0.9d，9、10月未出现，最多年曾出现9d。最大风速可达15m/s，风向东南，出现在1979年1月27日。

2.4.5.2 风向

根据2020年每隔6小时平均2分钟的风向观测数据，全年主导风向为东北风（频率25.1%）和西风（频率23.8%），其次为东风（频率17.0%）和西南风（频率11.8%），东南风出现次数最少（频率3.9%），其余风向出现的频率在5.8%~6.4%（图2-15）。

由于年内行星风系和季风强度差异较大，导致各月份风向有所差异（图2-16）。1—7月：除2月主导风为东北风和西北风频率相当（18.8%）、3月主导风为西风外，其余均为东北风，7月东北风主导频率达到最大（35.0%），且西风出现频率有逐渐增加的趋势；8—12月：除9月主导风西风和东北风相当（26.1%）外，其余均为西风，12月西风主导频率达到最大（36.1%），且东北风频率有逐步降低的趋势。东北风全年各月出现频率≥18.8%，表明东北风在全年各月表现得较为明显；西风在1、2月出现的频率低于10%，

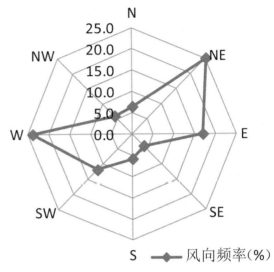

图2-15　2020年全年风向玫瑰图

其余各月均≥17.2%，表明全年3—12月西风在全年各月表现得较为明显；因此，该区主导风前半年1—7月（仅3月为西风）为东北风外，后半年8—12月为西风。

除上述两者主导风外，东风出现频率除1月低于10%，其他月份均大于10%，1—4月东风频率逐步增大，4—9月频率基本稳定20%~25%，6月达到最大（25.6%），10—12月略有下降，基本稳定在10%~20%；西南风各月出现频率稳定在10%~20%，其中4、5月超过15%外，其余均在10%~15%。北风主要出现在冷季（1、2、11、12月），其中1月出现频率最大（15.3%），2、11、12月出现频率均在10%左右，其余月份均低于10%；南风、东南风、西北风主要出现在1、2月，南风出现频率分别为17.7%和12.5%，东南风分别为12.1%和14.3%，西北风分别为12.9 %和18.8%（与东北风相当，为2月主导风），其余月份两者均低于10%。由此可见，西南风、东风在全年各月基本均有出现，且西南风各月出现频率较为稳定。北风主要出现在1、2、11、12月，南风、东南风、西北风主要出现在1、2月。

2.4.5.3 光照辐射

多儿保护区年平均日照时数2242.2h，日照百分率为51%。全年4月日照时数最多（207.6h），9月最少（151.6h）；日照百分率12月最大（64%）；9月阴雨连绵，日照百分率最小（41%）。迭部县各月日照时数及日照百分率见表2-6，表明该区具有春季多风少雨、秋季阴雨蒙蒙的特点。

年内月太阳辐射量在5、6、7、8月较高，4个月总量为51.1kcal/cm²，占全年总辐射量的41.7%，其中7月达到最大，为13.31kcal/cm²；出现在11、12、1、2月，4个月总辐射量28.02kcal/cm²，仅占全年总辐射量的22.8%，最低值出现在12月，为6.51kcal/cm²。迭部县各月太阳辐射总量和生理辐射（植物光合有效辐射）见表2-6。该区辐射总量与同纬度东部地区相比略多，西部地区相比要少。生理辐射为植物光合作用的吸收部分，约占辐射总量的49%，年总生理辐射58.67kcal/cm²，表明该区尽管太阳辐射量较大，

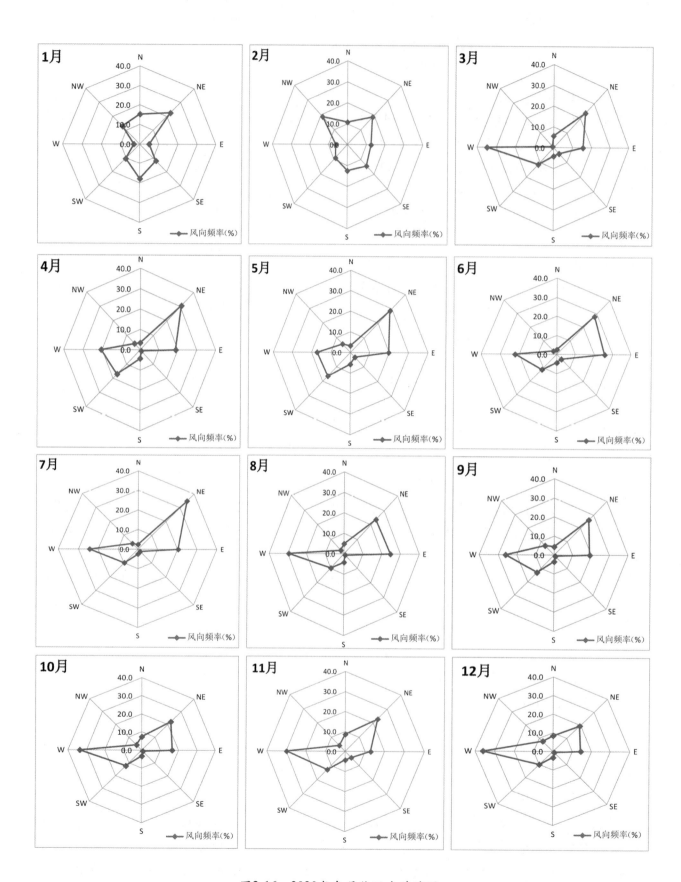

图2-16　2020年各月份风向玫瑰图

但气温明显较低，植物光能利用不高。

表2-6　迭部县各月光照辐射量

月份	日照时数（h）	日照百分率（%）	总辐射（千卡/cm²）	生理辐射（千卡/cm²）	占年总量（%）
1	193.2	62	6.92	3.39	5.8
2	176.7	57	7.59	3.72	5.8
3	187.2	51	10.16	4.98	6.3
4	207.6	53	11.89	5.83	8.5
5	197.5	46	12.97	6.36	9.9
6	185.1	43	12.72	6.23	10.6
7	203.6	47	13.31	6.52	11.1
8	185.4	45	12.1	5.93	10.1
9	157.6	41	9.77	4.79	8.2
10	177.6	51	8.78	4.30	7.3
11	180.7	58	7.00	3.43	5.8
12	196.0	64	6.51	3.19	5.4
全年	2242.2	51	119.72	58.67	100.00

2.4.6　小结

多儿保护区所处地理位置、大气环流和区内特殊地形地貌等因素，影响和导致区内基本气候特征主要表现为冬长无夏，春秋相接；降水充沛而分布不均，春季风多雨少，秋季阴雨绵绵；因地形高差大，垂直变化显著。多儿保护区气候属温带季风气候向高原山地气候过渡的半湿润气候类型。

多儿保护区气候随着全球气候的变暖趋势，1990—2020年，多儿保护区海拔2400m高度（多儿乡政府驻地白古寺一带）年平均气温6.7～9.0℃，平均为7.8℃，且该值在以平均0.46℃/10a的速率升温。年极端高温30.2～35.5℃，平均为32.6℃，主要出现在7、8月；年极端低温−18.6～−16.1℃，平均为−16.9℃，主要出现在1、12月。最冷月（1月）平均气温为−3.2℃，最热月（7月）平均气温为17.5℃。年均降水量416.5～880.8mm，平均为567.7mm。降水主要集中在暖季4—10月，尤其5—9月更为突出，7月最多，12月最少。年均湿度57～67mm，平均为63%，9月最多，1、2月最少。年均风速1.1～2.0m/s，平均为1.7m/s，3、4月月均风速最大，12月最小，主导风前半年为东北风，后半年为西风。年平均日照时数2242.2h，4月最多，9月最少；日照百分率为51%，日照百分率12月最大，9月最小；太阳总辐射量为119.72kcal/cm²·a，光能资源略高于东部同纬度地区。

多儿保护区垂直气候特征：多儿保护区内海拔1800～4350m，地势南高北低。海拔每升高100m阳坡年均温下降0.53℃，阴坡下降0.6℃。海拔由低到高，主要气候因子的空间分布值分别为年均温−3.9～11.1℃，≥0℃年积温112.5～4067.7℃，≥10℃年积温738.5～2953.7℃，年降水量530.0～760.1mm。使得多儿保护区海拔由低到高具有中温带、寒温带、寒带的气候特征。

2.5 水文

2.5.1 地表水

多儿河（多儿曲）是白龙江的第二大一级支流，发源于四川省九寨沟县的戈藏佳则山，在多儿乡境西南界入境，向东北流经白古村东后转向西北，经白古寺、然子寺（乡政府驻地）、台力傲村，于乡境西北与阿夏河（阿夏曲）汇合，向北在多儿沟口（迭部林业局阿夏林场和麻垭园艺场所在地）注入白龙江。流域内重峦叠嶂，山势陡峻，沟壑纵横，总体地势南高北低，山峰海拔高度从4000m以上降至2000m以上。河流上游走向为由西向东，下游走向由东南向西北。主河道蜿蜒曲折，河谷深切，水流湍急。河流全长87.4km，流域面积1066km²，天然河道平均纵比降21.40‰。在白龙江汇合口上游7.8km处西侧有最大支流阿夏河汇入，阿夏河发源于四川省若尔盖县，河长56.4km，流域面积391.6km²，占流域总面积的36.70%。

根据1960—1968年、1982—1986年多儿水文站资料，《迭部县水资源调查评价及水利区划报告》及《迭部县农业气候区划综合报告》对多儿河流域水文特征进行了统计分析。其径流特征：多儿站枯水年（1960年）平均流量12.1m³/s，年径流量3.8144亿m³；平水年（1983年）平均流量15.4m³/s，年径流量4.8670亿m³。丰水年（1964年）平均流量18.1m³/s，年径流量5.7190亿m³。年平均流量16.5m³/s，多年平均年径流量5.1932亿m³。多儿河径流主要来源于大气降水，其次为高山融雪水。由于流域内森林覆盖率高，径流调蓄能力强，流域产流模数稍高，为0.013m³/（s·km²）。表现为径流丰沛、稳定。径流年内分配与降水量年内分配基本一致（图2-17），年内分配不均匀，大部分径流集中在5—10月，占全年径流量的78.9%，11月至翌年4月仅占21.1%。多儿河径流的月分配与多儿保护区汛期和枯水期相对应，该区洪水主要由暴雨形成，5—10月为汛期，较大的洪水大多发生在7—9月，因流域内植被较好，所以洪水涨落较平缓，一次洪水过程一般为1～3天。

多儿保护区水质优良，泉水矿化度低，水化学性质一般为碳酸盐-钙型、碳酸盐-钙镁型，矿化度一般小于1g/L，总硬度在9.4德国度左右，属微硬水，pH值6.5～8.5，物理物质良好，可作为生活用水和农田灌溉用水。

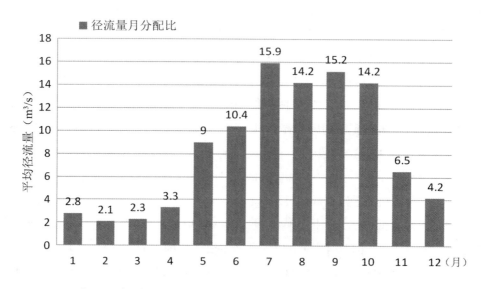

图2-17 多儿站多年平均径流量月分配图（1960—1968年、1982—1986年）

2.5.2　地下水

多儿保护区地下水主要分布在低阶地和漫滩内，多以岩层裂隙水和孔隙水存在于地下。地下水总的运移规律是由大气降水补给，经过岩层裂隙及堆积物孔隙运移，在漫滩、河谷、沟谷边呈泉和潜流排入当地河谷、沟谷，转化为地表径流。多儿保护区多儿河流量多年平均枯水期在2月，这时的地表径流基本代表了枯季地下径流。多儿河流域地下水平均年径流量1.1亿m³，径流模数0.00361m³/（s·km²）。多儿保护区地下水资源丰富，地下水水质与地表水基本相同。

2.5.3　小结

多儿河径流主要来源于大气降水，其次为高山融雪水，表现为径流丰沛、稳定。年平均流量16.5m³/s，年径流量5.1932亿m³，流域产流模数0.013m³/（s·km²）。径流年内分配不均匀，大部分集中在5—10月，占全年径流量的78.9%，11月至翌年4月仅占21.1%。汛期为7—9月，枯期为1—3月。地下水主要分布在低阶地和漫滩内，由大气降水补给，多以岩层裂隙水和孔隙水存在于地下，经过岩层裂隙及堆积物孔隙运移，呈泉和潜流形式排入当地河谷、沟谷，转化为地表径流。多儿河流域地下水平均年径流量1.1亿m³，径流模数0.00361m³/（s·km²）。水资源丰富，水质优良，可作为生活用水和农田灌溉用水。

2.6　土壤

2.6.1　土壤分布规律及分类

2.6.1.1　土壤形成的自然条件

（1）地貌条件

多儿保护区是青藏高原东部的边缘山地，并逐渐向陇南山地过渡，地貌基本类型为中等-深切割石质中高山地，多形成"V"形峡谷和"U"形宽谷，最高山峰为保护区南缘巴旦哲西（海拔4350m），最低处为花园乡东南部的保护区区界（海拔1800m）。保护区属山地地形，地势南高北低；区内山势陡峻，沟谷纵横，山峰林立，高处基岩裸露、冰雪覆盖，展现出保护区独特的地貌形态。

（2）气候条件

保护区气候属温带季风气候向高原山地气候过渡的半湿润气候类型，因地形高差大，导致该区生物气候在垂直方向上表现出了明显分异，为土壤形成与分布规律奠定了基础。区内海拔由低到高具中温带、寒温带、寒带的气候特征。

（3）生物条件

在土壤的形成过程中，生物具有特殊的创新作用，使其"死"的母质转变为"活"的土壤，对土壤肥力影响较大（黄昌勇，2000）。保护区低海拔地区植被人为影响较大，海拔1800～2200m，以落叶灌丛为主，局部有农田；海拔2200～2700m，以落叶阔叶林为主，主要是柳属类植物，伴生有忍冬等；海拔2700～3000m，以针阔混交林为主，主要有油松、白桦林等；海拔3000～3700m，为亚高山寒温性针叶林带，主要有云杉、岷江冷杉等；海拔3700～4100m，为高山灌丛草甸带，主要有蒿草类、珠芽蓼群落等；海拔4100m以上为冰冻风化带。

（4）地质条件

保护区地层主体是中生界三叠系，区内地层出露不全，大部分地层相对较古老，属秦岭地层分区和甘孜-松潘地层分区，以海相沉积为主，有部分陆相碎屑岩建造。主要为古生界志留系、泥盆系、石炭系、二叠系，中生界三叠系、白垩系，以及新生界第四系松散堆积体，其中中生界-三叠系地层最为发育，岩性以灰岩、板岩、千枚岩、砂岩为主。土壤母质类型主要有岩石风化的残坡母质、黄土性残坡积、冲洪积母质。在峰顶或平缓部位，风化物没有大的搬动或移位的是残积母质，经过移位、搬动的为坡积母质。

（5）时间条件

土壤形成的物质基础为母质，能量的来源是气候，生物具有物质循环和能量交换的功能，使得无机能转换为有机能，太阳能转换为生物的生长能，促进土壤有机物的积累和肥力的形成（杨林章等，2005），这些转换、积累过程均需要时间来完成。保护区低海拔地区冲洪积物地带、高海拔地区陡坡地段，土体稳定性差，极易受到河流冲积、崩积等的影响，植被发育程度低，土壤年幼，形成时间较短。其他缓坡地带植被发育，土体稳定，土壤形成过程外界干扰小，形成时间长，土壤年长，肥力较高。

2.6.1.2　土壤类型及垂直分布

（1）土壤类型

土壤发生类型的划分是以能反映成土过程及相应生物气候环境条件加以确定的（林致远等，1998）。通过保护区土壤形成的生物气候环境条件、形成过程及其特性，根据《中国土壤分类与代码》（GB/T 17296—2000），规范化土壤分类，检索了保护区土壤系统分类，共划分出4个土纲、6个亚纲、6个土类、9个亚类（表2-7）。

表2-7　多儿保护区土壤分类系统

土纲	亚纲	土类	亚类
高山土	寒冻高山土	寒冻高山土	寒冻高山土
	湿寒高山土	草毡土（高山草甸土）	典型草毡土
淋溶土	湿温淋溶土	暗棕壤	典型暗棕壤
			草甸暗棕壤
	湿暖温淋溶土	棕壤	典型棕壤
半淋溶土	半湿温半淋溶土	灰褐土	淋溶灰褐土
			石灰性灰褐土
初育土	土质初育土	新积土	典型新积土
			冲积土

（2）土壤垂直分布规律

由于保护区纬度差仅为19′23″，随纬度变化水平地带性分布规律表现得不明显。随山体海拔增高，生物气候条件发生改变，土壤发生演替规律明显，属土壤的垂直地带性分布规律；随着海拔的增加，山地的气温不断下降，降水增加，自然植被也随之变化，从而造成土壤的发生和分布出现相应变化。山地土壤由基带土壤自下而上依次出现不同的土壤类型，构成一个山地土壤垂直带谱。海拔4100m以上为高山寒冻土；海拔3700～4100m为草毡土（高山草甸土）；海拔3000～3700m为暗棕壤；海拔2700～3000m为山地棕壤；海拔2300～2700m为山地灰褐土；海拔1800～2300m为新积土。

2.6.1.3　主要土壤类型

土类作为保护区土壤分类的高级分类单元，是在一定的生物气候环境下形成的，同一土类具有相类似的土壤肥力特征和利用途径（李鹏，2015）。

（1）寒冻高山土

其属于高山土土纲、寒冻高山土亚纲、寒冻高山土土类，有寒冻高山土亚类。

主要分布在保护区海拔4100m以上山脊及附近的古冰斗、冰蚀台地等冰缘地貌之上，成土母质为碎屑状寒冻风化物、冰碛物，形成小片土壤。植被为耐寒的地衣、苔藓等，覆盖率在5%以下。土体浅薄，通体含大量砾石，剖面分化发育层次不明显。腐殖质层厚度5cm左右，呈灰黄棕色、灰棕色，向下过渡为岩砾层。土体中可见冻融作用形成的片状结构，常见因融雪、融冻水潴积而形成的锈纹锈斑。严酷的寒冻条件，既不利于植物有机残体的腐殖化，也不利于胡敏酸的合成，pH值通常大于8，呈弱碱性。生态环境恶劣，无交通条件，人迹罕至，土壤理化性质和营养条件差，是保护区肥力最低的高山土壤，景观极为荒凉。

（2）草毡土（高山草甸土）

其属于高山土土纲、湿寒高山土亚纲、草毡土（高山草甸土）土类，有典型草毡土亚类。

主要分布在保护区海拔3700～4100m的平缓山坡，属密生高山矮草草甸湿润土体，表层有厚3～10cm不等的草皮，植被根系交织似毛毡状，轻韧有弹性。主要有蒿草类、珠芽蓼群落等高寒矮草甸植被。群落结构简单，草层低矮，一般高度5～10cm，覆盖率约80%，局部出现杜鹃、高山柳等低矮灌丛。剖面形态由毡状草皮层-腐殖质层-过渡层-母质层（A0-A-AB/BC-C）组成，淀积（B）层不明显。A0层厚3～6cm，暗棕色至黑棕色，呈毡状，屑粒状结构。A层厚10～15cm，以棕色为主，粒状结构。过渡层（AB/BC）铁锰锈斑纹和片状、鳞片状结构发育。土体中下部可见较多的石块和砾石，质地以重砾质沙壤土为主。成土母质多以碳酸盐岩（灰岩为主），少量碎屑沉积岩（粉砂岩）等的残坡积物，土壤pH值呈中性至微碱性。由于山高、天寒、路远，长草期短，草产量少，灌木矮，难于利用，只能用于夏季牧场。由于冻融作用、鼠害等的影响，局部地段草皮层遭到破坏，加剧了土壤的侵蚀，草地生产力降低。

（3）暗棕壤

暗棕壤属淋溶土土纲、湿温淋溶土亚纲、暗棕壤土类，包括2个亚类，分别为典型暗棕壤和草甸暗棕壤。

主要分布在保护区海拔3000～3700m的平缓山坡，因地形和植被的差异，又分为典型暗棕壤和草甸暗棕壤两个亚类，海拔3500～3700m以草甸暗棕壤为主，稀疏灌丛、寒温性疏针叶林下发育的土壤，与高山草甸土相接，海拔3000～3500m地段两者呈镶嵌状交叉分布，但以发育在针叶林下的典型暗棕壤为主。

暗棕壤剖面形态由枯枝落叶层-腐殖质层-过渡层-淀积层-母质质层（A0-A-AB-B-C）层次组成。A0层厚4～5cm，灰黑色，由林木凋落物及草本残体有机质层构成，可见白色菌体，疏松有弹性。A1层厚10～15cm，呈暗灰色，团粒-团块状结构，壤质，根系密集，多虫穴。AB层呈灰棕色，粒状结构，壤质，较紧实，有稀疏木质根，有时可见炭屑，向下过渡不明显。B层呈棕色，粒状-块状结构，壤质至沙质，较紧实，有稀疏木质根。C层呈棕色，近于母岩颜色，半风化石砾较多，结构不明显，紧实，石砾表面可见铁锰胶膜。成土母质以碳酸盐岩为主，少量碎屑沉积岩等的残坡积物。

暗棕壤剖面由浅到深pH值缓慢增大，属微碱性土壤，其他养分含量迅速减少。根据第二次全国土壤普查土壤养分分级指标，有机质含量中等，速效钾中等偏丰富、速效氮含量丰富，速效磷含量甚缺乏，全钾中等偏丰富，全氮丰富，全磷丰富偏甚丰富（表2-8）。制约保护区暗棕壤土壤肥力的养分为速效磷。随着剖面垂直深度的加深，pH值略有增大，其他指标均表现出不同程度的下降特征，速效磷和碱解氮含量下降迅速。

表2-8　多儿保护区暗棕壤理化性质分析结果

深度（cm）	pH值	有机碳（g/kg）	速效钾（mg/kg）	速效磷（mg/kg）	碱解氮（mg/kg）	全氮（g/kg）	全磷（g/kg）	全钾（g/kg）	有机质（g/kg）
0～20	7.40	13.44	170.31	6.90	250.19	3.01	2.46	16.30	23.16
20～40	7.54	9.83	137.77	2.85	159.12	2.20	2.00	14.08	16.94
40～60	7.58	6.79	115.08	1.88	89.05	1.55	1.56	12.63	11.71
平均值	7.51	10.02	141.05	3.87	166.12	2.25	2.01	14.34	17.27

注：有机质含量为有机碳含量×1.724（Van Benmmelen因数）。

（4）棕壤

其属淋溶土纲、湿暖温淋溶土亚纲、棕壤土类，包括典型棕壤亚类。

主要分布在保护区海拔2700～3000m的平缓山坡，植被带以针阔混交林为主，油松和白桦较为常见，有大片匍匐状的杜鹃灌丛和矮生高山柳，植被覆盖度占80%以上。其剖面形态大多由枯枝落叶层-腐殖质层-淀积层-母质层（A0-A-B-C）层次构成。质地多为壤土至壤黏土，局部为砂质壤土。在自然植被下，A0层厚2～5cm，呈灰黑色，由疏松枯枝叶凋落物及草本残体组成；A层厚5～12cm，呈暗棕色，团粒结构，为轻壤；B层厚18～36cm，厚度变幅较大，呈红棕色或棕色，质地粘重（局部为砂质壤土，质地较轻），棱块状结构，结构面偶见铁锰胶膜；C层厚约22cm，通常接近母质本身色泽，板岩半风化物多呈黄棕色，而土状堆积物多呈褐棕色，半风化石砾含量较多。成土母质多以碳酸盐岩为主，有少量碎屑沉积岩和变质岩等的残坡积物。

棕壤剖面由浅到深pH值（8.10～8.29）缓慢增大，属弱碱性土壤，其他养分含量迅速减少。根据土壤养分分级指标，有机值中等，速效钾中等偏丰富、速效氮含量甚丰富，速效磷含量中等，全钾中等偏丰富，全氮甚丰富，全磷丰富偏甚丰富（表2-9）。制约保护区暗棕壤土壤肥力的养分为有机质和速效磷。随着剖面垂直深度的加深，pH值略有增大，其他指标均表现出不同程度的下降特征，尤其速效磷含量迅速降低。

表2-9　多儿保护区棕壤理化性质分析结果

深度（cm）	pH值	有机碳（g/kg）	速效钾（mg/kg）	速效磷（mg/kg）	碱解氮（mg/kg）	全氮（g/kg）	全磷（g/kg）	全钾（g/kg）	有机质（g/kg）
0～20	8.10	12.37	154.25	9.07	220.78	2.86	2.20	13.22	21.32
20～40	8.22	9.76	127.00	4.17	156.75	2.14	1.73	11.90	16.82
40～60	8.29	7.91	107.88	2.26	134.46	1.83	1.43	10.45	13.63
平均值	8.20	10.01	129.71	5.17	170.67	2.28	1.79	11.86	17.26

注：有机质含量为有机碳含量×1.724（Van Benmmelen因数）。

（5）灰褐土

灰褐土属半淋溶土土纲、半湿温半淋溶土亚纲、灰褐土土类，包括淋溶灰褐土和石灰性灰褐土2个亚类。

主要分布在保护区海拔2200～2700m的平缓山坡，属温带半湿润的山地森林灌丛植被下发育的土壤。以落叶阔叶林为主，主要为柳属类植物，伴生有忍冬等，林下草灌植被茂密。主要成土过程为腐殖质累积-弱粘化-弱至中度的淋溶作用。土壤剖面形态由枯枝落叶层-腐殖质层-粘化层-钙积层-母质层（A0-A-Bt-Bk-C）层次构成。A0层厚3～8cm，暗棕色至黑褐色，屑粒状结构。A层厚10～15cm，以黑褐色或棕褐色为主，粒团粒状结构，为轻壤；Bt层厚20～30cm，呈灰褐色，质地较粘，为中至重壤，块状或棱块状结构，可见少量石灰白色假菌丝；Bt层下部常过渡至Bk层（钙积层），其厚5～8cm，呈灰白色，细脉状、网状、薄膜状碳酸钙发育，块状结构，较粘重；C层厚20～28cm，呈黄褐色，半风化石砾含量增多。成土母质多以碳酸盐岩为主，有少量碎屑沉积岩和变质岩等的残坡积物。按保护区植被条件及土壤特征灰褐土又分为淋溶灰褐土和石灰性灰褐土两个亚类。淋溶灰褐土主要分布在密集浓郁阔叶林下，土体潮湿，有机质含量相对较高，钙积层不明显；石灰性灰褐土多发育在温性灌丛植被下，钙积层明显。

保护区灰褐土pH值平均8.49，属弱碱性土壤。根据土壤养分分级指标，有机值中等，速效钾中等偏丰富、速效氮中等偏丰富，速效磷含量缺乏，全钾、全氮含量丰富，全磷丰富。制约保护区暗棕壤土壤肥力的养分为速效磷（表2-10）。随着剖面垂直深度的加深，pH值略有增大，其他指标均表现出不同程度的下降特征。

表2-10　多儿保护区灰褐土理化性质分析结果

深度（cm）	pH 值	有机碳（g/kg）	速效钾（mg/kg）	速效磷（mg/kg）	碱解氮（mg/kg）	全氮（g/kg）	全磷（g/kg）	全钾（g/kg）	有机质（g/kg）
0～20	8.48	10.70	171.00	5.03	128.58	2.15	2.37	18.00	18.44
20～40	8.48	9.37	138.14	3.42	92.37	1.83	1.69	15.26	16.15
40～60	8.50	7.01	118.14	2.40	72.37	1.34	1.44	12.34	12.09
平均值	8.49	9.03	142.43	3.62	97.77	1.78	1.83	15.20	15.56

注：有机质含量为有机碳含量×1.724（Van Benmmelen因数）。

（6）新积土

新积土属初育土土纲、土质初育土亚纲、新积土土类，包括典型新积土和冲积土2个亚类。

主要分布在保护区海拔1800～2200m的河谷及两侧，冲积扇、洪积扇、河漫滩、低级阶地之上，属幼龄土壤，水热条件较好，剖面形态结构层次不明显。洪积物、坡积物之上发育典型新积土亚类，土体中颗粒粗细混杂，并夹杂棱角状岩石碎屑；在阶地及漫滩河流冲积物发育冲积土亚类，土体疏松，沉积层理明显，土层常见锈斑或锈纹，岩石碎屑磨圆度较高。土壤颜色多为灰棕色、黄色。土壤厚度浅薄（8～22cm），河漫滩相沉积土壤质地较为中重，其他均为轻壤。成土母质多以沟谷两边及上游碳酸盐岩为主，夹杂碎屑沉积岩、低变质岩的冲洪积物。因成土母质的影响，土壤呈弱碱性反应，土壤发育时间短，有机质含量缺乏。

2.6.1.4 土壤理化性质概述

土壤中氮、磷、钾是植物生长的三大营养要素，由于土壤中各种形态的氮、磷、钾总是处于相对平衡的转化状态，速效氮、磷、钾元素含量反映了土壤对植物及时供给三大营养元素的水平，全量氮、磷、钾元素含量是土壤提供该营养元素的潜力指标。土壤有机质是植物营养的主要来源之一，能改善土壤的物理性质，促进植物的生长发育，促进微生物活动，加速土壤中营养元素分解，提高土壤的保肥性和缓冲性。

随土壤剖面深度垂直变化，由浅到深，土壤碱性程度略有增强，其他各营养成分含量主要集中在剖面中上层，表层0～20cm范围内最高，中层20～40cm次之，深部最少，尤其速效氮、磷含量表现为迅速降低。由表2-11可见，保护区主要土类土壤化学营养指标特征如下：

表2-11 多儿保护区主要土类的肥力化学元素分析结果

海拔（m）	土类	pH值	速效钾（mg/kg）	速效磷（mg/kg）	有机碳（g/kg）	碱解氮（mg/kg）	全氮（g/kg）	全磷（g/kg）	全钾（g/kg）	有机质（g/kg）
2200～2700	灰褐土	8.49	142.43	3.62	9.03	97.77	1.78	1.83	15.20	15.57
2700～3000	棕壤	8.20	129.71	5.17	10.01	170.67	2.28	1.79	11.86	17.26
3000～3700	暗棕壤	7.51	141.05	3.87	10.02	166.12	2.25	2.01	14.34	17.27

pH值：由于保护区土壤母岩以碱性碳酸盐岩（灰岩）为主，受成土母质的影响，区内土壤均表现出偏碱性的特征，暗棕壤为微碱性土壤，对植物生长无抑制作用。灰褐土和棕壤为弱碱性土壤，对植物生长具有轻微的抑制作用（pH＞7.7）。

有机质含量：棕壤和暗棕壤相当，灰褐土较低，但均处于中等水平。

碱解氮含量：棕壤略大于暗棕壤，两者均达到甚丰富水平，灰褐土较低，处于中等偏丰富水平。

速效磷含量：棕壤最大，处于中等水平，暗棕壤略大于灰褐土，两者均处于缺乏水平。

速效钾含量：灰褐土与暗棕壤相当，棕壤较低，均达到中等偏丰富水平。

全氮含量：灰褐土为丰富水平，棕壤和暗棕壤相当，为甚丰富水平。

全磷含量：三者均为丰富水平，暗棕壤偏甚丰富。

全钾含量：灰褐土最高，达丰富水平，暗棕壤次之，棕壤最低，后两者均处于中等偏丰富水平。

因此，保护区土壤肥力的限制化学元素主要为速效磷，尤其暗棕壤和灰褐土表现突出。其次，保护区灰褐土和棕壤pH值略大，对植物生长具有轻微的抑制作用。另外，保护区土壤有机质含量中等，表现普遍不丰富。

2.6.1.5 小结

保护区地形高差大，受主体气候条件和植被环境的影响，土壤垂直地带性分布规律明显。保护区土壤，共划分出四个土纲、六个亚纲、六个土类、九个亚类，海拔由高到低，其土壤垂直带谱为高山寒冻土-草毡土（高山草甸土）-暗棕壤-棕壤-灰褐土-新积土。

随保护区土壤剖面深度垂直变化，由浅到深，土壤碱性程度略有增强，其他各营养成分含量主要集中在剖面中上层，表层0～20cm范围内最高，中层20～40cm次之，深部最少，尤其速效氮、磷表现明显。

保护区土壤营养成分碱解氮、速效钾、全氮、全磷、全钾含量均达到中等偏丰富水平及以上，速效磷含量表现缺乏，尤其暗棕壤和灰褐土表现突出。土壤有机质含量表现普遍不丰富，均为中等水平。土壤pH值在7.51～8.49，属微碱性或弱碱性土壤。

2.6.2 土壤理化性质垂直分布

土壤作为植物生长的载体，其碳、氮、磷元素含量及成分比例对调节植物生长具有重要作用（杨雪等，2011），土壤养分及化学计量特征也是自然生态系统生长发育的核心及发展变化的驱动力，不同海拔梯度对土壤养分及其化学计量比变化特征的影响不同，在昆仑山1706～3576m，土壤全氮和有机碳含量随海拔增加而逐渐增加（庞金凤等，2020），但在喜马拉雅山脉的高山森林交错带，土壤有效氮、有效磷、碳磷比和氮磷比随着海拔的升高而显著下降（Müller M et al., 2017）；梵净山0～20cm层土壤中有机质、碱解氮含量与海拔高度显著相关，有机质含量随海拔的增加呈先增加后下降的趋势（李相楹等，2016）。

多儿保护区地处青藏高原东北边缘，海拔落差大，山地生境垂直地带性明显，因此，在多儿保护区进行土壤背景调查，研究该区域土壤营养元素的分布特征，分析不同海拔梯度下土壤养分肥力指标的空间变异规律，能够为区域生态保护和植被管理提供科学参考。

2.6.2.1 不同海拔梯度土壤养分含量分布特征

多儿保护区在2200～3400m的海拔梯度上土壤碳、氮、磷的空间分布及变异性表现为氮>磷>碳，且土层越深，其变异度越大。土壤有机碳在三个土层中的变异度最小，变异系数在26.11%～28.69%，土壤全氮在40～60cm层变异度最大，达到42.95%（表2-12）。

表2-12 多儿保护区不同土层土壤主要养分特征

土层（cm）	指标	SOC（g/kg）	TN（g/kg）	TP（g/kg）
0～20	最小值	6.15	0.80	1.05
	最大值	17.73	4.95	5.78
	平均数	12.38	2.62	2.35
	标准偏差	3.23	0.98	0.84
	cv	26.11	37.26	35.87
	偏斜度	−0.28	0.21	1.74
	峰度	−0.94	−0.18	7.16
20～40	最小值	5.53	0.72	0.24
	最大值	16.54	4.26	2.95
	平均数	9.56	1.96	1.82
	标准偏差	2.74	0.74	0.66
	cv	28.69	37.76	36.23
	偏斜度	0.62	0.88	−0.19
	峰度	−0.04	1.38	−0.52

（续表）

土层（cm）	指标	SOC（g/kg）	TN（g/kg）	TP（g/kg）
40～60	最小值	4.30	0.49	0.24
	最大值	12.71	3.81	2.81
	平均数	7.14	1.51	1.47
	标准偏差	2.01	0.65	0.57
	cv	28.17	42.95	39.16
	偏斜度	1.17	1.26	0.39
	峰度	1.36	3.33	0.31

2.6.2.2 土壤理化性质垂直分布特征

（1）土壤pH值垂直分布特征

土壤pH值是土壤重要的理化性质之一，是土壤在其形成过程中受到生物、气候、地质、水文等因素的综合作用所具有的重要属性，多儿保护区土壤pH值在7.06～8.60，属于中性偏碱性土壤。由图2-18可看出，海拔高于3000m，土壤pH值逐渐下降，在海拔3400m处，pH值在7.06～7.39，其中0～20cm土层，海拔3400m处pH值较2200m处降低了15.75%。

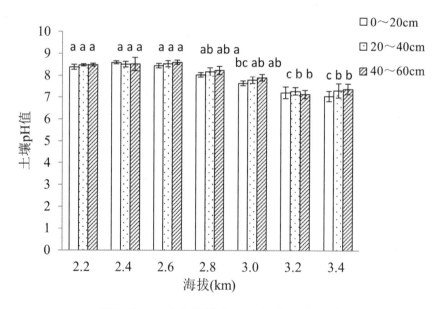

图2-18　不同海拔梯度不同土层土壤pH值

注：图中不同小写字母表示同一土层不同海拔高度之间差异显著（$P<0.05$），下同。

（2）土壤有机质垂直分布特征

由图2-19所示，0～20cm土层时，土壤有机质在海拔2200～3400m随海拔增高而逐渐增加，到海拔3400m时达到最大值17.16g/kg，与海拔2200m处的土壤有机质含量相比提高了48.06%（$P<0.05$），20～40cm层和40～60cm层土壤有机质含量在各海拔梯度间无显著差异（$P>0.05$）。土壤有机质含量与土层之间呈显著负相关关系，随土层加深，土壤有机质含量随之降低（$R^2=0.39$，$P<0.001$）。

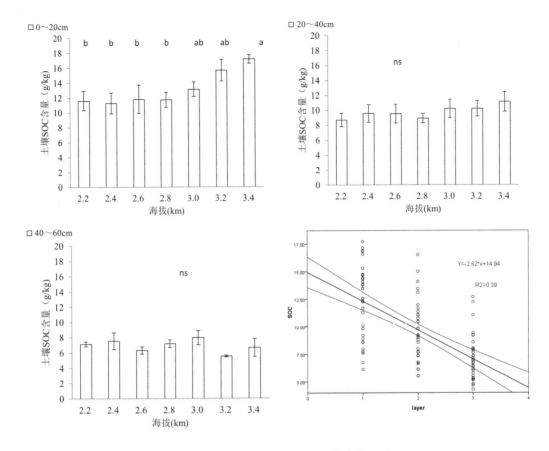

图2-19　不同海拔高度各土层土壤有机质含量

（3）土壤氮的垂直分布特征

多儿保护区土壤全氮含量的空间变异性最高，由图2-20可知，0～20cm层和20～40cm层土壤全氮含量随海拔高度的增加而增加，与有机质含量的变化相一致，均在海拔3400m处达到最大值，分别为3.61g/kg和2.53g/kg，且土壤全氮含量均在海拔2200m处最小，分别为2.17g/kg和1.60g/kg。回归分析表明土壤全氮含量与土层之间呈显著负相关（R^2= 0.248，$P<0.001$）。

土壤碱解氮主要包括矿质无机态氮及分子结构简单的有机态氮，是土壤中能够直接被植被吸收利用的氮素形式，也是衡量土壤供氮能力，反映土壤氮素有效性的重要指标。0～20cm土层，碱解氮的含量在海拔2200～2800无显著差异；当海拔高度达到3000m以上时，碱解氮含量呈单峰模式；在3200m时达到最大。20～40cm土层，碱解氮含量在高海拔（3000m以上）变动较小，但仍然对海拔高度有明显的响应。回归分析表明土壤碱解氮含量与土层之间呈显著负相关（R^2= 0.138，$P<0.001$）（图2-21）。

（4）土壤磷的垂直分布特征

土壤全磷含量变异度较小，0～60cm层土壤全磷含量与海拔间无明显相关关系，但在20～60cm层土壤全磷有增加的趋势（图2-22）。回归分析表明，土壤全磷含量与土层有极显著的负相关关系（R^2= 0.213，$P<0.001$）。

多儿保护区土壤速效磷含量较低，在0.48～8.72mg/kg之间，0～60cm土层中土壤速效磷与海拔无显著相关性（$P>0.05$），但相同海拔高度不同土层有效磷含量呈明显垂直分布，表现为随土层加深而逐渐降低趋势（R^2= 0.075，$P<0.001$）（图2-23）。

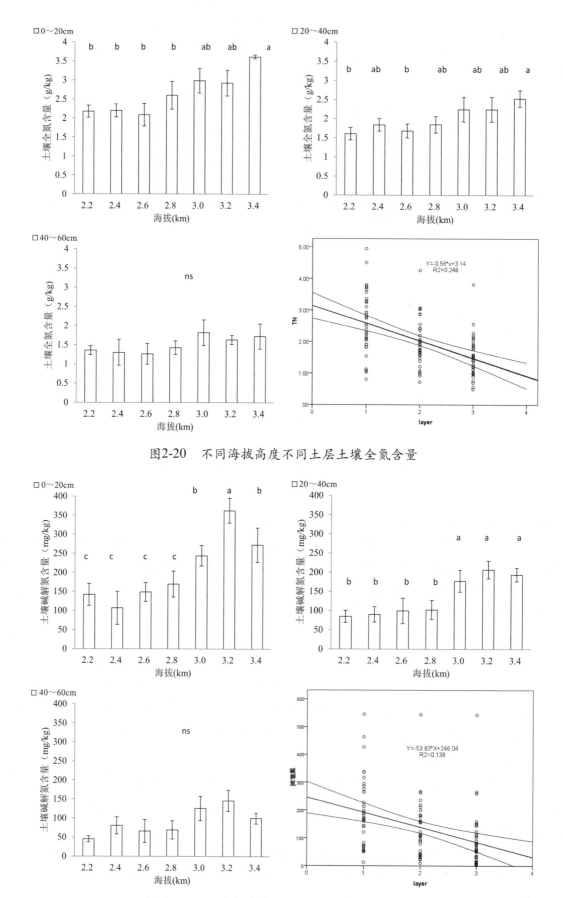

图2-20　不同海拔高度不同土层土壤全氮含量

图2-21　不同海拔高度不同土层土壤碱解氮含量

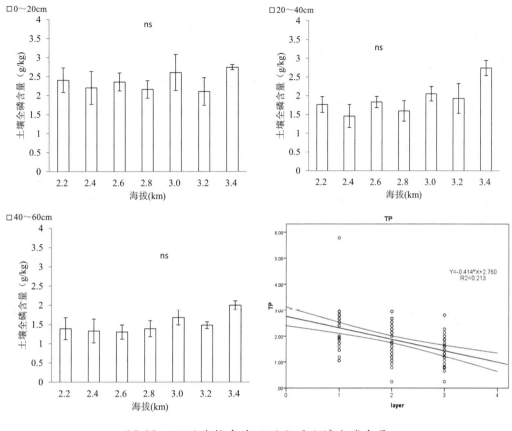

图2-22 不同海拔高度不同土层土壤全磷含量

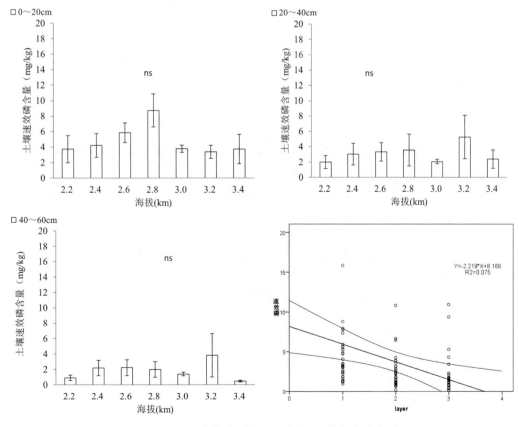

图2-23 不同海拔高度不同土层土壤速效磷含量

（5）土壤钾的垂直分布特征

与全国土壤养分分级标准相比，多儿保护区土壤全钾、速效钾含量均属于第二级别，含量较高，0～20cm和20～40cm土层中，土壤全钾含量随着海拔高度增加有降低的趋势，但无显著差异（图2-24），土壤速效钾在各海拔高度间无显著差异，其含量范围在102.67～173.50mg/kg之间。不同土层全钾和速效钾含量均呈明显垂直分布，表现为随土层加深而逐渐降低趋势，特别是速效钾含量的垂直分布性更强，回归决定系数R^2达到0.529（图2-25）。

2.6.2.3 土壤理化性质的相关性

由表2-13可知，0～20cm层的土壤pH值与海拔呈极显著负相关关系，即随海拔高度的增加pH值显著降低（$P<0.05$），但土壤全氮、碱解氮与海拔呈显著正相关（$P<0.05$），土壤碱解氮与全氮、有机质呈极显著正相关，与土壤pH值呈极显著负相关（$P<0.05$）。土壤全氮与有机质、全磷呈极显著正相关（$P<0.05$）。

表2-13　0～20cm土壤理化性质的相关性

指标	海拔	pH	TN	SOC	TP	TK	AN	AP
pH	−0.710**							
TN	0.392*	−0.608**						
SOC	0.313	−0.365*	0.769**					
TP	0.073	−0.03	0.294	0.228				
TK	−0.219	−0.008	0.016	−0.026	0.450**			
AN	0.474**	−0.616**	0.704**	0.590**	0.062	−0.243		
AP	0.098	−0.211	0.400*	0.245	0.143	−0.062	0.479**	
AK	0.078	−0.202	0.194	0.075	0.172	0.32	0.065	0.045

注：*和**分别表示0.05和0.01显著水平，下同。

由表2-14可知，20～40cm层的土壤pH值与海拔呈极显著负相关，且土壤碱解氮与海拔呈显著正相关（$P<0.05$），土壤pH值与全氮、有机质、碱解氮呈显著负相关（$P<0.05$），土壤碱解氮与全氮、有机质呈极显著正相关，与土壤pH值呈极显著负相关（$P<0.05$）。土壤全氮与有机质、全磷呈极显著正相关（$P<0.05$）。

表2-14　20～40cm土壤理化性质的相关性

指标	海拔	pH	TN	SOC	TP	TK	AN	AP
pH	−0.624**							
TN	0.331	−0.525**						
SOC	0.186	−0.345*	0.761**					
TP	0.310	−0.072	0.312	0.205				
TK	−0.222	−0.228	0.044	0.015	−0.228			

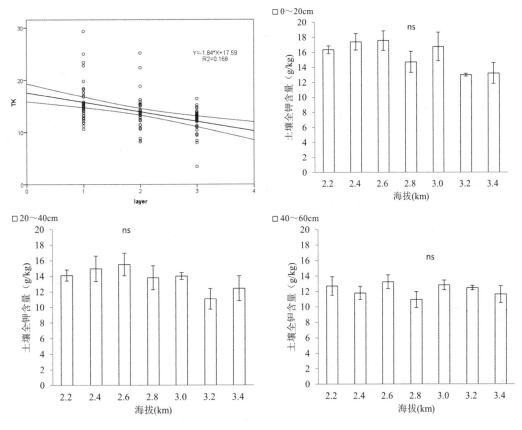

图2-24 不同海拔高度不同土层土壤全钾含量

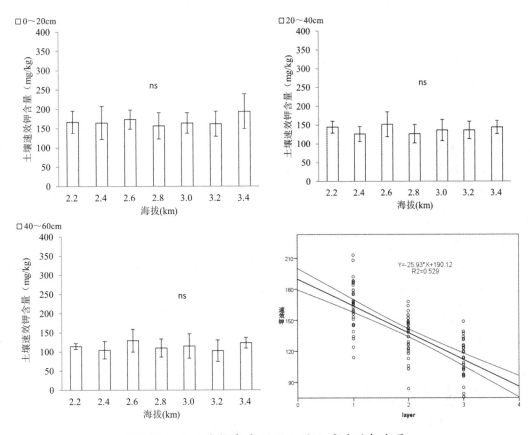

图2-25 不同海拔高度不同土层土壤速效钾含量

（续表）

指标	海拔	pH	TN	SOC	TP	TK	AN	AP
AN	0.380*	−0.575**	0.696**	0.723**	0.207	−0.001		
AP	0.059	−0.197	0.106	0.188	0.009	0.089	0.413*	
AK	−0.032	−0.252	0.133	0.075	0.093	0.287	0.101	0.178

由表2-15可知，40～60cm层的土壤pH值与海拔呈极显著负相关（$P<0.05$），土壤碱解氮与全氮、有机质呈极显著正相关，与土壤pH值呈显著负相关（$P<0.05$）。

表2-15　40～60cm土壤理化性质的相关性

指标	海拔	pH	TN	SOC	TP	TK	碱解氮	速效磷
pH	−0.593**							
TN	0.244	−0.208						
SOC	−0.051	−0.049	0.649**					
TP	0.199	−0.269	0.114	0.335*				
TK	−0.032	−0.290	−0.174	−0.228	0.264			
AN	0.239	−0.408*	0.670**	0.475**	0.244	0.061		
AP	0.053	−0.272	0.034	−0.035	0.140	0.154	0.441**	
AK	0.007	−0.133	−0.006	−0.191	0.005	0.243	−0.123	0.025

2.6.2.4　小结

多儿保护区的海拔高度与土层深度是影响土壤养分分布格局的自然条件。在2200～3400m的海拔梯度上土壤碳、氮、磷的空间分布及变异性表现为氮>磷>碳，且土层越深，其变异度越大。土壤有机碳、全氮、全磷含量的变化范围分别为6.15～17.73g/kg、0.8～4.95g/kg和1.05～5.78g/kg。

海拔高度对多儿保护区0～60cm土壤全磷、速效磷、全钾、速效钾含量无影响，但是有机质和全氮随着海拔的上升呈显著增加趋势。多儿保护区0～20cm土层土壤碱解氮含量随海拔高度的增加呈单峰变化趋势，在海拔3200m达到最大值。

多儿保护区土壤有机质、全氮、碱解氮、全磷、速效磷、全钾、速效钾均随土层深度增加而显著下降（$P<0.001$），其中速效钾含量的垂直分布性最强，回归决定系数R^2达到0.529，速效磷的垂直分布性最弱，回归决定系数R^2为0.075。

上述变化规律的发现，对研究多儿保护区自然状态下土壤营养状况评价、植被资源利用和管理具有重要意义。

2.6.3　不同植被类型土壤生态化学计量特征

土壤养分是植被生长的重要影响因素，土壤养分的不足或不平衡影响植被的生长、植物群落的组成、稳定和演替（柴春山等，2021；王霖娇等，2018）。生态化学计量学是研究生态系统各组分主要组成元素平衡关系和耦合关系的重要方法（康扬眉等，2018；Güsewell，2004），现已广泛应用于植物种群动态、个体生长、群落演替、限制性元素判别、生态系统稳定性等研究领域（贺金生和韩兴国，2010）。植物类型不同土壤的碳/氮也有较大的差异，森林土壤较退化草地土壤碳/氮低，两者分别为13和17（Camargo P B D et al.，1999）。陕西子午岭树种主要影响土壤碳含量，油松林土壤的碳含量及碳：氮、碳：磷显著低于辽东栎，树种对土壤磷含量无显著影响（李茜，2018）。可能不同的植物类型对土壤元素的吸收利用率不同，从而导致土壤的生态化学计量特征存在差异性。

土壤碳/氮/磷是衡量土壤有机质组成和质量程度的一个重要指标，其更有利于反映植被类型对土壤质量变化的影响。因此，分析研究多儿保护区不同植被下土壤生态计量学的分布特征，以期为该保护区土地的综合利用和可持续利用提供新的理论依据。

2.6.3.1　不同植被类型土壤碳、氮、磷特征

多儿保护区4种典型植被类型和农田土壤碳含量在0～20cm层差异较大，土壤有机碳含量表现为针阔混交林、灌丛均显著高于农田，表明由于人为干扰导致了土壤碳损失，农田土壤有机碳含量较针阔混交林、灌丛分别降低了29.20%和30.81%。20～60cm层土壤有机碳含量在各植被类型间无显著差异性（图2-26）。

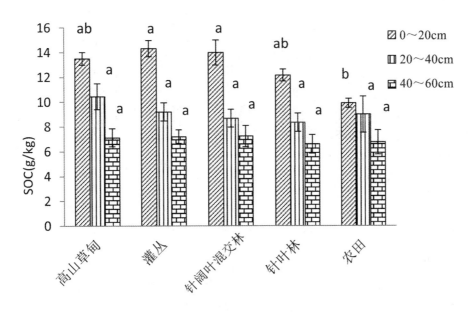

图2-26　不同植被类型下土壤碳特征

注：不同小写字母表示同一土层不同植被间差异显著（$P<0.05$），下同。

多儿保护区4种典型植被类型和农田土壤全氮含量在0～20cm层土壤氮特征与碳一致，表现为针阔混交林、灌丛显著高于农田，农田土壤全氮含量较针阔混交林、灌丛分别降低了41.09%和34.27%。20～60cm层土壤全氮含量在各植被类型间无显著差异性（图2-27）。

土壤全磷含量受植被类型的影响较弱，0～60cm层各植被类型下土壤全磷含量均无显著差异（图2-28）。

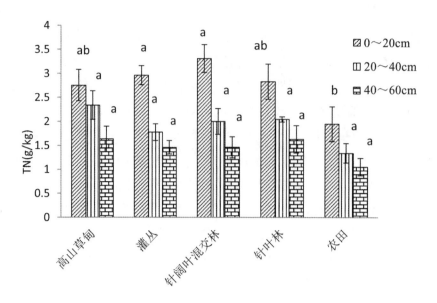

图2-27　不同植被类型下土壤氮特征

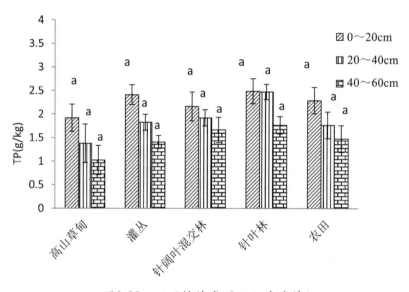

图2-28　不同植被类型下土壤磷特征

2.6.3.2　不同植被类型土壤速效养分含量变化

由表2-16可知，0～20cm层不同植被土壤碱解氮含量在126.90～269.82mg/kg之间，农田土壤碱解氮含量最低，与针阔混交林相比降低了52.96%，而针阔混交林、高山草甸、灌丛、针叶林间土壤碱解氮无显著差异。20～60cm土层各植被类型间无显著差异。不同植被类型土壤速效磷在0～20cm和20～40cm土层间具有相同的趋势，都表现为针阔混交林和针叶林显著高于其他植被类型；在0～20cm层，灌丛土壤碱解氮较针阔混交林低74.20%。0～60cm层土壤速效钾含量在各植被类型间均无显著差异。

表2-16　不同植被类型土壤速效养分含量

土层	植被类型	AN（mg/kg）	AP（mg/kg）	AK（mg/kg）
0～20cm	高寒草甸	183.95±34.97ab	5.95±2.50b	157.2±13.26a
	灌丛	208.14±14.20ab	3.55±0.75b	167.22±9.59a

（续表）

土层	植被类型	AN（mg/kg）	AP（mg/kg）	AK（mg/kg）
0～20cm	针阔混交林	269.82±32.93a	13.76±2.89a	163.20±9.27a
	针叶林	229.14±27.90a	10.87±2.10a	162.75±12.53a
	农田	126.90±38.99b	4.18±1.62b	160.00±4.70a
20～40cm	高寒草甸	127.53±36.64a	2.22±0.33b	125.8±8.73a
	灌丛	106.43±16.55a	2.12±0.36b	137.16±6.47a
	针阔混交林	141.94±44.57a	5.78±1.07a	138.40±7.87a
	针叶林	135.51±29.69a	3.28±0.52ab	132.25±14.13a
	农田	82.64±28.23a	2.00±0.65b	135.75±7.46a
40～60cm	高寒草甸	72.39±10.55a	1.03±0.19a	109.25±7.46a
	灌丛	71.18±15.06a	1.51±0.33a	114.15±5.53a
	针阔混交林	102.29±37.64a	2.78±0.57a	118.5±6.77a
	针叶林	91.01±37.16a	2.63±2.25a	108.25±16.97a
	农田	59.59±24.07a	0.97±0.25a	114.5±5.05a

注：不同小写字母表示同一土层不同植被间差异显著（$P<0.05$），下同。

2.6.3.3　不同植被类型土壤生物计量学特征

不同植被类型土壤碳氮比在7.43～12.06之间，不同植被类型土壤碳/氮在0～20cm层无显著差异，20～40cm层4种不同植被类型的土壤C/N无显著差异，且农田土壤碳/氮显著高于高山草甸、针阔混交林和针叶林。土壤碳/磷的变化范围在6.06～14.38之间，0～40cm层高山草甸的C/P均显著高于针叶林，40～60cm层各植被类型间的碳/磷均无显著差异。土壤氮/磷的变化范围在0.77～1.56之间，0～40cm层高山草甸的N/P均显著高于针叶林和农田，40～60cm层各植被类型间的N/P均无显著差异（图2-29）。

2.6.3.4　土壤碳、氮、磷化学计量与土壤化学因子的关系

由表2-17可知，土壤有机碳与土壤全氮、全磷含量及碳/磷、氮/磷间具有极显著正相关性（$P<0.01$），全氮与有机碳、全磷及氮/磷之间具有极显著正相关性（$P<0.01$），与C/P间具有显著正相关性，与C/N间具有极显著负相关性（$P<0.01$），全磷与有机碳之间具有极显著正相关性（$P<0.01$），与C/P、N/P间极显著负相关（$P<0.01$）。C/P与N/P间具有极显著正相关性（$P<0.01$）。

表2-17　土壤碳、氮、磷化学计量比与土壤化学因子的相关性分析

	SOC	TN	TP	CN	CP
TN	0.815**				
TP	0.465**	0.444**			
C/N	−0.122	−0.583**	−0.167		
C/P	0.311**	0.213*	−0.536**	0.045	
N/P	0.283**	0.492**	−0.408**	−0.436**	0.810**

注：*和**分别表示0.05和0.01显著水平。

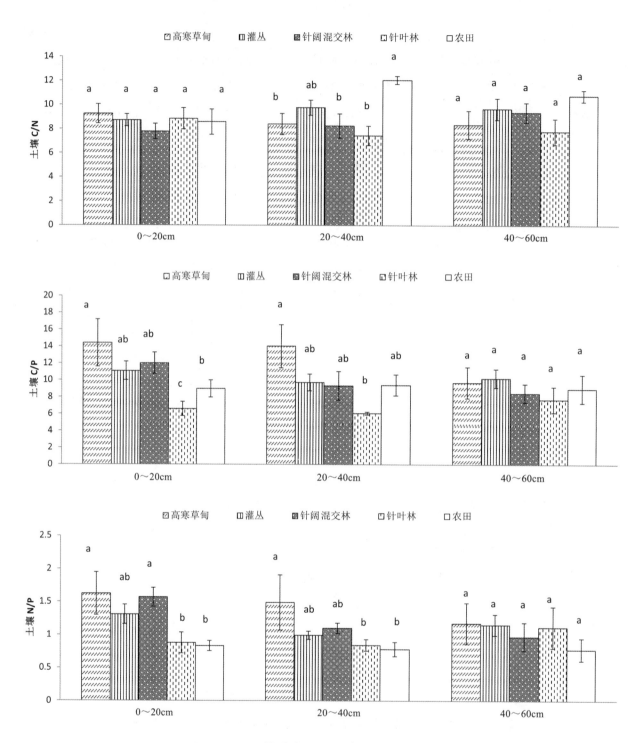

图2-29 不同植被类型下土壤生物计量学特征

2.6.3.5 小结

多儿保护区不同植被类型土壤养分表现为缺氮、少磷、富钾情况，植被类型对土壤养分含量影响较大，0～20cm层土壤碳氮含量均表现为农田显著低于针阔混交林、灌丛，其中农田土壤全氮含量较针阔叶混交林、灌丛分别降低了41.09%和34.27%，表明农田可导致0～20cm层土壤碳氮损失，且氮损耗高于碳损耗。

0~20cm层不同植被类型土壤碱解氮在针阔混交林、高山草甸、灌丛、针叶林间无显著差异。但农田土壤碱解氮含量较针阔叶混交林降低了52.96%（$P<0.05$），不同植被类型土壤速效磷在0~40cm土层表现为针阔叶混交林和针叶林显著高于其他植被类型，0~60cm层土壤速效钾含量在各植被类型间均无显著差异。

多儿保护区不同植被类型土壤碳/氮、碳/磷、氮/磷分别在7.43~12.06、6.06~14.38、0.77~1.56之间。20~40cm层农田土壤碳/氮显著高于高山草甸、针阔叶混交林和针叶林。0~40cm层高山草甸的碳/磷和氮/磷均显著高于同地区其他植被类型，表明这两种植被类型土壤碳氮含量相对充足，灌丛、针叶林和农田作物主要受到了氮限制。总体来说，多儿保护区土壤养分含量较低，该区域人为干扰对土壤养分影响较大，该区域灌丛、针叶林较针阔混交林和高山草甸更易受到氮限制。因此，在今后的植被恢复和生态建设中，建议以人工草地结合阔叶乔木的建植模式，使该区域土壤得到可持续利用，生态环境得到健康发展。

2.6.4 土壤生态化学计量特征的空间变异性

生态系统内的碳、氮、磷化学计量关系对植物个体生长发育、种群增长、物种多样性、群落结构、群落动态，以及生态系统过程影响重大，对自然生态系统研究具有重要意义。由于元素之间存在耦合和协同关系，例如土壤C/N可反映土壤有机碳的矿化速率，C/P可判定P有效性高低，N/P可判定N、P元素限制（于贵瑞等，2014）。因此，土壤化学计量特征是衡量土壤质量，了解土壤中碳、氮、磷元素的循环过程，平衡机制的重要参数，可综合反映生态系统的功能。目前，在区域尺度上采用土壤化学计量学方法探讨环境因子对植物的响应已进行了广泛研究（曾德慧等，2005；Chapin F S III et al.，2002；Güsewell S et al.，2004；杨雪等，2011），Reich和Oleksyn（2004）通过META分析了全球452个样点1280种植物叶片的氮、磷分布格局，认为植物叶片氮、磷及其氮：磷与土壤养分有效性密切相关。黄土高原地区植物与土壤的碳、氮、磷含量之间的相关性并不一致，与全球尺度相比，该地区草本植物生长易受磷限制（李婷等，2015），而在黄河三角洲自然保护区土壤碳、氮、磷含量的变化是同步的，氮是保护区生态系统植被生长的限制因子，需在自然保护区加强固氮植物的保护（刘兴华等，2018）。巢湖湖滨带土壤的生态化学计量学特征表明土壤碳：氮较稳定，土壤碳：磷、氮：磷受植被类型影响较大，土壤磷是研究区的养分限制性指标，以上研究表明土壤养分及化学计量特征的变化受多种因素影响，且影响程度及变化方式存在差异。目前多儿保护区的土壤化学计量特征研究不足，因此本研究从该区域海拔梯度尺度研究了其土壤化学计量特征，探讨多儿自然保护区自然生态系统内部碳、氮、磷平衡和分布格局，为科学管理自然保护区及其生态服务提供科学依据。

2.6.4.1 土壤生态化学计量特征

从生态化学计量比来看，碳：磷和氮：磷存在很大的变异性，且20~40cm土层其变异度最大，20~40cm土层碳：磷和氮：磷的变异系数达到了42.32%和54.46%，碳：磷和氮：磷区间分别为5.24~22.7及0.62~3.92，相比较而言，土壤碳：氮变异性最小且分布较为集中，超过75%土壤的碳：氮在9.18~9.37（表2-18）。

2.6.4.2 沿海拔梯度变化特征

（1）土壤碳氮比变化特征

土壤碳、氮、磷化学计量学特征沿海拔梯度变化如图2-30所示，多儿保护区土壤碳氮比的95%置信区间上下限随着海拔梯度递增而减少，而变异系数也随海拔梯度递增呈减少趋势，3400m海拔，土壤碳

表2-18 多儿保护区不同土层土壤生态化学计量特征

土层（cm）	指标	C/N	C/P	N/P
0～20	最小值	5.48	3.85	0.40
	最大值	13.84	23.71	2.36
	平均数	9.0192	10.4636	1.202
	标准偏差	2.15734	4.12208	0.52227
	cv	23.92	39.39	43.45
20～40	最小值	5.06	5.24	0.62
	最大值	13.82	22.70	3.92
	平均数	9.373	10.1091	1.1241
	标准偏差	2.32596	4.27807	0.61224
	cv	24.82	42.32	54.46
40～60	最小值	4.52	3.40	0.32
	最大值	15.98	20.55	2.45
	平均数	9.2596	9.295	1.0788
	标准偏差	2.72136	3.24225	0.52361
	cv	29.39	34.88	48.54

氮比值变系数最小，为19.40%。多儿保护区土壤碳氮比在海拔2400～2600m最高，为10.49，土壤碳氮比在海拔3200m最低，为7.48，且两者间有显著差异性。

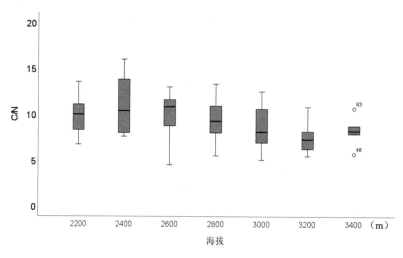

图2-30 多儿保护区不同海拔土壤碳氮比

（2）土壤碳磷比变化特征

多儿保护区土壤碳磷比的95%置信区间上下限随着海拔梯度递增而减少；碳磷比变异系数在海拔2800m达到最高，为44.94%；多儿保护区土壤碳磷比也在海拔2800m最高，为23.71，土壤碳磷比在海拔

3400m最低，为12.22；但随海拔高度的变化，土壤碳磷比值之间无显著差异性（图2-31）。

（3）土壤氮磷比变化特征

由于95%置信区间下限随着海拔梯度递增而减少，而上限随海拔梯度递增而增加，因此，多儿保护区土壤碳磷比变异度最大，碳磷比变异系数在海拔2800m达到最高，为62.56%，多儿保护区土壤碳磷比随海拔高度的变化无显著差异性（图2-32）。

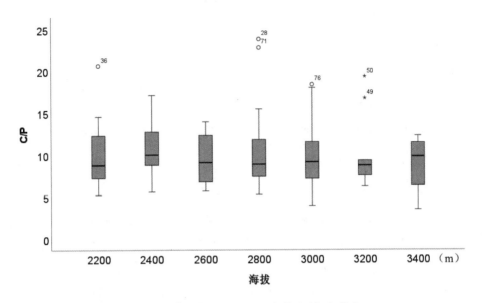

图2-31　多儿保护区不同海拔土壤碳磷比

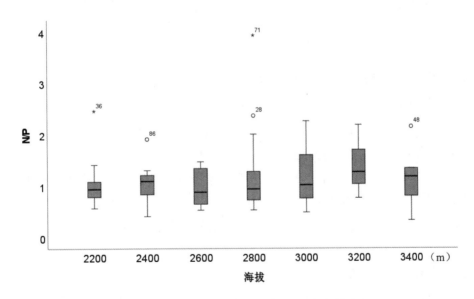

图2-32　多儿保护区不同海拔土壤碳氮比

2.6.4.3　土壤碳氮磷含量及其比值的相关性

通过分析土壤化学计量学特征与海拔因子的关系，发现土壤碳氮比与海拔之间存在极显著负相关关系，与土壤pH值间存在极显著正相关关系，土壤碳氮比与氮和氮磷比均呈显著负相关，土壤碳磷比与氮磷比、碳、氮之间均呈显著正相关，土壤氮磷比与土壤pH值、碳氮比呈显著负相关关系，与碳磷比显著正相关。碳氮比、碳磷比和氮磷比均与土层无显著相关性（表2-19）。

表2-19　多儿保护区土壤碳、氮、磷含量及其比值的相关性分析

指标	海拔	pH	layer	C/N	C/P	N/P	C	P
pH	−0.638**							
C/N	−0.339**	0.418**	0.041					
C/P	−0.063	−0.156	−0.123	0.051				
N/P	0.145	−0.397**	−0.092	−0.494**	0.792**			
C	0.136	−0.272**	−0.625**	−0.152	0.390**	0.350**		
P	0.16	−0.144	−0.461**	−0.177	−0.512**	−0.351**	0.457**	
N	0.283**	−0.447**	−0.498**	−0.627**	0.264**	0.566**	0.813**	0.431**

注：*和**分别表示0.05和0.01显著水平。

2.6.4.4　小结

多儿保护区在2200～3400m的海拔梯度上，土壤生态化学计量比的空间变异性表现为碳氮比＜碳磷比＜氮磷比，且20～40cm土层其变异度最大，20～40cm土层，碳磷比和氮磷比的变异系数达到了42.32%和54.46%，土壤平均碳氮比值为9.02，表明多儿保护区土壤养分处于低水平平衡状态。

多儿保护区土壤碳氮比随海拔梯度增加而显著下降，土壤碳磷比与氮磷比与海拔无相关性，本研究中的氮磷比、碳磷比比值较低，表明此区域植物生长更易受到氮限制和磷限制。

多儿保护区土壤碳、氮、磷在土层空间变化具有一致性，土壤碳氮比、碳磷比、氮磷比均无显著层次效应。

2.6.5　土壤金属元素含量及其垂直分布特征

土壤金属元素的含量和分布反映了土壤对植物矿物质营养的供给水平，直接关系着植被的生长发育（文勇立等，2007）。准确掌握区域土壤微量元素含量状况、空间变异特征及其影响因素，对区域植被和土壤生态环境的保护具有重要的现实意义。

随着区域生态环境问题日趋尖锐，为更好地实现生态恢复与重建，人们越来越重视对土壤微量元素分布特征的研究。本研究通过对多儿保护区不同海拔区域进行采样，对其金属元素含量和富集特性及元素之间的相互关系进行分析，以期为多儿保护区土壤中元素变化特征研究积累基础资料，为该区生态系统的保护和恢复提供理论依据。

2.6.5.1　土壤有效态中金属元素含量分布特征

有效态中微量元素含量的高低一定程度上反映了土壤微量元素养分的供应水平，多儿保护区土壤有效态铜（Cu）、铁（Fe）达到丰富水平，其含量平均值分别为1.88mg/kg和56.80mg/kg。有效态锰（Mn）和锌（Zn）含量适中，分别为19.24mg/kg和1.31mg/kg。有效态钼（Mo）含量达到极丰富水平，为0.53mg/kg。对于中量金属元素有效态钙（Ca）、镁（Mg）含量而言，Ca含量缺乏而Mg含量极丰富，其含量分别为181.41mg/kg和1083.04mg/kg（表2-20）。

从变异性来看，多儿保护区土壤有效态Cu、Zn、Fe、Mn、Mo、Ca、Mg平均含量分别为1.88mg/kg、1.31mg/kg、56.80mg/kg、19.24mg/kg、0.53mg/kg、181.41mg/kg、1083.04mg/kg。土壤有效态中微量元

素含量变异系数在35.05%～83.17%之间，说明7个指标含量分布不均，具有中等强度的空间变异性。其中，以有效Mn变异强度最大，其次为Zn＞Fe＞Cu＞Ca＞Mo＞Mg（表2-21）。

表2-20　多儿保护区土壤有效态微量元素含量描述性统计特征

元素	范围（mg/kg）	平均值±标准差（mg/kg）	偏度	峰度	变异系数（%）
Cu	0.13～5.50	1.88±1.11	0.48	0.04	59.11
Zn	0.19～5.89	1.31±1.05	1.85	4.75	80.30
Fe	4.28～136.45	56.80±36.33	0.82	−0.53	63.96
Mn	1.85～67.28	19.24±15.99	1.56	1.85	83.17
Ca	71.81～635.44	181.41±86.16	2.17	8.15	47.49
Mg	327.53～1771.54	1083.04±379.59	−0.09	−0.89	35.05
Mo	0.093～1.200	0.53±0.21	0.18	0.21	39.72

表2-21　土壤微量养分分级标准（张浩等，2017）

等级	有效铜（mg/kg）	有效锰	有效铁	有效锌	有效钼
极高	＞3.0	＞40.0	＞60.0	＞4.0	＞0.2
高	1.0～3.0	20.0～40.0	10.0～60.0	2.0～4.0	0.15～0.2
中等	0.5～1.0	10.0～20.0	4.5～10.0	1.0～2.0	0.1～0.15
低	0.2～0.5	5.0～10.0	2.5～4.5	0.5～1.0	0.05～0.1
极低	＜0.2	＜5.0	＜2.5	＜0.5	＜0.05

注：有效Ca和有效Mg的临界值分别为400mg/kg和60mg/kg。

2.6.5.2　土壤有效态中微量元素含量垂直分布特征

由图2-33可知，0～60cm层土壤有效态微量元素Cu、Zn、Mn含量在海拔2200～3400m无显著差异，0～20cm、20～40cm、40～60cm层土壤有效态Cu的平均含量为1.90mg/kg、1.88mg/kg和1.71mg/kg，土壤有效态Zn的平均含量为1.12mg/kg、1.15mg/kg和1.51mg/kg，土壤有效态Mg的平均含量为28.65mg/kg、14.99mg/kg和11.03mg/kg，其中有效态Cu和Mg表现为表聚型趋势，有效态Zn则表现为底聚型趋势。

土壤有效态Ca、Mg含量在40～60cm层对海拔无响应，土壤有效态Ca含量仅在20～40cm层表现为"U"形趋势，海拔2200～2400m与3000m以上处土壤有效态Ca含量均显著高于海拔2600m处土壤有效态Ca含量。0～40cm层土壤有效态Mg含量在海拔2400m处达到最高，均在海拔2200m处为最低值。

在0～40cm层，多儿保护区土壤有效态Fe含量有显著的海拔差异性；0～20cm层，土壤有效态Fe含量在海拔≥3200m处显著高于海拔2200～2600m处有效态Fe含量；20～40cm层，土壤有效态Fe含量在海拔≥3000m处显著高于海拔2400m处有效态Fe含量。

有效态Mo与有效态Fe含量的海拔分布规律相反，三个土层有效态Mo含量均表现为在海拔2600m处达到最高，0～40cm土层中有效态Mo含量在海拔3200处最低，40～60cm层有效态Mo含量在海拔3400m

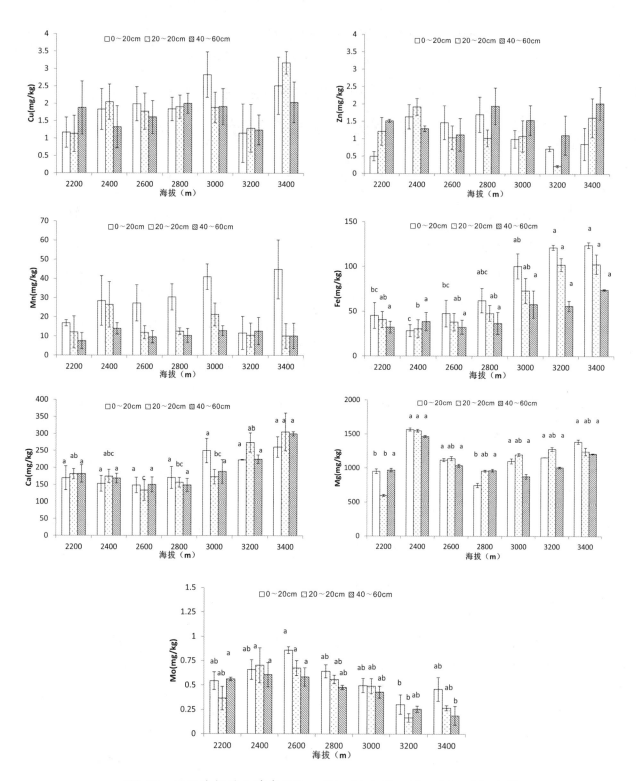

图2-33　不同海拔的土壤有效Cu、Zn、Mn、Fe、Ca、Mg、Mo含量

处最低，表现为随海拔增加呈现先增加后降低的趋势，2600m为有效态Mo含量的转折点。

由表2-22可知，土壤剖面上，土壤有效态Cu、Zn、Ca、Mg含量与土层关系不显著（$P>0.05$），土壤有效态Fe、Mn含量与土层有极显著负相关关系（$P<0.05$），土壤有效态Mo含量与土层有显著负相关关系（$P<0.01$），Fe、Mn、Mo三种元素含量均随土层的加深而显著下降。

表2-22 土层与土壤有效态微量元素的 Pearson 相关系数

指标	Cu	Zn	Fe	Mn	Ca	Mg	Mo
r	−0.058	0.117	−0.285**	−0.405**	−0.069	−0.047	−0.227*
P 值	0.568	0.251	0.006	0.000	0.512	0.652	0.029

注：*和**分别表示 0.05 和 0.01 显著水平。

2.6.5.3 土壤微量元素与土壤有机质关系

三个土层的土壤有效态Zn、Ca、Mo含量与有机碳关系不显著（$P>0.05$），土壤有效态微量元素Fe、Mn含量在0～20cm 土层与有机碳关系极显著（$P<0.05$），且随着有机碳含量增加而增加；在20～60cm土层，土壤有效态Cu、Mg含量与有机碳含量关系极显著（$P<0.05$），且随着有机碳含量增加而增加（表2-23）。

表2-23 土壤SOC与土壤有效态微量元素的Pearson相关系数

土（cm）	指标	Cu	Zn	Fe	Mn	Ca	Mg	Mo
0～20	r	0.208	0.198	0.524**	0.504**	0.231	0.194	−0.167
	P值	0.245	0.269	0.004	0.005	0.228	0.314	0.388
20～40	r	0.525**	0.268	0.492**	0.206	0.305	0.418*	−0.011
	P值	0.002	0.139	0.004	0.258	0.096	0.017	0.951
40～60	r	0.462**	−0.044	0.332	−0.121	0.242	0.389*	0.216
	P值	0.009	0.813	0.078	0.531	0.205	0.037	0.261

注：*和**分别表示 0.05 和 0.01 显著水平。

2.6.5.4 土壤微量元素与土壤pH关系

三个土层的土壤有效态Cu、Zn、Mg含量与pH关系不显著（$P>0.05$），0～60cm层土壤有效态Fe含量与pH关系极显著（$P<0.01$），且随着pH值的增加而显著减少，土壤有效态微量元素Mo含量与pH值呈显著负相关关系（$P<0.05$）。0～20cm层有效态Mn含量与pH值呈极显著负相关性（$P<0.01$），40～60cm层有效态Ca含量与pH值呈极显著负相关性（$P<0.01$）（表2-24）。

表2-24 土壤 pH 与土壤有效态微量元素的 Pearson 相关系数

土层（cm）	指标	Cu	Zn	Fe	Mn	Ca	Mg	Mo
0～20	r	−0.073	0.125	−0.795**	−0.528**	−0.232	−0.122	0.633**
	P值	0.687	0.489	0.000	0.003	0.225	0.528	0.000
20～40	r	−0.333	−0.073	−0.731**	0.165	−0.291	−0.190	0.300
	P值	0.062	0.693	0.000	0.368	0.112	0.297	0.096
40～60	r	−0.269	−0.143	−0.589**	−0.056	−0.393*	−0.003	0.387*
	P值	0.144	0.441	0.001	0.773	0.035	0.986	0.038

注：*和**分别表示 0.05 和 0.01 显著水平。

2.6.5.5 土壤有效态微量元素间关系

由表2-25可知，土壤中有效态微量元素Cu、Mn、Fe的含量两两之间存在着极显著正相关关系，表明这3种元素在该区域土壤生态环境中存在着共生关系；Fe和Mn含量存在显著正相关关系，Cu、Ca和Mo含量存在显著正相关关系。

表2-25 土壤微量元素间的相关性

元素	指标	Cu	Zn	Fe	Mn	Ca	Mg
Zn	r	0.100					
	P值	0.328					
Fe	r	0.316**	−0.003				
	P值	0.003	0.976				
Mn	r	0.217*	0.097	0.419**			
	P值	0.041	0.365	0.000			
Ca	r	0.072	−0.024	0.432**	0.230*		
	P值	0.500	0.823	0.000	0.028		
Mg	r	0.221*	0.100	0.148	0.074	0.111	
	P值	0.037	0.353	0.159	0.478	0.291	
Mo	r	0.241*	0.084	−0.402**	0.106	−0.451**	−0.002
	P值	0.023	0.436	0.000	0.314	0.000	0.982

注：*和**分别表示0.05和0.01显著水平。

2.6.5.6 小结

多儿保护区土壤有效态Mo含量达到极丰富水平，有效态Fe、Cu含量处于丰富水平，有效态Mn、Zn含量适中，土壤有效态Ca含量低于临界值，有效态Mg含量是临界值的18.05倍，这7种元素具有中等强度的空间变异性。

从空间分布看，0～60cm层土壤有效态微量元素Cu、Zn、Mn含量在海拔2200～3400m无显著差异；0～40cm层土壤有效态Fe含量在海拔3000m以上显著高于海拔2200～2600m处有效Fe含量。有效态Mo含量与有效态Fe含量的海拔分布规律相反，表现为随海拔增加呈现先增加后降低的趋势，海拔2600m为有效态Mo含量的转折点。

在土壤剖面分析，Fe、Mn、Mo三种元素表现出由表层向底层逐渐减少的趋势，为表聚型有效态微量元素，土壤有效态Cu、Zn、Ca、Mg含量与土层关系不显著（$P>0.05$）。

土壤有效态Zn、Ca、Mo含量与有机碳关系不显著，0～20cm土层有效态微量元素Fe、Mn含量与20～60cm土层有效态Cu、Mg含量均与有机碳呈显著正相关（$P<0.05$）。

0～60cm层土壤有效态Fe、Mo含量与pH值呈显著负相关（$P<0.05$），0～20cm层有效态Mn含量与pH值呈极显著负相关性，土壤中有效态微量元素Cu、Mn、Fe含量两两之间存在着极显著正相关关系，表明这3种元素在该区域土壤生态环境中存在着共生关系；Cu、Ca和Mo存在显著正相关关系。

综上所述，根据该区土壤有效态金属元素与有机碳及pH值的关系，在今后的保护区土壤生态环境保护中可以通过调整土壤pH值和土壤有机碳含量提升土壤有效态金属元素的含量和土壤肥力。

2.6.6 不同植被类型土壤金属元素含量特征

金属元素Cu、Zn、Mn、Fe、Mo、Ca、Mg等是植物生长发育必需的营养元素，参与植物体内氧化-还原过程，是组成某些酶和蛋白质的主要成分，参与植物代谢，对植物的生长发育十分重要（安玉亭等，2013）。土壤中金属元素的丰缺除受土壤母质、气候、水质等因素的影响外，还与植被及利用方式的不同而具有显著差异（吴彩霞等，2008；邓邦良等，2016；马晓飞和楚新正，2016；赵串串等，2017；游桂芝等，2020）。近年来的研究较关注保护地金属含量的累积，如在袁中强等（2016）监测了若尔盖湿地生态系统土壤中的Cd、Cr、Cu、Zn、Pb 5种重金属含量，对于土地利用类型发生改变及植被类型不同的土壤有效态微量元素动态变化影响较少，尤其是对植被类型复杂的过渡区域林地及受人类开垦干扰的土壤微量元素变化特征的相关研究则更少。因此，本研究以植被类型复杂的多儿自然保护区为研究对象，分析了不同植被类型下土壤有效态微量元素变化特征及丰缺情况，为保护区土壤修复及可持续发展提供理论依据。

2.6.6.1 不同植被类型土壤有效态微量元素含量

随着植被类型的改变，有效态Zn含量在0～60cm土层中表现为针叶林显著高于针阔混交林和草甸，其中0～20cm针叶林土壤有效态Zn含量较草甸高70.69%。有效态Fe含量在0～40cm土层中表现为针阔混交林显著高于草甸和农田，有效态Mn含量在0～20cm层中的累积量表现为针阔混交林和针叶林高于草甸、灌丛和农田。0～60cm层有效态Mo和Cu含量在植被类型间无差异性（图2-34）。

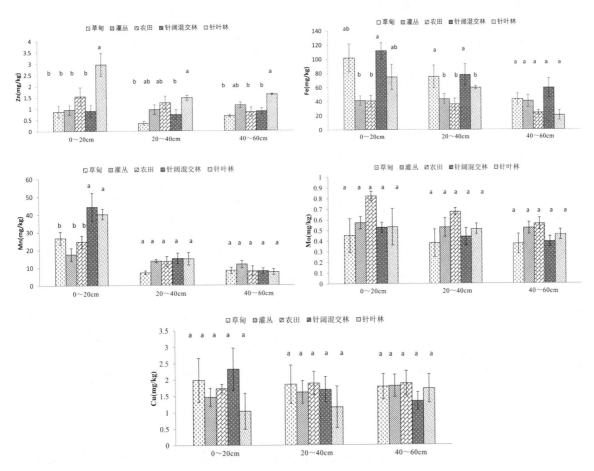

图2-34　不同植被类型间有效态Zn、Fe、Mn、Mo、Cu含量

各植被类型土壤有效态Mg含量无差异，0～20cm土壤有效态Ca含量表现为针阔叶林和针叶林显著高于灌丛和农田，其中农田有效态Ca的质量分数较针叶林下降了49.84%。20～60cm土层土壤有效态Ca的含量在各植被类型间无差异（图2-35）。

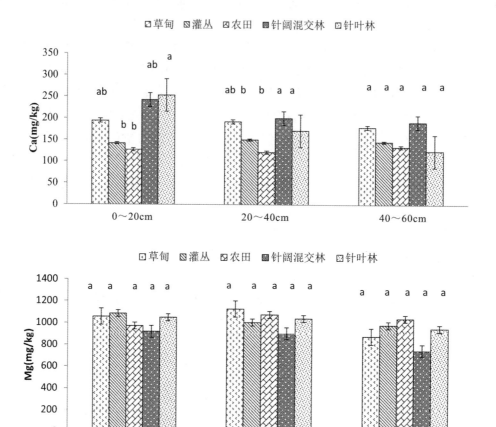

图2-35　不同植被类型的土壤有效钙和有效镁的含量

由表2-26可知，土壤剖面上，土壤有效态Cu、Zn、Ca、Mg含量与土层关系不显著（$P>0.05$），土壤有效态Fe、Mn含量与土层有极显著负相关关系（$P<0.05$），土壤有效态Mo含量与土层有显著负相关关系（$P<0.01$），Fe、Mn、Mo三种元素含量均随土层的加深而显著下降。

表2-26　土层与土壤有效态微量元素的Pearson相关系数

指标	Cu	Zn	Fe	Mn	Ca	Mg	Mo
r	−0.019	−0.119	−0.324**	−0.590**	−0.162	−0.137	−0.220*
P值	0.863	0.288	0.003	0.000	0.146	0.219	0.049

注：*和**分别表示0.05和0.01显著水平。

2.6.6.2　不同植被类型土壤微量元素有效性

本研究参考土壤重金属污染评价标准与方法评价土壤金属微量元素有效性，即有效性指数为土壤微量元素含量实测值与土壤微量元素含量临界值的比值。在5种植被类型中，土壤金属元素有效性指数大小顺序：Fe（9.44）＞Cu（8.38）＞Mo（3.63）＞Mn（2.17）＞Zn（1.19），且0～20cm层土壤有效态金属元素有效性指数均高于20～40cm土层。在0～40cm土层，草甸、灌丛和针阔混交林土壤有效态Zn有效性指数均小于1，20～40cm土层草甸土壤有效态Mn有效性指数小于1；0～40cm土层，各植被类型的Fe、Cu、Mo、Mn的有效性指数均大于1（表2-27）。

表2-27　不同植被类型土壤微量元素有效性指数差异

土层	植被类型	有效性指数（Ci）					综合性指数（Ei）
		Zn	Fe	Mn	Mo	Cu	
0～20cm	草甸	0.87	14.54	2.67	3.02	9.95	8.09
	灌丛	0.95	5.89	1.75	3.82	7.34	4.63
	农田	1.54	5.82	2.46	5.49	8.66	5.43
0～20cm	针阔混交林	0.89	15.94	4.43	3.53	11.64	9.19
	针叶林	2.96	10.66	4.01	3.56	5.21	5.97
20～40cm	草甸	0.35	10.72	0.70	2.54	9.28	6.45
	灌丛	0.95	6.17	1.37	3.53	8.08	4.87
	农田	1.25	5.13	1.34	4.50	9.42	5.27
	针阔混交林	0.72	11.10	1.50	2.93	8.45	6.42
	针叶林	1.46	8.49	1.48	3.42	5.78	4.93

2.6.6.3　土壤微量元素有效性与土壤有机碳、pH值关系

三个土层的土壤有效态Zn、Ca、Mg含量与有机碳关系不显著（$P>0.05$），土壤有效态微量元素Fe、Mn含量在0～20cm土层与有机碳关系极显著（$P<0.05$），且随着有机碳含量增加而增加；在20～60cm土层，土壤有效态Cu含量与有机碳关系极显著（$P<0.05$），且随着有机碳含量增加而增加（表2-28）。

表2-28　土壤SOC与土壤有效态微量元素的Pearson相关系数

土层	指标	Zn	Fe	Mn	Ca	Mg	Mo	Cu
0～20cm	r	0.066	0.684**	0.598**	0.304	0.172	−0.432*	0.211
	P值	0.735	0.000	0.001	0.123	0.391	0.024	0.273
20～40cm	r	−0.144	0.328	0.125	0.052	0.281	−0.091	0.509**
	P值	0.484	0.089	0.552	0.794	0.148	0.645	0.007
40～60cm	r	0.369	0.036	0.347	−0.051	0.247	0.407	0.515**
	P值	0.063	0.860	0.089	0.799	0.215	0.059	0.007

注：*和**分别表示0.05和0.01显著水平。

三个土层的土壤有效态Cu、Zn、Mg含量与pH关系不显著（$P>0.05$），0～60cm层土壤有效态Fe含量与pH关系极显著（$P<0.01$），且随着pH值的增加而显著减少。0～20cm层有效态Mn含量与pH值呈极显著负相关性（$P<0.01$）（表2-29）。

73

表2-29　土壤pH与土壤有效态微量元素的Pearson相关系数

土层	指标	Zn	Fe	Mn	Ca	Mg	Mo	Cu
0～20cm	r	0.160	−0.766**	−0.476*	−0.229	−0.090	0.610**	0.040
	P值	0.408	0.000	0.014	0.250	0.656	0.001	0.836
20～40cm	r	0.233	−0.788**	0.113	−0.286	−0.060	0.361	−0.203
	P值	0.253	0.000	0.592	0.140	0.763	0.059	0.309
40～60cm	r	0.166	−0.580**	−0.123	−0.208	0.087	0.250	−0.044
	P值	0.417	0.002	0.556	0.297	0.667	0.218	0.833

注：*和**分别表示0.05和0.01显著水平。

2.6.6.4　小结

多儿保护区土壤有效态土壤金属元素有效性指数大小顺序：Fe（9.44）＞Cu（8.38）＞Mo（3.63）＞Mn（2.17）＞Zn（1.19），Fe和Cu含量极其丰富，达到高等水平。Fe、Mn、Mo三种元素含量均随土层的加深而显著下降。

随着植被类型的改变，有效态Zn含量在0～60cm土层中表现为针叶林显著高于针阔混交林和草甸，有效态Fe含量在0～40cm土层中表现为针阔混交林显著高于草甸和农田，有效态Mn含量在0～20cm层中的累积量表现为针阔混交林和针叶林＞草甸、灌丛和农田。不同植被类型中，微量元素有效性综合指数顺序为针阔混交林＞草甸＞针叶林＞灌丛＞农田。

土壤有机质含量与有效态微量元素Fe、Mn、Cu含量呈显著正相关，土壤pH值与有效态Fe、Mn含量呈负相关。因此，在保护区保护工作中可以通过调整土壤有机质含量，提升土地肥力，进而在一定程度上提升土壤有效态微量元素的含量。

3 微生物资源

微生物是森林生态环境和有机物分解的重要组成部分，它可以改变土壤的理化特性，在土壤有机质动态、能量传递和元素生化循环等方面起着重要作（Angeloni N L et al., 2006）。土壤微生物是生态环境和有机物分解的重要组成部分，在土壤有机质动态、能量传递和元素生化循环等方面起着重要作用。真菌在土壤生态系统中发挥着多种多样的功能。森林生态环境微生物多样性高对于陆地生态系统的稳定和服务功能的提高具有不容忽视的作用，将有助于提高微生物种群的遗传多样性（Angeloni N L et al., 2006），并对提高物质的营养循环和重要生态系统过程的效率有积极的影响（Rogers B F Tate R L, 2001）。近年来，森林类型的自然保护区土壤微生物群落结构和功能的重要性越来越受到关注（Torsvik V et al., 2002）。土壤微生物是森林生态系统中生物地球化学循环的主要驱动力，在土壤有机质分解，养分循环和有机碳代谢等方面占据重要地位（Liu M H et al., 2019）。土壤微生物作为连通地上-地下的重要媒介，与环境之间存在相互作用（Shigyo N et al., 2019）。海拔作为影响土壤微生物群落结构和多样性的重要因素，通过调节森林微气候、土壤理化性质和植被类型等间接驱动土壤微生物变化（王朋等，2017）；也通过影响林木生物量和凋落物质量，改变植物凋落物分解速率、根系周转和根系分泌物等影响土壤微生物多样性（Wang P et al., 2017；吴则焰等，2014；Wu Z Y et al., 2014）。不同海拔土壤对微生物群落结构存在差异，开展空间尺度（海拔）下土壤微生物群落变化规律研究，对分析森林生态系统土壤养分循环和生态系统功能具有重要意义。

多儿保护区土壤微生物的研究处于空白，关于大型真菌的相关研究也不多。本次调查于2020年10月、2021年5月采集了土壤样品，以多儿保护区表层土壤和植物根际为研究对象，通过高通量测序技术对土壤和植物根际中的微生物进行了初步研究，探索多儿保护区植物群落对土壤微生物的响应机制、土壤微生物群落组成与植被类型的相互关系，旨在揭示植被根际微生物与土壤微生物的结构和丰度特征，将为认识多儿保护区的生物地球化学循环提供微生物生态学视角；研究不同海拔梯度下土壤微生物的空间特征，分析其空间变异规律，以期为多儿保护区的可持续经营和森林土壤养分管理提供科学依据。

大型真菌作为微生物的重要组成部分，对维持保护区的生物多样性、生态平衡以及稳定环境起到关键作用，也是人类利用野生生物的重要资源。全球真菌多达150万种，而有记载的真菌约8万种，其中大型真菌约有3万种（黄年来，2004；饶俊和李玉，2012）。我国大型真菌种类丰富，分布区域广泛，具有很大的开发潜力（李哲敏和刘用场，2005；章克昌，2002）。多儿保护区大型真菌的相关研究不多，本次调查于2020年10月、2021年5月至10月，对多儿保护区的大型真菌进行了调查和鉴定，初步揭示了该保护区大型真菌的多样性与环境因素之间的关系，丰富了大型真菌多样性的基础资料，为该保护区大型真菌资源的保护和利用提供参考。

3.1 研究方法

（1）样品采集

土壤微生物通过土壤样品获得，样品采集与土壤样品采集同步进行，采样点信息见表3-1。土壤样品采样时，首先去除土壤表层有机物和细根等杂质，然后按照五点取样法，采集表层（0～20 cm）、中层（20～40cm）、深层（40～60cm）土壤样品。每个采样点重复3次，共9个样品。将土壤样品置于提前准备的无菌密封袋密封，放入冰盒快速带回实验室测定。

为了研究植物对土壤微生物种群的影响，选择了云杉、柏木、油松、白桦、青杠木、野草莓、乌龙头等10个优势种和特色种，即用铁锹挖出植物，收集根际土壤，共采集10个根际土壤样品（表3-1）。所有样品储存在采样袋后，放在干冰中冷却，然后送到实验室。每个样品在−80℃的环境中冷冻保存，送到深圳微科科技集团有限公司测序。

大型真菌通过典型的样地法和样线法相结合的方法调查。选取多儿保护区的后西藏沟、工布隆、洋布沟、左木沟、白古山、尼藏山、拉瓦、当当、在力敖、阿夏沟等沟系，以不同生境和海拔设置25m×25m的样地，对样地内所有大型真菌拍摄照片并记录数目和分类，依据子实体的外部形态特征，查阅相关菌物分类资料和彩图图鉴进行鉴定。

表3-1 多儿保护区根际土壤采样点及生态系统状况

样品名	海拔（m）	经纬度	生境类型
SBL	1844	33°56′34″ N，103°43′32″E	河滩地
SFL	2025	33°50′57″N，E103°49′23″	农业用地
SBCF_1	2673	33°45′04″N，103°59′01″E	针阔混交林
SBCF_2	3053	33°42′16″N，104°01′03″E	针阔混交林
SBCF_3	2200	33°42′16″N，104°01′03″E	针阔混交林
SGS	3296	33°42′08″ N，104°00′11″E	草坡
SCF	3422	33°41′44″ N，103°59′54″E	针叶林
SBF	3800	33°41′18″N，104°00′00″E	灌木
RSFL	2025	33°50′57″N，103°49′23″E	农业用地
RFV	2220	33°48′50″N，103°40′12″E	针阔混交林
RPA	2220	33°48′50″N，103°40′12″E	针阔混交林
RMO	2220	33°48′50″N，103°40′12″E	针阔混交林

（2）土壤总DNA提取、PCR扩增及测序

选用Fast DNA SPIN Kit for Soil 试剂盒提取土壤微生物基因总DNA，将提取得到的土壤DNA溶解于70ul无菌TE缓冲液中，具体提取过程按照试剂盒说明书进行操作。

电泳检测后，对16S rRNA V3+V4（细菌）区域进行扩增，细菌引物序列为341F（5'-CCTAYGGGR BGCASCAG-3'）及806R（5'-GGACTACHVGGGTWTCTAAT-3'），使用Novaseq 6000 PE250测序平台，利用双末端测序（Paired-End）的方法，构建小片段文库进行16S rRNA测序。

（3）微生物的纯培养

微生物的分离纯化采用稀释涂布平板法。培养细菌采用牛肉膏蛋白胨培养基，培养放线菌使用高氏1号培养基，培养真菌使用马丁式培养基。单菌落采用在察氏培养基中进行斜面划线接种及三点接种法进行真菌的纯化，纯化所得的单菌落用于形态鉴定，并使用插片法再次进行培养以备镜检。

①牛肉膏蛋白胨培养基

牛肉膏	3g
蛋白胨	10g
氯化钠	5g
琼脂	15～20g
蒸馏水	1000mL
pH	7.0～7.2
121℃灭菌	25min

②高氏1号培养基

可溶性淀粉	20g
硝酸钾	1g
磷酸氢二钾	0.5g
七水和硫酸镁	0.5g
氯化钠	0.5g
七水和硫酸亚铁	0.01g
1%苯酚	10滴
琼脂	15～20g
蒸馏水	1000mL

配置时，先用少量冷水将淀粉调成糊状，倒入煮沸的蒸馏水中，加热，边溶解边加入其他成分，溶化后，补足水分至1000mL，121℃灭菌20min。

③马丁式培养基

葡萄糖	10g
蛋白胨	5g
磷酸二氢钾	1g
七水合硫酸镁	0.5g
1/3000孟加拉红	100mL
琼脂	15～20g
pH	自然
蒸馏水	1000mL
121℃灭菌	30min

使用前加入0.01g/ml的青霉素。

④察氏培养基

葡萄糖	30g
硝酸钠	2g
三水合磷酸氢二钾	1g
氯化钾	0.5g
七水合硫酸镁	0.5g
七水合硫酸亚铁	0.01g
琼脂	15～20g
蒸馏水	1000mL
pH	自然

121℃灭菌30min，使用前加入0.01g/mL的苯酚。

（4）微生物分离纯化及计数

称取10g新鲜土样，放入装有90mL无菌水的锥形瓶中，瓶中提前装有数十颗玻璃珠，用来打碎土块，用摇床振荡20min使土壤与水充分混合，澄清后用移液枪从锥形瓶中吸取1mL土壤溶液，无菌条件下装入有9mL无菌水的试管中。然后吸取1mL溶液注入另一支装有9mL无菌水的试管中，以此类推，形成10-1、10-2、10-3的土壤稀释液。将已经配置灭菌后的培养基冷却到45～50℃时，在无菌条件下将培养基迅速倾倒入培养皿，每个培养皿约20mL培养基，待凝固后即成平板。吸取0.1mL三个稀释度的土壤稀释液（细菌10-3、10-4、10-5，放线菌10-2、10-3、10-4，真菌10-1、10-2、10-3）接种于相应的培养基，充分涂抹均匀后，倒置培养。细菌37℃培养1d，放线菌28℃培养3～5d，真菌28℃培养5～7d。

（5）数据分析

通过对Reads拼接过滤，OTUs（Operational Ta×onomic Units）聚类（97%），并进行物种注释及丰度分析，揭示样品的物种组成。通过α多样性的五个指数，包括Coverage、Simpson、Chao1、ACE和Shannon指数分析样本内的物种多样性，进一步对β多样性分析（Beta Diversity）和显著物种差异进行分析，挖掘样品之间的差异。本研究选择UPGMA（Unweighted Pair-group Method with Arithmetic Mean）分析物种组成相似度。

使用Microsoft Excel 和Adobe Illustrator 16.0进行数据统计和绘制图形。通过Alpha多样性分析，统计了各样品的覆盖度、Chao1指数和Shannon指数。使用QIIME软件进行β多样性分析来评估样品在物种复杂性方面的差异。利用SPSS 19.0软件进行显著性差异分析及Tukey法检验处理间的差异显著性。

物种多样性的研究和测度指数比较多，本研究根据土壤霉菌和各测度指数的特点及取样数据的类型，选择采用了Shannon-Wiener指数（H'）和Simpson指数（D）：

$$H'=-\sum Pi\ln Pi$$
$$D=1-\sum Pi^2$$

式中，Pi是第i个属的多度比例，可以利用$Pi=ni/N$求出；ni是第i个属的菌株数；$N=\sum ni$，为全部属的菌株数之和。

（6）序列优化

通过双末端测序（Paired-End）并优化后，19个土样共获得1474165条有效序列（Effective Tags），

Effective Tags平均长度集中在401~427bp之间，占PE Reads序列的81.99%，质量值≧30的碱基约占总碱基数的98%。序列的长度和数量是将序列匹配到数据库从而产生基因注释的关键，保证了微生物物种多样性分析的科学性、真实性。由图3-1可以看出，稀释性曲线趋向于平缓且覆盖率均为99%，进一步说明取样基本合理，能够比较真实地反映土壤样品的细菌群落组成，置信度较高。

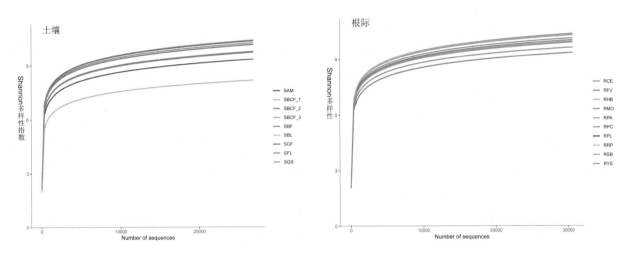

图3-1 样品香农指数曲线

（7）大型真菌采集与鉴定

通过采用典型的样地法和样线法相结合的方法，选取多儿保护区的后西藏沟、工布隆、洋布沟、左木沟、白古山、尼藏山、拉瓦、当当、在力敖、阿夏沟等样地进行实地调查；样地设置25m×25m的样方，每个林区选取5~10个，总共设置样地25个（图3-2）。对样地内所有大型真菌拍摄照片并记录数目和分类，依据子实体的外部形态特征，查阅相关菌物分类资料和彩图图鉴鉴定种类。

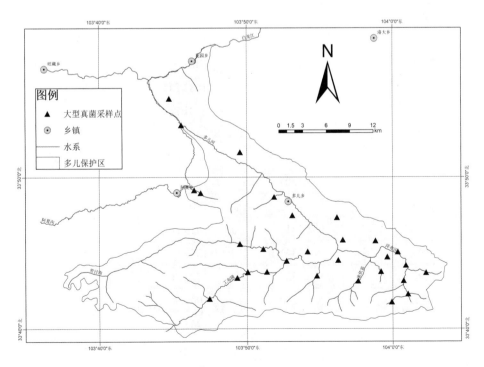

图3-2 大型真菌采样样地分布示意图

3.2　土壤微生物

3.2.1　土壤微生物多样性

3.2.1.1　群落多样性分析

19个土样中的微生物归属于37门、149纲、218目、262科、407属和218种（附录1）。微生物多样性指数和覆盖率：海拔2200m处针阔混交林（SBCF_3）的OTU数最多，高于其他植被土壤类型。微生物丰富度指数（Chao1指数）表明，多儿保护区各植被类型的土壤微生物丰度较高。土壤样品中，针阔混交林和针叶林（SBCF_1、SBCF_2、SBCF_3和SCF）的微生物丰度高于灌丛（SBF）、农田（SFL）、草甸和河滩（SAM和SGS），海拔2200m处针阔混交林（SBCF_3）的微生物丰度明显高于海拔2700m针阔混交林（SBCF_2）和海拔3100m处针阔混交林（SBCF_1）。根际样品中，青稞（RHB）和珠芽蓼（RPL）微生物丰度高于其他植物根际（表3-2）。

香农指数（Shannon index）是反映样本微生物多样性的另一种表现形式，从图3-1和表3-2可以看出土壤样品和根际中细菌的香农指数均大于9，说明多儿保护区土壤细菌群落结构复杂和多样性丰富。

表3-2　微生物的多样性指数

样本		操作分类单元	多样性指数		
			Chao 1指数	Shannon指数	Simpson指数
土壤	SBL	803	805.53	7.71	0.98
	SFL	1415	1427.40	9.20	1.00
	SBCF_3	1987	2003.96	9.87	1.00
	SBCF_2	1616	1642.11	9.61	1.00
	SBCF_1	1753	1772.47	9.85	1.00
	SGS	1474	1482.69	9.68	1.00
	SCF	1650	1683.21	9.81	1.00
	SAM	1189	1197.28	8.83	0.99
	SBF	1484	1490.57	9.25	1.00
根际	RCE	1639	1651.07	9.60	1.00
	RFV	1807	1822.87	9.77	1.00
	RHB	1880	1905.27	9.83	1.00
	RMO	1417	1429.26	8.86	0.99
	RPA	1341	1357.84	9.42	1.00
	RPC	1757	1778.30	9.51	1.00
	RPL	1890	1909.98	9.81	1.00
	RRP	1737	1763.02	9.79	1.00
	RSB	1334	1348.12	9.36	1.00
	RYS	1273	1285.17	9.11	1.00

3.2.1.2 微生物群落结构组成分析

多儿保护区土壤样本中，土壤微生物表现出较高的多样性（图3-3、图3-4）。土壤和根际样品的门水平分类中丰度前十的物种组成基本一致，主要包括变形菌门（Proteobacteria）、酸杆菌门（Acidobacteria）、厚壁菌门（Firmicutes）、放线菌门（Actinobacteria）、拟杆菌门（Bacteroidetes）、绿弯菌门（Chloroflexi）、疣微菌门（Verrucomicrobia）、芽单胞菌门（Gemmatimonadetes）、硝化螺旋菌门（Nitrospirae）、绿菌门（Chlorobi）；SBL（河滩）样品中拟杆菌门（Bacteroidetes）的丰度最高，可达69.27%。在土壤样品和根际土壤，细菌分布以变形菌门和酸杆菌门为主，这两种细菌门合计占比均高于50%。

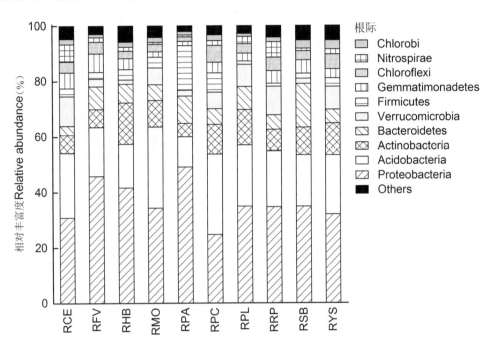

图3-3 土壤中细菌群落门水平上的丰富度

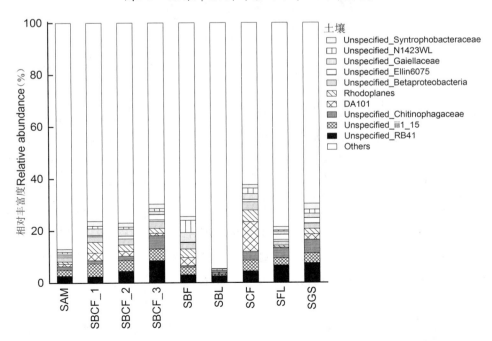

图3-4 根际土壤细菌群落门水平上的丰富度

多儿保护区不同植被类型下微生物物种差异不大，同一植被类型不同海拔梯度间微生物物种组成相似，土壤与非根际土壤间微生物组成差异不大。

土壤样品中，共测得345个菌属，各植被类型共有菌属95个，占总属数的27.54%，占总相对丰度的40%；丰度检测前10的属主要包括：Unspecified_RB41，Unspecified_iii1_15，Unspecified_Chitinophagaceae，DA101，Rhodoplanes，Unspecified_Betaproteobacteria，Unspecified_Ellin6075，Unspecified_Gaiellaceae，Unspecified_N1423WL，Unspecified_Syntrophobacteraceae。Beta多样性分析表明多儿保护区不同植被类型的细菌群落差异不大（图3-5）。SBCF_3（海拔2200m针阔混交林）、SFL（农田）、SGS（草坡）三者间物种组成相似，以Unspecified_RB41、Unspecified_iii1_15、Unspecified_Chitinophagaceae为优势菌；SBL（河滩）与其他采样点物种组成差异性较大，Unspecified_RB41为优势菌，丰富度为2.62%，其他菌属丰富度均小于1%。

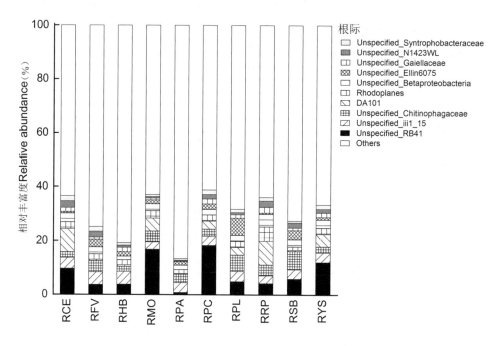

图3-5　土壤中细菌群落属水平上的丰富度

根际样品中，共测得327个菌属，各植被类型共有菌属135个，占总属数的41.28%，占总相对丰度的50%；丰度检测前10的属主要包括：Unspecified_RB41，Unspecified_iii1_15，Unspecified_Chitinophagaceae，DA101，Rhodoplanes，Unspecified_Betaproteobacteria，Unspecified_Ellin6075，Unspecified_Gaiellaceae，Unspecified_N1423WL，Unspecified_Syntrophobacteraceae。Beta多样性分析表明不同植被类型的细菌群落存在一定差异（图3-6）。RYS（云杉）和RPC（油松）物种组成相似，以Unspecified_RB41，Unspecified_iii1_15，Unspecified_Chitinophagaceae为主。RPA（车前草）与RRP（杜鹃）细菌结构差异性较大，RPA以Unspecified_iii1_15、Unspecified_Chitinophagaceae、Unspecified_Betaproteobacteria为主，RRP以DA101、Rhodoplanes、Unspecified_Betaproteobacteria为主。

3.2.1.3　讨论

森林植被类型的变化对土壤细菌群落多样性有着直接影响，而土壤细菌则是森林植被参与生态系统循环过程的重要推动者，两者之间有着紧密的联系（刘君等，2019）。据报道，变形菌门是土壤的主要

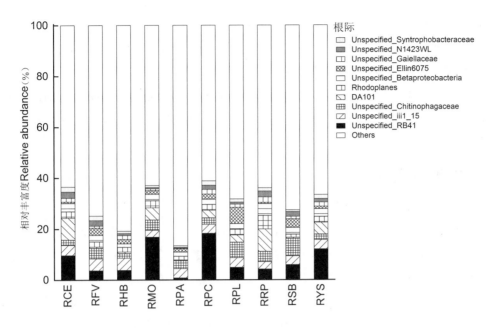

图3-6 根际土壤细菌群落属水平上的丰富度

类群，在其他植被区也普遍分布，这是由于其成员的快速生长速度和代谢多样性。本研究中检测到的变形菌主要是α-变形菌和β-变形菌纲，变形菌门细菌是陆地生态系统的主要优势类群，生态幅宽广，环境适应能力较强（Lipson D A & Schmide S K, 2004）；酸杆菌能够以植物聚合物为底物表明，酸杆菌对植物残体降解起到重要的作用。酸杆菌降解纤维素能力较弱，但在寒冷的北方酸性湿地条件下可能对纤维素降解起到重要的作用（王光华等，2016）。多儿保护区海拔2000m左右根际土样中的酸杆菌丰富度显著较海拔3000m处的低，而土壤样品的相反。放线菌门（Pankratov T A et al., 2011）和厚壁菌门的细菌也是有机物的主要降解者，能够降解复杂有机物，在土壤碳循环方面起到重要作用。厚壁菌门受土壤pH、黏土含量、碳氮比和海拔的影响（Karimi B et al., 2018），厚壁菌门内的芽孢杆菌和梭状芽孢杆菌在碳水化合物代谢中起着重要作用（Zhang B L et al., 2016）；在不同的森林生态系统中，土壤中主要的微生物群落组成基本上是近似的，均以酸杆菌门、变形菌门、放线菌门、拟杆菌门、疣微菌门等为主要优势菌类（Ren C J et al., 2019；宋厚娟等，2014）。多儿保护区土壤细菌群落的主要优势菌门为变形菌门、酸杆菌门、放线菌门和拟杆菌门；土壤样品与根际样品微生物群落组成差异不大，不同植被类型对细菌门水平分布影响不大。李金业（2021）等研究表明，不同生境对土壤细菌多样性的影响是由于地上植被组成成分的不同，使得植物根系的生长代谢和地上凋落物成分和质量也存在一定的差异，改变了土壤中有机营养物质的含量及理化性质，从而导致土壤微生物多样性存在很大的差异。多儿保护区的土壤细菌Shannon指数较高，不同植被类型shannon多样性差异不大。聚类分析发现，针叶林和针阔混交林为一类；草坡和灌木为一类；针阔混交林的多样性指数和丰富度指数高于其他几种生境。这可能是针阔混交林作为多儿保护区的优势植被，分布较广，林下植被多样性高于其他几种生境型（柳春林等，2012；Stone M M et al., 2015）。

3.2.1.4 小结

多儿保护区不同植被类型微生物多样性均较高，土壤细菌和根际细菌的香农指数均在9左右；其中针叶林和针阔混交林的微生物丰度高于其他植被类型。土壤微生物菌群结构和多样性显著与根际间差异不显著。多儿保护区各生境的细菌群落在门的水平上组成基本一致，其中，变形菌门（Proteobacteria）、酸杆菌门（Acidobacteria）、厚壁菌门（Firmicutes）、放线菌门（Actinobacteria），在不同生境土壤中相对丰度均大于10.0%，是细菌中的优势菌门。在属的水平上，土壤样品共测得345个菌属，各样地共有属95个，占总属数的27.54%，占总相对丰度的40%；在根际样品中，共测得327个菌属，各植被类型共有菌属135个，占总属数的41.28%，占总相对丰度的50%。优势菌属分别为Unspecified_RB41、Unspecified_iii1_15、Unspecified_Chitinophagaceae、DA101占总相对丰度的47.0%，Unspecified_RB41在不同生境的土壤中丰度较高。

3.2.2　土壤微生物区系

3.2.2.1　针阔混交林土壤微生物区系的分布

多儿保护区植被垂直带谱分布完整且物种丰富，针阔混交林是温带典型自然林，其生态系统具有明显的代表性。研究不同海拔对针阔混交林土壤微生物区系的影响，可为今后高海拔地区天然林的有效保护和人工林的合理经营提供理论依据。

由图3-7可知，不同海拔对针阔混交林土壤微生物区系存在显著影响。0～60cm各土层中，土壤细菌数量呈2700m＞2900m＞3400m，与2700m相比，3400m土壤细菌数量分别降低了42.17%、30.57%、21.27%，两者间差异显著（$P<0.05$）。表层（0～20cm）土壤放线菌和真菌数量均呈2700m＞2900m＞3400m，与2700m相比，3400m土壤放线菌和真菌数量降低了17.57%和64.17%，两者间差异显著（$P<0.05$）。中层（20～40cm）和深层（40～60cm）土壤放线菌和真菌数量在不同海拔梯度下表现各异。土壤温度随海拔升高呈下降趋势，影响土壤微生物的生长与繁殖。

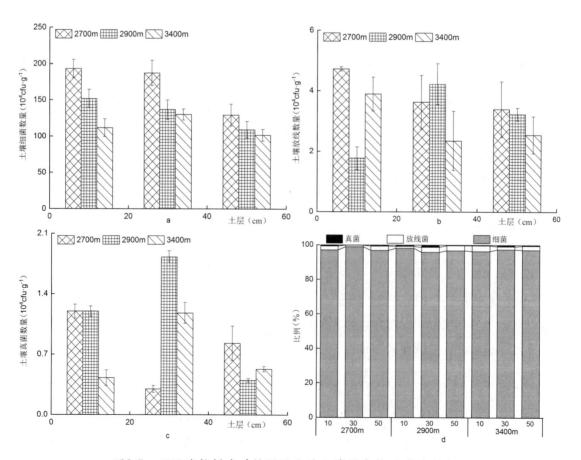

图3-7　不同海拔梯度对针阔混交林土壤微生物区系的影响

由图3-7可以看出，在0~20cm、20~40cm、40~60cm土层，3个海拔梯度土壤细菌数量占绝对优势，高达96.24%以上；放线菌和真菌仅占不足5%。由此可知，多儿保护区针阔混交林土壤细菌数量在土壤微生物中处于绝对优势地位，这是由于多儿保护区自然生态环境为土壤细菌提供了良好的生境条件。此外，由于细菌可产生胞外代谢产物，如多糖、脂类和蛋白质，起到胶结以稳定团聚体的作用（李新荣等，2001）。因此，微生物数量的多少，尤其是细菌数量的多少在某种程度上可以反映土壤质量的变化。

由图3-7可知，3个海拔梯度下，土壤细菌、真菌、放线菌的数量呈随土层深度的加深而减少的变化趋势，即0~20cm＞20~40cm＞40~60cm。这主要是由于土壤表层积累了大量腐殖质，有机质含量高，有充分的营养源以利于微生物的生长，加之表层水热条件和通气状况好，利于土壤微生物的生长和繁殖。

3.2.2.2 灌丛土壤微生物区系的分布

本研究对多儿保护区海拔2000m、2400m、2900m和3400m的灌丛土壤微生物区系进行研究。研究结果表明（图3-8），不同海拔对土壤细菌、放线菌和真菌数量具有显著影响。随着海拔梯度的升高，土壤细菌、放线菌和真菌数量呈先升高后降低的变化趋势。表层土壤（0~20cm）土壤细菌、放线菌、真菌在海拔2900m处达到最大值，分别为123.15×104cfu·g⁻¹、13.13×104cfu·g⁻¹、3.63×104cfu·g⁻¹；中层土壤（20~40cm）土壤数量细菌在海拔2400m处达到最大值，为12.8×104cfu·g⁻¹，放线菌在海拔3400m处达到最大值，为8.23×104cfu·g⁻¹，真菌在海拔2900m处达到最大值，为2.13×104cfu·g⁻¹。海拔2400m和2900m处的土壤细菌、放线菌、真菌整体高于3400m。这是由于随着海拔的升高，温度下降，物种丰富度降低，加之海拔2400m和2900m处植物根系较为发达且集中，表层水分渗透力差，从而导致土壤含水量较高，适宜微生物的生长，因此，土壤微生物数量在海拔2400m和2900m处高一些。

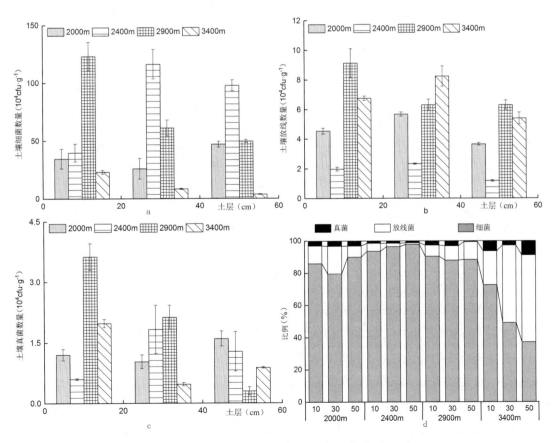

图3-8 不同海拔梯度对灌丛土壤微生物的影响

3.2.2.3　草甸土壤微生物区系的分布

本研究对多儿保护区海拔2700m、2900m、3100m和3200m的草甸土壤微生物区系进行研究。由图3-9可知，海拔梯度对草甸土壤微生物区系存在显著影响。0～60cm各土层中，海拔3200m土壤细菌数量显著低于其他3个海拔梯度，海拔2700m、2900m与3100m三者间细菌数量差异不显著。表层（0～20cm）中，海拔3200m的土壤放线数量显著低于其他3个海拔梯度；海拔2700m、2900m与3100m三者间真菌数量差异也不显著。表层和中层土壤真菌数量在海拔3100m处达最大值，为3.38×104cfu·g^{-1}和2.38×104cfu·g^{-1}；深层土壤真菌数量在不同海拔梯度下表现各异。

由图3-9可以看出，在0～20cm、20～40cm、40～60cm土层，3个海拔梯度土壤细菌数量占绝对优势，高达90%以上；放线菌和真菌仅占0.63%～6.0%。由此可知，多儿保护区草甸土壤细菌数量在土壤微生物中处于绝对优势地位。由图3-9还可知，在4个海拔梯度下，土壤细菌、真菌、放线菌的数量呈随土层深度的加深而减少的变化趋势，即0～20cm＞20～40cm＞40～60cm。

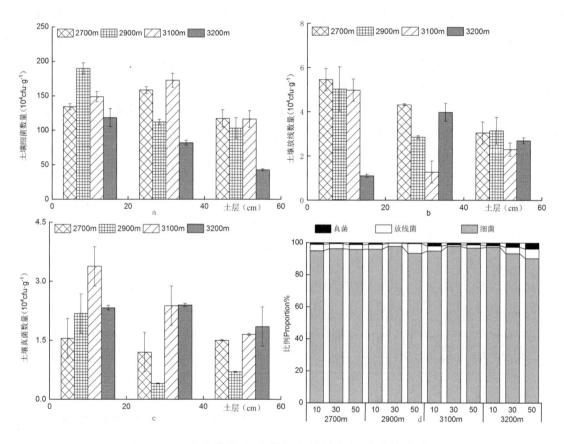

图3-9　不同海拔梯度对草甸土壤微生物区系的影响

3.2.2.4　农田土壤微生物区系的分布

本研究对多儿保护区2500～2900m海拔的农田土壤微生物区系进行研究。由图3-10可知，随着海拔梯度的升高，土壤微生物细菌、放线菌和真菌数量整体呈现降低的变化趋势。0～60cm各土层中，与海拔2500m相比，海拔2600m、2800m和2900m细菌数量平均降低31.54%，放线菌数量平均降低17.69%，真菌数量平均降低28.71%，处理间差异显著（P＜0.05）。表层（0～20cm）土壤真菌数量均呈2500m＞2600m＞2800m＞2900m，在中层（20～40cm）和深层（40～60cm）中，海拔2900m的土壤未检测出土壤放线菌。

由图3-10可以看出，在0～20cm、20～40cm、40～60cm土层，3个海拔梯度中土壤细菌数量占绝对优势，高达92.04%以上；放线菌和真菌仅占0.01%～2.61%。由图3-10还可知，3个海拔梯度中土壤细菌、真菌、放线菌的数量呈随土层深度的加深而减少的变化趋势，即0～20cm＞20～40cm＞40～60cm。

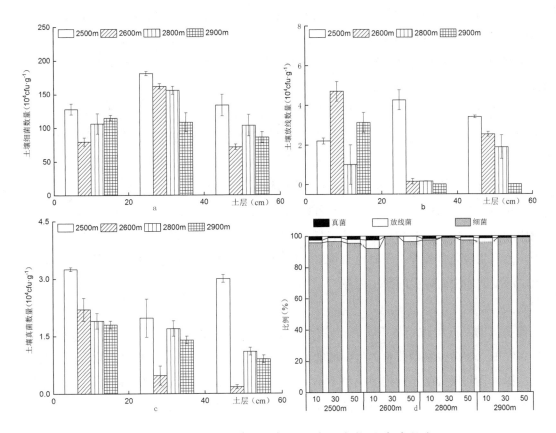

图3-10　不同海拔梯度对农田土壤微生物区系的影响

3.2.2.5　讨论

不同植被类型下，海拔梯度对土壤微生物细菌、放线菌和真菌的影响各有差异。随着海拔梯度的升高，针阔混交林表层土壤微生物细菌、放线菌和真菌整体呈降低的变化趋势。多儿保护区在海拔2700～2900m处针阔混交林植物物种丰富，植物根系从土壤中吸收大量营养物质传输给地上枝叶，提高叶片新陈代谢能力；叶凋落物通过分解或化感作用释放氮和磷养分元素归还给土壤，影响土壤养分转化和流动，为土壤微生物生长和繁殖提供了高营养和易分解的底物（邓娇娇等，2018）。多儿保护区海拔3400m处针阔混交林土壤表层细菌含量明显低于其他海拔，一方面可能土壤细菌群落喜欢生长在相对湿润和中性偏碱土壤环境中（Wang H et al., 2014），多儿保护区土壤pH随海拔升高呈下降趋势趋于中性，有利于土壤细菌生长和繁殖（郑裕雄等，2019）。凋落物分解有机质释放养分是土壤营养物质的来源，是驱动土壤微生物代谢活动的主要因素（郑裕雄等，2018）。

土壤微生物对环境变化十分敏感（Shen C C et al., 2020），近期一项全球尺度的meta分析表明，温带地区土壤微生物生物量随海拔升高而增加。多儿保护区灌丛和草甸土壤微生物数量随海拔升高呈波浪式增加后降低，在海拔2400m和2900m达到波峰值。多儿保护区海拔3400m的土壤温度较低于海拔2700～2900m的土壤温度，不适宜的土壤温度阻碍根系生长，降低根系分泌有机物质速率，从而降低了该海拔区域土壤微生物数量。土壤放线菌和真菌养分循环途径为慢周转方式，土壤微生物底物循环时间长，导致在高海拔营养相对贫瘠区域，土壤真菌群落更易受环境因素影响，导致土壤真菌在海拔3400m含量也较低。多儿保护区不同海拔灌丛土壤微生物的分布格局表明，海拔2700～2900m处土壤微生物数量分布较海拔3400m明显升高，还可能是多儿保护区拥有古老的植物类群，海拔2700～2900m灌丛处于发展阶段，森林植被具有较高的资源生产力，植物通过根系分泌有机物质为土壤微生物生长环境提供丰富营养物质，促进土壤微生物群落多样性。

农田土壤微生物数量受土壤管理、种植模式和土壤中某种生态因子的改变都会引起土壤微生物生态系统的改变，进而导致整个农田土壤生态系统的改变。

土壤细菌是森林生态系统中植物多样性和生产力的重要驱动者，地上植物的生长和地下细菌群落之间有着密切联系。细菌可促进土壤中植被凋落物、小动物残体等有机物质的分解并转化为营养物质，提高土壤供肥能力，改善土壤环境；细菌种类越丰富、生物量越大，土壤细菌活性就越强，对土壤营养循环的贡献就可能越大，从而在促进植物生长中的作用越明显（Berg G et al., 2014）。多儿保护区针阔混交林、灌丛、草甸、农田的植被类型的土壤细菌数量在土壤微生物中处于绝对优势地位，高达90%以上。

土壤中细菌、真菌、放线菌以及主要生理类群大多数为好气性微生物，随着土壤剖面的加深，土壤空气减少，土壤生境条件变差，不利于土壤好气性微生物的生长与繁殖。本研究表明土壤微生物数量基本呈现土层深度的加深而减少的变化趋势。

3.2.2.6　小结

多儿保护区的不同植被类型下，海拔梯度可显著影响土壤微生物数量。随着海拔梯度的升高，针阔混交林和农田土壤微生物数量整体呈降低的变化趋势，灌丛和草甸土壤微生物数量呈波浪式增加后降低。因此，探讨多儿保护区不同植被类型下不同海拔对土壤微生物数量变化的影响，对全球气候变暖背景下维持多儿保护区土壤生态平衡和生态系统保护具有重要研究价值。

3.2.3　土壤真菌多样性

3.2.3.1　不同植被类型对多儿保护区土壤真菌数量的影响

由图3-11可以看出，随着海拔梯度的升高，土壤真菌数量整体呈降低的变化趋势，根际土壤真菌数量呈先升高后降低的变化趋势。土壤样品中，SBL（河滩地）中真菌最高，可达14275cfu/g，其次是SBCF-1（海拔2673m针阔混交林）和SBCF-2（海拔3053m针阔混交林），SFL（农田）最少；根际样品中，海拔2200m的各根际土壤真菌数量高于其他海拔高度，均值为23589cfu/g，较RSFL（青稞）、RSBCF-1（海拔2673m针阔混交林）、RSBCF-2（海拔3053m针阔混交林）、RSGS（草坡）、RSCF（针叶林）平均分别增加了91.84%、59.52%、69.48%、80.08%、88.66%，这可能是由于海拔2200m较其他海拔相对比较低，土壤温度适宜，土壤水分含量较高，加之人为活动频繁，因而有大量真菌；多儿保护区农田采用砾石覆盖种植措施，土壤耕作层不深，不利于真菌的生长。

由图3-11还可以看出，同一海拔梯度相同植被类型中，土壤与根际土壤真菌数量差异不显著。

3.2.3.2　不同植被类型对多儿保护区土壤霉菌多样性的影响

采用Shannon-Wiener指数和Simpson指数测度了多儿保护区根际与土壤霉菌多样性。从表3-3与表3-4可见，样品中Shannon-Wiener指数和Simpson指数基本一致。根际中，RSB（白桦）多样指数值最小，Shannon-Wiener指数（H'）为0.75805，Simpson指数（D）为0.25747；在RSCF（针叶林）的Shannon-Wiener指数（H'）达到最大值，为1.52732，在RSGS（草坡）样品中Simpson指数（D）达到最大值，为

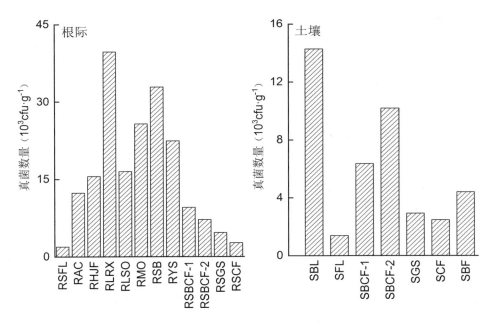

图3-11 不同植被类型对土壤真菌数量的影响

0.7126。土壤中，SFL（农田）多样性指数值最小，Shannon-Wiener指数（H'）为0.5983，Simpson指数（D）为0.2486；SBCF-1（海拔2673m针阔混交林）多样性指数值最大，Shannon-Wiener指数（H'）为1.5161，Simpson指数（D）为0.5960。这说明多儿保护区林地的霉菌多样性指数高于其他几种生境；根际霉菌多样性指数整体高于土壤的。

表3-3 不同植被类型下根际霉菌各属所占的百分比及多样性指数值

样品	青霉属	犁头霉属	毛霉属	曲霉属	其他霉属	Shannon-Wiener指数	Simpson指数
RSFL	54.55%	14.29%	0.00%	0.00%	31.17%	1.4022	0.5849
RAC	76.11%	5.06%	3.04%	0.00%	15.79%	1.0911	0.3923
RHJF	72.35%	3.70%	7.07%	0.16%	16.72%	1.2304	0.4423
RLRX	77.38%	3.09%	4.91%	0.69%	13.30%	1.0916	0.3802
RLSO	82.73%	0.00%	2.12%	0.00%	15.15%	0.7567	0.2922
RMO	80.27%	2.53%	3.40%	0.00%	13.80%	0.9488	0.3348
RSB	85.48%	1.29%	2.74%	0.00%	10.49%	0.7581	0.2575
RYS	68.49%	5.46%	5.12%	1.67%	19.27%	1.3789	0.4879
RSBCF-1	46.34%	0.00%	5.24%	0.00%	48.43%	1.2436	0.5481
RSBCF-2	70.14%	0.69%	6.94%	0.00%	22.22%	1.1581	0.4538
RSGS	47.87%	0.00%	5.85%	0.00%	23.40%	1.2387	0.7126
RSCF	40.19%	0.00%	20.56%	0.00%	39.25%	1.5273	0.6422

表3-4 不同植被类型下土壤霉菌各属所占的百分比及多样性指数值

样品	青霉属	犁头霉属	毛霉属	曲霉属	其他霉属	Shannon-Wiener指数	Simpson指数
SBL	73.03%	12.61%	0.00%	0.00%	14.36%	1.1099	0.4301
SFL	85.45%	0.00%	0.00%	0.00%	14.55%	0.5983	0.2486
SBCF-1	52.36%	3.94%	9.06%	0.00%	34.65%	1.5161	0.5960
SBCF-2	71.25%	0.25%	9.09%	0.00%	19.41%	1.1433	0.4464
SGS	43.59%	0.00%	1.71%	0.00%	54.70%	1.0986	0.5105
SCF	34.34%	0.00%	0.00%	0.00%	65.66%	0.9281	0.4509
SBF	61.36%	6.82%	0.00%	0.00%	31.82%	1.2222	0.5175

3.2.3.3 土壤霉菌的群落组成

对多儿保护区根际土壤进行研究，分离得到可培养真菌12种（彩图3-1～3-12），其中青霉属、毛霉属和犁头霉属在不同植被类型的根际中均是优势属。对多儿保护区表层土壤进行研究，分离到真菌10种，其中毛霉属和青霉属在不同植被类型的土壤中为优势种。

经分离鉴定获得的菌种如下（彩图3-1～3-12）。

（1）娄地青霉（*Penicillium roqueforti*）

娄地青霉属十小对称青霉，菌落生长扩延，7d直径可达4.5cm。墨绿色，呈"蛛网状"，边缘不规则。菌落背面褐绿色。有霉味。帚状枝不对称，有3次分枝。菌丝浅褐色，壁表面粗糙。分生孢子链为疏松的柱状或纠缠的链状。分生孢子梗粗糙（100.0～190.0）μm×（4.0～5.5）μm；梗基粗糙，为（8.0～14.0）μm×（3.0～4.0）μm；小梗（8.0～11.0）μm×（3.0～3.4）μm。分生孢子球形或近球形，直径3.5～4.5μm，表面光滑。

（2）团青霉（*Penicillium cimmune*）

菌落毛絮状，厚达1～2mm，产孢面暗蓝绿色或黄绿色，背面无色或带暗黄色；分生孢子梗粗，长达500μm以上，下部不分枝，壁粗糙；帚状枝分枝不规则；分生孢子链纠结；分生孢子较大，球形至椭圆形。菌丝有横隔，分生孢子梗亦有横隔，光滑或粗糙。基部无足细胞，顶端不形成膨大的顶囊，其分生孢子梗经过多次分枝，产生几轮对称或不对称的小梗，形如扫帚，称为帚状体。

（3）常现青霉（*Penicillium frequentans*）

常现青霉在平板培养基上生长较快，7d菌落直径可达4.5cm。绒状，艾绿色，老后变暗绿色，浅褐色。渗出液较少，淡琥珀色，有腥霉味。菌落反面橙黄色。分生孢子梗短，140.0μm×（3.0～3.4）μm，梗壁光滑或略微粗糙，小梗顶部稍膨大。整个菌落为分生孢子层。小梗密集，8～10个一簇，（8.0～11.0）μm×（3.0～3.4）μm。分生孢子链为明显柱状，长达140μm。分生孢子球形或近球形，表面光滑或微粗糙，直径3μm。

（4）展开青霉（*Penicillium patulum*）

展开青霉异名为荨麻青霉（*Penicillium urticae*）属于不对称青霉，菌落生长局限，7d菌落直径2cm，表面有明显的放射状沟纹，边缘陡峭；中央微凸起，有粉粒状；菌落边缘有菌丝束，灰绿色。菌落反面暗黄色至橙褐色。色素有一定的水溶性，稍扩散于培养基中。帚状枝疏松，散开，有四层分枝。分生孢子链略散开，一部分分生孢子梗单生，一部分分生孢子梗集结成束，多弯曲，壁光滑，一般（380.0～

480.0）μm×（3.0～3.5）μm。副枝散开，（16.0～24.0）μm×3.4μm。梗基较短，7.0μm×3.2μm。小梗短，4.6μm×2.3μm，8～10个密集为一簇。分生孢子呈椭圆形，（2.5～2.8）μm×2.4μm，表面光滑。

（5）踝内囊霉（*Endogone malleola*）

踝内囊霉（*Endogone malleola*）在培养基中形成被孢霉（Mortierella）型的孢子囊，没有囊轴；而泥炭藓内囊霉（*E. sphagnophila*）在培养中则形成毛霉（Mucor）型的孢子囊，囊膜在水内消融，放出孢子，显出球形的囊轴，另一些种则不产生孢子囊。

（6）大毛霉（*Mucor mucedo*）

这是本属的模式种。菌丛黄灰色；孢囊桓梗（1.5～2）mm×（30～40）μm，不分枝，有时基部有产生小型孢子囊的短分枝，形成厚垣孢子。孢子囊球形，直径100～200μm，膜遇水溶解；囊轴洋梨形至圆筒形，（70～140）μm×（50～80）μm；孢子椭圆形，（6～12）μm×（3～6）μm。接合孢子球形，直径90～250μm，外膜黑色，有瘤，萌芽产生孢子囊。

（7）鲁氏毛霉（*M. rouxii* = *M. rouciamus*）

菌丛矮，不到4mm，灰色、淡黄色、淡褐色或橙黄色；孢囊梗短小，7～14μm，假轴状分枝，产生孢子囊2个，间或生3个；孢子囊金黄色或黄褐色，球形或长圆形，直径20～100μm，普通是在50μm左右，壁平滑，消融或破碎；囊轴扁球形，（23～32）μm×（20～28）μm；孢子长形，5μm×2.8μm。厚垣孢子极多，直径12～100μm，黄色以至淡褐色，壁厚达7μm，接合孢子未发现。

（8）文氏曲霉（*Aspergillus wentii*）

文氏曲霉属文氏曲霉群，是文氏曲霉群的代表种。菌落生长局限，7d直径约2.0cm，絮状较致密，浅黄色，表现有明显的同心环和放射状皱纹，菌落表面凹凸不平。分生孢子穗球形，由于分生孢子梗光滑无色，不观察时不太明显，使分生孢子穗呈现中心圆环形，周围放射状。分生孢子梗较长，可达数厘米。在试管培养时，培养物可以充满整个试管。顶囊球形，双层小梗，生于顶囊的全部表面。分生孢子球形，粗糙，直径4.2～4.5μm。

（9）南瓜笄霉（*Choanephora cucurbitarum*）

菌落起初白色后浅橙黄，老后又变灰白色，棉絮状，菌丛高0.5～1cm。孢囊梗不分枝，直立，在孢子囊下方弯曲，或点头状，无色直径15～30μm。孢子囊球形，初白色后变黑褐色，直径可达156μm，孢囊壁不消失，但成熟后由上至下开裂成同等的两部分。囊轴梨形或卵形，无色至淡褐色，（45～12）μm×（32～84）μm。孢囊孢子褐色，卵形、拟椭圆形，有时甚至三角形，（10～27）μm×（7～13）μm。一般有线状条纹，有时不明显或完全没有，两端各有8～18根成束而无色的细丝，其长度为孢子的1～1.5倍。分生孢子梗直立，无横隔，无色，直径17～30μm，一般顶端膨大成初级泡囊，在此泡囊上长出许多短枝，短枝顶端再形成次生泡囊，由次生泡囊产生分生孢子。有时分生孢子梗顶端直接形成泡囊而不形成次生泡囊，少数情形下分生孢子梗顶端不形成泡囊而直接作1～3次双叉状或拟双叉状分枝，在分枝末端才形成泡囊。泡囊球形，直径25～55μm，无色，上面有许多小突起，老后脱落。分生孢子着生在泡囊的小突起上面，褐色，卵形至椭圆形，有时一边略弯曲，有线状条纹，一端带有无色的乳头状突起，（10～26）μm×（7～13）μm。有些菌株形成厚垣孢子。厚垣孢子球形、椭圆形，有时成链。接合孢子近球形，暗褐色，中央有一个大油点，有线状条纹，直径50～90μm。配囊柄钳状，二配囊柄大小相等，下部互相扭结。

（10）圆弧青霉（*Penicillium cyclopium*）

圆弧青霉属于不对称青霉，菌落生长局限，生长较快，7d菌落直径可达4.0cm，菌落表面，特别是靠外轮有不大明显的放射状皱纹。培养5d左右，开始出现环状波纹，菌落蓝绿色，菌落外缘1～2mm，宽有白色之边缘，质地绒状。菌落中央褪成淡黄色。渗出液呈少量的液珠，淡黄色。菌落反面黄色渐而变成橙褐色。帚状枝不对称，紧密，具有三层分枝，45～50μm，分生孢子梗粗糙，（250.0～300.0）μm×（3.0～3.5）μm，梗基（10.0～13.0）μm×（2.0～3.1）μm。小梗5～8个轮生，（8.0～13.0）μm×（2.5～3.0）μm。分生孢子近球形，直径3.5μm，表面光滑。分生孢子链呈弯柱状分散，长约100μm。

（11）纠错青霉（*Penicillium implicatum*）

菌落绒状，产孢面浓蓝绿色，背面红褐色；小梗（8～10）μm×2μm；孢子链集成圆柱状；分生孢子球形至亚球形，直径2～2.5μm。

（12）曲柄犁头霉（*Absidia reflexca*）

呈蔓丝状分枝上形成半轮生孢囊梗，顶端着生梨形孢子囊的一群接合菌。蔓丝接触基质处产生假根，但假根不与孢囊梗相对。有性生殖多为异宗配合，也有同宗配合，接合孢子着生于匍匐枝上，配子囊柄上常生有附属丝将接合孢子包围。孢囊梗大多2～5个成簇，常呈轮状或不规则分支枝。孢子囊基部有明显的囊托，囊轴锥形或半球形。

3.2.3.4　小结

随着海拔梯度的升高，多儿保护区土壤真菌数量整体呈降低的变化趋势，根际土壤真菌数量呈先升高后降低的变化趋势；多儿自然保护区林地的霉菌多样性指数高于其他几种生境；根际霉菌多样性指数整体高于土壤的；在土壤或根际土壤中的霉菌皆以青霉属为优势属。

3.3　大型真菌

3.3.1　物种多样性

通过查阅文献（黄年来，1998；余琦殷等，2014；卯晓岚，2000；邓叔群，1963；张光亚，1998；马丽等，2014；田茂琳，2014），对所采集的235份标本的鉴定与统计，结合文献资料，鉴定出多儿保护区大型真菌有173种，隶属4纲、10目、34科、72属（附录2、表3-5）。较大的科是口蘑科、红菇科、丝膜菌科，种类占比在10%左右。

表3-5　多儿保护区大型真菌种种数统计信息

纲	目	科名	属数（个）	种数（种）	占总种数（%）
盘菌纲	麦角菌目	麦角菌科	2	2	1.16
	盘菌目	羊肚菌科	1	6	3.47
		马鞍菌科	1	6	3.47
		平盘菌科	1	2	1.16
		盘菌科	1	2	1.16
核菌纲	锤舌菌	地舌菌科	1	2	1.16
异隔担子菌纲	银耳目	银耳科	2	3	1.73
		木耳科	1	2	1.16
		花耳科	1	1	0.58

纲	目	科名	属数（个）	种数（种）	占总种数（%）
异隔担子菌纲	无褶菌目（非褶菌目）	鸡油菌科	1	3	1.73
		珊瑚菌科	2	3	1.73
		枝瑚菌科	1	8	4.62
异隔担子菌纲	无褶菌目（非褶菌目）	齿菌科	2	6	3.47
		绣球菌科	1	1	0.58
		猴头菌科	1	2	1.16
异隔担子菌纲	无褶菌目（非褶菌目）	多孔菌科	4	5	2.89
		韧革菌科	1	1	0.58
		灵芝科	1	3	1.73
层菌纲	伞菌目	蘑菇科	3	9	5.20
		口蘑科	12	21	12.14
		球盖菇科	3	4	2.31
		鹅膏科	1	7	4.05
		光柄菇科	1	1	0.58
		蜡伞科	2	9	5.20
		鬼伞科	4	6	3.47
		粪锈伞科	2	2	1.16
		丝膜菌科	4	15	8.67
		铆钉菇科	1	3	1.73
		红菇科	2	19	10.98
	牛肝菌目	网褶菌科	1	2	1.16
		牛肝菌科	4	4	2.31
		松塔牛肝菌科	3	5	2.89
	马勃目	地星科	1	2	1.16
		马勃科	3	6	3.47
合计		共34科	72	173	100.00

鉴定发现多儿保护区大型真菌新记录科1科，即铆钉菇科（Gomphidiaceae），新记录种34种（部分种类参见彩图3-13～3-20），即黑马鞍菌（*Helvella leucopus*）、乳白马鞍菌（*H. lactea*）、赭鹿花菇（*Gyromitra infula*）、泡质盘菌（*Peziza uesiculosa*）、黄地勺（*Spathularia flavida*）、金耳（*Tremella aurantialba*）、葡萄色顶枝瑚菌（*Ramaria botrytis*）、小包枝瑚菌（*R. flaccida*）、赭黄齿耳菌（*Steccherinum ochraceum*）、紫肉齿菌（*Sarcodon violaceus*）、褐盖肉齿菌（*S. fuligineo-albus*）、树舌灵芝（*Ganoderma applanalum*）、层叠灵芝（*G. lobatum*）、灰鹅膏菌（*Amanita crocea*）、赤褐鹅膏菌（*A. fulva*）、毒蝇鹅

膏菌（*A. muscaria*）、毒鹅膏菌（*A. phalloides*）、朱红蜡伞（*Hygrophorus miniata*）、白蜡伞（*Hygrocybe eburneus*）、青绿湿伞（*Hygrocybe psittacina*）、鸡油蜡伞（*H. ygrocybe*）、墨汁鬼伞（*Coprinopsis atramentaria*）、晶粒鬼伞（*Coprinus micaceus*）、红铆钉菇（*Gomphidius roseus*）、粘铆钉菇（*Gomphidius glutinosus*）、玫红柳钉菇（*Gomphidius roseus*）、香乳菇（*Lactarius changbainensis*）、美味牛肝菌（*Boletus edulis*）、绒盖牛肝菌（*B. subtomeentosus*）、厚环黏盖牛肝菌（*Suillus grevillei*）、酸味黏盖牛肝菌（*S. uillus*）、长柄梨形马勃（*Lycoperdon pyriforme*）、细裂硬皮马勃（*Scleoderma areolarum*）。

3.3.2 药用真菌资源

本次调查鉴定出的173种大型真菌中，其中药用菌有32种，具有不同的药用价值，如冬虫夏草（*Ophiocordyceps sinensis*）、蝉花（*Cordyceps sobolifera*）、地星（*Geastrum* spp.）、猴头菌（*Hericium erinaceus*）等具有抗氧化和抗癌药物成分；丝膜菌（*Cortinarius* spp.）等用于治疗手足麻木和经络不适等症状；马勃（*Lycoperdon* spp.）等具有止痛、消炎等功效（刘旭东，2004；张孝然等，2017）；云芝（*Polystictus versicolor*）、灵芝（*Ganoderma lusidum*）等具有抗癌和提高人体免疫力的作用。猪苓（*Polyporus umbellatus*）有利水、利尿之功效等。药用真菌中有些菌的子实体美味而可食。

食用真菌范围较广，只要是子实体美味可食，质地柔和适口且无毒，都划分为食用真菌的范畴。实际上，食用真菌多数不仅可以为人体提供营养物质，也有一定的药物疗效。共计88种，如羊肚菌（*Morchella esculenta*）、托柄丝膜菌（*Cortinarius callochrous*）、黑木耳（*Auricularia auricula*）、毛木耳（*A. polytricha*）等，其中不缺乏名贵真菌。

3.3.3 生态分布

由于大型真菌受到光照、温度、土壤条件、降雨量和植被分布类型等诸多因素影响，导致其分布的区域、种类和数量都有较为明显的差异性：灌丛生境主要分布有马勃科、粉褶菌科、蘑菇科、口蘑科、鬼伞科等科的种类；落叶阔叶林生境主要分布有牛肝菌科、银耳科、丝膜菌科、珊瑚菌科、红菇科、羊肚菌科、花耳科等科的种类；针阔混交林生境主要分布有蘑菇科、鬼伞科、粉褶菌科、丝膜菌科、银耳科、珊瑚菌科、地星科、鸡油菌科、花耳科、红菇科、胶耳科、牛肝菌科等科的种类；针叶林生境主要分布有牛肝菌科、珊瑚菌科、蜡伞科、蘑菇科、丝膜菌科、小菇科、棒瑚菌科、鬼伞科、红菇科等科的种类；草甸主要分布有角菌科、蜡伞科、丝膜菌科、鬼伞科、地星科等科的种类。

3.3.4 垂直分布

多儿保护区内的大型真菌在不同海拔高度分布不同，以海拔3500～4000m的分布最多，共计61种，占总数的35.3%；海拔4000～4500m大型真菌共计9种，只占总数的5.2%。丝膜菌科和口蘑科在海拔3000～4000m分布较为丰富；以冬虫夏草、蝉花等名贵药用菌为代表的麦角菌科主要分布在海拔4000m以上的高山草甸；在海拔2000～2500m，主要是鸡油菌科、蜡伞科、红菇科、蘑菇科和牛肝菌科；海拔2500～3000m主要是马勃科、鬼伞科；海拔3000～3500m主要是口蘑科、羊肚菌科、花耳科、银耳科、马鞍菌科和丝膜菌科；海拔3500～4000m主要是牛肝菌科、银耳科、珊瑚菌科、鬼伞科、地舌科、丝膜菌科、蜡伞科、鹅膏科、口蘑科、马勃科、粉褶菌科和鸡油菌；海拔4000m以上主要是麦角菌科、枝瑚菌科。

4 野生植物资源

植物是自然界第一生产力，是将太阳的光能转化为生物能的生产者，在维持生态系统的能源流动和物质循环方面起着不可替代的作用。植物为地球上其他生物提供了赖以生存的栖息场所，植物也在调节气候、水土保持、净化空气、涵养水源等方面有着极其重要的作用，是生态安全的第一屏障，也是人类赖以生存的基础。野生植物资源调查，是自然保护区本底资源调查中的重要内容。多儿保护区植物资源丰富，植被覆盖率高，高等植物资源的调查研究虽有一定的基础（汪之波等，2019），但低等植物调查研究仍然空白，本次本底资源调查，除调查研究了高等植物资源外，还调查研究了藻类、地衣、苔藓等低等植物资源，填补了该区域低等植物物种信息的空白。

4.1 研究方法

（1）藻类

采样时间为2021年8月中旬，依据地形地貌、水文特征、交通等因素，在多儿河和阿夏河流域内不同海拔设置采样点，间隔落差为300m，预设采样海拔分别为K1-3500m、K2-3200m、K3-2900m、K4-2600m、K5-2300m、K6-2000m、K7-1700m，受交通限制和安全考虑，实际采样海拔为3481m、3154m、2893m、2605m、2370m、2088m、1740m。每条采样溪流相同海拔各设置5个采样点（前后间隔10m，定性和定量样品单独采集），共计75个采样点（图4-1）。

各采样点浮游生物定性采集主要使用25#浮游生物网，操作流程是先将浮游生物网以"∞"状在水面以下0.5m处拖动，持续3～5min，后在收集完的样品中，加入Lugol溶液以固定样品。随后带回实验室，沉淀96h后用细小虹吸管吸取上层水，将水样浓缩至30mL，补加1mL40%甲醛溶液以长期保存，以待镜检。浮游植物定性鉴定和定量计数均使用奥林巴斯CX-41显微镜。用视野计数法计算单位体积内浮游植物数量。

物种鉴定参考《中国淡水藻类》和《淡水浮游生物研究方法》等资料。硅藻鉴定主要根据硅藻壳面的形态及纹饰，为了清楚地看出壳面的纹饰，在镜检前，参照文献方法对样品进行消化，去除其中的有机物质，镜检时吸取酸化后的样品滴在干净的载玻片上，风干后滴加松柏油于1000倍镜下观察鉴定。

定量计数采用网格计数法，所使用网格计数框为20mm×20mm。计数时，若浮游植物密度不大则使用全片计数，密度大时则运用视野法（即400倍下计50～100视野），每个样品平行检测3次以上，内部误差不得超过15%。

水体理化参数的测定参考《水和废水监测分析方法》，选取了浊度（Tur，NTU）、盐度（Sal，mg/L）、水温（WT，℃）、电导率（EC，μS/cm）、pH、溶解氧（DO，mg/L）、有机碳（TOC，mg/L）、总氮（TN，mg/L）、总磷（TP，mg/L）、氨氮（NH3+-N，mg/L）和正磷酸盐（PO43-P，mg/L）作为水环境参数。研究区海拔高落差大，温度、pH和溶解氧对浮游植物群落有重要影响。有机碳、总氮、总磷、氨氮分别代表水体中营养物的浓度，氮和磷是浮游植物生长所必需的营养物质，以上参数均为常规水质指标。

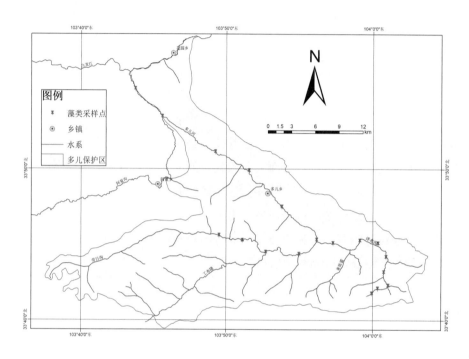

图4-1　藻类采样点

（2）地衣苔藓

参照帕丽旦·艾海提等的调查方法，采用样线法调查采集地衣、苔藓标本，记录采集点的环境因子及位置。样线与维管植物调查样线一致。

采用孟庆峰等的方法，对地衣标本进行分类归纳，确定地衣的科属种，疑难标本呈送山东师范大学张璐璐副教授鉴定。参考《中国苔藓志》以及有关苔藓最新的研究资料等，采用以形态特征为主的经典分类学方法，在光学显微镜下对采集的苔藓标本逐一进行鉴定，疑难标本呈送山东省科技馆任昭杰副研究员进行鉴定。

（3）维管植物

采用样线法调查维管植物，样线与动物调查样线基本一致。在不同区段，参照地形、植被等，预设沿海拔梯度布设的调查样线。调查人员在GPS引导下，进入预设样线，沿海拔梯度行进，记录发现的植物种类和植被类型，采集植物标本，记录标本采集的位置和环境因子。标本用常规方法压制，带回实验室鉴定。共采集标本1300多份。被子植物采用恩格勒分类系统，裸子植物采用郑万钧系统，蕨类植物采用秦仁昌分类系统。

（4）植被

采用样方法调查植被。样方在样线上随机设置。草本群落设置1m×1m样方，记录样方内所有草本植物的名称、平均高度、株数和盖度。灌木设置5m×5m样方，记录该样方内所有植物的名称、高度、株数和盖度。乔木设置10m×10m的样方，并且记录该样方内所有植物的名称、株高、冠幅、数量。所有不能准确鉴定的植物，均采集标本，带回实验室鉴定。共计调查样方175个。

（5）竹类调查

参照第四次全国大熊猫调查技术规程和结果，在地形图上布设调查样线160条，根据实际地形，样线呈"U"字形，尽可能多地穿越调查区域的各种生境，长度为1～3km。调查方法以样线法为主，辅以查阅资料、关键人物访谈和室内分析相结合的研究方法。

2018年3月至2021年6日开展野外调查工作。2021年10月，再次对部分样线进行补充调查。实际完成调查样线145条，完成率90.6%，基本完成了野外调查工作。

调查完成竹子样方500个，采集竹子标本100余份。发现有大熊猫痕迹的样线2条，填写竹子调查表450多份，竹子小样方调查表500份。拍摄并精选植物、景观、野外工作照片近800多张。记录到放牧、采药、伐木、砍柴、耕种等一般干扰类型11种。

将采集的竹子标本带回实验室，依据《中国植物志》《中国竹类植物图鉴》等工具书采用形态学的方法进行初次鉴定，并采用红外光谱法进行辅助鉴定，以进一步确定形态鉴定的准确性。同时，将标本送往四川农业大学史军义教授和兰州大学生命科学学院孙继周教授进行形态学鉴定。

（6）森林资源

参照GB/T 38590—2020、GB/T 26424—2010、LY/T 2407—2015、LY/T 2188.1—2013、LY/T 1957—2011等森林资源调查的技术标准，结合甘肃省林地一张图数据，调查多儿保护区的森林资源。

森林资源的范围和面积通过Bigemap在线地图初步勾绘，然后通过野生动植物资源的样线调查信息和森林资源调查组实地调查信息，校正边界。蓄积量等林分特征，通过植被样地调查数据，结合林地一张图数据及以前的调查资料，分析估算。

森林覆盖率计算公式为（李炳凯，2007）：

森林覆盖率=［（有林地面积＋国家特别规定灌木林面积）/土地总面积］×100%

（7）药用植物

与植物、植被调查同步，通过野外植物、植被调查数据，结合访谈乡村医生、药商等关键人物及社区访问调查、文献资料查阅等方法，调查多儿自然保护区药用维管植物种类和药用价值。

4.2　藻类

在水生生态系统中，藻类是浮游生物的主要成分，在物质与能量循环过程中起着重要作用，其物种多样性不仅能反映其所处生态环境的质量（笪文怡等，2019），而且决定着依赖其生存的水生动物群落的结构与稳定（杨宋琪等，2019）。同时，水体质量下降的原因与其所含有的化合物和潜存的污染物质有直接关系，而复杂体系中有机物浓度往往是现有的分析手段无法测出的，浮游生物间接表征了自然生态环境的质量状况（王英华等，2016）。

藻类是山地森林溪流中浮游植物的主体，而浮游植物是水生态系统初级生产力的主要贡献者，其组成和多样性变化直接影响水生态系统的结构与功能（马沛明等，2016；张云等，2015）。同时，由于浮游植物对水环境因子的变化非常敏感而被广泛用于湖泊、河流的日常监测中（郝媛媛，2013）。

关于多儿保护区的自然生态系统研究不多，尤其水生生态系统及藻类的研究基本空白，本次对多儿保护区内的藻类资源进行了调查，研究了该区溪流藻类的群落结构，综合评估了多儿河水质状况，并进一步明确驱动该区河流浮游植物物种分布及群落结构变化的关键环境因子，以期为该区水生态系统进行精准的检测与评估，并为制订利用与保护措施提供科学的参考依据。

4.2.1　藻类多样性

4.2.1.1　物种多样性

本次调查在75个采样点采集的样品中，共鉴定出藻类4门22科33属46种（附录3），隶属于硅藻门、绿藻门、蓝藻门和金藻门。其中，硅藻门中有11科17属28种（部分种类参见彩图4-1～4-8），占总数的60.87%；绿藻门中有7科11属12种，占总数的26.09%；蓝藻门中有3科4属5种，占总数的10.87%；金藻门中有1科1属1种，占总数的2.17%。

4.2.1.2　不同海拔下藻类群落特征

（1）不同海拔下藻类物种分布

不同海拔下藻类种类分布有差异，但硅藻门在不同海拔种类分布明显高于其他门且均超过50%，K1-K7硅藻门种类分别为50.50%、54.55%、52%、80%、59.38%、72.22%和65.79%；绿藻门在不同海拔的分布中的变幅次之，占总种类数的11.12%～28.88%；蓝藻门在不同海拔种类分布中变幅为13.16%～20.10%；金藻门只分布在海拔3000m以上的样点中。部分藻类的分布也呈现出明显的特点，针杆藻、窗格平板藻、弧形峨眉藻分布在海拔1700ˉ2300m；普通等片藻、四环藻、菱形藻、桥弯藻、箱形桥弯藻、虱形卵形藻、颗粒直链藻、转板藻、环丝藻、细丝藻、尾丝藻和鞘藻只分布在海拔1700～2600m；类S状菱形藻、长篦藻、螺旋双菱藻、膝接藻、湖丝藻与水树藻只分布在海拔2900m以上。以上表明，多儿保护区藻类部分物种的分布有明显的海拔分布范围（表4-1）。

（2）不同海拔下藻类多样性指数

计算不同采样点藻类多样性数据显示：H'、D、d均为K6、K7、K7显著高于其他海拔，而K1、K2则显著低于其他海拔，表明随着海拔的降低环境因子发生了巨大的变化，导致多样性与丰富度指数发生了较大的变化，环境因子从严酷环境到温暖环境使得浮游生物的重量和数量有显著的增加（表4-2）。

表4-1　不同海拔下藻类种类与分布

门	科	属	名称	K1	K2	K3	K4	K5	K6	K7
硅藻门	脆杆藻科	脆杆藻属	脆杆藻	+	+			+	+	+
		扇形藻属	扇形藻							+
		针杆藻属	针杆藻					+	+	+
			肘状针杆藻	+	+				+	+
			肘状针杆藻头端变种				+	+	+	+
		等片藻属	等片藻	+		+	+	+	+	+
			普通等片藻			+	+	+	+	+
			中型等片藻	+	+	+	+	+	+	+

（续表）

门	科	属	名称	K1	K2	K3	K4	K5	K6	K7
硅藻门	脆杆藻科	四环藻属	四环藻			+	+	+		+
		平板藻属	窗格平板藻					+	+	+
	菱形藻科	菱形藻属	类S状菱形藻	+	+					
			菱形藻			+		+		+
			菱板藻		+		+		+	+
	蹄盖蕨科	峨眉藻属	峨眉藻	+	+					+
			弧形峨眉藻					+	+	+
	桥弯藻科	桥弯藻属	箱形桥弯藻			+	+	+	+	+
			桥弯藻			+	+	+	+	+
		双眉藻属	卵圆双眉藻			+	+			
	曲壳藻科	卵形藻属	扁圆卵形藻	+	+					
		真卵形藻属	虱形卵形藻				+	+	+	+
		曲壳藻属	曲壳藻			+	+	+	+	+
	异极藻科	异极藻属	卡兹那科夫异极藻						+	+
		双楔藻属	双生双楔藻			+	+	+	+	+
	圆筛藻科	直链藻属	直链藻			+	+	+		
			颗粒直链藻				+	+	+	+
	舟形藻科	长篦藻属	长篦藻	+	+					
		舟形藻属	舟形藻	+	+	+	+	+		
	双菱藻科	双菱藻属	螺旋双菱藻	+	+	+				
绿藻门	双星藻科	双星藻属	双星藻			+	+	+	+	+
		水棉属	水棉	+	+	+	+	+	+	+
		膝接属	膝接藻	+	+	+				
		转板藻属	转板藻					+		+
	丝藻科	丝藻属	环丝藻					+	+	+
			细丝藻					+	+	+
		链丝藻属	细链丝藻	+				+	+	+
		尾丝藻属	尾丝藻					+	+	+
	鞘藻科	鞘藻属	鞘藻					+	+	+
	卵囊藻科	卵囊藻属	湖生卵囊藻			+		+	+	
	小球藻科	小球藻属	小球藻						+	+
	壳衣藻科	新月藻属	新月藻		+	+	+			+

（续表）

门	科	属	名称	K1	K2	K3	K4	K5	K6	K7
蓝藻门	颤藻科	颤藻属	颤藻	+	+	+		+	+	
			阿氏颤藻			+	+	+	+	+
		鞘丝藻属	鞘丝藻	+	+	+		+	+	+
	伪鱼腥藻科	湖丝藻属	湖丝藻			+				
	念球藻科	念球藻属	点形念珠藻	+	+	+		+		+
金藻门	水树藻科	水树藻属	水树藻	+	+					
种类总计				17	20	22	26	35	33	36

表4-2　不同海拔下河流藻类多样性指数

海拔	Shannon-Wiener 指数（H）	Simpson 指数（D）	Margalef 指数（d）	Poelou 均匀度指数（E）
K1	1.69±0.38b	0.65±0.1b	0.79±0.19c	0.61±0.16a
K2	1.75±0.18b	0.71±0.03b	0.88±0.06c	0.58±0.03a
K3	1.88±0.05ab	0.75±0.03ab	0.83±0.05c	0.61±0.06a
K4	2.03±0.24ab	0.79±0.09ab	1.14±0.09b	0.62±0.06a
K5	2.11±0.12b	0.84±0.011b	1.18±0.16b	0.59±0.09a
K6	2.18±0.23a	0.86±0.04a	1.23±0.10a	0.62±0.14a
K7	2.26±0.09a	0.87±0.13a	1.31±0.09a	0.63±0.06a

（3）不同海拔下藻类的优势类种和群落密度的变化

不同海拔下各个样点的优势物种也发生了很大的变化（图4-2），K1优势种是脆杆藻、舟形藻、等片藻、细链丝藻，K2优势种是峨眉藻、舟形藻、中型等片藻、脆杆藻，K3优势种是桥弯藻、双生双楔藻、菱形藻、曲壳藻，K4优势种是桥弯藻、舟形藻、等片藻、曲壳藻，K5优势种是曲壳藻、双生双楔

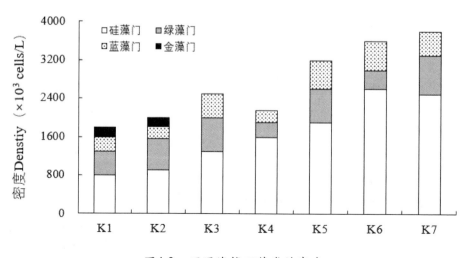

图4-2　不同海拔下藻类的密度

藻、环丝藻、肘状针杆藻，K6优势种是普通等片藻、舟形藻、四环藻、桥弯藻，K7优势种是普通等片藻、小球壳藻、舟形藻、曲壳藻。硅藻门依然在不同海拔下占据着主要的优势种类，绿藻门次之。K2、K3、K4、K6样点中优势种全部是硅藻门，其中桥弯藻、曲壳藻、等片藻为主要种类；K1、K5、K7中分别有1个优势种为绿藻门，其余均为硅藻门，占总优势种数量的89.29%；硅藻门藻类可以在不同的生境中生存，且均占主要的优势种类，表明大部分硅藻门藻类对环境变化较不敏感，同时硅藻门藻类的大量出现也显示该区由于人为干扰较少，水体质量整体状况较好。

从不同海拔下藻类种群的密度中也可得出，虽然海拔变化会导致不同的藻类组成与数量发生变化，但种群密度格局并不会发生变化，即硅藻门＞绿藻门＞蓝藻门＞金藻门（图4-2）。

4.2.2 藻类栖息环境检测

4.2.2.1 不同海拔下水体理化因子特征

多儿保护区水体理化因子见表4-3，由表可知水体温度在不同的海拔下差异较大，随着海拔的下降温度升高，其值分布在7.55～15.23℃，表明海拔3000米以上水温常年小于10℃，较低的水温不太适宜生物的生存；浊度随着海拔下降亦表现出升高的趋势且不同海拔间差异显著，变幅在73.24～192.34NTU之间，浊度是由不溶物质引起的，比如污泥、固体颗粒、藻类与微生物数，以及人的活动等；溶解氧的含量随着海拔的下降亦表现出下降的趋势，变幅为7.25～9.53mg/L，由于海拔低地区受水中有机、无机还原性物质增加影响使得溶解氧含量降低（江源等，2011）。

表4-3 不同海拔下水体理化因子参数

采样点	温度（℃）	pH	浊度（NTU）	溶解氧（mg/L）	电导率（μS/cm）	盐度（mg/L）
K1	7.55±0.84e	7.63±0.23c	73.24±5.21e	9.47±0.33a	145.47±8.75d	70.86±4.85e
K2	8.93±0.71d	7.84±0.25bc	87.45±8.47e	9.53±0.42a	165.045±14.23c	72.74±7.88e
K3	10.2±0.34c	8.19±0.12b	110.02±10.20d	9.28±0.90ab	150.36±17.15c	80.93±9.51d
K4	10.11±0.67c	8.11±0.21b	132.07±6.33c	8.61±0.58b	190.26±10.63b	101.62±5.89c
K5	10.63±0.92c	8.27±0.15ab	162.18±5.73b	7.84±0.51c	198.315±9.69b	142.37±5.37b
K6	12.56±0.43b	8.42±0.27a	192.34±8.04a	7.81±0.37c	213.105±13.51b	168.02±7.48a
K7	15.23±0.54a	8.38±0.22a	172.12±6.11ab	7.65±0.02d	233.07±10.20a	177.88±5.68a

pH、盐度和电导率随着海拔下降均呈现出增大的趋势；呈现出与水温相反的趋势，随着海拔的下降pH逐渐降低，变幅为7.63～8.82，但在K6、K7处pH相对稳定，表明随着水体体系H⁺、OH⁻离子、盐离子达到一种相对的动态平衡后，水体酸碱度逐渐稳定。人为活动、降水、藻类和微生物数量的增加，导致进入水体中的固体颗粒物增加（王超等，2013），而其在水中溶解导致水体中的各类阴阳离子数量增加，导致水体盐度与电导率增加，变幅分别为70.86～177.88mg/L、145.47～233.07mg/L。

4.2.2.2 不同海拔下水体营养状况

由图4-3可知，TOC是以碳的含量表示水体中有机物总量的总和指标，该区水体TOC随着海拔的下降随之增高，K6、K7显著高于其他海拔，K4、K3、K2、K1显著低于其他海拔，TOC变幅为4.37～6.23mg/L。总氮（TN）和总磷（TP）含量随着海拔下降而升高，但特点有所区别。TN主要包括水体中的蛋白、氨基酸、核酸和尿素等有机氮类化合物，K3、K2、K1显著低于其他海拔，K4、K5显著低于K6、K7。TP含量变化较小，K6、K7显著高于其他海拔，变幅在0.068～0.088mg/L，水体中生物的活动并没有导致磷发生较大变化。自然界中P含量较为稳定（杨宋琪等，2019），天然水体中的磷元素几乎以各种磷酸盐的形式存在（江源等，2011），本区域中正磷酸盐（PO_4^{3-}-P）变幅远大于TP含量的含量，变幅为0.004～0.009mg/L；铵盐（NH_4^+-N）来源主要为水体中含氮有机物、牲畜的代谢废物等受微生物作用的分解产物（夏莹霏等，2019），其含量随着海拔先下降而后增加，变幅为0.62～1.45mg/L，低海拔（NH_4^+-N）含量显著高于高海拔。

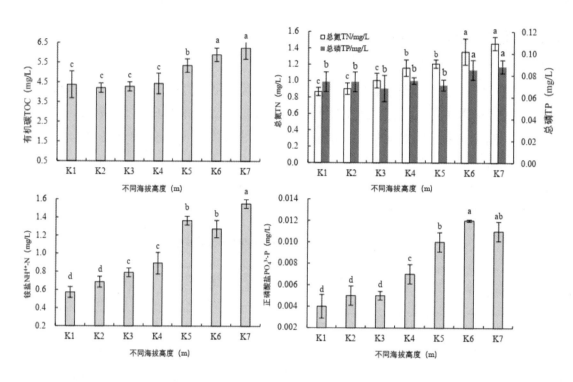

图4-3　不同海拔下水体TOC、TN、TP、NH_4^+-N、PO_4^{3-}-P含量

4.2.3　藻类与环境因子间的相关关系

通过对藻类多样性指数H'、藻密度与环境因子之间进行Spearman相关性分析（表4-4），发现多样性指数H'与水温、有机碳、总氮呈显著正相关（$P<0.05$），相关系数分别为0.57、0.53、0.81；藻密度与盐度、电导率、氨氮间呈显著正相关（$P<0.05$），相关系数分别为0.67、0.52、0.63，与溶解氧呈极显著负相关（$P<0.01$），相关系数为−0.61。

表4-4　藻类与环境因子间的相关关系

指标	酸碱度	水温	溶解氧	电导率	盐度	有机碳	总磷	总氮	氨氮	正磷酸根
	(pH)	(T)	(DO)	(SPC)	(SAL)	(TOC)	(TP)	(TN)	(NH_4^+-N)	(PO_4^{3-}-P)
H'	—	0.57**	—	—	—	0.53*	—	0.81*	—	—
藻密度	—	—	−0.61**	0.67*	0.52**	—	—	—	0.63*	—

4.2.4 讨论

多儿保护区地处相对封闭的自然状态中，属典型的高山森林系统，该区受信息不发达、交通不便利等因素影响，外界对其关注度不高，而这恰恰利于该区生物多样性的发展。水体中藻类群落结构和动态是多个环境因子在时空序列上综合作用的结果（Reynolds CS，1998）。一般而言，藻类随海拔梯度会呈现一定的演替规律，即高海拔地区年均温低、含氧量少、光照充足、人类活动较少、水质总体较好，藻类种类、数量较少，且以硅藻和金藻为主（钱奎梅等，2019）；低海拔地区年均温高、氧气充足、生物活动和人类活动频繁，水质较高海拔地区低，但是藻类种类、数量都极丰富，以硅藻、绿藻和蓝藻为主（杨宋琪等，2019），该结果与本文结论一致。海拔、地理格局与相应环境对藻类多样性、丰度产生显著影响。在2021年8月的采样调查中在海拔2600m附近，保护区正在建设管护站，基建所用水和沙石直接从河道中获得，这也是导致浊度在K4样点增加的主要原因。人类活动作为主要因素，显著影响了K4、K5样点水体理化因子参数，导致电导率、盐度都不同层次的增加，K4样点的电导率和盐度分别比K3样点增加了24.31%、20.69%。

同时，藻类多样性指数的变化能直观地评判水体营养状况及对藻类群落结果所产生的影响（Reynolds CS，1998；谷阳，2010）。K1、K2优势种中脆杆藻、细链丝藻、峨眉藻，是硅藻门中较为典型的贫营养藻类（赵帅营和韩博平，2007），并且K1、K2藻类中有金藻门的水树藻，更能说明海拔3000m是过渡点，该海拔以上的藻类适宜在贫营养的水中生存；而K5、K6、K7优势种中普通等片藻、双生双楔藻、桥弯藻、曲壳藻则主要生存在中营养的水体中（朱新鹏，2014）。

水体营养盐和物理因子直接影响藻类的物种组成、数量和分布等（王英华等，2016；钱奎梅等，2019；朱新鹏，2014），普遍认为水体充足的氮、磷、矿质盐类和适宜的水热条件促使藻类大量增殖（朱新鹏，2014）。然而，气候因子、地理格局和土地利用类型对藻类的影响亦不容忽视（张军燕等，2017），尤其在相对封闭的自然系统中，微小的干扰都会直接带来或多或少的变化（叶琳琳等，2010）。自然水体中，盐度是影响藻类组成的最关键因子之一，盐度的增加会促使绿藻门种类逐渐增加，并随盐度的增加占据优势种地位（马宝珊等，2015；吕永磊等，2016；胡建林等，2006；杨浩等，2012）。本研究中显示类似结果，随着海拔降低，盐度逐渐升高，在K4、K5、K6、K7样点中，绿藻门物种为9、11、11、10种，而K1、K2、K3样点分别为3、4、4种，在采样调查中亦发现，海拔3000m以下常有放牧的牛羊群，虽然多儿保护区为禁牧区，但由于保护区中有村落而偷牧现象时常发生，牲畜的取水会导致排泄物进入水体，营养盐和物理因子共同作用导致藻类呈不同的集群分布。据研究表明（杨浩等，2012；张俊芳等，2012），TN、NH4+-N、水温等都会诱导绿藻、蓝藻的大量增殖，本次研究发现类似结果，多样性指数和藻密度均与上述指标有显著的正相关关系。

4.2.5 小结

本次调查7个海拔样点，共检出藻类4门22科33属46种，以硅藻门、绿藻门、蓝藻门为主，且占比分别为60.87%、26.09%和10.87%，藻类种类及密度随季节和空间地理部分呈显著差异（$P<0.01$）。

多样性与优势种分析结果表明，K1、K2为藻类相似类群，以喜低温、贫营养的硅藻为主要优势种，分别为脆杆藻、细链丝藻、峨眉藻；而K5、K6、K7优势种中普通等片藻、双生双楔藻、桥弯藻、曲壳藻为主要优势种且生存在中富营养的水体中；海拔3000m为类群和多样性的过渡点。

Spearman相关性分析发现，多样性指数H'与水温、有机碳、总氮含量呈显著正相关；藻密度与电导率、盐度、氨氮及藻密度与溶解氧分别呈显著正相关、负相关。

4.3 地衣与苔藓

关于多儿保护区地衣、苔藓的调查研究未见报道，本次初步调查了地衣、苔藓的种类，旨在了解多儿保护区内地衣和苔藓的种类、分布，摸清多儿保护区内地衣和苔藓的本底资源情况，为开展科学研究、环境教育、生态旅游提供基础资料。但由于本次地衣、苔藓调查区域未能完全覆盖整个保护区，采集标本较少，期待后续通过更加深入的调研来进一步补充完善。

4.3.1 地衣

通过本次调查采集的标本，共鉴定出多儿保护区共有地衣14种，其中，梅衣科4种，树花衣科、胶衣科和蜈蚣衣科各2种，肺衣科、地卷科、石蕊科和黄烛衣科各1种（附录4）。

4.3.2 苔藓

（1）物种多样性

通过本次调查采集的标本，共鉴定出多儿保护区有苔藓18科33属49种（附录5）。其中，丛藓科属的数量和种的数量均高于其他科，为多儿保护区苔藓中的优势科（表4-5）。

表4-5 多儿保护区苔藓植物科属种统计信息

编号	科名	属数（个）	占总属数（%）	种数（种）	占总种数（%）
1	羽藓科	2	5.88	3	6.12
2	青藓科	2	5.88	4	8.16
3	白齿藓科	1	2.94	2	4.08
4	丛藓科	5	14.71	10	20.41
5	牛毛藓科	1	2.94	3	6.12
6	绢藓科	1	2.94	2	4.08
7	紫萼藓科	3	8.82	5	10.20
8	灰藓科	2	5.88	2	4.08
9	柳叶藓科	3	8.82	3	6.12
10	塔藓科	1	2.94	1	2.04
11	大帽藓科	1	2.94	1	2.04
12	曲尾藓科	1	2.94	1	2.04
13	缩叶藓科	1	2.94	2	4.08
14	真藓科	2	5.88	2	4.08
15	珠藓科	1	2.94	1	2.04
16	提灯藓科	3	8.82	3	6.12
17	金发藓科	2	5.88	3	6.12
18	鳞藓科	1	2.94	1	2.04

（2）分布区系特征

经过对数据的分析，发现49种苔藓中，中国特有的有26种，占比53.06%；东亚分布有6种，占比12.24%；北温带分布有9种，占比18.37%；东亚和北美洲间断分布及其变型有2种，占比4.08%；旧世界温带分布及其变型有1种，占比2.04%；世界分布有5种，占比10.21%。由此得出多儿保护区的苔藓大多为中国特有分布，约占总数的53.06%。

（3）不同生境下苔藓的分布

通过观察，发现大多数苔藓生境为石生，共有29种，占比59.18%；树生的苔藓有13种，占比26.53%；裸露石壁上生产的苔藓有10种，占比20.41%（有个别的种同时具有树生和裸露石壁上两种生境，如平肋提灯藓）。

通过以上三个维度的分析，初步得出以下结果：多儿保护区内的苔藓种类主要是中国特有分布，达到了所调查种的50%以上，其中以丛藓科为优势科。同时可以得知多儿保护区内的苔藓生境主要有三种（石生、树生、裸露石壁上），其中以石生居多，共有29种，占据总调查种类的59.18%。

4.4 维管植物

4.4.1 物种多样性

通过野外样线、样地调查及室内鉴定采集的标本，同时参考相关文献资料，共记录到多儿保护区维管植物111科428属1192种（包括变种），其中，被子植物92科395属1110种（包括变种），裸子植物4科9属23种，蕨类植物15科24属59种（附录6、附录7，部分见彩图4-10、彩图4-11）。

4.4.2 种子植物区系分析

植物区系是一个区域内所有植物种类的总和，且组成了该区的植被类型，同时涵盖了大量的历史、地理环境和系统演化信息（王荷生，1979）。多儿保护区野生种子植物资源丰富（部分见彩图4-12～4-14），包含了很多珍贵稀有的植物种类是甘肃省乃至全国的植物资源的珍贵宝库。本次调查研究了多儿保护区种子植物区系，为了解多儿保护区种子植物的起源、地理特征及其与周围植物的关系奠定基础，同时也为多儿保护区植物引种、驯化以及生物多样性保护和可持续利用提供科学依据。

4.4.2.1 种子植物区系成分统计
4.4.2.1.1 科的组成

植物种类的丰富复杂，可以从它们的科、属大小或其所含种数的多少表现出来（李锡文，1996）。多儿保护区含1～5种的科最多，共有48科，占到多儿保护区种子植物科的50%；其次为6～19种的共30科，占总科数的34.4%；20～49种的共6科，即毛茛科（Ranunculaceae）、豆科（Leguminosae）、伞形科（Umbelliferae）、忍冬科（Caprifoliaceae）、唇形科（Labiatae）、莎草科（Cyperaceae）；50～99种的科有蔷薇科（Rosaceae）、禾本科（Gramineae）及菊科（Compositae）；多儿保护区没有含100种以上的科（表4-6）。

表4-6　多儿保护区种子植物科的统计信息

种数信息	科名	物种数目（种）
50～99种共3科，占总科数的3.4%	蔷薇科 Rosaceae	87
	菊科 Compositae	82
	禾本科 Gramineae	67
20～49种共6科，占总科数的6.9%	毛茛科 Ranunculaceae	49
	豆科 Leguminosae	37
	莎草科 Cyperaceae	29
	伞形科 Umbelliferae	28
	唇形科 Labiatae	27
	忍冬科 Caprifoliaceae	23
10～19种共17科，占总科数的19.5%	十字花科 Cruciferae	18
	虎耳草科 Saxifragaceae	18
	龙胆科 Gentianaceae	18
	石竹科 Caryophyllaceae	16
	杨柳科 Salicaceae	16
	百合科 Liliaceae	15
	蓼科 Polygonaceae	15
	玄参科 Scrophylariaceae	13
	紫草科 Boraginaceae	13
	报春花科 Primulaceae	12
	杜鹃花科 Ericaceae	12
	兰科 Orchidaceae	12
	景天科 Crassulaceae	11
	罂粟科 Papaveraceae	10
	小檗科 Berberidaceas	10
	荨麻科 Urticaceae	10
	松科 Pinaceae	10
6～9种共13科，占总科数的14.9%	卫矛科 Celastraceae	9
	葡萄科 Vitaceae	9
	柏科 Cupressaceae	8
	桦木科 Betulaceae	7
	槭树科 Aceraceae	7

（续表）

种数信息	科名	物种数目（种）
6～9种共13科，占总科数的14.9%	鼠李科 Rhamnaceae	7
	茄科 Solanaceae	7
	茜草科 Rubiaceae	7
	牻牛儿苗科 Geraniaceae	6
	芸香科 Rutaceae	6
	锦葵科 Malvaceae	6
	堇菜科 Violaceae	6
	瑞香科 Thymelaeaceae	6
2～5种共28科，占总科数的32.1%	天南星科 Araceae	5
	旋花科 Convolvulaceae	5
	萝摩科 Asclepiadaceae	5
	柳叶菜科 Onagraceae	5
	漆树科 Anacardiaceae	5
	大戟科 Euphorbiaceae	5
	五加科 Araliaceae	4
	川续断科 Dipsacaceae	4
	马钱科 Loganiaceae	4
	藤黄科 Guttiferae	4
	凤仙花科 Balsaminaceae	4
	苋科 Amaranthaceae	4
	藜科 Chenopodiaceae	4
	榆科 Ulnaceae	3
	桔梗科 Campanulaceae	3
	败酱科 Valerianaceae	3
	车前科 Plantaginaceae	3
	鹿蹄草科 Pyrolaceae	3
	山茱萸科 Cornacea	3
	胡颓子科 Elaeagnaceae	3
	椴树科 Tiliaceae	3
2～5种共28科，占总科数的32.1%	桑科 Moraceae	3
	灯心草科 Juncaceae	2
	远志科 Polygalaceae	2

种数信息	科名	物种数目（种）
2～5种共28科，占总科数的32.1%	苦木科 Simaroubaceae	2
	酢浆草科 Oxalidaceae	2
	马兜铃科 Aristolochiaceae	2
	壳斗科 Fagaceae	2
1种共20科，占总科数的22.9%	红豆杉科 Taxaceae	1
	麻黄科 Ephedraceae	1
	桑寄生科 Loranthaceae	1
	檀香科 Santalaceae	1
	猕猴桃科 Actinidiaceae	1
	柽柳科 Tamaricaceae	1
	商陆科 Phytolaccaceae	1
	紫葳科 Bignoniaceae	1
	马齿苋科 Portulacaceae	1
	领春木科 Eupteleaceae	1
	连香树科 Cercidiphyllaceae	1
	水青树科 Magnoliaceae	1
	蒺藜科 Zygophyllaceae	1
	马桑科 Coriariaceae	1
	省沽油科 Staphyleaceae	1
	无患子科 Sapindaceae	1
	花荵科 Polemoniaceae	1
	马鞭草科 Verbenaceae	1
	芝菜科 Scheuchzeriaceae	1
	鸢尾科 Iridaceae	1

由表4-6可知，多儿保护区的大科是禾本科、蔷薇科和菊科。这也就是说蔷薇科是多儿保护区植被组成的主要科，也是我国温带地区植物区系和植被组成的特征科，同时出现在多儿保护区的菊科和禾本科中的常见属也是温带属。所以多儿保护区的科主要是温带性质的科。其次在多儿保护区还有壳斗科（Fagaceae）、榆科（Ulmaceae）、桑科（Moraceae）、椴树科（Tiliaceae）等热带、亚热带科的分布，因而也明确了多儿保护区植物区系的复杂性和多样性。

4.4.2.1.2　属的布区类型

根据吴征镒"中国种子植物属的分布区类型"（吴征镒，1991），多儿保护区种子植物350属可划为15个分布区类（表4-7）。

由表4-7可以看出，多儿保护区种子植物主要是温带分布区类型，占总属数的70.43%，其中以北温带为主，占总属数的39.7%。多儿保护区木本植物较多，组成多儿保护区森林植物群落的建群种，如云杉属（*Picea*）、冷杉属（*Abies*）、圆柏属（*Sabina*）组成了针叶林的主要成分；桦木属（*Betula*）、柳属（*Salix*）、槭属（*Acer*）等是多儿保护区落叶阔叶林的主要成分；栒子属（*Cotoneaster*）、小檗属（*Berberis*）、柳属（*Salix*）、忍冬属（*Lonicera*）、荚蒾属（*Viburnum*）、蔷薇属（*Rosa*）、山楂属（*Crataegus*）、绣线菊属（*Spiraea*）、杜鹃属（*Rhododendron*）等为本区山地落叶灌丛或林下层的主要成分（吴征镒，1980）；嵩草属（*Kobresia*）植物则是组成本区高山草甸的建群种。唐松草属（*Thalietrum*）、棘豆属（*Oxytropis*）、马先蒿（*Pedicularis*）、蒿属（*Artemisia*）、凤毛菊属（*Sassurea*）、葱属（*Allium*）、针茅属（*Stipa*）等也常常是林下草本层及草甸植被类型中的优势种。所有这些都说明温带分布型在多儿保护区植物区系属的组成中占主要地位，进一步说明了多儿保护区种子植物区系具有温带性质。热带分布区类型占总属数的24.15%，说明多儿保护区植物区系和热带植物区系有一定的联系，但是这些属绝大多数是单种属，说明多儿保护区不是很适宜这些属的生存（左家哺，1990）。

表4-7 多儿保护区种子植物属的分布区类型统计

分布区类型	属数（个）	比例（%）
1. 世界分布	35	10.00
2. 泛热带分布	22	6.20
3. 热带亚洲和热带美洲间断分布	3	0.85
4. 旧世界热带分布	3	0.85
5. 热带亚洲和热带大洋洲分布	6	1.70
6. 热带亚洲至热带非洲分布	3	0.85
7. 热带亚洲分布	7	2.00
8. 北温带分布	139	39.70
9. 东亚和北美洲间断分布	23	6.60
10. 旧世界温带分布	41	11.70
11. 温带亚洲分布	12	3.40
12. 地中海区，西亚至中亚分布	7	2.00
13. 中亚分布	1	0.28
14. 东亚分布	34	9.70
15. 中国特有分布	11	3.14
总计	350	100.00

（1）世界分布类型

世界分布类型在多儿保护区有35属，占总属数的10.00%。草本植物有蓼属（*Polygonum*）、千老鹳草属（*Geranium*）、酸模属（*Rumex*）、铁线莲属（*Clematis*）、苔草属（*Carex*）、堇菜属（*Viola*）、灯心草属

（*Juncus*）、悬钩子属（*Rubus*）、剪股颖属（*Agrostis*）、繁缕属（*Stellaria*）、毛茛属（*Ranunculus*）、车前草属（*Plantago*）、黄芪属（*Astragalus*）等属。

（2）热带、亚热带分布类型

泛热带分布是热带分布中最多的类型，共22属，占总属数的6.2%。木本主要是卫矛属（*Euonymus*）；藤本有马兜铃属（*Aristolochia*）和南蛇藤属（*Celastrus*）等属；草本有珠芽螫麻属（*Laportea*）和马齿苋（*Portulaca*）等属；但它们都不是典型的热带属。许多属的产地是热带与温带的过渡地区。

热带亚洲至热带美洲间断分布有3属，占总属数的0.85%，有木姜子属（*Litsea*）、泡花树属（*Meliosma*）、少脉雀梅藤属（*Sageretia*）。

旧世界热带分布有3属，占总属数的0.85%。木本有槲寄生属（*Viscum*）和楝属（*Melia*）；草本有百蕊草属（*Thesium*）。

热带亚洲至热带大洋洲分布有6属，占总属数的1.7%，有臭椿属（*Ailanthus*）、香椿属（*Tonna*）、天麻属（*Gastrodia*）、崖爬藤属（*Tetrastigma*）、河朔芜花属（*Wikstroemi*）等属。

热带亚洲至热带非洲分布有3属，占总属数的0.85%，即杠柳属（*Periploca*）、水麻属（*Debregeasia*）、铁仔属（*Myrsine*）。

热带亚洲分布有7属，占总属数的2%，有构树属（*Broussonetia*）、苦荬菜属（*Ixeris*）、无距耧斗菜属（*Aquilegia*）、红果山胡椒属（*Lindera*）等属。

（3）温带分布类型

温带分布类型有247属，占总属数的70.43%，其中北温带分布型又占首位，共139属，占本地区总属数的39.7%，是组成多儿保护区种子植物区系的主要成分。常见的如桦木属（*Betula*）、栎属（*Quercus*）、苹果属、桃属、杏属、李属、槭属（*Acer*）、榆属（*Ulmus*）、柳属（*Salix*）、胡桃等属都是典型的北温带分布类型，是构成多儿保护区林区森林植被的主要乔木层植物（彭敏等，1989）。小檗属（*Berberis*）、胡颓子属（*Elaeagnus*）、忍冬属（*Lonicera*）、蔷薇属（*Rosa*）、绣线菊属（*Spiraea*）等是山地落叶林下层的主要成分；风毛菊属（*Saussurea*）、针茅属（*Stipa*）、蒿属、马先蒿属（*Pedicularis*）、景天属（*Sedum*）、野豌豆属、短柄草属、缬草属（*Valeriana*）等也是林下、草原等不同植被类型中的优势种类。禾本科的许多属如早熟禾属（*Poa*）、针茅属（*Stipa*）等均为温带草原的优势种。这些表明了以北温带成分为主的温带性质的属在多儿保护区中处于优势地位（吴征镒，1979）。

旧世界温带分布属有41属，占总属数的11.7%，木本主要有沙棘属（*Hippophae*）、连翘属（*Forsythia*）、山莓草属（*Sibbaldia*）、女贞属（*Ligustrum*）、鹅绒藤属（*Cynanchum*）、丁香属等。草本常见的有菊属（*Dendranthema*）、旋覆花属（*Inula*）、瑞香属（*Daphne*）、百里香属（*Thymus*）、益母草属（*Leonurus*）、川续断属（*Dipsacus*）、柽柳属（*Tamarix*）、白屈菜属（*Chelidonium*）、鸦葱属（*Scorzonera*）、芨芨草属（*Achnatherum*）等。

东亚至北美洲间断分布属有23属，占总属数的6.6%，主要有蛇葡萄属（*Ampelopsis*）、三白草属（*Saururus*）、大丁草属（*Leibnitzia*）等。

温带亚洲分布属有12属，占总属数的3.4%，主要有杭子梢属（*Campylotropis*）、锦鸡儿属（*Caragana*）、大黄属（*Rheum*）、附地菜属（*Trigonotis*）等。

东亚分布类型有34属，占总属数的9.7%，主要有侧柏属、败酱属（*Patrinia*）、紫苏属（*Perilla*）、党参属（*Codonopsis*）、刺儿菜属（*Cephalanoplos*）等。

（4）地中海区，西亚至中亚分布类型

本分布类型有7属，占总属数的2%，有白刺属（*Nitraria*）、骆驼蓬属（*Peganum*）、甘草属（*Glycyrrhiza*）、角蒿属（*Incarvillea*）等。

（5）中国特有分布类型

中国特有属在多儿保护区有11属，占总属数的3.14%，主要有虎榛子属（*Ostryopsis*）、独叶草属（*Kingdonia*）、长果升麻属（*Souliea*）等。

4.4.2.2　区系特点

（1）区系成分复杂

吴征镒划分的中国种子植物属的十五大分布类型在多儿保护区均有分布，属的分布类型中包括大量的变型和间断分布类型，充分说明了该植物区系成分的丰富性、复杂性。

（2）植物区系以温带性质为主

蔷薇科（Rosaceae）、禾本科（Gramineae）、菊科（Compositae）、毛茛科（Ranunculaceae）、豆科（Leguminosae）、莎草科（Cyperaceae）等既是世界性大科又是以北温带分布型为主的科，而这几个科的植物在多儿保护区的种类也比较多，因此从科这个分类阶元上看，植物区系是以温带性质为主的（王荷生，1997）。以属的分布型来说，以温带属为主（占总属数的70.43%），其次是热带分布的属（共44属，占总属数的12.4%），说明该保护区植物区系与热带植物区系仍有较为密切的联系。北温带成分中的冷杉属（*Abies*）、云杉属（*Picea*）、落叶松属（*Larix*）及圆柏属（*Sabina*）的物种等为保护区的建群种和优势种，是保护区寒温性针叶林的主要组成树种。北温带分布的许多属，如马先蒿属（*Pedicularis*）、龙胆属（*Gentiana*）、苔草属（*Carex*）、柳属（*Salix*）、早熟禾属（*Poa*）、风毛菊属（*Saussurea*）、蒿属（*Artemisia*）等在多儿保护区得到充分发育和高度分化，产生多种多样的种类（王兰州和丁锦丽，1990）。在保护区的低山和河谷地带则是以北温带分布型为主的柳、枸子、忍冬、小檗、沙棘等组成灌木林和杂草类植被。

（3）具有明显的交汇性质

根据文献（吴征镒，1991；李锡文和李捷，1993；张耀甲等，1997）的论述，多儿保护区种子植物区系应该属于中国-喜马拉雅森林植物亚区、横断山脉植物地区、川西北甘西南青东南小区，但是也包含了很多中国-日本森林植物亚区、华北植物地区成分，是两大植物区系的交汇区。如中国-喜马拉雅森林植物亚区的典型成分独叶草（*Kingdonia uniflora*），为我国特有种类型，在保护区有较多的分布。在保护区海拔1800～3000m的区域主要是中国-日本成分和华北成分的白桦（*Betula platyphylla*）、辽东栎（*Quercus liaotungensis*）、红桦（*Betula albo-sinensis*）、油松（*Pinus tabulaeformis*）等树种组成的落叶阔叶及油松林带。在海拔3000～3700m的区域，主要以中国-喜马拉雅横断山脉成分的岷江冷杉（*Abies faxoniana*）、紫果云杉（*Picea purpurea*）、红杉（*Larix potaninii*）及云杉（*Picea asperata*）组成的大面积森林占优势，在海拔3700～4000m又是头花杜鹃（*Rhododendron capitatum*）、百里香杜鹃（*Rh. thymifolium*）、黄毛杜鹃（*Rh. rufum*）、山生柳（*Salix oritrapha*）、嵩草属（*Kobresia*）等以青藏高原成分为主的植物组成的高山灌丛及草甸和以中国—喜马拉雅成分圆穗蓼（*Polygonum macrophyllum*）组成的高寒草甸（李兴旺和张必龙，1987）。所以，多儿保护区的植物区系具有交汇性质。

（4）起源古老

多儿保护区种子植物区系中有较多古老的科属。被子植物中白垩纪晚期出现的桦木科（Betulaceae）、壳斗科（Fagaceae）、槭树科（Aceraceae）以及老第三纪建立的榆科（Ulmaceae）、连香树科（Cercidiph-yllaceae）、蔷薇科（Rosaeae）、豆科（Leguminosae）、大戟科（Euphorbiaceae）、五加科（Araliaceae）等。此外，还有一些古老的单种属毛茛科的独叶草（*Kingdonia uniflora*）、无患子科的文冠果（*xanthoceras sorbifolia*）等也在多儿保护区有所分布（冯自诚，1994）。

4.5 保护植物

多儿保护区珍稀濒危植物丰富，共有珍稀保护植物41种（附表1，部分见彩图4-15～4-20）。

（1）国家重点保护野生植物

依据2021年9月发布的《中华人民共和国国家重点保护野生植物名录》，多儿保护区内共有国家一级重点保护植物1种，二级重点保护植物23种（附表1）。

相比以往的结论，国家一级重点保护植物减少1种，原因是最新名录中将独叶草保护级别由一级降为二级，而二级重点保护植物数量增加，主要是一些五加科、兰科物种被列入名录中。

（2）中国植物红皮书植物

依据《中国植物红皮书》（傅立国，1991），多儿保护区内共有10个物种列入《中国植物红皮书》（附表1）。

（3）列入《世界自然保护联盟濒危物种红色名录》植物

《世界自然保护联盟濒危物种红色名录》（*IUCN Red List of Threatened Species*，或"IUCN红色名录"）于1963年开始编制，是全球动植物物种保护现状最全面的名录，也被认为是生物多样性状况最具权威的指标。经资料查阅，多儿保护区列入IUCN红色名录的植物共有6种，隶属于5科6属，分为两个等级，大果青扦为极危，其余均为无危（附表1）。

（4）《濒危野生动植物种国际贸易公约》附录的物种

依据《濒危野生动植物种国际贸易公约》，多儿保护区共有25个物种被列入，其中，列入附录Ⅱ的22种，列入附录Ⅲ的3种（附表1）。

4.6 大熊猫主食竹

对大熊猫主食竹的调查研究是保护好大熊猫的必要条件。为查清多儿保护区内大熊猫主食竹的种类及分布情况，于2018年3月至2021年6月，先后6次开展调查，分析了大熊猫主食竹的种类及空间分布规律，为大熊猫种群的有效保护提供了决策技术支撑。

4.6.1 大熊猫主食竹种类

经形态学鉴定结合红外光谱法辅助测定，多儿保护区境内大熊猫主食竹共有3种，分别为华西箭竹（*Fargesia nitida*）、缺苞箭竹（*Fargesia enudata*）、糙花箭竹（*Fargesia scabrida*）。

4.6.2 大熊猫主食竹分布

每种主食竹的分布范围通过野外样线（方）调查所得竹种名称，在地形图上沿等高线将相同物种的分布点连接起来，即成为该竹种的分布范围（附图4），采用ArcGIS软件分别计算出3种大熊猫主食竹种分布的面积，对其水平和垂直空间分布格局的特点进行分析。

（1）大熊猫主食竹的水平空间分布格局

多儿保护区3个保护站中，多儿保护站分布有3种大熊猫主食竹，竹林分布面积最大，为4097.28hm^2，其中，糙花箭竹90.97hm^2，华西箭竹1477.86hm^2，缺苞箭竹2528.44hm^2；其次是洋布保护站，竹林分布面积1460.70hm^2，其中，糙花箭竹9.51hm^2，华西箭竹1020.83hm^2，缺苞箭竹430.36hm^2；竹林分布面积最小的是花园保护站，只分布有华西箭竹，面积1104.59hm^2（表4-8）。

表4-8　多儿保护区3个保护站竹林分布状况

保护站	辖区面积 （hm^2）	竹林面积 （hm^2）	糙花箭竹面积 （hm^2）	华西箭竹面积 （hm^2）	缺苞箭竹面积 （hm^2）	竹林占比 （%）
花园保护站	10115.73	1104.59	—	1104.59	—	11
多儿保护站	32866.62	4097.27	90.97	1477.86	2528.44	12
洋布保护站	12292.66	1460.70	9.51	1020.83	430.36	12
总计	55275.01	6662.56	100.48	3603.28	2958.8	12

花园保护站只有华西箭竹1种大熊猫主食竹，竹种单一；多儿保护站和洋布保护站分布有华西箭竹、缺苞箭竹和糙花箭竹3种大熊猫主食竹，竹种比较丰富。从竹林分布面积来看，华西箭竹面积最大，其次是缺苞箭竹，糙花箭竹分布范围非常狭小，面积也最小，华西箭竹分布面积约为糙花箭竹的36倍，缺苞箭竹分布面积约为糙花箭竹的30倍。显然，华西箭竹和缺苞箭竹对大熊猫种群影响更大。

（2）大熊猫主食竹的垂直分布格局

多儿保护区大熊猫主食竹的海拔分布区间在2200～3400m（表4-9），其中海拔2600～3200m的区域竹林分布面积占区间总面积的20%以上，特别是海拔2800～3200m的区域更是超过了30%，是最适宜大熊猫生存的区域。在海拔2000m以下和海拔3200m以上区域无竹林分布；海拔3200m以上区域是亚高山灌丛草甸带无竹林分布；海拔2000m以下多为非林地和落叶阔叶林带，不适合竹林生长发育的立地条件。从竹子种类来看，华西箭竹和缺苞箭竹主要分布在海拔2600～3200m，其中海拔2800～3200m区域的竹林分布面积最大；糙花箭竹主要分布在2200～2800m的海拔区间，其中海拔2400～2800m分布面积相对较大。

（3）大熊猫主食竹的天然更新状况

2004年开始，多儿保护区后西藏沟的华西箭竹林大面积成片开花；2007年左右竹子种子开始脱落；2010年竹林大面积枯死，竹子枝上很少能见到竹子种子；2012年开始，枯死竹子下有竹子实生苗呈团状生长。截至本次调查，天然更新不良的竹林面积1167.37hm^2，天然更新一般的竹林面积4858.07hm^2，天然更新良好的竹林面积637.13hm^2（图4-4、表4-10）。

天然更新不良的竹林中原来枯死竹已开始枯朽，但在林下很难见到竹子实生苗和正常生长的实生苗，这些地方的大熊猫主食竹不通过人为干预，很难天然复壮；天然更新一般的竹林在原来枯死的竹林下有实生苗，但生长较弱，竞争不过周围的乔灌生长优势，短期内难以靠天然更新恢复成林，这些地方需要加强监测，及时跟进适当的人为促进措施，有望能恢复到竹子开花前的生长规模；天然更新良好的大熊猫主食竹生长较好，后期只需加强管护即可通过天然更新的方式恢复成林。

表4-9　多儿保护区不同海拔高度竹林分布状况

海拔区间 （m）	区间总面积 （hm²）	竹林面积 （hm²）	糙花箭竹面积 （hm²）	华西箭竹面积 （hm²）	缺苞箭竹面积 （hm²）	竹林占比 （%）
>3200	21297.57	—	—	—	—	0
3000～3200	8489.94	2679.27	—	1514.59	1164.68	32
2800～2999	7343.68	2261.59	—	1202.91	1058.68	31
2600～2799	6082.78	1187.89	37.01	555.63	595.25	20
2400～2599	7892.18	441.02	59.63	254.72	126.67	6
2200～2399	2251.80	78.46	3.84	61.09	13.53	3
2000～2199	1346.15	14.34	—	14.34	—	1
<2000	570.90	—	—	—	—	0
总计	55275.00	6662.57	100.48	3603.28	2958.81	12

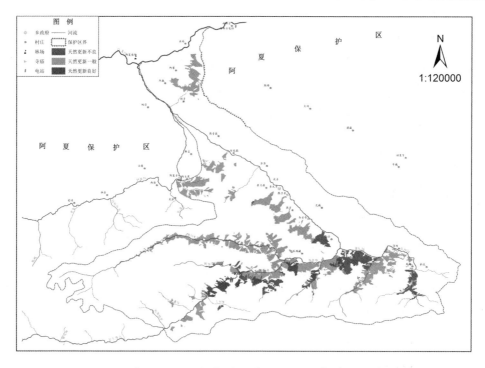

图4-4　多儿保护区大熊猫主食竹天然更新情况分布图

表4-10　多儿保护区各保护站竹林天然更新分布状况

保护站	竹种	更新不良（hm²）	更新一般（hm²）	更新良好（hm²）	总计
多儿保护站	糙花箭竹	4.08	86.25	0.64	90.97
	华西箭竹	95.52	867.63	514.71	1477.86
花园保护站	缺苞箭竹	367.87	2097.63	62.93	2528.44
	华西箭竹	—	1104.59	—	1104.59

（续表）

保护站	竹种	更新不良（hm²）	更新一般（hm²）	更新良好（hm²）	总计
洋布保护站	糙花箭竹	9.51	—	—	9.51
	华西箭竹	639.29	322.70	58.84	1020.83
	缺苞箭竹	51.1	379.27	—	430.36
总计		1167.37	4858.07	637.13	6662.56

4.6.3 讨论

多儿保护区多年的野外监测数据显示，随着季节的变化，大熊猫选择不同海拔区域觅食栖息，以适应温度的变化，夏季迁徙到相对凉爽的较高海拔（2800~3200m）区域，冬季随着气温下降又回到相对较低的海拔区域进行觅食活动，3种竹林均发现有大熊猫觅食栖息；低海拔区域竹林分布面积虽然较小，但是对于大熊猫的避暑具有重要意义。因此，从竹种和其分布特点来看，多儿保护站辖区海拔跨度大，四季均适宜大熊猫栖息进行觅食，是最适宜大熊猫生存的区域；而洋布保护站和花园保护站辖区更适宜大熊猫迁徙途中的觅食栖息。

华西箭竹是多儿保护区内大熊猫最主要的食用竹，对栖息在当地的大熊猫生存起着至关重要的作用。但是，多儿保护区曾经历过采伐，森林植被破坏较为严重，严重影响到大熊猫的食物来源和栖息地的质量，华西箭竹在2004—2007年大面积开花枯死，天然更新需要时间相对较长，且洋布保护站竹林天然更新不良，部分恢复阶段的华西箭竹实生苗生长状况较差，演替过程中不断在竞争中淘汰死亡，所以为了尽快解决野生大熊猫的食物资源短缺问题，需要人为干预进行更新复壮显得尤为重要。

4.7 药用维管植物

药用植物资源与人们的生活息息相关，它是自然资源的重要组成部分，对其进行调查与研究对药用植物种质资源发展具有积极的促进作用。药用植物资源是指自然资源中对人类有直接或间接医疗作用或保健护理功能的植物总称（万嘉禾，2001），因以取材天然、作用平稳、毒副作用小、不产生抗药性等西药无法比拟的优点而备受关注（潘秋荣等，2012）。

多儿保护区自然地理优越，植物种类繁多，其中包括众多的药用植物。通过本底资源调查，建立了《甘肃多儿国家级自然保护区维管植物名录》（万嘉禾，2001）。在此基础上，通过查阅《药用植物野外识别图鉴》（曾庆钱和蔡跃文，2010）、《青藏高原甘南藏药植物志》（杜品，2006）、《中国药典一部》（2020版）、《甘肃中草药资源志》等，对《甘肃多儿国家级自然保护区维管植物名录》进行了初步的筛选，编写出《甘肃多儿国家级自然保护区药用维管植物名录》，以其对多儿保护区药用植物资源的保护和合理开发提供科学依据。

4.7.1 种类

根据实地调查和以往资料分析，多儿保护区共有药用维管植物544种，隶属102科310属，分别占保护区维管植物科、属、种总数的88.69%、72.43%、46.29%。其中，药用蕨类植物13科16属29种，药用裸子植物4科8属12种，药用被子植物85科286属503种（附表2、表4-11）。

表4-11　多儿保护区药用维管植物资源

单位：种

类别	科		属		种	
	植物数	药用植物	植物数	药用植物	植物数	药用植物
蕨类植物	16	13（81.25%）	26	16（61.54%）	59	29（49.15%）
裸子植物	4	4（100%）	11	8（72.73%）	23	12（52.17%）
被子植物	95	85（89.47%）	391	286（73.14%）	1093	503（46.02%）
总计	115	102（88.69%）	428	310（72.43%）	1175	544（46.29%）

4.7.2　植物科属类型的多样性

通过对药用维管植物科属类型统计（表4-12）。含1～5种药用植物的科达到76科，占药用维管植物科总数的74.51%；含6～10种药用植物的科达到11科，占药用维管植物科总数的10.78%；含11～20种药用植物的科达到10科，占药用维管植物科总数的9.80%；含20种以上药用维管植物包括廖科、毛茛科、蔷薇科、唇形科和菊科共5科，虽仅占总科数的4.90%，但在药用维管植物总数中占到28.50%。

通过对药用维管植物不同属所含种数统计（表4-13），单种属占有明显的优势，在310属药用维管植物中有211属，占总属数的68.06%，所含种数为药用植物总数的38.78%；2～5种的属所占比例次之，达到了27.74%；6种以上属所占比例不大，为4.19%。

表4-12　多儿保护区药用维管植物不同科所含种数的统计信息

不同种数的科	科数（个）	百分比（%）	种数（种）	百分比（%）
单种	24	23.53	24	4.41
2～5种	52	50.98	142	26.10
6～10种	11	10.78	82	15.07
11～15种	7	6.86	88	16.18
16～20种	3	2.94	53	9.74
20种以上	5	4.90	155	28.50

表4-13　多儿保护区药用维管植物不同属所含种数的统计信息

不同种数的科	科数（个）	百分比（%）	种数（个）	百分比（%）
单种	211	68.06	211	38.79
2～5种	86	27.74	223	40.99
6～10种	11	3.55	86	15.81
11～15种	2	0.65	24	4.41

4.7.3　讨论

多儿保护区药用维管植物资源无论从类型还是科属种类都具有比较明显的丰富性，可以肯定的是，部分品种具有开发价值，但如何开发还有待进一步探索；同时，繁多的品种可提供植物演化信息，也为种质研究提供有利的条件。

此次研究主要是对药用维管植物进行了初筛，并未从药物分类、药用部位等方面进行细致的分析，以后的研究中，在完善药用植物名录的同时，对药用植物相关特性进行研究。

多儿保护区野生药用植物资源是一笔巨大的财富，应在保护自然生态的基础上进行深入调查、摸清分布和储量等信息，并对有较高价值的药用植物资源进行引种驯化。

4.8 植被

4.8.1 植被分类系统

多儿保护区处于温带阔叶林向寒温性针叶林的过渡地区，所以其植被的类型相对丰富和复杂，不仅其植被水平分布广泛，而且垂直分布也颇为明显。通过本次调查的样地数据、森林资源连续清查数据、森林二类资源调查数据及其他二手资料，参考《中国植被》《甘肃植被》（吴征镒，1980；黄大燊，1997），将该地区的植被划分为4个植被型组8个植被型、9个植被亚型、14个群系组、43个群系（表4-14）。

表4-14 多儿保护区植被分类系统

植被型组	植被型	植被亚型	群系组	群系
针叶林	寒温性针叶林	寒温性常绿针叶林	落叶松林	红杉林
		寒温性常绿针叶林	冷杉林	岷江冷杉林
				巴山冷杉林
				秦岭冷杉林
			云杉林	青扦林
				云杉林
				紫果云杉林
			圆柏林	方枝圆柏林
				密枝圆柏林
				大果圆柏林
	温性针叶林	温性常绿针叶林	温性松林	油松林
阔叶林	落叶阔叶林	典型落叶阔叶林	栎林	橿子栎林
				辽东栎林
阔叶林	落叶阔叶林	山地杨桦林	杨林	山杨林
			桦林	白桦林
				红桦林
				牛皮桦林
	竹林	温性竹林	山地温性竹林	箭竹林

（续表）

植被型组	植被型	植被亚型	群系组	群系
灌丛	常绿针叶灌丛			高山柏灌丛
	常绿革叶灌丛			秀雅杜鹃灌丛
				密枝杜鹃灌丛
				山光杜鹃灌丛
				头花杜鹃灌丛
				黄毛杜鹃灌丛
	落叶阔叶灌丛	温性落叶阔叶灌丛	山地中生落叶阔叶灌丛	陕甘花楸灌丛
				皂柳灌丛
				峨眉蔷薇灌丛
				灰栒子灌丛
				虎榛子灌丛
				胡颓子灌丛
				西康扁桃灌丛
				美丽胡枝子灌丛
			山地旱生落叶阔叶灌丛	甘蒙锦鸡儿灌丛
				甘青锦鸡儿灌丛
			河谷落叶阔叶灌丛	中国沙棘灌丛
灌丛	落叶阔叶灌丛	高寒落叶阔叶灌丛		金露梅灌丛
				银露梅灌丛
				窄叶鲜卑花灌丛
				高山绣线菊灌丛
草甸	草甸	高寒草甸	杂类草高寒草甸	珠芽蓼为主的杂类草甸
				以圆穗蓼为主的草甸
			嵩草高寒草甸	矮嵩草甸

4.8.2　植被垂直带谱

多儿保护区植被垂直分布可划分为3个带，即落叶阔叶及油松林带、亚高山寒温性针叶林带、高山灌丛草甸带。

①落叶阔叶及油松林带，分布在海拔2200～3000m，分为2200～2300m，河谷灌丛亚带（筐柳、川滇柳、水柏枝、沙棘等）；2300～2500m，辽东栎林亚带（伴生橿子栎、刺柏、忍冬、悬钩子等）；2500～3000m，油松林亚带（下缘伴生辽东栎）。

②亚高山寒温性针叶林带，分布在海拔3000~3700m，分为3000~3500m，云冷杉林亚带；3500~3700m，冷杉纯林亚带（上缘伴生方枝柏）。

③高山灌丛草甸带，分布在海拔3700~4100m，分为3600~3800m，杜鹃灌丛亚带（密枝杜鹃、黄毛杜鹃、山生柳等）；3700~4000m，高山柏灌丛亚带（生于裸岩）；3800~4100m，高山草甸亚带（珠芽蓼、圆穗蓼、嵩草、金露梅等）。

4.9 森林资源

森林资源在经济建设、生态安全、物种保护、气候调节、水土保持、文化发展等诸多方面，具有重要的价值（陆少龄，2016；许秋洁，2019；党晓鹏和蔡延玲，2019；汪绚等，2020；申亚娟，2021；邬紫荆和曾辉，2021）。多儿保护区是以大熊猫等珍稀动植物及森林生态系统为主要保护对象的野生动物类型自然保护，森林资源是极其重要的保护对象，对森林资源的调查、研究和保护，是多儿保护区最重要的工作内容。相关多儿保护区森林资源的研究文献较少（杨振国和唐尕让，2017），2019—2021年，调查了多儿保护区的森林资源，分析了多儿保护区的森林面积、蓄积量、树种、林种、林龄等，丰富了多儿保护区的基础资料，为保护管理提供了决策依据。

4.9.1 森林面积与空间分布格局

（1）林地面积

多儿保护区内森林面积较大，林地面积38241.42hm²，占保护区总面积的70.07%。在林业用地中，以有林地和灌木林地为主，有林地面积25256.90hm²，占保护区总面积的46.28%，占林地面积的66.05%；灌木林地面积11486.42hm²，占保护区总面积的21.05%，占林业用地总面积的30.04%。其余林地类型面积较小，占比不大，其中，疏林地928.80hm²，未成林造林地211.20hm²，苗圃地2.10hm²，宜林地面积与无立木林地356.00hm²（表4-15）。

表4-15　多儿保护区林地面积统计信息

功能区	有林地（hm²）	疏林地（hm²）	灌木林地（hm²）	未成林地（hm²）	苗圃地（hm²）	宜林地与无立木林地（hm²）	合计（hm²）
核心区	10987.40	178.90	3710.50	165.10	—	55.30	15097.20
缓冲区	5158.30	72.80	1408.39	9.30	—	30.00	6678.79
实验区	9111.20	677.10	6367.53	36.80	2.10	270.70	16465.43
合计	25256.90	928.80	11486.42	211.20	2.10	356.00	38241.42

（2）森林覆盖率

依据李炳凯的森林覆盖率计算公式，计算出保护区森林覆盖率为67.33%，其中，核心区最高（森林覆盖率达到75.80%），缓冲区次之（为69.15%），实验区（为60.25%）（表4-16）。

表4-16　多儿保护区各功能区森林覆盖率

功能区	总面积（hm²）	有林地（hm²）	灌木林地（hm²）	森林覆盖率（%）
核心区	19389.50	10987.40	3710.50	75.80
缓冲区	9496.35	5158.30	1408.39	69.15
实验区	25689.15	9111.20	6367.53	60.25
合计	54575.00	25256.90	11486.42	66.47

（3）森林资源空间分布

多儿保护区森林资源主要分布在劳日、后西藏、工布隆、扎嘎吕、来依雷、洋布沟、在易沟等沟系。森林覆盖率以工布隆、扎嘎吕、在易沟相对较高。

多儿保护区相对高差2500m以上，不同海拔高度，森林类型亦不一样。海拔从低到高，1800～3000m的区域主要是由中国-日本成分和华北成分的白桦（*Betula platyphylla*）、辽东栎（*Quercus liaotungensis*）、红桦（*Betula albosinensis*）、油松（*Pinus tabuliformis*）等树种组成的落叶阔叶及油松林带；在3000～3700m的区域，有中国-喜马拉雅横断山脉成分的岷江冷杉（*Abies faxoniana*）、紫果云杉（*Picea purpurea*）、云杉（*Picea crassifolia*）等组成的大面积针叶林；在3700～4000m，是以头花杜鹃（*Rhododendron capitatum*）、黄毛杜鹃（*Rhododendron rufum*）、山生柳（*Salix oritrepha*）等以青藏高原成分为主的植物组成的高山灌丛。

4.9.2　林分特征

（1）林种

依据2012年发布的《林种分类》（LY/T 2012—2012），根据森林经营目标不同，森林资源分为5个林种和23个亚林种，多儿保护区林种单一，仅防护林林种、特种用途林2个林种和水源涵养林、自然保护区林2个亚林种，以特种用途林种下的自然保护区林亚种占绝对优势（表4-17）。

表4-17　多儿保护区林种面积统计信息

林种	亚林种	面积（hm²）				
		合计	有林地	疏林地	灌木林地	其他
防护林	水源涵养林	1476.21	35.73	0	1358.38	82.10
特用林	自然保护林	36765.21	25221.17	928.80	10128.04	487.20
合计		38241.42	25256.90	928.80	11486.42	569.30

（2）森林类型

多儿保护区森林类型有针叶林、落叶阔叶林和针阔混交林3种，以针叶林为主，面积20395.20hm²，占有林地面积的80.75%；其次为落叶阔叶林、针阔混交林，分别占有林地面积的9.66%、9.59%（表4-18）。

表4-18 多儿保护区森林类型面积统计信息

功能区	有林地（hm²）	针叶林（hm²）	阔叶林（hm²）	针阔混交林（hm²）
核心区	10987.40	9273.40	926.50	787.50
缓冲区	5158.30	4132.10	550.70	475.50
实验区	9111.20	6989.70	963.40	1158.10
合计	25256.90	20395.20	2440.60	2421.10

（3）树种

多儿保护区的树种具有过渡性质，以云杉、冷杉为主要树种。乔木林中，冷杉（*Abies* spp.）面积为9439.73hm²，云杉（*Picea* spp.）面积为5638.54hm²，二者之和占乔木林总面积的59.70%。其次面积比较大的有针叶混、针阔混、阔叶混等树种较复杂的混交林。疏林中，树种仍然以云杉、冷杉为主，油松、圆柏（*Sabina chinensis*）次之。未成林地则以云杉为主，油松次之，另有少量经济林树种。灌木则以杜鹃（*Rhododendron* spp.）、蔷薇（*Rosa* spp.）、金露梅（*Potentilla fruticosa*）、忍冬（*Lonicera* spp.）、银露梅（*Potentilla glabra*）、栎灌（*Quercus* spp.）等为主（表4-19）。

表4-19 多儿保护区树种统计信息

乔木林		疏林		灌木林		未成林地	
树种	面积（hm²）	树种	面积（hm²）	树种	面积（hm²）	树种	面积（hm²）
冷杉	9439.73	冷杉	596.80	柳灌	13.08	云杉	49.12
云杉	5638.54	云杉	183.66	绣线菊	310.51	油松	17.56
落叶松	18.71	油松	86.36	枸子	117.79	苹果	2.31
油松	1382.61	圆柏	33.84	金露梅	1045.11	核桃	8.88
华山松	16.75	栎类	11.44	银露梅	958.34	其他	133.33
圆柏	324.87	桦类	16.70	蔷薇	2081.10		
栎类	433.61			忍冬	1937.76		
桦类	975.6			小檗	86.21		
杨类	42.64			杜鹃	3247.23		
针叶混	2122.14			栎灌	607.17		
针阔混	2421.10			沙棘	18.17		
阔叶混	2440.60			竹灌	2.64		
				其他灌木	1061.31		

（4）林龄组

多儿保护区森林资源的林龄以成熟林占优势，占有林地面积的39.24%；其次为近熟林，占有林地面积的20.75%；再次过熟林占有林地面积的19.11%，中龄林占有林地面积的18.98%。幼林龄很少，仅占有林地面积的1.91%（表4-20）。

表4-20　多儿保护区森林资源林龄组面积统计信息

功能区	各林龄组面积（hm²）					
	幼龄林	中龄林	近熟林	成熟林	过熟林	合计
核心区	165.67	629.22	1714.51	5860.40	2617.60	10987.40
缓冲区	118.34	1038.28	1056.78	1858.56	1086.34	5158.30
实验区	198.31	3127.16	2470.29	2192.33	1123.11	9111.20
合计	482.32	4794.66	5241.58	9911.29	4827.05	25256.90

（5）蓄积量

多儿保护区的活立木蓄积量为6087083.49m³，其中有林地蓄积量5490418m³，占活立木总蓄积量的99.72%；疏林地蓄积量33883.5m³，占活立木总蓄积量的0.23%。乔木林蓄积量6052500.99m³，占活立木总蓄积量的0.23%，人工优势树种总蓄积量为38384 m³，占乔木林蓄积量的0.73%（表4-21）。

表4-21　多儿保护区林木蓄积量统计信息

活立木蓄积量（m³）	乔木林蓄积量（m³）			疏林蓄积量（m³）	散生木蓄积量（m³）
	小计	纯林	混交林		
6087083.49	6052500.99	5494837.06	557663.93	33883.50	699.00

4.9.3　讨论

本次计算森林覆盖率时，只选择了有林地的特灌林地，没有将疏林地、未成林地计算在内，因此比林地面积计算的森林覆盖率略低。

森林资源是一个动态的量，调查越细，精度越高。本次调查抽取样地达到67个，高于森林资源一类连续清查，数据的可信度较高，但调查精细化低于森林资源一类连续清查，且未设置固定样。

多儿保护区近几十年没有进行大规模人工造林，且原始林占比较高，因此，幼林龄和中林龄的森林面积较少。但原始林中，过熟林比例也不算太高，原因仍需进一步研究。

5 野生动物资源

5.1 研究方法

野生动物种群数量调查和栖息地的研究，是掌握野生动物资源现状，分析资源动态，制定保护策略，进行科学决策的前提，是野生动物保护管理的基础性研究工作，也是自然保护区的基本工作内容。自古代人类开始以直接计数法调查研究野生动物资源以来，自然科学发展到今天，DNA、3S等现代技术已经应用于野生动物种群和栖息地的研究，但样线法、访谈法等一些传统的调查手段，显示出强大的活力，也被广泛应用于野生动物种群及林地的研究中。2020—2022年多儿保护区本底资源调查中，对大熊猫、梅花鹿、中华斑羚、高山兀鹫等珍稀濒危野生动物的种群数量及栖息地，使用了样线法、样方法、红外相机法、访问调查法、二手资料法、MaxEnt模型等多种方法进行调查与研究。

5.1.1 种群数量

野生动物种群数量的研究方法多样（杨晶和吴光，1991；刘宁，1998；唐继荣等，2001；赵天飙等，2007；李晓鸿，2010；李勤等，2013；史雪威等，2016；李琛霖，2016；张晋东等，2017；熊姗等，2019），依据调查对象选择与之相适宜野生动物资源数量的调查方法，是获得可靠成果的关键因素之一。本次多儿保护区野生动物种群数量调查研究中，针对不同的类群，使用了样线法、样方法、红外相机法、铗日法、访谈法等。

5.1.1.1 外业调查

（1）样线法

样线法亦称路线法，是本次调查使用最多的外业调查方法，野生动物、植物、大型真菌的物种多样性调查均通过样线法完成，梅花鹿、野猪、羚牛、中华斑羚、中华鬣羚、雉类、高山兀鹫、橙翅噪鹛的种群数量的统计均采用了样线法。

以多儿保护区全境为调查区域，利用GIS软件的渔网功能，以多儿保护区为模板范围，生成1km×1km的渔网方格；利用GIS软件的裁剪功能，以新生成的渔网为输入要素，以多儿保护区为裁剪要素，得到以多儿保护区为边界的1km×1km的网格；大致以3个方格平均预计1条调查样线的密度，以Bigemap网络地图为底图，依据地形因素，随机设置170条调查样线。

调查人员在GPS引导下，进入调查区域（预设样线所在的网格），在参考预设样的同时，仔细观察调查区域的地形、植被等环境因子，选择能够穿越各类生境，调查难度适中，危险性较少的线路，开始调查；仔细观察并记录发现的野生动物和痕迹的种类、数量和距中心线垂直距离，同时记录地理坐标、生境等环境因子；记录表格式参照《全国第二次陆生野生动物资源调查技术规程》中的样线法记录表。本次共完成170条样线的调查工作，样线总长度355km（图5-1）。

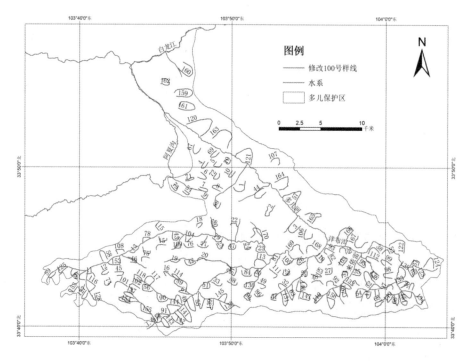

图5-1　调查样线分布示意图

（2）样方法

两栖动物对水的依赖性较大，普通的样线调查容易遗漏。在调查两栖动物时，除在170条样线上记录发现的两栖动物外，在两栖动物可能栖息的区域，采用了随机样方法进行调查。随机样方大小为10m×10m，共调查样方150个（图5-2）。

调查人员到达样方所在位置后，观察调查区域是否适宜两栖动物生活，如不适宜，适当偏移预设样方，在相对适宜的地点开始调查。调查时，4人一组，从样方的4个角，每角1人，沿对角线方向向中心仔细搜寻，或3~5人排成一排，从样方的一端开始，向另一端仔细搜寻，记录发现的两栖动物种类及数量，同时记录样方的环境因子。记录表格式参照《全国第二次陆生野生动物资源调查技术规程》中的样方法记录表。

（3）红外相机法

对数量稀少、活动规律特殊、在野外很难见到实体的物种，如大部分大型兽类，使用红外相机法进行外业调查。调查前，依据文献资料、监测资料和其他二手资料，选择大型兽类活动相对频繁的区域，作为红外相机调查的主要区域。同时，选择一些特殊的生境，如高山流石滩，适当布设少量红外相机，以调查岩羊等林线以上生活的物种。

调查人员完成对红外相机的测试，安装好电池后，进入预设的红外相机布设区域，仔细查看兽类活动的痕迹，寻找兽径，在兽径上，选择拍摄角度好、容易安装相机的点，安置红外相机，并调整在工作状态。相机布设间隔大于0.5km，每个区域布设相机不少于10台，每台自动相机的连续工作时间不少于2个月。共布设红外相机200余台（图5-3）。

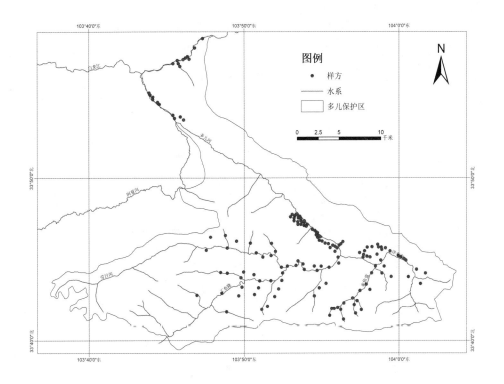

图5-2 动物调查样方分布示意图

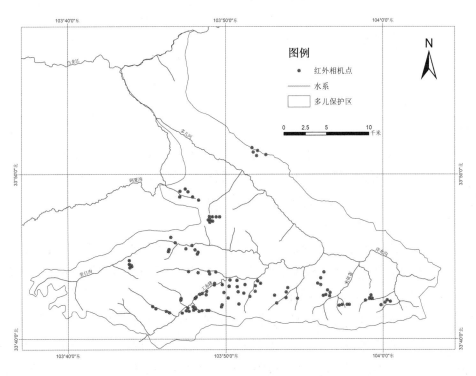

图5-3 红外相机分布示意图

（4）铗日法

啮齿动物采用铗日法（赵天飙等，2007；李晓鸿，2010）。在不同区域、不同生境共布设调查点26个（图5-4），在每个调查点，以1m×1m的间距布设鼠铗。每个调查点的铗日数不少于100个，置铗总数为18360个。鼠铗大小为中号，诱饵为小卖店出售的袋装瓜子，下铗前饵用普通香油搅拌，以提高上铗率。通常下午布铗，第二日早晨回收。在人为干扰小的区域，第二日早晨只收取上铗鼠类，更换诱饵，不回收鼠铗。每次记录布铗点经纬度、海拔高度、生境类型、坡度、坡向、坡位，捕获的种类、数量及每个个体的体长、尾长、耳长等测量指标，拍摄现场照片。

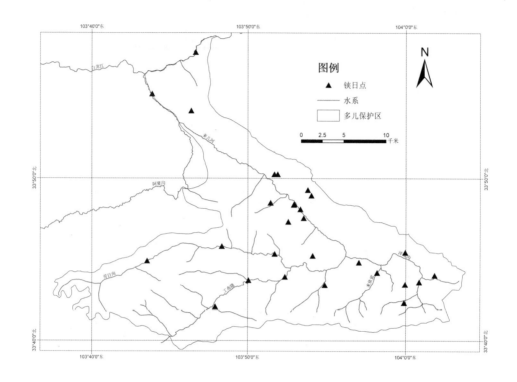

图5-4　鼠铗布设点分布示意图

（5）访谈法

社区访谈调查作为样线调查、红外相机调查等野外调查的补充，以获得更丰富的信息。访谈调查方法为半结构访谈，主要了解濒危动物的分布、种群、栖息地、威胁因素等，同时记录样线调查中发现的威胁因素等信息。调查共访谈社区群众73人，多儿保护区职工27人。

（6）标本采集

鸟类、哺乳类以拍摄照片为主，不采集标本。爬行类、两栖类种类现场不能鉴定的，采集标本。鱼类利用网、笼、杆等不同渔具，沿海拔梯度采集少量标本，同时采用水下摄像机拍照。所有脊椎动物的标本，均保存于10%福尔马林中并做好各项记录工作。

昆虫标本的采样时间为2021年5月至10月，在不同生境利用捕虫网（100目）随机网捕为主，辅以黄盘诱集及徒手抓捕，捕捉到的大型直翅目昆虫以及活动能力强的昆虫直接捡拾后放于75%的酒精瓶中保存，小型以及活动能力较弱的直翅目昆虫则放于加注了乙酸乙酯的昆虫瓶中保存，鳞翅目的昆虫用三角纸袋保存。采集的昆虫带回营地后，用昆虫针扎在标本盒中，或在展翅板上制作标本。对于个体比较大的鳞翅目昆虫，一般用手轻轻捏住蛾类昆虫的前胸背板后，使用注射器往蛾类昆虫的腹部注射少量的酒精，待其死亡后，用展翅板对其进行展翅。所有昆虫标本带回实验室鉴定。

5.1.1.2　数量计算

采用Excel或SPSS的统计功能统计数据。

（1）种群数量计算

①样线法

样线法计算种群数量的公式：

$$d_i = \frac{n_i}{2l_i s_i}$$

$$\overline{D} = \frac{1}{m}\sum_1^m d_i$$

$$R = \overline{D}S$$

式中，d_i为第i条路线上的调查对象密度；n_i为第i条路线上发现的调查对象个体数；l_i为第i条路线的长度；s_i为第i条路线的宽度；m为样线总条数；$\overline{D}$为调查对象平均密度；S为调查区总面积；R为调查对象种群数量。

②样方法

样线法计算种群数量的公式：

$$d_i = \frac{n_i}{s_i}$$

$$\overline{D} = \frac{1}{m}\sum_1^m d_i$$

$$R = \overline{D}S$$

式中，d_i为第i个样上的调查对象密度；n_i为第i个样发现的一个调查对象体数；s_i为第i个样方的面积；m为样方总数；$\overline{D}$为调查对象平均密度；S为调查区总面积；R为调查对象种群数量。

③红外相机法

红外相机获得的物种数据不单独计算数量，采集的数据整合到样线或样方中，与样线调查数据一起，采用样线法计算种群数量。

④铗日法

铗日法调查中，以铗日捕获率反映啮齿动物的相对数量，公式：

$$P = \frac{n}{C \times T} \times 100\%$$

式中，P为铗日捕获率；C为布铗总数；n为捕获个体数量；T为铗日总数。

⑤置信区间

以样本标准差替代总体标准差估计置信区间（李春喜等，2005）。计算公式：

$$置信区间[a,b] = \overline{x} \pm t_{0.05}\acute{o}_{\overline{x}}$$

$$\acute{o}_{\overline{x}} = \frac{s}{\sqrt{n}}$$

式中，$\overline{x}$为样本平均数；$\acute{o}_{\overline{x}}$为总体平均数标准差；s为样本标准差；n为样本总数。

⑥移动距离+咬节法

以"移动距离+咬节法"计算大熊猫种群数量。参照全国第三、第四次大熊猫调查方法，采用的距离阈值为：1d内为小于等于1.0km；1～3d为小于等于1.5km；4～15d为小于等于2.5km；15d以上为小于等于3.5km，采用的咬节阈值为2mm。采用地理信息系统软件ArcView自带的编程语言Avenue编制的大熊猫数量计算程序，运行于ArcView平台上，来计算大熊猫的数量（郭建和胡锦矗，1997；王昊，2001；潘文石，2001；国家林业局，2006）。

（2）标本鉴定

昆虫标本鉴定主要以体视显微镜观察其形态特征，采用形态学分类法，同时根据已有标本对比及参考分类书籍、文献资料等进行鉴定，少部分标本经相关专家进行鉴定。使用了江南JSZ5B的体式显微镜，无水乙醇（无锡市展望化工试剂有限公司）、昆虫标本软化剂（北京佳影盛大生物科技有限公司）等。所有采集标本最后整理好后放在多儿保护区管护中心展览室。

脊椎动物的鉴定主要依据相关文献资料，并对照中国动物主题数据库（张春霖，1954；朱松泉，1989；王香亭，1991；武云飞，1991；朱松泉，1993；杨友桃和唐迎秋，1995；陈宜瑜，1998；李明德，1998；赵尔宓等，1998，1999；关玉英和李庆东，2000；何舜平等，2001；王呸贤，2003；赵尔宓，2006；杨晨希，2007；费梁等，2010；郑光美，2011；姚崇勇和龚大洁，2012；黄松，2021）。

5.1.2　栖息地分析

5.1.2.1　栖息地范围

（1）MaxEnt模型

MaxEnt模型最早起源于信息科学，是统计物理学研究的重要内容之一，后来逐渐广泛地应用于生态学等领域，其基本原理是通过最大熵的概率分布来预测目标概率分布，是根据已知物种分布点、不出现点和对应的环境变量，拟合具有熵值最大的概率分布并对物种潜在分布作出估计，以贡献率评价各环境变量对物种潜在分布的影响程度（李响等，2020；陈文德等，2021；马星等，2021）。在使用MaxEnt模型模拟栖息地时，同时增加了专家经验及人工去除了明显错误。

具体操作过程：将物种分布点及其相关信息输入Excel表中，并转换为CSV格式；以ArcGIS为平台，统一数据格式，转化为*.ASCII格式。将物种分布点数据和环境变量数据分别导入MaxEnt的"Samples"模块和"Environmental layers"模块中，各环境因子设定为连续型变量或离散型变量，定义输出结果的位置和环境图层位置。随机选取75%的分布点作为训练集以用于建模，剩下25%作为测试集以用于模型验证，设置bias background，其他参数默认设置。重复运行10次进行建模，重复运行类别选择subsample，输出格式为ASCⅡ栅格图层。

运用自然间断法划分栖息地适宜性。将栖息地适宜性等级分为高适宜、中适宜、低适宜、不适宜四个级别，对MaxEnt模型估计的高适宜、中适宜的栖息地进行甄别、判断、筛选，在ArcGIS软件的帮助下，估计出代表物种的栖息地分布现状。

（2）小班勾绘法

采用甘肃省林地一张图数据，通过林地小班勾绘，确定研究对象的栖息地范围，即将野外调查发现调查对象的点位信息矢量化，再从林地一张图数据中筛选出这些点所在的林班，融合所有林班，即为研究对象的栖息地。橙翅噪鹛栖息地研究使用了这个方法。

5.1.2.2　栖息地选择

栖息地选择主要的研究方法有列联表法、Vanderloge和Scavia选择指数、资源选择函数等，其中Vanderloge和Scavia选择指数计算比较简单，能对动物对不同资源的选择性进行比较，应用得也比较广泛

（王昊，2001；王勃等，2008；吴华等，2008），以选择系数Wi和选择指数Ei表示动物对生境的喜好程度，计算公式：

$$W_i = (r_i/p_i)/\sum(r_i/p_i)$$

$$E_i = (W_i - 1/n)/(W_i + 1/n)$$

式中，W_i为选择系数，E_i为选择指数；i为特征值，n为特征值总分类数；p_i为环境中具i特征的样方数，r_i为动物选择具i特征的样方数。E_i值介于-1与$+1$之间，$E_i = -1$表示不利用，$E_i < 0$表示较低利用，$E_i = 0$（或接近等于0）为随机利用，$E_i > 0$表示较高利用，$E_i = +1$表示极高利用。

5.1.2.3 多样性测度与群落研究

（1）物种多样性指数

采用Shannon-Wiener多样性指数（H'）计算物种多样性（牛翠娟等，2015），并设定文献记录物种数量为1。计算公式：

$$H' = -\sum P_i \ln P_i$$

式中，P_i为第i种物种个体数的比例；N_i为第i种的个体数量；N为全部个体总数。

（2）科属多样性指数

采用G-F指数测定科属间的多样性（蒋志刚和纪力强，1999），计算公式：

$$DF\times = -\sum(p_i \ln p_i)$$

$$DF = \sum DF\times$$

$$DG = -\sum(q_i \ln q_i)$$

$$DG - F = 1 - (DG/DF)$$

式中，$p_i = Sk_i/S_k$，S_k=野生动物中k科的物种数，野生动物中k科i属的物种数；$q_i = S_j/S$，S=野生动物总物种数，S_j=野生动物中属物种数。

（3）丰富度指数

参考之前的研究，本次调查采用以下指标进行丰富度分析。

①Menhinick丰富度

采用Menhinick丰富度指数对直翅目种类丰富度进行分析，其计算公式：

$$d_s = G/\sqrt{N_s}$$

式中，d_s为物种丰富度指数；G为各科的科内物种数；N_s为各科的科内个体总数。

②丰富度指数（R）

采用Margalef公式：

$$R = (S-1)/\ln N$$

式中，S为物种数；N为全部物种的个体总数。

③优势度指数（D）

采用 Berger-Parker公式：

$$D = N_{max}/N$$

式中，N_{max}为优势种的种群数量；N为全部物种的个体数。

④均匀度指数（J）

采用Pielou公式：

$$J = H/\ln S$$

式中，J为均匀度；H为Shannon多样性指数；S为物种数。

⑤昆虫优劣势类群数量等级划分

个体数量占全部捕获量10%以上为优势类群，介于1%～10%的为常见类群，介于0.1%～1.0%为稀有类群、0.1%以下的为极稀有类群（毛王选等，2012）。

⑥遇见频率指数

使用遇见频率指数划分两栖动物的相对数量等级，公式：

$$RB = S/D \times d/D$$

式中，RB为频率指数；S为某种两栖动物被记录的个体总数；D为观察统计的总天数；d为观察到某种两栖动物的天数。$RB \geq 5$只为优势种，$5 > RB \geq 1$只为普通种，$1 > RB \geq 0.1$只为少见种，$RB < 0.1$只的为偶见种（林石狮等，2013）。

（4）群落排序

群落排序采用主分量分析法（PCA法），通过SPSS软件完成。

5.2　昆虫资源

昆虫资源是自然界中非常宝贵的生命基因库，是生物界中种类最多的动物，在自然界和人类生活中均有十分重要的意义，是生态系统中的重要组成部分。昆虫具有医药、传粉、生物防治、保健、工业原料等多种功能。昆虫对于生境变化具有较高灵敏性，可作为环境指示性物种，对评价自然保护区生态系统保护具有重要意义（卢立，2005；何云川等，2018；李文杰等，2020；张艳侠，2020；郑晓旭等，2020；钱怡顺等，2021；史生晶等，2021）。

多儿保护区的昆虫调查研究相对较少（刘铭汤和张承维，1994；毛王选等，2012；薛玉明，2010；汪之波等，2019），本次对多儿保护区内的昆虫多样性进行了系统性的调查，以为该区域物种多样性的保护提供基础数据和决策依据。

本次调查鉴定出多儿保护区的昆虫有17个目近700余种，物种丰富度较高，种类组成较为复杂。但相对于多儿保护区复杂多样的生境，更多的昆虫种类应该尚未被发现。本次调查中昆虫调查的时间相对较短，采集的标本数量相对较少，今后还需要进行更广泛、全面、深入的调查研究。

5.2.1　昆虫多样性及区系

5.2.1.1　群落组成

本次调查共采集昆虫标本1919号，其隶属于17目132科465属674种（附录8，彩图5-1～5-8）。从科级水平上来看，排名前5目由大到小依次是鞘翅目29科、半翅目25科、鳞翅目22科、膜翅目18科、直翅目15科，这5目昆虫约占科总数的82.58%。从属、种级水平上来看，鳞翅目昆虫最多，为151属，250种，分别占属、种总数的32.47%和35.61%；其次为鞘翅目，为91属135种，分别占属、种总数的19.57%和20.03%；再者为半翅目，为83属126种，分别占属、种总数的17.85%和18.69%；再者为膜翅目，为57属61种，分别占属、种总数的12.26%和9.05%；再者为直翅目，为35属50种，分别占属、种总数的7.53%和7.42%。这5个目的昆虫约占属、种总数的89.86%和90.80%；属、种数最少的为竹节虫目、石蛃目、长翅目、毛翅目、广翅目、襀翅目、蜚蠊目、毛翅目，只采集到1～3种。从数量上来看，鳞翅目数量最多，共596只，占总数量的31.06%；其次为鞘翅目，343只，占总数量的17.87%；再者为膜翅目，共261只，占总数量的13.60%；再者为直翅目，共221只，占总数量的11.52%，再者为半翅目，共176只，占总数量的9.17%；这5个目的昆虫数量占总数量的83.22%，因此为多儿保护区的优势物种；竹节虫目、石蛃目、长翅目、毛翅目、广翅目、襀翅目、蜚蠊目、毛翅目的昆虫数量稀少；为多儿保护区的稀有物种；其余目昆虫为多儿保护区的常见物种（表5-1）。

表5-1　多儿保护区昆虫调查属种组成统计信息

目	科（个）	属（个）	种（种）
竹节虫目Phasmida	1	1	1
石蛃目Microcoryphia	1	2	2
长翅目Mecoptera	1	2	2
螳螂目Mantodea	1	3	5
广翅目Megaloptera	1	3	3
襀翅目Plecoptera	2	2	3
毛翅目Trichoptera	2	2	2
蜚蠊目Blattaria	3	3	3
脉翅目Neuroptera	2	4	7
双翅目Diptera	2	7	8
革翅目Dermaptera	3	4	4
蜻蜓目Odonata	4	15	22
直翅目Orthoptera	15	35	50
膜翅目Hymenoptera	18	57	61
鳞翅目Lepidoptera	22	151	250
半翅目Heimaptera	25	83	116
鞘翅目Coleoptera	29	91	131
合计	132	465	670

5.2.1.2　区系分析

根据昆虫鉴定的结果，参考相关资料，分析昆虫区系。

多儿保护区的674种昆虫，以古北、东洋双区分布类型为主，占本次调查昆虫总数的37.35%；其次是古北、东洋种，分别占21.03%和19.89%；广布种和东亚种所占比重最少，分别只占8.32%和5.62%。在古北、东洋双区分布类型中，鳞翅目、鞘翅目和半翅目昆虫最多，分别占本次调查昆虫总数的14.06%、9.11%和5.29%；在古北分布类型中，鞘翅目、鳞翅目和半翅目昆虫最多，其占比分别为9.11%、5.51%和3.04%；在东洋分布类型中，鳞翅目、半翅目和鞘翅目昆虫最多，其占比分别为6.07%、4.39%和2.81%；在广布种中，鳞翅目、膜翅目和半翅目昆虫最多，其占比分别为2.02%、1.80%和1.16%；在东亚种中，鞘翅目、鳞翅目和半翅目昆虫最多，其占比分别为2.48%、1.69%和0.67%。此外，中国特有种占昆虫总数的9.79%。在中国特有种中，半翅目、鳞翅目和直翅目昆虫最多，占比分别为3.26%、3.15%和1.35%（表5-2）。

表5-2　多儿保护区昆虫区系统计信息

单位：种

目	广布	古北＋东洋	古北	东洋	东亚种（中国—日本）	中国特有种
竹节虫目 Phasmida				1		
石蛃目 Microcoryphia		1		1		
长翅目 Mecoptera		1	1			
螳螂目 Mantodea	2			3		1
广翅目 Megaloptera		1		2		2
襀翅目 Plecoptera		2	1			1
蜚蠊目 Blattaria	2	1				
毛翅目 Trichoptera	2	4	1	3		
脉翅目 Neuroptera	1	6				
双翅目 Diptera	2	4	1	3	1	
革翅目 Dermaptera	2	2				
蜻蜓目 Odonata	1	10		11	2	1
直翅目 Orthoptera	1	22	13	14	3	12
膜翅目 Hymenoptera	16	29	13	6	1	4
鳞翅目 Lepidoptera	18	125	49	54	15	28
半翅目 Heimaptera	13	47	27	39	6	29
鞘翅目 Coleoptera	15	81	81	25	22	9
合计	74	332	187	159	50	87

　　昆虫区系的研究反映了多儿保护区处于古北区和东洋区的交界地区，古北、东洋型的物种在多儿保护区内种类多，古北和东洋区的昆虫种类数相当，古北区略多于东洋区。多儿保护区内中国特有种丰富度较高，也反映了多儿保护区所处地理位置的特殊性。

5.2.2　直翅目

　　直翅目（Orthoptera）是昆虫纲中的重要类群之一，许多种类是农、林、园艺作物的重要害虫。部分直翅目昆虫含有丰富的蛋白质和微量元素，具有食用、饲用和药用价值，有些直翅目昆虫则为良好的科学实验动物。

　　（1）种类组成

　　本次调查共采集直翅目昆虫标本221号50种，隶属于15科35属50种（表5-3）。

　　从科级阶元看，蝗总科共6个科，蟋蟀总科共3个科，其他总科均为1个科。斑翅蝗科在属数、物种数和个体数上都占有优势，属于优势科；蛉蟋科、树蟋科、蜢科、驼螽科、露螽科在属数、物种数和个体数上都处于劣势。

　　从属级阶元看，35个属中有6个属归属于斑翅蝗科，占总属数的17.14%；网翅蝗科、斑腿蝗科和蟋蟀科分别有4个属，占总属数的11.43%；有3个属归属于螽蟖科，占总属数的8.57%；剑角蝗科、锥头蝗科、槌角蝗科和蚱科分别有2个属，占总属数的5.71%；蛉蟋科、树蟋科、蝼蛄科、蜢科、驼螽科和露螽科均只有1个属，占比2.86%。

从种级阶元上看，有13个种归属于斑翅蝗科，占总种数的26%，属于该保护区的优势物种。其次是网翅蝗科共7个种，占比14%；斑腿蝗科和蟋蟀科分别有5个种，占总种数的10%；螽蟖科、剑角蝗科和蚱科分别有3个种，占总种数的6%；锥头蝗科、槌角蝗科和蝼蛄科分别有2个种，占总种数的4%、蛉蟋科、树蟋科、蜢科、驼螽科、露螽科均只有1个种，占总种数的2%。从总共15个科50种来看，斑翅蝗科、网翅蝗科、斑腿蝗科、蟋蟀科共占总种科的60%，属于优势物种。

表5-3 多儿保护区直翅目昆虫属种组成统计信息

总科	科	属		种		个体数	
		数目（个）	百分比（%）	数目（个）	百分比（%）	数目（个）	百分比（%）
蝗总科	斑翅蝗科 Oedipodidae	6	17.14	13	26.00	71	32.13
	网翅蝗科 Arcypteridae	4	11.43	7	14.00	45	20.36
	斑腿蝗科 Catantopidae	4	11.43	5	10.00	29	13.12
	剑角蝗科 Acrididae	2	5.71	3	6.00	9	4.07
	锥头蝗科 Pyrgomorphidae	2	5.71	2	4.00	5	2.26
	槌角蝗科 Gomphoceridae	2	5.71	2	4.00	5	2.26
蟋蟀总科	蟋蟀科 Gryllidae	4	11.43	5	10.00	14	6.33
	蛉蟋科 Trigonidiidae	1	2.86	1	2.00	2	0.90
	树蟋科 Oecanthidae	1	2.86	1	2.00	2	0.90
螽蟖总科	螽蟖科 Tettigoniidae	3	8.57	3	6.00	7	3.17
蚱总科	蚱科 Tetrigidae	2	5.71	3	6.00	23	10.41
蝼蛄总科	蝼蛄科 Gryllotalpidae	1	2.86	2	4.00	4	1.81
蜢总科	蜢科 Eumastacidae	1	2.86	1	2.00	2	0.90
蟋螽总科	驼螽科 Rhaphidophoridae	1	2.86	1	2.00	1	0.45
螽斯总科	露螽科 Phaneropteridae	1	2.86	1	2.00	2	0.90
	合计	35	100.00	50	100.00	221	100.00

从个体数水平上看，斑翅蝗科共采集71号标本，占总个数的32.13%；网翅蝗科共采集45号标本，占总个数的20.36%。此外斑腿蝗科（29头，占比13.12%）、蚱科（23头，占比10.41%）、蟋蟀科（14头，占比6.33%）、剑角蝗科（9头，占比4.07%）、螽蟖科（7头，占比3.17%）、锥头蝗科和槌角蝗科（5头，分别占比2.26%）、蝼蛄科（4头，占比1.81%）、蛉蟋科、树蟋科、蜢科和、露螽科（2头，分别占比0.90%）、驼螽科（1头，占比0.45%）个体数水平依次减少。

昆虫各科的属数、物种数和个体数上的差别反映了昆虫的多样性。多儿保护区直翅目昆虫各科的属数、物种数和个体数上都有差别，说明直翅目昆虫的多样性较高，其中，斑翅蝗科（32.13%）、网翅蝗科（20.36%）、斑腿蝗科（13.12%）、蚱科（10.41%）为优势物种；蟋蟀科（6.33%）、剑角蝗科（4.07%）、螽蟖科（3.17%）、锥头蝗科（2.26%）、槌角蝗科（2.26%）、蝼蛄科（1.81%）为常见类群；蛉蟋科（0.90%）、树蟋科（0.90%）、蟊科（0.90%）、露螽科（0.90%）、驼螽科（0.45%）为稀有类群。

（2）多样性分析

丰富度指数从大到小依次为斑翅蝗科、蟋蟀科 、螽蟖科 、网翅蝗科、剑角蝗科、蝼蛄科、露螽科、斑腿蝗科、锥头蝗科、槌角蝗科 、蛉蟋科、树蟋科、蟊科、驼螽科 、蚱科。其中，斑翅蝗科共13种，71头，丰富度指数最高，为1.54；蚱科共3个种，23头，丰富度指数最低，为0.63（表5-4）。

多样性指数从大到小依次为斑翅蝗科、网翅蝗科、蟋蟀科、斑腿蝗科、蚱科、剑角蝗科、螽蟖科、锥头蝗科、槌角蝗科、蝼蛄科、蛉蟋科、树蟋科、蟊科、驼螽科 、露螽科。其中斑翅蝗科共13个种，71头，多样性指数最高，为2.45，其次为网翅蝗科，为1.87。蛉蟋科、树蟋科、蟊科、驼螽科和露螽科均只有一个种，多样性指数近0（表5-4）。

表5-4 多儿保护区直翅目昆虫丰富度和多样性指数

科	科内总个体数（种）	科内总个头数（头）	丰富度指数	多样性指数
斑翅蝗科	13	71	1.54	2.45
网翅蝗科	7	45	1.04	1.87
蟋蟀科	5	14	1.34	1.53
斑腿蝗科	5	29	0.93	1.42
螽蟖科	3	7	1.13	0.95
剑角蝗科	3	9	1.00	1.06
蚱科	3	23	0.63	1.08
蝼蛄科	2	4	1.00	0.56
锥头蝗科	2	5	0.89	0.67
槌角蝗科	2	5	0.89	0.67
露螽科	1	1	1.00	0.00
蛉蟋科	1	2	0.71	0.00
树蟋科	1	2	0.71	0.00
蟊科	1	2	0.71	0.00
驼螽科	1	2	0.71	0.00

5.2.3 蜻蜓目

蜻蜓目（Odonata）是以农业、林业及畜牧业害虫为食的不完全变态昆虫，在水生和陆地生态系统中都发挥着重要生态作用。蜻蜓目昆虫不仅作为重要的天敌昆虫，还可作为检测评价水环境条件状况的重要理想指示生物，也是具有食用、药用及观赏价值的资源昆虫。

本研究共鉴定多儿保护区蜻蜓目昆虫4科15属22种，以蜻科（Libellulidae）、蟌科（Agrionidae）种类为主。从捕获的属、种数量百分比来看，所占比最多的是蜻科，约占所得属数量的40.00%，占所得种数量的45.45%；其次是螅科，约占总属数量的26.67%，占总种数量的27.27%，两科的数量百分比均大于25.00%。从单种属数与多种属数方面的统计上分析比较，单种属有10个、占总属数的66.67%，多种属只有5个、仅占总属数的33.33%。从蜻蜓目昆虫的属种比值系数方面分析比较，属种比值系数小则说明科的丰富度比较高，是多儿保护区组成中相对活跃的部分，多儿保护区蜻蜓目昆虫属种比值系数为0.68，小于该比值的科有螅科（0.67），其种类有6种，占总种数的27.27%；蜻科（0.60），其种类有10种，占总种数的45.45%。在蜻蜓目昆虫资源中，蜻科和螅科为多儿保护区蜻蜓目昆虫的优势物种类群（表5-5）。

从属级系统来看，多儿保护区蜻蜓目昆虫共有15属，平均每属1.38种。其中，主要科的优势属为蜻科的赤蜻属（*Sympetrum*）、灰蜻属（*Orthetrum*）和螅科的尾黄螅属（*Ceriagrion*）、异痣螅属（*Ischnura*）。

表5-5 多儿保护区蜻蜓目昆虫调查属种组成统计信息

编号	科名	属（个）	比例（%）	种数量（种）	比例（%）	属种比值系数	单种属数（个）	多种属数（个）
1	色螅科 Agriidae	2	13.33	2	9.09	1.00	2	0
2	蜓科 Aeschnidae	3	20.00	4	18.18	0.75	2	1
3	螅科 Agrionidae	4	26.67	6	27.27	0.67	2	2
4	蜻科 Libelluidae	6	40.00	10	45.45	0.60	4	2
	合计	15	100.00	22	100.00	0.68	10	5

蜻科昆虫中，赤蜻属所包含的物种数量显著高于其他各属，占总种数的40.00%；其次是灰蜻属，占总种数量的20.00%；红蜻属（*Crocothemis*）、多纹蜻属（*Deielia*）、红小蜻属（*Nannophya*）和黄蜻属（*Pantala*）的种数量相对较少并且均相等，各仅占总种数量的10.00%，这是因为这几个属都是寡种属；赤蜻属与灰蜻属所占总种数量均大于平均占比16.67%。从个体数量上来看，依旧是赤蜻属的个体数量最多，占总个体数的42.11%；其次是灰蜻属的个体数量较多，占总个体数量的15.79%；以后依次为多纹蜻属（12.28%）、黄蜻属（12.28%）、红蜻属（8.77%）、红小蜻属（8.77%）。因此，在优势科蜻科昆虫群落结构中，赤蜻属和灰蜻属是优势属（表5-6）。

表5-6 多儿保护区蜻科群落结构统计信息

编号	属名	种类		个体	
		数量（种）	比例（%）	数量（种）	比例（%）
1	红蜻属 *Crocothemis*	1	10.00	5	8.77
2	多纹蜻属 *Deielia*	1	10.00	7	12.28
3	红小蜻属 *Nannophya*	1	10.00	5	8.77
4	黄蜻属 *Pantala*	1	10.00	7	12.28
5	灰蜻属 *Orthetrum*	2	20.00	9	15.79
6	赤蜻属 *Sympetrum*	4	40.00	24	42.11
	合计	10	100.00	57	100.00

蟌科昆虫中以尾黄蟌属和异痣蟌属所包含的物种数量最多，并且两属所占总种数量比例相等，均占33.33%；其余两属为尾蟌属（*Cercion*）和绿蟌属（*Enallagma*），属于单属单种，各占总种数量的16.67%。从个体数量上看，异痣蟌属的个体数量最多，为10只，占总个体数量的38.46%；尾黄蟌属的个体数较多，为8只，占总个体数的30.77%；尾蟌属和绿蟌属的个体数量较少，均占15.38%。对于优势科蟌科昆虫群落结构，尾黄蟌属与异痣蟌属所占总种数量及总个体数量均大于平均占比25.00%，因此尾黄蟌属和异痣蟌属是该区域中的优势属（表5-7）。

表5-7　多儿保护区蟌科群落结构统计信息

编号	属名	种类		个体	
		数量（种）	比例（%）	数量（只）	比例（%）
1	尾蟌属 *Cercion*	1	16.67	4	15.38
2	绿蟌属 *Enallagma*	1	16.67	4	15.38
3	尾黄蟌属 *Ceriagrion*	2	33.33	8	30.77
4	异痣蟌属 *Ischnura*	2	33.33	10	38.46
	合计	6	100.00	26	100.00

5.2.4　半翅目

半翅目昆虫统称为蝽象，据统计全世界已记载的种类有3.8万多种，我国记载的半翅目昆虫有3100种，占世界已知种类的8.2%。半翅目昆虫种类众多，栖息地复杂，主要为植食性害虫，以针状口器刺吸植物汁液，导致植物汁液损失，叶片或果实呈现黄色斑点，以致植株长势衰弱，果实萎缩，甚至全株死亡，因此调查研究多儿保护区的半翅目昆虫有积极的意义。

（1）属种构成

本次调查共采集半翅目昆虫标本176号，其隶属于25科85属126种。在属级水平上，蝽科19属最多，占总数的22.35%，为优势属。其次为缘蝽科的8属，同蝽科的5属，这三科占总属数的37.65%。从属、种的数量上看，蝽科最多，有19属27种，在属、种的总数占比分别为22.35%、21.43%，其次为同蝽科的5属15种及缘蝽科的8属13种，而蜡蝉科为多儿保护区的稀有物种，只有1属1种。其余科及常见物种详见附录。从个体数量来看，有2个科的个体数分别达到10%以上，即蝽科（19.32%）>同蝽科（13.64%），而蜡蝉科、群蚜科和毛蚜科是单属单种科，采集数量较少（表5-8）。

（2）多样性测度

比较多儿保护区半翅目的物种多样性、均匀度、优势度和丰富度，蝽科的多样性指数最高（4.02），蝽科的Pielou均匀度指数最高（1.22），蜡蝉科、群蚜科和毛蚜科的优势度指数最高（1.00），蝽科的丰富度指数最高（7.37），其次为缘蝽科（4.68）>同蝽科（4.41）>蚜科（2.79）>姬蝽科（2.49），蜡蝉科、群蚜科和毛蚜科是单属单种科，故Margalef丰富度指数很低（表5-8）。

表5-8　多儿保护区半翅目昆虫群落的组成和多样性指数统计信息

科	属数（个）	种数（种）	个体数（只）	多样性指数	均匀度	优势度	丰富度
龟蝽科 Plataspidae	2	4	6	1.33	0.96	0.33	1.67
盾蝽科 Scutelleridae	2	2	3	0.64	0.92	0.67	0.91
蝽科 Pentatomidae	19	27	34	4.02	1.22	0.09	7.37
同蝽科 Acanthosomatidae	5	15	24	1.62	0.60	0.13	4.41
异蝽科 Urostylidae	3	4	4	1.39	1.00	0.25	2.16
缘蝽科 Coreidae	8	13	13	2.56	1.00	0.08	4.68
长蝽科 Lygaeidae	4	5	7	1.55	0.96	0.29	2.06
网蝽科 Tingidae	2	2	2	0.69	1.00	0.50	1.44
瘤蝽科 Phymatidae	2	2	4	0.33	0.48	0.40	0.72
猎蝽科 Reduviidae	3	4	5	1.33	0.96	0.40	1.86
姬蝽科 Nabidae	3	5	5	1.61	1.00	0.20	2.49
花蝽科 Anthocoridae	2	5	6	1.56	0.97	0.33	2.23
盲蝽科 Miridae	4	5	11	1.37	0.85	0.45	1.67
蝉科 Cicadidae	3	3	5	0.95	0.86	0.60	1.24
角蝉科 Membracidae	3	3	3	1.10	1.00	0.33	1.82
尖胸沫蝉科 Aphrophoridae	1	3	4	1.10	1.00	0.50	1.44
大叶蝉科 Cicadellidae	2	2	2	0.69	1.00	0.50	1.44
蜡蝉科 Fulgoridae	1	1	7	0.00	0.00	1.00	0.00
球蚜科 Adelgidae	4	4	7	1.28	0.92	0.43	1.54
群蚜科 Thelaxidae	1	1	3	0.00	0.00	1.00	0.00
大蚜科 Lachnidae	1	4	9	1.31	0.94	0.33	1.37
毛蚜科 Chaitophoridae	1	1	1	0.00	0.00	1.00	0.00
蚜科 Aphididae	4	6	6	1.79	1.00	0.17	2.79
盾蚧科 Diaspidae	3	3	3	1.10	1.00	0.33	1.82
蛛蚧科 Margarodidae	2	2	2	0.69	1.00	0.50	1.44
合计	85	126	176	—	—	—	—

5.2.5　蛾类昆虫

蛾类约占鳞翅目昆虫数量的90%。蛾类主要依赖于植被生存，因此蛾类的区系组成、生活特征、行为特点以及动态分布均与植被的分布密不可分。蛾类的幼虫是植食性的，在其生长过程中会啃食植物叶片，对植物造成破坏，另一方面，由于蛾类幼虫对环境质量的要求很高，可以依据蛾类群落的动态变化来监测环境质量的健康情况。

（1）物种组成分析

本次调查共采集蛾类昆虫标本279号，隶属2目17科107属156种。其中，毛翅目蛾类只有2科2属2种，共计11号，其余均为鳞翅目蛾类，有15科105属154种共计268号。从属级水平来看，属数最多的分别是夜蛾科（Noctuidae）22属、尺蛾科（Geometridae）17属、舟蛾科（Notodontidae）11属，共计50属，占总属数的46.73%，上述各科构成多儿保护区内蛾类昆虫的优势种类；只有1属的有3个科，分别是原石蛾科（Rhyacophilidae）1属、纹石蛾科（Hydropsychidae）1属、蚕蛾科（Bombycidae）1属，共计3属，占总属数的2.8%，上述构成了多儿保护区内蛾类昆虫的稀有种类；其余11科属数所占比例均较小，加起来占总属数的50.47%，这些是多儿保护区蛾类昆虫的常见种类（表5-9）。

从种级水平来看，单科超过10种的分别是夜蛾科（Noctuidae）43种、尺蛾科（Geometridae）21种、舟蛾科（Notodontidae）14种、天蛾科（Sphingidae）11种、卷蛾科（Tortricidae）11种，共计100种，占总种数的64.10%，其余12科所占种数的比例很小，仅仅占了总种数的35.90%（表5-9）。

从个体数量来看，单科个体数超过20只的分别是夜蛾科（Noctuidae）66只、尺蛾科（Geometridae）34只、舟蛾科（Notodontidae）27只、卷蛾科（Tortricidae）26只，共计153只，占总个体数的54.84%；单科少于5只的分别是波纹蛾科（Thyatiridae）5只、纹石蛾科（Hydropsychidae）4只、蚕蛾科（Bombycidae）2只，共计11只，占总个体数的3.94%；其余的10科仅占个体数的41.22%（表5-9）。

表5-9　多儿保护区蛾类昆虫群落属种组成和丰富度指数统计信息

编号	科名	属数（个）	种数（种）	个体数（只）	属种比值系数	多样性指数	丰富度指数
1	原石蛾科 Rhyacophilidae	1	1	7	1.00	0.00	0.38
2	纹石蛾科 Hydropsychidae	1	1	4	1.00	0.00	0.50
3	木蠹蛾科 Cossidae	2	3	12	0.67	1.08	0.87
4	卷蛾科 Tortricidae	9	11	26	0.82	2.31	2.16
5	螟蛾科 Pyralidae	5	6	8	0.83	1.67	2.12
6	钩蛾科 Drepanidae	2	3	10	0.67	1.09	0.95
7	尺蛾科 Geometridae	17	21	34	0.81	2.97	3.60
8	波纹蛾科 Thyatiridae	4	4	5	1.00	1.33	1.79
9	枯叶蛾科 Lasiocampidae	2	5	12	0.40	1.59	1.44
10	蚕蛾科 Bombycidae	1	1	2	1.00	0.00	0.71
11	大蚕蛾科 Saturniidae	5	8	11	0.63	2.02	2.41
12	天蛾科 Sphingidae	9	11	15	0.82	2.34	2.84
13	舟蛾科 Notodontidae	11	14	27	0.79	2.47	2.69
14	灯蛾科 Arctiidae	6	8	10	0.75	2.03	2.53
15	苔蛾科 Lithosiidae	5	7	17	0.71	1.93	1.70
16	夜蛾科 Noctuidae	22	43	66	0.51	3.68	5.29
17	毒蛾科 Lymantriidae	5	9	13	0.56	2.14	2.50
	合计	107	156	279	—	—	—

注：其中原石蛾科和纹石蛾科属于毛翅目昆虫，而其余的15科均属于鳞翅目。

（2）多样性分析

蛾类昆虫丰富度指数从科级水平上来看，从大到小依次为夜蛾科（5.29）、尺蛾科（3.60）、天蛾科（2.84）、舟蛾科（2.69）、灯蛾科（2.53）、毒蛾科（2.50）、大蚕蛾科（2.41）、卷蛾科（2.16）、螟蛾科（2.12）、波纹蛾科（1.79）、苔蛾科（1.70）、枯叶蛾科（1.44）、钩蛾科（0.95）、木蠹蛾科（0.87）、蚕蛾科（0.71）、纹石蛾科（0.50）、原石蛾科（0.38）。夜蛾科的丰富度指数最高，共计43种、66只；原石蛾科的丰富度指数最低，共计1种、7只（表5-9）。

多样性指数最高的是夜蛾科，有43种，共计66只，而多样性指数在3左右的有夜蛾科（H=3.68）和尺蛾科（H=2.98），这说明夜蛾科和尺蛾科的物种多样性最高，两者共计100只，占总体个数的35.84%，为多儿保护区的蛾类优势种昆虫；多样性指数为0的分别是原石蛾科、纹石蛾科、蚕蛾科，这3科的蛾类每科只有1属1种，共计13只，占总个体数的4.66%，为多儿保护区的蛾类稀有种昆虫（表5-9）。

5.2.6 鳞翅目蝶类昆虫

蝶类是一类个体较大并且容易识别和观察的昆虫，其种类繁多、分布区域广泛，在相对固定的时间和地点上，蝴蝶的种群动态和群落结构特征能够迅速、准确地反映环境的细微变化。蝴蝶对栖息环境要求较高，寄主植物相对专一，人为干扰、生境破坏、植被类型、气候条件、海拔高度等因素都对其生活史有较大的影响。通过长期的动态监测，研究蝴蝶多样性的组成以及与环境变化的关系，可以对当地的环境质量做出评价，从而对物种保护与生态恢复提供参考（汤春梅等，2010；蔡继增，2011）。

（1）种类组成

本次调查共鉴定多儿保护区蝴蝶标本328号，隶属于7科49属86种。从科级组成看，眼蝶科和蛱蝶科的属所含种数最多，共计30属、41种，占总属数的61.22%、总种数的47.68%、总个体数的35.67%，为多儿保护区的鳞翅目蝶类昆虫的科级优势类群；灰蝶科和粉蝶科的属、种数量仅次于眼蝶科和蛱蝶科，共计12属28种，占总属数的24.49%、总种数的32.56%、总个体数的36.27%，灰蝶科和粉蝶科的总个体数略高于眼蝶科和蛱蝶科的总个体数；凤蝶科、绢蝶科和弄蝶科的属、种及个体数最少，其合计占总属、种及个体数的14.28%、19.77%和28.03%，是科级水平的稀有类群。从属级组成看，眼蝶科最多有17属，占总属数的34.69%，为优势属；其次为蛱蝶科13属，占总属数的26.53%；绢蝶科有1属最少，占总属数的2.04%，为稀有属（表5-10）。

表5-10　多儿保护区鳞翅目蝶类昆虫群落组成和多样性指数统计信息

科	属数（个）	种数（种）	个体数（只）	多样性指数	均匀度	优势度	丰富度
凤蝶科 Papilionidae	3	7	23	1.80	0.92	0.02	1.04
绢蝶科 Parnassiidae	1	7	55	1.68	0.86	0.06	1.04
粉蝶科 Pieridae	5	19	86	2.95	1.00	0.04	3.11
眼蝶科 Satyridae	17	21	41	2.91	0.96	0.04	3.45
蛱蝶科 Nymphalidae	13	20	76	2.88	0.96	0.05	3.28
灰蝶科 Lycaenidae	7	9	33	2.09	0.95	0.02	1.38
弄蝶科 Hesperiidae	3	3	14	1.06	0.97	0.02	0.35
合计	49	86	328	—	—	—	—

（2）多样性分析

研究多儿保护区蝶类昆虫的多样性指数、物种丰富度、均匀度及优势度可以看出，蝶类物种多样性指数为粉蝶科＞眼蝶科＞蛱蝶科＞灰蝶科＞凤蝶科＞绢蝶科＞弄蝶科；均匀度指数为粉蝶科＞弄蝶科＞眼蝶科＝蛱蝶科＞灰蝶科＞凤蝶科＞绢蝶科；物种丰富度指数为眼蝶科＞蛱蝶科＞粉蝶科＞灰蝶科＞凤蝶科＝绢蝶科＞弄蝶科。眼蝶科的多样性指数、均匀度指数和优势度指数都较高，表明眼蝶科的优势种群地位突出。粉蝶科的物种多样性指数最高，但丰富度指数低于眼蝶，粉蝶科的优势度指数仅高于凤蝶科、灰蝶科和弄蝶科。蛱蝶科的丰富度指数仅次于眼蝶科，优势度指数仅次于绢蝶科，蛱蝶科的多样性指数和均匀度指数与凤蝶科和绢蝶科相比都较高。凤蝶科和弄蝶科的多样性指数、优势度指数和丰富度指数都较低，表明该地区的凤蝶科和弄蝶科种类较少（表5-10）。

5.2.7　鞘翅目昆虫

鞘翅目昆虫作为昆虫纲中最大的类群，其种类繁多、地域分布广泛，在自然界中扮演着十分重要的角色，有关多儿自然保护区内鞘翅目昆虫资源的研究鲜有报道。

（1）种类组成

本次调查共鉴定鞘翅目昆虫标本343号，其隶属29科91属135种，其中，种占比位居前三的分别为小蠹科（11.85%）、肖叶甲科（8.89%）和瓢虫科（8.89%），其他科物种数占比较少（表5-11）。

（2）多样性分析

鞘翅目中的小蠹科群落多样性指数（2.75）最大，其次为瓢虫科（2.42）、肖叶甲科（2.41），鞘翅目昆虫总的群落多样性指数为34.1677。从均匀性指数来看，伪叶甲科均匀性指数最高（1.00），其次为小蠹科（0.99），其他科均匀性指数相差不多。由于花萤科、花金龟科、郭公虫科、扁甲科、赤翅虫科、豆象科、卷叶象科的种数均为1种，所以其多样性指数和均匀性指数均为0。总体而言，小蠹科不管是其多样性指数还是均匀性指数均比较高，也说明其在多儿保护区内的鞘翅目昆虫中稳定存在且在各科间分布均匀（表5-11）。

表5-11　多儿保护区鞘翅目昆虫群落组成和多样性指数统计信息

科	属数（个）	占比（%）	种数（种）	占比（%）	个体数（只）	多样性指数	均匀性指数
卷叶象科 Attelabidae	1	1.10	1	0.74	1	0.00	0.00
豆象科 Bruchidae	1	1.10	1	0.74	1	0.00	0.00
赤翅虫科 Pyrochroidae	1	1.10	1	0.74	1	0.00	0.00
郭公虫科 Cleridae	1	1.10	1	0.74	2	0.00	0.00
扁甲科 Cucujidae	1	1.10	1	0.74	3	0.00	0.00
花金龟科 Cetoniidae	1	1.10	1	0.74	4	0.00	0.00
锹甲科 Lucanidae	2	2.20	2	1.48	3	0.64	0.92
花萤科 Cantharidae	2	2.20	2	1.48	5	0.50	0.72
红萤科 Lycidae	2	2.20	2	1.48	7	0.68	0.99
粪金龟科 Geotrupidae	2	2.20	2	1.48	31	0.69	0.99

科	属数（个）	占比（%）	种数（种）	占比（%）	个体数（只）	多样性指数	均匀性指数
吉丁虫科 Buprestidae	3	3.30	3	2.22	11	0.99	0.91
蜉金龟科 Aphodiidae	1	1.10	3	2.22	11	1.04	0.94
铁甲科 Hispidae	4	4.40	4	2.96	5	1.33	0.96
象虫科 Curculionidae	3	3.30	4	2.96	5	1.33	0.96
虎甲科 Cicindelidae	1	1.10	4	2.96	5	1.33	0.96
负泥虫科 Crioceridae	3	3.30	4	2.96	6	1.33	0.96
芫菁科 Meloidae	3	3.30	4	2.96	6	1.33	0.96
步甲科 Carabidae	4	4.40	4	2.96	7	1.35	0.98
伪叶甲科 Lagriidae	5	5.49	5	3.70	5	1.61	1.00
拟步甲科 Tenebrionidae	2	2.20	5	3.70	7	1.55	0.96
丽金龟科 Rutelidae	3	3.30	5	3.70	27	1.55	0.96
金龟科 Scarabaeidae	3	3.30	5	3.70	29	1.49	0.93
葬甲科 Silphidae	2	2.20	6	4.44	39	1.73	0.97
天牛科 Cerambycidaw	6	6.59	7	5.19	9	1.89	0.97
叩甲科 Elateridae	7	7.69	8	5.93	13	1.99	0.96
鳃金龟科 Melolonthidae	5	5.49	10	7.41	29	2.22	0.97
肖叶甲科 Eumolpidae	8	8.79	12	8.89	19	2.41	0.97
瓢虫科 Coccinellidae	7	7.69	12	8.89	35	2.42	0.98
小蠹科 Scolytidae	7	7.69	16	11.85	17	2.75	0.99
合计	91	100.00	135	100.00	343	—	—

5.3 鱼类

鱼类是最古老的脊椎动物。它们几乎栖居于地球上所有的水生环境——湖泊、河流与海洋。世界上现存已发现的鱼类约3.2万种。鱼类是人类极为重要的食品与观赏宠物。本次调查了多儿保护区内鱼类情况，以为多儿保护区鱼类资源保护利用提供科学依据。

5.3.1 种类资源

本次调查多儿保护区水生脊椎动物鱼类记录到2目4科6种（部分见彩图5-9、彩图5-10）（附录9、表5-12），占甘肃省鱼类种数的5.88%。多儿保护区鱼类以鲤形目的鲤科（Cyprinidae）和鳅科（Cobitidae）种类占绝对优势，分别占调查发现鱼数量的33.3%。多儿保护区鱼类均为本地野生鱼种，无人工养殖种类。

表5-12　多儿保护区鱼类资源现状

分类地位	物种名称	数量	备注
鲤科 Cyprinidae	嘉陵江裸裂尻鱼 *Schizopygopsis kialingensis*	常见	采到标本
	重口裂腹鱼 *Schizothorax davidii*	少	采到标本
平鳍鳅科 Balitoridae	短身间吸鳅 *Hemimyzon abbreviata*	常见	采到标本
鳅科 Cobitidae	粗状高原鳅 *Triplophysa robusta*	稀少	文献记载
	黑体高原鳅 *Triplophysa obscura*	常见	采到标本
钝头鮠科 Bagridae	白缘䱀 *Liobagrus marginatus*	常见	采到标本

5.3.2　区系特征

多儿保护区鱼类在区划上均属华西区川西亚区，特点是以裂腹鱼类和高原鳅属构成本地鱼类区系的主体。鱼类组成主体为嘉陵江上游分布的鱼类，同时杂有少量黄河上游广布的高原鳅属鱼类，但区系和长江上游的鱼类区系一致，同属华西区川西亚区。按动物区系成分划分，有东洋界2种，占总数的33.33%；古北界3种，占总数的50.00%，广布型1种，占总数的16.67%；说明多儿保护区鱼类动物以古北界种类占优势。

6种鱼类动物全部属于R型（留居型）。嘉陵江裸裂尻鱼（*Schizopygopsis kialingensis*）是保护区河流中的优势种。多儿保护区是藏民族居住地，由于其特殊的文化要求，水资源保护非常好，环境扰动小，几乎保持了其原有的状态，鱼类种类资源相对较少，但种类比较稳定，数量较多。

裂腹鱼亚科（Schizothracinae）鱼类是青藏高原鱼类的重要类群之一，它们对高原环境表现出很强的适应性，成为在高原上分布范围最广、分布海拔最高的类群，最高可分布到海拔5600m，是鲤科鱼类中适应高寒环境的一个特化类群（王香亭，1991），它和鳅科高原鳅属鱼类共同构成了青藏高原鱼类区系的主体。

嘉陵江裸裂尻鱼（*Schizopygopsis kialingensis*）属鲤科裂腹鱼亚科裸裂尻鱼属，主要分布在嘉陵江上游支流白龙江，以底栖无脊椎动物为食。繁殖期在每年6月河流解冻之后，产卵场位于水深1m以内的缓流处。近年来，随着自然地理气候的变迁、人类活动的加剧、涉水工程的建设、水体污染和长期过度捕捞等对嘉陵江裸裂尻鱼"三场"及栖息地、洄游通道等造成了严重影响，再加上其性成熟晚、分布区域狭窄、生长速度缓慢等自身因素限制了种群的发展（武云飞，1984），种群数量急剧减少，栖息地呈现出一种破碎化状态，已经被列入《甘肃省重点保护野生动物名录》。

嘉陵江裸裂尻鱼遗传多样性总体较为丰富，但各个地理群体内的多样性比较贫乏。受自然环境变化和涉水工程建设等因素的影响，可能导致嘉陵江裸裂尻鱼的遗传多样性继续降低，对复杂环境的适应能力降低，从而进一步威胁到嘉陵江裸裂尻鱼的生存。虽然目前已经建立了一些保护措施，如建立的白龙江特有鱼类国家级水产种质资源保护区、岷江宕昌段特有鱼类国家级水产种质资源保护区和白龙江舟曲段特有鱼类省级水产种质资源保护区，并在嘉陵江采取人工增殖放流措施。但这些措施对保护嘉陵江裸裂尻鱼可能并不完善。物种的保护必须考虑到自身的遗传特性，否则保护将可能是不成功的（王太等，

2017）。王太等（2017）研究结果表明，嘉陵江裸裂尻鱼的核苷酸多样性较低，提示对其遗传多样性的保护是非常迫切的。

建议管理部门加强鱼类栖息地的保护工作，减少人为对保护地的破坏；加强对区内鱼类资源的监测和资料的完善与管理；对重点保护鱼类动物开展专项调查，掌握物种的分布情况和种群动态，以便更有针对性地对其实施保护。本地区有少量的水电站存在，需要加强管理，以减少对鱼类活动的影响。

5.4 两栖动物

两栖动物是由水生向陆生过渡的一个脊椎动物类群，迁移能力较弱，对环境依赖性强，是环境健康和绿色发展的指示性动物类群，具有较高的生态和经济价值。我国现分布的两栖动物有3目13科81属410种（或亚种），其中特有种281种，约占总数的68.54%（陈晨，2021）。多儿保护区由于平均海拔较高，两栖动物资源相对贫乏，此次针对两栖动物多样性及群落结构的研究，将丰富多儿保护区两栖动物的基础资料，为保护、发展和合理利用两栖动物物种资源，保护两栖动物多样性提供参考依据。

5.4.1 物种多样性

（1）种类组成

本次调查分别在白古贡巴、洋布、然子贡巴、花园、班藏、来伊雷、多多普、劳日果巴、工布隆、果马诺、巴尔格共布设148个样方，在50个样方中共发现两栖动物实体70只（条）。依据费梁等（2010）和姚崇勇等（2012）和龚大洁的分类系统进行种类的鉴定和分类，保护区两栖动物被鉴定为2目3科5种（附录9），占甘肃省两栖动物总物种数33种的15.15%（龚大洁和牟迈，2006）。

（2）区系

5种两栖动物均是中国特有物种，其中西藏山溪鲵为国家二级保护野生动物，易危；其余均为"三有"动物，无危（蒋志刚等，2016）。按区系成分划分，有古北界2种、东洋界2种、广布1种；按分布型划分，有东北-华北型2种，喜马拉雅-横断山区型1种，季风型1种，高地型1种。

（3）遇见频率指数

遇见率指数（RB）分别是西藏山溪鲵为3.625、中华蟾蜍为1.75、中国林蛙为2.375、花背蟾蜍约为0.766、岷山蟾蜍约为0.016，由此可得出，西藏山溪鲵、中华蟾蜍、中国林蛙均为普通种，花背蟾蜍为少见种，岷山蟾蜍为偶见种（彩图5-11～5-13）。

5.4.2 生态特点

（1）垂直分布

多儿保护区两栖动物的垂直分布与海拔关系密切，呈现出随海拔升高种类下降的趋势；以2200～2600m的海拔区间种类最丰富，在海拔2600m以上，种类数逐渐递减；到海拔3400m以上，仅剩西藏山溪鲵和中国林蛙少数种类生活（图5-5）。

（2）生境分布

不同两栖动物对生境的选择不尽相同，西藏山溪鲵主要出现在溪流样方，中华蟾蜍主要出现在农田样方，中国林蛙主要出现在溪流样方（表5-13）。

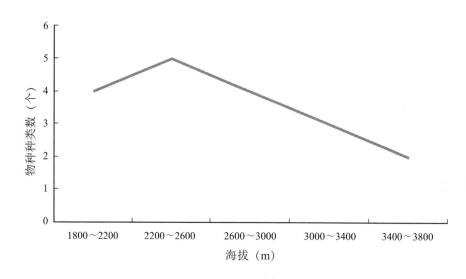

图5-5　不同海拔区间内两栖类物种数

表5-13　不同生境类型样方内两栖动物实体数量

单位：个

生境	样方总数	西藏山溪鲵	中华蟾蜍	花背蟾蜍	岷山蟾蜍	中国林蛙
农田样方	29	6	7	2	—	1
灌丛样方	32	1	3	3	1	2
森林样方	21	—	1	1	—	6
溪流样方	68	22	3	1	—	10
总计	150	29	14	7	1	19

5.4.3　群落特征

（1）群落排序

将每个样地内的样方根据生境类型（农田、灌丛、森林、溪流）区分开，用数字1、2、3、4代表，白古贡巴、洋布、花园、班藏、然子贡巴、来伊雷、多多普、劳日果巴、工布隆、果马诺、巴尔格11个地点用a、b、c、d、e、f、g、h、i、j、k来表示，将调查的物种数量整理后可得23种样方形式：Pa1、Pa2、Pa3、Pa4、Pb2、Pb3、Pb4、Pc1、Pc2、Pd1、Pd2、Pe1、Pe2、Pe3、Pe4、Pf2、Pf3、Pf4、Pg4、Ph4、Pi4、Pj4 、Pk3，它们分别代表出现实体的每个样地的不同生境。把调查数据导入SPSS中，利用主分量分析的方法，进行降维分析，可得图5-6。由此可将两栖动物划分成3个群落类型（虚线绘出），即农田灌丛群落（ZP1-2）、森林灌丛群落（ZP2-3）和溪流群落（ZP4）（图5-6）。

（2）群落多样性

结合Shannon-Wiener指数反映不同群落的物种多样性，结果显示，农田灌丛群落多样性指数最高，为2.04；森林灌丛群落和溪流群落多样性指数接近，分别为1.37和1.39，低于农田灌丛群落（表5-14）。

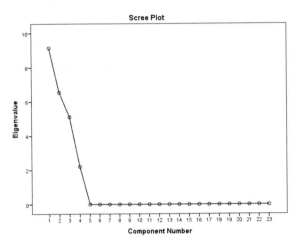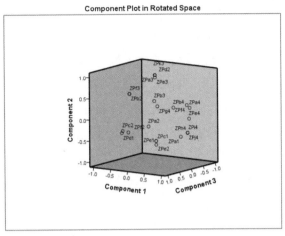

图5-6　碎石图（左）及空间成分图（右）

表5-14　两栖动物不同群落类型多样性指数

不同群落类型情况	种类	发现个体数（个）	Shannon-Wiener指数
农田灌丛群落	西藏山溪鲵	7	2.04
	中华蟾蜍	10	
	花背蟾蜍	5	
	岷山蟾蜍	1	
	中国林蛙	3	
森林灌丛群落	花背蟾蜍	2	1.37
	中华蟾蜍	2	
	中国林蛙	6	
溪流群落	西藏山溪鲵	22	1.39
	中华蟾蜍	3	
	花背蟾蜍	1	
	中国林蛙	10	

5.5　爬行动物

爬行动物是世界上仅次于鸟类的陆栖脊椎动物，在生态系统中有重要作用。爬行动物的研究是自然保护区物种多样性研究必不可少的部分。由于平均海拔较高，多儿保护区爬行动物并不丰富。关于多儿保护区爬行动物的研究并不多见，仅在一些专项调查报告中有涉及（冯孝义，1980，1983；宋志明等，1984；姚崇勇，2004；史志嚣，2017）。在收集多儿保护区巡护监测和以往研究文献的基础上，于2019—2021年调查研究了多儿保护区的爬行动物多样性，以更好地掌握多儿保护区爬行动物资源，服务于多儿保护区更有效的保护管理。

5.5.1 物种多样性

（1）种类组成

调查共发现爬行动物9种（部分见彩图5-14～5-16），结合文献资料，多儿保护区共有爬行动物11种，隶属于2目3科8属，其中，石龙子科2属3种，游蛇科4属6种，蝰科2属2种（附录9）。甘肃省已知爬行动物2目17科38属70种，多儿保护区爬行动物分别占甘肃省爬行动物科、属、种的17.7%、21.1%、15.7%。由于多儿保护区海拔相对较高，平均温度相对较低，比较而言，爬行动物并不丰富。

（2）多样性测定

利用Shannon-Wiener指数，计算得到多儿保护区物种多样性指数为1.77（表5-15），反映出多儿保护区爬行动物的多样性适中。

表5-15 多儿保护区爬行动物物种多样性

物种	个体数（Ni）	优势度（pi）	H'
康定滑蜥 *Scincella potanini*	4	0.08	
秦岭滑蜥 *Scincella tsinlingensis*	2	0.04	
铜蜓蜥 *Lygosoma indicum*	12	0.23	
黄脊游蛇 *Coluberspinalis*	1*	0.02	
黑眉锦蛇 *Elaphe taeniura*	1	0.02	
白条锦蛇 *Elaphe dione*	21	0.40	1.83
若尔盖锦蛇 *Elaphe zoigeensis*	1	0.02	
颈槽蛇 *Rhabdophis mucalis*	3	0.06	
斜鳞蛇中华亚种 *Pseudoxenodon macrops sinensis*	5	0.09	
高原蝮 *Gloydius strauchi*	2	0.04	
菜花原矛头蝮 *Trimeresurus jerdonii*	1*	0.02	

注：个体数据标"*"者为文献记载种。

利用G-F指数测定种属间的多样性，结果显示G-F指数为0.24，说明尽管多儿保护区的爬行动物物种数相对较少，但种属间的多样性还是比较丰富的（表5-16）。

（3）区系分析

11种爬行动物的地理分布中，以东洋界成分为主，达到6种，占54.5%；古北界3种、广布种2种，分别占27.3%和18.2%。分布型以东洋型略多，3种；其次喜马拉雅-横断山区型3种、古北型2种、南中国型2种。

（4）濒危性分析

10种爬行动物中，没有国家重点保护野生动物，全部为《国家保护的有益的或者有重要经济、科学研究价值的陆生野生动物名录》的"三有"动物；在《中国脊椎动物红色名录》中（蒋志刚等，2016），黑眉锦蛇是濒危级（EN），高原蝮是易危级（NT），其他种类是无危级（LC）；IUCN红色名录等级没有查到黑眉锦蛇和高原蝮，其他是无危级。这说明爬行动物的濒危性相对较低，但也需要引起足够的重视。

表5-16 多儿保护区爬行动物物种多样性

科	属	种数（种）	DFX	DF	DG	DG-F
石龙子科	滑蜥属	2	0.64			
	蜓蜥属	1				
游蛇科	游蛇属	1	1.24	2.57	2.03	0.21
	颈槽蛇属	1				
	锦蛇属	3				
	斜鳞蛇属	1				
蝰科	蝮属	1	0.69			
	原矛头蝮属	1				

5.5.2 生态特征

（1）空间分布

将多儿保护区划分成阿大黑、花园、然子、后西藏、劳日、工布隆、洋布7个区域，以然子爬行动物最丰富，达到6种，其余为阿大黑2种、花园4种、后西藏5种、劳日5种、工布隆4种、洋布4种（表5-17）。

（2）垂直分布

11种爬行动物垂直分布显示，较低海拔区域爬行动物种类明显多于较高海拔区域，海拔2000m以下及2000～2500m分布的爬行动物均有10种，海拔2500～3000m分布的爬行动物有7种，海拔3500m以上分布的爬行动物有4种（表5-17）。

（3）生境分布

多儿保护区生境可分为农田、荒山、灌丛、落叶阔叶林、针阔叶混交林、针叶林、高山灌丛、高山草甸8种类型。11种爬行动物各生境发现的种类为农田4种、荒山2种、灌丛5种、落叶阔叶林6种、针阔叶混交林5种、针叶林4种、高山灌丛4种、高山草甸4种（表5-17）。落叶阔叶林和针阔叶混交林种类较多。

5.5.3 讨论

黑眉锦蛇主要分布于陇南、天水两市，甘南州舟曲县亦有分布。本次调查在花园乡白龙江河谷的农田中发现1条，为多儿保护区新纪录，也是迭部县新纪录。黑眉锦蛇被中国脊椎动物红色名录列为濒危级（EN），在多儿保护区数量也很少，但在中国分布较广，数量并不少。

若尔盖锦蛇2018年在迭部县发现，本次调查在达益村（洋布）拍到视频，为本次调查发现的保护区新纪录。

菜花原矛头蝮、黄脊游蛇文献记载有分布，但外业调查及多儿保护区日常监测均未遇到，应该是数量很少。调查发现的高原蝮也很少，社区也没有获得毒蛇伤人的案例，说明高原蝮也很少见。多儿保护区爬行动物种类较少，或与大部分区域海拔在2000m以上、气温相对较低有关。

表5-17　多儿保护区爬行动物空间和生境分布

物种	水平分布	垂直分布（m）	分布生境
康定滑蜥 *Scincella potanini*	3、4、5	2000～3500	5～8
秦岭滑蜥 *Scincella tsinlingensis*	7	3000～3600	8
铜蜓蜥 *Lygosoma indicum*	1～7	1840～2800	1～8
黄脊游蛇 *Coluber spinalis*	2	1840～3100	2
黑眉锦蛇 *Elaphe taeniura*	2	1840～2100	1
白条锦蛇 *Elaphedione*	3～7	1900～3600	3～7
若尔盖锦蛇 *Elaphe zoigeensis*	7	2400	3
颈槽蛇 *Rhabdophis mucalis*	3～6	1840～2100	1、3、4、5
斜鳞蛇 *Pseudoxenodon macrops*	3、4	1800～2500	1、3、4
高原蝮 *Gloyolius strauchi*	5、7	2500～3600	6～8
菜花原矛头蝮 *Trimeresurus jerdonii*	1～3	1900～2400	4～6

注：水平分布中1-阿大黑，2-花园，3-然子，4-后西藏，5-劳日，6-工布隆，7-洋布。

生境分布中1-农田，2-荒山，3-灌丛，4-落叶阔叶林，5-针阔混交林，6-针叶林，7-高山灌丛，8-高山草甸。

蜥蜴目的3种爬行动物中，铜蜓蜥显著减少，康定滑蜥和秦岭滑蜥的比例升高，反映出铜蜓蜥偏好更热的气候。

5.6　鸟类资源

鸟类资源是重要的自然资源和生态资源，由于其数量多、分布广，所以是动物生态学研究的重要类群，而鸟类群落结构及其垂直分布一直是鸟类生态学重要的研究方向（郑光美，2012）。一个区域内鸟类的群落组成和多样性直接反映当地鸟类资源现状（赵冬冬，2015）。多儿保护区位于青藏高原东缘，国内学者对青藏高原东部与东北部、南部、东南部区域鸟类多样性有过调查报道（李德浩等，1965；彭基泰等，2005；张国钢等，2008），一些学者对高原及其边缘地区鸟类的垂直分布也有一些研究报道（王祖祥，1982；唐蟾珠，1996；彭基泰等，2005；王斌等，2013；李晶晶等，2013；Wu et al., 2013；夏万才等，2014；姚星星等，2018）。

1991年，王香亭在编纂《甘肃脊椎动物志》时，对迭部县分布的脊椎动物作了零星说明。2000—2001年，李晓鸿在对多儿保护区内的大熊猫种群及栖息地调查时，收集了部分鸟类数据。2010年，薛明玉报道了多儿保护区生物多样性状况，记录脊椎动物173种（薛玉明，2010）。2014—2017年，鲁明耀、李晓鸿等在多儿保护区开展综合科考，记录鸟类12目37科（亚科）146种。2015年，包新康等在多儿保护区开展夏季鸟类群落结构及多样性调查，记录繁殖鸟类8目29科95种（姚星星等，2018）。自多儿保护区升格为国家级自然保护区以来，并未对其丰富的鸟类资源进行系统的调查和报道。本次鸟类本底调查，旨在全面摸清多儿保护区内的鸟类资源，为多儿保护区在保护鸟类方面提供较为详细的数据支撑。

5.6.1　总论

（1）种类组成

通过本次实地观察、访问和资料收集，依据郑光美（2011）鸟类分类系统，鉴定出鸟类187种，分别隶属14目43科101属（附录9），占甘肃省鸟类种数的30.06%（王香亭，1991），占多儿保护区脊椎动物种数的67.75%。

鸟类组成中，雀形目占主导地位，达131种，占多儿保护区鸟类的70.05%；其次是鸡形目11种，鹰形目10种，鸻形目7种，鸽形目6种，雁形目5种，鸮形目、隼形目和䴕形目各有3种；鹤形目、鹃形目均为2种；犀鸟目和夜鹰目种类最少，均为1种。

种类最多的前4个科是鹟科、燕雀科、鸦科和雉科，分别有17种、13种、12种和11种，占多儿保护区鸟类的9.09%、6.95%、6.42%和5.88%。雀形目中鹟科、燕雀科、鸦科和柳莺科的种类最多，体现了森林生境的鸟类组成特点。水禽的比例相对较小，有6科17种，其中，丘鹬（*Scolopax rusticola*）、池鹭（*Ardeola bacchus*）、牛背鹭（*Bubulcus ibis*）和白鹭（*Egretta garzetta*）为首次现身多儿保护区，为迁徙过路；灰鹤（*Grus grus*）和秧鸡类均为资料描述可能有分布的种类，这与多儿保护区的湿地生境较少有关。

（2）区系分析

区系分析依据张荣祖的《中国动物地理》（张荣祖和赵肯堂，1978）。鸟类区系中，古北界种类81种，占43.32%；东洋界种类39种，占20.86%；广布种有67种，占35.82%；鸟类区系特点是以古北界占优势，并呈现与古北界、广布种相混杂的格局。

分布型最多的是喜马拉雅-横断山区型（H），43种，占22.99%；其次是古北型（U），41种，占21.93%；东洋型（W），22种，占11.76%；不易归类（O），19种，占10.16%；全北型（C），16种，占8.56%；古北型（M），13种，占6.95%；南中国型（S），13种，占6.95%；高地型（P），12种，占6.42%；东北-华北型（X），3种，占1.60%；中亚型（D），2种，占1.07%；季风型（E），2种，占1.07%；华北型（B），1种，占0.53%。

居留型中，留鸟111种（59.36%）、夏候鸟64种（34.22%）、冬候鸟4种（2.14%）、旅鸟8种（4.28%）。区内以繁殖鸟类为主（表5-18）。

（3）生境分布

多儿保护区垂直生境鸟类群落结构中，落叶阔叶林中鸟类多样性最高，为87种，多样性指数3.45；高山灌草丛及裸岩生境中鸟类多样性最低，为23种，多样性指数2.90。鸟类物种数和多样性指数随海拔梯度呈递减趋势（表5-19）。

落叶阔叶林中，鸟类优势种为白顶溪鸲和橙翅噪鹛，常见种有红尾水鸲、北红尾鸲、灰背伯劳、白鹡鸰、小嘴乌鸦、灰头鸫、雉鸡等。针阔混交林生境中，绿背山雀和橙翅噪鹛为优势种，数量较多的常见种类主要有灰头灰雀、白喉红尾鸲、大噪鹛、长尾山椒鸟、普通朱雀等，此种生境的特征性鸟类为灰头灰雀、大噪鹛、长尾山椒鸟、珠颈斑鸠、星鸦、红腹角雉。海拔较高的针叶林生境中，白眉朱雀、斑翅朱雀是优势种，常见种主要有白喉红尾鸲、普通朱雀、灰头灰雀、蓝马鸡、长尾山椒鸟、大噪鹛、红胁蓝尾鸲、黄颈拟蜡嘴雀等。在高山灌草丛及裸岩地带，优势种为红嘴山鸦，常见种主要有白喉红尾鸲、红嘴山鸦、蓝大翅鸲、白眉朱雀、藏雪鸡等，这种高海拔生境特征性鸟类包括鸡形目的雪鹑、藏雪鸡、绿尾虹雉，雀形目的蓝大翅鸲、领岩鹨、棕背黑头鸫和红胸朱雀等。

表5-18　多儿保护区鸟类区系统计信息

种名	居留型	分布型	区系类型		
			古北界	东洋界	广布种
1. 斑尾榛鸡 *Tetrastes sewerzowi*	R	H	√		
2. 雪鹑 *Lerwa lerwa*	R	H	√		
3. 红喉雉鹑 *Tetraophasis obscurus*	R	H	√		
4. 藏雪鸡 *Tetraogallus tibetanus*	R	P	√		
5. 血雉 *Ithaginis cruentus*	R	H			√
6. 红腹角雉 *Tragopan temminckii*	R	H		√	
7. 勺鸡 *Pucrasia macrolopha*	R	S		√	
8. 绿尾虹雉 *Lophophorus lhuysii*	R	H			√
9. 蓝马鸡 *Crossoptilon auritum*	R	P	√		
10. 雉鸡 *Phasianus colchicus*	R	O			√
11. 红腹锦鸡 *Chrysolophus pictus*	R	S		√	
12. 赤麻鸭 *Tadorna ferruginea*	S	U	√		
13. 赤膀鸭 *Anas strepera*	P	U	√		
14. 赤颈鸭 *Anas penelope*	P	C	√		
15. 斑嘴鸭 *Anas poecilorhyncha*	P	W		√	
16. 凤头潜鸭 *Aythya fuligula*	P	U	√		
17. 岩鸽 *Columba rupestris*	R	O	√		
18. 雪鸽 *Columba leuconota*	R	H	√		
19. 斑林鸽 *Columba hodgsonii*	R	H			√
20. 山斑鸠 *Streptopelia orientalis*	R	E			√
21. 灰斑鸠 *Streptopelia decaocto*	R	W	√		
22. 珠颈斑鸠 *Streptopelia chinensis*	R	W		√	
23. 白腰雨燕 *Apus pacificus*	S	M			√
24. 噪鹃 *Eudynamys scolopacea*	R	W			√
25. 大杜鹃 *Cuculus canorus*	S	O			√
26. 黑水鸡 *Gallinula chloropus*	P	O			√
27. 灰鹤 *Grus grus*	S	U	√		
28. 凤头麦鸡 *Vanellus vanellus*	S	U	√		
29. 金眶鸻 *Charadrius dubius*	S	O			√
30. 丘鹬 *Scolopax rusticola*	S	U	√		

（续表）

种名	居留型	分布型	区系类型		
			古北界	东洋界	广布种
31. 孤沙锥 *Gallinago solitaria*	S	U	√		
32. 红脚鹬 *Tringa totanus*	S	U	√		
33. 林鹬 *Tringa glareola*	S	U	√		
34. 青脚滨鹬 *Calidris temminckii*	P	U	√		
35. 池鹭 *Ardeola bacchus*	S	W		√	
36. 牛背鹭 *Bubulcus ibis*	S	W		√	
37. 白鹭 *Egretta garzetta*	S	W		√	
38. 黑鸢 *Milvus migrans*	R	U			√
39. 胡兀鹫 *Gypaetus barbatus*	R	O	√		
40. 高山兀鹫 *Gyps himalayensis*	W	O			√
41. 秃鹫 *Aegypius monachus*	R	O	√		
42. 松雀鹰 *Accipiter virgatus*	R	W			√
43. 雀鹰 *Accipiter nisus*	R	U	√		
44. 苍鹰 *Accipiter gentilis*	R	C	√		
45. 金雕 *Aquila chrysaetos*	R	C			√
46. 草原雕 *Aquila nipalensis*	W	D	√		
47. 大鵟 *Buteo hemilasius*	R	D	√		
48. 雕鸮 *Bubo bubo*	R	U			√
49. 纵纹腹小鸮 *Athene noctua*	R	U			√
50. 短耳鸮 *Asio flammeus*	R	C	√		
51. 戴胜 *Upupa epops*	S	O			√
52. 灰头绿啄木鸟 *Picus canus*	R	U			√
53. 大斑啄木鸟 *Dendrocopos major*	R	U			√
54. 猎隼 *Falco cherrug*	S	C	√		
55. 游隼 *Falco peregrinus*	R	C			√
56. 红隼 *Falco tinnunculus*	R	U			√
57. 暗灰鹃鵙 *Coracina melaschistos*	S	W			√
58. 灰喉山椒鸟 *Pericrocotus solaris*	R	W		√	
59. 长尾山椒鸟 *Pericrocotus ethologus*	S	H		√	
60. 红尾伯劳 *Lanius cristatus*	S	X			√

种名	居留型	分布型	区系类型		
			古北界	东洋界	广布种
61. 棕背伯劳 *Lanius schach*	S	W		√	
62. 灰背伯劳 *Lanius tephronotus*	S	H	√		
63. 黑头噪鸦 *Perisoreus internigrans*	R	P	√		
64. 松鸦 *Garrulus glandarius*	R	U			√
65. 灰喜鹊 *Cyanopica cyanus*	R	U	√		
66. 红嘴蓝鹊 *Urocissa erythrorhyncha*	R	W		√	
67. 喜鹊 *Pica pica*	R	C			√
68. 星鸦 *Nucifraga caryocatactes*	R	U			√
69. 红嘴山鸦 *Pyrrhocorax pyrrhocorax*	R	O			√
70. 黄嘴山鸦 *Pyrrhocorax graculus*	R	O	√		
71. 秃鼻乌鸦 *Corvus frugilegus*	R	U	√		
72. 小嘴乌鸦 *Corvus corone*	R	C			√
73. 大嘴乌鸦 *Corvus macrorhynchos*	R	E			√
74. 渡鸦 *Corvus corax*	R	C	√		
75. 黑冠山雀 *Parus rubidiventris*	R	H	√		
76. 煤山雀 *Parus ater*	R	U	√		
77. 黄腹山雀 *Parus venustulus*	R	S		√	
78. 褐冠山雀 *Parus dichrous*	R	H	√		
79. 褐头山雀 *Poecile montanus*	R	C	√		
80. 大山雀 *Parus major*	R	O			√
81. 绿背山雀 *Parus monticolus*	R	W		√	
82. 小云雀 *Alauda gulgula*	R	W			√
83. 山鹪莺 *Prinia crinigera*	R	W			√
84. 斑胸短翅莺 *Bradypterus thoracicus*	S	O			√
85. 棕褐短翅莺 *Bradypterus luteoventris*	S	S		√	
86. 家燕 *Hirundo rustica*	S	C			√
87. 金腰燕 *Cecropis daurica*	S	U			√
88. 毛脚燕 *Delichon urbicum*	S	U			√
89. 白头鹎 *Pycnonotus sinensis*	R	S		√	
90. 褐柳莺 *Phylloscopus fuscatus*	S	M	√		

（续表）

种名	居留型	分布型	区系类型		
			古北界	东洋界	广布种
91. 黄腹柳莺 *Phylloscopus affinis*	P	H		√	
92. 棕眉柳莺 *Phylloscopus armandii*	S	H			√
93. 黄腰柳莺 *Phylloscopus proregulus*	S	U			√
94. 黄眉柳莺 *Phylloscopus inormatus*	S	U	√		
95. 极北柳莺 *Phylloscopus borerlis*	P	U	√		
96. 暗绿柳莺 *Phylloscopus trochiloides*	S	U	√		
97. 冠纹柳莺 *Phylloscopus reguloides*	S	W			√
98. 黄胸柳莺 *Phylloscopus cantator*	S	W		√	
99. 金眶鹟莺 *Scicercus burkii*	S	S		√	
100. 栗头树莺 *Cettia castaneocoronata*	S	H		√	
101. 银喉长尾山雀 *Aegithalos caudatus*	R	U	√		
102. 银脸长尾山雀 *Aegithalos fuliginosus*	R	P		√	
103. 花彩雀莺 *Leptopoecile sophiae*	R	P			√
104. 凤头雀莺 *Leptopoecile elegans*	R	H	√		
105. 中华雀鹛 *Alcippe striaticollis*	R	H			√
106. 褐头雀鹛 *Alcippe cinereiceps*	R	S			√
107. 三趾鸦雀 *Paradoxornis paradoxus*	R	H		√	
108. 白眶鸦雀 *Paradoxornis conspicllatus*	R	S			√
109. 棕头鸦雀 *Paradoxornis webbianus*	R	S			√
110. 白领凤鹛 *Yuhina diademata*	R	H		√	
111. 灰腹绣眼鸟 *Zosterops palpebrosus*	R	W		√	
112. 斑胸钩嘴鹛 *Pomatorhinus erythrocnemis*	R	W		√	
113. 棕颈钩嘴鹛 *Pomatorhinus ruficollis*	R	W		√	
114. 山噪鹛 *Garrulax davidi*	R	B	√		
115. 黑额山噪鹛 *Garrulax sukatschewi*	R	P	√		
116. 大噪鹛 *Garrulax maximus*	R	H		√	
117. 斑背噪鹛 *Garrulax lunulatus*	R	H		√	
118. 白颊噪鹛 *Garrulax sannio*	R	S		√	
119. 橙翅噪鹛 *Garrulax elliotii*	R	H			√
120. 欧亚旋木雀 *Certhia familiaris*	R	C	√		

种名	居留型	分布型	区系类型		
			古北界	东洋界	广布种
121. 高山旋木雀 *Certhia himalayana*	R	H	√		
122. 普通鸭 *Sitta europaea*	R	U			√
123. 黑头鸭 *Sitta villosa*	R	C	√		
124. 白脸鸭 *Sitta leucopsis*	R	H	√		
125. 红翅旋壁雀 *Tichodroma muraria*	R	O	√		
126. 鹪鹩 *Troglodytes troglodytes*	R	C			√
127. 河乌 *Cinclus cinclus*	R	O	√		
128. 褐河乌 *Cinclus pallasii*	R	W			√
129. 灰椋鸟 *Sturnus cineraceus*	S	X	√		
130. 北椋鸟 *Sturnus sturnina*	S	X	√		
131. 长尾地鸫 *Zoothera dix0ni*	S	H		√	
132. 虎斑地鸫 *Zoothera dauma*	S	U		√	
133. 灰头鸫 *Turdus rubrocanus*	S	H			√
134. 棕背灰头鸫 *Turdus kessleri*	S	H	√		
135. 白腹鸫 *Turdus pallidus*	W	M	√		
136. 宝兴歌鸫 *Turdus mupinensis*	S	H			√
137. 红胁蓝尾鸲 *Tarsiger cyanurus*	S	M			√
138. 金色林鸲 *Tarsiger chrysaeus*	R	H	√		
139. 蓝额红尾鸲 *Phoenicurus frontalis*	S	H	√		
140. 白喉红尾鸲 *Phoenicurus schisticeps*	S	H	√		
141. 赭红尾鸲 *Phoenicurus ochruros*	S	O	√		
142. 北红尾鸲 *Phoenicurus auroreus*	R	M			√
143. 红腹红尾鸲 *Phoenicurus erythrogastrus*	R	P	√		
144. 红尾水鸲 *Phoenicurus fuliginosa*	R	W			√
145. 白顶溪鸲 *Chaimarrornis leucocephalus*	S	H			√
146. 蓝大翅鸲 *Grandala coelicolor*	S	H	√		
147. 小燕尾 *Enicurus scouleri*	S	S		√	
148. 黑喉石䳭 *Saxicola torquata*	S	O			√
149. 蓝矶鸫 *Monticola solitarius*	S	U			√
150. 栗腹矶鸫 *Monticola rufiventris*	S	S		√	

（续表）

种名	居留型	分布型	区系类型		
			古北界	东洋界	广布种
151. 锈胸蓝姬鹟 *Ficedula hodgscrii*	S	H		√	
152. 红喉姬鹟 *Ficedula albicilla*	S	U	√		
153. 灰蓝姬鹟 *Ficedula tricolor*	S	H		√	
154. 戴菊 *Regulus regulus*	S	C		√	
155. 棕胸岩鹨 *Prunella strophiata*	R	H	√		
156. 领岩鹨 *Prunella collaris*	R	U	√		
157. 褐岩鹨 *Prunella fulvescens*	R	P	√		
158. 树麻雀 *Passer montanus*	R	U			√
159. 山麻雀 *Passer rutilans*	R	S			√
160. 白斑翅雪雀 *Montifringilla nivalis*	R	P	√		
161. 黄鹡鸰 *Motacilla flava*	S	U	√		
162. 灰鹡鸰 *Motacilla cinerea*	S	O			√
163. 山鹡鸰 *Dendronanthus indicus*	S	M	√		
164. 白鹡鸰 *Motacilla alba*	S	U			√
165. 树鹨 *Anthus hodgsoni*	S	M			√
166. 田鹨 *Anthus richardi*	S	M	√		
167. 林鹨 *Anthus trivialis*	S	U	√		
168. 水鹨 *Anthus spinoletta*	S	C	√		
169. 金翅雀 *Carduelis sinica*	S	M			√
170. 暗胸朱雀 *Carpodacus nipalensis*	R	H		√	
171. 拟大朱雀 *Carpodacus rubicilloides*	R	P	√		
172. 酒红朱雀 *Carpodacus vinaceus*	R	H		√	
173. 白眉朱雀 *Carpodacus thura*	R	H	√		
174. 北朱雀 *Carpodacus roseus*	R	M	√		
175. 斑翅朱雀 *Carpodacus trifasciatus*	R	H		√	
176. 红眉朱雀 *Carpodacus pulcherrimus*	R	H	√		
177. 红胸朱雀 *Carpodacus puniceus*	R	P	√		
178. 普通朱雀 *Carpodacus erythrinus*	R	U			√
179. 灰头灰雀 *Pyrrhula erythaca*	R	H			√
180. 黄颈拟蜡嘴雀 *Mycerobas affinis*	R	H	√		

种名	居留型	分布型	区系类型		
			古北界	东洋界	广布种
181. 白斑翅拟蜡嘴雀 *Mycerobas carnipes*	R	P	√		
182. 灰头鹀 *Emberiza spodocephala*	R	M			√
183. 三道眉草鹀 *Emberiza cioides*	R	M			√
184. 田鹀 *Emberiza rustica*	R	U	√		
185. 戈氏岩鹀 *Emberiza godlewskii*	R	O	√		
186. 小鹀 *Emberiza pusilla*	W	U	√		
187. 黄喉鹀 *Emberiza elegans*	R	M			√

注：居留型栏内"S"表示夏候鸟，"R"表示居留鸟，"W"表示冬候鸟，"P"表示过路鸟。

分布型中栏内"H"为喜马拉雅-横断山区型，"U"为古北型，"W"为东洋型，"O"为不易归类型，"C"为全北型，"M"为古北型，"S"为南中国型，"P"为高地型，"X"为东北-华北型，"D"为中亚型，"E"为季风型，"B"为华北型。

表5-19 不同生境鸟类多样性统计信息

指标类型	落叶阔叶林	针阔混交林	针叶林	高山灌草丛及裸岩
种数（种）	87	45	37	23
密度（只/km）	36.72	33.48	19.15	14.04
多样性指数（H）	3.45	3.34	3.17	2.90
均匀性指数（E）	0.90	0.87	0.87	0.92

5.6.2 鸟类新记录

5.6.2.1 甘肃省鸟类新记录——灰喉山椒鸟

本次调查于2021年3月24日，在工布隆的针阔混交林中拍摄到雀形目（Passerformes）山椒鸟科（Campephagidae）的种类1只（彩图5-17），经检索文献（王香亭，1991；约翰·马敬能等，2000；郑光美，2017），鉴定为灰喉山椒鸟（*Pericrocotus solaris*）的雌鸟（彩图5-17）。拍摄地坐标为33°43′39.12″N，103°51′09.91″E，海拔高度2615 m；相机为Nikon P1000。

本次拍摄到的灰喉山椒鸟（雌鸟），属甘肃省内首次发现，为甘肃省鸟类新记录，丰富了该鸟在国内分布的基础数据。

灰喉山椒鸟头部呈灰色，羽色分红色（雄鸟）、黄色（雌鸟）2种色型，翅黑色，且具有"7"字形翼斑（王渊等，2016）。本次拍摄到的个体头部灰白色，胸、腹部覆羽为黄色，下体略有白色，翅黑色且具有一道"7"字形黄色翼斑。灰喉山椒鸟国内分布着2个亚种（*P. s. solaris*和*P. s. griseogularis*），本次发现的灰喉山椒鸟为*P. s. griseogularis*，这一亚种主要分布于四川、重庆、贵州、广西、广东等地（郑光美，2017）。

　　拍摄地工布隆是多儿保护区的核心区，也是大熊猫的主要栖息地，植被覆盖度较高、生境类型丰富。发现地点位于工布隆主沟距沟口约4km处的高山柳（*Salix cupularis*）灌丛生境。发现时，有雌、雄各1只在拍摄地上空追逐交互飞行，并不时发出鸣叫，推测正在进行求偶。数日内，在拍摄地周围共发现了3对灰喉山椒鸟，均有求偶行为。

　　查询中国观鸟记录中心分布信息，发现灰喉山椒鸟有北扩趋势，在与多儿保护区一山之隔的四川省九寨沟县有分布记录，因此本次发现的灰喉山椒鸟，应该是其北扩的结果。

5.6.2.2　保护区鸟类新记录

　　本次调查，发现多儿保护区鸟类新记录17种，隶属3目11科，记叙如下。

　　（1）丘鹬

　　安放在核心区扎杰普的1台红外相机拍摄到丘鹬（*Scolopax rusticola*）1只（彩图5-18），拍摄地坐标为103°45′15.03″E、33°42′03.18″N，海拔高度3158 m。

　　丘鹬隶属鸻形目（Charadriiformes）鹬科（Scolopacidae），个体较大，嘴细长，头顶至后颈具黑色斑纹；上体锈棕色，散布黑色；下体灰色，满布以横斑；眼角至嘴裂有一条黑色斜纹。国内繁殖于黑龙江北部、新疆西北部、四川及甘肃南部，迁徙时遍布全国；省内见于兰州、天祝和临洮等地（王香亭，1991）。

　　（2）池鹭

　　2020年10月4日，在距离白古寺西南1km处的多儿河旁边拍摄到池鹭（*Ardeola bacchus*）2只，拍摄地坐标为103°54′02.71″E、33°47′12.35″N，海拔高度2251m。

　　池鹭隶属于鹈形目（Pelecaniformes）鹭科（Ardeidae），嘴粗直而尖、嘴端黑色，脚橙黄色；头、枕部冠羽和颈为栗红色；下颈和上胸羽呈长矛状，两翅、尾、腹部为白色。其中，雌鸟着栗红色处的羽色较雄鸟淡一些。国内分布于华南、华北、华中地区；省内见于陇南文县、徽县和兰州中部（王香亭，1991）。

　　（3）牛背鹭

　　2021年8月6日，在然子村路口处拍摄到牛背鹭（*Bubulcus ibis*）1只，拍摄地坐标为33°47′10.63″N、103°54′06.96″E，海拔高度2254m。

　　牛背鹭隶属鹈形目（Pelecaniformes）鹭科，其嘴橙黄色，脚黑褐色；颈和背中央具有长的橙黄色饰羽；颈较短而头圆，体形较其他鹭类肥胖一些。国内分布于长江以南各地；省内见于陇南、天水和兰州等地（王香亭，1991）。

　　（4）白鹭

　　2022年4月19日，在中心保护站旁边的河滩上用手机记录了一段白鹭（*Egretta garzetta*）觅食的视频，拍摄地坐标为103°53′02.92″E、33°48′20.61″N，海拔高度2199m。

　　白鹭隶属鹈形目鹭科，其全身乳白色，嘴、腿较长，黑色，趾黄绿色；繁殖羽枕部具有两根矛状饰羽。国内分布于长江以南各地；省内见于陇南、平凉、天水和兰州等地（王香亭，1991）。

　　（5）白领凤鹛

　　2020年12月24日，在尼藏村旁的灌木林中拍摄到白领凤鹛（*Yuhina diademata*）1只（彩图5-19），拍摄地坐标为103°55′21.58″E、33°47′30.87″N，海拔高度3030 m。

　　白领凤鹛，隶属雀形目绣眼鸟科（Zosteropidae），其头具棕褐色羽冠，颈部白色形成白领；背部灰褐色，初级覆羽黑褐色，尾下覆羽沾棕色。国内分布着2个亚种，本次发现的白领凤鹛为 *Y. d. diademata*，主要分布于陕西、甘肃、四川、重庆、贵州、湖北、湖南、广西等地（郑光美，2017）；省内分布于天水、武山、文县（王香亭，1991）。

（6）暗灰鹃鵙

2022年2月13日，在白古寺旁边的建筑物上拍摄到暗灰鹃鵙（*Coracina melaschistos*）1只（彩图5-20），拍摄地坐标为103°54′23.49″E、33°46′57.03″N，海拔高度2274m。

暗灰鹃鵙隶属雀形目（Passeriformes）山椒鸟科（Campephagidae），其背部灰色，两翅和尾羽黑褐色。国内分布着4个亚种，本次发现的暗灰鹃鵙为 *L. m. intermedia*，主要分布于北京、河北、山东、河南、陕西、甘肃、四川、贵州、广西、广东等地（郑光美，2017）；省内见于康县（王香亭，1991）。

（7）煤山雀

2021年5月3日，在核心区工布隆主沟距沟口2.9km处拍摄到煤山雀（*Parus ater*）1只（彩图5-21），拍摄地坐标为103°51′19.56″E、33°43′41.67″N，海拔高度2605 m。

煤山雀隶属雀形目山雀科（Paridae），其头黑色，具短的黑色冠羽，颊部具有大块白斑；翅具两道棕白色翅斑，腹部呈淡黄色。国内广泛分布；省内分布于天水、卓尼、文县等地（王香亭，1991）。

（8）黄腹山雀

2021年5月2日，在核心区工布隆主沟距沟口2.3km处拍摄到黄腹山雀（*Parus venustulus*）1只（彩图5-22），拍摄地坐标为103°51′46.29″E、33°43′41.52″N，海拔高度2585m。

黄腹山雀隶属雀形目山雀科，其头、上背和胸侧为黑色；脸颊及后颈具白色斑块；下部、肩、腰为蓝灰色，腹部黄色，翅暗褐色。国内广泛分布；省内分布于平凉、天水、西和县、徽县、文县等地（王香亭，1991）。

（9）棕眉柳莺

2021年5月5日，在后西藏村旁的灌木林中拍摄到棕眉柳莺（*Phylloscopus armandii*）1只（彩图5-23），拍摄地坐标为103°53′47.18″E、33°44′29.72″N，海拔高度2455m。

棕眉柳莺隶属雀形目柳莺科（Phylloscopidae），其上体呈橄榄褐色，眉纹棕白色、长而细宽；下体近白色，有少许绿黄色细纹。国内分布着2个亚种，本次发现的棕眉柳莺为 *P. a. armandii*，主要分布于辽宁、北京、天津、河北、山西、内蒙古、陕西、甘肃、宁夏、青海、四川、云南、重庆等地（郑光美，2017）；省内分布于天祝县、肃南县（王香亭，1991）。

（10）极北柳莺

2021年5月4日，在工布隆沟口的草甸上，拍摄到极北柳莺（*Phylloscopus borealis*）1只，拍摄地坐标为103°52′53.57″E、33°44′35.05″N，海拔高度2499m。

极北柳莺隶属雀形目柳莺科，上体呈暗橄榄绿色，眉纹黄白色，黄斑不著；外侧大覆羽具白色羽端；下体白色沾黄。国内除西藏、新疆外，遍布各地；省内分布于兰州、武山、文县（王香亭，1991）。

（11）栗头树莺

2022年2月13日，保护区工作人员在核心区工布隆的冷杉林中拍摄到栗头树莺（*Cettia castaneocoronata*）1只，拍摄地坐标为103°47′53.39″E、33°42′6.35″N，海拔高度2852m。

栗头树莺隶属雀形目树莺科（Cettiidae），其头顶棕栗色眉纹棕白色，耳羽、颈侧褐灰色；胸侧沾灰色、两胁及尾下覆羽为皮黄色，尾短。国内分布着2个亚种，本次发现的栗头树莺为 *C. c. castaneocoronata*，主要分布于西藏、云南、四川、贵州等地（郑光美，2017）；省内分布于文县（王香亭，1991）。

（12）斑背噪鹛

2020年11月26日，安放在核心区扎杰普的红外相机记录到斑背噪鹛（*Garrulax lunulatus*）1只，拍摄地坐标为103°45′02.98″E、33°42′05.50″N，海拔高度3249 m。

斑背噪鹛隶属雀形目噪鹛科（Leiothrichidae），头顶栗褐色，眼斑白色，上体呈浅褐色，具显著的黑色横斑；腹部白色，胸部及两胁具黑色鳞状斑纹。国内分布着2个亚种，本次发现的斑背噪鹛为*G. l. lunulatus*，主要分布于陕西、甘肃、四川、重庆、湖北等地（郑光美，2017）；省内分布于甘肃南部（王香亭，1991）。

（13）金色林鸲

2021年5月1日，安放在核心区劳日沟的红外相机记录到金色林鸲（*Tarsiger chrysaeus*）1只，拍摄地坐标为103°48′18.72″E、33°45′41.33″N，海拔高度2955m。

金色林鸲隶属雀形目（Passeriformes）鹟科（Muscicapidae），上体暗橙褐色，额基黑色，眉纹、肩部、腰部和尾上覆羽橙黄色；中央尾羽黑色，下体橙黄色。国内分布于陕西、甘肃、西藏、云南、青海、四川、重庆、湖北等地；省内见于文县（王香亭，1991）。

（14）黑喉石䳍

2020年10月2日，在尼藏村的农田旁边拍摄到黑喉石䳍（*Saxicola maurus*）1只，拍摄地坐标为103°55′06.75″E、33°47′34.73″N，海拔高度2889 m。

黑喉石䳍隶属雀形目鹟科，其雌鸟上体为淡黑褐色，多棕缘；下体皮黄色，翅上具白斑，中央尾羽背面黑色，腹面橙黄色。本次记录的是黑喉石䳍雌鸟，其头、颈至背部满布白斑。

黑喉石䳍在国内分布着3个亚种，本次发现的黑喉石䳍为*S. m. przewalskii*，主要分布于陕西、宁夏、甘肃、新疆、四川、重庆、贵州、湖北、湖南、青海等地（郑光美，2017）；省内分布于张掖、武威、平凉、兰州、碌曲等地（王香亭，1991）。

（15）暗胸朱雀

2021年4月27日，在达益村村口处拍摄到暗胸朱雀（*Carpodacus nipalensis*）1只，拍摄地坐标为104°00′04.54″E、33°45′01.31″N，海拔高度2813m。

暗胸朱雀隶属雀形目燕雀科（Brambling），其雌鸟为单一的灰褐色，具有两道浅色翼斑。国内分布于甘肃、西藏、四川、重庆、云南等地；省内分布于舟曲（王香亭，1991）。

（16）小鹀

2020年10月4日，在当当村旁的灌木林中拍摄到小鹀（*Emberiza pusilla*）1只，拍摄地坐标为103°51′35.55″E，33°50′22.93″N，海拔高度2503m。

小鹀隶属雀形目鹀科（Emberizidae），其雄鸟头顶中央栗红色，两侧有一条黑色宽带；脸部有栗色斑，下体近白，具黑色斑。国内广布各省；省内分布于碌曲、天祝、兰州、榆中、张掖、文县等地（王香亭，1991）。

（17）黄喉鹀

2021年3月25日，在力敖村旁的草甸上拍摄到黄喉鹀（*Emberiza elegans*）1只，拍摄地坐标为103°51′26.82″E、33°48′52.593″N，海拔高度2632m。

黄喉鹀隶属雀形目鹀科，其眉纹、枕和上喉为辉黄，下喉两侧白色，头具黑色羽冠，胸具黑斑。国内分布着3个亚种，本次发现的黄喉鹀为*E. e. ticehursti*，主要分布于河南、河北、山西、陕西、甘肃、宁夏、青海、西藏、四川、重庆、湖北等地（郑光美，2017）；省内分布于文县、武山、卓尼等地（王香亭，1991）。

5.6.3 雉类

雉类是鸡形目雉科鸟类的通称，由于其与人类关系十分密切，有关其起源演化、生态适应以及保护管理等，一直是生物学、生态学领域的重要研究内容。中国是世界上雉科鸟类最丰富的国家，有28属64种（郑光美，2017；李欣海，2013；张正旺，2012；张成安和丁长青，2008）。甘肃省稚类资源比较丰富，共计有16属19种（刘迺发，1993）。多儿保护区位于甘肃省稚类分布中心区域之一的岷山西端，该区濒危雉类较多，研究多儿保护区的雉类，在保护区生物多样性保护及甘肃省雉类保护方面有一定意义。

5.6.3.1 种类

本次调查雉类调查样线与其他野生动物调查样线合并，不单独设立调查样线。野外调查共完成样线170条，结合红外相机拍到的个体，共获得雉类实体数据521只（部分见彩图5-24～5-27），以血雉（*Ithaginis cruentus*）、蓝马鸡（*Crossoptilon auritum*）最多，环颈雉（*Phasianus colchicus*）、藏雪鸡（*Tetraogallus tibetanus*）、红喉雉鹑（*Tetraophasis obscurus*）、斑尾榛鸡（*Terastes sewerzowi*）、勺鸡（*Pucrasia macrolopha*）等较多，红腹角雉（*Tragopan temminckii*）、绿尾虹雉（*Lophophorus lhuysii*）较少，红腹锦鸡（*Chrysolophus pictus*）、雪鹑（*Lerwa lerwa*）仅见于文献记载，样线和红外相机均未发现实体。由于雉类的活动痕迹难以鉴定到种，故发现的活动痕迹在数据分析时未做统计（表5-20）。

表5-20 多儿保护区雉类样线调查数据

样线长（m）	发现的实体数（只）										
	斑尾榛鸡	红喉雉鹑	血雉	红腹角雉	勺鸡	绿尾虹雉	蓝马鸡	环颈雉	红腹锦鸡	藏雪鸡	雪鹑
354962	24	46	141	15	23	6	136	73	0	57	0

多儿保护区共栖息着雉类11种，占甘肃省雉类总种数的58%。以蓝马鸡、血雉资源量较丰富，为雉类优势物种；红喉雉鹑、环颈雉、斑尾榛鸡、红腹角雉、勺鸡、藏雪鸡有一定资源（表5-21）。

表5-21 多儿保护区雉类资源概况

种类	资源数量	栖息生境	分布范围
斑尾榛鸡 *Terastes sewerzowi*	++	5、6	4～7
红喉雉鹑 *Tetraophasis obscurus*	++	4、5、6、7	2～7
血雉 *Ithaginis cruentus*	+++	4、5、6	2～7
红腹角雉 *Tragopan temminckii*	++	3、4	2～7
勺鸡 *Pucrasia macrolopha*	++	2、3、4	2～7
绿尾虹雉 *Lophophorus lhuysii*	+	5、6、7、8	3、5、6、7
蓝马鸡 *Crossoptilon auritum*	+++	4、5、6、7	1～7
环颈雉 *Phasianus colchicus*	++	1、2	1～5

（续表）

种类	资源数量	栖息生境	分布范围
红腹锦鸡 *Chrysolophus pictus*	+	2	1、3、5
藏雪鸡 *Tetraogallus tibetanus*	++	5、6、7、8	3、5～7
雪鹑 *Lerwa lerwa*	+	7、8	5、6

注：资源数量中"+++"为丰富，"++"为一般。"+"为较少；栖息生境中1为农田，2为落叶阔叶灌丛，3为落叶阔叶林，4为针阔混交林，5为针叶林，6为常绿革叶灌丛，7为草坡和高山草甸，8为高山流石滩。分布范围中1为花园，2为阿大黑，3为然子，4为后西藏，5为洋布，6为工布隆，7为劳日。

不同生境里的鸟类组成略有差异，农田基本上只有环颈雉栖息；落叶阔叶灌丛生境以环颈雉为主，偶尔可见红腹锦鸡；落叶阔叶林栖息着红腹角雉、血雉、蓝马鸡，红腹角雉在其他生境中很少活动；针阔混交林、针叶林则以血雉、蓝马鸡、红喉雉鹑、斑尾榛鸡为主，绿尾虹雉偶尔活动于针叶林；高山灌丛和高山草甸，以红喉雉鹑、绿尾虹雉为主，这两个物种偶尔活动于高山流石滩。

环颈雉分布于河谷地带的浅山区，红喉雉鹑、斑尾榛鸡、绿尾虹雉主要分布在海拔较高且远离居民点的区域，红腹角雉分布在中海拔的密林中，血雉、蓝马鸡分布范围较广泛，偶尔活动于居民点附近的林缘。

5.6.3.2　种群数量

（1）斑尾榛鸡

斑尾榛鸡隶属于鸡形目松鸡科榛鸡属，国家一级保护野生动物，中国特有物种，CITES附录未收录，IUCN红色名录将其列为NT级，《中国脊椎动物红色名录》将其列为NT级。

斑尾榛鸡分布于青海、甘肃、四川三省，分为2个亚种，多儿保护区分布的是指名亚种（*T. s. sewerzowi*），国内主要分布于甘肃省祁连山、太子山、甘南山区及青海省。

共在20条样线上发现斑尾榛鸡实体24只，依据样法，计算出斑尾榛鸡种群密度为0.64只/km²，种群数量为350（±150）只。依据小班勾绘法，得出斑尾榛鸡林地面积为170.27km²，则斑尾榛鸡栖息地内的种群密度为2.06只/km²。

（2）红喉雉鹑

红喉雉鹑隶属于鸡形目雉科雉鹑属，国家一级保护野生动物，中国特有物种，CITES附录未收录，IUCN红色名录将其列为LC级，《中国脊椎动物红色名录》将其列为VU级。国内分布于甘肃、青海东部、四川西北部；甘肃省分布于文县、康县、甘南及祁连山地区。

本次调查共在19条样线上发现红喉雉鹑实体46只，依据样法，计算出红喉雉鹑种群密度为1.18只/km²，种群数量为647（±298）只。依据小班勾绘法，得出红喉雉鹑栖息地面积为161.54km²，则具栖息地内的种群密度为4.00只/km²。

（3）血雉

血雉隶属于鸡形目雉科血雉属，国家二级保护野生动物，被列入CITES附录Ⅱ，IUCN红色名录将其列为LC级，《中国脊椎动物红色名录》将其列为NT级。

血雉国内分布于西藏、四川、云南、青海、甘肃、陕西等省（区），甘肃省有4个亚种，分布于陇南、甘南、祁连山、临夏、天水等地，多儿保护区分布的是*I. c. cruentus*。

本次调查共在31条样线上发现血雉实体141只，依据样法，计算出血雉种群密度为3.47只/km²，种群数量为1895（±714）只。依据小班勾绘法，得出血雉栖息地面积为340.55km²，则血雉栖息地内的种群密度为5.57只/km²。

（4）红腹角雉

红腹角雉属于鸡形目雉科角雉属，国家二级保护野生动物，CITES附录未收录，IUCN红色名录将其列为LC级，《中国脊椎动物红色名录》将其列为NT级。国内分布于陕西南部、甘肃南部、西藏东南部、云南、四川、重庆、贵州、湖北西部、湖南、广西北部；甘肃省分布于天水、陇南和甘南东南部，多儿保护区属其分布的边缘区域。

本次调查共在13条样线上发现红腹角雉实体15只，依据样法，计算出红腹角雉种群密度为0.37只/km²，种群数量为278（±153）只。依据小班勾绘法，得出红腹角雉栖息地面积为123.34km²，则红腹角雉栖息地内的种群密度为2.25只/km²。

（5）勺鸡

勺鸡属于鸡形目雉科勺鸡属，国家二级保护野生动物，IUCN红色名录将其列为LC级，《中国脊椎动物红色名录》将其列为LC级。国内分布于陕西、甘肃、宁夏、辽宁、北京、天津、河北、山西、内蒙古、安徽、江西、浙江、福建、广东等省（区）；甘肃省分布于天水、陇南和甘南东南部，多儿保护区属其分布的边缘区域。勺鸡国内分成5个亚种，多儿保护区分布的是*P. m. ruficollis*。

本次调查共在18条样线上发现勺鸡实体23只，依据样法，计算出勺鸡种群密度为0.74只/km²，种群数量为403（±200）只。依据小班勾绘法，得出勺鸡栖息地面积为146.26km²，则勺鸡栖息地内的种群密度为2.75只/km²。

（6）绿尾虹雉

绿尾虹雉隶属于鸡形目雉科虹雉属，国家一级保护野生动物，中国特有物种，被列入CITES附录Ⅰ，IUCN红色名录将其列为VU级，《中国脊椎动物红色名录》将其列为EN级。国内分布于四川、云南西北部、西藏东南部、甘肃东南部和青海东南部；甘肃省分布于文县、舟曲县、迭部县的高山草甸和针叶林缘。

本次调查共在6条样线上发现绿尾虹雉实体6只，依据样法，计算出绿尾虹雉种群密度为0.18只/km²，种群数量为100（±81）只。依据小班勾绘法，得出绿尾虹雉栖息地面积为34.38km²，则绿尾虹雉栖息地内的种群密度为2.91只/km²。

（7）蓝马鸡

蓝马鸡隶属于鸡形目雉科马鸡属，国家二级保护野生动物，中国特有物种，CITES附录未收录，IUCN红色名录将其列为LC级，《中国脊椎动物红色名录》将其列为NT级。国内分布于内蒙古中部、宁夏北部、甘肃西北部和南部，甘肃省分布于祁连山、临夏、甘南、天水、陇南等地。

本次调查共在26条样线上发现蓝马鸡实体136只，依据样法，计算出蓝马鸡种群密度为3.73只/km²，种群数量为2035（±889）只。依据小班勾绘法，得出蓝马鸡栖息地面积为279.97km²，则蓝马鸡栖息地内的种群密度为7.27只/km²。

（8）环颈雉

环颈雉隶属于鸡形目雉科雉属，国家"三有"动物，国内分布广泛，甘肃省遍布。国内共19个亚种，多儿保护区的是*P. c. strauchi*。

本次调查共在20条样线上发现环颈雉实体73只，依据样法，计算出环颈雉种群密度为1.73只/km²，种群数量为943（±482）只。依据小班勾绘法，得出环颈雉栖息地面积为89.67km²，则环颈雉栖息地内的种群密度为10.52只/km²。

（9）红腹锦鸡

红腹锦鸡隶属于鸡形目雉科锦鸡属，中国特有物种，甘肃省省鸟，国家二级保护野生动物，IUCN红色名录将其列为NT级，《中国脊椎动物红色名录》将其列为NT级。国内分布于青海东南部、甘肃南部、陕西秦岭、四川西部和西北部、湖北西部、云南东北部、贵州、湖南西部及广西东部；甘肃省分布于天水、陇南、甘南、平凉等市（州）。

本次调查未发现红腹锦鸡实体，仅文献和访问资料证明有分布，但红腹锦鸡喜好林缘活动，容易发现，如果有分布，调查期间应该能够发现实体，所以暂且存疑。

（10）藏雪鸡

藏雪鸡隶属于鸡形目雉科雪鸡属，国家二级保护野生动物，被列入CITES附录Ⅰ，IUCN红色名录将其列为LC级，《中国脊椎动物红色名录》将其列为NT级。国内分布于青藏高原及周边区域；甘肃省分布于祁连山、甘南和陇南的高山区域。

本次调查共在12条样线上发现藏雪鸡实体57只，依据样法，计算出藏雪鸡种群密度为1.46只/km²，种群数量为799（±486）只。依据小班勾绘法，得出藏雪鸡栖息地面积为77.49km²，则藏雪鸡栖息地内的种群密度为10.31只/km²。

（11）雪鹑

雪鹑隶属于鸡形目雉科雪鹑属，CITES附录未录入，IUCN红色名录将其列为LC级，《中国脊椎动物红色名录》将其列为NT级。国内分布于西藏东南部、甘肃南部、云南西北部、四川北部；甘肃省分布于南部山地。

本次调查未发现雪鹑实体，资料记载雪鹑在甘肃南部的高山裸岩生境有分布（王香亭，1991），多儿保护区有分布记录。

5.6.4　高山兀鹫

高山兀鹫（*Gyps himalayensis*）隶属鹰形目鹰科兀鹫属，国家二级保护野生动物，CITES附录Ⅱ物种，《中国脊椎动物红色名录》将其列为近危级（蒋志刚等，2016），IUCN红色名录将其列为近危（NT）级，是青藏高原常见的大型猛禽，栖息于海拔2500～4500m的高山，以尸体、病弱的大型动物、旱獭、啮齿类或家畜等为食，对维持生态平衡具有重要作用。高山兀鹫是世界飞得最高的鸟类之一。国内分布于辽宁、河北、内蒙古、宁夏、甘肃、新疆、西藏、青海、云南、四川等省份（郑光美，2017），省内分布于文县、舟曲、卓尼、碌曲及武威等河西地区（阿利·阿布塔里普，2014）。

高山兀鹫是多儿保护区数量较多的大型猛禽，但对其研究极为空白。本次调查利用样线法调查了多儿保护区高山兀鹫的种群数量和栖息地，丰富了高山兀鹫的基础资料，也为多儿保护区更好地保护高山兀鹫及其他珍稀濒危野生动植物提供了科学依据。

由于高山兀鹫喜好在天空中翱翔，调查时要不时望望天空，通过高倍望远镜，确认种类。本次使用样线法的单侧宽度为500m。

（1）种群数量

在完成的170条调查样线上，23条样线共发现高山兀鹫实体74只，最少的1只，最多的9只，以2～4只居多。调查时在工布隆沟口发现空中盘旋着一群，共9只，为发现最大的群。利用样线法计算，得到多儿保护区高山兀鹫的种群数量为122（±73）只（表5-22）。

表5-22　多儿保护区高山兀鹫种群数量

样线数（条）	发现个体部数（只）	样线总长度（km）	总面积（km²）	平均密度（只/km²）	种群数量（只）	置信区间
170	74	355	554.75	0.22	122	±73

（2）栖息地范围

利用MaxEnt模型和专家经验，得到多儿保护区高山兀鹫栖息地面积350.5km²（图5-7）。高山兀鹫栖息地在海拔相对较高的区域，主要包括洋布梁一线，从班藏旧村至甘川边界，沿洋布梁册脊一线；苏伊亚黑周边区域；劳日沟、工布隆、扎嘎吕至来依雷均有分布，是高山兀鹫主要的栖息地。中低海拔的多儿河谷和浅山区，偶尔在天空中能看到高山兀鹫飞过，但不是其栖息地。

（3）栖息地选择

高山兀鹫偏好针叶林或高山草甸类型的生境，在发现的74只实体中，针叶林占31%，高山草甸占23%，其余依次为高山灌丛、针阔混交林、荒山、落阔叶林（表5-23）。

距工布隆沟口约1km的峡谷中，有被流水深度切割的高大悬崖。在该高大悬崖的中上部，发现有一个高山兀鹫的巢穴，崖壁几乎垂直，距离地面约200m，距对面山坡约400m，周边生境为冷杉林，海拔2600m。

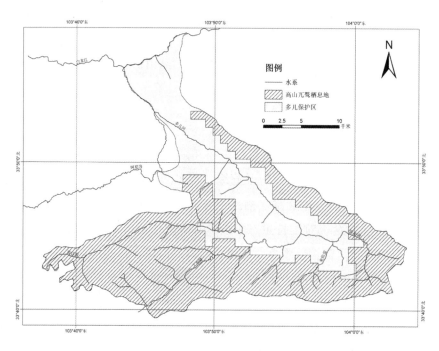

图5-7　多儿保护区高山兀鹫栖息地范围示意图

表5-23　多儿保护区高山兀鹫生境类型

频数	生境类型						
	农田	荒山	落叶阔叶林	针阔混交林	针叶林	高山灌丛	高山草甸
数量（只）	0	9	4	10	23	11	17
频率（%）	0	12	5	14	31	15	23

5.6.5　橙翅噪鹛

橙翅噪鹛（*Garrulax elliotii*）隶属于雀形目噪眉科噪鹛属，国家二级保护野生动物，中国特有种，《中国脊椎动物红色名录》和IUCN红色名录均将其列为低危（LC）级。橙翅噪鹛种群数量较丰富，是中国西南地区较为常见的一种噪鹛，国内分布于青海、甘肃、陕西、湖北、四川、贵州、云南、宁夏等地，省内分布于陇南、天水、兰州、甘南等地（王香亭，1991；蒋志刚等，2016；郑光美，2017）。

橙翅噪鹛是多儿保护区林缘地带常见的濒危物种，常成小群活动，但对其研究仍为空白。2020～2021年，利用样线法（单侧宽度为25m）调查了多儿保护区橙翅噪鹛的种群数量和栖息地，丰富了橙翅噪鹛的基础资料，为多儿保护区制定针对性保护措施，更好地保护橙翅噪鹛提供了决策依据。

（1）种群数量

在完成的170条调查样线上，共66条样线发现橙翅噪鹛实体505只，最少的1只，最多的36只，以10只以内居多。利用样线法计算，得到多儿保护区橙翅噪鹛的种群数量为6700（±1438）只（表5-24），调查精度达到78%，其调查结果完全可以采信。

表5-24　多儿保护区橙翅噪鹛种群数量

样线数（条）	发现个体数（只）	样线总长度（km）	总面积（km²）	平均密度（只/km²）	种群数量（只）	置信区间
170	550	355	554.75	12.28	6700	±1438

（2）栖息地范围

利用MaxEnt模型和专家经验，得到多儿保护区橙翅噪鹛栖息地面积447.75km²（图5-8），占多儿保护区国土总面积的80.71%。除泡乌突、巴旦哲西、苏伊亚黑、洋布梁等高山流石滩、高山草甸区域没有橙翅噪鹛外，大部分区域都有橙翅噪鹛分布，但在森林深处数量少见，主要栖息区域是林缘地带、河谷、居民点周边及农田边缘的灌丛。

（3）栖息地选择

本次调查采集了893个野外数据点的海拔、植被和地貌数据，其中134个点有橙翅噪鹛分布。以频率分布研究多儿保护区橙翅噪鹛不同海拔的活动程度，结果显示：多儿保护区的橙翅噪鹛在2501～3000m的海拔区间活动最频繁，频率达到32%；其次为2001～2500m的海拔区间，频率达到27%；在3001～3500m的海拔区间，频率为19%；在2000m以下的海拔区间，频率为14%；在3501～4000m的海拔区间，频率为8%；活动较少；海拔在4000m以上时，没有橙翅噪鹛活动（表5-25）。

以Vanderloge和Scavia选择系数法研究橙翅噪鹛的栖息地选择，结果显示：在多儿保护区，橙翅噪鹛对植被选择上偏好落叶阔叶灌丛，对农田、落叶阔叶林、针阔叶混交林中等偏好，对针叶林、常绿革叶灌丛

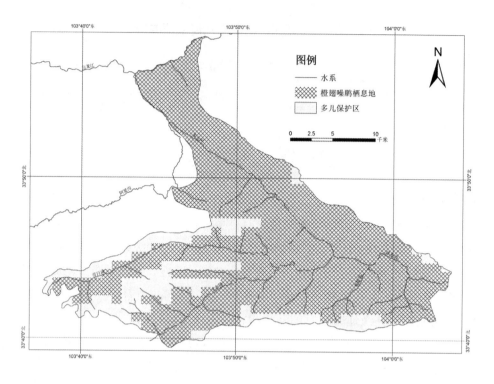

图5-8 多儿保护区橙翅噪鹛栖息地范围示意图

和高山草甸回避（表5-26）。地形方面，橙翅噪鹛对脊部为高频利用，对坡面和谷地中频利用（表5-27）。

表5-25 多儿保护区橙翅噪鹛不同海拔区间的活动频率分布

海拔区间（m）	＜2000	2001～2500	2501～3000	3001～3500	3501～4000	＞4000	合计
痕迹点数（个）	19	36	43	25	11	0	134
痕迹点频率（%）	14	27	32	19	8	0	100

表5-26 多儿保护区橙翅噪鹛对栖息地植被的选择

植被类型	ri	pi	Wi	Ei	利用频度
农田	8	12	0.30	0.35	较高利用
落叶阔叶灌丛	56	53	0.47	0.53	较高利用
落叶阔叶林	21	86	0.11	−0.41	随机利用
针阔混交林	22	198	0.05	−0.49	较低利用
针叶林	19	412	0.02	−0.75	较低利用
常绿革叶灌丛	4	54	0.03	−0.63	较低利用
高山草甸	4	78	0.02	−0.73	较低利用
总计	134	893	—	—	—

表5-27　多儿保护区橙翅噪鹛对地形的选择

植被类型	r_i	p_i	W_i	E_i	利用频度
脊部	13	164	0.135	−0.422	较低利用
谷地	37	99	0.637	0.314	较高利用
坡面	84	630	0.227	−0.188	随机利用
总计	134	893			

5.6.6　讨论

本次调查记录到多儿保护区鸟类187种，雀形目131种居于榜首，且雀形目中鹟科、燕雀科、鸦科和柳莺科的种类最多，体现了森林生境的鸟类组成特点，这与姚星星等（2018）的研究结果一致。这也充分说明鸟类的群落结构与栖息地的气候、地形、地势及植被类型密切相关，即生态系统的多样性决定鸟类群落的多样性（彭基泰等，2005）。多儿保护区落叶阔叶林生境海拔在2000～2600m，温度适宜，林下植被盖度很高，茂盛的草本植物为生物提供了丰富的食物资源，故阔叶林中鸟类多样性较高，种类较多。针阔混交林空间层次分明，气候温和、湿润，也为很多鸟类提供了适宜的栖息地。针叶林植被类型单一，冷杉、云杉纯林使得林内明亮，食物资源单一，不利于鸟类隐藏及觅食。高山灌草丛及裸岩地带，海拔达到3500～4200m，气流大，气温低，土层薄，植被稀疏，主要植被为低矮灌木及高山寒冻草甸，鸟类生存环境相对严酷，鸟类多样性低，但会分布一些适应此生境的独特类群，如雪鹑、藏雪鸡、蓝大翅鸲等。随着海拔的升高，生物物种数或多样性会逐渐降低，对鸟类垂直分布的一些研究也表明鸟类物种数和多样性指数随海拔梯度呈递减趋势，这与许多学者在不同区域的研究结果一致（赵正阶，1980；宋志明等，1985；姚建初和郑永烈，1986）。本次对多儿保护区鸟类调查结果表明，鸟类物种多样性规律为阔叶林＞针阔混交林＞针叶林＞高山灌草丛及裸岩地带，物种数和多样性指数随海拔梯度升高递减。这些鸟类垂直分布符合动物地理区划上位于古北界的高山，鸟类物种丰富度垂直分布多为递减模式；而东洋界，包括青藏高原西南、南部，鸟类物种丰富度垂直分布多为先增加后减少的模式（Rhabekc，1995；张荣祖，2011）。

根据中国动物地理区划，多儿保护区位于东洋界-中印亚界-华中区-西部山地高原亚区、东洋界-中印亚界-西南区-西南山地亚区、古北界-中亚亚界-青藏区-青海藏南亚区两界三区的交汇处，且毗邻古北界-东北亚界-华北区-黄土高原亚区（张荣祖，2011）。鸟类调查结果显示，在187种鸟类中，古北界占明显优势，古北界（43.32%）＞广布种（35.82%）＞东洋界（20.86%），南北混杂的区系特征明显，这与多儿保护区地处青藏高原东北边缘，动物地理区划上属于东洋界两个区和古北界一个区交界的特点，但与姚星星等（2018）研究的结果不同。本次调查鸟类种数187种，进一步说明多儿保护区的鸟类多样性丰富。

珍稀濒危鸟类中，血雉、蓝马鸡和高山兀鹫的数量比较多，在工布隆沟口的崖壁上发现高山兀鹫巢及6只个体；红外相机拍到的鸟类中，血雉、蓝马鸡占优势，监测过程中发现的鸡类也以这两种最多，在林缘经常能见到蓝马鸡群活动。藏雪鸡和雪鹑在洋布梁山脊附近上拍到过4～6只的群体；红喉雉鹑、金雕、红隼也是较常见的物种。红腹锦鸡、勺鸡、红腹角雉、斑尾榛鸡在野外布设的红外触发相机拍到过，数量相对稍少。鸮形目的种类及秃鹫在本次实地调查中没有见到实体，数量应该较少；灰鹤是迁徙季节路过本区，虽然偶然见到，但多儿保护区没有适合其栖的环境。

多儿保护区位于岷山的西端，是甘肃省两个雉类中心之一，雉类种类较多，但除红喉雉鹑、蓝马鸡、血雉外，其他种类的种群数量相对较低，尤其绿尾虹雉、红腹锦鸡、雪鹑的数量很少。红腹锦鸡、红腹角雉、勺鸡数量较少，或与多儿保护区是这些物种分布区的西北边缘有关。而绿尾虹雉、雪鹑的数量较少，或许与其适宜的栖息生境面积总体偏小有关。多儿保护区雉类多栖息于森林生境，调查人员的行动会使雉类受到惊扰而逃离，使观察到的实体数量偏少，因此获得的结论会低于实际数量。另外绿尾虹雉、雪鹑的活动海拔较高，调查人员不易到达，也可能是种群数量偏小的原因。

中国高山兀鹫的种群数量估计为2000～23000只，分布面积2680000km^2（徐国华等，2016），则平均密度为0.01只/km^2。多儿保护区虽然只有122只高山兀鹫，但其种群密度达到0.22只/km^2，约为中国平均密度的20倍，该种群密度应该是很高了。高山兀鹫被发现时，大多在空中盘旋，其下方的地面生境类型不止一种，如阴坡为针叶林，阳坡为草甸，对生境判断造成一定困难。目前对多儿保护区高山兀鹫的了解仍然较少，其威胁因素仍然不清楚，生态生物学研究严重不足，很难制定有效的保护计划。今后应加强相关研究，依据研究成果，采取针对性保护措施。

《国家重点保护野生动物名录》（2021年）中，橙翅噪鹛列为国家二级保护野生动物。橙翅噪鹛在多儿保护区社区比较常见，社区群众并不知道它已经列为国家二级保护野生动物，多儿管理局需加强宣传，让社区群众充分了解新的国家重点保护野生动物名单，以防因为无知而触犯法律。橙翅噪鹛分布范围较广，种群数量较大，被《中国脊椎动物红色名录》和IUCN红色名录列为低危级，目前暂无严重问题，多儿保护区内橙翅噪鹛的威胁因素不算突出，因此，严格按照自然保护区管理的相关要求，做好日常保护工作，就能够满足橙翅噪鹛保护的需求，无须针对橙翅噪鹛采取专门的保护措施。橙翅噪鹛喜好在农田、村落附近的灌丛活动，有时候也在农田觅食，可能误食毒杀鼠类的诱饵，在社区共管工作中，应适当增强对有毒农药、诱饵的管理，倡导生态种植。

5.7 哺乳动物

哺乳动物因其种类丰富多样，分布范围广，适应能力强，对栖息地变化、人为干扰等环境因素敏感的特征，是生物多样性保护管理与评价的关键指示类群（肖治术等，2017）。开展哺乳动物多样性调查，发现保护区生物多样性保护监测工作中出现的问题，为野生动物类型保护区提供科学监测和保护管理思路（薛达元和蒋明康，1994），是自然保护区的基础性工作。

2020—2022年多儿保护区本底资源调查，依据调查数据，结合以往研究资料（王香亭，1991；郑生武，1994；王应祥，2002；蒋志刚，2015；薛玉明，2010；Andrew T Smith，2009），对多儿保护区内兽类名录进行了更新，对近几年发现的新记录进行了整理，对部分珍稀濒危物种的种群数量和栖息地进行了研究，对野猪危害及啮齿动物群落结构进行了研究。这些调查研究工作，丰富了多儿保护区的基础资料，掌握了重要濒危哺乳动物的资源现状，为保护决策提供了科学依据。

5.7.1 物种组成

（1）物种组成

本次野外调查发现兽类实体45种，访问调查2种，文献记载21种，因此判定多儿保护区内分布有兽类68种，隶属7目24科55属。其中，啮齿目6科19属，占33.82%；食肉目6科15属占27.94%；鲸偶蹄目4科10属，占17.65%；劳亚食虫目3科4属，占7.35%；翼手目2科4属，占5.88%、兔形目2科2属，占5.88%；

灵长目1科1属，占1.47%。从分类系统来看，翼手目、灵长目和兔形目种类贫乏。

（2）区系分析

在动物地理区划上，保护区属于东洋界-中印亚界-华中区-西部山地高原亚区、东洋界-中印亚界-西南区-西南山地亚区、古北界-中亚亚界-青藏区-青海藏南亚区，两界三区的交汇处，且毗邻古北界-东北亚界-华北区-黄土高原亚区，是两界四区的交汇地带（张荣祖，2011）。保护区内现分布68种兽类，古北界物种有34种，占50.00%；东洋界物种有16种，占23.53%；广布种物种有18种，占26.47%（表5-28）。

从分布型来看，保护区内兽类被划分为11种分布型，以东洋型和古北型最多，高地型、喜马拉雅-横断山区型、全北型、季风型次之，华北型、东北-华北型、中亚型、南中国型和不易归类的分布最少。由此看出，该区域内的兽类以东洋型和古北型为主导，分别占兽类总数的25.00%和20.59%。各分布型的代表物种：东洋型（W）有猕猴、豺、黄喉貂、猪獾、花面狸、豹猫、金猫、中华鬣羚、花鼠、隐纹花松鼠、红白鼯鼠、黄胸鼠、社鼠、针毛鼠、白腹巨鼠、中华竹鼠和豪猪17种；古北型（U）有中駒鼩、陕西駒鼩、北棕蝠、双色蝙蝠、石貂、黄鼬、水獭、野猪、狍、根田鼠、巢鼠、小林姬鼠、褐家鼠和小家鼠14种；高地型（P）有雪豹、马麝、岩羊、西藏盘羊、喜马拉雅旱獭、高原松田鼠、藏鼠兔、间颅鼠兔和灰尾兔9种；喜马拉雅-横断山区型（H）有大熊猫、四川羚牛、沟牙鼯鼠、复齿鼯鼠、林跳鼠和黑唇鼠兔6种；全北型（C）有狼、赤狐、棕熊、猞猁和四川马鹿5种；季风型（E）有普通伏翼、黑熊、四川梅花鹿、中华斑羚和岩松鼠5种；南中国型（S）有喜马拉雅水駒、林麝、毛冠鹿和中华姬鼠4种；不易归类的分布（O）有东北刺猬、马铁菊头蝠、香鼬和豹4种；华北型（B）有麝鼹、中华鼢鼠2种；中亚型（D）有荒漠猫1种；东北-华北型（X）有大林姬鼠1种（表5-28）。

表5-28　多儿保护区部分兽类物种分布型、保护级别、区系类型及濒危情况

物种名	分布型	区系类型			数据来源
		古北界	东洋界	广布种	
1. 东北刺猬 *Erinaceus amurensis*	O	√			W
2. 麝鼹 *Scaptochirus moschatus*	B	√			W
3. 中駒鼩 *Sorex caecutiens*	U			√	W
4. 陕西駒鼩 *Sorex sinalis*	U		√		W
5. 喜马拉雅水駒 *Chimarrogale himalayica*	S		√		W
6. 马铁菊头蝠 *Rhinolophus ferrumequinum*	O		√		W
7. 普通伏翼 *Pipistrellus pipistrellus*	E			√	W
8. 北棕蝠 *Eptesicus nilssoni*	U	√			W
9. 双色蝙蝠 *Vespertilio murinus*	U				W
10. 猕猴 *Macaca mulatta*	W		√		S
11. 狼 *Canis lupus*	C			√	S
12. 赤狐 *Vulpes vulpes*	C			√	S
13. 豺 *Cuon alpinus*	W			√	W

（续表）

物种名	分布型	区系类型			数据来源
		古北界	东洋界	广布种	
14. 棕熊 *Ursus arctos*	C	√			F
15. 黑熊 *Ursus thibetanus*	E			√	S
16. 大熊猫 *Ailuropoda melanoleuca*	H			√	S
17. 黄喉貂 *Martes flavigula*	W			√	W
18. 石貂 *Martes foina*	U	√			K
19. 香鼬 *Mustela altaica*	O	√			S
20. 黄鼬 *Mustela sibirica*	U	√			S
21. 猪獾 *Arctonyx collaris*	W		√		S
22. 水獭 *Lutra lutra*	U	√			S
23. 花面狸 *Paguma larvata*	W			√	S
24. 荒漠猫 *Felis bieti*	D	√			S
25. 豹猫 *Prionailurus bengalensis*	W			√	S
26. 猞猁 *Lynx lynx*	C	√			W
27. 金猫 *Pardofelis temminckii*	W		√		W
28. 豹 *Panthera pardus*	O		√		W
29. 雪豹 *Panthera uncia*	P	√			W
30. 野猪 *Sus scrofa*	U	√			S
31. 林麝 *Moschus berezovskii*	S	√			S
32. 马麝 *Moschus chrysogaster*	P	√			W
33. 毛冠鹿 *Elaphodus cephalophus*	S		√		S
34. 四川梅花鹿 *Cervus nippon*	E			√	S
35. 四川马鹿 *Cervus macneilli*	C	√			W
36. 狍 *Capreolus pygargus*	U	√			S
37. 四川羚牛 *Budorcas tibetanus*	H		√		S
38. 中华斑羚 *Naemorhedus griseus*	E			√	S
39. 中华鬣羚 *Capricornis milneedwardsii*	W			√	S
40. 岩羊 *Pseudois nayaur*	P	√			S
41. 西藏盘羊 *Ovis hodgsoni*	P	√			F
42. 白腹巨鼠 *Leopoldamys edwardsi*	W		√		S
43. 小家鼠 *Mus musculus*	U			√	S

（续表）

物种名	分布型	区系类型			数据来源
		古北界	东洋界	广布种	
44. 中华竹鼠 *Rhizomys sinensis*	W		√		S
45. 林跳鼠 *Eozapus setchuanus*	H	√			S
46. 豪猪 *Hystrix hodgsoni*	W		√		S
47. 黑唇鼠兔 *Ochotona curzoniae*	H	√			S
48. 藏鼠兔 *Ochotona thibetana*	P	√			S
49. 间颅鼠兔 *Ochotona cansus*	P	√			W
50. 灰尾兔 *Lepus oiostolus*	P	√			S

注：分布型中"C"全北型；"U"古北型；"B"华北型；"X"东北-华北型；"E"季风型；"D"中亚型；"P"高地型；"H"喜马拉雅-横断山区型；"S"南中国型；"W"东洋型；"O"不易归类的分布。

数据来源：S-实体，F-访问调查，W-文献。

（3）G-F多样性指数

G-F指数是基于动物名录测度一个地区物种多样性的方法（蒋志刚和纪力强，1999），其数值越高，非单种科越多，一般地，G-F指数是0~1的测度。因此，根据保护区兽类物种名录和前述公式计算得到甘肃多儿国家级自然保护区DG为3.45，DF为14.58，DG-F为0.76，表明保护区内物种多样性较高。

5.7.2　新记录

2013年，多儿保护区工作人员于工布隆架设了第一台红外相机，开始了野生动物种群的监测工作。此后，逐年补充红外相机数量，扩大了监测区域（附图5）。截至2022年4月，红外相机已拍摄到荒漠猫（*Felis bieti*）、猕猴（*Macaca mulatta*）、狍（*Capreolus pygargus*）和隐纹花松鼠（*Tamiops swinhoei*）4种多儿保护区哺乳动物新记录。本次调查中统计访问调查数据确认棕熊（*Ursus arctos*）为多儿保护区哺乳动物新记录。

（1）猕猴

2017年，安置在工布隆辉加洛冷杉林中的1台红外相机，两次拍摄到猕猴（*Macaca mulatta*），拍摄地坐标为103°49′47.71″E，33°43′45.99″N，海拔高度2762m。

猕猴隶属灵长目（Primates）猴科（Cercopithecidae），别称猢猴、黄猴、沐猴、恒河猴、老青猴、广西猴。体形较其他猴类稍小，面部和两耳呈肉红色或暗红色，眉脊高，眼窝深，上体毛色棕灰，下体毛色棕黄。国内分布于南方诸省；省内分布于徽县、成县、康县、武都区和两当县（王香亭，1991）。猕猴为国家二级保护野生动物，《中国物种红色名录》等级为LC（蒋志刚，2016）。

（2）棕熊

统计访谈数据时，有16份问卷表明在达益村洋布梁（海拔4000m左右）附近有棕熊活动，洋布梁区域曾有牧民放牧时，目击过一只棕褐色的大熊，挖食旱獭的巢穴。据此判断该多儿保护区内有棕熊分布。

（3）荒漠猫

2015年安放在缓冲区苏伊亚黑西北坡灌丛中的1台红外相机，拍摄到荒漠猫（*Felis bieti*）1只。拍摄地坐标为103°50′44.55″E，33°47′02.89″N，海拔高度3884m。

荒漠猫隶属食肉目猫科（Felidae），体形比家猫稍大，尾巴较长，四肢略高，耳端具有短簇毛，通体毛色为黄灰色，密杂深褐色和黑色针毛，颊部有两条弯曲的棕色条纹，尾端有4个黑环，毛尖黑色。国内分布于甘肃、陕西、四川、新疆、内蒙古及西藏等地，省内分布于酒泉、兰州（王香亭，1991）。荒漠猫为国家一级保护野生动物，中国特有种，《中国物种红色名录》等级为CR（蒋志刚，2016），CITES将其列入附录Ⅱ。

（4）狍

2019年安放在核心区扎嘎吕落叶阔叶林中的1台红外相机，拍摄到2只狍（*Capreolus pygargus*）。拍摄地坐标为103°54′30.36″E、33°43′3.20″N，海拔高度2891m。

狍隶属偶蹄目（Cetartiodactyla）鹿科（Cervidae），体形适中，雄性具有短角，分3叉而无眉叉，体色棕黄或灰棕色，吻部咖啡黑色、鼻尖黑色，臀部有块白斑，尾巴较短。国内分布于长江以北区域；省内分布于庆阳、平凉、漳县、卓尼、榆中、舟曲等地（王香亭，1991）。

（5）隐纹花松鼠

2021年安放在核心区工布隆竹林的1台红外相机，拍摄到1只隐纹花松鼠（*Tamiops swinhoei*）。拍摄地坐标为103°47′58.41″E、33°41′52.29″N，海拔高度3011m。

隐纹花松鼠隶属啮齿目（Rodentia）松鼠科（Sciuridae），体色呈橄榄棕色或橄榄灰色，具5条暗条纹，中间条纹黑色，侧条纹棕色或与体色同色；4条亮背条纹，呈橄榄黄色，腹毛浅白色，眼下的条纹不能与背部的侧亮条纹相连（Andrew T Smith，2009）。

5.7.3　大熊猫

多儿保护区是以保护大熊猫等珍稀动物及栖息地为主的野生动物类型自然保护区，也是大熊猫分布的北缘，在气候变化背景下，未来对大熊猫的保护可能有重要作用。2011—2014年的全国第四次大熊猫调查显示，该保护区栖息着9只大熊猫，栖息地面积21534hm²（国家林业和草原局，2021；史志鬲，2017）。2010—2013年，多儿保护区劳日沟和相邻甘肃白龙江阿夏省级自然保护区的华西箭竹大面积开花枯死，此后历年的监测中，很少发现大熊猫活动痕迹。2020—2022年，多儿保护区本底资源调查之际，调查研究了多儿保护区大熊猫的数量和栖息地现状，以便管理机构掌握大熊猫及栖息地的现状，实现更科学的决策，实施更精准的措施，达到事半功倍的效果，提高保护成效。

5.7.3.1　种群数量

共发现大熊猫粪便和活动痕迹点46处（表5-29），其中45个点分布在工布隆沟，只有1个取食痕迹点分布在扎嘎吕。大熊猫活动痕迹密度以辉加洛至扎杰普一线及工布波密度最高，主要分布在阴坡森林中（图5-9）。

依据14处大熊猫粪便咬节测量值和32痕迹点位置，采用"移动距离+咬节法"，计算出多儿保护区的大熊猫种群数量与全国第四次大熊猫调查结果相比保持稳定，均栖息在工布隆沟，其中，辉加洛沟口至白古牧场1只、工布波2～3只、扎杰普至都九沟3～4只、都立沟口1只（图5-10）。依据粪便判断年龄结构的标准（胡锦矗，1990），年龄结构为少年个体：青年个体：成年个体：老年个体＝14：29：43：14，年龄结构十分"完美"，属增长型种群。与第四次大熊猫调查结果9只相比（2012年），种群数量基本稳定。

多儿保护区的大熊猫活动海拔在2700～3400m，主要活动海拔是2900～3200m，痕迹点频率达到65%，尤喜海拔2900～3000m的区域，其痕迹点频率达33%（图5-11）。

表5-29　多儿保护区大熊猫粪便及痕迹点

序号	痕迹类型	经度（°）	纬度（°）	海拔（m）	咬节值（mm）	小粪便	时间（d）
1	粪便	103.805928	33.7124694	2758	34.01	否	≥15
2	粪便	103.7906194	33.6961833	2987	24.62	否	≥15
3	粪便	103.7910389	33.6965278	2972	37.55	否	≥15
4	粪便	103.7778917	33.6882972	2945	34.71	否	≥15
5	粪便	103.7854083	33.6914389	2967	33.25	否	≥15
6	粪便	103.6761972	33.7138111	2759	32.23	否	≥15
7	粪便	103.7778917	33.6882972	2945	35.53	否	≥15
8	粪便	103.6761972	33.7138111	2759	31.27	否	≥15
9	粪便	103.7857570	33.6909650	2882	31.24	否	≥15
10	粪便	103.7819560	33.6889920	2960	30.81	否	≥15
11	粪便	103.8091190	33.7106120	2954	33.42	否	≥15
12	粪便	103.8091200	33.7106020	2956	29.62	否	≥15
13	粪便	103.7893160	33.6978540	2854	33.73	否	≥15
14	粪便	103.776061	33.688403	3020	36.44	否	≥15
15	食迹	103.8053730	33.7172642	2740	—	0	≥15
16	食迹	103.7675720	33.688484	3400	—	0	≥15
17	食迹	103.775613	33.685563	2898	—	0	≥15
18	食迹	103.771043	33.680919	3205	—	0	≥15
19	食迹	103.770525	33.680595	2905	—	0	≥15
20	食迹	103.78206	33.70501	3024	—	0	≥15
21	食迹	103.781928	33.705899	2947	—	0	≥15
22	食迹	103.782358	33.405754	2958	—	0	≥15
23	食迹	103.784588	33.703233	2960	—	0	≥15
24	食迹	103.7726210	33.6790230	3033	—	0	≥15
25	食迹	103.7728010	33.6795740	2992	—	0	≥15
26	食迹	103.7759940	33.6806210	3101	—	0	≥15
27	食迹	103.7489440	33.6731970	3105	—	0	≥15
28	食迹	103.7476130	33.6739350	3133	—	0	≥15
29	食迹	103.7470970	33.6750800	1113	—	0	≥15
30	食迹	103.7703670	33.6893280	3257	—	0	≥15
31	食迹	103.7702880	33.6898130	3238	—	0	≥15

（续表）

序号	痕迹类型	经度（°）	纬度（°）	海拔（m）	咬节值（mm）	小粪便	时间（d）
32	食迹	103.7711660	33.6910810	3236	—	0	≥15
33	食迹	103.7715620	33.6917220	3137	—	0	≥15
34	食迹	103.7719050	33.6919580	3016	—	0	≥15
35	食迹	103.7719000	33.6919550	3064	—	0	≥15
36	食迹	103.7720380	33.6919670	3053	—	0	≥15
37	食迹	103.8012880	33.7054800	2926	—	0	≥15
38	食迹	103.8021650	33.7052510	2978	—	0	≥15
39	食迹	103.8036450	33.7049820	3059	—	0	≥15
40	食迹	103.8042340	33.7046920	3096	—	0	≥15
41	食迹	103.8049370	33.7043380	3144	—	0	≥15
42	食迹	103.8051120	33.7043610	3154	—	0	≥15
43	食迹	103.8143320	33.7027270	3422	—	0	≥15
44	毛发	103.8036450	33.7049820	3059	—	0	≥15
45	食迹	103.8327740	33.7256270	2740	—	0	≥15
46	食迹	103.8327740	33.7256270	2740	—	0	≥15

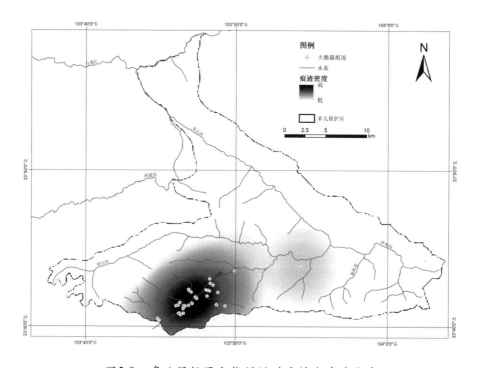

图5-9 多儿保护区大熊猫活动痕迹点密度分布

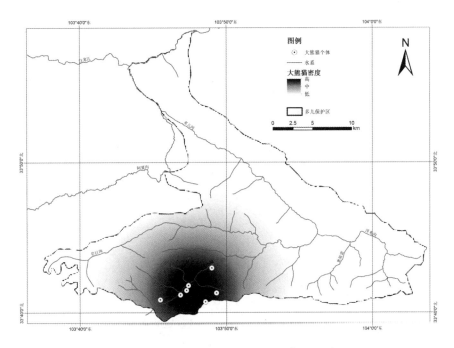

图5-10　多儿保护区大熊猫密度分布

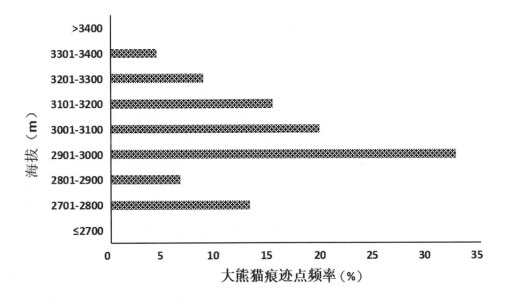

图5-11　多儿保护区大熊猫痕迹点频率分布

5.7.3.2　栖息地和潜在栖息地

依据大熊猫粪便和活动痕迹点以Bigemap GIS Office软件中天地图（经纬直投）影像为底图，结合林地一张图中的植被数据和2019年调查的大熊猫主食竹分布数据，勾绘得到多儿保护区大熊猫栖息地，范围包括扎嘎吕和工布隆（图5-12）。与甘肃省第四次大熊猫调查结果相比，栖息地略有下降。原因是2005年前后，华西箭竹大面积开花，导致部分大熊猫栖息地丧失。开花区目前恢复的华西箭竹初生苗平均高度约1m，还不能为大熊猫提供足够的食物资源。

调查发现多儿保护区大熊猫潜在栖息地面积189.14km²，范围包括劳日沟、来依雷、洋布沟、阿大黑、台力沟、在易沟等（图5-12）。与甘肃省第四次大熊猫调查结果相比，潜在栖息地面积变化不大，但范围有了一定改变。

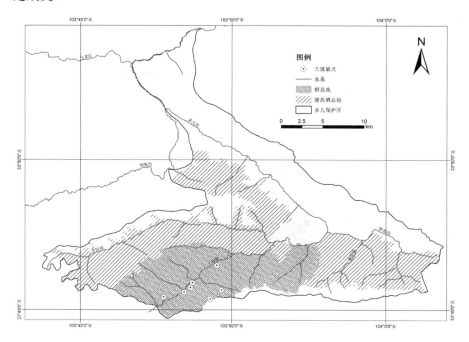

图5-12 多儿保护区大熊猫栖息地和潜在栖息地分布

5.7.3.3 主要问题

存在一定放牧干扰严重，但管理机构与地方政府无力解决。多儿保护区阴坡多为森林、阳坡多为草山，形成阴坡大熊猫栖息、阳坡当地人放牧的格局。而大熊猫栖息地的河谷地带，竹子生长较好，本可成为大熊猫良好的栖息地，但家牛、牧民的活动比较频繁，存在一定干扰，导致河谷区很大熊猫利用相对较少。大熊猫栖息地内的草山主要是白古、后西藏等村的传统牧场，还有一部分是四川省九寨沟县部分村民的传统牧场。放牧是当地村民的传统产业和支柱产业，放牧区域也是他们的传统牧场，若禁止放牧，将直接影响这些居民的生存。在成立自然保护区时，受时代和条件限制，并没有解决这个矛盾。多儿保护区管护中心和迭部县政府的层面很难解决，省级管理部门应该专题研究这个问题，提出解决方案，在省级政策层面，解决这个问题。

保护技能不足。一线保护人员多为原林场从业工人，保护人员缺乏专业训练，不能准确判断大熊猫取食痕迹、大熊猫偏好的生境，识别兽径、安置红外相机的经验不足等，专业保护技能明显不足；大熊猫种群及栖息地监测中，仍然沿用第四次大熊猫调查的成果设置样线，缺乏针对性的工作，在工布隆大熊猫活动海拔区段的监测偏少。

5.7.3.4 小结

多儿保护区大熊猫种群数量保持稳定年龄结构"完美"，属典型增长型种群。

2005年的华西箭竹大面积开花，使多儿保护区大熊猫的栖息地面积有所减少，劳日沟、来依雷等区域的栖息地转变为潜在栖息地，随竹子实生苗的生长和竹林更新，这些区域的潜在栖息地面积，将再次转变为栖息地。结合大熊猫种群增长型的年龄结构，如果不出现大的干扰，未来大熊猫种群将呈现稳步提升的发展趋势。

大熊猫及栖息地保护的主要问题是放牧干扰，多儿保护区管护中心应该与迭部县政府一起，向上级政府和主管部门持续反应这个问题，争取省级层面通过政策或重大项目，一劳永逸地解决这个问题。

多儿保护区的大熊猫活动海拔主要在2900～3200m，且以阴坡中坡位为主，目前监测海拔偏低，且以河谷为主，可能降低监测中大熊猫活动痕迹的发现率。今后应该调整监测区域，监测样线达到3300m以上。

5.7.4　四川梅花鹿

四川梅花鹿（*Cervus nippon*）隶属于鲸偶蹄目鹿科鹿属，国家一级保护野生动物，《中国脊椎动物红色名录》将其列入濒危（EN），IUCN红色名录将其列为无危（LC）。

1964年，四川省中药研究所在川西北调查药用动物资源时，在铁布崇尔乡采到5只梅花鹿标本，命名为梅花鹿四川亚种（*C. n. sichuanicus*）（郭延蜀，2004）。1999年，郭延蜀经过13年的调查研究发现栖息在铁布一带（四川省若尔盖县、甘肃省迭部县）的梅花鹿约850余只，被认为是世界上最大的野生梅花鹿种群（郭延蜀，2000；刘昊等，1999）。多儿保护区是梅花鹿的主要栖息地之一，与1964年在铁布发现的梅花鹿属同一种群，近年来多儿保护区四川梅花鹿种群数量持续增加，甚至变成了危害当地农业生物的主要"害兽"之一。多儿保护区内四川梅花鹿有多少？栖息地范围在哪儿？应该如何更好发挥保护？怎样减少对群众的危害？本次通过样线法，样线单侧宽度300m，调查研究了多儿保护区四川梅花鹿的种群数量及栖息地，旨在一定程度上回答这些问题，为进一步保护四川梅花鹿，解决保护与农业生产之间的矛盾，以及为我国梅花鹿的保护提供基础资料。

（1）栖息地范围

本次调查在多儿保护区内共布设样线170条，其中在19条样线上发现四川梅花鹿实体数量及活动痕迹39只/处（表5-30）。

根据此次调查到的四川梅花鹿位点的栖息地记录，确定了四川梅花鹿的栖息地类型主要为针阔混交林、灌丛及林缘草甸，根据四川梅花鹿的分布状况及多儿保护区植被调查数据，利用ArcGIS得出多儿保护区四川梅花鹿的栖息地面积为182.36km²，其中，针阔混交林97.20km²，53.3%；灌丛48.51km²，占26.6%；林缘草甸36.47km²，占20.0%。主要分布在在易沟以南、洋布沟以西的区域（图5-13）。

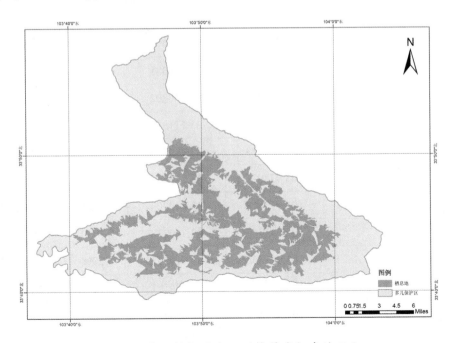

图5-13　多儿保护区内四川梅花鹿栖息地面积

表5-30　多儿保护区内四川梅花鹿发现位点统计

调查样线编号	实体数量或活动痕迹（只／处）	发现位点经度（°）	发现位点纬度（°）	海拔（m）	栖息地类型
1	1	103.847709	33.817716	2925	草甸
3	1	103.904228	33.768606	2771	针阔混交林
	2	103.904529	33.768945	2748	针阔混交林
4	1	103.805609	33.834936	2872	灌丛
28	1	103.915011	33.720759	2901	灌丛
29	2	103.889540	33.724527	3244	针阔混交林
33	1	103.814385	33.712364	3019	针阔混交林
35	1	103.965200	33.722198	2913	灌丛
39	1	103.950620	33.745414	2719	草甸
	1	103.950630	33.747698	2616	草甸
57	1	103.891804	33.804630	2395	灌丛
84	1	103.846872	33.720271	2961	灌丛
	1	103.844522	33.725839	2819	针阔混交林
85	1	103.911653	33.713908	3138	针阔混交林
	1	103.909314	33.75344	2980	针阔混交林
87	1	103.838621	33.725277	2743	针阔混交林
92	1	103.942498	33.714488	3240	草甸
93	1	103.936951	33.748913	2666	针阔混交林
	1	103.937681	33.748496	2695	针阔混交林
100	1	103.831336	33.729381	2696	灌丛
	1	103.830307	33.730202	2709	灌丛
	1	103.828342	33.731356	2768	针阔混交林
132	2	103.955973	33.713274	3047	针阔混交林
	1	103.954825	33.713747	2996	针阔混交林
	1	103.952819	33.710704	3089	针阔混交林
	2	103.953763	33.709838	3191	针阔混交林
146	4	103.906063	33.714653	2990	针阔混交林
165	2	103.913498	33.784551	2689	草甸
	1	103.920869	33.785514	2991	灌丛
167	2	103.968365	33.750588	2799	草甸

（2）种群数量

利用样线调查数据，计算出多儿保护区内梅花鹿的种群平均密度为0.647934只/km²。多儿保护区四川梅花鹿栖息地面积182.36km²，计算出多儿保护区内四川梅花鹿的种群数量为118只（表5-31）。

表5-31　多儿保护区内四川梅花鹿种群数量

多儿保护区总面积（km²）	栖息地面积（km²）	种群平均密度（只/km²）	种群数量（只）
545.75	182.36	0.647934	118

（3）栖息地选择

生境选择指数显示，四川梅花鹿偏好选择针阔混交林（Ei=0.696），其次为灌丛（Ei=0.473），草甸末之，而对于多儿保护区内多样的栖息地类型，四川梅花鹿回避了高山冻原、农田、村庄、水域。四川梅花鹿在多儿保护区内能够利用的海拔区间较宽，对2300m以下和3500m以上的海拔都表现为回避，比较喜好2600～3200m的海拔区间，尤其偏好2600～2900m的海拔区间（表5-32）。因此，海拔2600～3200m的针阔混交林、灌丛及林缘草甸为四川梅花鹿在多儿保护区内的最佳栖息地。

表5-32　四川梅花鹿对栖息地利用的选择指数

特征	I	ri	pi	Wi	Ei
海拔（m）	<2300	0	1	0.000	−1.000
	2301～2600	1	20	0.055	0.049
	2601～2900	14	41	0.377	0.878
	2901～3200	12	36	0.368	0.860
	>3201	2	11	0.201	0.376
生境	草甸	5	21	0.301	0.202
	针阔混交林	16	58	0.349	0.696
	灌丛	8	29	0.349	0.473

5.7.5　四川羚牛

四川羚牛（*Budorcas tibetanus*）又名牛羚、扭角羚，隶属于鲸偶蹄目牛科羚牛属，国家一级保护野生动物，CITES附录Ⅱ物种，IUCN红色名录将其列为易危（VU），《中国濒危动物红皮书》将其列为易危（VU）（蒋志刚等，2016）。国内分布于陕西、甘肃、四川、云南、西藏等省区，甘肃省分布于迭部县、舟曲县、武都区、文县、康县、徽县等县区（张荣祖，1997；王香亭，1991）。

多儿保护区是四川羚牛分布区的边缘地带，2019—2021年进行的多儿保护区本底资源调查中，调查研究了四川羚牛的种群数量和栖息地，填补了该保护区四川羚牛资源不清的空白，丰富了四川羚牛的野生种群及分布的基础资料，为多儿保护区的科学保护和管理提供了决策依据，也为甘肃省濒危物种保护提供参考依据。

（1）种群数量

在完成的170条调查样线上，13条样线发现四川羚牛实体39头（表5-33），发现区域以工布隆为主，在扎嘎吕、来依雷一线也有活动，此外，在易沟发现过1只独牛活动，但发现频次不多，且远离其他发现点。

表5-33　多儿保护区四川羚牛样线调查数据

样线编号	样线长（m）	发现个体（只）	样线编号	样线长（m）	发现个体（只）
49	1663	4	88	1467	2
50	1665	1	89	1404	2
56	2458	4	90	2043	5
61	1786	5	100	1318	6
63	3394	1	111	1631	3
68	1510	1	141	4311	2
87	1190	3			

利用样线法计算，单侧宽度150m，计算得到多儿保护区四川羚牛的种群数量为246（±155）只（表5-34）。

表5-34　多儿保护区四川羚牛种群数量

样线数（条）	样线总长（km）	调查面积（km²）	平均密度（只/km²）	种群数量（只）	置信区间
170	355	554.75	0.45	246	±155

（2）栖息地

利用MaxEnt模型和专家经验，得到多儿保护区四川羚牛栖息地面积162.52km²（图5-14）。四川羚牛栖息地集中分布在工布隆一带，劳日沟的阴坡、在易沟也有少量栖息地。

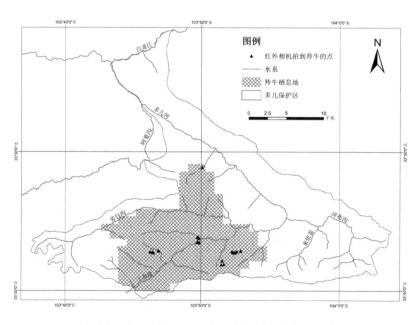

图5-14　多儿保护区四川羚牛栖息地范围示意图

（3）生境选择

多儿保护区羚牛的栖息地主要是森林，以针叶林、针阔混交林为主，偶尔活动于灌丛和草地，在农田、居民区和高山流石滩不活动。活动海拔以2700～3500m为主。

5.7.6　中华斑羚

中华斑羚（*Naemorhedus griseus*）又名斑羚、灰斑羚，隶属于鲸偶蹄目牛科斑羚属，是典型的林栖哺乳兽类，栖息于中高海拔多岩石且陡峭的山区，常在密林间的陡峭崖坡出没。中华斑羚分布较广泛，从亚热带至北温带地区均有分布，国内分布于陕西、甘肃、四川北部及东北、华北各省份；省内见于成县、徽县、康县、武都、两当、文县、天水、清水、武山、张家川、康乐等地（王香亭，1991；张荣祖，1997）。中华斑羚属国家二级保护野生动物，CITES附录I物种，IUCN红色名录将其列为易危（VU），《中国濒危动物红皮书》将其列为濒危（EN）（蒋志刚等，2016）。

中华斑羚是多儿保护区常见的有蹄类动物，也是大型食肉类的主要猎物之一，在维护生态平衡等方面的重要意义。2020—2021年，在多儿保护区本底资源调查之际，开展了中华斑羚种群数量及栖息地的研究，不仅填补了该保护区相关内容的空白，也对保护区内珍稀濒危物种的保护工作提供科学理论指导，对中华斑羚的野生种群及资源保护提供相关的科学依据。

（1）种群数量

由于中华斑羚警觉性较高，样线调查中，实体发现率相对较低，但粪便发现率相对较高，因此将粪便换算为实体，进入种群数量计算。研究认为，中华斑羚家域面积<3hm²，则换算出家域直径约等于200m（195.4m），以家域的2倍作为中华斑羚的日常活动范围，则可以认为，400m内的粪便为同一群中华斑羚所排。中华斑羚通常独立或2～3只小群活动，因此，简化为样线上每300m内发现的新鲜粪便为同一只斑羚所排，转换为1只实体，400m外发现的新鲜粪便，转换为另1只实体，依次推算出样线上中华斑羚的实体数。为减少重复计算，样线单侧宽度也选择150m。

在170条调查样线上，112条样线发现中华斑羚实体或粪便，利用样线法计算，得到多儿保护区中华斑羚的种群数量为835（±111）只（表5-35）。

表5-35　多儿保护区中华斑羚种群数量

样线数（条）	发现个体及粪便折算个体数（只）	样线总长度（km）	调查面积（km²）	平均密度（只/km²）	种群数量（只）	置信区间
170	157	355	554.75	1.53	835	±111

（2）栖息地范围

利用MaxEnt模型和专家经验，得到多儿保护区中华斑羚栖息地面积371.5km²（图5-15）。中华斑羚栖息地分布相对较广，每个保护站辖区均有分布，主要包括洋布梁上坡坡位的森林，阿大黑、台力敖、在力敖、然子、白古等村落西部的森林区域，劳日沟、工布隆、扎嘎吕、来依雷、巴尔格、洋布沟等沟系的森林区域。多儿河谷等人类活动频繁的区域，巴旦哲西、洋布梁等高山流石滩区域，劳日等大面积草山区域，中华斑羚活动较少，不属于其栖息地。

（3）栖息地选择

本次调查采集了893个野外数据点的海拔、植被和地貌数据。

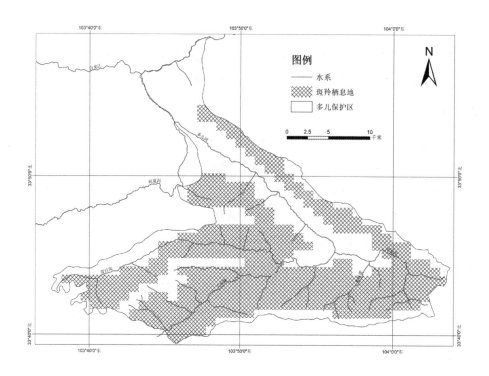

图5-15　多儿保护区中华斑羚栖息地范围示意图

以频率分布研究多儿保护区中华斑羚不同海拔的活动程度，结果显示：多儿保护区的中华斑羚在2501～3000m的海拔区间活动最频繁，频率达到59%；其次为3001～3500m的海拔区间，频率也达到22%；在2001～2500m和3501～4000m的海拔区间，活动较少；海拔在2000m以下及4000m以上时，没有中华斑羚活动（表5-36）。

表5-36　多儿保护区中华斑羚不同海拔区间的活动频率分布

海拔区间（m）	＜2000	2001～2500	2501～3000	3001～3500	3501～4000	＞4000	合计
痕迹点数（个）	0	67	278	104	23	0	472
痕迹点频率（%）	0	14	59	22	5	0	100

以Vanderloge和Scavia选择系数法研究中华斑羚的栖息地选择，结果显示：在多儿保护区，中华斑羚对植被选择上偏好针叶林和针阔混交林，对这两种生境为较高利用；对落叶阔叶林和常绿革叶灌丛为随机利用；对落叶阔叶灌丛和高山草甸趋向于回避，为较低利用；对农田不利用（表5-37）。

表5-37　多儿保护区中华斑羚对栖息地植被的选择

植被类型	ri	pi	Wi	Ei	利用频度
农田	0	12	0.04	−1.00	不利用
落叶阔叶灌丛	4	53	0.14	−0.58	较低利用
落叶阔叶林	24	86	0.29	−0.01	随机利用
针阔混交林	114	198	0.38	0.34	较高利用

（续表）

植被类型	ri	pi	Wi	Ei	利用频度
针叶林	312	412	0.12	0.45	较高利用
常绿革叶灌丛	13	54	0.03	−0.08	随机利用
高山草甸	5	78	0.04	−0.63	较低利用
总计	472	893			

地形方面，中华斑羚对脊部和坡面为较高利用，对谷地为随机利用，相对而言，对脊部的偏好更高一些（表5-38）。

表5-38　多儿保护区中华斑羚对地貌的选择

植被类型	ri	pi	Wi	Ei	利用频度
脊部	133	164	0.52	0.57	较高利用
谷地	24	99	0.16	0.04	随机利用
坡面	315	630	0.32	0.39	较高利用
总计	472	893			

5.7.7　中华鬣羚

中华鬣羚（*Caricornis milneedwardsii*）别名苏门羚、四不像、山驴，隶属于偶蹄目牛科鬣羚属，国家二级保护野生动物，被列入CITES附录Ⅰ，"IUCN红皮书"将其列为VU级，《中国脊椎动物红色名录》将其列为VU级（蒋志刚等，2016）。国内分布于陕西、甘肃、宁夏、青海、四川、贵州、云南、西藏、江西、湖北、湖南、安徽、浙江、福建、广东、广西等地；省内分布于天水市、陇南市、定西市、甘南藏族自治州和临夏回族自治州（张荣祖，1997；王香亭，1991）。

多儿保护区是中华鬣羚分布区的边缘地带，2020—2021年调查研究了中华鬣羚的种群数量和栖息地，解决了该保护区中华鬣羚种群数量和林地不清的问题，丰富了中华鬣羚的野生种群及分布的基础资料，为多儿保护区的科学保护和管理提供了决策依据，也为甘肃省濒危物种保护提供参考依据。

（1）种群数量

在完成的170条调查样线上，118条样线发现中华鬣羚实体130头（含粪便显示活动痕迹折算个体）。利用样线法，样线单侧宽度选择150m，置信度按95%，计算得到多儿保护区中华鬣羚的种群数量为747（±92）只，种群平均密度为1.37只/km²（表5-39）。

表5-39　多儿保护区中华鬣羚种群数量

样线数（条）	样线总长（km）	调查面积（km²）	平均密度（只/km²）	种群数量（只）	置信区间
170	355	554.75	1.37	747	±92

（2）栖息地

利用野外获得的152个中华鬣羚分布点数据，依据MaxEnt模型和专家经验，得到多儿保护区中华鬣羚栖息地面积395.5km²。中华鬣羚栖息地主要包括阿大黑、台力敖沟、在易沟、劳日、工布隆、扎嘎吕、来依雷、洋布沟等区域，以森林生境为主（图5-16）。

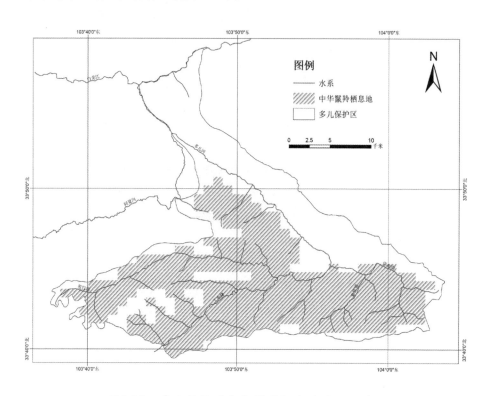

图5-16　多儿保护区中华鬣羚栖息地范围示意图

（3）栖息地选择

本次调查采集了893个野外数据点的海拔、植被和地貌数据。以频率分布研究多儿保护区中华鬣羚不同海拔的活动程度，结果显示：多儿保护区的中华鬣羚在2501～3500m的海拔区间活动最频繁，频率达到90%；在2001～2500m和3501～4000m的海拔区间，活动较少；海拔在2000m以下及4000m以上时，没有中华鬣羚活动（表5-40）。

表5-40　多儿保护区中华鬣羚不同海拔区间的活动频率分布

海拔区间（m）	<2000	2001～2500	2501～3000	3001～3500	3501～4000	≥4000	合计
痕迹点数（个）	0	19	63	58	13	0	153
痕迹点频率（%）	0	14	47	43	10	0	100

以Vanderloge和Scavia选择系数法研究中华鬣羚的栖息地选择，结果显示：在多儿保护区，中华鬣羚对植被选择上偏好针叶林和针阔混交林，对这两种生境为较高利用；对落叶阔叶林和常绿革叶灌丛为随机利用；对落叶阔叶灌丛和高山草趋较低利用；对农田不利用（表5-41）。

地形方面，中华鬣羚均为随机利用，没有明显的偏好（表5-42）。

表5-41 多儿保护区中华鬣羚对栖息地植被的选择

植被类型	ri	pi	Wi	Ei	利用频度
农田	0	12	0	−1.0	不利用
落叶阔叶灌丛	2	53	0.05	−0.50	较低利用
落叶阔叶林	12	86	0.18	0.11	随机利用
针阔混交林	49	198	0.32	0.38	较高利用
针叶林	82	412	0.25	0.28	较高利用
常绿革叶灌丛	8	54	0.19	0.14	随机利用
高山草甸	1	78	0.02	−0.79	较低利用
总计	154	893			

表5-42 多儿保护区中华鬣羚对地貌的选择

植被类型	ri	pi	Wi	Ei	利用频度
脊部	33	164	0.38	0.07	随机利用
谷地	16	99	0.31	−0.04	随机利用
坡面	104	630	0.31	−0.03	随机利用
总计	153	893			

5.7.8 野猪资源及危害

野猪（*Sus scrofa*）是"三有"动物，近些年来，随着我国对生态环境保护力度的增强，野猪种群数量上升速度较快，活动范围也日渐增加，活动区域与人类活动区域产生重叠，造成一定危害（张静，2008；余海慧等，2009；王莉等，2020；刘晓阳和张俊，2021；马付才，2021；何小风和王斌，2021；王代强，2021）。

多儿保护区的生态环境较为适合野猪生长繁衍，野猪资源较为丰富，但同时也产生人兽冲突问题，包括对农作物、林地和草地的危害等。2020—2021年对多儿保护区内的野猪资源及危害进行了调查，为有关部门制定宏观政策及减轻野猪危害提供了科学依据。

（1）栖息地

通过野外获得的野猪活动数据点，利用小班勾绘法获得野猪栖息地面积为463.67km²，其中，针叶林194.46km²，占41.94%；针阔混交林111.18km²，占23.98%；灌丛46.36km²，占10.10%；草甸19.47km²，占4.20%。

（2）种群数量

在野外调查的170条样线上，51条样线记录到野猪活动，对没有发现实体的样线，按1只实体的数量，参与野猪种群数量计算。利用样线法，样线单侧宽度为100m，计算出野猪种群密度为0.92只/km²，数量为421只。

（3）生境选择

本次调查发现野猪实体和活动痕迹中，生境以针叶林占34%、灌丛占23%、落叶阔叶林占15%、针阔混交林占11%、农田占11%、草地占6%，说明多儿保护区的野猪更偏好森林、灌丛。草地比例较低，高山流石滩没有活动痕迹，说明野猪比较回避这两种生境。

（4）危害

野猪会在农作物成熟时下山，对农作物进行取食，故野猪对农作物的危害一般会发生在7、8月至秋收结束，在取食农作物时还会在农田中打滚，毁坏农作物。野猪也会啃食新栽苗木的树皮与嫩枝，拱食树根，攀折树干，存在着拱地行为，对森林和草地的破坏十分严重（崔爽，2020；文金花和李靖霞，2020）。

本次调查共对保护区内的8个行政村、15个自然村的105位农户进行随机的走访调查。根据走访调查所得多儿保护区内野猪的危害主要有三类，分别是危害人身安全、损害农作物、毁坏林木草地。其中最严重的是第二类危害，即对保护区内农作物的损害。

野猪活动区域与人类活动区域的重叠导致人与野猪接触距离缩短和频率增加，使人与野猪正面冲突概率加大，导致发生人身安全事故的概率增加。虽然野猪在一般情况下会主动避让人类，即使近距离相遇也不会主动攻击人类，但在受伤或者受到惊吓时会对人类进行攻击。在105份农户走访问卷中，有45份问卷显示，保护区内农户最近一年内在靠近村庄农田的森林边见到过野猪。其中，后西藏村最多，达9次；白古村次之也有6次；然子村和达益村各有5次。

多儿保护区内野猪主要危害的农作物有小麦、大豆、青稞、洋芋、玉米等。在105份农户问卷中有37份问卷显示近一年中当地农户所种植的农作物曾经遭受野猪"光顾"，所造成的损失较大。

5.7.9 啮齿动物多样性及群落结构研究

啮齿动物在生态系统中属于初级消费者，在能量流动和物质循环中起重要的作用，鼠害的爆发，会给人类带来巨大的问题（韩崇选等，2003），啮齿动物多样性研究对生态系统的稳定有重要意义。啮齿动物的生态学研究已经成为当今生态学研究的热点领域，啮齿动物为较好的指示性物种，啮齿动物多样性变化是观察环境变化的重要指标。多儿保护区近些年来随着保护区群众保护野生动物的意识日益增强，退耕还林、天然林保护、自然保护区建设等生态工程的实施，使得啮齿动物的生境好转，但对啮齿动物资源的研究非常有限，基础资料和数据严重不足。本项研究从群落结构的方向，研究了多儿保护区的啮齿动物，增补了这方面的空白，为制定宏观政策、开展科学保护提供了依据，也对保护和合理利用啮齿动物资源、评估生态保护价值、维持生态系统稳态产生积极的意义。

（1）样地概况

共设28个铗日点（样地），分布在农田、灌丛、草坡、高山草甸、森林、居民点等6个不同的生境，编号为a、b、c、d、e、f（表5-43），布设有效铗日数18360个（表5-43）。

（2）物种组成

共发现啮齿动物7科17属22种246只，总捕获率为1.34%。其中岩松鼠（*Sciurotamias davidianus*）、复齿鼯鼠（*Trogopterus xanthipes*）、沟牙鼯鼠（*Aeretes melanopterus*）、松田鼠（*Pitymys irene*）、中华鼢鼠（*Myospalax fontanieri*）为中国特有种。黄胸鼠（*Rattus flavipectus*）、社鼠（*Rattus niviventer*）、大林姬鼠（*Apodemus peninsulae*）数量最多，分别为46只、45只、32只，占总捕获率的18.70%、18.29%、13.01%。复齿鼯鼠、沟牙鼯鼠、棕鼯鼠（*Petaurisa petaurista*）、松田鼠（*Pitymys irene*）捕获

率最小，均为0.41%。其他物种的捕获率依次是针毛鼠8.54%、岩松鼠7.32%、喜马拉雅旱獭6.50%、小林姬鼠5.28%、中华鼢鼠4.47%、褐家鼠4.47%、小家鼠2.44%、中华林姬鼠1.63%、花鼠1.22%、沟牙田鼠1.22%、林跳鼠1.22%、中华竹鼠1.63%、根田鼠0.81%、长尾仓鼠0.81%、豪猪0.81%。

表5-43 多儿保护区啮齿动物种类与捕获率

地点	生境	东经（°）	北纬（°）	海拔（m）	编号
洋布	农田	103.8822	33.8072	2832	P1a
洋布	灌丛	103.9994	33.7078	3079	P2b
洋布	森林	103.9961	33.7069	3560	P3e
洋布	高山草甸	103.9992	33.7244	3792	P4d
然子	农田	103.8923	33.7926	2317	P5a
然子	灌丛	103.8759	33.7887	2645	P6b
然子	居民点	103.8887	33.8018	2309	P7f
台力傲	农田	103.8817	33.8064	2751	P8a
台力傲	森林	103.8573	33.8084	2724	P9e
拉瓦	农田	104.0140	33.7269	3061	P10a
拉瓦	灌丛	104.0303	33.7339	3145	P11b
后西藏	灌丛	103.8616	33.7558	2658	P12b
后西藏	草甸	103.9020	33.7539	3246	P13c
当当	灌丛	103.8647	33.8376	2598	P14b
当当	农田	103.8612	33.8376	2526	P15a
巴尔格	森林	103.9983	33.7056	3221	P16e
来依雷	森林	103.9147	33.7238	2700	P17e
来依雷	农田	103.9508	33.7471	2635	P18a
劳日	森林	103.8057	33.7636	2600	P19e
劳日果巴	森林	103.7142	33.7273	3200	P20e
马拉哈	草坡	103.7000	33.7477	3605	P21c
霍马哲	草坡	103.6431	33.7331	3940	P22c
希布土	高山草甸	103.7521	33.7169	3950	P23d
白古牧场	森林	103.7988	33.7016	2853	P24e
班藏	居民点	103.7315	33.9202	1920	P25f
达益	森林	103.9994	33.7573	3104	P26e
科牙	农田	103.7732	33.9028	2633	P27a
花园	农田	103.7779	33.9629	1848	P28a

（3）区系分析

22种啮齿动物中，古北界种类11种，东洋界种类10种，广布种1种，因此在多儿保护区啮齿动物区系方面，表现出明显的过渡性。

（4）生境分布

多儿保护区全境不同海拔均有啮齿动物分布，捕获个体的最高海拔为3940m，最低海拔为1848m，以海拔2500～3500m生活的种类最丰富。不同物种在不同生境捕获的数量有一定差异，显示不同物种的生境分布不尽相同。喜马拉雅旱獭（Marmota himalayana）、岩松鼠、社鼠、中华林姬鼠（Apodemus draco）、小林姬鼠（Apodemus sylvatieus）、大林姬鼠在森林中最多；黄胸鼠、中华鼢鼠、长尾仓鼠（Cricetulus longieaudatus）、花鼠（Eutamias sibiricus）、沟牙田鼠（Proedromys bedfordi）在农田中分布最多；棕鼯鼠、针毛鼠（Niviventer fulvescens）在灌丛中数量最多；褐家鼠（Ratius norvegicus）在居民点分布最多。

（5）群落研究

28个铗日点（样地）共捕获啮齿动物22种246只，其中，P1a有大林姬鼠3只、针毛鼠1只、黄胸鼠7只、沟牙田鼠1只、社鼠3只、中华鼢鼠5只；P2b有小家鼠2只、大林姬鼠2只、针毛鼠1只、小林姬鼠1只；P3e有针毛鼠2只、林跳鼠1只、大林姬鼠7只、小林姬鼠2只、中华林姬鼠1只、中华竹鼠1只、岩松鼠4只、喜马拉雅旱獭4只、复齿鼯鼠1只、社鼠4只；P4d有社鼠2只、小林姬鼠1只；P5a有黄胸鼠6只、针毛鼠1只、社鼠2只、长尾仓鼠1只、中华鼢鼠2只；P6b有社鼠黄胸鼠6只、岩松鼠2只、花鼠1只、小林姬鼠1只、大林姬鼠2只、针毛鼠1只；P7f有黄胸鼠6只、褐家鼠6只、小家鼠2只；P8a有根田鼠1只、针毛鼠1只、社鼠1只、黄胸鼠4只；P9e有喜马拉雅旱獭1只、岩松鼠沟3只、牙鼯鼠1只；P10a有大林姬鼠2只、花鼠1只、社鼠2只、针毛鼠1只；P11b有喜马拉雅旱獭2只、岩松鼠2只、棕鼯鼠1只；P12b有黄胸鼠1只、社鼠3只、大林姬鼠1只、小林姬鼠1只、针毛鼠7只、豪猪1只；P13c有喜马拉雅旱獭5只、岩松鼠3只；P14b有黄胸鼠2只、社鼠2只、林跳鼠1只；P15a有沟牙田鼠1只、黄胸鼠3只、社鼠1只；P16e有林跳鼠1只、大林姬鼠7只、中华林姬鼠1只、小林姬鼠2只、根田鼠1只、针毛鼠2只、社鼠4只；P17e有大林姬鼠5只、中华竹鼠1只、针毛鼠1只、小林姬鼠2只、社鼠4只；P18a有社鼠2只、松田鼠1只、黄胸鼠2只、沟牙田鼠1只、针毛鼠1只；P19e有小林姬鼠1只、中华竹鼠1只、社鼠2只；P20e有大林姬鼠3只、小家鼠2只、小林姬鼠1只、岩松鼠2只；P21c有社鼠1只、中华鼢鼠4只；P22c有社鼠1只、针毛鼠1只；P23d有社鼠2只、喜马拉雅旱獭1只、小林姬鼠1只、中华林姬鼠2只、中华竹鼠1只、针毛鼠1只、社鼠8只、岩松鼠2只；P24e有小林姬鼠1只、中华林姬鼠2只、中华竹鼠1只、针毛鼠1只、社鼠8只、岩松鼠2只；P25f有黄胸鼠4只、褐家鼠5只；P26e有喜马拉雅旱獭3只、豪猪1只；P27a有黄胸鼠3只、长尾仓鼠1只；P28a有黄胸鼠2只、花鼠1只。

由以上数据的主成分分析结果形成的群落结构图显示（图5-17），p17e、p10a、p4d、p12b、p23d比较接近，为同一类型；p18a、p14b、p1a、p6b、p15a、p5a、p25fe、p7f、p28a、p27a、p8a比较接近，为同一类型；p26e、p9e、p11b、p13c比较接近，为同一类型；p2b、p20e、p3e、p21c为散点。

依据以上分析，多儿保护区啮齿动物群落可划分为黄胸鼠（农田）群落、社鼠（森林）群落、喜马拉雅旱獭（草地）群落。

（6）群落多样性

3种啮齿动物群落中，黄胸鼠（农田）群落多样性最高，其次是社鼠（森林）群落，再次为喜马拉

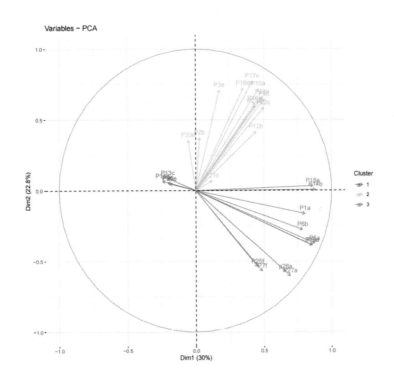

图5-17 啮齿动物主成分分析群落排序

雅旱獭（草地）群落。啮齿动物多样性分别为社鼠（森林）群落的优势种为社鼠，常见种为针毛鼠、大林姬鼠，罕见种为花鼠、黄胸鼠、豪猪（*Hystrix hodgsoni*）、中华竹鼠（*Rhizomys sinensis*）、小林姬鼠、喜马拉雅旱獭；黄胸鼠（农田）群落的优势种为黄胸鼠，常见种为社鼠、褐家鼠、中华鼢鼠，罕见种为大林姬鼠、针毛鼠、沟牙田鼠、长尾仓鼠、岩松鼠、花鼠、小林姬鼠、小家鼠（*Mus musculus*）、根田鼠（*Microtus oeconomus*）、林跳鼠（*Eozapus setchuanus*）、松田鼠（*Pitymys irene*）；喜马拉雅旱獭（草地）群落优势种为喜马拉雅旱獭，常见种为岩松鼠，罕见种为沟牙鼯鼠、棕鼯鼠、豪猪（表5-44）。

表5-44 多儿保护区啮齿动物群落多样性

群落名称	基本情况	捕获的种类与个体数	多样性指数
社鼠-森林群落	海拔：2658～3950m；生境：高山草甸、农田、灌丛、森林	社鼠13只、小林姬鼠4只、大林姬鼠8只、花鼠1只、针毛鼠9只、黄胸鼠1只、豪猪1只、中华竹鼠1只、喜马拉雅旱獭1只	2.50
黄胸鼠-农田群落	海拔：1848～2832m；生境：农田、灌丛、居民点	大林姬鼠5只、针毛鼠5只、黄胸鼠45只、沟牙田鼠3只、社鼠12只、中华鼢鼠7只、长尾仓鼠2只、岩松鼠2只、花鼠2只、小林姬鼠1只、褐家鼠11只、小家鼠2只、根田鼠1只、林跳鼠1只、松田鼠1只	2.81
喜马拉雅旱獭-高山草甸群落	海拔：2724～3246m；生境：森林、灌丛、高山草甸	喜马拉雅旱獭1只、岩松鼠8只、沟牙鼯鼠1只、棕鼯鼠1只、豪猪1只	1.64

5.7.10 濒危动物

濒危物种的种类和数量，是评估自然保护区保护价值的重要标准。本文从国家重点保护野生动物、甘肃省重点保护野生动物、中国脊椎动物红色名录、IUCN红色名录、CITES附录物种、"三有"动物、中国特有物种等几个方面，整理分析了多儿保护区濒危动物的多样性，以便准确评估其保护价值，为开展保护行动及科学决策提供参考。

（1）国家重点保护野生动物

依据《国家重点保护野生动物名录》（2021），多儿保护区共有国家重点保护野生动物63种（部分见彩图5-28～5-45），其中，国家一级保护野生动物21种，国家二级保护野生动物42种。国家一级重点保护野生动物中，兽类11种，鸟类10种。国家二级保护野生动物中，兽类15种，鸟类25种，两栖类1种，鱼类1种（表5-45、附表3）。

表5-45 多儿保护区国家重点保护野生动物统计信息

濒危级别	兽类（种）	鸟类（种）	爬行类（种）	两栖类（种）	鱼类（种）	合计（种）
国家一级	11	10	—	—	—	21
国家二级	15	25	—	1	1	42
合计	26	35	—	1	1	63

（2）甘肃省重点保护野生动物

根据甘肃省政府公布的名单（甘政发〔2007〕64号文、甘政发〔2007〕65号文）文件，多儿保护区分布有甘肃省重点保护的野生动物12种，以兽类和鸟类居多（表5-46、附表3）。

表5-46 多儿保护区甘肃省重点保护野生动物种数统计信息

濒危级别	兽类（种）	鸟类（种）	爬行类（种）	两栖类（种）	鱼类（种）	合计（种）
省级	4	4	—	2	2	12

（3）中国脊椎动物红色名录物种

1990年，我国出版了《中国濒危动物红皮书》（汪松，1998），开始了《中国濒危物种红色名录》的评估，2016年，更新了《中国脊椎动物红色名录》（蒋志刚等，2016）。本文依据2016发布的《中国脊椎动物红色名录》，梳理分析结果显示，多儿保护区列入《中国脊椎动物红色名录》易危级及以上的物种有34种，其中，极危（CR）6种，濒危（EN）9种，易危（VU）19种。这些物种中，以兽类濒危物种最多，鸟类濒危物种也较丰富（表5-47、附表3）。

表5-47 多儿保护区中国脊椎动物红色名录物种统计信息

濒危级别	兽类（种）	鸟类（种）	爬行类（种）	两栖类（种）	鱼类（种）	合计（种）
极危（CR）	6	—	—	—	—	6
濒危（EN）	6	2	—	—	1	9

（续表）

濒危级别	兽类（种）	鸟类（种）	爬行类（种）	两栖类（种）	鱼类（种）	合计（种）
易危（VU）	10	5	1	1	2	19
近危（NT）	12	21	1	—	—	34
数据缺乏（DD）	—	—	—	—	2	2
合计	34	28	2	1	5	70

（4）IUCN红色名录物种

IUCN濒危物种红色名录是国际上评估物种濒危程度的重要指标，依据IUCN红色名录网站数据（IUCN，2022），梳理分析结果显示，多儿保护区列入IUCN红色名录易危级及以上物种有18种，其中濒危（EN）6种，易危（VU）12种。这些物种中，仍然以鸟类、兽类种数居多（表5-48、附表3）。

表5-48 多儿保护区IUCN红色名录物种种数统计信息

动物类群	濒危程度（种）				
	极危（CR）	濒危（EN）	易危（VU）	近危（NT）	合计
兽类	—	3	6	9	18
鸟类	—	2	2	7	11
爬行类	—	—	1	1	2
两栖类	—	—	1	—	1
鱼类	—	1	2	—	3
合计	—	6	12	17	35

（5）CITES附录物种

《濒危野生动植物种国际贸易公约》（CITES）是1973年3月在华盛顿签署的国际公约，宗旨是保护野生动植物种因国际贸易而遭到过度开发利用。多儿保护区列入CITES（2019）的野生动物共42种，其中附录Ⅰ有14种、附录Ⅱ有26种、附录Ⅲ有2种（表5-49、附表3）。

表5-49 多儿保护区CITES附录物种种数统计信息

级别	兽类（种）	鸟类（种）	爬行类（种）	两栖类（种）	鱼类（种）	合计（种）
附录Ⅰ	10	4	—	—	—	14
附录Ⅱ	9	17	—	—	—	26
附录Ⅲ	2	—	—	—	—	2
合计	21	21	—	—	—	42

（6）"三有"物种

依据国家林业局令（2000）第7号《国家保护的有益的或者有重要经济、科学研究价值的陆生野生动物名录》（简称《三有动物名录》），多儿保护区"三有"动物共146种，其中，兽类21种、鸟类110种、爬行类10种、两栖类5种（附表1）。

（7）中国特有物种

在多儿保护区栖息的野生动物中，中国特有物种共45种，其中，兽类16种、鸟类18种、爬行类3种、两栖类2种、鱼类6种（附表3）。

5.7.11 讨论

本次调查对13种兽类进行了修订，其中小熊猫（*Ailrus fulgens*）和兔狲（*Otocolobus manul*）文献记载有分布，但在长期的监测过程中未发现，本次调查认为这两个物种在多儿保护区分布缺乏证据，移出哺乳动物名录。依据文献，更新了10种兽类的名称，即普通刺猬（*Erinaceus europaeus*）更名为东北刺猬（*Erinaceus amurensis*），普通鼩鼱（*Sorex araneus*）更名为陕西鼩鼱（*Sorex sinalis*），普通蝙蝠（*Vespertilio murinus*）更名为双色蝙蝠（*Vespertilio murinus*），梅花鹿（*Cervus nippon*）更名为四川梅花鹿（*Cervus nippon*），马鹿（*Cervus elaphus*）更名为四川马鹿（*Cervus macneilli*），羚牛（*Budorcas taxicolor*）更名为四川羚牛（*Budorcas tibetanus*），斑羚（*Naemorhedus goral*）更名为中华斑羚（*Naemorhedus griseus*），鬣羚（*Capricornis sumatraensis*）更名为中华鬣羚（*Capricornis milneedwardsii*），盘羊（*Ovis ammon*）更名为西藏盘羊（*Ovis hodgsoni*），松田鼠（*Pitymys irene*）更名为高原松田鼠（*Neodon irene*）。文献记载的红背鼯鼠（*Petaurista petaurista*），又称棕鼯鼠，分布于福建、广东和广西大明山（王应祥，2002）。依据文献（王香亭，1991）和访谈资料，可判定保护区内分布的为红白鼯鼠（*Petaurista alborufus*），因此文献记载的红背鼯鼠疑为红白鼯鼠（*Petaurista alborufus*），本次名录将红背鼯鼠（*Petaurista petaurista*）更正为红白鼯鼠（*Petaurista alborufus*）。名录中增补了近几年发现的猕猴（*Macaca mulatta*）、棕熊（*Ursus arctos*）、荒漠猫（*Felis bieti*）、狍（*Capreolus pygargus*）和隐纹花松鼠（*Tamiops swinhoei*）5种兽类。

多儿保护区内分布兽类7目24科55属68种，约占甘肃省兽类动物142种（王香亭，1991）的47.89%，兽类资源十分丰富。多儿保护区内的DG=3.45，DF=14.58，DG-F=0.76，也表现出保护区内兽类物种多样性水平很高。

本次调查发现荒漠猫、猕猴、狍、隐纹花松鼠的实体及棕熊分布的信息，丰富了多保护区的哺乳动物和濒危物种纪录，进一步次证明多儿保护区物种的丰富性。但猕猴在多儿保护区未发现群体活动，没有稳定的种群，这只红外相机拍到的个体，可能是偶然的迷途个体。隐纹花松鼠的发现并不意外，隐纹花松鼠在迭部县有分布。

多儿保护区大熊猫主要活动区域为工布隆，活动海拔主要在2900～3200m，且以阴坡中坡位为主，目前监测人员的监测海拔偏低，且以河谷为主，导致监测很少发现大熊猫痕迹。今后应该调整监测区域，监测样线必须到达海拔3300m以上，大熊猫种群及栖息地监测的样线，也就相应向工布隆和2900～3200m的海拔区间倾斜。大熊猫栖息地内，仍然存在大面积的牧场和相当数量的家牛。这些牧场属白古、后西藏等几个村子的传统牧场，牧业也是这几个村子的支柱性产业，尽管这些牧场和放牧行为与自然保护区条例冲突，但在没有解决这些村子村民的生计问题前，根本无法禁止社区的放牧行为。这个问题的解决，应该在省级政府层面。

甘肃省珍贵动物资源调查结果显示，甘肃省四川梅花鹿在迭部县有8只，漳县有2只，栖息地面积约450km²。本次研究表明，多儿保护区内四川梅花鹿种群数量为118只，反映出梅花鹿种群数量增长幅度很大，与访问结果一致。

羚牛通常分为4个亚种，即秦岭亚种（*B. t. bedfordi*）、指名亚种（高黎贡亚种）（*B. t. taxicolor*）、四川亚种（*B. t. tibetana*）、不丹亚种（*B. t. whitei*）。但《国家重点保护野生动物名录》（2021）中，将其分成了4个物种，即秦岭羚牛（*B. bedfordi*）、贡山羚牛（*B. taxicolor*）、四川羚牛（*B. tibetana*）、不丹羚牛（*B. whitei*）。王香亭认为甘肃南部的羚牛为秦岭亚种，分子生物学研究支持了这个结论，而四川九寨沟羚牛属四川亚种。本次研究认为，羚牛亚种之间的生殖隔离尚未建立，性状分化还达不到种的水平，应该按1种4亚种进行分类。多儿保护区属岷山范围，与秦岭相距较远，与九寨沟县相连，从地理位置上来看，多儿保护区内分布的羚牛为四川亚种。但由于《国家重点保护野生动物名录》（2021）确定羚牛划分为4个物种，所以本次调查报告与《国家重点保护野生动物名录》保持一致，将多儿保护区分布的羚牛认定为四川羚牛。

多儿保护区中华斑羚栖息地选择和植被方面偏好针叶林和针阔混交林，这点与其他地方相同，但对落叶阔叶灌丛和常绿革叶灌丛都趋向于回避，与四川卧龙中华斑羚对食物充足的1~3m高灌木区域亦有偏好的研究结果略有差异。多儿保护区中华斑羚种群数量310只，相对于分布在11个省56个县的较大种群数量而言，占比分量不重，但对多儿保护区而言，中华斑羚是最常见的濒危物种之一，也是保护成效的指示性物种，对维护生态平衡，检验保护成效等有重要意义，仍然需要加强保护，增加种群数量。访问信息表明，近年来，多儿保护区数次发现中华斑羚个体死亡的现象，需要进行深入的调查研究，查明原因，以便采取有效措施，保护好斑羚等珍稀濒危有蹄类物种。

中华鬣羚和中华斑羚互为伴生种，栖息地往往重叠。多儿保护区中华鬣羚和中华斑羚的栖息地基本重叠，在林地选择上也差不多，但在地形方面，中华鬣羚表现出对地形没有特别偏好。近十年以来，野外遇到的中华鬣羚尸体增多，是种群数量上升，还是传染病导致，需进一步研究。

6 文化与社区

6.1 研究方法

文化与社区的研究主要采用田野调查法、半结构访谈法、问卷调查法、二手资料法等。

（1）旅游资源调查研究

在实地调查的基础上，参考二手资料和研究成果，结合保护区旅游发展现状，依据《旅游资源分类、调查与评价》（GB/T 18972—2017）标准中"旅游资源评价赋分标准"确定的项目、赋分标准及方法，对旅游资源进行单体定量评价及等级划分，并对保护区旅游资源进行整体评价。

（2）民俗文化研究

民俗文化研究采用文献法、调查法、比较分析法。

收集和阅读与本主题相关的经典文献资料、图纸、影像资料、报纸、书刊等，梳理目前已有的关于甘肃藏族民俗文化的组成要素和区域特色，重点提取多儿保护区及其附近区域民俗文化资料，整理现有资料的重点调查内容和不足，确定多儿保护区田野调查的重点内容。

在多儿保护区进行实地调查、拍摄照片、影音录制、走访村民、参与体验等手段，搜索多种形式丰富的资料，夯实论文的社会基础，确保调查结果的真实性、时效性和系统性。

结合多儿保护区周边的旺藏乡、阿夏乡、尼傲等近邻乡镇的民俗文化特征，通过分类比较，提取多儿保护区藏族群众在服饰、丧葬、宗教派系等方面的特色之处，突出地域特色。同时，以多儿保护区内不同村落为单元，以类比的形式，突出多儿保护区内各单元之间的细微差异，显示其文化景观的多样性。

（3）聚落研究

住户位置和放牧点临时住所的原始数据为点数据。调查人员站在住户院落中心，利用GPS采集记录每户的坐标点经纬度值，对没有院落的住户，在门口采集记录经纬度值。

聚落密度分布分析采用核密度法，将调查采集到的民居点，利用GIS的核密度计算功能，计算获得多儿保护区聚落密度等级图。

聚落范围界定为聚落居民区域的边界的范围，调查人员利用GPS，现场调查采集边界数据，再在室内进行处理，并结合地图修正。

日常活动区域界定为聚落主要日常生活和农业生产活动开展的区域，包括耕地、牧场、砍柴区域等，结合GPS采集的点数据和Bigmap网络地图中天地图（经纬直投）影像，在地图上勾绘获得面积。

影响范围界定为聚落居民中的20%以上的人在一年中至少到达过三次以上的区域，通过野外数据点、访问信息获得的经纬度数据，结合天地图（经纬直投）影像，在地图上勾绘获得。

影响最大距离为聚落区距影响范围的最远距离，通过Bigmap网络地图测量。

相关性分析采用CORREL函数，即

$$r = \frac{\sum(x - \bar{x})(y - \bar{y})}{\sum(x - x)^2 \sum(y - y)^2}$$

其中，x和y是两组分析样本各自的平均值。

$|r| < 0.3$为低度线性相关，$0.3 \leqslant |r| < 0.5$为中低度线性相关，$0.5 < |r| < 0.8$为中度线性相关，$0.8 < |r| \leqslant 1$为高度线性相关。

（4）社区经济调查

社区经济调查采用问卷法、半结构访谈法和二手资料收集法。

按照每个社区近三年长期居住在社区的居民户数不少于10%的抽样量，采用随机抽样方式，进行问卷调查，问卷共设计67个问题，涉及生物多样性保护的认知、生计、替代生计、活动范围、教育、收入与支出、社区共管等方面。对社区重要人物和群众代表，采用半结构访谈式调查。从保护区内的8个行政村，多儿、阿夏、旺藏3个乡镇政府，多儿保护区管护中心及迭部县统计局收集了二手资料。本次调查于2020年12月至2021年10月，共访谈113居民，填写调查问卷113份，其中有效问卷99份（表6-1）。

使用WPS进行数据统计整理和制图，使用问卷星软件进行问卷统计分析。

表6-1　各村有效问卷数量

属性	指标	数量（份）	比例（%）
被访问者性别	男	68	68.69
	女	31	31.31
自然村名	洋布村	14	14.14
	白古村	13	13.13
	台力傲	9	9.09
	班藏村	8	8.08
	后西藏	7	7.07
	阿寺村	6	6.06
	科牙新村	6	6.06
	然子村	6	6.06
	尼藏村	5	5.05
	然寺傲	5	5.05
	在力敖村	5	5.05
	阿大黑村	4	4.04
	布后村	4	4.04
	次古村	4	4.04
	当当村	3	3.03

（5）资源利用研究

数据收集采用的方法为二手资料法、实地调查法、半结构访谈、问卷调查。

研究人员于2021年收集了全国第四次大熊猫调查、2014年甘肃多儿省级自然保护区综合科学考察、2020年甘肃省GEF保护地项目KAP调查等相关调查中自然资源利用的相关数据。

实地调查范围包括多儿保护区的全部8个行政村落及周边影响区域，实地测量社区周边砍伐薪柴的区域、社区堆集的薪柴量等。访问调查采用了半结构访谈法，访问人群为村干部、代表性家庭男女主人、思维清晰的老人等，访问人数28人。社会经济问卷调查中，设计了2道与自然资源利用相关的问题，以获得社区对自然资源利用的相关数据。

半结构访谈提纲如下：

你们家通常用什么做饭，柴、煤、电？用量是多少？柴从哪儿砍？什么时节？砍什么样的树？砍多少？什么时候背回来？用多少时间背回来？谁去背？柴主要用来做什么？

● 家里用煤不？其他居民用煤不？用多少？做什么？

● 平均1个月用量电是多少？主要的家电有哪些？用电都做什么？电费能交多少？觉得贵不贵？

● 有没有太阳灶？有啥好处和不好处？有没有安装太阳能热水器？有多少户安装了？

● 村子里有家用小水电没？家里用不用水磨磨面？村上有没有人用水磨？

● 家里用没用液化气？别人家里用不用？用多少？花多少钱？

● 家里烧不烧秸秆？烧不烧草、牛粪或其他燃料？

● 家里盖房子用了多少根木头？木材的来源是什么？

● 今年上山采药花了多长时间？采的是啥？卖了多少钱？单价是多少？卖给当地人吗？这几年都收购过什么药？

● 蕨菜一年能采多少？自己吃还是卖钱？单价是多少？啥地方多一些？一天能采多少？通常多少人去？狼肚呢？

（6）保护意识调查

保护意识调查使用二手资料法、半结构访谈法、问卷调查法。半结构访谈和问卷调查与其他社区经济调查同步进行。通过定性与定量相结合的方法构建了社区居民保护意识程度指标体系框架，社区居民保护意识指标设计见表6-2。

基于实地调查数据，采用统计描述分析方法，对多儿保护区社区居民生计状况以及保护意愿进行分析。

表6-2 社区居民保护意识指标

行为和态度指标				保护意识
参与保护天数	参与保护态度	对保护区的态度	为保护愿意承担的金额（元）	
<50	不参与	不支持	<100	较弱
50～100	中立	中立	100～200	弱
101～200	参与	支持	201～500	强
>200	积极参与	强烈支持	>500	较强

6.2 旅游资源

旅游资源调查与评价是旅游开发的前提和旅游业发展的基础,其实质是在旅游资源调查的基础上,对自然保护区的自然旅游资源、人文旅游资源的深入剖析和研究,从而为自然保护区旅游资源合理开发利用和规划建设提供科学依据。为全面评估多儿保护区旅游资源基本情况,把握多儿保护区旅游资源的基本特征,对多儿保护区旅游资源进行调查、分类和评价,以期为该保护区旅游资源开发与规划提供参考。

6.2.1 旅游资源类型

多儿保护区景观资源以森林、草山景观为主体,包括地文景观、水域景观、生物景观、天象与气候景观、建筑与设施、历史遗迹、旅游商品、人文活动共8个主类,景观类型齐全。地文景观、水域景观、生物景观、天象与气候景观均为自然因素形成的自然景观,地文景观有山脉、峻岭、奇峰、怪石、峭壁、峡谷、流石滩、冰川遗迹、地质剖面、断层线、岩石矿物等富有特色的地文奇观。水域景观包括溪、潭、瀑、河、水库等组成的较高观赏、休闲、保健价值的水体景观。生物景观有丰富的动物种类、多样的植被类型、变化的植物季相、完整的植物垂直带谱等。天象与气候景观有由日月星辰、物雨雪冰等形成的奇异天象气象。同时也包括由人类活动形成的景观,有历史遗迹、民俗建筑、民族风情、民艺传说、牧场风光等。

依据国家标准《旅游资源分类、调查与评价》(GB/T 18972—2017),结合多儿保护区生态旅游资源盘点情况,对其旅游资源进行了系统分类,可以分为8个主类、15个亚类、41个基本类型,共确定旅游资源单体211个(表6-3)。

表6-3 多儿保护区生态旅游资源分类

主类	亚类	基本类型	主要旅游资源单体	数量(个)
A 地文景观	AA 自然景观综合体	AAA 山丘型景观	洋布梁、苏尹亚黑、当当石崖、哈久滋、透木扎夏、卓莫脑	6
		AAC 沟谷型景观	在易沟、洋布沟、多多普、扎嘎吕沟	4
		AAD 滩地型景观	巴尔格、来伊雷、劳日草滩	3
	AB 地质与构造形迹	ABA 断裂景观	劳日陡崖1、劳日陡崖2、后西藏陡崖、在力傲陡崖、科牙陡崖	5
		ABB 褶曲景观	甘州交界雪山顶(百年牧场处可见)、工布隆褶皱、工布隆褶皱地层	3
		ACB 峰柱状地景	扎切布、扎尕那、达益那隆、伊霍波、泡乌突、巴旦哲西、马拉哈、劳日高峰	8
		ACE 奇特与象形山石	工布隆石门、白石山	2

（续表）

主类	亚类	基本类型	主要旅游资源单体	数量（个）
B 水域景观	BA 河系	BAA 游憩河段	多儿曲、多儿水库	2
		BAB 瀑布	工布隆瀑布、工布波小型瀑布1（60m）、工布波小型瀑布2（50m）、工布波小型瀑布3（100m）	4
	BD 冰雪地	BDB 现代冰川	透木扎夏冰川遗迹	1
C 生物景观	CA 植被景观	CAA 林地	云杉林、冷杉林、云冷杉混合林、落叶阔叶林、针阔混合林、常绿革叶灌丛、杜鹃林、温性竹林、山地杨桦林	9
		CAC 草地	尼藏草地、洋布梁草地	2
		CCD 花卉地	万花滩、杜鹃花海	2
	CB 野生动物憩息地	CBA 水生动物栖息地	嘉陵江裸裂尻鱼、黑体高原鳅、白缘䱀、重口裂腹鱼、西藏山溪鲵	5
		CBB 陆地动物栖息地	大熊猫、豺、荒漠猫、金猫、豹、雪豹、林麝、马麝、四川梅花鹿、四川羚牛、猕猴、狼、赤狐、黑熊、小熊猫、黄喉貂、石貂、水獭、猞猁、兔狲、豹猫、马鹿、毛冠鹿、中华斑羚、岩羊、阿尔泰盘羊、中华鬣羚	27
		CBC 鸟类憩息地	斑尾榛鸡、红喉雉鹑、绿尾虹雉、秃鹫、草原雕、金雕、猎隼、黑额山噪鹛、藏雪鸡、血雉、红腹角雉、勺鸡、蓝马鸡、红腹锦鸡、灰鹤、高山兀鹫、松雀鹰、雀鹰、苍鹰、白尾鹞、黑鸢、大鵟、普通鵟、雕鸮、纵纹腹小鸮、短耳鸮、红隼、游隼、三趾鸦雀、大噪鹛、橙翅噪鹛、北朱雀	32
D 天象与气候景观	DB 天气与气候现象	DBA 云雾多发区	洋布云瀑、云海	2
		DBB 极端与特殊气候显示地	冰挂、雪峰	2
E 建筑与设施	EA 人文景观综合体	EAA 社会与商贸活动场所	多儿乡小卖部、达益村游客接待中心	2
		EAC 教学科研实验场所	多儿乡中心小学、万花滩研学基地	2
		EAD 建筑工程与生产地	洋布水磨群、农田、架杆场	3
		EAE 文化活动场所	达益村村史馆	1
		EAF 康体游乐休闲度假地	达益村、达益村休闲广场、达益村观景台	3
		EAG 宗教与祭祀活动场所	然子寺、白古寺、洋布白塔、台力傲白塔、亚湖寺、迪让寺	6

（续表）

主类	亚类	基本类型	主要旅游资源单体	数量（个）
E 建筑与设施	EB 实用建筑与核心设施	EBB 特性屋舍	踏板房、石墙	2
		EBE 桥梁	达益村桥梁	1
		EBK 景观农田	达益村药材种植基地、达益村油菜种植地、后西藏村预防人兽冲突示范基地	3
		EBL 景观牧场	洋布百年牧场、后西藏诺祖卡牧场、果马诺牧场、劳日牧场	4
		EBO 特色店铺	商品销售中心	1
	EC 景观与小品建筑	ECB 观景点	达益村观景亭、瞭望塔	2
F 历史遗迹	FA 物质类文化遗存	FAB 可移动文物	铜锅、铜罐、铜壶、铜火盆、铜脸盆、铜酒壶、木制器机械、石磨、木盆、木耙、榷枷、木锨、木碗、木桶、木勺等生产老物件	15
	FB 非物质类文化遗存	FBA 民间文学艺术	民间故事、民歌	2
		FBB 地方习俗	婚嫁习俗、丧葬习俗、生产习俗	3
		FBC 传统服饰装饰	中迭地区服饰、装饰	2
		FBD 传统演绎	锅庄舞、木偶表演、尕巴舞、摆阵舞	4
G 旅游商品	GA 农业产品	GAA 种植业产品及制品	羊肚菌、蕨菜、乌龙头、黄芪、党参、当归、大黄、甘草、洋芋、菌类、冬虫夏草、青稞、青稞酒、糌粑、面粉、小麦、燕麦	17
		GAC 畜牧业产品及制品	蕨麻猪、牦牛、蕨麻猪肉、酥油、牦牛肉、耗牛肉、风干肉、奶制品	8
	GC 手工艺品	GCB 织品、染品	十字绣、麻布	2
		GCE 金石雕刻、雕塑制品	吉祥八宝、泥塑、水刻	3
H 人文活动	HB 岁时节令	HBA 宗教活动与庙会	燃灯节、插箭节、香浪节、煨桑、娘奶节	5
		HBC 现代节庆	集会	1
8	15	41		211

多儿保护区旅游资源具备以下特点。

（1）旅游资源数量丰富，类型多样

多儿保护区主要旅游单体资源有211处，其中，自然旅游资源119个、人文旅游资源92个（彩图6-1、彩图6-2），分别占资源总量的56.40%、43.60%。旅游资源单体中生物资源类77个、地文资源类31个、建筑设施资源类30个、旅游商品类30个，分别占资源总量的36.49%、14.69%、14.21%、14.21%，四者之和占资源总量的79.62%，其他资源类所占比例较小。

（2）自然资源以生物景观类为主

从多儿保护区4类自然旅游资源的构成看，生物景观类资源数量最多，共有77个，占自然旅游资源的64.70%；其次为地文景观，共有31个，占自然资源的26.05%；水域景观类、天象和气候景观类占比较少。可见，生物景观类是多儿保护区自然旅游资源的主体。

（3）人文旅游资源具有明显的民族特色

从多儿保护区人文旅游资源的构成看，建筑与设施类旅游资源和旅游商品类资源数量最多，分别为30个，分别占人文旅游资源的32.61%；历史遗迹资源26个，占人文旅游资源的28.26%；人文活动旅游资源所占比例较小。在人文旅游单体中，可移动老物件和种植业产品及制品占比较大，其中农业产品，特别是野生菌类、野生菜类、蕨麻猪肉、青稞酒等具有广阔的市场前景。人文活动虽在数量上不占优势，但因保护区地处藏族聚集区，分布着大大小小的藏寨和村落，形成了藏族独具特色的民风民俗，燃灯节、插箭节、香浪节、煨桑、娘奶节等节庆活动地方特色鲜明，是保护区旅游资源的一大特色。

6.2.2 旅游资源评价

（1）旅游资源单体品质认定

按照《旅游资源分类、调查与评价》（GB/T 18972—2017），从资源要素价值（包括观赏游憩使用价值、历史文化科学艺术价值、珍稀奇特程度、规模、丰度与概率、完整性等五个方面的价值）、资源影响力（知名度和影响、适游期或使用范围）、附加值（环境保护与环境安全）三个方面，采用打分的方法，对多儿保护区旅游资源进行综合评价，对这些旅游资源单体进行品质的认定（表6-4）。

（2）定量评价

按照《旅游资源分类、调查与评价》（GB/T 18972—2017），对保护区旅游资源单体进行了评价，统计结果显示，多儿保护区旅游资源获得等级评定的单体共有178个，占资源总数的84.36%，未获得等级的共有33个，占资源总数的15.64%。在获得的旅游单体中，优良级旅游资源92个，占资源总数的43.60%；普通级旅游资源86个，占资源总数的40.76%（表6-5）。由此可见，多儿保护区优良级旅游资源占有一定的优势，但缺少五级旅游资源。在资源主类中，自然资源占比显著高于人文资源占比，这主要与多儿保护区晋升国家级时间较短，旅游基础设施建设偏低和旅游活动开展较少等因素相关。

6.2.3 开发建议

多儿保护区具有自然环境优美、地形复杂多变、动植物种类繁多、景观资源原始古朴等特点。由于人口稀疏，交通相对落后，基本保持了原生姿容，山、林、草、村落交汇，呈现出独特的风采，具有良好的开发前景。

（1）以保护为前提，科学设计、合理规划

目前，多儿保护区缺少相应的发展生态旅游的总体方案，应多渠道争取资金并立项，实施并完成《多儿国家级自然保护区生态旅游开发总体规划》，处理好保护与开发的关系，保证开发的同时兼顾生态环境，根据实际情况寻求科学合理的保护措施。

（2）提高区位条件，建立反哺机制

区位条件决定了区域的可进出性和游客的客流量。多儿保护区虽然环境优美、旅游资源丰富，但人口稀疏，交通相对落后，应适当地修路，解决交通问题。通过发展生态旅游，可有效衔接乡村振兴国家战略，开展社区参与和合理的利益分配机制，以经济效益促进环境保护，实现良性循环。

表6-4　旅游单体品质评价

单位：分

基本类型	单体名称	总分	等级	资源要素价值					资源影响力		附加值
				观赏游憩使用价值（30分）	历史文化科学价值（25分）	珍稀奇特程度（15分）	规模丰度与概率（10分）	完整性（5分）	知名度和影响力（10分）	适游期或使用范围（5分）	环境保护与环境安全（3分）
AAA	洋布梁	63	三	21	15	9	4	4	4	3	3
AAA	苏尹亚黑	76	四	21	25	15	4	4	2	2	3
AAA	当当石崖	71	三	17	17	12	10	5	2	5	3
AAA	哈久滋	52	二	12	12	8	7	5	2	3	3
AAA	透木扎夏	73	三	21	19	12	7	5	4	2	3
AAA	卓莫脑	59	二	21	12	8	4	5	4	2	3
AAC	在易沟	41	一	12	5	8	4	5	2	2	3
AAC	洋布沟	49	二	15	10	8	5	3	2	3	3
AAC	多多普	60	二	21	12	8	7	5	2	2	3
AAC	扎嘎吕沟	77	四	21	19	15	7	5	4	3	3
AAD	巴尔格	74	三	21	19	15	7	5	2	2	3
AAD	来尹雷	74	三	21	19	15	7	5	2	2	3
AAD	劳日草滩	39	一	12	5	8	4	3	2	2	3
ABA	劳日陡崖1	48	二	12	5	12	7	5	2	2	3
ABA	劳日陡崖2	35	一	12	3	8	2	3	2	2	3
ABA	后西藏陡崖	48	二	12	5	12	7	5	2	2	3
ABA	在力傲陡崖	60	三	21	12	8	7	5	2	2	3
ABA	科牙陡崖	58	二	19	12	8	7	5	2	2	3
ABB	甘州交界雪山	41	一	12	5	8	4	4	2	3	3
ABB	工布隆辐纹	43	一	12	8	8	4	3	2	3	3

（续表）

基本类型	单体名称	总分	等级	资源要素价值					资源影响力		附加值
				观赏游憩使用价值（30分）	历史文化科学价值（25分）	珍稀特程度（15分）	规模丰度与概率（10分）	完整性（5分）	知名度和影响力（10分）	适游期或使用范围（5分）	环境保护与环境安全（3分）
ABB	工布隆措敏地层	40	一	12	5	8	4	3	2	3	3
ACB	扎切布	45	二	14	6	12	2	3	2	3	3
ACB	扎朵那	68	三	21	12	8	10	5	6	3	3
ACB	达益那隆	44	二	13	6	12	2	3	2	3	3
ACB	伊霍波	51	二	12	12	12	2	3	4	3	3
ACB	泡乌突	45	二	14	6	12	2	3	2	3	3
ACB	巴日哲西	67	三	19	12	12	7	5	4	5	3
ACB	马拉哈	43	二	12	8	8	4	3	2	3	3
ACB	劳日高峰	70	一	12	19	15	10	5	4	2	3
ACE	工布隆石门	62	三	21	12	12	4	5	2	3	3
ACE	白石山	72	三	21	15	12	7	5	4	5	3
BAA	多儿曲	54	二	15	12	8	4	3	4	5	3
BAA	多儿水库	45	二	12	10	7	4	4	2	3	3
BAB	工布隆瀑布	57	二	12	12	12	7	4	4	3	3
BAB	工布波小型瀑布（60m）	35	一	5	5	8	4	5	2	3	3
BAB	工布波小型瀑布（50m）	35	一	5	5	8	4	5	2	3	3
BAB	工布波小型瀑布（100m）	35	一	5	5	8	4	5	2	3	3
BDB	透木扎夏冰川遗迹	65	三	12	19	12	7	5	4	3	3
CAA	云杉林	69	三	21	19	12	7	3	2	2	3
CAA	冷杉林	74	三	26	19	12	7	3	2	2	3

（续表）

基本类型	单体名称	总分	等级	资源要素价值					资源影响力		附加值
				观赏游憩使用价值（30分）	历史文化科学价值（25分）	珍稀奇特程度（15分）	规模丰度与概率（10分）	完整性（5分）	知名度和影响力（10分）	适游期或使用范围（5分）	环境保护与环境安全（3分）
CAA	云冷杉混合林	69	三	21	19	12	7	3	2	2	3
CAA	落叶阔叶林	67	三	21	19	10	7	3	2	2	3
CAA	针阔混合林	72	三	24	19	12	7	3	2	2	3
CAA	常绿革叶灌丛	58	二	21	12	8	7	3	2	2	3
CAA	杜鹃林	76	四	28	16	15	7	3	2	2	3
CAA	温性竹林	60	三	12	19	12	7	3	2	2	3
CAA	山地杨桦林	69	三	21	19	12	7	3	2	2	3
CAC	尼藏草地	41	一	12	5	8	4	3	3	3	3
CAC	洋布梁草地	42	一	12	5	8	4	5	2	3	3
CCD	万花滩	53	三	21	12	8	2	2	2	3	3
CCD	杜鹃花海	78	四	25	19	12	7	5	4	3	3
CBA	嘉陵江裸裂尻鱼	60	三	12	19	12	7	3	2	2	3
CBA	黑体高原鳅	60	三	12	19	12	7	3	2	2	3
CBA	白缘䱀	60	三	12	19	12	7	3	2	2	3
CBA	重口裂腹鱼	60	三	12	19	12	7	3	2	2	3
CBA	西藏山溪鲵	76	四	28	16	15	7	3	2	2	3
CBB	大熊猫	80	四	28	25	15	2	1	4	2	3
CBB	豺	72	三	24	19	12	7	3	2	2	3
CBB	荒漠猫	72	三	24	19	12	7	3	2	2	3
CBB	金猫	72	三	24	19	12	7	3	2	2	3

（续表）

基本类型	单体名称	总分	等级	资源要素价值					资源影响力		附加值
				观赏游憩使用价值（30分）	历史文化科学价值（25分）	珍稀奇特程度（15分）	规模丰度与概率（10分）	完整性（5分）	知名度和影响力（10分）	适游期或使用范围（5分）	环境保护与环境安全（3分）
CBB	豹	72	三	24	19	12	7	3	2	2	3
CBB	雪豹	76	四	26	19	12	2	5	7	2	3
CBB	林麝	72	三	24	19	12	7	3	2	2	3
CBB	马麝	72	三	24	19	12	7	3	2	2	3
CBB	四川梅花鹿	72	三	24	19	12	7	3	2	2	3
CBB	四川猕猴	72	三	24	19	12	7	3	2	2	3
CBB	羚牛	72	三	24	19	12	7	3	2	2	3
CBB	狼	72	三	24	19	12	7	3	2	2	3
CBB	赤狐	72	三	24	19	12	7	3	2	2	3
CBB	黑熊	72	三	24	19	12	7	3	2	2	3
CBB	小熊猫	72	三	24	19	12	7	3	2	2	3
CBB	黄喉貂	72	三	24	19	12	7	3	2	2	3
CBB	石貂	72	三	24	19	12	7	3	2	2	3
CBB	水獭	72	三	24	19	12	7	3	2	2	3
CBB	豺	72	三	24	19	12	7	3	2	2	3
CBB	兔狲	72	三	24	19	12	7	3	2	2	3
CBB	豹猫	72	三	24	19	12	7	3	2	2	3
CBB	马鹿	72	三	24	19	12	7	3	2	2	3
CBB	毛冠鹿	72	三	24	19	12	7	3	2	2	3
CBB	中华斑羚	72	三	24	19	12	7	3	2	2	3

（续表）

基本类型	单体名称	总分	等级	资源要素价值					资源影响力		附加值
				观赏游憩使用价值（30分）	历史文化科学价值（25分）	珍稀奇特程度（15分）	规模丰度与概率（10分）	完整性（5分）	知名度和影响力（10分）	适游期或使用范围（5分）	环境保护与环境安全（3分）
CBB	岩羊	72	三	24	19	12	7	3	2	2	3
CBB	阿尔泰盘羊	72	三	24	19	12	7	3	2	2	3
CBB	中华鬣羚	72	三	24	19	12	7	3	2	2	3
CBC	斑尾榛鸡	72	三	24	19	12	7	3	2	2	3
CBC	红喉雉鹑	72	三	24	19	12	7	3	2	2	3
CBC	绿尾虹雉	72	三	24	19	12	7	3	2	2	3
CBC	秃鹫	72	三	24	19	12	7	3	2	2	3
CBC	草原雕	72	三	24	19	12	7	3	2	2	3
CBC	金雕	72	三	24	19	12	7	3	2	2	3
CBC	猎隼	72	三	24	19	12	7	3	2	2	3
CBC	黑额山噪鹛	72	三	24	19	12	7	3	2	2	3
CBC	藏雪鸡	72	三	24	19	12	7	3	2	2	3
CBC	血雉	72	三	24	19	12	7	3	2	2	3
CBC	红腹角雉	72	三	24	19	12	7	3	2	2	3
CBC	勺鸡	72	三	24	19	12	7	3	2	2	3
CBC	蓝马鸡	72	三	24	19	12	7	3	2	2	3
CBC	红腹锦鸡	72	三	24	19	12	7	3	2	2	3
CBC	灰鹤	72	三	24	19	12	7	3	2	2	3
CBC	高山兀鹫	72	三	24	19	12	7	3	2	2	3
CBC	松雀鹰	72	三	24	19	12	7	3	2	2	3

（续表）

基本类型	单体名称	总分	等级	资源要素价值					资源影响力		附加值
				观赏游憩使用价值（30分）	历史文化科学价值（25分）	珍稀奇特程度（15分）	规模丰度与概率（10分）	完整性（5分）	知名度和影响力（10分）	适游期或使用范围（5分）	环境保护与环境安全（3分）
CBC	雀鹰	72	三	24	19	12	7	3	2	2	3
CBC	苍鹰	72	三	24	19	12	7	3	2	2	3
CBC	白尾鹞	72	三	24	19	12	7	3	2	2	3
CBC	黑鸢	72	三	24	19	12	7	3	2	2	3
CBC	大䴉	72	三	24	19	12	7	3	2	2	3
CBC	普通鵟	72	三	24	19	12	7	3	2	2	3
CBC	纵纹腹小鸮	72	三	24	19	12	7	3	2	2	3
CBC	雕鸮	72	三	24	19	12	7	3	2	2	3
CBC	短耳鸮	72	三	24	19	12	7	3	2	2	3
CBC	红隼	72	三	24	19	12	7	3	2	2	3
CBC	游隼	72	三	24	19	12	7	3	2	2	3
CBC	三趾鸦雀	72	三	24	19	12	7	3	2	2	3
CBC	大噪鹛	72	三	24	19	12	7	3	2	2	3
CBC	橙翅噪鹛	72	三	24	19	12	7	3	2	2	3
CBC	北朱雀	72	三	24	19	12	7	3	2	2	3
DBA	洋布云瀑	51	二	21	8	8	2	3	3	3	3
DBA	云海	54	二	21	11	8	2	3	3	3	3
DBB	冰挂	35	一	5	5	8	4	5	3	3	3
DBB	雪峰	48	二	12	12	8	4	5	2	2	3
EAA	多儿乡小卖部	12	/	0	5	0	0	2	2	0	3

（续表）

基本类型	单体名称	总分	等级	资源要素价值					资源影响力		附加值
				观赏游憩使用价值（30分）	历史文化科学价值（25分）	珍稀奇特程度（15分）	规模丰度与概率（10分）	完整性（5分）	知名度和影响力（10分）	适游期或使用范围（5分）	环境保护与环境安全（3分）
EAA	达益村游客接待中心	21	/	3	1	1	4	3	1	5	3
EAC	多儿乡中心小学	23	/	1	5	0	2	5	2	5	3
EAC	万花滩研学基地	52	二	12	12	12	4	3	4	2	3
EAD	洋布水磨群	60	三	12	12	15	4	5	4	5	3
EAD	农田	29	/	5	5	3	4	3	1	5	3
EAD	架杆场	31	一	5	5	3	4	5	1	5	3
EAE	达益村村史馆	35	一	12	8	3	2	1	1	5	3
EAF	达益村	62	三	21	12	8	4	5	4	5	3
EAF	达益村休闲广场	29	/	5	5	3	4	3	1	5	3
EAF	达益村观景台	31	一	5	5	3	4	5	1	5	3
EAG	然子寺	72	三	24	19	12	7	3	2	2	3
EAG	白古寺	82	四	21	19	12	10	5	7	5	3
EAG	洋布白塔	31	一	5	5	4	2	5	2	5	3
EAG	台力傲白塔	31	一	5	5	4	2	5	2	5	3
EAG	亚湖寺	52	二	12	12	12	4	3	4	2	3
EAG	迪让寺	52	二	12	12	12	4	3	4	2	3
EBB	踏板房	30	一	7	5	1	4	3	2	5	3
EBB	石墙	46	二	12	5	8	4	5	4	5	3
EBE	达益村桥梁	22	/	3	2	1	2	5	1	5	3
EBK	达益村药材种植基地	23	/	5	2	2	4	3	1	3	3

（续表）

基本类型	单体名称	总分	等级	资源要素价值					资源影响力		附加值
				观赏游憩使用价值（30分）	历史文化科学价值（25分）	珍稀奇特程度（15分）	规模丰度与概率（10分）	完整性（5分）	知名度和影响力（10分）	适游期或使用范围（5分）	环境保护与环境安全（3分）
EBK	达益村油菜种植地	26	/	6	5	3	4	3	1	1	3
EBK	后西藏预防人兽冲突示范基地	26	/	6	5	3	4	3	1	1	3
EBL	洋布百年牧场	40	一	12	8	4	5	2	3	3	3
EBL	后西藏诺诺卡牧场	40	一	12	8	4	5	2	3	3	3
EBL	果马诺牧场	40	一	12	8	4	5	2	3	3	3
EBL	劳日牧场	40	一	12	8	4	5	2	3	3	3
EBO	商品销售中心	36	一	5	5	9	2	5	2	5	3
ECB	达益村观景亭	37	一	12	5	3	2	5	2	5	3
ECB	瞭望塔	37	一	12	5	3	2	5	2	5	3
FAB	铜锅	23	/	5	2	2	4	3	1	3	3
FAB	铜罐	23	/	5	2	2	4	3	1	3	3
FAB	铜壶	23	/	5	2	2	4	3	1	3	3
FAB	铜火盆	23	/	5	2	2	4	3	1	3	3
FAB	铜脸盆	23	/	5	2	2	4	3	1	3	3
FAB	铜酒壶	23	/	5	2	2	4	3	1	3	3
FAB	木制器机械	37	一	12	5	3	2	5	2	5	3
FAB	石磨	36	一	5	5	9	2	5	2	5	3
FAB	木盆	23	/	5	2	2	4	3	1	3	3
FAB	木耙	23	/	5	2	2	4	3	1	3	3

（续表）

基本类型	单体名称	总分	等级	资源要素价值					资源影响力		附加值
				观赏游憩使用价值（30分）	历史文化科学价值（25分）	珍稀奇特程度（15分）	规模丰度与概率（10分）	完整性（5分）	知名度和影响力（10分）	适游期或使用范围（5分）	环境保护与环境安全（3分）
FAB	桦栖	23	/	5	2	2	4	3	1	3	3
FAB	木锨	23	/	5	2	2	4	3	1	3	3
FAB	木碗	23	/	5	2	2	4	3	1	3	3
FAB	木桶	23	/	5	2	2	4	3	1	3	3
FAB	木勺	23	/	5	2	2	4	3	1	3	3
FBA	民间故事	52	二	5	19	8	4	1	7	5	3
FBA	民歌	52	二	5	19	8	4	1	7	5	3
FBB	婚嫁习俗	26	/	5	5	4	2	3	2	2	3
FBB	丧葬习俗	26	/	5	5	4	2	3	2	2	3
FBB	生产习俗	26	/	5	5	4	2	3	2	2	3
FBC	中泛地区服饰	55	二	10	15	8	5	5	4	5	3
FBC	装饰	55	二	10	15	8	5	5	4	5	3
FBD	锅庄舞	56	二	15	13	6	5	5	4	5	3
FBD	木偶表演	44	一	12	12	8	4	2	2	1	3
FBD	芬巴舞	44	一	12	12	8	4	2	2	1	3
FBD	摆阵舞	44	一	12	12	8	4	2	2	1	3
GAA	羊肚菌	35	一	8	5	4	4	4	2	5	3
GAA	蕨菜	33	一	12	2	3	4	5	2	2	3
GAA	乌龙头	33	一	12	2	3	4	5	2	2	3
GAA	黄芪	26	/	5	5	4	2	3	2	2	3

（续表）

基本类型	单体名称	总分	等级	资源要素价值					资源影响力		附加值
				观赏游憩使用价值（30分）	历史文化科学价值（25分）	珍稀特程度（15分）	规模丰度与概率（10分）	完整性（5分）	知名度和影响力（10分）	适游期或使用范围（5分）	环境保护与环境安全（3分）
GAA	党参	26	/	5	5	4	2	3	2	2	3
GAA	大黄	26	/	5	5	4	2	3	2	2	3
GAA	当归	26	/	5	5	4	2	3	2	2	3
GAA	甘草	26	/	5	5	4	2	3	2	2	3
GAA	洋芋	26	/	5	5	4	2	3	2	2	3
GAA	菌类	36	一	12	5	8	2	2	2	2	3
GAA	冬虫夏草	61	三	21	19	8	2	2	4	2	3
GAA	青稞	35	一	6	8	2	4	4	3	5	3
GAA	青稞酒	30	一	8	4	3	4	3	2	3	3
GAA	糌粑	33	一	6	6	1	5	4	3	5	3
GAA	面粉	26	/	5	5	4	2	3	2	2	3
GAA	小麦	26	/	5	5	4	2	3	2	2	3
GAA	燕麦	32	一	5	5	6	4	5	2	2	3
GAC	蕨麻猪	45	二	10	12	3	5	4	3	5	3
GAC	牦牛	30	一	5	5	2	4	3	3	5	3
GAC	蕨麻猪肉	45	二	10	12	3	5	4	3	5	3
GAC	酥油	33	一	5	7	3	4	3	3	5	3
GAC	牦牛肉	30	一	5	5	2	4	3	3	5	3
GAC	耗牛肉	30	一	5	5	2	4	3	3	5	3
GAC	风干肉	30	一	5	5	2	4	3	3	5	3

（续表）

基本类型	单体名称	总分	等级	资源要素价值						资源影响力			附加值
				观赏游憩使用价值（30分）	历史文化科学价值（25分）	珍稀奇特程度（15分）	规模丰度与概率（10分）	完整性（5分）		知名度和影响力（10分）	适游期或使用范围（5分）		环境保护与环境安全（3分）
GAC	奶制品	30	一	5	5	2	4	3		3	5		3
GCB	十字绣	37	一	10	5	3	4	5		2	5		3
GCB	麻布	37	一	10	5	3	4	5		2	5		3
GCE	吉祥八宝	37	一	10	5	3	4	5		2	5		3
GCE	泥塑	80	四	21	19	12	10	3		7	5		3
GCE	水刻	45	二	10	12	3	5	4		3	5		3
HBA	燃灯节	51	三	16	11	3	6	4		3	5		3
HBA	插箭节	38	一	9	9	1	4	4		3	5		3
HBA	香浪节	51	三	16	11	3	6	4		3	5		3
HBA	煨桑	51	三	16	11	3	6	4		3	5		3
HBA	娘奶节	51	三	16	11	3	6	4		3	5		3
HBC	集会	30	一	5	7	1	4	4		1	5		3

表6-5 旅游单体等级评定统计

单位：个，%

类型		主类	优良级资源						普通级资源				未获级资源		单体总量	
			五级		四级		三级		二级、一级							
			数量	比例	数量	比例	数量	比例	数量	比例			数量	比例	数量	比例
自然资源		A			2	0.95	10	4.74	19	9.00					31	14.69
		B					1	0.47	6	2.84					7	3.32
		C			5	2.37	68	32.22	4	1.90					77	36.49
		D							4	1.90					4	1.90
人文资源		E			1	0.47	3	1.42	17	8.06			9	4.27	21	9.95
		F							10	4.74			16	7.58	10	4.74
		G			1	0.47	1	0.47	20	9.48			8	3.79	22	10.43
		H							6	2.84					6	2.84
合计					9	4.26	83	39.32	86	40.76			33	15.64	178	84.36

（3）加大宣传和教育力度，打造低碳旅游景区

多儿保护区生态旅游还没有形成规模，只有部分零散的自驾游客，年游客数约3000人，这与外部对生态旅游了解偏少有直接关系。一方面，多儿保护区可利用抖音、快手、微信公众号等形式定期发布景区景点实时信息；另一方面，多儿保护区可与当地电视台、报社等合作，进行专题报道，提高知名度。同时，对旅游者和社区居民进行环保教育，在规划生态旅游发展中融入低碳理念，通过解说员、导览手册、低碳设施等，打造低碳生态旅游景区。

（4）对外合作建设实习和科研基地

自然保护区是个巨大的资源宝库，把它作为科研和实习基地可以充分利用其生态资源和人文资源，体现它的科学价值。到自然保护区实习也是对学生进行生态环境保护教育的一种比较好的方式。

（5）深入挖掘旅游资源价值

多儿保护区林相完好，景观原始，植被垂直分布和森林季相明显，山峦俊秀，郁树参天，鸟雀欢悦，发展生态旅游的潜力巨大。多儿保护区地质构造强烈，褶皱外露区域较多，断裂带明显，山、岭、崖、峰遍布，谷、沟、潭、峡多形，具有极强的地质旅游前景。多儿保护区常住居民为藏族，他们是这里最古老的主人，全民信仰藏传佛教，宗教氛围浓厚，所供奉信仰的神山、神塔、神庙比比皆是，承载着农牧民们的祝祷与祈求，在人文景观里呈现的民族特色十分明显。较大的规模寺庙有甘肃省境内唯一的萨迦派（花教）寺院白古寺，主要供奉护法神青交托吾巴的寺庙然子寺。多儿保护区内共有水磨20余座，最为有名的是洋布水磨群（彩图6-3）。洋布水磨群建在洋布村旁边河水湍急处，自上而下共有九处，相隔不过数米，排列有序，落次而下（杨文才，2011）。这些丰富的自然和人文资源，旅游价值高，开发前景好，亟待深入挖掘。

6.3 民俗文化

民俗文化是人们在长期生产和生活实践中形成的具有特殊受众的群体性习惯和认知行为，是相对稳定的行为体系，在社会变迁中不断充实和发展，既是规范也是一种社会认同和价值追求。民俗文化是社会文化的重要组成，也是不同群体的辨识标志，研究民俗文化对于弘扬优秀传统文化，凝聚民族凝聚力具有重要作用。广大藏族群众在历史变迁和社会发展中形成了具有区域和民族特色的文化体系，并由此衍生一系列独具特色的民俗习惯，构成了藏族群众丰富多彩的社会生活。藏族群众在雍仲苯教（古象雄文化）、藏传佛教、汉地文化等因素的影响下，由于区域差异，在不断地适应和改造中形成了各具特色的民俗文化。多儿保护区位于甘肃省甘南藏族自治州迭部县，属安多藏区边缘，自古以来汉藏文化交流频繁，文化汇聚融合于此处。多儿保护区独特的高原生态系统孕育了独具特色的民俗文化，形成别具风貌的婚丧嫁娶、节庆等生产生活习俗。本次调查，对多儿保护区进行了民俗文化的实地调研，以期了解和把握多儿保护区民众生活生产习俗，丰富该地区藏族文化研究资料。

6.3.1 生活习俗

6.3.1.1 服饰

生活在甘肃迭部的藏族群众，男子传统服装身着长衫，多以麻织品为主，腰扎红腰带，右臂外露，足穿牛皮底长靴，黑色长裤。而腊子口一带的藏族男子着装穿大裤，短袄，缠腿。妇女戴圆筒平顶高

帽，身穿大襟长袍，里穿贴身衬衣，有时长袍外套一件肥大坎肩，扎一条漂亮腰带。未婚女子梳2条辫，已婚妇女梳3条辫，盘头、垂吊均可。有时并不严格，盘梳小辫、多辫，任其喜好。多儿保护区地处下迭（迭部县常分为上、中、下迭），气候温和，着装也就较单薄。男子头顶仅以白毛巾或同样布幅的白布，折叠成宽15cm的长条紧挨额际缠绕一周。除此之外，男装无较大差异。但多儿保护区藏族妇女戴夹层软胎平顶"圆筒高帽"，帽高一般大于25cm（彩图6-4），帽沿或横或竖依次缀以红、黄、绿各色布条，布条至衔接处折而向上，并延伸达于顶端，帽顶用白布或花布封顶，微凹。长袍的领口、襟边部分先用花布组边并镶缀黄色暗花锦缎，再用"什绵"氆氇以及彩色布条竖直饰以一厘米的宽边。线条粗犷有力，色彩斑斓缤纷。袖口和下摆多无边饰，但是，平日劳动、行走她们常常把袍服下摆的右角撩起塞于腰际，并挽起袖口，这时，则露出里层镶衬边缘的红、蓝色布幅，在黑色袍面的衬托下同样起到装饰作用。再配上紫红裤子满帮软筒顾底布靴和红绿茧绸腰带，多儿女子益发显得丰美绰约，光彩照人。

佩饰上，多儿一带的妇女将耳坠与项链合二为一，在桃形的耳环下坠有六七个珊瑚与银托相接的耳坠，垂贴在左右锁骨处，其下有一圆环将20~30颗不等心形的大小一致的正红色小珊瑚串联而成的项链穿入其中，形成整体的装饰（交巴草，2015）。一般佩戴一串，家境较富裕的人家佩戴两三串不等。耳环有大有小，形态多样，有的尾端带坠，坠子上镶嵌珊瑚珠，大的直径有15cm左右，小的直径在5cm左右。群众忌穿黄色的衣服，更不能用黄色的布料做裤子。他们认为黄色是太阳色，属高贵色，只有那些学识渊博、品德高尚的人才可穿。

6.3.1.2 饮食构成和习惯

糌粑、面粉、酥油茶和青稞酒是藏族传统的饮食组成，此外还包括牧区常见的牛羊肉和奶制品。目前在多儿保护区范围内，居民以青稞、小麦、燕麦为主要粮食作物，并以此演化出糌粑、面饼、面条等日常食用面制品，糌粑做法及吃法与其他地区藏族餐饮习惯大同小异。

多儿保护区藏族群众主要从事定居农业生产，家家养殖有蕨麻猪和牛，部分家庭养殖有马匹，日常食用的肉制品以蕨麻猪肉为主，牛马主要用来贩卖。蕨麻猪是在野外环境中以放养的方式培育出来的小型、独特的原始藏系猪种，以皮薄、肉嫩、味美、个体矮小、品种纯正而著称。多儿保护区内每家养殖有蕨麻猪2~5头不等，采取粗放式放养和圈养相结合的方式，生长期一般为一年左右，在年末宰杀重达10~25kg的蕨麻猪以招待亲友、庆贺新年，并将肉挂在檐下或灶头存放，每次做饭都会削几片以作油料。存放的蕨麻猪肉经屋内做饭燃烧的柏树枝、椿树皮、核桃壳、青岗木等的烟火熏烤，会带有浓郁的香味，并能够在常温环境下储存很长时间。蕨麻猪的食用往往和应季的蔬菜炒制，或者成块煮熟后直接食用，尤其是待客时都会煮制大块蕨麻猪肉盛放于木盘中，由客人持刀切取，自行取食。

多儿保护区内青稞的种植面积广泛，青稞制品是日常的主要食品，此外以青稞酿制的酒水是家家户户必备的饮品，自酿的青稞酒度数一般在30~50度，在日常待客、节庆中饮用。平时家中必储备一定数量的酒曲。酿酒时，先将青稞洗净煮熟，等到凉温后拌以适量的曲子，再盛入带盖的木桶内蒙得严严实实，置于热炕一角，保持一定的温度。三两天后闻着一股酒香味，说明青稞已经发酵成甜醅了。然后将发酵的甜醅装入一鼓腹的陶瓮里，用泥巴封住瓮口，十天之后启封取糟，就可以根据情况烤酒了。如若把酒糟置于盛器，加温开水调拌不经过滤，其汁液叫黄酒。也可取酒糟盛入木桶搅凉水密封口盖。旁备一小孔，接细管。两小时后揭桶塞子，黄酒就渗出来了。如果将黄酒酒汁放锅中煮沸，再收聚加冷，凝结其水蒸气，就是"烧缸"酒。饮用时将酒舀入罐内煨于火塘加热，或冷凉围坐饮用（常用钵状小铜杯或瓷杯饮用），谈天说地。也有舀入碗里开怀畅饮的，酒香四溢、醇美甘甜。此外，多儿保护区的村民还会饮用罐罐茶茶叶加入水后在火塘里熬成极浓的茶汁，在火塘里熬成极浓的茶汁，调酥油饮用，消食化腻提神解乏。

饮食方面，禁食狗肉，多儿人认为狗是人类最忠实的朋友，也是最有灵性的动物，不仅能看守家园，在牧场放牧时狗的作用就更大了。

6.3.1.3 民居建构

多儿保护区地处甘南，属于安多藏区，是连接藏区和中原地区的纽带，亦是汉文化到藏文化的过渡区，自古以来汉藏文化在这里融汇交流，使得它在居住景观风格上具有别于其他藏区的特点，在景观特征和风格上具有特殊性和差异，产生了景观的多样性。

多儿保护区由于地势高低起伏，民居多建于坡地和河谷地之上，巧于营建，节地省材，营造纵向空间效果的同时保温防潮、隔声。多儿保护区内林木茂盛，盛产木材，民居墙、柱、梁、地板、屋面等均以木材作为主要的建筑材料。此外，混合碉房也是多儿保护区极为普遍的民居类型，尤其是在河谷（刘敬允，2018）。木踏板房建筑为梁柱承重结构，外墙作为围护结构，木柱纵横间距相等，上下层柱位相对，形成梁柱承重的方格柱网。梁和椽子承托楼面或屋顶。屋顶呈"人"字形，用劈成薄片的木材灭榻板从檐口依次叠压至屋脊块石压住，俗称"榻板房"（陈冠宇，2017）。上下层各分隔墙可根据需要用板材随意分隔房，灵活方便。结构形式为井干式和平顶木房。井干式底层通常为架空牲畜用房，二层为主要的生活空间，个别有三层。平顶木房四周以原木或方木层层叠压，各木头两端在四角处呈十字形相互咬接，形成木墙整体，在墙上挖洞做门窗，最后以细泥土、麦壳皮和泥或牛粪和泥填缝（黄跃昊和熊炜，2017；王霞，2019）。室内以木板隔断，铺以木地板。

由于房屋建筑属土木结构，建造时先以木料支架，再以块石为墙基，后用枯土夯筑墙身，立柱架梁盖顶。大多依山就势，把山坡削成一块"厂"形土台，土台以下用木柱支撑铺上楼板作为房屋的前厅然后起房架屋，使台上台下连成整体。传统的房屋分上下两层。有"三间一道檐""五转一""七转一"等形式，即主楼转角一侧或两侧带耳房，耳房多为卧室。楼上住人、楼下圈养牲畜和堆放柴草、农具等上下楼层间斜搭一根砍出台坎的藏式独木梯。二楼走廊连接其两厢房间，廊沿有栏杆（赵兰若，2015；陈冠宇，2017；黄跃昊和熊炜，2017；王霞，2019）。

多儿保护区内榻板房在洋布、尼藏（彩图6-5）、当当、白古等村落分布较多，踏板屋一般共有三层，一层用来养畜，二层为起居空间，三层阳光充足且通风好，用来储藏家畜食草（赵兰若，2015）。顶面常用富含油脂的松木板覆盖，以降低雨水侵蚀，提高房顶耐用性，但这也导致房屋防火性能较弱。对屋顶木材的切割方法也有讲究，首先要提前备料，选挺直的树，一般要按照木材的顺时纹理劈成长约200厘米、宽20厘米、厚1.5～2厘米的木板，等其晾干后才能做屋面，除木材做瓦片之外，还有石板瓦片（赵兰若，2015）。由于多儿保护区内降水较多，因此在屋檐前端底部放置有木质水槽，水槽长度与屋檐长度相仿，呈单向倾斜放置，以此防止雨水冲刷房后山体、墙基等（彩图6-6）。

随着现代建筑理念的传播，多儿保护区民居也产生了变化，部分近十年新建民居采用庭院式建筑结构，厨卫起居分离，生产用房和生活住房分隔，卫生环境条件改善，便利程度大幅提高。虽然建筑布局、建材等相较于传统都发生了变化，但房屋内部装修格局基本保持传统格局。

客厅（上房）内正前方横置一排躺柜，其下有一木台阶，其上设神位、香案，供放鼓、坛佛像之类的法器，唐卡一般悬挂于正中墙壁。室正中挖1米见方的火塘，四周镶木板，坑中燃火处安放铁质灶台。禁忌火塘里的灶台随意挪动，左上方为火神所在，谁也不得跨过，围火塘休息男左女右，忌讳往火灶里吐痰、烧骨头、皮毛等物，日常火塘要保持干净，不能将不洁的东西放在火灶旁，坐在灶边时，不得把脚搁到灶上，清扫垃圾时不能将垃圾投入火灶内烧起臭味（李涛，2001；高慧芳，2004）。由于房顶榻板日晒雨淋，房内木板长期烟熏火燎，近似墨染色，使整个建筑显得凝重平稳而又质朴自然。

多儿乡和其他藏区群众一样酷爱铜制器皿如铜锅、铜罐、铜壶、铜火盆、铜脸盆、铜酒壶等。生产工具和生活用品大多就地取材，石磨、木盆、木耙、连枷、木锨、木碗、木桶、木勺等日常用品常以林间硬木手工炮制而成（彩图6-7）。

6.3.2　仪轨

6.3.2.1　日常礼仪和禁忌

藏族是个重礼仪的民族，在白龙江流域的藏族中流传着这样一句俗语"地有方寸，人有长幼"（高慧芳，2004）。强调尊重长者，孝敬父母是启蒙教育的主要内容。尤其重视对女孩在针线茶饭、孝敬公婆，关心小叔、小姑等方面的教育；平时家里来客人敬酒不能用缺口的碗，递碗时不能用单手；忌讳在别人背后吐唾沫、拍巴掌；还有吃饭时食不满口，咬不出声，喝不作响，拣食不越盘的规矩（高慧芳，2004；内玛才让，2006）。行路时不抢在他人前面，相遇必先让，坐时不能抢主宾席，不能东倒西歪，不能随便伸腿等。这也是长辈教育子女必须注意的礼节。

家里酿酒或有重病人时，忌来外人，忌妇女在男性身上、小孩身上以及锅台和水磨台上跨过。忌用鞋、袜子、裤头做枕头。忌年三十往外借东西，认为年三十外借东西会触犯家神，来年家里的财气会往外跑。忌用筷子敲打碗碟，锅不能斜放在灶上，更不能向门的方向斜放，甚至连锅盖也不行。严禁妇女坐上席，八九十岁的老奶奶也不准坐上席，因为那里是男人的位置。逢年过节忌打孩子、忌哭，忌携随葬物品入宅。忌在畜圈大小便，忌在人前放屁（特别是少女）（内玛才让，2006）。忌用扫帚打牲畜，忌在寺院、经堂佛殿内吸烟或说秽话，喝酒不能进寺庙。孝子在三年内忌唱歌，忌在家里吹口哨。忌在家里或村里唱表达言情的山歌。严禁把人的粪便、骨头等不洁之物和有生灵的东西投入火塘（李涛，2001）。妇女怀孕期间不准吃兔子肉，怕生唇裂孩子；孕妇不准筛筛子，怕脐带缠住胎儿的脖子；忌随意洒奶类食品（高慧芳，2004）。

6.3.2.2　婚嫁仪轨

男女青年到了适婚年龄自由恋爱，并采用传统的结婚方式。适婚阶段，由男方父亲主动到女方登门提亲（普遍携青稞酒1.5～2.5kg，部分村落还会携一个圆环形馍馍），商谈婚嫁事宜；若女方家庭同意婚嫁，则两方家庭会喝酒庆祝，若不同意则男方父亲将登门所携酒水提回；无礼金。多儿保护区范围内部分村落（阿大黑、班藏、科牙、阿寺等）男方需为女方提供金银首饰若干（戒指、耳环、项链等），此外依据家庭情况，部分女方家庭会提供百余斤粮食、被褥、新衣等作为陪嫁（然寺敖村）。商谈期间，男方登门次数应是女方两倍或更多；男女双方父母商定同意婚嫁后，经寺院僧人对婚嫁男女双方生辰是否相合进行测算，若相合，则择吉日接亲；若不合且冲突较小，则通过僧人做法事调和后结婚；若不合且难以调和，则不予婚嫁。结婚当日，接亲时间多以早晚时间段为主，以避开日间劳作时村民携带的空荡家具（桶，背篓，簸箕），接亲当晚亲友喝酒聚会庆祝。接亲时由男方母亲或姐姐单独登女方家门接亲，女方会简单堵门，女方家属将新娘送至家门口后，由男方接亲人接回家中。结婚后女方可在农历正月初一返回娘家。禁止父系直系亲属之间结婚。因为，在当地藏族群众看来，直系亲属之间的婚配是极其不道德的行为。

6.3.2.3　丧葬仪轨

从人的生命诞生到终结，经历了纷繁的生命历程，然人生一世，草木一秋，最终都会走向死亡，或烧或埋，形体重归自然，万化归一。作为人生历程的谢幕，丧葬是生者寄托的不舍与哀思，也是死者的最后体面，是协调生死关系的社会行为和不同群体生死认识的体现。作为人生必须经历的事件之一，丧葬活动在长期发展中，与历史文化、宗教信仰、自然环境、民间风俗等区域环境交互中形成了具有一定社会功能和区域特色的丧葬文化。丧，亡也，从哭从亡；葬，藏也，从死在茻（音：mǎng）中（段玉裁，2013），由此可见丧葬是交织穿插的仪式组合。生活在青藏高原东部边缘的甘肃藏族人民，由于长期受生活模式、历史文化、宗教信仰的影响，保持着藏族固有的特色，尤其在丧葬习俗上表现得更明显（洲塔，1996），并表现出局部的地域性差异。丧葬礼俗的差异以葬法为主导，发展演化出了系统的葬俗仪式。就目前安多中心地带的甘肃藏区群众的葬法来看，以天葬为主，施行土葬、穴葬、水葬、火葬和塔葬并行的葬法组合。其中火葬的葬法形式由来已久，如《大唐西域记》卷二载印度古俗"送终殡葬，其议有三：一曰火葬，积薪焚燎"、《太平御览》（第七九四）引《庄子》佚文"羌人死，蟠而扬其灰"，这些为藏族早期社会中存在火葬习俗的记录。史料文字的记载表明火葬的历史久远，并且在不同葬法形式中间接地被借用或显现（洛桑扎西，1997）。今甘肃天祝藏区、迭部一带火葬已成民间盛行的一种葬俗，以火葬完成生与死的过渡，诠释藏族同胞的信仰观。多儿保护区位于安多藏区文化范围，属甘肃省甘南藏族自治州迭部县，火葬葬法发展形成了完整的葬俗礼法，并表现出不同之处。2021年7月，对多儿保护区进行了丧葬礼俗的实地调研，以期了解和把握该地区丧葬仪轨及其文化背景，丰富该地区藏族文化研究资料。

6.3.2.3.1　生死观

死，在藏族大众观念中并非意味着生命的终结，而是预示着新生命的开始。因为藏传佛教讲究"万物有灵""生死轮回"之说，认为世界上万物都是外壳与灵魂的结合体，人即是灵与肉的结晶，躯壳不外乎是灵魂的载体，死亡只是二者的分离，灵魂溢出废旧躯体投转另一个新的躯体继续存在，周而复始（严梦春，2013）。人们对死亡的态度以及贯穿于各种丧葬仪轨中的观念大致相同。无论是天葬、水葬或是崖葬、火葬等，无不讲究"中阴得道"之说，佛教的"万物有灵""生死轮回"观念主导着西藏的各种丧葬行为，也导致藏族的丧葬习俗与其他各族存在较大差异，独具特色（李军华，2009）。

灵魂不灭论和佛教利他主义思想为天葬法阐明了理论上的教义基础（洲塔，1996），使天葬制度成为藏族文化的重要丧葬文化标识，而从丧葬溯源的角度来看，火葬制度的丧葬形式具有更久远的文脉传承（桑扎西，1997），并且沿袭至今，既有苯教文化影响下的传统延续，也有藏传佛教影响下的传统坚持，在康巴藏区、安多藏区以及卫藏地区均有保留甚至是地方盛行的葬法形式，虽然仪轨各有差异，但都是以烈火焚尸的形式结束生命历程，完成生死过渡，进入下一个灵魂阶段。

在生命轮回思想的指引下，对藏族同胞而言，死亡是轮回过程的过渡点，而丧葬是决定亡者来世命运的重要时刻（高野优纪，2013）。每个人都逃不掉死亡的命运，但藏族人并不认为死亡是生命的终结，而只是六道轮回的一个暂停处，或灵魂转世的一个过程；他们重视灵魂的再生和轮回，人死后的种种祭礼也是基于这个观念而形成的（杨辉麟，2008；高野优纪，2013）。在短暂的今世，行善业、立功德，甘于接受生命历程中的艰辛疾苦，争取灵魂来世的福报，是藏族同胞看淡死亡，乐观直率，并在丧葬制度中反射出平和的生死观。

6.3.2.3.2　火葬制度仪轨

火葬在过去一般用于高官和活佛，但也因地而异。目前在多儿保护区范围乃至迭部境内，火葬是普遍实行的一种葬俗，适用于普通民众和僧人。多儿保护区群众丧葬采取火葬形式，各村中均设有一座火葬台，其中然寺敖村设有两座火葬台，系村中两大家族各设一座；火葬台多位于村落东北方向，略高于村落主体。

（1）入殓祭奠

逢老人去世，去世后家人及亲属不触碰遗体，由村中专门适宜人员（司葬人）前来查验老人去世后状况，后联系寺中喇嘛，喇嘛登门后用柏枝水净身沐浴去衣，视情况闭目合口等整理遗容，在遗体未完全僵硬前，通过搬动使遗体膝嘴相接，两手交叉合抱在胸前，呈蜷曲状（胎儿在腹中姿势），后以白布（棉麻布）裹缠遗体，用藏袍腰带捆绑住，面部以白色绸布缠绕；裹缠遗体所用布匹颜色需经寺中僧人根据亡者生辰等进行卜算，多以白色为主，个别亡者遗体经卜算后使用黑色布匹裹缠。

完成上述遗体及遗容整理后，将遗体置放于殓具（木质楼阁状顶装具，形似轿子，有抬杠两根，箱体饰以纸张彩绘或棉质白布裹缠，有寺中喇嘛进行绘制纹饰经文等，并含酥油灯形折纸，纸色以红、黄、白、蓝、绿五色为主，未见黑色）。殓具一般置于大厅左上角或右上角，殓具前放置一盏酥油灯，随时添油，昼夜长明，力求保证七天七夜不能熄灭，其后安排法事活动。

（2）法事活动

遗体安置妥当后，户主进行法事活动，由教辖区寺庙僧人诵念丧经，超度亡灵，同村村民也会为逝者诵六字真言或者报身佛咒驱暗明灯八字真言，通过诵念八字真言使光照到四面八方，指引亡灵转生。法事持续时间以子女数量为记，每一位子女承担一天法事活动（招待、花销等），法事结束后，遗体一般再放置若干天，累积时间一般不少于7天，后进行火化。若停丧之间过长，需再填充白色布匹，防止异味。

治丧期间，由成年男子负责守灵，一般为亡者子嗣，若子嗣较少，亲属也会陪同。守灵人要确保夜间亡者殓具前长明灯和其他酥油灯不熄灭，以此护佑亡者灵魂不灭，同时要确保亡者遗体不被鼠、猫等动物的侵扰，防止尸体发生变化。夜间守灵时，守灵人可以喝酒聊天，但不允许肆闹玩笑。

（3）出殡火化

火化具体时间以僧人卜算时间为依据，具体测算原则以亡者生辰、亡故时间为原则，若出殡时间犯煞，则会再做调整，适当增减停丧日期。火葬当天，由四名男性（属相经僧人测算后与亡者相合，可以为亲属）将遗体由家中抬至火葬台，中途不落地、不换人。到达火葬台后，经僧人念经超度以作送行后点火火化，火化时间常以午间11～12点。火葬进行前，将殓具放置柴堆上（井字形），将殓具顶部打开后再点火。

火葬是全村成年男性参加（部分属相相冲者须回避），女性不参与。火化时燃料为木柴，木柴需干净、完整，木柴由全村各家提供或亡者主家准备，使用时的木柴取自各村固定区域（专用于火葬使用）；全村每家一名男性提供木柴一根，若村庄人口较少（阿大黑村、后西藏、然子村，尼藏村为每户三根），余着由主家提供。火化时的木柴堆放为长方形（平面），柴堆底部置放九层，中部呈方形中空，将殓具放于其中，打开顶部后上覆木柴后点燃。点火前将融化的酥油（或丧葬期间使用的植物油）浇淋于柴堆，以助燃。亡者生前喜爱的衣物经僧人测算可以焚烧后也可一并点燃，以作陪葬，也昭示着亡者在人间的生命历程结束。点火后，由抬棺者看护直至火化结束，其他人返回家中。

（4）火葬后事宜

次日或两日后由亡者家属两人将部分骨灰、骨骼、牙齿殓放于白色特制布袋中，由家人带回至亡者家中，其余骨灰扫出火葬台后以黄土掩埋，将骨灰与粉状泥土混合后制作为塔形或人形，后择机将骨灰带至拉萨、拉卜楞寺、塔尔寺等佛教圣地或神山安置，一般会有特定区域，或将骨灰安置于火葬台附近特定区域。火葬期间如逢阴雨天气，火葬活动继续进行，并且一般情况下火化过程中，火化柴垛正常燃烧，不受天气影响，推测与助燃的酥油影响有关；火化当晚若有降雨，焚尽后的骨灰依然会保留在火葬台，不会被雨水冲刷带走，这应该是由于草木灰与骨灰密度不同所导致，观察阿大黑村火葬台可知，火葬台边缘有边框高起，这对于骨灰的保存也有一定的作用。

待火葬台火化结束，柴垛与尸体完全焚尽，参与火化的人全部回来后，亡者主家会以蕨麻猪肉、青稞酒、油饼等设宴（丧宴）招待全村，宴席结束后，村民各自返家。

火化后次日，骨灰带回，安置前需在家中请僧人念经超度（逢7天由部分僧人念小经，亡故后第49日由全寺僧人念大经），在此期间需酥油灯常明，并供奉日常餐食，视死如生。49日后治丧期结束。治丧期间，家中不举行娱乐活动，亡者去世及火葬前，村中不举行唱歌、跳舞等任何形式的聚会。日后，会在周年、逢七等日子进行供灯、供食、念经等祭奠。

（5）治丧供养及禁忌

治丧期间请寺中仝部僧人举行法事活动，法事期间相应花费和僧人一应吃食由亡者家属提供，相应供养水平按具体寺院和亡者家属经济水平决定。

丧葬禁忌：年轻男女如在外遇意外事故身亡（车祸、意外坠亡、工程事故等），则可以在家中操办法事，但不得在村中火葬台火化，具体火葬台由亡者家属自行选择，骨灰等如上述处置。若10岁以下儿童意外夭亡，则不采取火葬，以土葬形式殓于木箱中掩埋，不举办法事。

6.3.2.3.3 葬法比较

就目前藏族群众的主要葬法以天葬、火葬、土葬、水葬为主，在不同区域各自盛行，对局部地区或者特殊群体，还有树葬、灵塔葬等。多儿保护区所在的迭部县以及邻近的舟曲县藏族普遍采用火葬，其中迭部县可以分为上迭、中迭、下迭三部分，上迭即今若尔盖县铁布区，中迭包括了今益哇镇、电尕镇的各部落，下迭含卡坝、尼傲、达拉、旺藏、阿夏、多儿、桑坝、腊子和洛大，其中上迭、中迭一般采取完全火葬形式，即遗体火化后不做二次掩埋，而下迭部分地方还会将未焚尽的骨骼、牙齿等进行二次掩埋，如多儿保护区内群众会将火葬台残余物扫除后，二次掩埋，同时将骨灰和泥土混合后制作灵塔的形式，其实也是土葬的变相形式，因此严格来看是火-土二次葬。此外，上迭地区藏族群众置尸于堂屋左或右上角木板上，上盖衣单，用长袍或毯子遮挡，前面摆一供桌，上供酒、肉、糌粑、油馍等食品和酥油灯；而中迭一带则置尸于堂屋门背后或地窖里，若遇夏日炎热天气，有的还挖地窖存放至发丧。

与迭部相接的舟曲县藏族在亲人亡故后也采用火葬的方式，但有所区别，主要表现在躯体入葬形式（屈肢盘坐）、棺木形制（装饰）和放置（置于凳上）、骨灰处置（部分埋葬于氏族墓地，其他撒入河中，火-土-水三次葬）（拉措，1985）。夏河拉卜楞寺附近藏族同胞除采用天葬外，也采用火葬法，同样都处于藏传佛教格鲁派教义体系影响下，但火葬仪轨有所差异，夏河群众会将残留头骨带回后作为拓制"擦擦"的原料之一，部分遗骨做过沐礼后供奉于自家佛堂（宗喀·漾正冈布，2021），这在多儿保护区未曾见得。距离较远的华锐藏区天祝县藏族也采用火葬与土葬并行的方式，但遗体屈肢呈盘坐双手合十拜佛状（李万俊，2018）。居住于甘肃南部和四川北部的白马藏族在冬季也会采用火葬法，与多儿保护区火葬法有相似之处，不同在于遗体不采用棺木式殓具收敛尸体，而是直接白布裹缠后直接背至火葬台，尸体焚尽后以青石垒成空心坟堆承装骨灰，面上盖杉木板（向远木，1989）。

除葬俗仪轨差异外，火化场所及火葬台的形制也有所差异。多儿保护区火葬台以露天矩形火葬台为主，新修火葬台为混凝土，旧造为土台。在甘南地区，火葬除现代化的汽化炉外，火葬时一般需要砌一座宝瓶式的炉子，用以焚化遗体（丹珠昂奔等，2003），用完后拆除。此外还有采用放在石头上架空、弓形火葬台的形制（韦刚，1983；向远木，1989）。

多儿保护区保持并发展形成了完整的火葬葬法仪轨，从环境的角度来看，多儿保护区丰富的森林资源为火葬提供了充足的木材。多儿保护区内多儿河水量有限，不足以支撑水葬。而多儿保护区以山地为主的地理格局，决定了平整的土地有限，土地更多地需要利用耕种。通过土葬的形式建立氏族墓地，往往需要占用部分土地，这种情况下或许会加重土地的供需矛盾；因此在藏族文化中选择火葬的丧葬方法，而火葬后不留骨灰、不立坟冢的丧葬习惯则可以解决土地问题。因此火葬的葬法存在现实需求。

从历史文脉和信仰传承来看，火葬在藏传佛教中具有重要的象征意义，火葬在藏文化的腹心地带作为高贵的葬式只用于高僧大德，但其在人们观念中的高贵性特征，自然会吸引具有较高经济地位和社会地位的俗人也采用这一葬式（朱雅雯和朱普选，2012）；而生死轮回、灵魂不灭、消孽积德的价值认知，又使人们认可和接受火葬、天葬、水葬这样的葬法，使肉体回归自然，不留痕迹。作为雍仲苯教与印度佛教的结合，藏传佛教在一定程度上继承和发扬了苯教文脉，在苯教文化中忌讳动土，并保持至今，在现今苯教文化区那曲巴青县人保持全县火葬的丧葬制度（桑扎西，1997）。在对保护区的田野调查中，我们发现在相邻的阿夏保护区，保存有甘南为数不多的苯教寺——纳告寺（始建于公元875年），并且甘南藏区现有苯教寺6座，其中有5座在迭部县。由此可见，多儿及周边地区在历史时期是在藏传佛教和苯教双重文化的影响下，形成了独特的丧葬礼俗，并保持和发展了火葬制度。

6.3.3 信仰派系之别及格局

藏族群众最普遍的信仰是佛教。无论待人接物，还是日常生活，藏族群众都离不开信仰。所以，藏族的很多重要节日都和虔诚的信仰有关。多儿保护区群众普遍信奉藏传佛教，多儿保护区境内分布有佛、法、僧三宝俱全的寺庙三座，分别为白古寺、然子寺、亚湖寺，其中除白古寺外，然子寺和亚湖寺均为藏传佛教格鲁派（黄教）寺庙，而白古寺为甘肃唯一一座萨迦派（花教）寺庙，声名远播。多儿保护区多儿沟内，民风淳朴，全民信仰藏传佛教，人文景观独特，素有"阳山八寨，阴山三村，一佛两寺三教"之誉。两寺指格鲁派多儿然子寺和萨迦派多儿白古寺，一活佛为多儿然子寺多尔仓活佛，是多儿沟唯一有传承历史官民公认的活佛，至今历时五辈。

（1）然子寺概况及重要法会

多儿然子寺，系其寺第一世多儿活佛鲁琼格桑益喜堪布于藏历十三胜生铁猴年（1800年）在卓尼杨土司积极支持下，主持创建的格鲁派黄教寺院。位于甘肃甘南藏族自治州迭部县多儿保护区内，在多儿河谷腹地，隆多神山脚下，西岸台地上座西朝东而建。现主要建筑有大雄宝殿以及东、西、南各配套殿宇，护法殿和两座白塔，三十余院僧舍，在建的寺院山门和活佛大内院。

"阳山八寨"是然子寺教辖区，450余户教民，"阴山三村"是白古寺教辖区，约180户教民。"一佛"是多儿沟唯一的活佛——多尔仓活佛；"两寺"分别是然子寺与白古寺；"三教"是多儿河谷阴阳两岸，分布有两寺以外的十二个自然村寨，无一例外地奉修莲花生大师的"初十会"，每逢初十各村会员在各村都要举行修供藏密祖师莲花生大师神圣仪轨，这是民间自愿组织的民间宗教会社，有教无寺的组织，在甘南藏区是比较殊胜稀有景观。然子寺藏语原名为然子贡巴噶丹青靠琅，意为"具喜法轮洲"。寺院教辖区有多儿达益上下两村，布哈村、尼藏村、次古村、当当村、台力傲村、然寺傲村和在力傲村，称为阳山八寨。

然子寺主要法会有为期10多天的正月祈愿大法会；为期半个多月的四月嘛呢、娘乃和祈愿法会；为期45天的夏安居；9月17日至24日举行普明毗卢遮那大日如来自入坛修供大法会，也是本寺的主修法会之一，超度有名无名、有主无主的一切亡灵，并严格按传承仪轨，举行火供，外结手印，内观自心，口念偈咒，传承完备。十月甘丹燃灯法会等。

现寺内供奉圣物主要有檀香释迦牟尼佛等身像，铜质鎏金释迦牟尼佛等身像、铜质鎏金长寿佛等身像，木雕贴金释迦牟尼佛、普明毗卢遮那大日如来、药师佛、阿弥陀佛等身像，弥勒菩萨、观音菩萨、宗喀巴大师像等，还有不分教派的壁画、唐卡、泥塑等大小佛像200余尊。护法殿供大威德金刚、六臂玛哈嘎拉、阎罗法王、吉祥天母、财宝天王等五大护法，护法殿常年诵护法经。主要藏经有拉萨木刻版《甘珠尔》和德格版《丹珠尔》大藏经，木刻版《宗喀巴师徒全集》、木刻版《拉科仓活佛全集》、圣师著作《陀罗尼集经》等400余卷。

（2）白古寺历程及重要法会

白古寺（彩图6-8）（藏文全名"白古贡巴德青冷周琅"）坐落在多儿保护区内，是甘肃省境内唯一一座仍有僧众修学的萨迦派寺院，目前多儿保护区内"阴山三村"是白古寺的教辖区，即西让（后西藏）、白古村、然子村。

白古寺的建筑群依山势分布，寺院高居顶端，僧舍在山谷底部，整体布局严谨，气势宏伟（Lydia，2018）。建筑外墙涂有红色、白色的线条，是萨迦派寺院的标志。萨迦派是藏传佛教的重要宗派之一，创始于1073年，因主寺萨迦寺的所在地呈灰白色，故而得名"萨迦"，藏语意为"白土"。萨迦派寺院的围墙上有标志性的红、白、黑三色花条，分别象征文殊、观音和金刚手菩萨，因此萨迦派也被称为"花教"。白古寺有点与众不同，只有少数地方（比如寺门外的墙壁）的线条是三色，且以蓝代黑，其余建筑墙体上的线条均为红白相间。

白古寺创立于500多年前，最初位于多儿乡白古村，1839年搬迁至村外的山谷。这座古寺于20世纪60年代期间被毁，1981年得以重建；2008年受到汶川地震影响，本已陈旧的大殿伤痕累累，2014年完成了再次重建。

目前白古寺面积约31000平方米，包括经堂、僧舍、佛塔、活佛府邸、佛学院等建筑，其中大经堂占据了寺院的中心位置。传统节庆和法会时，附近各村的男女老少也会身着盛装聚集在寺内，参与跳神、晒佛、祭祀等佛事活动，热闹非凡。

大经堂分为前廊和经殿，供奉着高约8米的释迦牟尼佛及历代传世文物，可容纳数百人诵经和进行法事活动，于2014年6月重修。经堂正前方是法舞场，每逢法会，僧侣们会身着古戏服，头戴神像面具，跳起古老的法舞。

小经堂（香巴殿）的主佛是弥勒佛，另外供奉有1000尊绿度母，以及"萨迦五祖"。和许多抽象的神灵不同，"萨迦五祖"都是历史上真实存在的人物，第五祖八思巴，是萨迦派创始者昆·贡却杰布（1034—1102）的后人，也是西藏历史上继松赞干布之后一位具有广阔视野的杰出人物，他不仅是忽必烈的老师，更是将藏传佛教带出西藏，将汉、蒙等文化带入西藏的重要人物（智嘎法王，2011）。

白古寺有僧舍103院，住寺僧人一百余人。僧舍多为庭院型，房间四壁均用木板装饰，外墙每个房间都设有简易的佛堂，方便僧人修行。

白古寺历来注重德才并修，要求僧人必须熟练大小五明，"大五明"指工巧明（工艺学）、医方明（医学）、声明（声律学）、因明（正理学，即逻辑学）、内明（佛学），"小五明"指修辞学、辞藻学、韵律学、戏剧学、历算学。

在长达500余年的传承发展中，白古寺积累了厚重的文化底蕴，完整传承并举办了一系列重大法会，如藏历和农历新年大法会、晒佛节、喜金刚法会、大日如来超度法会、殊胜萨嘎月大藏经和八关斋戒法会、普巴金刚法会、金刚瑜伽母法会、神山烟供法会等重大法会活动，此外还包括结夏安居、浪山等僧团活动。

藏历和农历新年大法会　藏历新年正月初七至正月十八，白古寺即将迎来一年一度最隆重的新年大法会。法会期间僧众们共修各种善业，祈祷国泰民安、世界和平！新年大法会11天的活动主要有护法殿内每天举行玛哈嘎拉大护法法会，24小时不间断念诵玛哈嘎拉护法心咒共11天（2批僧人各10人轮番昼夜念诵）；大雄宝殿（大经堂）内每天举行普贤行愿品大法会、绿度母曼扎大法会共11天，大日如来超度法会共4座、尊胜佛母万灯法会共1座；此外正月十二进行金刚舞排练，正月十三进行大烟供、金刚舞准备，正月十四金刚舞正式表演，正月十五晒佛节、朵玛施食、金刚舞，正月十八全寺院僧众身背大藏经绕寺。

神山烟供法会　常在藏历和农历正月择日举行，祈求风调雨顺，五谷丰收，护佑众生平安，遣除来年的违缘，僧人们会在寺院堪布带领下提前准备好烟供物（殊胜的加持物和食品进行一定比例的粉末制作，松柏枝等）、朵玛、隆达（龙达）等，法会当日向神山供朵玛，诵经，点燃烟供物，并在烟供中用松柏枝洒甘露水，一部分僧人前往玛尼堆抛撒龙达，祈愿天降时雨，五谷丰收。

金刚舞大法会　金刚舞又称金刚法舞，具有"见即解脱"的功德和精深秘传法门。密宗经典中，莲花生大师说过，《时轮密续》中也记载，依金刚舞之事业而利益众生，以此可以获得金刚持果位。因此对僧众而言，修习金刚舞的功德是不可思议的。当日白古寺的清晨，僧人们发放法器，穿戴法舞戏服面具，白古寺堪布和僧众们在法舞场入座就绪后，在法器的敲击奏鸣声中，殊胜的金刚舞法会拉开序幕。法师或修行者，扮演报身佛的寂静及愤怒等形象，以歌声、舞蹈及手印、法药，来赞叹十方所有诸佛菩萨的事业及功德，随之祈求报身佛降临在他们身上，配合大型法会之修法仪轨，以勇猛舞姿来摧毁、降伏妖魔鬼怪（智嘎法王，2011）。又以无量的大慈大悲度化妖魔鬼怪以及受着所知障、烦恼障、业力紧迫的六道一切有情众生（昂青才让，2020）。金刚法舞的举行表达了对因果业力及自然生灵的敬畏。

晒佛节　晒佛节是藏族人民敬佛的日子。所谓"晒佛"，就是把寺院里珍藏的巨幅堆绣佛像唐卡取出，展示在广大信众面前，让信众瞻仰膜拜。在僧众们的诵经声和法器鸣奏声中，唐卡徐徐放落，逐渐展露出佛菩萨庄严而慈悲的容颜。当地村民纷纷赶来参加法会，把整个法舞场围个水泄不通。

萨嘎月系列法会　每年的藏历四月，都会进入"萨嘎月"。意译为氐宿月，即指二十八宿之氐宿出现之月份，以每年藏历三月三十日至四月十五日氐宿出现，故称萨嘎达瓦（藏语称"月"为"达瓦"），是代表着佛祖降生、成道、涅槃的殊胜月份。白古寺在萨嘎月会陆续举行大藏经法会、八关斋戒法会和普巴金刚法会。大藏经法会期间于佛前陈设供品，僧众们分配到《大藏经》经卷后认真修持，在多日之中共同念诵《大藏经》。大藏经是为每个寺庙和佛子所珍视，是供养及镇寺之至宝。法会期间还会焚烧贡品、树枝、谷物、咒符等供物，并制作火供修法朵玛，抛撒龙达。大藏经法会结束次日，僧人清晨五点入关，开始八关斋戒，闭关第三日上午出关，斋戒即自行解除，法会至此圆满结束。八关斋戒法会后，白古寺会紧接着举行普巴金刚法会。萨迦普巴金刚是莲师亲传，萨迦派创始昆氏家族的祖先坤鲁旺松是莲师的亲传弟子，也是萨迦普巴金刚的主要继承人。萨迦派认为，一切诸佛的事业完全聚集在普巴金刚的坛城中（刘彩文，2011）。因此，在法会期间除诵经祈福、跳法舞等活动外，还会供奉用朵玛和酥油花，绘制普巴金刚彩沙坛城。法会持续7天，僧众们身着五冠法帽虔诚诵经、会供后法会接近尾声，最后经过烦琐的藏传佛教密宗仪轨，精美绝伦的彩沙坛城被有序撤除，法会至此圆满结束。

（3）亚湖寺发展历程及概况

亚湖寺藏语全称扎西青靠琅，位于阿夏乡境内，占地面积75亩。始建于清道光九年（藏历十四胜生土牛年，公元1829年，己丑），是由比丘次周西让主持创建而成的藏传佛教格鲁派寺院，主要供奉护法神青交托吾。多儿保护区内教辖区为阿大黑村。

传说寺后的白石崖曾是降服妖魔之地，高耸入云。寺前的诺道索茂神山庄严肃穆，泰然而立。寺址周围有茶树、檀香树、沉香树等名贵树种。寺址正中有坚硬的岩石层，上有白土覆盖，因寺院建在如稻米堆积的山梁上，亚湖寺由此得名。亚为向上之意，湖为堆积之意。又云寺院以东的山顶上，有一泓小湖，名为亚湖措，因此而得寺名为亚湖寺。

比丘次周西让是阿大黑村人，主持创建了阿夏亚湖寺。寺院第一任赤哇由次周西让担任。起初，有僧人16人，因与十六尊者的数字巧合，人们传说是佛法炽盛的缘起。大经堂落成后，次周西让布施资财，在经堂内首先供奉了宗喀巴佛像。

亚湖寺的仪轨、法行、念诵韵调、法会的轨范仪则等完全按照卓尼禅定寺的传统例规进行，后有些法会的规范仪则改为与拉卜楞寺相同。寺院的主要法会有每年正月举行祈愿法会13天，并有跳法舞、晒佛、弥勒佛环寺巡行等佛事活动。四月举行嘛呢和祝福法会共11天。六月十五日起，举行夏令安居和十六尊者供修法会共45天。九月举行自人普明大日如来坛城法会7天。十月五供节，举行3天纪念法会。此外，每月上、下旬有长善净恶和本室的供食子法会。

寺院的执事主要有活佛、赤哇、堪布、领诵师、格盖、格瑶等。各种斋戒与其他格鲁派寺院相同。寺院的身、语、意圣物曾主要有药泥塑制的宗喀巴师徒3尊，弥勒佛、如来、度母、三世诸佛共120余尊。彩缎刺大小佛像2幅，千佛卷轴像30幅，释迦牟尼等身像1尊，千手千眼观音菩萨像和白伞盖像各1尊。供奉的还有与人的身量相仿的八大随佛弟子、绿度母千尊、怖威金刚13尊、三估主、多闻天王、大红司命主、托吾巴护法神等。另外，还有《三摩地王经》《般若八千颂》《陀罗尼集》等众多经典以及和好佛塔等。寺院有大经堂1座，弥勒佛殿、护法殿各1座，活佛院和赤哇囊欠各1处，僧人茶房51司，前院亭5间，僧舍46院，住寺僧人130余人。当时在世的寺主活佛为第三世亚湖仓·尕藏丹曲嘉措。

从2011年起，亚湖寺寺主第四世亚湖仓·洛桑确华嘉措，在当地信教群众的迫切要求和阿夏乡党委乡政府的大力支持下，在原址开展筹备建修大经堂工作。经过6年的艰苦努力，已建成藏式建筑结构的大经堂正殿东西35间，弥勒佛殿3间，经堂内部高两层，由二层四周小窗采光，正中用4根藏式雕花彩绘柱衬托第三层，大殿上位正中设有寺主活佛宝座。供奉的主要佛像有释迦牟尼三师徒、宗喀巴三师徒、普明大日如来37尊。后殿又称弥勒佛殿，正中供奉有4米高的弥勒佛像，右侧供奉释迦牟尼12岁等身像、千手千眼观音菩萨像，左侧供奉有第三世亚湖仓活佛舍利塔和大白伞盖、小弥勒佛像及诸多佛像。殿堂内供奉有30多副唐卡。佛像腹腔内的装藏圣物，均是嘉木样大师、加羊加措上师和拉卜楞寺特意赏赐给诸多能依。

（4）村寺及保护区文化信仰分区

多儿保护区内除上述3座寺院外，尼藏、然子、白古、洋布等村庄尚建有各村村寺用于日常礼佛等宗教活动，村寺规模较小，一般为三开间三进的单层重檐庑殿顶佛殿，采用藏传佛教经殿传统修造方法。

在教辖区的划分上，受距离远近、历史传承等方面的影响，邻近多儿保护区入口处的阿寺、科牙、班藏三村则属于多儿保护区外旺藏乡迪让寺教辖区，迪让寺属格鲁派，系卓尼禅定寺的属寺，赤哇由禅定寺委派，各种传承仪轨原与禅定寺相同，后由本寺二世活胡让夏茸堪青改为与拉卜楞寺相同。因此，多儿保护区教辖区可以分为白古寺、然子寺、亚湖寺、迪让寺四大教辖区，又因为四个辖区分属格鲁派（黄教）和萨迦派（花教），所以又可以划分为两大派系教辖区，并影响形成两种同源而不同形的文化区，即格鲁派（黄教）和萨迦派（花教）文化区（图6-1、图6-2）。

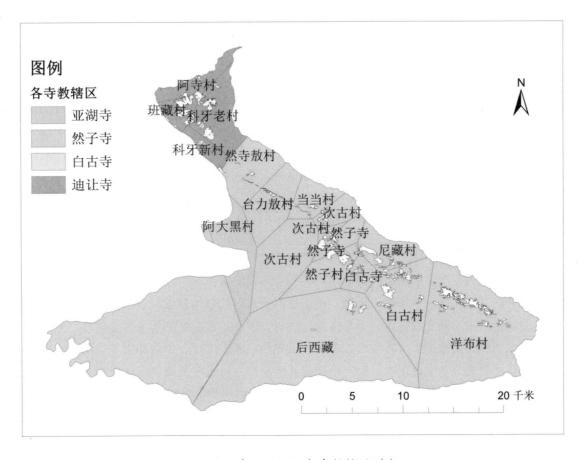

图6-1 多儿保护区各寺教辖区划分

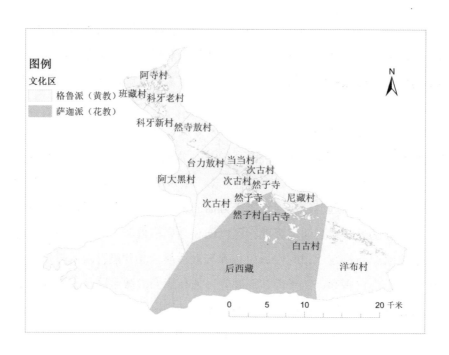

图6-2 多儿保护区文化区划分

6.4 社区经济

建立自然保护区是保护生物多样性的重要举措，我国对于自然保护区一般依据保护物种的聚集性来划分，大多地理位置偏远，经济落后，当地群众的生产生活对自然资源的依赖与保护之间矛盾突出，保护区内资源的保护与社区居民的经济状况之间相互作用、相互影响。因此，进行保护区居民的社区经济情况调查，对保护区的保护和管理工作有着举足轻重的作用（刘伟等，2008；汪慧玲和唐莉玲，2009；张君和黄燕，2011；张星利和刘致香，2014）。为了解多儿保护区社区经济现状，推动社区经济与自然资源保护共同发展，开展了社区经济现状调查。

6.4.1 聚落空间分布分析

"聚落"指人类为生产生活的需要集聚定居的各种形式的居住场所，包括房屋建筑的集合体，以及与居住直接有关的其他生活设施和生产设施。聚落是人类聚居的基本模式。聚落通常分为城市和乡村两大类，近年来，随着中国新农村建设的不断推进，乡村发展问题日益受到学术界的重视，中国乡村聚落重新受到关注的研究论文数量呈现指数增长模式，研究热点涵盖微观、中观和宏观层面，研究领域多样化和边界模糊化，研究方向涵盖生态、空间结构及其演变、乡村发展及跨学科的研究等，研究主题呈现"乡村聚落—可持续发展—新农村建设—灾后重建—景观格局—演变更新"的时空演化路径。

自然保护区内大多有原住居民，是中国自然保护区的一大特色。这些居民对保护区的自然资源有一定的依赖程度，生产生活需要利用保护区的自然资源，是保护区威胁因素的主要来源之一，同时又在一定程度上参与着新自然资源的保护，阻滞外来人员破坏自然资源的行为，成为自然资源的保护者。研究保护区内的聚落结构，能够更好地理解居民与自然之间的关系，有利于更好地实施社区共管。近30年来，关于自然保护区聚落，陆续有一些研究论文，但与较热的聚落研究相比，明显偏少。

与行政村相比，聚落更能体现人对自然长期的适应性，更能体现人类的居住与自然环境特征之间的关系。和中国的大多数自然保护区一样，由于历史的原因，甘肃多儿国家级自然保护区内仍然居住着

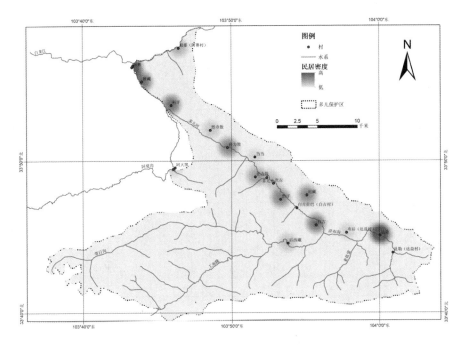

图6-3 多儿保护区民居密度分布示意图

950户原住居民，相关的聚落研究仍然空白。研究多儿保护区聚落的空间分布及特点，为减缓威胁、提高社区共管等提供基础数据和参考依据。文中"聚落"的定义指长期居住的居民点和独栋民居，不包括短期或临时居住的放牧点。

（1）聚落密度

利用950户居民点的地理坐标信息，采用核密度分析的方法，输出栅格、输出像元大小、搜索半径均采用软件的默认值，得到民居的核密度分布图（图6-3）。由图可以看出，民居基本分布在多儿河两岸，形成大小不等的18个聚落，以达益、阿赛、班藏、科牙民居密度较高，台力敖、尼藏、然子、在力敖、多儿乡、次古密度稍高，祖那、然寺敖、阿大黑、当当、白古、后西藏、布后密度较低，白古贡巴民居密度最低（仅3户）。

对18个聚落两两比较其之间的距离（表6-6），结果显示，相邻村落之间的直线距离最近的1.0km，最远的8.7km，聚落间距1km内的1组，1～2km的4组，2～3km的14组，说明大部分相邻聚落间距直线距离超过2km，聚落密度不高。

（2）聚落面积及影响区域

多儿保护区不同聚落的面积、日常活动区域、影响区域等差异较大，极差是均值的2倍至5倍。聚落面积平均为4.3hm²，中位数为4.6hm²，最大为14.6hm²，最小为0.3hm²，极值10hm²，是平均值的2.3倍；聚落日常活动区域平均为182.7hm²，中位数为182.7hm²，最大为958.4hm²，最小为23.6hm²，极值934.4hm²，是平均值的5.1倍；影响区域平均为735.4hm²，中位数为536.1hm²，最大为1825.6hm²，最小为71.9hm²，极值1753.7hm²，是平均值的3.3倍；最远影响距离平均为4.4km，中位数为3.5km，最大为14.3km，最小为1.0km，极值13.3km，是平均值的3.0倍（表6-7）。

通常聚落面积、日常活动区域、影响区域等与居住户数呈正相关。在Excel中，用CORREL函数来计算户数与聚落面积、日常活动区域、影响区域、最远影响距离4个指数之间的相关系数。结果表明，户数与聚落面积呈高度线性正相关，与日常活动区域呈中度线性正相关，与影响区域、最远影响距离呈中低度线性正相关（表6-8）。

表6-6 多儿保护区聚落之间直线距离矩阵

单位：km

	1	2	3	4	5	6	7	8	9	10	11	12	13	14	15	16	17	18
1	0																	
2	5.2	0																
3	5.6	2.1	0															
4	7.0	6.2	4.2	0														
5	10.5	11.2	9.3	5.1	0													
6	13.1	14.0	12.0	7.8	2.8	0												
7	14.7	13.2	11.1	7.6	5.9	6.0	0											
8	15.4	16.9	14.9	10.8	5.7	3.1	8.7	0										
9	17.6	18.6	16.6	12.4	7.4	4.6	8.6	2.4	0									
10	18.3	19.5	17.5	13.3	8.3	5.5	9.8	2.8	1.2	0								
11	19.2	20.5	18.5	14.3	9.2	6.5	10.6	3.7	2.1	1.0	0							
12	21.3	22.4	20.4	16.2	11.2	8.4	11.8	5.8	3.8	3.0	2.1	0						
13	22.3	24.0	22.0	17.8	12.7	10.1	14.2	7.1	5.8	4.6	3.7	2.7	0					
14	23.0	24.3	22.3	18.0	13.0	10.3	13.6	7.6	5.7	4.8	3.8	1.9	1.9	0				
15	25.9	27.2	25.1	21.0	15.9	13.2	16.3	10.4	8.6	7.7	6.7	4.8	3.8	2.9	0			
16	26.4	26.9	24.1	20.7	16.0	13.3	15.0	11.0	8.8	8.3	7.4	5.4	6.1	4.4	3.7	0		
17	28.4	30.1	28.1	24.0	18.8	16.1	19.6	13.2	11.6	10.6	9.6	7.9	6.1	6.0	3.3	6.2	0	
18	31.0	33.0	31.1	26.9	21.9	19.2	23.1	16.2	14.8	13.7	12.8	11.3	9.1	9.3	6.8	9.7	3.5	0

注：1-祖那；2-阿寨；3-班藏；4-科牙；5-然寺散；6-合力散；7-阿大黑；8-当当；9-在力散；10-多儿乡；11-次古；12-然子；13-尼藏；14-白古贡巴；15-白古；16-后西藏；17-布后；18-达益；19-且勒。

表6-7 多儿保护区聚落之间直线距离矩阵

聚落	户数（户）	聚落面积（hm²）	日常活动区域（hm²）	影响区域（hm²）	最远影响距离（km）
祖那	26	1.3	23.6	136.5	2.4
阿赛	131	5.8	181.1	585.9	4.2
班藏	82	6.1	189.7	497.2	3.6
科牙	80	4.1	184.2	498.7	3.6
然寺敖	23	1.5	118.9	552.9	2.7
台力敖	73	6.1	589.8	1244.1	3.7
阿大黑	20	2.0	36.4	264.3	3.1
当当	14	1.6	99.9	519.3	2.3
在力敖	45	1.5	71.1	344.1	2.3
多儿乡	14	5.8	83.9	154.9	2.6
次古	25	5.3	174.4	558.7	4.8
然子	67	6.9	251.5	486.3	1.9
尼藏	63	5.2	467.5	1591.3	3.3
白古贡巴	3	0.3	30.6	71.9	1.0
白古	81	7.9	614.2	1825.6	14.3
后西藏	27	1.5	456.7	1656.7	11.4
布后	18	0.3	246.2	937.1	3.7
达益	156	14.6	958.4	1311.7	8.5

表6-8 多儿保护区户数与聚落面积等的影响范围配送性矩阵

	聚落面积	日常活动区域	影响区域	最远影响距离
户数	0.82	0.66	0.40	0.35
相关性	高度线性正相关	中度线性正相关	中低度线性正相关	中低度线性正相关

（3）临时放牧点

多儿保护区部分村子的居民，为方便放牧，在牧场建立了临时住所，用于短期居住，这种临时住所，本文称为牧点。居民在牧点的居住时间不长，年平均20余天。多儿保护区共有7个牧点（图6-4），最大的牧点是白古牧场、乌布勒（西藏村）和策瓦（达益村），较小的有劳日、曲隆、拉瓦和工布隆辉加洛口（仅1栋小屋）。白古牧场位于工布波沟口，由21个小木屋构成，占地1.6hm²，居住时间较长，影响相对较大。

（4）小结

多儿保护区的聚落大部分位于多儿河河谷，均在实验区内，聚落面积不大，但日常活动范围、影响范围较大，最远影响距离较大，部分影响已经到达核心区。居民户数与聚落面积呈高度线性正相关，与

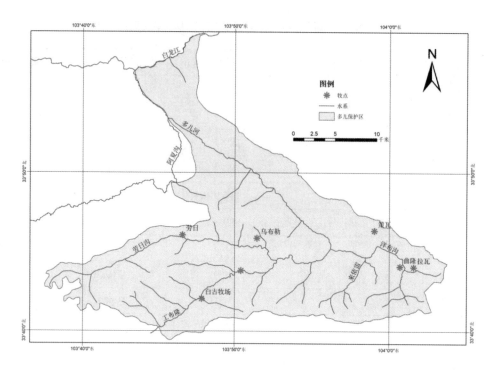

图6-4 多儿保护区牧点分布

日常活动区域呈中度线性正相关，与影响区域、最远影响距离呈中低度线性正相关。距核心区较远，距主干公路较近的聚落，影响区域相对较少。放牧点只是短期居住，人数也不多，但对保护区生物多样性的影响不容忽视，尤其是白古牧场、劳日等核心区内的放牧点，影响更大。建议采取措施，减少核心区牧场的家畜数量，最好禁牧。

6.4.2 社区经济发展现状

6.4.2.1 主要经济指标

（1）行政区域

行政区划上涉及甘肃省甘南藏族自治州迭部县多儿乡、旺藏镇、阿夏乡3个乡，其地域含多儿乡全境、旺藏镇多儿曲流域内多儿曲干流以东的村社和阿夏乡的克浪行政村，共8个行政村、18个自然村，均在实验区。

（2）人口

多儿保护区范围社区共有992户，共计4978人（表6-9）。

（3）民族与宗教

多儿保护区内居民多为藏族，信奉藏传佛教，白古寺、然子寺、亚湖寺三座寺院，其中，然子寺和亚湖寺为藏传佛教格鲁派（黄教）寺庙，白古寺为甘肃唯一一座萨迦派（花教）寺庙，声名远播。

（4）产业结构

2019年，多儿保护区内乡镇生产总值2700万元，占全县地区生产总值的3.8%；人均GDP为4919元，为全国平均水平的11.7%，极不发达。产业结构为第一产业：第二产业：第三产业为4：1：2。农业以粮食种植和放牧为主，耕地多为山坡地，坡度大，灌溉不便，无法进行机械化耕作，均是旱地，无水田。粮食以小麦、青稞、马铃薯和大豆为主，玉米种植面积较少，种类比较单一，产量较低，粮食基本能够满足社区需要，大米、油料等要从外地输入。

表6-9　多儿保护区社区人口统计信息

乡镇	行政村	自然村	户数（户）	人口（人）
多儿乡	次古行政村	次古自然村	40	244
		当当自然村	17	93
		尼藏自然村	66	391
	洋布行政村	后布自然村	18	94
		洋布自然村	161	800
	在日傲行政村	然子自然村	68	479
		在力傲自然村	45	290
	白古行政村	白古自然村	85	594
		后西藏自然村	28	201
	台力傲行政村	然寺闹自然村	27	136
		台力傲自然村	75	324
旺藏镇	阿寺行政村	阿寺自然村（五场）	35	140
		焦毛禄自然村	27	109
		尼在新村	63	253
		西在自然村	15	63
	花园行政村	格益那自然村	40	132
	班藏行政村	班藏自然村	95	311
		科牙自然村	87	324
合计	8	18	992	4978

（5）耕地

多儿保护区耕地面积2403.55hm^2，其中，旱地面积2391.71hm^2，水浇地面积11.84hm^2；核心区耕地面积为24.14hm^2，缓冲区耕地面积为88.84hm^2，实验区耕地面积为2290.57hm^2。

多儿保护区基本农田总面积1570.13hm^2；核心区基本农田面积为0.31hm^2，占基本农田总面积的0.02%；缓冲区基本农田面积为6.68hm^2，占基本农田总面积的0.43%；实验区基本农田面积为1563.14hm^2，占基本农田总面积的99.55%。

（6）基础设施

交通　多儿保护区内主要公路为麻牙寺—洋布的通乡公路，全长40km，水泥硬化。1973—1975年修通麻牙寺—多儿段，1984年延伸到洋布村。1980年后，因森林采伐需要，县办林场修通了后西藏沟、洋布沟林区专用公路，全长54km。1998年后采伐停止，林区专用公路渐废，目前洋布沟高底盘轿车能够勉强通行到巴尔格沟口，后西藏沟仅越野车能够通行到老工段。2010年后，村村通力度加大，以前未通公路的自然村陆续修通了与麻牙寺—洋布公路连接的通村公路，目前已经实现了所有自然村通达水泥硬化公路，但通村公路坡度陡，弯道急，多数路段两车不能并行，公路质量有待提升，造成了保护区相对其他景区交通条件较差的局面。

水、电　多儿保护区水源丰沛，不存在缺水社区。乡镇所在地全部安装了自来水，较大的村落自来水也已经分装到户，部分村子自来水没有分装到户，村中安装了取水点。分散的农户，也用塑料管引溪水于家中。和城市自来水不同的是，大部分自来水未经过沉淀、消毒处理，直接从山中溪流引入村中或家中。

区内有一座大型电站，属外地企业。社区完成了农电电网改造，电网覆盖全部社区，居民用电按甘肃省农村统一电价收费。放牧点等临时住房所还未通电，以太阳能照明。

文教卫生　区内有完全小学1所（多儿乡中心小学），村级小学（1～2年级）3所。中心小学具备球类、单双杠、篮球场等简单的文体设施。教师以师范、师专毕业为主，部分教师由民办老师转正，本科毕业生较少。适龄儿童入学率已达100%，多数孩子能读到初中毕业，相当一部分孩子能读到高中毕业，预示着未来社区的整体文化程度会有所提高（表6-10）。

社区成年居民的文化程度以小学和文盲为主，高中以上相对较少（图6-5）。

区内有卫生院1所，从业医生9人，主要设备有X光机、检验机、B超机。有村级医务室5个，乡村医生5名。

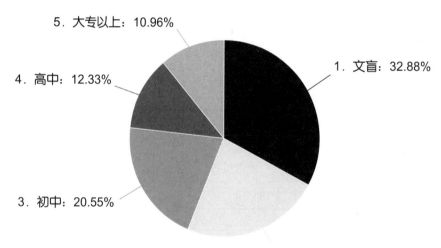

图6-5　多儿保护区社区成年人文化程度统计

表6-10　多儿保护区社区乡镇学校基本情况

学校名称	学校类型	年级	校舍面积
多儿乡中心小学	完全小学	1～6年级	5630m²
白古小学	村学		437m²
尼藏小学	村学	1～2年级	244m²
洋布小学	村学		361m²

通信与信息源 社区已经实现了无线通信全覆盖，互联网覆盖到全部社区。调查问卷汇总显示，超过90%的居民家里有2部手机。有线电话主要是行政事业单位使用，农户使用者较少。

居民获取信息的来源主要为手机和电视，其次为村内会议（图6-6）。

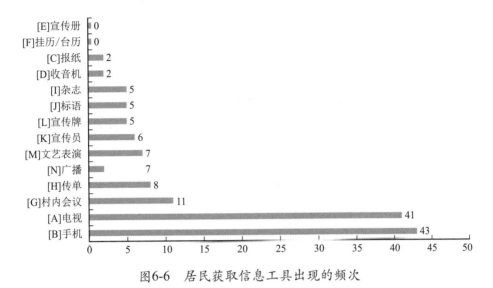

图6-6 居民获取信息工具出现的频次

6.4.2.2 居民收支现状分析

（1）收支额度

多儿保护区居民2019年人均可支配收入4933元，超出甘肃省2019年贫困线3218元标准，人均可消费支出4167元（表6-11）；分别占迭部县人均可支配收入的61.4%和63.8%，迭部县人均可支配收入8039元、人均可消费支出6529元（甘肃省统计局和国家统计局甘肃调查总队，2020）。

（2）家庭可支配收入分析

家庭可支配收入来源分别是家庭旅游服务收入、经济作物收入、家庭本地打工收入、野生中药材收入、家庭政府政策补偿收入、家禽家畜出栏收入、家庭外地打工收入、家庭林业生态补偿收入等，其中来源前三项为家禽家畜出栏收入、打工收入、家庭林业生态补偿收入，分别占总可支配收入的33.6%、31.83%、9.63%（表6-12）。

表6-11 多儿保护区与县、州、市人均可支配收入与人均可消费支出对比

区域	人均可支配收入（元）	人均可消费支出（元）
甘肃省	9629	9694
甘南州	8437	6887
迭部县	8039	6529
多儿保护区	4933	4167

表6-12 各项收入占家庭可支配收入比例

经济作物	家禽家畜出栏	野生中药材	家庭本地打工	家庭外地打工	家庭林业生态补偿	家庭政府政策补偿	家庭旅游服务
2.80%	33.60%	9.57%	15.23%	16.60%	9.63%	9.11%	3.46%

利用相关分析去研究家庭旅游服务收入、经济作物收入、家庭本地打工收入、野生中药材收入、家庭政府政策补偿收入、家禽家畜出栏收入、家庭外地打工收入，家庭林业生态补偿收入分别和家庭可支配收入之间的相关关系，使用Pearson相关系数去表示相关关系的强弱情况（Arndt S et al., 1999；张厚粲和徐建平，2009；Hauke J & Kossowski T，2011）（表6-13）。

表6-13 多儿保护区家庭收入来源与家庭总收入的Pearson值

相关性指标	家庭旅游服务	经济作物	家庭本地打工	野生中药材	家庭政府政策补偿	家禽家畜出栏	家庭外地打工	家庭林业生态补偿
相关系数	0.063	0.088	0.342**	0.002	0.216*	0.609**	0.334**	0.137
P值	0.537	0.765	0.001	0.987	0.032	0.000	0.001	0.176

由表6-13可知，家庭旅游服务收入、经济作物收入、野生中药材收入、家庭林业生态补偿收入与家庭总收入之间不会呈现显著性，相关系数值分别是0.063、0.088、0.002、0.137，接近于0，并且P值均大于0.05，意味着家庭旅游服务收入、经济作物收入、野生中药材收入、家庭林业生态补偿收入与家庭可支配收入之间没有相关关系。家庭本地打工收入、家庭政府政策补偿收入、家禽家畜出栏收入、家庭外地打工收入与家庭收入之间呈现显著性，相关系数值分别是0.342、0.216、0.609、0.334，并且相关系数值均大于0，意味着家庭本地打工收入、家庭政府政策补偿收入、家禽家畜出栏收入、家庭外地打工收入与家庭可支配收入有正相关关系，与其他研究的结论相似（Arndt S et al., 1999；张厚粲和徐建平，2009；Hauke J & Kossowski T，2011）。

（3）家庭庭可消费分析

家庭可消费支出分别是家庭生活消费品支出、购置生产用固定资产支出、家庭教育支出、其他支出、经营性费用支出、医疗支出。其中主要家庭可消费支出前三项为家庭生活消费品支出、家庭教育支出、购置生产用固定资产支出，分别占总可支配收入的34.02%、30.79%、16.26%（表6-14）。

表6-14 多儿保护区家庭可消费支出方向占比

经营性费用	购置生产用固定资产	家庭生活消费品	家庭教育	医疗	其他
9.52%	16.25%	34.02%	30.79%	5.36%	1.86%

用相关分析去研究家庭生活消费品支出、购置生产用固定资产支出、家庭教育支出、其他支出、经营性费用支出、医疗支出分别和家庭可消费支出之间的相关关系，使用Pearson相关系数去表示相关关系的强弱情况（Arndt S et al., 1999；张厚粲和徐建平，2009；Hauke J & Kossowski T，2011）（表6-15）。

表6-15 多儿保护区家庭可消费支出成分与家庭可消费总支出的Pearson值

相关性指标	家庭生活消费品	购置生产用固定资产	家庭教育	其他	经营性费用	医疗
相关系数	0.610**	0.629**	0.563**	0.288**	0.266**	0.555**
P值	0.000	0.000	0.000	0.004	0.008	0.000

由表6-15可知，家庭生活消费品支出、购置生产用固定资产支出、家庭教育支出、其他支出、经营性费用支出、医疗支出与家庭可消费支出之间全部呈现显著性，相关系数值分别是0.610、0.629、

0.563、0.288、0.266、0.555，并且相关系数值均大于0，家庭生活消费品支出、购置生产用固定资产支出、家庭教育支出、其他支出、经营性费用支出、医疗支出与家庭可消费支出之间有正相关关系，与其他研究的结论相似（Arndt S et al., 1999；张厚粲和徐建平，2009；Hauke J & Kossowski T，2011）。

（4）家庭可支配收入与家庭可消费支出的相关性

使用Pearson相关系数研究家庭可支配收入与家庭可消费支出的相关关系，结果显示家庭可支配收入与家庭可消费支出之间的相关系数值为0.440，并且呈现出0.01水平的显著性，因而说明家庭可支配收入与家庭可消费支出之间有着显著的正相关关系。

6.4.2.3 主要问题

（1）经济基础薄弱

多儿保护区居民经济基础薄弱、收入来源单一。居民收入来源主要是养殖业、种植业和外出务工。养殖业以放牧为主，与保护存在着冲突，且资金回笼周期长、见效慢；种植业主要以粮食作物为主，经济作物为辅，耕地多为山地，产品受市场影响大；外出务工由于文化程度偏低，技术水平低下，只能从事体力劳动。

（2）旅游业发展缓慢

旅游业发展缓慢，资源整合差。近年来旅游业有所发展，没有成规模的旅游，游客皆为自驾游，迭部县旅游局向外推荐白古寺、洋布水磨群2个景点，景点没有收门票，洋布村有游客接待中心和农家乐，可接待20～30人，但接待能力弱，农家乐各自为战，出现哄抢游客的局面，很多游客不愿第二次前往。

（3）保护与发展冲突严重

多儿保护区社区居民消耗能源的种类有薪柴（热能）、电（电能）、成品油（热能）和太阳能，其中薪柴提供能量所占比例超过95%。烧薪柴几乎是社区获取热能的唯一方式，居民点海拔越高，人口越多，砍伐越严重。社区家庭年消耗薪柴10～16m³，平均约12m³。社区共有居民900多户，年消耗薪柴13200m³，加上城镇消耗，数量更大，致使迭部森林的林分结构发生变化，森林质量下降，生物多样性减少。

放牧是社区居民传统的生计来源，保护区传统家畜以牛和羊为主，2008年迭部县实施生态立县战略后，禁止牧民养羊，目前牲畜种类以牦牛、犏牛、犏雌牛（奶牛）、黄牛为主。区内较大规模的牧点有7处，分别为工布隆牧场、辉加洛牧场、在力傲牧场、然子1号牧场、然子2号牧场、来伊来牧场、洋布拉瓦沟牧场。由于草场面积及村落之间区域划分的限制，区内牧场都为定点式牧场，均建有牧场简易房屋。有些牧场位于大熊猫栖息地边缘，对大熊猫等野生动物及栖息地形成了一定的干扰。

除放牧外，居民还会因其他原因进出森林（图6-7）。

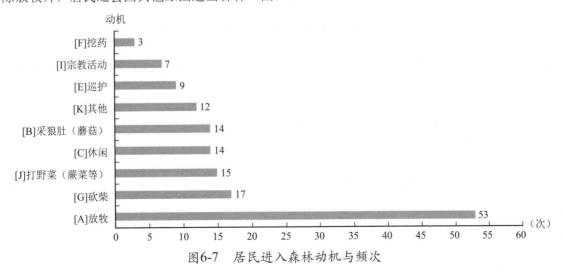

图6-7　居民进入森林动机与频次

6.4.3 社区资源利用现状

自然保护区资源指特定的自然保护区范围内，对其保护和发展有价值的生物环境因素及文化等有形和无形的资产总和，自然资源即是除去文化资源外，由大自然提供各类资源，如生物资源、气候资源、水资源、土地资源、矿产资源、景观资源等（栾晓峰，2011）。自然保护区与社区之间的冲突，虽然没有明确的概念界定，但冲突产生的大部分原因是自然保护区忽视社区利益（谭锦才，2007）。我国自然保护区社区通常发展滞后，社区对自然资源的依赖程度较高，社区对自然资源的利用是自然保护区威胁因素的主要来源，如何有效协调自然保护区保护发展目标和社区居民生存需求之间的冲突，成为自然保护领域备受关注的核心问题之一，相关的研究是自然保护区社区共管的基础性工作（徐建英等，2005；徐凡，2007；叶红等，2013；吴元操，2016；段伟等，2016；宋莎等，2016；秦青等，2020）。

多儿保护区地处西部少数民族聚居区，社会经济发展整体相对落后，社区生产生活对自然资源依赖程度很高，研究分析多儿社区对自然资源的利用，能够发现多儿保护区威胁因素的根本原因，理解社区与自然保护之间的对立统一关系，恰当地开展社区共管工作，在保护自然资源与支持社区发展之间找到理想的平衡点，提高保护成效。目前，相关多儿保护区社区自然资源利用的研究较少（杨振国，2019），本次调查从能源利用、土地利用、木材资源利用、林下生物资源利用等当地社区主要自然资源利用的几方面，分析了多儿保护区社区对自然资源利用的现状，发现问题，提出解决对策，供保护区管理机构、当地政府及其他相关部门决策参考。

6.4.3.1 能源利用

多儿保护区社区利用的能源包括电能、水能、煤、薪柴、液化气、太阳能6种，以薪柴、电能为主（表6-16）。

社区居民对能源种类的选择取决于获取能源的综合成本。本地及附近区域不生产煤，外地煤运到多儿保护区后价格较贵，相比容易获得的薪柴，使用成本要高很多，因此大多数家庭很少用煤。使用电能除电费较贵外，配套的用电设施也是不小的开支。太阳能虽然便宜，但大量提供能源的技术还不成熟。而薪柴只需付出体力劳动就可获得，综合成本很低，自然成为社区居民能源消费的首选。建筑模式和气候因素也是社区薪柴消耗量居高不下的主要原因。社区住宅建筑追求高大宽敞的模式，保温性差，冬季取暖热量需求大，大大增加了取暖用薪柴消耗量。

表6-16 多儿保护区社区能源利用类型和比例

能源种类	户均用量	主要用途	所占比例
电能	63（kW·h/月）	做饭、照明、取暖（电热毯）	较大
薪柴	1.4（t/年）	做饭、取暖、煮饲料	极大
煤	0.16（t/年）	取暖	很小
液化气	0.38（kg/月）	做饭	极小
太阳能	0.48（m²/户）	照明（路灯）、烧水（太阳灶、热水器）	很小
水能	极少	磨面（传统水磨）	极小

薪柴是社区居民的生活必需，日常生活中的取暖、做饭、煮饲料等都离不开薪柴，占能源消耗的95%以上。取暖消耗的薪柴量最大，占到总消耗量的50%；其次是做饭，占40%；最后烧炭、煮饲料所占比例约10%。家畜沿承传统的放养和散养的习惯，通常都是野外自行觅食，不时居民只给补充点剩饭或少量食物，通常不喂熟食。但在冬季有给家畜喂熟食的习惯，大多数家庭还备有专门煮饲料的灶和大锅。燃烧薪柴几乎是社区获取热能的唯一方式，砍伐薪柴的区域通常在居民点附近，砍伐量与居民点的海拔、人口成正比。调查显示，户均年消耗薪柴5t以下、5～10t和10～20t的家庭各占30%，20t以上的家庭占10%，平均户均年消耗薪柴14t。社区主要选择胸径10～30cm的硬杂木，如辽东栎、椴、槭、红桦、白桦等树种作为砍伐薪柴，对较细的枝丫利用兴趣低，通常丢弃。粗略估算社区家庭年消耗薪柴10～16m³，平均约12m³。迭部有林地单位面积的蓄积量为278.6m³/hm²，以此推算，相当于0.043hm²的森林完全被采伐。

社区共有居民约1100户，年消耗薪柴13200m³，相当于毁掉52.8hm²的森林，可见薪柴对多儿保护区森林资源的威胁仍然巨大。

薪柴的采伐区域，通常距离村落不远，直线距离最远约5.7km，最近约0.3km。另外，不定期居住的放牧点，也会砍伐一些薪柴，用以取暖和做饭。薪柴过度砍伐使森林的林分结构发生变化，森林质量下降，生物多样性减少，这些都可能影响大熊猫等濒危物种种群和栖息地的良性发展。社区薪柴需求与保护之间的冲突是保护区管理机构不得不面对的一大难题。

电主要用来照明、看电视、做饭。照明全部采用电能，大功率灯泡较少。电饭锅基本普及，少部分家庭使用电磁炉、电炒锅。家庭无空调、电热水器等用电量较大的电器，耗电量较大的家用电器主要是冰箱（柜）、电视机。户月均用电量26kW·h。

社区无煤矿或煤窑，煤需从外地运入，由于运输成本较高，煤价比较贵，只有乡镇机关事业单位和部分经济条件较好的家庭使用煤取暖、做饭，多数家庭不用煤，总体用量较低。

太阳能未充分利用。政府曾经发放过太阳灶，但使用时要调整角度，容易引发火灾，多已弃用。太阳能热水器价格较高，有少数家庭使用，不普遍。

液化气供气站仅县域有1处，充气不方便，且价格较高，只有极少数家庭偶尔使用液化气做饭。

水能资源利用较少。多儿河水量充足，水流湍急，水能资源丰富。实验区建有一处水电站，装机容量30MW，属股份制企业，与当地社区关系不大。洋布村一度有村民安装过小型冲击式水力发电机，目前已全部弃用。历史上河边修筑起多处磨坊，水磨日夜不停旋转，是社区主要的磨面工具。据不完全统计，多儿保护区现存水磨20余座，大多弃用，仅少数水磨偶尔被利用。其中，最为有名的是洋布水磨群，建在洋布村旁边河水湍急处，自上而下共有九处，相隔不远，排列有序，成为社区的一道景观。

6.4.3.2 土地利用

多儿保护区总面积54575.0hm²，其中，国有土地面积50371.2hm²，占多儿保护区总面积的92.3%，核心区和缓冲区的全部和实验区的大部分面积均为国有林地；集体土地面积4203.8hm²，占保护区总面积的7.7%，分布在实验区居民点周边，保护区管理局与当地社区签署了委托管理协议。保护区管理局对辖区内全部土地和资源享有管理权，保护区土地和资源权属明确，没有争议。

土地利用类型上，以林地为绝对优势，面积38243.42hm²，占总面积的70.1%；其次是草地，占总面积的23.1%；耕地占面积的4.4%；其他土地（难利用地等）占总面积的2.1%；其他园地、水域及水利设施用地、住宅用地、交通运输用地、特殊用地（寺院等），占比很小，均不足1%（表6-17、附图6）。

放牧业是社区支柱性的产业，在社区产业结构中和家庭收入中占比较高。社区对草地资源的依赖程度较高，以放牧为主，而且大部分区域在保护区的核心区内，放牧也是多儿保护区最严重的威胁因素。从空间分布上看，社区对草地的利用主要发生在阳坡，核心区、缓冲区、实验区均有，以工布隆、劳日、洋布沟、洋布梁等区域为主。

表6-17　多儿保护区土地利用类型

土地利用类型	核心区（hm²）	缓冲区（hm²）	实验区（hm²）	合计（hm²）
林地	15097.20	6678.79	16463.73	38243.42
园地	0.00	0.45	25.11	25.56
耕地	26.42	89.55	2287.58	2403.55
草地	4016.80	2694.07	5888.35	12599.22
水域及水利设施用地	0.00	0.00	44.28	44.28
住宅用地	2.57	0.56	90.39	93.52
交通运输用地	0.00	0.00	1.40	1.40
特殊用地	0.00	0.00	3.71	3.71
其他土地	246.51	32.93	884.60	1164.04
总面积	19389.50	9496.35	25689.15	54575.00

6.4.3.3　木材资源利用

多儿保护区对森林资源的利用包括木材和薪柴，薪柴能源利用中已经论述，木材资源主要用于住宅、廊道系统、圈舍、架杆、围栏。由于天然林保护工程的实施，1998年后大规模的工业采伐完全停止，社区因生产生活所需进行的盗伐上升为森林采伐的主要方式。居民生产生活用材主要包括住宅、廊道、圈舍、架杆、围栏、桥梁等几方面，其中用材量最大的是住宅。社区民居大多沿用传统的建筑模式，对木材的需要量巨大。一幢普通的住宅需80～100根木料，约50m³，按出材率0.44%计算，需消耗木材蓄积113.5m³。新建的住宅能够使用40～80年，平均以60年为重修住宅的周期计算，每户居民每年住宅消耗木材资源约1.89m³。

廊道可看作住宅的附属部分，为连接住宅间的通道。有些村的廊道系统十分发达，有些村的较简单。后西藏村旧村是廊道系统最发达的村寨之一，全村廊道总长度约800m，需木材约600m³。廊道用材没有住宅用材考究，木材利用率按住宅用材的60%折算，则消耗森林蓄积。廊道木材更换周期短于住宅，以30年计，后西藏26户居民廊道建设平均年消耗森林蓄积2.9m³。调查显示，栖息地社区平均8户居民用于廊道建设的木材量与1户后西藏居民的相当。新建村落大多不再建设廊道系统，廊道对木材的消耗量在下降。

圈舍、架杆、围栏的用材量没有住宅大，但使用年限短，更换频率快。社区架杆户均用材约2m³，平均更换周期8年，则每户每年架杆需材0.25m³，以采伐1m³架杆用材消耗森林蓄积2.27m³计算，则消耗森林资源0.57m³。

圈舍非常简陋，木材消耗量不大，户均约3m³，更换周期约10年，则户均需要木材0.3m³。修建圈舍的木材材质要求不高，采伐中的浪费较小，对资源的消耗也较小，如以建材消耗的60%计，即采伐1m³圈舍用材消耗木材资源1.36m³计，则每户每年圈舍消耗资源0.41m³。放牧点修建的圈舍规模较大，一处牧场圈舍需木材20～30m³，但利用率高，实际消耗资源与木材消耗量接近，更换周期约8年，则每处牧场修建圈舍平均年消耗资源约3.13m³，初步估计，户均圈舍消耗木材资源0.5m³。

围栏分两类，一类是村寨住宅周围的护栏，另一类是地边防牲畜用的围篱，每处消耗木材量都不算大，但使用范围广，更换周期短，木材消耗总量非常可观。粗略估计，户均围栏长度约1.2km，消耗木材1.5m³，使用周期6年，则户均围栏年消耗资源0.25m³。

综合以上数据，社区生产生活用木材对森林资源的户均年消耗量：住宅消耗1.89m³、廊道消耗0.36m³、架杆消耗0.57m³、圈舍消耗0.50m³、围栏消耗0.25m³，共计3.57m³。迭部有林地单位面积的蓄积量为278.6m³/hm²，以此推算，相当于0.013hm²的森林被采伐。

盗伐主要发生在距居民点较近且林相较好、距离相对较近的区域，如来依雷、洋布沟、后西藏等，盗伐造成大熊猫等濒危动植物栖息地局部范围质量严重下降。

6.4.3.4 林下生物资源利用

多儿保护区林下可供采集的中药材、野菜、大型真菌资源丰富，采集成为社区收入的来源之一。挖药是当地最常见的采集行为，年采集量最高可超30t，最低约为5t，由于受中药材市场的影响，年采集量的变化幅度较大，最近10年中药材采集量有所减少。挖药的种类主要有冬虫夏草、天麻、猪苓、淫羊藿等，以虫草为主。挖药户均收入约500元/年，高者数千元。蕨菜是当地最大宗的山野菜，采集时间为5月至7月。每至采集期，社区群众三五成群，进林采集，干扰加剧。采集食用菌最主要的是羊肚菌（当地俗称打狼肚），近年来羊肚菌价格一涨再涨，加剧了社区居民对羊肚菌的采集，羊肚菌的资源已出现枯竭迹象。羊肚菌的分布较散，采集者的活动范围也较大，对保护区的干扰强于采集蕨菜。

挖药者、采集者追逐眼前利益，不考虑资源的枯竭和可持续利用，常常采取杀鸡取卵、竭泽而渔的采集方式，造成资源的枯竭，生物多样性下降。采集者大多当日返回，不在野外留宿，通常会在野外用火，增加火灾隐患。采集者还将塑料袋等生活垃圾直接抛弃，造成环境污染。有些可能被野生动物误食，导致野生动物生病或死亡。

6.4.4 社区保护意识分析

人作为保护自然的主体，如何有效地保护和管理自然保护区，平衡保护区内居民经济活动以及文化传统生活与自然保护之间的关系，与居民的思想认识紧密相关（严圣华等，2007；王荣兴等，2011）。在自然保护区划定以后，还是按照原来的观念去思考问题、处理问题，导致社区居民的意识行为与保护区生态保护相冲突，社区居民在保护意识方面缺乏主动性（吴灵芝等，2007）。

为了解多儿保护区居民环境保护意识强弱程度及影响因素，以便多儿保护区管理局有针对性地采取措施，提高保护区内社区居民的保护意识，于2021年对保护区内的社区居民进行了调查。

6.4.4.1 调查对象特征

本次调查的对象是多儿保护区内8个行政村的居民，共调查访问100人，得到有效访问结果97人，被调查对象的基本特征见表6-18。

调查结果表明，受调查对象全部为藏族（100%），且男性较多（71.13%）。从年龄特征来看，年龄结构较平均，大部分为青年和壮年即60岁以下人群，占受调查对象总量的80.42%。从文化程度看，居民文化程度普遍较低。有38.41%的为文盲从未受过任何教育，而28.87%的仅受过小学教育且在访问过程中了解到这部分居民大多为上过小学但未毕业,虽有8.25 %的接受了大专及大专以上的教育,但在交谈中了解到其在完成教育任务后便返乡务农,并未让教育成果发挥其原有能动性和创造力。

表6-18　被调查对象的基本情况

调查对象类型		样本数（人）	百分比（%）
年龄	≤30岁	17	17.53
	31～60岁	61	62.89
	≥61岁	19	19.59
	合计	97	100.00
性别	男	69	71.13
	女	28	28.87
	合计	97	100.00
文化程度	文盲	37	38.14
	小学	28	28.87
	初中及以上	24	24.74
	大专及以上	8	8.25
	合计	97	100.00
民族	藏族	97	100.00
	合计	97	100.00

6.4.4.2 社区保护意识指标调查结果

在此次访问调查的问卷中,针对社区居民保护意识指标,共设计问题6道,调查结果显示,对加强本地的生态保护的态度,强和较强的接近一半;一年中参与保护行动和愿意保护行动的天数,绝大多数居民在50天以下;愿意制止盗猎行为的接近一半;愿意承担保护损失和愿意为保护捐款金额100元以内的超过一半。这说明社区对建立保护区、开展自然资源保护的认同感一般,对参与保护的积极性不高,对保护造成的损失承受力较低,对保护投入的意愿不强(表6-19)。

表6-19　社区居民保护意识指标调查结果

保护意识指标	题目	选项	频次（次）	百分比（%）	保护意识指标对应结果
保护态度	您对加强本地的生态保护的态度	不支持	2	2.06	较弱
		中立	48	49.48	弱
		支持	30	30.93	强
		强烈支持	17	17.53	较强
参与保护天数	过去一年中,您参与自然资源保护行动的天数	<50天	94	96.91	较弱
		50～100天	3	3.09	弱

（续表）

保护意识指标	题目	选项	频次（次）	百分比（%）	保护意识指标对应结果
参与保护天数	过去一年中，您参与自然资源保护行动的天数	101～200天	0	0.00	强
		>200天	0	0.00	较强
	您愿意为保护当地自然环境无偿义务劳动的天数	<50天	82	84.54	较弱
		50～100天	12	12.37	弱
		101～200天	1	1.03	强
		>200天	2	2.06	较强
参与保护行动	发现盗猎行为，您采取的措施（强调问卷不记名，请回答真实的做法）	不参与	2	2.06	较弱
		中立	47	48.45	弱
		参与	31	31.96	强
		积极参与	17	17.53	较强
愿意承担保护的金额	因为加强本地的生态保护，您能够承受的最大损失	<100元	51	52.58	较弱
		100～200元	26	26.80	弱
		201～500元	4	4.12	强
		>500元	16	16.49	较强
	如果为保护家乡环境需要捐款，您愿意捐款的额度	<100元	64	65.98	较弱
		100～200元	26	26.80	弱
		201～500元	1	1.03	强
		>500元	6	6.19	较强

6.4.4.3 社区居民保护意识特点

（1）社区居民保护意识程度

依据构建的社区居民保护意识程度指标体系框架和社区居民保护意识指标，由表6-19的数据以及具体统计结果可知，多儿保护区内居民有2%表现为保护意识较弱，50%表现为保护意识弱，有30%表现为保护意识强，仅有18%表现为保护意识较强。

总体而言，多儿保护区内社区居民整体表现为保护态度不积极、保护意识弱。

（2）社区居民保护意识特点

综合问卷调查结果，分别以人口性别、年龄、文化程度、职业及家庭经济总收入为分组因素，分析考察其对居民保护意识的影响。按调查内容将问题归类进行综合计分，同类问题综合计分方法：将类内单项问题化为0～1区间等级取值的变量，然后将同类单项问题取值累加（王润华等，2002）。

设a表示性别、b表示年龄、c表示文化程度，c取值为1、2、3、4，b取值为1、2、3，a取值为1、2，则该同类问题的综合计分为$(c-1)/4+(b-1)/3+(a-1)/2$。将数据进行分析后，结果显示：男性居民高于女性居民；青少年高于中年高于老年；文化程度高者高于文化程度低者，并呈递减趋势（图6-8）。

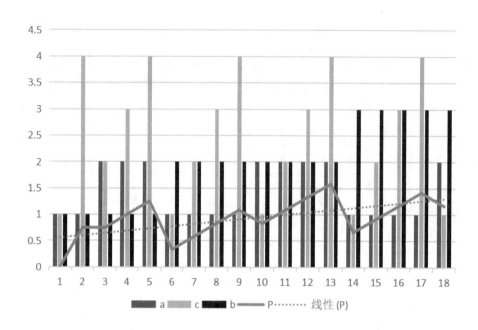

图6-8 社区居民特征综合分值线性图

6.5 讨论与建议

随着社会经济的发展，多儿保护区群众在生活习惯、生产模式上有了较大改观，青壮年群体接触接受新的思想观念，走出大山，接触新的理念，并由此带来了新的文化观念、作息习惯，传统风俗习惯面临挑战，部分民俗文化面临失传，现有保留之民俗文化亟待记录。目前，多儿保护区在传统民居营建、丧葬礼俗、婚嫁仪轨、法会节庆方面尚保留有完整的传承，以寺庙僧众和部分老人为代表的群体主要承担了传承任务，以言传身教的形式完成传承任务。在传承与创新中，年轻群体通过网络、数字影音等手段记录并推广传统民俗习惯，为民俗文化传承注入新鲜血液，将《董亚塞》等民歌推向广大域外群众，多儿保护区通过微信公众号、发展旅游、游学等形式向外界宣传和展示多儿保护区厚重的文化底蕴，以开放和包容的态度接收、吸纳现代文明。目前，多儿保护区民俗文化传承尚存在详细文字、音影记录不足，传承模式单一，生存空间萎缩，传承人老龄化，年轻人一知半解等问题，部分风俗习惯仪轨面临失传断代，下一步需要增强多儿保护区群众对民俗文化传承与保护的意识，加强对民俗文化的宣传，增强文化认同感，培养新一代的年轻传承群体；进一步丰富传承渠道，完善传承机制，做好民俗文化普查工作，尤其是保护区内民居营造细节、田间生产习俗、婚嫁过程、民歌文字化、宗教节庆方面的调查梳理，进行完整详尽的记录，并作为资料回馈到传承过程中。

多儿保护区内人民群众在长期社会环境和地理环境的影响下，在文化交流与融合中，确立和发展火葬的丧葬形式。多儿保护区藏族丧葬仪轨在治丧不同阶段具有不同的章程，在灵魂不灭与生命轮回思想的指引下，肉体以火化的方式处置，而存在的灵魂又会以或好或坏的影响作用给活着的人，在这种情况下使人能够郑重地对待死亡、对待宗教，既凸显对逝者的哀思，又凸显宗教的作用，使丧葬既成为产物，又成为生产者。对丧葬礼俗的调查，尤其是对于一个有宗教信仰的民族来说，丧葬过程难免要带一点宗教迷信的色彩。但是丧葬等习俗都是一定环境下社会生产生活的产物，因此在介绍多儿保护区群众丧葬礼俗的过程中，我们尽量保持科学的态度，客观的陈述和记录，不归于宗教迷信，以免有偏颇。由于语言、习惯等方面的差异，本次的调查还需要进一步深入，重点突破调查丧葬过程中的术语、经论、仪式的具体过程等。

因为受当地民俗的影响，女性接受问卷调查的人数偏少，调查结果更偏向成年男性的情况。因社区文化程度整体偏低，调查对象对调查内容、概念的理解与调查者的理解不尽相同，尽管调查者做了细致的解释，尽力捕捉有效信息，但仍然不能保证所有信息准确无误。对部分信息的三角验证结果显示，大部分调查信息是准确的，因此调查结果仍然可信。

多儿保护区具有一定的旅游资源，应在保护的前提下，加强开发，以使社区经济与自然保护协调发展。开发建议包括：对保护区旅游资源进行评估，制定合理的旅游发展规划，建议以民族宗教和自然景观为主发展旅游；对现有旅游资源进行整合，依靠周边旅游发展旅游产业；引进项目，加快基础设施的建设和经济文化的发展。

改变产业结构，仍然是解决社区经济发展与自然资源保护冲突的主要途径，建议对居民有针对性地开展技能培训，提高外出务工的竞争力和收入，外出务工时面向东南沿海一带的第三产业，积极进行劳务输出；建议引进节柴灶和沼气池等，改变现有的能源结构；完善野生动物对农户造成损失的赔偿制度，让农户参与到保护区日常巡护当中，且给予一定报酬等，提高社区居民保护意识，实现社区共管。

研究表明生态补偿及生态旅游自然保护区内及周边农户人均纯收入有明显的促进作用（吴嘉君等，2020），建议依据国家政策，不断完善生态补偿机制，提高生态补偿标准，形成促进自然保护区内社区经济可持续发展的长效机制；调整产业结构，依据当地资源禀赋和比较优势，培育和发展特色产业，延长产业链条，推进产业现代化进程，增加居民收入。

多儿保护区社区户均砍柴 $12m^3$，消耗木材 $3.57m^3$，共计 $15.57m^3$，相当于共计 $0.06hm^2$；社区 950 户居民每年消耗的薪柴和木材量，相当于 $53.1hm^2$ 的森林完全被采伐，因此薪柴和木材导致的栖息地退化问题，仍然相当严重。草地是排在第二位的土地利用形式，多为社区牧场，放牧也是社区支柱性产业，由于历史的原因，这些牧场相当一部分分布在缓冲区和核心区，导致放牧与自然保护区管理冲突严重。对放牧威胁的管控，是多儿保护区面临的关键问题之一。

完善保护区管理机制，引导社区居民积极参与保护；加强保护宣传工作力度，提高居民保护意识。社区居民接受外界新信息有一定的延迟，通过发放传单、广播、电影、抖音、微信、快手等各种媒体宣传保护理念，传播相关的法律、法规知识，宣传保护的重要性，提高居民保护意识。

7 管理与评价

7.1 研究方法

（1）历史沿革

研究方法为二手资料法，借助文献资料梳理保护区所在县——迭部县的历史、社区及管理机构的沿革。

（2）保护管理现状研究

研究方法为二手资料法、半结构访谈和焦点讨论（国家林业局野生动植物保护司，2002a）。

二手资料主要来源于多儿保护区管理局，包括行政文件、制度汇编、工作总结、专项调查报告等。对关键人物采取半结构访谈，共访谈21人，包括管理层领导、科室领导、技术人员、后勤及其他人员、保护站巡护人员等。访谈主要内容包括保护管理现状描述、被访谈人对保护管理现状的评价及提出的改进措施、工作内容描述、工作应对措施、工作中力不从心的事情、工作成就感、对自然保护区的理解和认识、自然保护区相关知识、对人力资源现状的看法等。访谈焦点讨论以焦点问题为议题，以中层干部、技术骨干和一线巡护人员为主，共进行了3场次，参与人员共计14人次，最多6人，最少3人。

（3）威胁因素研究

调查对象为多儿保护区内的各种威胁因素，包括居民点、道路、耕种、放牧、采集、盗伐、砍柴、盗猎、旅游、水电站等。

采用线路法、访谈法采集数据，采用格网法分析威胁因素的空间分布。利用ArcGIS的渔网功能，按1 km×1 km网格将多儿保护区分割，共获得649个格网。将外业收集的数据，按照地理坐标对应至每一个格网中。

参考Miradi软件的定义，从范围、严重程度、不可逆转性三方面，对每一个格网的威胁因素分类评级，按威胁程度，分为无、弱、中、强4级，对应分值为0、1、2、3。由于每种威胁因子的影响程度存在差异，经专家系统法，对各威胁因素的权重赋值（表7-1）。

表7-1 各威胁因素的权重赋值

威胁因素	居民点	耕种	道路	砍柴	放牧	采集	水电站	旅游	盗伐	偷猎
权重	3	2	2	2	1	1	3	2	2	2

将每一格网中各威胁因素的评级与权重的乘积，作为该格网威胁因素的综合评分。根据综合评分，将各格网威胁程度分为5个等级：极弱（0～2分）、弱（3～7分）、中（8～12分）、较强（13～17分）和强（18～22分），将其作为属性表连接至矢量图层，利用GIS进行威胁程度的空间分析。

（4）保护成效评价

使用管理有效性跟踪工具METT（Manage Effectiveness Tracking Tools），评价多儿保护区的管理成效。评价时间为2021年10月，同时收集了2013年9月、2016年5月的两次评价数据，与这次评价进行对比。评估问卷依据WWF制定的"大熊猫自然保护区管理机构能力评估指标"，评估方法为"访谈法+直接观察法+二手资料法"。

评估专家选择被评估保护区管理机构的关键人物，依据评估指标，逐条了解各保护区该指标具体情况，获得初步评估结果。在此基础上，依据对保护区其他人员的访谈情况、二手资料、现场直接观察的情况及评估专家多年来在多儿保护区的调研经历，对初步评估结果进行校正，得到最终结果。主要的访谈人员包括局领导、主要科室中层领导、一级巡护员、主要社区的群众代表。访谈人数2013年11人，均为多儿保护局工作人员；2016年14人，其中，多儿保护局12人，社区代表2人；2021年17人，其中，多儿保护局13人，社区代表4人。

评价共设置30个指标，每个指标按0～5分设置分级评分标准，最少分4级（0～3分），最多分6级（0～5分），个别指标包括加分项，最高加3分。

（5）保护价值评价

采用AHP（层次分析法）评价保护价值。AHP是由萨蒂（Saaty T L）于20世纪70年代提出的一种定性与定量分析相结合的多目标决策分析方法。在国内外广泛应用于生态质量、旅游资源、农业经济评价等方面（赵焕臣，1986；朱晓华和杨秀春，2001；Hilborn R et al.，2006；李恺，2009；Leverington F et al.，2010；王智等，2011；Nolte C et al.，2013；王伟等，2016；马克平，2016，2017；Lindsey P A et al.，2017；Milatovic L et al.，2019；郭子良等，2020）。参照我国自然保护区生态环境保护成效评估标准，运用层次分析法确定各指标的权重，对多儿保护区的保护成效进行评价。

①评价指标体系及赋值标准

通过资料整理、文献分析、实地调研等方法，依据《中华人民共和国国家生态环境标准》（HJ 1203—2021）中自然保护区生态环境保护成效评估指标和自然保护区生态环境状况评分依据，结合多儿保护区的区域特征和保护对象，以多儿保护区的保护成效评价作为目标层（A），以保护区的生物多样性保护（B1）、森林景观生态改善（B2）、生态结构（B3）、生态系统服务（B4）4项作为准则层（B），选取生物多样性（C1）、稀有性（C2）、脆弱性（C3）、自然性（C4）、典型性（C5）、面积适宜性（C6）、人类干扰（C7）7项评价指标作为指标层（C），建立多儿保护区保护成效评价指标体系并确定评价标准和赋分值（周应再等，2021）。

②运用层次分析法确定评价指标权重

建立层次结构模型　根据保护区生态质量评价技术规程，将7个一级指标进一步划分为14个二级指标，将每个二级评价指标划分为3～4个等级，并确定相应评价标准和赋值分（张琰和张淼，2012；徐丽，2014）。

构建判断矩阵　通过向10位长期从事自然保护区研究工作的科研专家及保护区管理人员发放调查问卷，依照1～9标度法，判断指标层所有评价指标对准则层某一指标相对的重要性来构建判断矩阵（表7-2、表7-3）（朱晓华和杨秀春，2001）。

确定各要素的权重 根据判断矩阵，利用和积法，借助yaahp软件（v 12.5）计算各判断矩阵的特征向量及最大特征根λmax，特征向量为各评价要素的重要性排序，归一化后即为权重分配（李崧等，2006；孔洋阳等，2013；鲁小波等，2015；徐林楠等，2020）。

一致性检验 当λmax≠ n（n为判断矩阵阶数）时，判断矩阵一致性指标为CI =λmax－n /n－1；I 为判断矩阵的平均随机一致性指标，当RI＜0.10 时，判断矩阵具有满意的一致性，否则需要调整判断矩阵（Milatovic L et al., 2019；徐林楠等，2020）。

综合评价 综合评价计算采用多目标线性加权法（Ervin J，2003；刘方正等，2016），其计算公式：

$$S = \sum_{i=1}^{4} (\sum_{j=1}^{n} Zj\ Wij) \times Wi$$

式中，S为综合评价指数，Zj 为第j项评价指标的赋分值；Wi为准则层中第i项的权重；Wij为准则层中第i项第j指标的权重。

表7-2 准则层各指标判断矩阵

A	B1	B2	B3	B4
B1	1	5	5	4
B2	1 / 5	1	3	3
B3	1 / 5	1 / 3	1	1
B4	1 / 4	1 / 3	1	1

表7-3 各评价指标判断矩阵

指标	B1							B2						
	C1	C2	C3	C4	C5	C6	C7	C1	C2	C3	C4	C5	C6	C7
C1	1	1/3	1	4	1/2	5	9	1	1/3	1/3	1/6	1/5	1/4	5
C2	3	1	3	4	2	5	9	3	1	1	1/4	1/3	1	5
C3	1	1/3	1	1	1/3	2	6	3	1	1	1/3	1/3	1	4
C4	1/4	1/4	1	1	1/5	2	6	6	4	3	1	2	4	7
C5	2	1/2	3	5	1	5	7	5	3	3	1/2	1	1/3	5
C6	1/5	1/5	1/2	1/2	1/5	1	9	4	1	1	1/4	3	1	3
C7	1/9	1/9	1/6	1/6	1/7	1/9	1	1/5	1/5	1/4	1/7	1/5	1/3	1
指标	B3							B4						
	C1	C2	C3	C4	C5	C6	C7	C1	C2	C3	C4	C5	C6	C7
C1	1	5	1	4	5	4	6	1	2	1	1/3	7	4	
C2	1/5	1	1/3	4	2	1	2	1	1	1/2	4	1/3	9	7
C3	1	3	1	4	5	3	3	1/2	2	1	1/2	1/3	6	5
C4	1/4	1/4	1/4	1	1/2	1/3	3	1	1/4	2	1	1/4	7	9
C5	1/5	1/2	1/5	2	1	2	2	3	3	3	4	1	7	9
C6	1/4	1	1/3	3	1	1	2	1/7	1/9	1/6	1/7	1/7	1	1
C7	1/6	1/2	1/3	1/3	1/2	1/2	1	1/4	1/7	1/5	1/9	1/9	1	1

③保护区生态质量评价等级划分

根据《自然保护区自然生态质量评价技术规程》对保护区生态质量综合评价进行等级划分：$0.86 \leq S \leq 1.00$，生态质量很好；$0.71 \leq S \leq 0.85$，生态质量较好；$0.51 \leq S \leq 0.70$，生态质量一般；$0.36 \leq S \leq 0.50$，生态质量较差；$S \leq 0.35$，生态质量很差（表7-4）。

表7-4 评价指标权重检验

矩阵	权重	λmax	CI	RI	CR
A－B	［0.575 1 0.226 1 0.095 6 0.103 2］	4.199 5	0.066 5	0.911	0.073＜0.10

本次保护管理田野调查时间为2020年10月、12月及2021年5月、10月。数据分析时间为2021年6月至11月。

7.2 历史沿革

历史沿革是自然保护区的成长过程，是自然保护区管理的一部分。"以史为镜，可以知兴替"，研究自然保护区及所在地的历史，能够更好地理解当地社区，更好地开展共管和保护管理工作。本文简要梳理了多儿保护区的历史沿革及保护区的批建与发展过程，为管理部门充分认识多儿保护区的历史意义，采取更适宜的措施开展社区共管工作提供参考。

7.2.1 社区简史

多儿保护区位于甘肃省甘南藏族自治州迭部县境内，包括多儿乡全境和阿夏乡阿大黑村。古为华夏边陲深山一隅，历属少数民族聚居区，又是藏汉人民山水相连、习俗相近的毗邻之地。在这块历史悠久的沃土上，从县境数十处古文化遗址中发掘的新石器晚期"马家窑文化""齐家文化"遗存，以及金石并用时代的"寺洼文化"遗存，均证明早在三四千年的新石器时期就有人类繁衍生息。

多儿保护区所在迭部县古称叠州，据《元和郡县志》记载，夏、商时，地属《禹贡》所记梁州之城（李吉甫，1993），已入华夏图，西周时，仍属梁州域。

春秋战国，诸侯割据，群雄纷争，各国势力无暇顾及迭境。此时迭部一带实属"诸羌保据"之地。春秋末期羌人无弋爰剑进入河湟及河曲之地，他的子孙各成部落，自寻适宜之地，一支进入川北，为白马种广汉羌，一支进入白龙江流域为参狼种武都羌。无弋爰剑的子孙们与当地土著部族融合为羌人先民，形成很多互不统属的部落。

秦统一中国后，遂设置郡县，分天下为三十六郡，迭部当时属陇西郡临洮县境南羌地。

西汉时，迭部境东部属武都郡，北部属洮阳部；东汉末年，境内处于诸羌部落割据之势。

三国时期，为魏、蜀相争之地。至蜀汉建兴六年（公元228年），蜀相诸葛亮伐魏，攻取武都、阴平二郡后，迭部逐归蜀汉益州阴平郡（今文县）辖。境北迭山主峰成为魏、蜀之界山。蜀汉名将姜维于境东沓中屯兵种麦贮粮，曾由此越迭山攻洮阳（今临潭境内），与魏将邓艾战于候和（今临潭境内）。蜀炎兴元年（263年）姜维被邓艾所败，退出沓中，迭境即归魏所辖。

西晋时期，县境南部属秦州（今天水）阴平郡（今文县）辖；东晋时期，吐谷浑占据了整个川北、洮西大片地区。迭部亦被其所占，并在境内修筑马牧城（今电尕乡吉爱那村南），遂归吐谷浑统辖。东晋孝武帝太元十年、西秦乞伏国仁建义元年（385年）属西秦乞伏国仁所辖，并在境内置甘松郡。

南北朝时期，仇池国（都城在今西和县西）在其极盛的杨难当时期，迭境东部属仇池国势力范围之内。

北周武帝保定元年（561年），《读史方舆纪要》载："四逐诸戎，始有其地，乃于三交口（今达拉沟口）筑城，置甘松防，又为三川县，以隶恒香郡。"（顾祖禹等，2005），武帝建德元年（572年），于今达拉乡九如卡（进达拉沟约10千米处）置恒香郡。又于建德三年（574年）改三川县为常芬县，辖"六乡、东南一百二十里"。甘松防和常芬县均属恒香郡所辖。建德六年（577年）六月，省载甘松防，并于甘松防故地置芳州，以当地多芳草而得名。芳州辖恒香、深泉（治封德，今舟曲县丰迭附近）二郡。是年，又"于叠川"（今电尕乡吉爱那村南）置叠州，取群山重叠之意。于合川置西疆郡，辖合川、乐川（在今四川若尔盖县铁布区一带）二县。叠州时辖一郡三县，即西疆郡及其二县和叠川县。

隋时以州统县。开皇三年（583年），废西疆郡，留合川县；废恒香郡，留常芬县。叠芳二州建营犹存。

唐时，分天下为十道，实行道、州、县三级制。叠州地属陇右道秦州总管府辖。元和十五年（820年），岷、叠、宕地域均陷于吐蕃，州县具废，从此叠州归吐蕃噶玛洛部落统领。五代十国时期，吐蕃大将尚恐热发动大规模内乱被杀后，吐蕃政权日趋分裂削弱。从此，迭部境内等诸地，属吐蕃温末（吐蕃奴隶之称谓，系指吐蕃政权削弱后，其部属奴多无主，逐自相纠合为部落割据）势力范围。自唐末至北宋，吐蕃政权占领并统治迭境达300余年。

南宋末年，蒙古太宗窝阔台汗次子阔端遣兵攻克白龙江流城诸地，阶、岷、迭、宕十八族降蒙古。至此，迭部境悉受蒙古汗国统领。1252年蒙古远征大理，忽必烈率师于1253年秋至迭部，出塔拉（达拉沟），共分三路于翌年攻入大理，灭其国。元世祖忽必烈中统元年（1260年），任用土波思（吐蕃）乌思藏啜族人赵阿哥昌为叠州安抚使，课农安民，成为境内世袭土司。

元时，中央设宣政院，以统领天下佛教及吐蕃事务。县境属宣政院下吐蕃等处宣慰使司都元帅府脱思麻路松潘叠宕威茂州管辖。

明初，今县境花园乡以东属岷州卫辖，以西归洮州卫管，隶陕西都司。白龙江以南的达拉、多儿、阿夏等地，属松潘卫所辖。永乐二年（1404年），卓尼土司先祖些地（藏史称"姜太"，西藏王亦热巴金的大臣噶伊西达吉的后裔）率迭部达拉等部族内附。十六年（1418年）朝廷以功授其世袭指挥金事兼武德将军，管理卓尼及迭部部分部落。

清时，乾隆十三年（1748年）洮州载卫改厅，设抚番同知，仍属巩昌府。卓尼土司辖区仍沿明制。康熙十四年（1675年），第九任土司杨朝梁先后收复迭部部分部落，又于康熙三十五年（1696年），卓尼第十任土司杨威再次出兵收复迭部后，依旧制设十三旗，后分出九个小旗，共计二十二旗。待局势稳定后又将境内属旗由二十二个合并为十四个，一直延续到民国末年。

民国23年（1934年）国民政府颁布了保甲制度。翌年，岷县在其辖区腊子洛大地区编组保甲，共编为洛大、录坝、黑多、朱立、腊子五保；1940年设立洛大乡，遂将腊子保划入洛大乡辖。1947年在土司辖区内共编9乡，85保，890甲，其中迭部境内编为2乡、26保、283甲。十户为一甲，十甲为一保。上迭乡（乡址定在电尕寺）共编12保，140甲；下迭乡（乡址定为旺藏寺）下编14保，143甲。保甲制实则"纸上谈兵"，并未施行。

1949年9月1日，洮岷路保安司令杨复兴率卓尼政军警起义，并在卓尼禅定寺召开千人大会庆祝卓尼和平解放。土司辖区迭部亦随之解放。1950年10月1日，中国共产党卓尼自治区工作委员会和卓尼自治区行政委员会正式成立，迭部境内土司属旗遂归卓尼自治区管辖。1951年4月，以解放区派来的老干部为骨干配合当地民主人士组成驻迭部工作组，作为设区过渡。1952年9月，中共卓尼工委再派工作组进驻迭部，筹建区级政权。

1954年10月，中共卓尼工委决定建立上迭党组和下迭党组。1956年1月，上、下迭两个区级工作组更名为区公所，成立区人民政府。1961年12月15日，国务院决定割划临潭县所辖上迭部（2社）和龙叠县所辖下迭部（5社），合并设立迭部县。迭部县于1962年1月1日正式成立，随即成立县人民政府和中共迭部县委员会。县下以原有公社建制为基础，改建和新建了益哇、电尕、卡坝、达拉、麻牙、多儿、阿夏、洛大、桑坝、腊子（新建）10个乡（迭部县志编辑委员会，1998）。乡下设公社（大队级）和生产队两级，后改为行政村和居民小组。

7.2.2 保护区发展历程

多儿保护区前身为迭部县林业总场下属的多儿林场。

1958年以前，森林以部落、村庄集体所有为主，占93%，其次是土官头人和寺院，分别占5%和2%。1958年，甘南州全州境内森林全部收为国有，1969年归长征林业局（1971年改名为迭部林业局）阿夏林场管理。1981年，甘肃省政府批复将迭部林业局部分林区的森林资源管理权划归迭部县政府，建立迭部县林业总场，下设益哇、尼敖、多儿、桑坝4个林场，为副科级单位。

1998年后，迭部县依据国家林业政策的调整，生态建设的加强及实施天然林保护工程战略的新情况，及时调整了发展思路，提出了"生态立县"的战略。2004年12月9日，批准建立了甘肃多儿省级自然保护区，总面积55275.0hm²，其中，核心区25011.0hm²，缓冲区10620.0hm²，实验区19644.0hm²，批准文件为《甘肃省人民政府关于建立甘肃多儿省级自然保护区的批复》（甘政函〔2004〕118号）。2005年，甘南藏族自治州机构编制委员会批准设立甘肃多儿自然保护区管理局，为甘肃多儿省级自然保护区管理机构，副处级建制，批准文件为《甘南州机构编制委员会办公室关于设立甘肃多儿省级自然保护区管理局的通知》（州机编办字〔2005〕92号）。2014年，迭部县政府同意将多儿林场并入甘肃多儿自然保护区管理局，保留"多儿林场"牌子，由保护区和县林业局双重管理，批准文件为迭政纪〔2014〕17号县政府常务会议纪要。2014年8月，迭部县人民政府为多儿保护区管理局发放了林权证，林权面积50371.2hm²。

2007年、2009年和2015年分别进行了三次功能区划调整，调整后的最终面积为54575.0hm²，其中，核心区面积19389.50hm²，包括工布隆核心区为12557.83hm²，扎嘎吕核心区为6831.67hm²；缓冲区9496.35hm²，包括工布隆缓冲区为777.66hm²，扎嘎吕缓冲区为2018.69hm²；实验区25689.15hm²。

2017年，经国务院批准甘肃多儿省级自然保护区晋升为甘肃多儿国家级自然保护区，批准文件为《国务院办公厅关于公布黑龙江盘中等17处新建国家级自然保护区名单的通知》（国办发〔2017〕64号）。

2021年，多儿保护区启动垂直管理程序，2022年，多儿保护区管理局和多儿林场将正式合并为甘肃多儿国家级自然保护区管护中心，由甘肃省林业和草原局垂直管理。

7.3 保护管理现状

各类自然保护地占国土陆域面积的近1/5（潘旭涛和何欣泉，2021），自然保护区建设取得了重大成就，濒危物种数量下降和生态系统恶化的趋势得到缓解。同时，自然保护区的管理问题也日益被重视，加强自然保护区的管理能力，成为自然保护区建设的重要内容（向子军，2019；李成波，2020；赵建龙，2021；邱胜荣等，2022）。

多儿保护区建立时间较晚，2017年才晋升为国家级保护区，地处欠发达的西部民族地区，底子较薄。本文旨在通过分析多儿保护区的保护管理现状，发现问题，探究策略，以促进其管理能力，提高保护成效。

7.3.1 宗旨

贯彻落实党中央国务院关于建设生态文明、建设美丽中国的有关文件精神，更好地保护野生动植物资源，维护森林生态系统，从多儿保护区的实际情况出发，以保护大熊猫等珍稀濒危野生动物及其栖息地为重点，部署保护管理措施与设施，积极开展科学研究和合理利用，发展生态旅游，加快乡村振兴，以建设集生物多样性保护、科研监测、公众教育和资源合理利用为一体的综合性自然保护体系，不断提高保护管理水平，充分发挥保护区的三大效益，为区域社会经济可持续发展，形成人与自然和谐发展的现代化建设新格局。

7.3.2 组织建设

（1）组织结构

2005年，《甘南州机构编制委员会办公室关于设立甘肃多儿省级自然保护区管理局的通知》（州机编办字〔2005〕92号）文件，批准设立甘肃多儿自然保护区管理局为甘肃多儿省级自然保护区管理机构，隶属于迭部县人民政府，副处级建制，定编30人，设领导岗位3个，其中，正职1名，副职2名。业务受甘肃省林业和草原局领导。局机关设置保护科、科研宣教科、社区工作科、计财科、办公室5个科室，保护科下辖花园站、多儿站、洋布站3个保护站（图7-1）。依据中共中央办公厅、国务院办公厅印发的《关于建立以国家公园为主体的自然保护地体系的指导意见》的精神，2020年启动了甘肃多儿自然保护区管理局垂直管理工作，从迭部县政府直属，改为甘肃省林业和草原局的直属，2021年5月完成了人员划转，2022年1月完成了工资的上划和套改，目前这项工作还在推进中。

各科室职能如下：

办公室：行政事务、后勤供给、车辆管理、生活福利等；

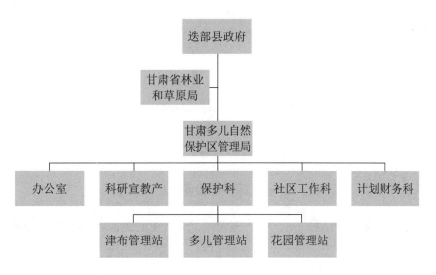

图7-1 多儿保护区管护中心组织结构示意图

社区工作科：社区共管、社区发展等；

保护科：资源保护与管理、护林防火、自然巡查、宣传教育等；

计划财务科：财务管理、统计报表、财务计划等；

科研宣教科：科研课题、学术交流、科普宣传、人员培训、标本管理等；

保护站：巡护监测、资源保护、护林防火等。

（2）人员

目前，在职干部职工125人，其中，61人为财政事业人员，64人为临聘人员。有领导2名，其中，局长1名，副局长1名。保护科5人，科研宣教科3人，社区工作科2人，计划财务科3人，办公室6人。其余人员为3个管理站工作人员。

（3）制度建设

已经建立了《工作人员考勤考核暂行管理办法》《请销假管理制度》《职能部门岗位工作职责》《基层站点工作管理制度》《基层站点岗位工作职责》等管理制度。

7.3.3 基础设施与设备

（1）办公与生活用房

多儿保护局位于甘肃省甘南藏族自治州迭部县电尕镇（县城），占地5712.28m²。建筑总面积9225.24m²，其中，工作用房建筑面积5110.97m²，主体建筑为东西两栋主楼：西为办公楼，建于2006年，建筑面积1383.66m²，房间25间；东为科研监测楼，建于2019年，建筑面积3727.31m²，房间39间。生活用房为职工家属楼一栋，建筑面积4114.27m²，共36套，单套面积最大126.6m²、最小106.66m²，平均116.63m²。

保护站没有固定设施，3个保护站租房办公。2021年9月，多儿保护站开工建设，计划建筑面积1841.16m²。

（2）林区道路

林区护林防火道路共54km，有2条，均为1980年后多儿林场修筑的采伐专用公路：一条为西藏沟村至旧工段，全长8km，1998年采伐停止后渐废，2020年甘肃多儿自然保护区管理局再次修通，未硬化，越野车能够通行；另一条从达益村至巴尔格沟口，由于沿溪而行，经常被水冲毁，但也屡次被村民修好，目前越野车勉强能够通行。

（3）信息化建设

多儿保护局信息化建设开始起步，建成洋布村、后西藏村、花园保护站、白古寺检查站、中心保护站主要卡口视频采集系统，管理局监控指挥中心、视频会议系统等。

（4）设备

设备总体不足，仅能够满足基本办公需要（表7-5）。

表7-5 多儿保护区设备及使用情况

设备名称	数量（辆/个/台/顶）	状态	能使的人数（人）	能熟练使用的人数（人）
依维柯	1	正常使用	2	2
皮卡车	1	正常使用	2	2

设备名称	数量（辆/个/台/顶）	状态	能使的人数（人）	能熟练使用的人数（人）
越野车	1	正常使用	2	2
电脑	19	正常使用	29	26
摄像机	2	正常使用	10	7
照相机	8	正常使用	10	7
海拔仪	4	正常使用	8	8
帐篷	17	正常使用	15	15
GPS	15	正常使用	10	9
打印机	9	正常使用	29	27
复印机	2	正常使用	20	20
扫描仪	1	正常使用	6	6
传真机	1	正常使用	10	10
望远镜	10	正常使用	24	24
罗盘仪	10	正常使用	20	20
对讲机	3	正常使用	10	10
无人机	2	正常使用	2	2
红外相机	80	正常使用	10	10
灭火器	20	正常使用	10	10
车载电台	1	正常使用	10	10
移动背负电台	2	正常使用	10	10

7.3.4 保护管理工作概述

（1）培训

"人才是第一资源"，学习新的管理方法和理念，掌握生物多样性保护知识，提高巡护监测专业技能，不断提高多儿保护区管理人员的专业素质，是实施有效管理的最重要的手段。近年来，多儿保护局通过项目合作、学术交流、委托培养等多种方式，加强工作人员的专业技能培训。

培训的主要内容包括自然资源保护与社会经济可持续发展理论；自然保护区管理知识；生物多样性保护知识；监测技能，如大熊猫种群及栖息地监测、野生动植物识别、地图研读、红外相机架设、照相机操作与摄影基础知识、GPS使用和数据录入、PDA操作录入及注意事项、野外安全防护知识等；社区调查、社区共管理论，社区实用技术；基本办公技能，如办公软件操作、应用文写作等。2018—2020年，累计举办（参加）16期共251人次的业务培训，每年人均培训2.9次（表7-6）。

（2）监测巡护

多儿保护区是甘肃省两个全国大熊猫重点监测区域之一，2018—2020年，累计监测13次，年均4.3次；完成监测样线201条，填写监测表格2044份，填写巡护日志284份，安置红外相机948台次，采集照片

表7-6 多儿保护区2018—2020年培训情况统计信息

时间	培训地点	内容	培训期数（期）	培训人数（人）
2018.6.6—11	迭部	综合技能	2	51
2018	北京、黑龙江、唐家河、裕河、尕海则岔、白水江	管理能力及业务知识、野外综合保护考察学习、大熊猫监测及管理能力	5	34
2018	迭部	红外线相机架设、单反相机拍摄、动植物识别、野外生存技巧、GPS使用和GIS制图等	2	70
2018	兰州	森林防火无人机操控	1	2
2019.9—10	敦煌、西安	野生动物疫源疫病监测技术	2	4
2019		野外保护综合技能	1	27
2020	天水	大熊猫及栖息地保护技能	2	60
2020	兰州	自然保护区GIS技能	1	3
小计			16	251

10000余张，投入860个工作日。多儿保护区不仅完成了全国大熊猫重点监测区域84条监测样线的监测任务，还多次拍摄到四川梅花鹿、绿尾虹雉、斑尾雉鸡、稚鹑、毛冠鹿等濒危野生动物，拍摄到勺鸡、狍等保护区新记录种。天水市陇右环境保育协会分析多儿保护区十年的监测数据，编制了《甘肃多儿国家级自然保护区生物多样性监测报告（2010—2019）》。2019年7月，委托国家林业和草原局调查规划设计院编制完成了《甘肃多儿国家级自然保护区保护及监测设施建设项目可行性研究报告（2019—2021年）》；2020年，完成了藏区专项大熊猫及濒危动植物监测保护站工程项目的备案工作（表7-7）。

表7-7 多儿保护区2018—2020年监测工作统计信息

统计内容	2018 年	2019 年	2020 年	合计
监测频次（次）	5	5	3	13
监测样线（条）	67	84	50	201
监测表格（张）	460	1132	452	2044
巡护日志（份）	—	196	88	284
红外相机（台次）	348	348	252	948
采集照片（张）	2000	2000	6000	10000
工作量（工作日）	260	332	268	860

（3）宣传教育

宣传教育是自然保护区的基本工作之一，为提高社区群众的自然保护意识，推动社会各界参与多儿保护区的建设，多儿保护局开展了多种渠道、形式多样的宣传教育工作。2018—2020年，设计制作了多儿保护区区徽；更新宣传牌23个，安装于实验区、缓冲区人员活动频繁点，宣传野生动植物保护知识和法律法规；组织人员深入社区，开展以"保护森林资源珍爱野生动物构建和谐家园"为主题的"5·22世界野生动物保护日暨地球生物多样性日"宣传活动；在爱鸟周、世界环境日等，每年在县城中心广场开展宣传，发放宣传单6000余份，疫源疫病防控手册500册，项目宣传折页500册，环保手提袋2500个，摆设展板66板次；播放《野生动物保护法》《森林法》《防火条例》等法律法规录音480小时。

（4）执法

按照县局统一安排，每年9月中旬，组织相关人员对辖区内的自然保护区进行全面执法检查。保护区现有执法资格人员6人，无派出所等执法机构，执法水平较低，还不能满足保护区现阶段的保护管理需求。

（5）护林防火

森林火灾对森林和野生动植物资源威胁极大，护林防火是自然保护区重要的工作任务之一。多儿保护区火险等级连续多年为"Ⅰ级"，由于保护区境界线长，地形复杂，交通不便，通信设施不完善，森林防火交通工具和扑火装备短缺，防火工作难度很大。多儿保护局始终将森林火灾列为严重威胁因素，将护林防火工作作为工作重点之一。2018—2020年，多儿保护局认真贯彻落实全国森林草原防灭火工作电视电话会议精神，利用省级财政护林防火资金，采购了水泵、铁扫把、油锯、防火服等防灭火器材；建立了以村为单位的义务扑火队，对巡护人员、义务扑火队及其他护林防火相关人员进行防火知识和灭火技术的培训，提高相关人员的业务素质；制定了《多儿国家级自然保护区森林火灾应急预案演练方案》，并上报县政府备案；组织相关单位、村组干部及生态护林员260余人，参加了森林防火业务知识的培训和应急演练；落实了保护站和社区共管组织的护林防火目标责任制；严格控制火源，加强生产生活用火管理，建立生产用火审批监管制度；在火险季节，巡护人员在进入保护区的交通要道值班蹲守，严格检查，禁止将火源带入保护区；加强地面巡护和气象站点火险天气预报工作，防患于未然。这些措施的落实，起到了良好效果，至今没有发生森林火灾。

（6）生态环境整治

多儿保护区管护中心在"绿水青山就是金山银山"理念的指导下，2018—2020年，结合"绿盾"行动，按照迭部县生态环境问题整改任务安排，对然子寺老电站砂场、洋布木纳沟采石场、当当河坝砂场、洋布沟口砂场、多儿水电站、麻牙至多儿四级公路改建工程等6项生态环境问题，制定了生态环境问题整治工作方案，建立起工作台账，成立了以局领导为组长的工作小组，积极开展生态环境整治工作。累计完成：拉网式排查11次；协调相关单位、社区、民间生态保护组织召开生态环境整治工作联席会议12次；召开专题会议18次；与相关单位开展联合督查6次；实地督促检查18次；进村入户宣传8次；卫星遥感"靶点"现场核查10次；生态环境问题举报转办核查1次；发送整改督促函45余份；出动工作人员220人次，车辆50台次，最终达到了验收销号的标准，通过了县、州两级验收和复核。

（7）社区共管

自然保护区正面临着来自保护区内部与周边社区的双重压力，自然保护区管理的难点之一就在于如何协调社区经济发展和生物多样性保护之间的关系，一般通过社区共管，将社区的发展纳入保护区管理的范畴。2018—2020年，多儿保护区管护局多方争取资源，共实施社区共管项目3个，投资29万元，受益群众5000人次。此外，还实施了保护区社区防火、生态旅游试点、人兽冲突试点等项目，主要项目活动有建立社区巡护队、社区护林防火队伍，使社区群众成为自然资源保护的帮手；引进资金，帮助社区建设节柴灶，减少砍柴劳动量，缓解薪柴威胁；美化社区，改变社区村容村貌，出资购买绿化苗木，聘请技术人员现场指导群众种植；出资购买党参、当归等中药材种苗，推动社区产业调整，增加社区收入；开展社区资源盘点，制定社区资源管理计划，推进社区可持续地利用资源；为社区群众举办生态旅游发展、社区共管及护林防火等培训；投入扶持资金25万元发展社区生态旅游，完善农家乐硬件设施，提升生态旅游服务能力；协助地方政府、相关企业和社区，办理了次古村异地搬迁、旺藏镇花园工作站格益那村异地搬迁、多儿敬老院、尼藏村生态文明村、白龙江饮水工程、达益村党群服务中心等民生项目的行政许可事项等。

7.3.5　人力资源分析

一个单位的人力资源，通常是狭义上的人力资源，指组织中具有智力劳动和体力劳动者各种能力的总和，包括数量和质量两个方面。所有资源中，人力资源是第一资源。人力资源的管理，就是对人力这一资源进行有效开发、合理利用和科学管理，以实现组织目标（杨文健，2007；耿丽萍，2008）。所以，人力资源的有效管理，是一个组织工作成效的决定性因素之一。自然保护区管理能力是自然保护区保护成效的核心因素之一，自然保护区的能力建设是自然保护区重要的建设内容，包括社会能力、机构能力和人员能力。人员能力是指保护区管理机构发现和解决自然保护区面临的威胁和问题的能力（栾晓峰，2011）。对自然保护区保护管理人员进行人力资源分析，能够准确评估人力资源情况，为合理配置人力资源、发现人员能力空缺、制定人员能力建设计划提供科学依据。

多儿保护区始建于2004年，2017年晋升为国家级，其管理机构多儿保护局组建于2005年。由于建立时间较短，人力资源较弱，其人力资源的研究分析仍然空白。2010—2021年，通过二手资料收集、半结构访谈、焦点讨论等方法，调查分析了多儿保护区管护中心人力资源现状，以期为多儿保护区人员能力建设提供科学依据。

7.3.5.1　人数与岗位人员配置

（1）应配置人数

据《甘肃多儿国家级自然保护区总体规划（2019—2028年）》，多儿保护区属野生动物类型自然保护区，依据《自然保护区总体规划技术规程》（GB/T 20399—2006）和《国家林业局关于颁布〈自然保护区工程项目建设标准〉试行的通知》（林计发〔2002〕242号）文件，多儿保护区属中型自然保护区，人员编制应为50~80人。《甘肃多儿国家级自然保护区总体规划（2019—2028年）》将人员编制规划为"根据保护区日后资源管理职能的需要和日常工作的顺利展开，现有编制人员远不能满足国家级保护区正常巡护管理人员的需求，在原编制的基础上，本次规划增编40人，人员总编制70人，其中管理人员38人，其他职工32人。"

（2）岗位人数

多儿保护区管护中心现有在岗人员总数125人，在岗在编30人，在岗不在编31人，临聘人员64人。非临聘人员中，管理人员18人，专业技术人员16人，工勤技能人员27人。临聘人员均为基层管护人员。管理人员中，6级职员2人，7级职员6人，8级职员4人，9级职员6人；专业技术人员中，专技七级1人，专技八级1人，专技十级2人，专技十一级4人，专技十二级8人；工勤技能人员中，技工二级2人，技工三级7人，技工四级17人，技工五级1人。

依据《国家级自然保护区规范化建设及管理导则（试行）》的分类标准，自然保护区管理人员分为行政人员、技术人员（含科研、监测、宣教培训）、直接管护人员和其他人员。其中，行政管理人员一般不超过20%；技术人员（具有与自然保护区管理业务相适应的大专以上学历）不低于30%；其他人员不超过20%。多儿保护区管护中心正式职工中，行政人员占职工总数的29.5%，技术人员占26.2%，直接管护人员占60.7%。如果将临聘人员计算在内，则行政人员占14.4%，技术人员占12.2%，直接管护人员占66.4%，表明多儿保护区在人力资源配置上存在行政管理人员比例适宜、直接管护人员比例较高的优势，以及技术人员偏低的劣势（表7-8）。

表7-8 多儿保护区管护中心职工岗位人数统计信息

科室	人数（人）	比例（%）	岗位	人数（人）	比例（%）
局领导	2	1.60	管理人员	18	14.40
办公室	6	4.80	技术人员	16	12.80
保护科	5	4.00	直接管护人员	83	66.40
保护站	8	6.40	工勤人员	8	6.40
计划财务科	3	2.40			0.00
科研宣教科	3	2.40			0.00
社区工作科	2	1.60			0.00
保护站与检查站（多儿林场）	96	76.8			
合计	125	100.00	合计	125	100.00

7.3.5.2 学历和专业
（1）学历

表7-9统计了多儿保护区管护中心61名正式职工（其中32名从多儿林场转入）的学历，其中，第一学历以高中为主，占50.8%；初中学历占了29.5%；中专占14.8%；大专2名，本科仅有1名，研究生及以上学历没有。存在第一学历普遍较低，高学历人才严重偏少的问题。相比局机关，管理站工作人员学历更低。

和第一学历相比，第二学历整体提高显著，高中（中专）及以下学历比例从95.1%大幅下降至47.6%，大专学历比例上升到最高，达到29.5%；本科增加到11人，比例占到18.0%；研究生学历增加到3人，占4.9%。职工通过第二学历，文化程度有较大的提高，说明多儿保护区管护中心在职教育比较成功。另外，第二学历的门槛普遍较低，以中央广播电视大学、中共甘肃省委党校、中央农业广播电视大

表7-9 多儿保护区管护中心职工学历统计信息

学历	第一学历人数（人）	第一学历人数比例（%）	第二学历人数（人）	第二学历人数比例（%）
小学及以下	0	0.0	0	0.0
初中	18	29.5	14	23.0
高中	31	50.8	15	24.6
中专	9	14.8	0	0.0
大专	2	3.3	18	29.5
本科	1	1.6	11	18.0
研究生及以上	0	0.0	3	4.9

学为主，反映出第二学历的专业程度较弱。访谈显示，当地可以按第二学历核算工资和评审职称的政策，是激励职工通过在职教育提升学历的核心动力。

（2）专业

表7-10统计了多儿保护区管护中心现有正式职工的专业，其中具有专业学历的人员占职工总人数的52.5%。其中，第一学历具有专业学历的职工只有13人，占职工总人数的33.0%，而且11人中，与自然保护区相关性较高的专业只有林学，5人，占职工总人数的8.2%；第二学历全部为专业学历，以法学专业人数最多，占职工总数的19.7%，大部分专业仍然存在与保护区相关性不强的问题（表7-10）。所以，从第一学历看，多儿保护区管护中心的职工不仅存在专业学历人数较少，还存在专业与保护区相关性不强的问题。第二学历大部分职工的专业与自然保护区相关性也较低，反映出一线保护人员专业性亟待加强。建议对现有职工加强专业技能培训，提高他们的业务素质。

表7-10　多儿保护区管护中心职工专业统计及需求评估

专业	第一学历人数（人）	第一学历人数比例（%）	第二学历人数（人）	第二学历人数比例（%）	保护区需求相关性	保护区需求量
畜牧兽医	1	1.6	0	0.0	低	低
会计	2	3.3	1	1.6	中	低
汉语言	1	1.6	0	0.0	中	低
计算机	1	1.6	1	1.6	中	低
林学	5	8.2	2	3.3	高	高
水电	1	1.6	0	0.0	低	低
舞蹈	1	1.6	0	0.0	低	低
信息管理与信息系统	1	1.6	0	0.0	中	中
法学	0	0.0	12	19.7	高	低
公共管理	0	0.0	3	4.9	中	低
经济管理	0	0.0	3	4.9	低	低
领导学	0	0.0	1	1.6	中	低
旅游管理	0	0.0	1	1.6	低	低
农业推广	0	0.0	1	1.6	低	低
行政管理	0	0.0	4	6.6	中	中
战略管理与应用哲学	0	0.0	1	1.6	低	低
中西医结合	1	1.6	0	0.0	低	低
社会学	0	0.0	1	1.6	低	低
植物保护与检疫	0	0.0	1	1.6	高	中
无专业	47	77.0	29	47.5	中	低

依据《中华人民共和国自然保护区条例》规定的自然保护区6个方面的主要职责、《自然保护区工程建设项目标准（试行）》和《自然保护区管理计划编制指南》（TL/T 2937—2018）的要求，结合多儿保护区管理需求，评估认为多儿保护区管护中心至少还需要11名本科及以上学历和8名大专学历相关专业的工作人员（表7-11）。

表7-11 多儿保护区管护中心职工学历空缺分析

需要专业	本科及以上学历人数（人）			专科学历人数（人）		
	需要	现有	空缺	需要	现有	空缺
法学	1	3			12	
行政管理	4	5		2	2	
动物学	2	0	2	2	0	2
植物学	2	0	2	2	0	2
林学	2	1	1	4	3	2
生态学	1	0	1			
计算机/信息管理	1	1	0	3	1	2
农村经济	1	0	1	1	3	
旅游管理	1	1				
植物保护与检疫	1	1				
地信	1	0	1			
英语	1	0	1			
生物教育	1	0	1			
教育学	1	0	1			
合计	20	12	11	14	21	8

7.3.5.3 其他特点

（1）年龄

现有61名正式职工中，年龄以46～55岁为主，占职工总数的42.6%；其次是36～45岁，占职工总数的34.4%；26～55岁占职工总数的11.5%；没有26岁以下职工。这反映出多儿保护区管护中心正式职工壮年劳动力充足，但后备力量不足（表7-12）。临聘人员中，年龄大部分在26岁以下，虽然成为最重要的生力军，但由于临聘人员流动性较大，多儿保护区仍然面临职工年龄偏大的问题。

（2）工作经验

现有61名正式职工中，职工工龄以21～30年的为主，占57.4%；其次工龄11～20年的占19.7%；工龄30年以上的也比较多，占14.8%；工龄10年及以下的相对较少，占8.2%（表7-12），反映出多儿保护区管护中心职工经验相对丰富，具备"传帮带"新职工的基本条件。临聘人员工龄基本都在1年以内，工作经验不足。

同时，现有工作人员绝大部分是迭部县本县人，藏族，对多儿保护区的文化习俗、生产生活极其熟悉，也有较强的人脉资源，对开展社区共管是较大利好。

（3）性别比例

自然保护区野外巡护、科研监测等工作对体力要求较高，男性更具优势，因而保护区职工通常男性多于女性。但管理、宣教、行政、社区工作等岗位，适合女性工作。适当的性别比例，更有利于管理。现有61名正式职工中，男性职工51名，女性职工10名，存在女性职工偏少的问题。

表7-12　多儿保护区管护中心职工年龄、工龄、性别统计信息

年龄段（岁）	人数（人）	工龄（年）	人数（人）	性别	人数（人）
＞55	7	＞30	9	女	10
46～55	26	21～30	35	男	51
36～45	21	11～20	12		
26～35	7	＜10	5		
＜26	0				
合计	61		61		61

7.3.6　管理现状评价

自然保护区的现代化管理，包括管理思想现代化、管理组织现代化、管理方法现代化和管理手段现代化（栾晓峰，2011）。近几年来，在甘南州政府、迭部县政府的领导下，在甘肃省林业和草原局的大力支持下，多儿保护区管护中心开展了技能培训、生物多样性监测、社区共管、宣传教育等多方面的工作，提高了人员的工作能力，强化了保护管理措施，加强了巡护监测力度，获得了社区的信任和支持，使大熊猫等珍稀濒危物种的栖息环境持续改善，大熊猫种群保持稳定，四川梅花鹿等珍稀动物种群数量持续增加，威胁因素逐渐减少，成绩斐然，成效明显，但仍然有些不足和问题需要解决。

从组织结构上看，甘肃省林业和草原局垂直管理后，业务主管与行政主管变成一个部门，避免了多头管理，沟通更简单，信息更丰富，经费更有保障，有利于保护区的发展和提高保护成效。但也会导致地方政府支持力度的下降，增加地方相关部门沟通的难度。科室设置上仅仅能够满足基本的需要，与国内同类国家级自然保护区相比，科室配置还不完善，应该进一步细化，增设党委办、纪检监察室、人事科、资源科、经营科、防火办等科室。

从基础设施上看，多儿保护局机关的办公用房完全够用，保护站用房严重不足，目前多儿保护站已经开工建设，今后应逐步完成花园、洋布等保护站的建设，并建设洋布、布后、白古、后西藏、尼藏、然子、次古、当当、台力傲、在力傲、然寺傲、科牙、班藏、阿寺和阿大黑15个管护点，在进出保护区的必经之路——花园保护站以及白古村东部交叉路口各设立1处检查哨卡，在工布隆牧场、旧工段甚至更深入的区域，建设监测巡护的宿营点，改善监测巡护的基础设施。

现有设备能够满足最基本的办公需求，但红外相机、摩托车等野外监测设备及野外生活设备仍然不足，救援与安全设备基本没有，区内许多区域没有手机信号，但全局没有一部卫星电话。对讲机、无线电台、保护站固定电话等通信设备不足。宣传教育设备严重缺乏，缺少高端相机等。防火设施不足，需要建设微波防火监控塔，并配备视频监测系统，建设防火物资仓库，增设森林防火宣传牌。

根据国家林业和草原局调查规划设计院编制的《甘肃多儿国家级自然保护区总体规划（2019—2028年）》，满足资源管理职能的需要和日常工作的顺利展开，人员总编制需要70人，其中，管理人员38人，其他职工32人。培训不足，员工能力仍然需要提升。多儿保护区管护中心现有职工数量较少，满足不了多儿保护区保护管理工作的需要，有必要增加编制，招募员工，使正式职人员数量达到70～100人。

存在技术人员比例偏低问题，需要增加技术人员和直接管理人员比例，增加科研宣教科、保护科工作人员的人数。

职工第一学历普遍较低，第二学历大专以上人数比例较高，职工的在职学历教育较好。与保护区专业需要相比，专业存在一定空缺，至少需要增加11名本科及以上学历和8名大专学历相关专业的工作人员。建议加强对现有职工的专业技能培训，通过吸收大学毕业生和引进人才，解决专业空缺问题。

职工年龄以36～55岁为主，存在壮年优势，但35岁以下职工比例较低，人力资源潜力不足，建议限制新进职工的年龄，招收更多的年轻人。现有职工工作经验丰富，是多儿保护区管护中心的优势，建议做好"传帮带"工作，让老职工的经验转化为生产力。女性偏少，建议新进员工适当向女性倾斜。

信息化程度滞后比较严重，没有网站、微信公众号等自媒体宣传工具，缺乏对外交流的信息平台、资源数据库等现代信息管理系统，需要补充这个短板。

继续教育与培训人次已经不算少，但培训的针对性不足，有些培训效果较好，有些培训流于形式，需要进行科学详细的培训需求评估，开展针对性强、分层次的小班培训。访谈结果表明，实地考察省内外保护区、聘请经验丰富的培训老师、现地操作的培训方式，效果更好。

宣传不足。缺乏针对公众的宣传窗口，如展览室、宣教中心等；缺乏针对受众的调查研究，不了解受众的特点和媒体偏好；宣传手段相对单调，方式老化，不容易引发受众的共鸣；宣传材料不足等。建议聘请专业团队，研究受众，做好宣传策划，建设展室等宣传窗口，制作精良的宣传材料等，以提高宣传成效。

7.4 融资策略分析

多儿保护区的资金渠道较为单一，以财政拨款占绝对优势，其他渠道的资金相比而言对保护区的贡献则显微薄。近年来，多儿保护区的资金缺口较大，资金供给明显跟不上需求。政府资金供给在波动中呈增加趋势，但这部分资金也仅仅能够支付保护区的员工工资、津贴和退休金等费用，导致重要的项目、工作由于资金缺乏而无法展开。本文主要通过分析制约多儿保护区可持续发展的主要任务和重点发展项目资金问题，以期为多儿保护区融资提供思路和借鉴。

7.4.1 财务现状及分析

7.4.1.1 资金来源

多儿保护区管理机构多儿保护区管护中心属于公办社会事业，管理机构全部属于事业单位，业务上由甘南州林业和草原局领导，行政隶属于甘南州迭部县，保护区使用的是两级管理体系，即保护管理局和保护管理站。因此，结合《中华人民共和国自然保护区条例》和《事业单位登记管理暂行条例》，多儿保护区资金来源很明确：以财政渠道为主，社会渠道和市场渠道为辅（孙晓明，2008）。

收集2018至2020年财务资料，归纳整理，梳理其资金投入现状（表7-13）。

2018年政府财政投资438.16万元。其中，人员经费主要包括基本工资104.18万元、津贴补贴170.84万元、对个人和家庭补助55.15万元，共330.17万元，占总投资的75.4%；公用费用57.99万元，占总投资的12.8%；项目经费50.00万元，占总投资的11.5%。

表7-13 多儿保护区政府财政投资情况

名称	投入形式	资金来源	金额（万元）		
			2018年	2019年	2020年
人员经费	1	2、4	330.17	349.36	355.11
公用费用	1	2、4	57.99	39.31	20.00
项目经费	1、2	1、2	50.00	380.00	300.00
合计			438.16	768.67	675.11

注：资金来源中，1-中央财政；2-省财政；3-市财政；4-县财政。投入形式中，1-常规预算；2-项目资金

2019年政府财政投资768.67万元，其中，人员经费主要包括基本工资107.97万元、津贴补贴163.87万元、对个人和家庭补助77.53万元，共349.36万元，占总投资的45.44%；公用经费39.31万元，占总投资的5.1%；项目经费380.00万元，占总投资的49.4%。

2020年政府财政投资675.11万元。其中，人员经费主要包括基本工资105.21万元、津贴152.19万元、对个人和家庭补助120.42万元，共377.82万元，占总投资的60.0%；公用费用20.00万元，占总投资的3.0%，项目经费300万元，占总投资的44.4%。

2017年，国务院批准多儿保护区晋升为国家级自然保护区。但是，由于受地方财力所限，保护区管护基础设施比较落后，科研、宣教难以满足保护形势发展的需要。随着保护区晋升成功，需要按照国家级保护区的标准，加大对保护区在资金、人才、科研等方面的支持力度，开展保护区的建设，加强保护管理，为大熊猫等保护对象营造一个更好的栖息环境。为加强保护管理工作，保护区积极申请国家专项项目，申请项目具体情况见表7-14。

表7-14 多儿保护区管护中心2018—2020年专项项目政府财政投资情况

年度	项目名称	数额（万元）	建设内容
2018年	省级财政补助资金项目	50	监测设备
2019年	中央林业改革发展资金项目	280	监控系统
2019年	珍稀濒危野生动植物保护补助资金项目	100	动物保护
2020年	中央财政林业改革发展资金项目	100	本底资源
2020年	第二批中央财政野生动植物保护补助资金项目	30	疫源疫病
2020年	第二批中央财政林业改革发展资金国家级自然保护区补助资金项目	70	监测车辆及设备
2020年	提前下达中央财政林业改革发展资金项目	100	林业改革

多儿保护区2018年至2020年获得政府财政资金分析如图7-2所示，2018年至2020年多儿保护区一般性政府财政预算投资主要包括人员经费和公务经费，其中，人员经费分别为330.17万元、349.36万元和355.11万元，年度分别增长5.5%、1.6%，办公经费分别为57.99万元、39.31万元和20.00万元，近三年分

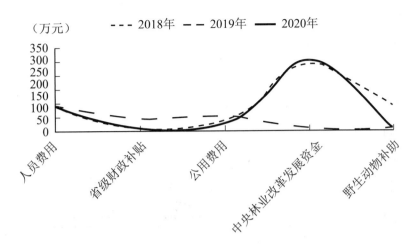

图7-2 多儿保护区管护中心2018—2020年政府财政投资分析

别下降32.2%、49.0%，一般性政府财政三年内分别为388.16万元、388.67万元和375.11万元。年度基本持平，根据达部县政府下达的年度指标，每年度略有调整，但变化幅度不人，主要是日前多儿保护区人员编制有限，近年内未发生调整，这是多儿保护区维持基本办公和巡护的基本支出，也是多儿保护区稳定的收入来源。

2018—2020年，多儿保护区共获得省级财政投资50万元，其中，2018年获得50万元，其余年度未获得该资金支持；共获得中央野生动物保护资金130万元，其中，2019年获得100万元、2020年30万元，2018年未获得；共获得中央专项项目资金450万元，其中，2019年280万元、2020年170万元，2018年未获得，这是多儿保护区近年主要的项目经费来源。总体来看，多儿保护区主要是中央财政和县级财政预算，省级财政不稳定，时有时无。但随着多儿保护区管护中心列入省级财政预算单位，获得省级经费将持续增多，同时也要积极争取中央财政的大力支持，这将是多儿保护区未来最重要的资金来源渠道。

国际投入性质主要包括国际多边组织、国际双边援助、国际企业和个人捐赠（沈欣欣等，2015）。多儿保护区在2018—2020年，仅2020年获得联合国开发计划署（GEF）的四个项目支持共39.32万元（表7-15），2018年和2019年都没有国际投入性质的资金来源。

表7-15 多儿保护区管护中心国际投入资金情况

序号	机构	性质	项目名称	金额（万元）	内容
1	GEF	保护管理	保护区融资计划	3.60	融资计划编制
2	GEF	设备设施	保护区设备采购	21.62	设备采购
3	GEF	能力建设	UNDP-GEF甘肃保护地项目能力提升培训	7.00	能力建设
4	GEF	意识提升	"宣传和公众意识"提升计划	7.10	意识提升

7.4.1.2 资金使用

多儿保护区2018年财政总支出446.31万元，其中，人员经费330.17万元、公用费用57.99万元、项目经费65.15万元；2019年财政支出425.26万元，其中，人员经费349.36万元、公用费用39.31万元、项目经费36.59万元；2020年财政支出425.26万元，其中，人员经费355.11万元、公用费用20.00万元、项目经费50.15万元（图7-3）。

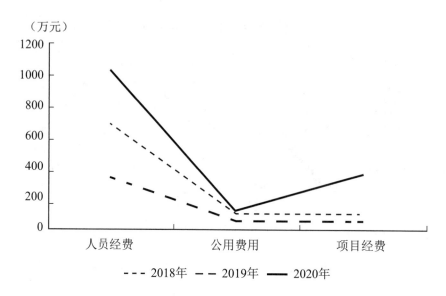

图7-3　多儿保护区管护中心2018—2020年政府财政支出

2018年至2020年，多儿保护区项目经费支出分别为65.15万元、36.59万元和251.53万元，与上年相比分别为下降43.8%、增长85.5%，主要是因为项目执行有一定周期，分批次拨付和使用，例如2019年获得中央林业专项资金380万元，但受拨付资金时间和项目进展速度的影响，导致项目执行经费为36.59万元，为近三年最低。但总体来看，随着多儿保护区国家级保护区批复，多儿保护区每年争取的林业专项项目资金均在300万元以上。

7.4.1.3　资金的主要问题

多儿保护区稳定的管理经费来源目前是迭部县财政拨付，这部分经费只能保障员工工资和局机关的日常办公，无法支持野外保护和其他工作。由于多儿保护区已晋升为国家级保护区，正在办理相关手续，未来经费稳定来源为甘肃省财政拨付。

不稳定的经费来源包括甘南藏族自治州、国家林业和草原局、甘肃省林业和草原局、甘肃省野生动植物管理局拨付的财政项目或专项经费，用于基础建设、设备购置、监测巡护等，从2018—2020年情况看，该部分资金主要来源为中央财政林业改革发展资金，截至目前累计投入资金730余万元，一定程度上补充了基础建设和野外保护经费的不足。但这部分经费总量较少，且都有确定的支出方向，不能解决野外保护经费严重不足和一些突发性或无法预见的问题。

纵观近三年情况，对于多儿保护区，其资金结构主要来源于中央财政和地方财政的政府资金，资金占比达到95%以上，与其他渠道的资金相比而言对保护区的贡献显得十分微薄，导致保护区的资金来源相对比较单一。

综上，结合多儿保护区实际和社区现状，保护区面临的资金问题主要有以下几方面。

（1）资金来源单一，主要依赖政府财政拨款

从2019年至2020年保护区资金来源渠道看，多儿保护区95%以上资金来源于财政拨款和政府专项项目申请，仅在2020年有其他收入来源，主要是国际援助，2018年和2019年无其他资金支持，其经费完全来自政府财政。

（2）缺乏内部自融渠道，资金供给跟不上需求

近年来，随着保护任务的加大，多儿保护区资金缺口明显增大。虽然政府资金供给有了显著的增加

（2019年425万元、2020年617万元），但增加资金主要为专项项目资金，部分资金在支付保护区人员工资、津贴和退休金后，剩余资金所剩极少，部分工作因资金缺乏而无法开展或滞后。

（3）申请一些双边或多边国际援助和社会环保组织项目频次不高，获得资金支持量占比极小

2018年至今申请并获得支持项目仍然很少。这其中一方面是由于多儿保护区在融资机制的探索创新意识上还相对不足，另一方面是因为过度依赖政府资金。

（4）周边社区缺乏补偿和收益共享

保护区周边社区与保护区冲突根源就是成本效益的不对等，周边居民承担了失去土地、被迫放弃传统生计方式、发展方式受限等损失和机会成本，但由于保护区资金来源受限，社区可持续发展很难开展，生态旅游等也未形成气候，没有建立起保护区和社区之间合作共赢的机制，不能实现双方收益共享。

7.4.2 资金需求分析

7.4.2.1 资金需求方向

依据《甘肃多儿自然保护区总体规划》（2019—2028年）和《保护管理计划》（2016—2020年）对未完成项目跟进，多儿保护区主要的建设方向包括以下几方面。

保护管理：完善保护管理体系，布设15个管护点和2个检查哨卡；开展保护区信息化建设；建设保护区信息平台，在完善防火体系的同时，加强火源监控及火险预测，购置扑火工具设备，加强防火宣传；加强对珍稀野生植物原生地的保护和生境恢复，在保护区、实验区开展大熊猫栖息地封育工程；加强对有害生物的防控和检疫。

科研监测：本着有针对性、量力而行的原则，主要开展必要的常规性研究和长期监测项目。建立资源监测信息管理系统，积累科研数据和有关资料。对自然保护区内重点保护动植物进行专题性研究及监测，建立保护区科研监测站、生态定位站、野生动物疫源疫病监测站、气象、水文水质监测站等站点，设置野生动物监测样线、野生植物监测样地，加强对野外种群及生境的监测。加强科研档案管理、自身科研队伍的建设和科研水平的提升。

公众教育：在多儿中心保护站建设保护区宣教中心，内设职工培训室、信息网络中心等，并配备必要的宣教设施设备，为保护区的对外宣传奠定基础。制作集声、光、电于一体的自然保护区沙盘；建设自然保护区网站；制作内容生动的信息栏、宣传标牌等，建立完善的职工培训制度和培训计划，不断提高保护区管理及技术人员的业务水平。

基础设施：在原有建设基础上进一步提高管理体系的运行效率，保留原有保护区管理局工作楼；针对保护区现有站房租用的实际情况，新建花园、多儿和洋布3个保护站，在各站建设保护站站房，完善保护站点的供电、供暖、通信、给排水和交通等配套设施，同时做好环境美化和工作生活设施设备的配备。

多儿保护区资金需求方向主要包括：保护管理、科研监测、公众教育、基础设施建设、可持续发展、人员能力建设、其他等七方面（表7-16）。

7.4.2.2 资金空缺分析

多儿保护区内社区人口众多，处于农牧高发地段，道路相互交错，社会经济活动强度也较同类山区偏高；加上自身地域宽广、地势险峻，资源管理难度远较其他同类型自然保护区高。同时，保护区在科研宣教和可持续发展方面基础薄弱，有着广阔的需求前景和发展空间，有待于进行引导开发。此外，与其他保护区相比，保护区作为大熊猫岷山C种群分布的核心区域，备受国内外公众关注，承受着巨大的

表7-16 多儿保护区资金需求方向

资金需求	主要内容
保护管理	管护点建设、信息平台、森林防火、封育工程、有害生物的防控和检疫
科研监测	资源监测信息管理系统、重点动植物专题性研究、科研监测站建设、动植物监测、气象与水文水质监测站建设
公众教育	宣教中心、保护区网站、宣传标牌、宣传培训措施
可持续发展	生态旅游、资源合理利用、社区共管
基础设施建设	管理局与保护站建设、办公设备及交通通信与供电、给排水和生活设施
人员能力建设	学习先进理念和技术、选派人员外出交流学习、引进人才
其他	保护区其他资金需求

管护和生态需求压力。以下按照自然保护区的主要工作分类体系，对多儿保护区进一步发展中亟待解决的问题及资金缺口逐项分析。

（1）保护管理

多儿保护区现有保护站中有3个保护站通过租房进行办公，办公设备及巡护设备都较为落后，对日常开展管理和巡护工作都造成了阻碍。随着国家级自然保护区的成立，已有管护机构网点与人为活动范围间出现脱节。

巡护人员日常巡护环境多处在山谷和密林当中，现有巡护道路大多年久失修，两边山体滑坡严重，对巡护工作造成了一定的阻碍，扩展已有站点的巡护范围也较为困难。而随着未来生态旅游的发展及人为活动的不断深入，已有站点的有效管控比例也呈下降趋势，在通过改善路况扩展管控范围的同时，也面临着外来人员借助改善的道路更深入保护区的问题。

区内居民生产生活条件落后，对薪柴依赖度高，造成了大量的林木消耗，还存在放牧和盗伐等威胁因素，对区内大熊猫等珍稀野生动物栖息地及保护区日常资源保护管理工作产生很大的压力，因此有必要建立长效的巡护和监测体系。

在管理工作和监测任务方面，主要是依赖人力，缺少高效的信息化网络监测手段，缺乏高新技术设施设备辅助，致使突发火灾、盗伐等情况下，管护人员无法与管理局、站间建立联系，不利于资源管理工作的有效开展，间接造成了巡护和防火等工作方面的滞后。另外，在区内也没有专业扑火队伍，缺乏相关防火设施设备和培训，无法保障救火的及时性。对于成为国家级的多儿保护区而言，这些都亟待完善。

根据多儿保护区现有的情况和需求，需对管理体系进行调整和优化，在新的人为活动热点地区增设管护机构；建立信息化管理平台和视频监控体系，完善防火体系建设，对管控范围内人为活动不断深入的地段，增设视频监控点，延伸有效管控区间和防火能力；对破损的巡护路段进行维护和加固，通过布设防护网、护坡等工程措施进行保护；积极寻找替代薪柴能源和替代放牧生产生活方式的同时，对大熊猫潜在栖息地开展封育和箭竹恢复工程；建立专业扑火队和社区半专业防火队伍，配备防火设施设备等。这些工作均需大量资金的投入，由于现阶段政府预算有限，每年投入保护管理工作的资金量占比很小，在一定程度上制约了保护管理工作的顺利开展，是保护区资金空缺的第一个方面。

（2）科研监测

多儿保护区在科研监测方面缺乏系统的布点监测工作，主要依赖科研机构工作人员在保护区内开展科研工作所获取的部分基础数据，未形成系统全面的监测体系。对保护区气象水文、生态服务功能和资源动态均缺乏相应监测，不能通过气象和水文环境的变化制定科学、合理的针对性保护方案。同时保护区在科研人员培养、仪器设备购置方面也需要大量的资金。另外，保护区现有9只大熊猫个体，是大熊猫岷山种群的重要栖息地（国家林业和草原局，2021）。竹子开花对大熊猫及其栖息地的影响相对严重，是保护区最主要的自然威胁因素。由于过去森林采伐的影响，原来连片的原始森林呈现片段化分布，多儿保护区大熊猫栖息地与周边大熊猫栖息地间的连接也或多或少地出现了间隙，且多儿保护区自然分布的竹子只有华西箭竹和缺苞箭竹2种。在这种情况下，一旦出现大面积竹子开花，将对大熊猫产生十分不利的影响，因此开展对竹子开花的监测和预测预报工作都是非常有必要的，需要一定的人员和资金投入。

为加强保护区的科研能力，在保护区内开展科研监测站、生态定位监测站、气象与水文监测站等科研设施建设，所采集的数据上传保护区信息平台，为以后科学研究和制定针对性保护策略提供依据。对大熊猫的栖息地开展有针对性的监测，记录大熊猫活动路径，并对其食源地的箭竹进行严密监测，防止竹子开花的现象再次发生。另外，针对保护区资源受人为干扰较多的特点，选择代表性地段进行资源动态监测，为保护区资源保护管理提供支撑。同时将监测数据纳入保护区管理信息平台，推动保护区管理信息决策系统的建设。

整体来看，由于科研硬件投入不足、专业技术人员缺乏，致使多儿保护区科学研究和监测工作停留在一个较低层次，发展缓慢，与保护工作对科学研究的要求还有一定的差距，而无论是开展常规性研究还是长期监测都需要资金的投入，这是保护区资金空缺的第二个方面。

（3）公众教育

多儿保护区目前开展的宣教工作受众集中于社区群众，尚未系统组织对未成年人和游客的宣传教育工作，受众范围偏小，造成保护区的地域和资源优势浪费；此外，针对社区群众的宣教手段也相对单一，宣教效果有限。这与保护区宣教场所偏少、宣教工作人员不足有关。选择建设条件好、外来人员相对集中的区域增设宣教场所，提高宣教工作覆盖人群数量；加强保护区宣教工作人员在拓宽宣教途径和制作宣教材料方面的业务培训；制定针对外来游客、生态课堂等定期宣教工作方案，加大环境保护方面的教育，宣扬藏族对环境保护的意识和作用，扩大保护区的社会影响力，这是资金空缺的第三个方面。

（4）可持续发展

多儿保护区的可持续发展包括社区共管、生态旅游和资源合理利用三个部分。社区共管体系已经初步建立，保护区通过跟国内外各部门和组织合作，分别在保护区及周边社区实施了相关社区建设项目。工作虽然取得了一定的效果，但项目庞杂，缺乏稳定的资金渠道，大多很难长期持续开展下去。此外，近年来，随着外来人口数量逐步增多、变动频繁，对这些人员的管理难度较大，在一定程度上，增加了保护区管理人员的工作压力。

多儿保护区毗邻九寨沟风景区，区内藏民文化浓厚，景观资源丰富，生态旅游发展前景潜力巨大，但保护区缺乏应有的旅游设施和设备，无法应对将来旅游的飞速发展和随之而来的大量游客，这些都是不利于保护区生态旅游工作持续推进的因素。

在资源利用方面较为滞后，社区居民主要从事刀耕火种的原始农业工作，缺乏正确引导和专业的培训，这也间接造成了社区居民依赖山林，放牧及对薪柴需求量大的习性，加大了保护区在日常管理的压力。

在社区共管工作及资源合理利用方面，梳理现有项目的同时，编制可行的社区管理计划，通过强化保护区自身资源管护能力和社区宣教工作，来实现对资源破坏行为的持续打击。另外，寻找和引进可替代薪柴的能源，探寻转变社区生计的方法，优化保护环境。在生态旅游方面根据分析周边的客源和市场，对旅游开展模式和配套建设内容进行系统安排，并依托地方政策规划，加强与周边社区的旅游接待合作。

开展上述保护区可持续发展活动和项目，需要专业人才队伍和大量的启动资金，这是保护区资金空缺的第四个方面。

（5）基础设施建设

多儿保护区基础设施较为落后，管理局办公设备短缺，区内也缺少必要的设施和设备，使得保护管理工作严重滞后。另外区内之劳日保护站由于较为偏僻，保护站人员与多儿保护站合并办公。并且各站点交通工具及生活、给排水、暖通等附属设施设备都有所短缺。需要为各保护站配备相应所需的设施设备，提升一线人员办公与生活的待遇；考虑到保护区内景观协调性的需要，在具备条件的工程建设点进行绿优和硬化，这是保护区资金空缺的第五个方面。

（6）人员能力建设

多儿保护区从成立以来，遵循"以人为本、能力为先"的原则，工作人员的保护科研能力水平和素质有了明显的提高。但是，从总体来看仍然存在高学历、高素质人员不足，人员结构不合理、科研力量较薄弱等因素，对科研院所来保护区进行考察研究，参与的在少数，充当导游角色比较多，加上内部竞争机制不够健全，缺乏人力资源职业教育和技能培训。因此，急需加快保护区的能力建设，以提高工作人员整体素质，适应保护区日趋发展的需要。让保护区工作人员进行在职培训、进修培训、参加学术会议，同时根据需求引进高端人才和增加编制，是保护区资金空缺的第六个方面。

7.4.3　融资策略

7.4.3.1　融资途径选择

依据国内外自然保护区资金渠道来源，结合多儿保护区发展现状及未来5年发展趋势，多儿保护区可选择融资渠道见表7-17。

表7-17　多儿保护区融资机制

来源	内容
公共来源	- 政府预算拨款 - 保护区赋税减免或者补贴 - 为特定群体、地区或活动提供预算外财政支持 - 将国家、州或地方一级收缴的一种或几种特别税的一定百分比指定用于保护区融资 - 将与自然资源使用（或滥用）有关的一种或几种费用、收费、罚款的一定比例指定用于保护
护区融资	- 国家发展银行的贷款 - 环境基金（捐赠、偿债和周转资金） - 多边或双边援助 - 国际发展银行贷款

（续表）

来源	内容
民间非营利来源	- 社区自力更生团体和其他各种社会资本 - 宗教慈善机构 - 特别筹款活动（如保护大熊猫） - 社会和环境非政府组织 - 基金会
民间营利来源	- 基于社区的企业、合作社 - 企业私人投资 - 商业银行贷款 - 公私合作 - 风险资本
环境产品	- 有机农产品、中药材 - 特色生态旅游产品 - 资源使用费
环境服务	- 生物勘探 - 碳汇交易 - 使用费和门票
其他	- 志愿者服务 - 技术服务 - 专利等知识产权的无偿使用

7.4.3.2 融资途径选择优劣势分析

对多儿保护区融资途径进行优劣势分析，具体见表7-18。

表7-18 各类融资机制及特点

机制	优势	劣势
政府预算拨款	- 定期的经常性收入 - 与国家环境政策重点最大限度地保持一致	- 资金量一定 - 资金有时不能按时或及时到位 - 编制预算和报表程序复杂
税收、附加费	- 定期的经常性收入 - 能从资源使用者中获得经济收入	- 可创收，有可能助长不当活动 - 需专项立法授权 - 与征收对象产生争议
门票收入	- 定期的经常性收入 - 体现"谁使用谁付费"的原则 - 可用来调节入门人数，防止过度使用，控制人流	- 预期收益必须超过收费成本 - 潜在公平问题 - 免费改收费产生争议
出租和特许经营	- 保护区无须大量资金投入 - 集中精力保护资源 - 提供商机	- 承租者以经营为目的，需加强监管 - 收费数额难以估算，既要保证消费者利益又要使保护区和经营者不受损失 - 游客较少

（续表）

机制	优势	劣势
出售产品和服务	- 发挥双重效能，创收＋环境教育 - 易于操作，可将收益直接留在保护区	- 制造产品和雇佣工人需投入启动资金 - 产品和服务限于符合保护宗旨的品种 - 与当地其他产品和服务提供单位发生竞争
事业性营销	- 推广、宣传教育与筹措资金有机结合 - 市场定位明确（游客、非政府组织成员） - 吸引当地企业参与保护	- 保护区内不具备相应的商业环境，需进行游客调查 - 对推销方法和出售物品深刻了解，或进行试销
多边或双边捐赠机构的捐赠	- 重要的收入来源，尤其适用于启动资金和公众参与保护区管理	- 限于捐赠机构感兴趣的活动，常常不包括经常性费用 - 申请过程和报告要求复杂
基金会捐赠	- 为特定项目活动或启动新方案提供重要的财源 - 限制条件可能相对较少	- 不属于经常性资金来源 - 竞争激烈，成功机会小 - 可能遭遇语言问题
公司捐赠	- 一般以公示方式表示感谢即可 - 引导受益于保护区的公司支持保护事业	- 愿意提供赞助公司往往不是保护区需要的（如资源开采部门） - 需认真限定赞助公司要取得的回报
个人捐赠	- 自愿，无复杂手续 - 通常不限用途 - 可宣传引导更多人	- 需调查潜在捐赠者，并激励 - 有时需多年酝酿才能落实。

7.4.3.3　融资策略

考虑到多儿保护区近三年资金来源，针对多儿保护区融资存在的限制因素，为实现2021—2025年的融资目标，规划多儿保护区未来发展和管理计划实施的融资渠道，提高多儿保护区保护成效，本着积极争取政府财政支持，寻求国内外相关组织和个人合作以及进行商业融资的主导思想，共实施10项策略（表7-19）。

表7-19　多儿保护区融资策略

策略	限制因素
策略1：优化管理体系，完善资金管理	保护和管理不能适应当前保护区自身的建设和发展要求，不利于保护工作开展，财力、物力、人力、设备短缺
策略2：完善基础设施	基层基础设施严重不足，严重阻碍了保护区的建设与发展
策略3：增强人力资源，提高专业能力	人力资源不足、整体业务素质偏低，缺乏高级管理人才和专业人员
策略4：增加设备	用于监测、科研、生态教育等设备不足
策略5：建立政府立项项目数据库，瞄准专项项目	预算经费受限，资金拨付和使用具有时效性，且不定期进行核查
策略6：积极争取国际和基金会捐赠	申请难度大、流程多，资金拨付和使用具有时效性，大多数不支持人员工资

（续表）

策略	限制因素
策略7：接受企业和个人捐赠	缺乏捐赠主体，无捐赠对象
策略8：提升保护区自身"造血"能力	立法不足、内外部环境劣势大于优势，基础设施受限，尚未进行环境教育规划
策略9：增强对外交流合作	合作交流少
策略10：尝试其他融资渠道	当前在保护区无可行性

7.4.4 小结

多儿保护区的资金渠道较为单一，以财政拨款占绝对优势，其他渠道的资金量很小，对保护区的贡献微薄。

由于受地方财力所限，多儿保护区管护基础设施比较落后，科研、宣教难以满足保护形势发展的需要。随着保护区晋升成功，需要按照国家级保护区的标准，加大对保护区在资金、人才、科研等方面的支持力度，开展保护区的建设，加强保护管理，为大熊猫等保护对象营造一个更好的栖息环境，来加强保护管理工作。资金需求方向主要包括：保护管理、科研监测、公众教育、基础设施、可持续发展、人员能力建设、其他等七方面，资金缺口也主要集中在这些方面。

为实现2021—2025年的融资目标，规划多儿保护区未来发展和管理计划实施的融资渠道，提高多儿保护区保护成效，本着积极争取政府财政支持，寻求国内外相关组织和个人合作以及进行商业融资的主导思想，可以从表7-19提到的10项融资策略进行设计，制定相应的行动计划，有序推进保护区融资工作。

多儿保护区可以本着积极争取政府财政支持，寻求国内外相关组织和个人合作以及进行商业融资的主导思想，不断拓宽自然保护区的资金来源渠道，在减轻政府负担的同时，能够给自然保护事业带来勃勃生机和巨大的推动力。当然，融资目前对于保护区来说，还有亟待解决的人才、技术、内外部环境等诸多问题，仍然需要不断探索和实践。

7.5 威胁因素分析

自然保护区在维持生态系统平衡和生物多样性等方面具有重要意义，精确识别其威胁因素的空间分布则是提高物种种群数量和规避物种灭绝的关键策略，也是提高保护管理成效的重要措施之一。目前，随着我国社会经济的不断发展和人类活动的不断加剧，各类基础建设、过度放牧、农业耕种、自然资源采集和生态旅游等威胁因素呈逐年增加趋势（徐网谷等，2015）。研究表明，除疾病、种群繁殖能力、分布范围狭窄等物种内在因素以及极端气候、地质灾害等不可抗拒的自然因素外，自然保护区还面临其他威胁因素，如以点状出现的采伐、放牧、采药、割竹、打笋、盗猎、开垦等以及以点、线、面形式出现的水库、水电站、公路、居民点等（徐网谷等，2015）。

多儿保护区位于迭部县东南部，地处青藏高原东部边缘，以保护大熊猫等珍稀动物及栖息地为主（汪之波等，2019）。目前，关于多儿保护区的科学研究主要集中在生物多样性及生态功能探究（薛玉明，2010）、野生食用菌资源开发利用（张明旭等，2018）、鸟类群落结构及多样性调查（张芝兰，2015）以及植物区系（王艳红，2017；姚星星等，2018）等方面，尚未开展过针对多儿保护区威胁因素的系统性研究，特别是各威胁因素的威胁程度和空间分布等研究仍不明确，这不利于多儿保护区保护管理工作的进一步开展。针对上述背景，本研究采用线路法、访谈法对威胁因素进行调查，对各威胁因素的威胁程度和空间分布进行分析，为多儿保护区的巡护监测、社区共管、成效评价和未来规划等提供基础性资料。

7.5.1 威胁因素的威胁程度及频数分布

各威胁因素的威胁程度以及格网频数分布见表7-20。多儿保护区威胁因素的威胁程度从大到小依次为道路、放牧、耕种、居民点、砍柴、采集、旅游、盗伐、水电站和偷猎。其中，主要威胁因素为道路、放牧、耕种、居民点，其累计威胁程度高达90.0%；次要威胁因素为砍柴、采集、旅游、盗伐、水电站和偷猎，其累计威胁程度共占10.0%。砍柴、采集、旅游、盗伐和偷猎等不符合国家规定的次要威胁因素基本消失，而道路、放牧、耕种、居民点等符合国家政策规定的主要威胁因素也基本处于适度的人为活动范围之内，这表明近年来多儿保护区的保护管理工作成效显著，各项保护宣传策略能够深入社区民众。

各威胁因素的格网频率分布从大到小依次为无威胁、弱威胁、中威胁和强威胁，且各威胁因素中均基本以无威胁和弱威胁为主；中威胁的格网频率最高为放牧13.9%，耕种、道路、砍柴、居民点、水电站的中威胁格网频率在0%以上，采集、旅游、盗伐、偷猎则为0%；强威胁的格网频率最高为放牧7.6%，耕种、道路、居民点有强威胁格网频率在0%以上，其余均为0%。所以，放牧，是多儿保护区的第一威胁。

表7-20　威胁因素的威胁程度及频数分布

序号	威胁因素	累积评分（分）	威胁程度（%）	格网频数分布（%）			
				无	弱	中	强
1	居民点	246	11.5	93.4	2.6	2.0	2.0
2	耕种	492	23.1	80.1	7.7	6.3	5.9
3	道路	638	29.9	67.3	21.3	6.3	5.1
4	砍柴	112	5.2	93.7	4.0	2.3	0.0
5	放牧	544	25.5	45.2	33.3	13.9	7.6
6	采集	72	3.4	88.9	11.1	0.0	0.0
7	水电站	6	0.3	99.8	0.0	0.2	0.0
8	旅游	10	0.5	99.2	0.8	0.0	0.0
9	盗伐	8	0.4	99.4	0.6	0.0	0.0
10	偷猎	4	0.2	99.7	0.3	0.0	0.0
总计		2132	100.0				

注：格网频数分布为含有该威胁因素的每个格网中"无""弱""中"和"强"的数目。

7.5.2 威胁因素的空间分布格局

（1）不同威胁因素的空间分布

多儿保护区中居民点和耕种的威胁关联度较高，空间分布区域一致，中部分区域无威胁，"强"和"中"程度的威胁集中在多儿河谷及两岸浅山、洋布村、阿大黑村及阿赛村（白龙江河谷），"弱"程度的威胁除这些区域外，还包括利用率较高的白古牧场。道路威胁主要来源于麻牙寺—洋布公路（县道）及通村公路，形成较强的威胁，此外，林区防火通道、林间较大牧道等，在劳日沟、工布隆、洋布汇通等区域形成较弱威胁。砍柴威胁的空间分布主要集中在居民点附近，后西藏、洋布、在力敖等村子的周边，砍柴威胁强度为中，部分村子周边为弱，但洋布沟的主沟、巴格等距村落相对较远的区域，威胁也为中级；放牧威胁的空间分布范围较大，分布于大部分区域，以劳日沟、工布隆、洋布沟、洋布梁最强，这些区域的阳坡草山，也是当地传统牧场；采集威胁的空间分布主要集中在森林覆盖率较高的河谷区域，总体较弱，分布于劳日、工布隆等沟；水电站只有1处，分布在实验区边缘，为多儿电站进水口，威胁程度为"中"；旅游、盗伐、偷猎的威胁程度相对较低，呈点状零星分布，区域较小。

整体而言，主要威胁因素的空间分布具有明显的空间异质性，表现为道路、耕种和居民点等主要集中在多儿保护区的西北、北部和东北区域，放牧则主要集中在西南、中部和东南等区域。居民点与耕种、道路、砍柴等威胁因素存在密切的空间关联性，与放牧的空间分布具有部分重叠，但与采集则为空间相斥。该研究结果与当地民众的日常活动特点相符合，即耕种、道路和砍柴主要集中在居民点周围区域，而采集和放牧则可扩展至居民点较远区域。

（2）总体威胁程度及空间分布格局

各格网总体威胁情况见表7-21。649个格网中，威胁"极弱"的格网有368个，占56.7%；威胁"弱"的格网有197个，占30.3%；二者相加，占比达87.0%；威胁程度"中""较强"和"强"的占比分别为8.2%、2.3%和2.5%。多儿保护区绝大部分区域的威胁强度为"极弱"或"弱"，综合威胁程度较弱。

表7-21　威胁等级比例

序号	威胁等级	格网数（个）	频率（%）
1	极弱	368	56.7
2	弱	197	30.3
3	中	53	8.2
4	较强	15	2.3
5	强	16	2.5
总计		649	100.0

综合威胁以多儿河谷、洋布沟河谷、白龙江河谷较强，综合威胁为"强"和"较强"的格网，分布在多儿河河谷及两岸居民点、白龙江河谷阿赛村、洋布沟达益村和后西藏村，但在远离村落的洋布沟主沟和巴尔格、扎嘎吕沟口也出现了"中"级强度的威胁；综合威胁为"弱"的格网，分布在多儿河河谷半山区域、劳日沟河谷及阳坡草山、工布隆河谷及阳坡半阳坡草山、洋布沟、来依雷沟口、阿大黑沟口

等区域；"极弱"威胁面积最大，主要分布在洋布梁、劳日沟阴坡森林区域、马旦哲希、工布隆、扎嘎吕、来依雷、苏伊亚黑等。

从功能区看，核心区受威胁程度较低，大部分格网威胁程度为"极弱"和"弱"；缓冲区受威胁程度也低，但比核心区稍强；实验区受威胁程度较强，威胁程度"极弱"的格网明显减少，威胁程度绝大部分"中"和全部"强"均在实验区内。

从生境类型看，森林的受威胁程度最低，格网的威胁程度大部分为"极弱"，但部分区域，如巴尔格、拉瓦等区域，由于放牧、砍柴等威胁因素严重，受威胁程度可达中级；草山的受威胁程度也比较低，格网的威胁程度大部分为"弱"；灌丛的受威胁程度与空间分布相关，河谷区域距居民点近，受威胁程度较高则远离居民点的区域则受威胁程度较低；农田、居民点等生境，受威胁程度较强。

7.5.3 小结

多儿保护区的主要威胁因素为道路、放牧、耕种、居民点等人为活动，其威胁程度共占90.0%；威胁范围最大的是放牧，超过一半的区域存在放牧威胁。

多儿保护区的受威胁程度总体较低。从威胁程度的空间分布来看，西部、南部绝大部分区域以"极弱""弱"威胁为主；北部、东北部和东部以"中""较强"和"强威胁"为主且具有夹杂聚集特征。

各威胁因素均存在空间分布差异性，表现为道路、耕种和居民点的威胁范围主要集中在多儿河河谷及两岸浅山区域，放牧的威胁范围则主要集中在西南、中部和东南部的阳坡草山区域。

居民点的空间分布与耕种、道路、砍柴等威胁因素的空间分布存在密切的空间关联性，与放牧威胁因素的空间分布具有部分重叠，但与采集威胁因素无空间相关性。

7.5.4 讨论与建议

放牧是多儿保护区最需要关注的威胁因素，解决放牧威胁应该是缓解威胁的重点。放牧是多儿保护区分布范围最大的威胁因素，在劳日、工布隆、扎嘎吕等核心区，都存在一定程度的放牧威胁。道路、耕种和居民点的威胁程度较大，但由于这些威胁在人类活动频繁区域，不是主要保护对象的栖息地，对主要保护对象的影响有限。放牧尽管威胁程度以弱为主，但由于分布在主要保护对象的栖息地内，对主要保护对象的影响更大。放牧是当地社区最主要的生计来源，多儿保护区核心区内分布着面积不小的传统牧场，所以，解决放牧威胁的问题，难度不小。

多儿保护区管护中心积极与迭部县政府沟通，向各级政府和上级主管部门反映多儿保护区放牧威胁问题的特殊性，争取从政策层面或较大的项目，如生态补偿、产业调整、生计支持等，解决放牧威胁。在不影响群众生产生活和社区发展的前提下，适度控制建设规模，通过社区共管和引导，推广科学圈养等生产方式，提高农牧业生产的技术水平，降低威胁程度；科学论证、立足现状，推进社区产业结构调整，逐步减少对主要保护对象影响较大的产业比重。

依据访问和野外调查数据，与20年前相比，多儿保护区的威胁因素已经发生了变化，采集威胁从广泛分布退缩到河谷区域，但仍然以森林生境为主；盗伐、偷猎威胁的范围和严重程度大幅下降，目前零星分布，程度为"弱"；砍柴的区域向更深的区域发展，尤其扎尕口和洋布沟的拉瓦、主沟、巴尔格；放牧变化不大，仍然是主要的威胁因素；旅游威胁呈上升趋势，但均在实验区内，主要出现在然子寺、白古寺、达益村。这种新的变化应当引起重视，并体现在管理措施中。

目前由于缺乏更深入的研究和威胁因素长时间尺度上的连续调查数据，威胁因素对多儿保护区主要保护对象的影响，仍然停留在质化阶段，有待进行深入细致的量化跟踪研究。

结合卫星影像数据，加大对主要保护对象影响较大的威胁因素及区域的科研和监测，进行长时间序列跟踪分析定量分析，研究主要威胁因素的影响过程和驱动因素；制定和完善长远规划、管理计划，科学、有序地排除威胁因素对主要保护对象的影响。

7.6 保护成效分析

2003年，世界银行——世界自然基金会森林保护和可持续利用联盟（World Bank/WWF Alliance Forest Conservation and Sustainable Use）发布了管理有效性跟踪工具METT（Manage Effectiveness Tracking Tools），旨在帮助跟踪和监测保护地区管理有效性目标的达成情况。METT后来被全球环境基金（GEF）所采用，以跟踪和评估GEF在全球生物多样性保护项目中保护地区管理目标的实现情况。国内的研究人员也逐渐开始使用METT，来评估保护区的管理成效。

2016年，在世界自然基金会（WWF）支持下，利用WWF使用的METT版本，对多儿保护区开展过一次基于METT的管理有效性评价；2022年，再次使用METT，评估其管理有效性，并对比两次的评估结果，可以发现其取得的进展和存在的问题，有利于优化管理，提高保护管理成效。

7.6.1 评价过程

两次评估时间分别为2013年9月、2016年5月和2021年10月。评估问卷依据WWF制定的"大熊猫自然保护区管理机构能力评估指标"，评估方法为"访谈法+直接观察法+二手资料法"。

评估专家选择被评估保护区管理机构的关键人物，依据评估指标，逐条了解各保护区该指标具体情况，获得初步评估结果。在此基础上，依据对保护区其他人员的访谈情况、二手资料、现场直接观察的情况及评估专家多年来在多儿保护区的调研经历，对初步评估结果进行校正，得到最终结果。主要的访谈人员包括局领导、主要科室中层领导、一级巡护员、主要社区的群众代表。访谈人数2013年11人，均为多儿保护局工作人员；2013年14人，其中，多儿保护局12人，社区代表2人；2021年17人，其中，多儿保护局13人，社区代表4人。

评价共设置30个指标，每个指标按0～5分设置分级评分标准，最少分4级（0～3分），最多分6级（0～5分），个别指标包括加分项，最高加3分。

7.6.2 评价结果

由WWF开发并使用的这套METT，最高分值共115分，多儿保护区2013、2016、2021年度的得分分别是32分、43分和67分，换算成百分制，分别为28、37和58，反映出十年来多儿保护区的管理有效性持续提高，目前处于中等管理水平，仍然有较高的提升空间。

各指标的评价结果见表7-22。

（1）保护区机构

多儿保护区2004年建立，2005年建立了独立法人、独立 财务和独立财政预算的管理机构——多儿保护局，所以这一项在2013年评价时已经是满分3分。多儿保护局2005年成立时为多儿县政府下属的独立法人机构，为多儿县的财政预算单位。2020年筹备上挂甘肃省林业和草原局，目前已经完成了人员工资的上挂，即将成为甘肃省林业和草原局下属的独立法人单位和财政预算单位，今后在资金上将有更高的投入和保障。

（2）林权

多儿保护区2013年还没有林权，2015年为推动晋升国家级保护区，经迭部县政府协调，将多儿林场与多儿保护局合署办公，将国有林权转移给多儿保护局，同时，通过协商，社区将集体林权委托多儿保护区管护中心，并持续到今。

（3）管理办法

保护区立法工作（一区一法）一度较热，甘肃省建立较早的自然保护区，如祁连山、白水江等，都实施过省人大通过的"甘肃省自然保护区管理办法"，由于这些管理办法基本上是国家相关法律法规的翻版，或由于国家法律法规的修订某些条款已不适用，后来又相继废止。多儿保护区执行现有国家和甘肃省的法律已经足够，不需要再搞一个"管理办法"。

（4）总体规划

2013年时没有总体规划，2015年为推动晋升国家级保护区，由国家林业和草原局调查规划设计院完成了总体规划，2017年晋升为国家级后，再次由国家林业和草原局调查规划设计院负责完成新总体规划，期限为2019—2028年。

（5）管理计划

在WWF的支持下，2013年时已经过期，2016年在WWF的支持下，更新了管理计划，目前已经过期。

（6）界碑界桩

在WWF的支持下，2013年和2016年，均没有界碑界桩，有少量警示牌。2019年后，建立了一批界桩，但密度不足，还需要完善。

（7）保护处（局）、站、点

从分值看，2013年、2016年和2021年，保护局、站、点的建设没有变化，但实际上一些已经发生不小的变化，2013年与2016年的情况一致，多儿管护中心已经完成了建设，保护站只建立了多儿保护站，借用多儿林场的房子办公。2021年，多儿中心保护站开始建设，预计2023年能够投入使用。局机关新建的科研楼已经投入使用，办公总面积达到5110.97m²，足以满足工作需求。

（8）文件及档案管理

这项指标2013年、2016年、2021年没有变化，均是"设置有文件及档案管理部门"，有专门的管理人员，但还没有完全实现数字化，但数字化程度在逐渐增加的趋势仍然能够看到。

（9）人事管理制度

这项指标2013年、2016年、2021年没有变化，均是"有岗位责任制或激励机制"。管理制度中有岗位职责，岗位分工比较明确，岗位责任制有一定落实。执行甘南州的行政事业单位人事政策，激励机制相对较差。

（10）保护区工作经费

这项指标2013年、2016年、2021年没有变化，均是最高分3分。多儿保护区管护中心为地方财政预算内单位，有稳定的财政预算，工作经费以国家和地方财政资金为绝对优势，偶尔有少量社会组织的项目资金。

（11）经费使用

野外保护经费的投入比例在逐步上升，2013时不足20%，2016调查时为20%～30%，2021年时为

30%～50%，野外资金比例上升，主要是财政资金支持了一些专项经费，如资源调查、监测等。从资金方面看，多儿保护区已经从基本保护转向强化野外保护。

（12）员工数量

2013年和2016年，员工人数均未达到规划人数。2022年起，多儿林场的30名人员划入多儿保护区，员工人数接近规划人数。但员工的专业技能仍然较低。

（13）职工培训计划

2013年和2016年，没有员工年度培训计划，有外出参加的培训和局内组织的培训，2021年调查时已经有年度培训计划，并且能够按计划完成，同时也会派出人员参加计划外的上级部门组织的培训。领导层对培训比较重视，培训机会也比较多。培训存在的问题一是职工文化水平相对较低，二是培训的针对性较差，缺乏对职工接受能力的研究。

（14）在编在岗高学历员工

现有29名工作人员中，第一学历以高中、中专和初中学历占了86%，第一学历普遍较低。第二学历整体提高显著，高中（中专）及以下学历比例大幅下降到13%；大专学历比例上升到最高，达到48%；本科和研究生学历占到38%。

（15）综合科考察

2014年前未进行综合科学考察，2014—2015年因晋升国家级自然保护区的需要，进行了一次综合科学考察。2020—2022年，再次进行综合科学考察。与2014年度的综合科学考察相比，内容更全面，研究更深入。同时，近年来也有些专项调查，如竹类资源调查等。

（16）资源管理

多儿保护区管护中心对资源的利用情况一直是比较清楚的，也采取了一定保护措施。近些年以来，社区共管机制建设有一定发展，成立了社区巡护队伍，部分村制定了资源管理计划，目前这种机制处于起步阶段。

（17）旅游管理

2016年前仅有当地人的零星旅游，近几年，达益村开展有少量旅游，有简易旅游设施，村内提供少量住宿接待，有一处户外旅游设施，夏天提供餐饮。游客以当地人为主。保护局没有参与旅游经营，但能够监管。

（18）保护对象状况

这项指标的变化较明显，2013年得1分，2016年得3分，2021年提4分。2013年只了解大熊猫的数量；2016年掌握了主要保护对象的相对数量和丰富程度；2021年大部分濒危物种的绝对数量已经被掌握。

（19）保护区外来人员控制

2013年、2016年对外来人员控制很松，基本无控制。2021年，已经安装了监控探头，对外来人员和车辆进行监控，部分站点对外来人员有登记或检查。

（20）宣教材料

2013年宣传植被很少；2016年有野外标识、警示牌，也有宣传单和视频；2021年野外标识、警示牌更加丰富，宣传单和视频也有更新，但仍然没有公众宣传平台。

（21）宣教活动

多儿保护区持续有宣教计划和宣教活动，2013年、2016年部分计划未完成，2021年所有宣教活动按计划完成。

（22）科研

2011—2013年、2014—2016年多儿保护区管护中心职工以第一作者身份没有发表论文或独立申请到项目，2019—2021的一篇研究论文发表（杨振国，2019）。到目前为止，多儿保护区管护中心第一作者发表论文或文章共7篇（杨振国，2010，2019；薛玉明和赵震寰，2010；薛玉明，2010；张芝兰，2015；杨振国和唐尕让，2017），平均每年0.7篇，相比省内科研工作较好的保护区差距很大，如2016—2021年，白水江发表论文及文章17篇，平均每年3.7篇；祁连山发表论文和文章42篇，平均每年8.4篇。

（23）资源监测

2013年调查时有监测，但不连续；2016年有连续的监测行动；2021年监测连续，并且有监测报告，对监测数据进行了整理分析。

（24）对外合作

2013、2016年调查时，近3年之内有1个合作项目；2021年调查时，近3年之内有2个对外合作项目。

（25）社区参与

2013、2016年，保护区部分决策会征求社区意见。2021年，GEF项目支持下成立了社区资源管理委员会，制定了相关制度，建立了初步的机制，社区更广泛地参与决策。

（26）社区发展

多儿保护区管护中心每年都会争取项目和资金支持社区发展，2013时3年内至少有2项社区发展项目，这个指标2016年、2021年都在3项以上。

（27）相邻保护网络协同管理

到目前为止，多儿保护区与相邻保护区之间虽然有一定的交流，但尚未建立协同管理机制。

（28）自我监测与评估

多儿保护区管护中心偶尔会开展一些保护成效的监测和评估，上级主管部门有时也会开展保护成效评价，但这些监测评估没有形成固定机制。

（29）标准化建设

2013年、2016年标准化建设基本没有，2021年时保护区有了标志（Logo），且有统一巡护服装，但没有固定成标准化服装。

（30）信息化

2013年、2016局机关能够网络化办公，2021年调查时，保护站可以实现互联网通信，局机关建立了野外监测数据库。

7.6.3　问题与对策

依据METT评估结果，有7项为1分及以下，其中"3．保护区管理办法"和"27．相邻保护网络协同管理"为0分，"5．管理计划""6．界碑界桩""7．保护处（局）、站、点""8．文件及档案管理""9．人事管理制度""19．保护区外来人员控制""28．自我监测与评估"均为1分，说明多儿保护区在这些方面的管理还需下大力气，努力提升。

我国针对自然保护区的相关法律法规相对够用，"一区一法"没有多少实际意义，且我国正在建立以国家公园为主体的自然保护地体系，相关法律法规也可能从国家和省级层面调整修订，所以，不建议再投入资源推动制定多儿保护区的管理办法。多儿保护区与甘肃白龙江阿夏省级自然保护区相邻，两家单位已经有一些交流和协作，建议组建区域保护区网络，将这种协作规范化、制度化，联合开展一些保护行动。GEF、WWF都在甘肃省推动过自然保护区管理计划工作，但实际效果不大，管理计划往往仅是一个文本，所以，也不建议制定新的管理计划，继续推进总体规划和年度工作计划即可。标桩立界工作完成了一部分，新建了一批界碑界桩，需要今后按照规划再补充完善。保护局建设已经能够满足日常工作需要，多儿中心保护站建设工作正在进行，未来需要积极争取国家投资，按照总体规划，完善保护站、点的建设。文件及档案管理建议向数字化管理转变。人事管理制度基本上遵行甘肃行政事业单位的人事管理要求，但激励机制相对较弱，需要研究适合多儿保护区的激励机制，调动员工的积极性。保护区外来人员控制方面目前有监控设施，但登记制度没能严格执行，监控数据未被分析，没有应用于管理，建议进行监控的同时，分析监控数据，落实外来人员登记制度。自我监测与评估不足，建议完善年度考核制度，规范自我监测评估。

"林权""经费使用""资源管理""旅游管理""宣教材料""科研""对外合作""标准化建设"等8项分别得2分，"在编在岗高学历员工""宣教活动""社区参与"等3项分别得3分，说明这些方面已经取得了一定成效，但还有一定的提升空间，未来需要继续提高或完善。

由于部分林权为集体所有，改变权属的可能性不大，可以维持多儿保护区管护中心代管的现状。经费使用方面需要拓展资金渠道，争取更多资金，继续提高野外保护的资金比例。资源管理方面，示范社区已经完成了社区资源管理计划，建议继续推动落实，并将成功经验推广到其他社区。保护区2013年、2016年时基本没有旅游；2021年时，达益村有少量旅游，为散客，但旅游被确定为替代生计之一，也是达益村未来的产业方向，建议多儿保护区管护中心开展相关研究，制定管理措施，将旅游控制在合理的范围内，防止旅游无序化和失控。宣传方面，需要加强对受众的研究，用群众喜闻乐见的宣传形式，深入浅出地开展宣传，防止走过场。科研方面，建议继续与高校和科研院所的合作，有计划地开展一批科研项目。标准化建设方面，建议设计统一的服装，规范标桩、标牌。在编在岗高学历员工方面，建议通过人事部门，招收专业对口的本科以上毕业生，暂停招收或调入本科以下新员工。宣教活动方面，建议积极与地方主流媒体沟通，争取通过地方主流媒体报道。社区参与方面，建议规范社区参与机制，增加社区参与的机会。

表7-22　多儿保护区2013年、2016年、2021年METT得分情况

评价项目	评价准则	2013年	2016年	2021年
1. 保护区机构	保护区无独立法人和独立财务	0 □	0 □	0 □
	保护区有独立法人和独立财务	1 □	1 □	1 □
	保护区有独立专职法人和独立专职财务	2 □	2 □	2 □
	保护区有独立专职法人、独立专职财务和独立财政预算	3 ■	3 ■	3 ■
2. 林权	保护区没有林权	0 ■	0 □	0 □
	保护区只有部分区域的林权（小于50%）	1 □	1 □	1 □
	保护区有核心区的林权（或者占50%到99%），部分是委托管理	2 □	2 ■	2 ■
	保护区有边界以内的土地/森林所有权和使用权（100%）	3 □	3 □	3 □

（续表）

评价项目	评价准则	2013年	2016年	2021年
3. 保护区管理办法	保护区没有制定针对本保护区的管理办法	0 ■	0 ■	0 ■
	保护区有县级政府批准的针对本保护区的管理办法	1 □	1 □	1 □
	保护区有市（州）级政府批准的针对本保护区的管理办法	2 □	2 □	2 □
	保护区有省级政府批准的针对本保护区的管理办法	3 □	3 □	3 □
4. 保护区总体规划	保护区无总体规划	0 ■	0 □	0 □
	保护区有总体规划，但过期	1 □	1 □	1 □
	保护区有总体规划且未过期	3 □	3 ■	3 ■
5. 管理计划	保护区无管理计划	0 □	0 □	0 □
	保护区有管理计划，但过期	1 □	1 ■	1 ■
	保护区有管理计划且未过期	3 ■	3 □	3 □
6. 界碑界桩	保护区无界碑、界桩	0 ■	0 ■	0 □
	保护区在部分边界模糊地建立了界碑、界桩	1 □	1 □	1 ■
	保护区按照总体规划要求，完成了所有界碑、界桩的设立	3 □	3 □	3 □
7. 保护处（局）、站、点	保护区未建立保护处（局）、站	0 □	0 □	0 □
	保护区建立了保护处（局）、站，但未达到规划数量	1 ■	1 ■	1 ■
	保护区建立了保护处（局）、站、点，且达到规划数量	3 □	3 □	3 □
8. 文件及档案管理	保护区没有设置文件及档案部门	0 □	0 □	0 □
	保护区设置有文件及档案管理部门	1 ■	1 ■	1 ■
	保护区设置有文件及档案管理部门，并实现了数字化管理	3 □	3 □	3 □
9. 人事管理制度	没有员工岗位责任及激励机制	0 □	0 □	0 □
	有员工岗位责任或激励机制	1 ■	1 ■	1 ■
	有员工岗位责任和激励机制	3 □	3 □	3 □
10. 保护区工作经费	保护区工作经费无来源	0 □	0 □	0 □
	保护区工作经费有来源，但不稳定	1 □	1 □	1 □
	保护区工作经费有财政或非财政的其他稳定渠道	2 □	2 □	2 □
	保护区工作经费有财政拨款和其他稳定渠道	3 ■	3 ■	3 ■
11. 经费使用	近3年年度经费用于野外保护工作的平均比例<20%	0 ■	0 □	0 □
	近3年年度经费用于野外保护工作的平均比例为21%～30%	1 □	1 ■	1 □
	近3年年度经费用于野外保护工作的平均比例为31%～50%	2 □	2 □	2 ■
	近3年年度经费用于野外保护工作的平均比例大于50%	4 □	4 □	4 □

（续表）

评价项目	评价准则	2013年	2016年	2021年
12. 员工数量	保护区无编制内员工	0 ☐	0 ☐	0 ☐
	保护区有编制内员工，但未满编制	1 ☐	1 ☐	1 ☐
	保护区编制内员工满员但未达到规划人数	2 ■	2 ■	2 ☐
	保护区编制内员工满员并达到规划人数	4 ☐	4 ☐	4 ■
13. 职工培训计划	保护区无年度培训计划，并且领导不重视培训，不参与培训	0 ☐	0 ☐	0 ☐
	保护区无年度培训计划，但领导重视培训，只要有培训就会参加	1 ■	1 ■	1 ☐
	保护区有年度培训计划且部分完成	2 ☐	2 ☐	2 ☐
	保护区有年度培训计划且全部完成	3 ☐	3 ☐	3 ☐
	保护区有年度培训计划并全部完成，培训人数达保护区在岗人数的50%	4 ☐	4 ☐	4 ■
14. 在编在岗高学历员工	在编在岗本科及以上学历员工占全部员工比例为0%	0 ☐	0 ☐	0 ☐
	在编在岗本科及以上学历员工占全部员工比例为0%～20%	1 ■	1 ☐	1 ☐
	在编在岗本科及以上学历员工占全部员工比例为20%～40%	2 ☐	2 ■	2 ☐
	在编在岗本科及以上学历员工占全部员工比例为40%～60%	3 ☐	3 ☐	3 ■
	在编在岗本科及以上学历员工占全部员工比例为60%～80%	4 ☐	4 ☐	4 ☐
	在编在岗本科及以上学历员工占全部员工比例为80%～100%	5 ☐	5 ☐	5 ☐
15. 综合科考考察	10年内保护区没有进行综合科学考察	0 ■	0 ☐	0 ☐
	10年内保护区有进行综合科考考察	1 ☐	1 ■	1 ☐
	10年内保护区有进行综合科学考察和其他专项资源调查	3 ☐	3 ☐	3 ■
16. 资源管理	保护区资源利用无序，失控，或不清楚当地居民对保护区资源的利用情况	0 ☐	0 ☐	0 ☐
	保护区清楚资源利用情况，并采取一定行动	1 ■	1 ■	1 ☐
	保护区清楚资源利用情况，有管理制度和行动	2 ☐	2 ☐	2 ■
	保护区有资源利用管理制度、行动、成效	4 ☐	4 ☐	4 ☐
17. 旅游管理	保护区有旅游，但保护区无监管权	0 ☐	0 ☐	0 ☐
	保护区有旅游，且保护区对公司有监管权	2 ☐	2 ☐	2 ■
	保护区有旅游，且保护区有管理权，并能有效管理	3 ☐	3 ☐	3 ☐
	保护区没有旅游，或保护区管理下的旅游活动符合生态旅游标准	4 ■	4 ■	4 ☐
18. 保护对象状况	保护区不清楚主要保护对象的情况	0 ☐	0 ☐	0 ☐
	主要保护对象的数量和分布情况基本清楚	1 ■	1 ☐	1 ☐
	对保护对象面临的主要威胁清楚，并采取了相应的措施	3 ☐	3 ■	3 ☐
	对近3年主要保护对象的数量和栖息地变化清楚	4 ☐	4 ☐	4 ■

（续表）

评价项目	评价准则	2013年	2016年	2021年
19. 保护区外来人员控制	保护区对外来人员无控制管理	0 ■	0 ■	0 □
	保护区对外来人员有部分管理站点和人员登记	1 □	1 □	1 ■
	保护区对外来人员有管理站点，有管理制度和针对性的措施	3 □	3 □	3 □
	保护区有合理的站点布局，能掌控所有外来人员并且进行分类管理	4 □	4 □	4 □
20. 宣教材料	保护区没有设置野外标牌、标识、警示牌等	0 ■	0 □	0 □
	保护区只有野外标牌、标识等材料	1 □	1 □	1 □
	保护区有野外标牌、标识、警示牌，还有宣传册、单，影像等宣传材料	2 □	2 ■	2 ■
	保护区有野外标牌、标识、警示牌，还有宣传册、单，影像等宣传材料，还有随时更新的公众宣传平台（网站、微信等）	3 □	3 □	3 □
21. 宣教活动	保护区在一年内无宣教计划和宣教活动	0 □	0 □	0 □
	保护区在一年内有宣教计划，但无宣教活动	1 □	1 □	1 □
	保护区在一年内有宣教计划和宣教活动，但未按计划完成	2 ■	2 ■	2 □
	保护区在一年内有宣教计划和宣教活动，并有按计划完成	3 □	3 □	3 ■
	保护区在一年内有宣教计划和宣教活动，并有按计划完成，有可宣传的正面亮点（有被省级或者中央媒体报道）	5 □	5 □	5 □
22. 科研	保护区在近3年内没有独立申请的项目或以保护区为第一作者和单位发表的文章	0 ■	0 ■	0 □
	保护区近3年内有1项（篇）独立申请的项目或文章（保护区为第一单位和作者）	1 □	1 □	1 □
	保护区近3年内有2项独立申请的项目或1篇文章（保护区为第一单位和作者）	2 □	2 □	2 ■
	保护区近3年内有3项（篇）独立申请的项目或文章（保护区为第一单位和作者）	3 □	3 □	3 □
	保护区近3年内至少有3项独立申请的项目和至少一篇核心期刊的文章（保护区为第一单位和作者）	5 □	5 □	5 □
23. 资源监测	保护区近5年无监测活动	0 □	0 □	0 □
	保护区对主要对象开展了监测活动，但不连续	1 ■	1 □	1 □
	保护区对主要对象有近5年连续、系统的监测活动	2 □	2 ■	2 □
	保护区对主要对象有连续的系统的监测活动，并对数据进行整理和应用	4 □	4 □	4 ■
	保护区对主要对象、其他重要物种及主要环境因子有连续的系统的监测活动，并对数据进行整理和应用	5 □	5 □	5 □

（续表）

评价项目	评价准则	2013年	2016年	2021年
24. 对外合作	保护区在近3年之内没有对外合作项目	0 ☐	0 ☐	0 ☐
	保护区在近3年之内有1项对外合作项目	1 ■	1 ■	1 ☐
	保护区在近3年之内有2项对外合作项目	2 ☐	2 ☐	2 ■
	保护区在近3年之内有3项对外合作项目	3 ☐	3 ☐	3 ☐
	保护区在近3年之内有4项及以上对外合作项目	5 ☐	5 ☐	5 ☐
25. 社区参与	当地社区人员完全没有参与保护区的管理决策活动	0 ☐	0 ☐	0 ☐
	保护区部分征求了社区居民的意见，但社区居民没有直接参与决策	1 ■	1 ■	1 ☐
	当地社区人员参与或者贡献了保护区的管理决策，但保护区没有制订社区参与保护区管理决策的程序制度	3 ☐	3 ☐	3 ■
	当地社区人员参与了保护区相关管理决策的制定，保护区制订有社区居民参与管理决策的程序和机制	5 ☐	5 ☐	5 ☐
26. 社区发展	保护区近3年内没有支持社区发展的项目（包括资金和技术培训）	0 ☐	0 ☐	0 ☐
	保护区近3年有1项支持社区发展的项目	1 ☐	1 ☐	1 ☐
	保护区近3年有2项支持社区发展的项目	2 ■	2 ☐	2 ☐
	保护区近3年有3项及以上支持社区发展的项目	3 ☐	3 ■	3 ■
27. 相邻保护网络协同管理	近3年保护区与相邻保护网络无协同管理活动与联系机制	0 ■	0 ■	0 ■
	保护区与相邻保护网络有协同管理活动或联系机制	1 ☐	1 ☐	1 ☐
	保护网络有联系机制，并开展了协同管理活动	2 ☐	2 ☐	2 ☐
	保护区与相邻保护网络开展了定期协调管理活动，并进行了资料共享和联合协同保护行动	3 ☐	3 ☐	3 ☐
28. 自我监测与评估	保护区每年没有对自身管理行为与管理成效进行监测和评估	0 ☐	0 ☐	0 ☐
	保护区偶尔开展了一些监测和评价，但没有全面的对策和/或经常性的结果收集	1 ■	1 ■	1 ■
	保护区建立有对管理成效的监测体系，但是监测结果没有系统地为管理服务	3 ☐	3 ☐	3 ☐
	保护区建立了良好的监测和评价体系，其结果在保护区管理中得到应用	5 ☐	5 ☐	5 ☐
29. 标准化建设	保护区有标志（Logo）	+1 ☐	+1 ☐	+1 ■
	有或统一标准化服装	+1 ☐	+1 ☐	+1 ■
	野外标桩、标牌都按照标准化建设	+2 ☐	+2 ☐	+2 ☐
	上述3项都无	0 ■	0 ■	0 ☐

（续表）

评价项目	评价准则	2013年	2016年	2021年
30. 信息化	保护区管理处（局）实现办公网络化，并能在网上实现数据传输和有网上填报	+1 ■	+1 ■	+1 ■
	保护区处（局）、站都实现了办公数字化	+2 □	+2 □	+2 □
	保护区建立有野外监控系统及数据管理数据库	+3 □	+3 □	+3 ■
	上述3项都无	0 □	0 □	0 □
合计		31	38	62

7.7 保护价值评价

建立自然保护区是保护生物多样性最直接、最有效的措施，自然保护区的总面积和保护成效是衡量全球生物多样性保护工作的重要指标（Chape S et al., 2005）。自20世纪以来，由于人类活动影响，全球物种灭绝的速度较以往任何时候都快。为了应对全球生物多样性丧失和生态系统服务退化，世界各国普遍采用的方法是建立自然保护地（刘方正等，2016）。目前，建立自然保护地是世界上公认的最有效的生物多样性保护手段（Dudley N, 2008）。20世纪末全球自然保护地迎来了爆发式增长，仅在此30年期间保护地数量较以往增加了一倍，总面积约占陆地面积的10%（Ervin J, 2003）。截至2018年，世界上已建立自然保护地230000多个，占全球陆地面积的14.9%，其中，中国建立自然保护地11800多个，陆域保护地面积占中国陆地总面积的18%，高于全球平均水平（高吉喜等，2019）。最初，人们往往只注重自然保护地数量和面积的增加而疏于保护地的管理（郭子良等，2020），虽然保护地数量在不断增长，但全球生物多样丧失与生态系统服务退化的趋势尚未得到扭转（Leverington F et al., 2010；Milatovic L et al., 2019）。研究发现很多保护地依然存在偷猎、偷伐、采矿以及人员和资金不足等问题（Nolte C et al., 2013；Lindsey P A et al., 2017）。人们对保护地建立是否符合它所追求的价值存在了很大的疑问。因此，对保护地的保护成效评估成了重要的环境议题。

自然保护地保护成效评估是针对自然保护地的保护质量和成效进行评估，以明确保护措施制定后对自然保护地在保护生物多样性和提升生态系统服务方面的干预效果，并了解自然保护地建立以后和当初预期目标之间的差距（王伟等，2016）。自然保护地保护成效评估以及探索保护地保护成效的影响因素是提高自然保护地生物多样性与生态系统服务保护效果的基础（Hilborn R et al., 2006）。自然保护地的保护成效如何，不仅决定自然保护地管理者的绩效考核，同时也对保护地生物多样性保护和生态系统服务维持影响深远。自然保护地保护效果不清以及影响保护效果的因素不明确，不利于管理者对资源合理的分配和具体保护措施的制定与实践。因此，保护地对生物多样性与生态系统服务保护效果如何？以及影响保护地保护效果的因素是什么？这些都是保护生态学家一直以来关注的焦点问题（马克平，2016，2017）。

自然保护区是中国自然保护地体系的主要组成部分。目前，中国自然保护区正处于从抢救性保护建立的数量增加阶段到质量提高阶段的转型期（王智等，2011），同样也面临保护效果不清、影响因素不明确等问题，亟须探索有效的自然保护区保护成效评估方法与科学的保护成效影响因素分析手段，以提高中国自然保护区对生物多样性和生态系统服务的保护效果。

多儿保护区位于甘肃省甘南藏族自治州迭部县多儿、阿夏、花园三个乡境内，面积为54575hm²，核心区面积为19362.11hm²，其中，工布隆核心区为12557.83hm²，扎嘎吕核心区为6804.28hm²；缓冲区为9523.74hm²，其中，工布隆缓冲区为7477.66hm²，扎嘎吕缓冲区为2046.08hm²；实验区为25689.15hm²。多儿保护区是我国大熊猫分布的最北缘，也是甘肃省大熊猫的重要栖息地以为其主要保护对象。

近年来，随着人口的增加以及气候变化与极端天气所带来的冲击，使得保护区生态环境受到的压力与日俱增。因此，在该区域内开展生态质量评价研究，不仅能反映出保护区当前保护及管理效能的高低，同时更可以对未来保护区生态环境的变化做出预测，对实现保护区的可持续发展具有重要意义。

依据评价指标重要性标度法原则，对任意2个指标相对重要性进行逐一比较。根据专家意见确定其相对重要性。分别建立总体目标层（A）对应的准则层（B）判断矩阵和准则层对应指标层（C）的判断矩阵，计算各矩阵特征向量及各矩阵最大特征值λmax，结果表明，一致性检验结果CR<0.10（表7-23）。

表7-23　判断矩阵计算结果

矩阵	权重	λmax	CI	RI	CR
A－B	[0.575 1 0.226 1 0.095 6 0.103 2]	4.1995	0.0665	0.911	0.073＜0.10
B1－C	[0.166 8 0. 318 0 0.103 6 0.080 7 0.243 3 0.067 2 0.020 4]	7.6322	0.1053	1.35	0.078＜0.10
B2－C	[0.059 0 0. 110 6 0.110 3 0.338 6 0.196 1 0.155 0 0.030 3]	7.8020	0.1336	1.35	0.098＜0.10
B3－C	[0.328 3 0. 114 5 0.266 5 0.065 7 0.077 5 0.091 6 0.055 8]	7.5727	0.0954	1.35	0.070＜0.10
B4－C	[0.146 5 0. 181 6 0.132 6 0.147 3 0.339 8 0.025 5 0.026 7]	7.7287	0.1215	1.35	0.089＜0.10

7.7.1　指标层对应的单项指标评价结果

根据《甘肃省多儿国家级自然保护区科考报告（2018）》及日常科研监测数据，对各单项指标给出相应评价，具体赋值如下。

（1）生物多样性

因特殊的地理位置和自然环境，多儿保护区内孕育了丰富的植物资源。据调查，按《中国植被》分类系统，多儿保护区有7个植被类型，占全国的34.5%；有9个植被亚型，占全国的14.5%；有41个群系，占全国的7.3%。高等植物115科469属1323种及变种，其中，蕨类植物14科25属61种及变种，分别占全省蕨类植物科的41.18%、属的32.05%、种的20.47%；裸子植物有4科8属25种，分别占全省裸子植物科的57.14%、属的44.44%、种的47.17%；被子植物97科436属1237种，分别占全省被子植物科的49.24%、属的39.10%、种的25.57%。同时，保护区目前已知哺乳类动物6目24科65种，约占中国499种兽类的13.00%，占甘肃省143种兽类的45.50%；鸟类12目41科169种，占甘肃省鸟类的35.28%，占保护区脊椎动物种数的66.54%；两栖动物2目3科5种，占甘肃省两栖类的15.15%，占全国的0.70%；爬行类动物2目3科9种，占甘肃省爬行动物的14.10%，占全国的12.50%；鱼类2目4科6种，占甘肃省鱼类种数的5.88%。占全国的0.20%；昆虫15目111科412属611种，占全国的1.50%。多样性得分为1.00分。

（2）典型性

多儿保护区位于长江上游，境内主要河流多儿河和阿夏河属嘉陵江二级支流，属白龙江一级支流。

保护区是这些河流的发源地，其森林生态系统不仅有利于保持大熊猫等野生动植物种群数量的稳定和发展，也发挥着巨大的水源涵养、区域气候调节和水土保持作用，保护区的建设对于保护长江上游生态安全具有重要的战略意义。

多儿保护区地处岷山山脉北缘、白龙江上游，是岷山山系发生物种扩散和基因交流的前线，是中国生物多样性优先保护区域之一，同时也是全球25个生物多样性热点地区之一，对于全国乃至全世界的生物多样性保护具有重要意义。典型性得分为1.00分。

（3）稀有性

多儿保护区珍稀濒危动植物种类繁多，分布有国家重点保护野生植物24种，其中国家一级保护野生植物有红豆杉（*Taxus wallichiana* var. *chinensis*）1种；国家二级保护野生植物有连香树（*Cercidiphyllum japonicum*）、野大豆（*Glycine soja*）、水青树（*Tetracentron sinense*）、红花绿绒蒿（*Meconopsis punicea*）、水曲柳（*Fraxinus mandschurica*）等23种。分布有国家重点保护野生动物63种，其中，国家一级保护野生动物有大熊猫（*Ailuropoda melanoleuca*）、豺（*Cuon alpinus*）、豹（*Panthera pardus*）、雪豹（*Panthera uncia*）、林麝（*Moschus berezovskii*）、马麝（*Moschus chrysogaster*）、四川梅花鹿（*Cervus nippon*）、四川羚牛（*Budorcas tibetanus*）、金雕（*Aquila chrysaetos*）、胡兀鹫（*Gypaetus barbatus*）、斑尾榛鸡（*Bonasa sewerzowi*）、红喉雉鹑（*Tetraophasis obscurus*）、绿尾虹雉（*Lophophorus lhuysii*）等21种；国家二级保护野生动物有黑熊（*Ursus thibetanus*）、石貂（*Martes foina*）、黄喉貂（*Martes flavigula*）、水獭（*Lutra lutra*）、猞猁（*Lynx lynx*）、中华鬣羚（*Capricornis milneedwardsii*）、中华斑羚（*Naemorhedus griseus*）、岩羊（*Pseudois nayaur*）、黑鸢（*Naemorhedus griseus*）、雀鹰（*Accipiter nisus*）、苍鹰（*Accipiter gentilis*）、松雀鹰（*Accipiter virgatus*）、大鵟（*Buteo hemilasius*）、高山兀鹫（*Gyps himalayensis*）、红隼（*Falco tinnunculus*）、游隼（*Falco peregrinus*）、藏雪鸡（*Tetraogallus tibetanus*）、血雉（*Ithaginis cruentus*）、红腹角雉（*Tragopan temminckii*）、勺鸡（*Pucrasia macrolopha*）、蓝马鸡（*Crossoptilon auritum*）、红腹锦鸡（*Chrysolophus pictus*）、灰鹤（*Grus grus*）、雕鸮（*Bubo bubo*）、纵纹腹小鸮（*Athene noctua*）、短耳鸮（*Asio flammeus*）等42种；而被CITES附录Ⅰ收录的野生动物有14种，CITES附录Ⅱ收录的有26种，CITES附录Ⅲ收录的有2种。稀有性得分1.00分。

（4）自然性

多儿保护区未受干扰的原始生境占50%以上，人类轻度干扰的生境占30%，人类长期活动或严重干扰过的生境占20%，生境的自然性非常高。区内森林覆盖率高达70.07%。植被类型多样，群系组成典型性高，自然植被分为4个植被型组、8个植被型、10个植被亚型、15个群系组、43个群系。植被垂直分布明显，从基带的落叶阔叶林到高山流石滩植被均有分布。

由于保护区海拔较高，地形复杂，交通不便，核心区和缓冲区处于无人状态，加上多儿保护区内及周边的常住居民是藏族，信仰藏传佛教。藏传佛经《律藏注疏》中规定：不得在树茂草丰的地方重建房舍；不得乱砍滥伐花草树木；不得故意杀生。而且社区传统习俗保留较多，现代化滞后，人口较少，对森林资源虽然依赖程度高但需求量有限，工业采伐时间相对较短，这些宗教与经济的综合作用，使它保存了纯粹的原始森林景观，无论是物种组成还是植被分布格局，都具有很强的地域代表性，除低海拔的沟谷两岸外，生境自然性都很高。保护区的森林植被主要是云杉林和冷杉林，在高海拔地区，植被类型则是高山草甸和裸岩地带，这些地区的人为干扰都很少，保护区生物群落及生态系统的原始自然状态保存完好，一些区域仍保存有良好的原生森林、灌丛和草甸，并残留有部分古老的动植物种类，能区域性地反映出其古老的自然状态。

随着保护管理工作的不断深入以及社会公众生态保护意识的不断提高，保护区森林生态系统得到了良好的保护，区内森林覆盖率也长期维持在较高水平。自然性加权得分为0.80分。

（5）面积适宜性

多儿保护区面积为54575hm²，其中，核心区面积为19362.11hm²，缓冲区为9523.74hm²，实验区为25689.15hm²。其是我国大熊猫分布的最北缘，也是甘肃省重要的大熊猫栖息地，保护对象主要为大熊猫及其栖息环境。

根据保护区生态功能区域分布和主要保护对象的分布及活动特点，目前保护区的面积能有效维持生态系统的结构、功能和主要保护对象生态安全。同时，保护区开展的宣教活动也对周边社区起到积极的影响，因此，不会因社区发展而对保护区构成威胁。面积适宜性赋分为1.00分。

（6）脆弱性

多儿保护区内生态系统较为成熟，部分区域通过生态恢复，生态系统原有的品质能够得到恢复，但关键物种，如大熊猫、独叶草（*Kingdonia uniflora*）等，存在种群数量少、生活能力较弱、生境特化的现象，轻度的人为干扰就可能导致这些物种灭绝，表现出一定的脆弱性。因此，脆弱性加权得分为0.66分。

（7）人为干扰

多儿保护区地形险峻，受到人为干扰的强度远不及平原地区，区内无任何资源开发行为。但多儿为藏民族生活区，有相对多的放牧和砍柴等行为，对保护区有一定程度的扰动；保护区周边开发程度较低，但外围区域被开发为生态旅游区的意愿较强。因此，人为干扰加权得分0.76分。

7.7.2 综合评价

根据各评价矩阵计算结果（表7-24），准则层中按重要性排序：生物多样性保护B1（0.5751）＞森林景观生态改善B2（0.2261）＞生态系统服务B4（0.1032）＞生态结构B3（0.0956）；指标层中按重要性排序：稀有性C2（0.2372）＞典型性C5（0.2261）＞生物多样性C1（0.1556）＞自然性C4（0.1260）＞脆弱性C3（0.1233）＞面积适宜性C6（0.0550）＞人类干扰C7（0.0202）。生态质量综合评价指数为0.9442。依据《中华人民共和国国家生态环境标准》（HJ 1203—2021）中自然保护区生态环境保护成效评估指标和自然保护区生态环境状况评分中评定等级的划分，多儿保护区作为中国野生动物及森林系统类型自然保护区，目前整体生态质量较好（0.71≤S≤0.85，达Ⅰ级标准），具有极高的保护价值，属于优先保护区域。

根据该保护区的生态特征和保护现状，依据《自然保护区自然生态质量评价技术规程》（LY/T 1203—2021）进行汇总打分，结果表明，多儿保护区的生物多样性丰富，典型性很强，物种稀有性较强，自然性较高，面积适宜，保护区内及周边地区人为干扰强度不大。生态质量评价总分为0.9442，评价结果为Ⅰ级，自然生态质量很好，在我国西北地区乃至全国具有典型的代表意义。这说明保护区经过多年的发展，其保护效果已见成效，具有极高的生态科研价值和社会效益。

从生态评价结构模型指标层得分来看，评分较低的2项分别为脆弱性（0.66）和人为干扰（0.76）。多儿保护区有较好的连片栖息地和潜在栖息地，并且是连接九寨沟县、若尔盖县和舟曲县大熊猫栖息地的纽带，其中的大熊猫数量占岷山C种群的1/3，对于保持大熊猫岷山C种群的恢复与增长有重要价值。

该地区复杂的山地环境为许多古老树种以及孑遗植物提供了良好的避难所和栖息地,其中冷杉属、云杉属以及松属的祖先在侏罗纪时代就已经很繁盛。臭椿、青荚叶和文冠果等为新生代第三纪古热带起源的孑遗植物。时间和空间上的环境异质性增加了生物多样性,植物种类交汇渗透、新老兼蓄现象在保护区表现得特别突出,区系组成极其丰富。但异质环境可能会使这些物种抵御外界干扰和环境变化的能力减弱,因为对许多生物类群而言,复杂的异质环境已经不是栖息繁衍的最佳环境。而多儿保护区周边地区仍然存在一定的人为影响,一旦多儿保护区遭受干扰和破坏,这些物种的敏感性很强、退缩或消失的速度较其他物种快。因此,多儿保护区需进一步充实保护管理力量,加强保护管理力度,特别是针对珍稀濒危特有的动植物类型需要制定相应的保护计划。

表7-24 综合评价

指标	B1(分)	B2(分)	B3(分)	B4(分)	得分(S)
C1	0.0959	0.0131	0.0314	0.0151	0.1556
C2	0.1829	0.0246	0.0109	0.0187	0.2372
C3	0.0596	0.0246	0.0255	0.0137	0.1233
C4	0.0408	0.0663	0.0055	0.0133	0.1260
C5	0.1399	0.0437	0.0074	0.0351	0.2261
C6	0.0255	0.0228	0.0058	0.0017	0.0558
C7	0.0089	0.0051	0.0041	0.0021	0.0202
合计	0.5535	0.2002	0.0906	0.0998	0.9442

参考文献

阿利·阿布塔里普, 2014. 甘肃西部陆生脊椎野生动物志[M]. 兰州: 甘肃科学技术出版社.

安玉亭, 薛建辉, 吴永波, 等, 2013. 喀斯特山地不同类型人工林土壤微量元素含量与有效性特征[J]. 南京林业大学学报(自然科学版), 37(03): 65-70.

昂青才让, 2020. 从昆氏世袭制度探讨萨迦政权灭亡缘由[J]. 广西民族研究(03): 118-126.

白军红, 邓伟, 朱颜明, 等, 2003. 霍林河流域湿地土壤碳氮空间分布特征及生态效应[J]. 应用生态学报(09): 1494-1498.

白玉婷, 卫智军, 代景忠, 等, 2017. 施肥对羊草割草地植物群落和土壤C∶N∶P生态化学计量学特征的影响[J]. 生态环境学报, 26(04): 620-627.

鲍士旦, 2000. 土壤农化分析[M]. 3版. 北京: 中国农业出版社.

蔡波, 王跃招, 陈跃英, 等, 2015. 中国爬行纲动物分类厘定[J]. 生物多样性, 23(3): 365-382.

蔡振媛, 覃雯, 高红梅, 等, 2019. 三江源国家公园兽类物种多样性及区系分析[J]. 兽类学报, 39(04): 410-420.

曹志洪, 周建民, 2008. 中国土壤质量[M]. 北京: 科学出版社: 1-11.

曾德慧, 陈广生, 2005. 生态化学计量学: 复杂生命系统奥秘的探索[J]. 植物生态学报, 29(6): 1007-1019.

曾庆钱, 蔡跃文, 2010. 药用植物野外识别图鉴[M]. 北京: 化学工业出版社.

柴春山, 王子婷, 张洋东, 等, 2021. 陇中半干旱黄土丘陵区土壤养分空间分布特征[J]. 林业资源管理(4): 114-120.

常罡, 廉振民, 蒋国芳, 2006. 黄土高原洛河流域蝗虫群落排序及环境因素分析[J]. 昆虫知识, 43(1): 41-46.

陈碧珊, 苏文华, 罗松英, 等, 2018. 雷州半岛红树林土壤重金属空间分布特征及来源分析[J]. 海洋环境科学, 37(6): 922-928.

陈彬, 刘春, 戴鑫, 2005. 山东泰山两栖爬行动物物种多样性[J]. 四川动物(03): 393-395.

陈晨, 朱琳, 钟俊, 2021. 福建宁德人口聚集区两栖动物多样性现状及保护对策[J]. 南京师大学报(02): 85-90.

陈冠宇, 2017. 安多藏区传统民居建筑营建模式研究[D]. 西安: 西安建筑科技大学.

陈灵芝, 1994. 中国生物多样性现状及保护对策[M]. 北京: 科学出版社: 1.

陈鹏, 1986. 动物地理学[M]. 北京: 高等教育出版社.

陈文德, 朱坤, 姚文文, 等, 2021. 基于MaxEnt模型和GIS空间技术对大熊猫在岷山地区的时空变化分析及预测[J]. 西北林学院学报, 36(04): 182-190.

陈阳, 陈安平, 方精云, 2002. 中国濒危鱼类、两栖爬行类和哺乳类的地理分布格局与优先保护区域-基于《中国濒危动物红皮书》的分析[J]. 生物多样性(04): 359-368.

陈宜瑜, 1998. 中国动物志: 硬骨鱼纲鲤形目: 中卷[M]. 北京: 科学出版社.

崔爽, 2020. 野猪危害防控效果的时空特征及生态经济阈值研究[D]. 哈尔滨: 东北林业大学.

崔爽, 刘丙万, 2020. 东北虎和野猪声音与太阳能警示灯防控野猪危害及经济阈值研究[J]. 四川动物, 39(05): 531-537.

崔爽, 刘丙万, 2020. 野猪危害防控措施时间延续性及空间推广性研究[J]. 兽类学报, 40(04): 364-373.

笪文怡, 朱广伟, 吴志旭, 2019. 2002—2017年千岛湖浮游植物群落结构变化及其影响因素[J]. 湖泊科学(05): 139-144.

丹珠昂奔, 周润年, 莫福山, 等, 2003. 藏族大辞典[M]. 兰州: 甘肃人民出版社: 234.

党晓鹏, 蔡延玲, 2019. 青海省森林生态系统服务功能价值评估研究[J]. 林业调查规划, 44(05): 91-100.

邓邦良, 袁知洋, 李真真, 等, 2016. 武功山草甸土壤有效态微量元素与有机质和pH的关系[J]. 西南农业学报, 29(3): 647-650.

邓飞, 贾东, 罗良, 等, 2008. 晚三叠世松潘甘孜和川西前陆盆地的物源对比构造演化和古地理变迁的线索[J]. 地质论评, 54(4): 561-572.

邓娇娇, 朱文旭, 周永斌, 等, 2018. 不同土地利用模式对辽东山区土壤微生物群落多样性的影响[J]. 应用生态学报, 29(7): 2269-2276.

邓叔群, 1963. 中国的真菌[M]. 北京: 科学出版社.

迭部县志编辑委员会, 1998. 迭部县志[M]. 兰州: 兰州大学出版社.

丁小慧, 罗淑政, 刘金巍, 等, 2012. 呼伦贝尔草地植物群落与土壤化学计量学特征沿经度梯度变化[J]. 生态学报, 32(11): 3467-3476.

董鹏, 潘琪, 袁嘉玮, 2020. 苹果园土壤有效态微量元素与有机质的关系分析[J]. 山西农业科学, 48(06): 952-955.

杜家颖, 王霖娇, 盛茂银, 等, 2017. 喀斯特高原峡谷石漠化生态系统土壤C、N、P生态化学计量学特征[J]. 四川农业大学学报, 35(1): 46-51.

杜品, 2006. 青藏高原甘南藏药植物志[M]. 兰州: 甘肃科学技术出版社.

段伟, 2016. 保护区生物多样性保护与农户生计协调发展研究[D]. 北京: 北京林业大学.

段伟, 赵正, 刘梦婕, 等, 2016. 保护区周边农户自然资源依赖度研究[J]. 农业技术经济(3): 93-102.

段玉裁, 2013. 说文解字注[M]. 北京: 中华书局.

多儿保护区管理局, 2010. 多儿自然保护区多处发现大熊猫活动痕迹[N]. 甘南日报(汉文版), 2010-09-17(001).

方晰, 田大伦, 项文化, 等, 2004. 杉木人工林土壤有机碳的垂直分布特征[J]. 浙江农林大学学报, 21(004): 418-423.

费梁, 叶昌媛, 江建平, 2010. 中国两栖动物彩色图鉴[M]. 成都: 四川科学技术出版社.

冯孝义, 1980. 甘肃蛇类新纪录[J]. 兰州大学学报(1): 108-109.

冯孝义, 1983. 甘肃的蛇类[J]. 两栖爬行动物研究, 5(5): 29-43.

冯自诚, 1994. 甘南树木图志[M]. 兰州: 甘肃科学技术出版社.

冯自诚, 孙学刚, 张承维, 1990. 迭部林区森林植物特性研究一[J]. 甘肃农业大学学报, 25(3): 317-324.

傅立国, 1991. 中国植物红皮书[M]. 北京: 科学出版社.

甘肃省统计局, 国家统计局甘肃调查总队, 2020. 甘肃发展年鉴[M]. 甘肃: 中国统计出版社.

高慧芳, 2004. 浅谈白龙江流域的藏族传统禁忌习俗[J]. 西北民族大学学报(哲学社会科学版)(05): 148-151.

高吉喜, 徐梦佳, 邹长新, 2019. 中国自然保护地70年发展历程与成效[J]. 中国环境管理, 11(4): 27-31.

高野优纪, 2013. 藏族轮回思想及其民俗研究[D]. 北京: 中央民族大学.

郜二虎, 王志臣, 王维胜, 等, 2014. 全国第二次陆生野生动物资源调查总体思路[J]. 野生动物学报, 35(02): 238-240.

耿丽萍, 2008. 人力资源管理[M]. 北京: 科学出版社.

龚大洁, 牟迈, 2006. 甘肃有尾两栖动物资源现状及保护对策[J]. 四川动物(02): 332-335.

龚子同, 张甘霖, 陈志成, 等, 2007. 土壤发生与系统分类[M]. 科学出版社: 291-307.

谷阳, 2010. 白山水库及周围水体浮游生物分布的季节性变化及影响因素研究[D]. 长春: 东北师范大学.

顾祖禹, 施和金, 贺次君, 2005. 读史方舆纪要[M]. 上海: 中华书局.

关玉英, 李庆东, 2000. 虹鳟养殖现状和发展前景[J]. 科学养鱼(10): 2.

郭东强, 黄晓露, 颜权, 等, 2016. 马尾松、巨尾桉及其混交林土壤微量元素调查[J]. 广西林业科学, 45(1): 24-29.

郭建, 胡锦矗, 1997. 大熊猫咬节分布型的研究, 四川师范学院学报(自然科学版)(3): 179-181.

郭进京, 韩文峰, 2008. 西秦岭晚中生代-新生代构造层划分及其构造演化过程[J]. 地质调查与研究, 31(4): 1-3.

郭晓敏, 张宏, 2010. 我国高寒草甸土壤金属元素分布及其影响因子研究进展[J]. 草业与畜牧(09): 1-5.

郭延蜀, 2000. 四川梅花鹿的分布、数量及栖息环境的调查[J]. 兽类学报, 20(2): 7.

郭延蜀, 2004. 四川梅花鹿: 世界上最大的野生梅花鹿种群[J]. 大自然探索(6): 2.

郭子良, 王清春, 崔国发, 2016. 我国自然保护区功能区划现状与展望[J]. 世界林业研究, 29(05): 59-64.

郭子良, 祝伟, 雷茵茹, 等, 2020. 自然保护地管理有效性评估方法综述[J]. 世界林业研究, 33(3): 13-19.

国家林业和草原局, 2021. 全国第四次大熊猫调查报告[M]. 北京: 科学出版社.

国家林业局, 2006. 全国第三次大熊猫调查报告[M]. 北京: 科学出版社.

国家林业局野生动植物保护司, 2002a. 自然保护区社区共管[M]. 北京: 中国林业出版社: 59-66.

国家林业局野生动植物保护司, 2002b. 自然保护区现代管理概论[M]. 北京: 中国林业出版社: 17.

韩崇选, 杨学军, 王明春, 等, 2003. 关中北部塬区林地啮齿动物群落多样性变化研究[J]. 陕西师范大学学报: 10.

郝媛媛, 2013. 黑河流域浮游植物群落特征与环境因子的关系研究[D]. 兰州: 兰州大学.

何方永, 何飞, 吴宗达, 等, 2015. 岷江冷杉原始林土壤物理性质的海拔梯度变化[J]. 西北师范大学学报(自然科学版), 51(5): 92-98.

何莉萍, 马存世, 金秋艳, 等, 2015. 甘肃裕河自然保护区野生动物受威胁因素分析[J]. 甘肃科技, 31(15): 6-8.

何榕, 王亚楠, 夏昉, 2020. 吉林省居民消费能力调查及影响因素[J]. 大众投资指南(11): 62-63.

何舜平, 曹文宣, 陈宜瑜, 2001. 青藏高原的隆升鳅鮀鱼类(鮎形目: 鮀科)的隔离分化[J]. 中国科学C辑: 生命科学, 31(2): 185-192.

何小风, 王斌, 2021. 甘肃省陇南山区野猪危害现状及防控对策[J]. 绿色科技, 23(18): 56-59.

贺金生, 韩兴国, 2010. 生态化学计量学: 探索从个体到生态系统的统一化理论[J]. 植物生态学报, 34(01): 2-6.

呼延佼奇, 肖静, 于博威, 等, 2014. 我国自然保护区功能分区研究进展[J]. 生态学报, 34(22): 6391-6396.

胡建林, 刘国祥, 蔡庆华, 等, 2006. 三峡库区重庆段主要支流春季浮游植物调查[J]. 水生生物学报(01): 116-119.

胡锦矗, 1990. 大熊猫生物学研究与进展[M]. 成都: 四川科学技术出版社.

胡锦矗, 夏勒, 1985. 卧龙的大熊猫[M]. 成都: 四川科学技术出版社.

胡良军, 邵明安, 杨文治, 2004. 黄土高原土壤水分的空间分异及其与林草布局的关系[J]. 草业学报(06): 14-20.

黄昌勇, 2000. 土壤学[M]. 北京: 中国农业出版社.

黄承标, 罗远周, 张建华, 等, 2009. 广西猫儿山自然保护区森林土壤化学性质垂直分布特征研究[J]. 安徽农业科学, 37(1): 245-247, 354.

黄大桑. 1997. 甘肃植被[M]. 兰州: 甘肃科学技术出版社: 79-85.

黄年来, 1998. 中国大型真菌原色图鉴[M]. 北京: 中国农业出版社.

黄年来, 2004. 我国食用菌产业的现状与未来[J]. 中国食用菌, 3(4): 13-15.

黄松, 2021. 中国蛇类图鉴[M]. 福州: 海峡出版社.

黄跃昊, 熊炜, 2017. 论甘南藏族传统建筑营造技艺及其传承: 以迭部县为例[J]. 贵州民族研究, 38(01): 98-102.

黄忠良, 欧阳学军, 宋柱秋, 等, 2016. 中国第一个自然保护区在鼎湖山诞生[J]. 人与生物圈(06): 10-17.

贾陈喜, 孙悦华, 方昀, 2000. 甘南血雉栖息地片段化及生存现状[C]//中国鸟类学研究: 第四届海峡两岸鸟类学术研讨会文集: 50-55.

江建平, 谢锋, 臧春鑫, 等, 2016. 中国两栖动物受威胁现状评估[J]. 生物多样性, 24(05): 588-597.

江源, 王博, 杨浩春, 等, 2011. 东江干流浮游植物群落结构特征及与水质的关系[J]. 生态环境学报, 20(11): 1700-1705.

蒋志刚, 2015. 中国哺乳动物多样性及地理分布[M]. 北京: 科学出版社: 28-375.

蒋志刚, 纪力强, 1999. 鸟兽物种多样性测度的G-F指数方法[J]. 生物多样性, 7(3): 220.

蒋志刚, 江建平, 王跃招, 等, 2016. 中国脊椎动物红色名录[J]. 生物多样性, 24(5): 500-551.

交巴草, 2015. 迭部藏族女性服饰研究[D]. 北京: 中央民族大学.

康扬眉, 马凯博, 黄菊莹, 2018. 氮磷供给对荒漠草原土壤和白草C：N：P化学计量特征的影响[J]. 西北植物学报, 38(08): 1507-1516.

孔洋阳, 韩海荣, 康峰峰, 等, 2013. 莫莫格国家级自然保护区生态评价[J]. 浙江农林大学学报, 30(1): 55-62.

孔颖, 2016. 自然保护区功能区划技术探讨[J]. 绿色科技(02): 25-26.

拉措, 1985. 舟曲藏族火葬习俗简述[J]. 西北民族大学学报(哲学社会科学版)(3): 7.

李炳凯, 2007. 浅谈当前森林覆盖率计算的两个公式[J]. 林业调查规划(04): 8-10.

李博, 杨持, 林鹏, 2000. 生态学[M]. 北京: 高等教育出版社.

李琛霖, 2016. 种群密度调查方法概述[J]. 生物学教学, 41(08): 64-65.

李成波, 2020. 自然保护区管理现状及可持续发展建议[J]. 花卉(04): 287-288.

李承彪, 1997. 大熊猫主食竹研究[M]. 贵阳: 贵州科技出版社.

李春喜, 姜丽娜, 邵云, 等, 2005. 生物统计学[M]. 3版. 北京: 科学出版社: 132.

李德浩, 郑生武, 郑作新, 1965. 青海玉树地区鸟类区系调查[J]. 动物学报(2): 114.

李红英, 2017. 自然保护区与周边社区冲突的评价指标体系研究[D]. 昆明: 云南大学.

李吉甫, 1993. 元和那算了县图志[M]. 上海: 中华书局.

李佳喜, 张耀甲, 2000. 甘肃莲花山自然保护区种子植物区系的研究[J]. 兰州大学学报, 36(5): 98-99.

李金芬, 程积民, 刘伟, 等, 2010. 黄土高原云雾山草地土壤有机碳、全氮分布特征[J]. 草地学报, 18(5): 661-668.

李金业, 陈庆峰, 李青, 等, 2021. 黄河三角洲滨海湿地微生物多样性及其驱动因子研究[J]. 生态学报(15): 6103-6114.

李晶晶, 韩联宪, 曹宏芬, 等, 2013. 珠穆朗玛峰国家级自然保护区鸟类区系及其垂直分布特征[J]. 动物学研究, 34(6): 531.

李景侠, 赵建民, 陈海滨, 2003. 中国生物多样性面临的威胁及保护对策[J]. 西北农林科技大学学报(自然科学版)(05): 158-162.

李军华, 2009. 中国古代死亡婉语映射的社会人文观念[J]. 湘潭大学学报(哲学社会科学版), 33(1): 158.

李恺, 2009. 层次分析法在生态环境综合评价中的应用[J]. 环境科学与技术, 32(2): 183-185.

李林, 杨秀海, 扎西央宗, 等, 2010. 近30年羌塘自然保护区气候特征分析[J]. 高原山地气象研究, 30(1): 62-65.

李明德, 1998. 鱼类分类学[M]. 北京: 海洋出版社.

李培玺, 储炳银, 滕臻, 等, 2020. 巢湖湖滨带不同植被类型土壤碳氮磷生态化学计量学特征[J]. 草业科学, 37(8): 1448-1457.

李鹏, 2015. 陕西观音山自然保护区土壤特性研究[D]. 杨凌: 西北农林科技大学: 1-35.

李茜, 2018. 子午岭林区不同天然次生林生态系统C、N、P化学计量特征及其季节变化[D]. 杨凌: 中国科学院大学(中国科学院教育部水土保持与生态环境研究中心).

李琴霞, 刘改香, 褚建国, 等, 2021. 探讨当前甘肃地区的珍稀雉类多样性调查与保护[J]. 农业灾害研究, 11(11): 96-97.

李勤, 邬建国, 寇晓军, 等, 2013. 相机陷阱在野生动物种群生态学中的应用[J]. 应用生态学报, 24(04): 947-955.

李青桦, 张玉, 林玉瑄, 等, 2021. 西南地区不同林型凋落物-土壤氮、磷含量分布特征[J]. 四川农业大学学报, 39(3): 341-347.

李珊, 李启权, 张浩, 等, 2016. 泸州植烟土壤有效态微量元素含量空间变异及其影响因素[J]. 土壤, 48(06): 1215-1222.

李士超, 李亭亭, 汪正祥, 等, 2018. G-F指数测度万朝山兽类物种多样性[J]. 生态科学, 37(04): 72-80.

李崧, 邱微, 赵庆良, 等, 2006. 层次分析法应用于黑龙江省生态环境质量评价研究[J]. 环境科学, 27(5): 1031-1034.

李涛, 2001. 锅灶起源及禁忌[J]. 西藏旅游(4): 1.

李婷, 邓强, 袁志友, 等, 2015. 黄土高原纬度梯度上的植物与土壤碳、氮、磷化学计量学特征[J]. 环境科学, 36(8): 2988-2996.

李万俊, 2018. 刍议华锐藏区的丧葬文化-以天祝县松山镇藏民村为例[J]. 新西部: 中旬·理论(12): 2.

李锡文, 1996. 中国种子植物区系统计分析[J]. 云南植物研究, 18(4): 363-384.

李锡文, 李捷, 1993. 横断山脉地区种子植物区系的初步研究[J]. 云南植物研究, 15(3): 217-231.

李相楹, 张维勇, 刘峰, 等, 2016. 不同海拔高度下梵净山土壤碳、氮、磷分布特征[J]. 水土保持研究, 23(3): 19-24.

李响, 张成福, 贺帅, 等, 2020. MaxEnt模型综合应用研究进展分析[J]. 绿色科技(07): 14-17.

李小方, 邓欢, 黄益宗, 等, 2009. 土壤生态系统稳定性研究进展[J]. 生态学报(12): 6712-6722.

李晓鸿, 2010. 野生动植物保护技术[M]. 杨凌: 西北农林科技大学出版社.

李欣海, 2013. 中国63种鸡形目鸟类的分布规律[C]//第十二届全国鸟类学术研讨会暨第十届海峡两岸鸟类学术研讨会论文摘要集: 17.

李新荣, 贾玉奎, 龙利群, 等, 2001. 干旱半干旱地区土壤微生物结皮的生态学意义及若干研究进展[J]. 中国沙漠, 21(4): 4-11.

李兴旺, 张必龙, 1987. 甘南地区植物在植被分区上的位置[J]. 植物生态学与地植物学学报, 6(3): 234-238.

李祎斌, 陈楚, 刘丙万, 2018. 吉林省珲春地区人与野生动物冲突现状与防控调查[J]. 野生动物学报, 39(04): 962-965.

李裕元, 邵明安, 郑纪勇, 等, 2007. 黄土高原北部草地的恢复与重建对土壤有机碳的影响[J]. 生态学报(06): 2279-2287.

李哲敏, 刘用场, 2005. 我国菌物资源保护和利用的现状及成因分析[J]. 中国食物与营养, 7(10): 15-17.

莲华持明, 2004. 莲华生大士全传: 上、中、下[M]. 北京: 中国社会科学出版社.

梁晨, 吕国忠, 2000. 土壤真菌分离和计数方法的探讨[J]. 沈阳农业大学学报, 31(5): 4.

林俊英, 2019. 闽东南丘陵区地质背景对土壤金属元素影响研究[J]. 世界有色金属(09): 230-232.

林石狮, 叶有华, 孙延军, 等, 2013. 深圳市区域绿道两栖爬行动物多样性评估[J]. 林业资源管理(02): 107-112.

林致远, 尹平, 1994. 九寨沟土壤发生及地理分布规律研究[J]. 西南师范大学学报(自然科学版), 19(1): 90-97.

刘彩文, 2011. 荷花意象的宗教意义[J]. 群文天地(23): 177, 183.

刘方正, 张建亮, 王亮, 等, 2016. 甘肃安西极旱荒漠国家级自然保护区南片植被长势与保护成效[J]. 生态学报, 36(6): 106-114.

刘昊, 郭延蜀, 胡锦矗, 1999. 四川铁布自然保护区梅花鹿现状[J]. 野生动物(5): 6-7.

刘佳, 林建忠, 李生强, 等, 2018. 利用红外相机对贵州茂兰自然保护区兽类和鸟类资源的初步调查[J]. 兽类学报, 38(03): 323-330.

刘敬允, 2018. 甘肃省民族聚居区传统村落的保护与发展研究[D]. 西安: 西安建筑科技大学.

刘君, 王宁, 崔岱宗, 等, 2019. 小兴安岭大亮子河国家森林公园不同生境下土壤细菌多样性和群落结构[J]. 生物多样性, 27(8): 911-918.

刘铭汤, 张承维, 1994. 迭部林区昆虫区系调查研究[J]. 甘肃林业科技(4): 23-25.

刘乃发, 1982. 甘肃省鸡类的生态及分布[J]. 野生动物(1): 22-26.

刘迺发, 1993. 甘肃鸡类物种多样性研究[J]. 动物学研究(03): 233-239.

刘宁, 1998. 野生动物数量调查方法综述[J]. 云南林业科技(2): 58-60.

刘伟, 何国富, 刘学良, 等, 2008. 农村地区居民环境意识现状分析及对策[J]. 农业环境与发展, 25(3): 11-14.

刘晓阳, 张俊, 2021. 野猪撒野我们该如何应对?[N]. 河南日报, 2021-12-14(007).

刘兴华, 公彦庆, 陈为峰, 等, 2018. 黄河三角洲自然保护区植被与土壤C、N、P化学计量特征[J]. 中国生态农业学报, 26(11): 1720-1729.

刘兴诏, 周国逸, 张德强, 等, 2010. 南亚热带森林不同演替阶段植物与土壤中N、P的化学计量特征. 植物生态学报, 34(1): 64-71.

刘旭东, 2004. 中国野生大型真菌彩色图鉴[M]. 北京: 中国林业出版社.

刘洋, 吕一河, 2008. 旅游活动对卧龙自然保护区社区居民的经济影响[J]. 生物多样性, 16(1): 68-74.

刘姿含, 2013. 自然保护区管理与生计状况及其对周边农户保护意愿的影响[D]. 杭州: 浙江农林大学.

柳春林, 左伟英, 赵增阳, 等, 2012. 鼎湖山不同演替阶段森林土壤细菌多样性[J]. 微生物学报, 52: 1489-1496.

娄泊远, 王永东, 闫晋升, 等, 2021. 亚寒带荒漠草原不同树种人工林土壤生态化学计量特征[J]. 干旱区研究, 38(5): 1385-1392.

鲁小波, 马斌斌, 陈晓颖, 等, 2015. 基于集对分析与AHP的自然保护区生态旅游健康度评价[J]. 西部林业科学, 44(1): 129-134.

陆少龄, 2016. 自然保护区森林资源保护的重要性及其对策[J]. 农业与技术, 36(09): 153-154.

栾晓峰, 2011. 自然保护区管理教程[M]. 北京: 中国林业出版社: 124-125.

罗键, 高红英, 周元媛, 2004. 重庆市爬行动物物种多样性研究及保护[J]. 四川动物, 23(3): 249-256.

洛桑扎西, 1997. 藏族曾普遍实行过火葬[J]. 西藏研究(2): 4.

吕伟祥, 2020. 基于国家级自然保护区的昆虫种类调查: 以西藏色林错为例[J]. 农家参谋(21): 112, 150.

吕永磊, 郝世鑫, 王宠, 等, 2016. 拉萨河源头水域中浮游生物、鱼类资源调查与分析[J]. 海洋与湖沼, 47(2): 407-413.

马宝珊, 杨学峰, 谢从新, 等, 2015. 雅鲁藏布江谢通门江段浮游生物资源现状及其季节动态[J]. 水生态学杂志, 36(6): 19-28.

马付才, 2021. 野猪局地泛滥亟须完善野生动物危害防控机制[N]. 民主与法制时报, 2021-11-5(03).

马纲, 张敏, 2014. 陇东南地区鱼类资源多样性的研究[J]. 天水师范学院学报, 34(5): 20-25.

马克平, 2016. 当前我国自然保护区管理中存在的问题与对策思考[J]. 生物多样性, 24(3): 5-7.

马克平, 2017. 生态系统红色名录: 进展与挑战[J]. 生物多样性, 25(5): 5-6.

马丽, 马雪娜, 秦雪娇, 等, 2014. 甘肃甘南州大型真菌资源调查研究[J]. 食用菌, 3(9): 81-83.

马沛明, 施练东, 张俊芳, 等, 2016. 浙江汤浦水库浮游植物季节演替及其影响因子分析[J]. 环境科学, 37(12): 4560-4569.

马晓飞, 楚新正, 2016. 荒漠绿洲过渡带林地开垦对土壤有效态微量元素的影响[J]. 干旱地区农业研究, 34(4): 125-131.

马星, 王浩, 余蔚, 等, 2021. 基于MaxEnt模型分析广东省鸟类多样性热点分布及保护空缺[J]. 生物多样性, 29(08): 1097-1107.

毛王选, 姚全林, 刘惠玲, 等, 2012. 迭部林区蝶类资源: 一[J]. 甘肃林业科技, 37(2): 22-26.

卯晓岚, 2000. 中国大型真菌[M]. 郑州: 河南科学技术出版社.

孟国欣, 查同刚, 张晓霞, 等, 2017. 植被类型和地形对黄土区退耕地土壤有机碳垂直分布的影响[J]. 生态学杂志, 36(09): 2447-2454.

内玛才让, 2006. 略论藏族传统禁忌文化[D]. 北京: 中央民族大学.

牛翠娟, 娄安如, 孙儒泳, 等, 2015. 基础生态学[M]. 3版. 北京: 高等教育出版社.

潘秋荣, 梁佰华, 陈小芸, 2012. 广东东源康禾省级自然保护区野生药用植物资源调查[J]. 广东林业科技(4): 25-29.

潘文石, 2001. 继续生存的机会[M]. 北京: 北京大学出版社.

潘旭涛, 何欣禹, 2021. 守护好这颗"绿宝石"[N]. 人民日报海外版, 2021-08-23(001).

庞金凤, 张波, 王波, 等, 2020. 昆仑山中段北坡不同海拔梯度下土壤生态化学计量学特征[J]. 干旱区资源与环境, 34(1): 178-185.

彭基泰, 周华明, 刘伟, 等, 2005. 青藏高原东南横断山脉甘孜地区鸟类调查、区系及地理布型研究报告[R]. 北京: 海峡两岸鸟类学研讨会.

彭敏, 陈桂琛, 赵京, 1989. 青海省东部地区的自然植被[J]. 植物生态学与地植物学学报, 13(3): 250-257.

钱奎梅, 刘宝贵, 陈宇炜, 2019. 鄱阳湖浮游植物功能群的长期变化特征(2009—2016年)[J]. 湖泊科学, 31(4): 1035-1044.

秦青, 刘晶茹, 马奔, 等, 2020. 四川大熊猫保护地及周边社区自然资源利用方式及影响因素研究[J]. 林业经济问题, 40(04): 345-352.

邱胜荣, 张希明, 白玲, 等, 2022. 中国自然保护地规划制度构建研究[J]. 世界林业研究(2): 76-81.

冉江洪, 2015. 大熊猫栖息地竹类开花及天然更新研究[D]. 成都: 四川大学.

冉宜凡, 许明祥, 李彬彬, 等, 2017. 黄土丘陵区不同土壤-微生物-植物系统生态化学计量特征对肥力梯度的响应[J]. 西北农林科技大学学报(自然科学版), 45(10): 77-84, 93.

饶俊, 李玉, 2012. 大型真菌的野外调查方法[J]. 生物学通报, 47(5): 2-6.

任书杰, 于贵瑞, 陶波, 等, 2007. 中国东部南北样带654种植物叶片氮和磷的化学计量学特征研究[J]. 环境科学(12): 2665-2673.

桑扎西, 1997. 藏族曾普遍实行过火葬[J]. 西藏研究(2): 4.

佘雕, 耿增超, 2009. 天华山自然保护区地质地貌特征分析[J]. 西北农林科技大学, 37(9): 161-166.

申亚娟, 2021. 森林资源保护与区域经济协调发展的关系探析[J]. 农业灾害研究, 11(10): 139-140.

沈欣欣, 马忠玉, 曾贤刚, 2015. 我国自然保护区资金机制改革创新的几点思考[J]. 保护论坛, 23(5): 695-703.

史生晶, 高军, 王春霞, 等, 2021. 甘肃多儿国家级自然保护区维管植物区系分析[J]. 草业学报, 30(4): 140-149.

史雪威, 张晋东, 欧阳志云, 2016. 野生大熊猫种群数量调查方法研究进展[J]. 生态学报, 36(23): 7528-7537.

史志翯, 2016. 甘肃省第四次大熊猫调查报告[M]. 兰州:甘肃科学技术出版社: 25-28.

史志翯, 2017. 甘肃省第三次大熊猫调查报告[M]. 兰州: 甘肃科学技术出版社.

四川生物研究所, 四川医学院, 1976. 四川两栖动物区系[J]. 两栖爬行动物研究资料, 3: 1-17.

宋厚娟, 叶吉, 师帅, 等, 2014. 长白山区阔叶红松林残留片段木本植物物种组成与群落结构[J]. 应用生态学报, 25: 1239-1249.

宋琪, 刘丙万, 2018. 太阳能警示灯对野猪危害农田影响研究[J]. 动物学杂志, 53(01): 32-39.

宋莎, 刘庆博, 温亚利, 2016. 秦岭大熊猫保护区周边社区自然资源依赖度影响因素分析[J]. 浙江农林大学学报, 33(01): 130-136.

宋志明, 罗文英, 王典群, 1985. 天祝地区鸟类垂直分布[J]. 兰州大学学报(自然科学版)(S1): 126.

宋志明, 王香亭, 杨友桃, 等, 1984. 甘肃两栖爬行动物区系研究[J]. 兰州大学学报, 20(3): 92-105.

孙美美, 关晋宏, 岳军伟, 等, 2017. 黄土高原西部针叶林植物器官与土壤碳氮磷化学计量特征[J]. 水土保持学报, 31(03): 202-208.

孙晓明, 2008. 中国自然保护区融资研究[D]. 北京: 北京林业大学.

孙悦华, 2001. 斑尾榛鸡生态学及保护生物学研究[J]. 中国科学基金(05): 45-47.

覃林, 马雪珍, 吴水荣, 等, 2017. 南亚热带典型乡土阔叶人工林与桉树人工林土壤微生物量氮及可溶性氮特征[J]. 应用与环境生物学报, 23(04): 678-684.

谭锦才, 2007. 自然保护区利益相关者利益关系实证研究[D]. 广州: 华南农业大学.

汤萃文, 苏研科, 王国亚, 等, 2013. 甘肃迭部扎尕那地区山地土壤过程的垂直分带性研究[J]. 冰川冻土, 35(01): 84-92.

汤中立, 梁建德, 1973. 1:200000巴西幅区域地质矿产调查报告[M].[出版地不详]:[出版者不详].

唐蟾珠, 1996. 横断山区鸟类[M]. 北京: 科学出版社.

唐继荣, 徐宏发, 徐正强, 2001. 鹿类动物数量调查方法探讨[J]. 兽类学报(03): 221-230.

陶晶, 臧润国, 华朝朗, 等, 2012. 森林生态系统类型自然保护区功能区划探讨[J]. 林业资源管理(06): 47-50, 56.

滕继荣, 黄华梨, 龚大洁, 等, 2010. 甘肃白水江国家级自然保护区有尾两栖动物资源现状及保护对策[J]. 四川动物, 29(01): 127-129, 133.

田茂琳, 2014. 甘肃蕈菌[M]. 甘肃: 甘肃科学技术出版社.

万丹, 梁博, 聂晓刚, 等, 2018. 西藏色季拉山土壤物理性质垂直地带性[J]. 生态学报, 38(3): 1-10.

万嘉禾, 2001. 生物种质资源保护现状及行动建议[J]. 中国农业科技导报(1): 77-78.

汪慧玲, 唐莉玲, 2009. 祁连山自然保护区居民环境意识调查分析[C]//甘肃省学术年会论文集. 张掖: 甘肃省科协.

汪松, 1998. 中国濒危动物红皮书: 兽类[M]. 北京: 科学出版社: 40-96.

汪松, 解焱, 2004. 中国物种红色名录: 第一卷 红色名录[M]. 北京: 高等教育出版社: 189-206.

汪绚, 冯艳萍, 刘琨, 等, 2020. 森林对汉字起源和中华文明发展的文化价值[J]. 生态文明世界(01): 8-39.

汪之波, 张明旭, 李晓鸿, 2019. 甘肃多儿国家级自然保护区种子植物多样性探究[J]. 分子植物育种, 17(24): 8295-8301.

王斌, 陈亚明, 周志宇, 2007. 贺兰山西坡不同海拔梯度上土壤氮素矿化作用的研究[J]. 中国沙漠, 27(3): 483-490.

王斌, 彭波涌, 李晶晶, 等, 2013. 西藏珠穆朗玛峰国家级自然保护区鸟类群落结构与多样性[J]. 生态学报, 33(10): 3056.

王勃, 张君, 胡锦矗, 2008. 四川蜂桶寨自然保护区斑羚春季生境选择[J]. 四川动物, 27(2): 269-272.

王超, 2021. 浅析自然保护区资源可持续利用发展策略[J]. 新农业(7): 81.

王超, 李新辉, 赖子尼, 等, 2013. 珠三角河网浮游植物生物量的时空特征[J]. 生态学报, 33(18): 5835-5847.

王丞, 周大庆, 梁盛, 等, 2019. 贵州赤水桫椤国家级自然保护区鸟兽多样性红外相机初步监测[J]. 生物多样性, 27(10): 1147-1152.

王代强, 2021. 野猪泛滥成灾试点猎捕"卡"在哪里?[N]. 四川日报, 2021-09-01(006).

王凡坤, 薛珂, 付为国, 2019. 土壤氮磷状况对小麦叶片养分生态化学计量特征的影响[J]. 中国生态农业学报(中英文), 27(01): 60-71.

王芳, 图力古尔, 2014. 土壤真菌多样性研究进展[J]. 菌物研究, 12(3): 178-186.

王飞, 林诚, 李清华, 等, 2017. 长期不同施肥下黄泥田土壤-水稻碳氮磷生态化学计量学特征[J]. 土壤通报, 48(01): 169-176.

王光华, 刘俊杰, 于镇华, 2016. 土壤酸杆菌门细菌生态学研究进展[J]. 生物技术通报, 32: 14-20.

王国梁, 刘国彬, 许明祥, 2002. 黄土丘陵区纸坊沟流域植被恢复的土壤养分效应[J]. 水土保持通报(01): 1-5.

王昊, 2001. 大熊猫的保护学: 数量调查、栖息地利用和种群存活力分析[D]. 北京: 北京大学.

王荷生, 1979. 中国植物区系的基本特征[J]. 地理学报, 34(3): 224-239.

王荷生, 1997. 华北植物区系地理[M]. 北京: 科学出版社.

王建林, 钟志明, 王忠红, 等, 2014. 青藏高原高寒草原生态系统土壤碳磷比的分布特征[J]. 草业学报, 23(02): 9-19.

王晶苑, 王绍强, 李纫兰, 等, 2011. 中国四种森林类型主要优势植物的C∶N∶P化学计量学特征[J]. 植物生态学报, 35(06): 587-595.

王君, 沙丽清, 2007. 滇西北藏区不同土地利用方式对土壤养分的影响[J]. 东北林业大学学报, 35(10): 45-47, 66.

王凯, 任金龙, 陈宏满, 等, 2020. 中国两栖、爬行动物更新名录[J]. 生物多样性, 28(2): 189-218.

王兰州, 丁锦丽, 1990. 甘肃森林植物区系初步研究[J]. 西北植物学报, 10(3): 211-218.

王莉, 卜书海, 宋华东, 等, 2020. 西安市秦岭山地村民对野猪容忍性的研究[J]. 四川动物, 39(05): 563-571.

王霖娇, 汪攀, 盛茂银, 2018. 西南喀斯特典型石漠化生态系统土壤养分生态化学计量特征及其影响因素[J]. 生态学报, 38(18): 6580-6593.

王呸贤, 2003. 甘肃陇东地区鱼类初步调查[J]. 四川动物(4): 224-225.

王朋, 管云云, 肖文娅, 等, 2017. 林窗对根际和非根际土壤化学性质季节变化的影响[J]. 西南林业大学学报, 37(5): 88-97.

王荣兴, 明旭, 蔡金红, 等, 2011. 屏边大围山国家级自然保护区社区居民环境保护意识调查[J]. 林业调查规划, 4(2): 77-84.

王润华, 周燕荣, 曾军, 等, 2002. 三峡库区居民环境意识及影响因素分析[J]. 中国公共卫生, 18(7): 802-804.

王山青, 2019. 自然保护区管理现状及可持续发展建议[J]. 现代农业科技(20): 147-148.

王珊, 于帅, 刘娜, 2021. 土壤有效态微量元素的影响因素分析[J]. 农业科技通讯(09): 82-84.

王绍强, 于贵瑞, 2008. 生态系统碳氮磷元素的生态化学计量学特征. 生态学报, 28(8): 3937-3947.

王太, 杜岩岩, 杨灉羽, 等, 2017. 基于线粒体控制区的嘉陵裸裂尻鱼种群遗传结构分析[J]. 生态学报, 37(22): 7741-7749.

王维奇, 仝川, 曾从盛, 2010. 不同质地湿地土壤碳、氮、磷计量学及厌氧碳分解特征. 中国环境科学, 30(10): 1369-1374.

王伟, 辛利娟, 杜金鸿, 等, 2016. 自然保护地保护成效评估: 进展与展望[J]. 生物多样性, 24(10): 91-102.

王霞, 2019. 甘南藏族民居建筑装饰艺术研究[D]. 西安: 陕西师范大学.

王香亭, 1991. 甘肃脊椎动物志[M]. 兰州: 甘肃科学技术出版社.

王香亭, 李家坤, 陈鉴湖, 等, 1991. 甘肃脊椎动物志[M]. 兰州: 甘肃科学技术出版社: 1226-1227.

王薪琪, 王传宽, 韩轶, 2015. 树种对土壤有机碳密度的影响: 5种温带树种同质园试验[J]. 植物生态学报, 39(11): 1033-1043.

王兴, 2014. 放牧干扰对灌草地土壤植被空间格局的影响[D]. 银川: 宁夏大学: 43-51.

王艳红, 2017. 中国自然保护区植物生活型多样性格局的统计学研究[D]. 北京: 华北电力大学.

王英华, 陈雷, 牛远, 等, 2016. 丹江口水库浮游植物时空变化特征[J]. 湖泊科学(05): 1057-1065.

王颖, 冉江洪, 凌林, 等, 2009. 岷山北部竹类开花状况及对大熊猫的影响调查[J]. 四川动物, 28(03): 368-371.

王应祥, 2002. 中国哺乳动物种和亚种分类名录和分布大全[M]. 中国林业出版社: 2-234.

王宇超, 黎斌, 李阳, 等, 2016. 秦岭黑河流域植物区系组成成分、特征分析[J]. 基因组学与应用生物学, 35(06): 1512-1520.

王渊, 次平, 李大江, 等, 2016. 西藏墨脱县发现灰喉山椒鸟[J]. 四川动物(4): 1.

王智, 柏成寿, 徐网谷, 等, 2011. 我国自然保护区建设管理现状及挑战[J]. 环境保护(4): 18-20.

王祖祥, 1982. 喜马拉雅地区鸟类区系及其垂直分布[J]. 动物学研究, 3(S2): 251.

韦刚, 1983. 记"木雅藏族"的一次火葬[J]. 西藏研究(03): 62-64.

魏辅文, 杨奇森, 吴毅, 等, 2021. 中国兽类名: 2021版[J]. 兽类学报, 41(05): 487-501.

魏辅文, 周昂, 1996. 马边大风顶自然保护区大熊猫对生境的选择[J]. 兽类学报, 16(4): 241-245.

温亚利, 2002. 自然保护区社区共管[M]. 北京: 中国林业出版社: 84-85.

文金花, 李靖霞, 2020. 麦积山林区野生动物危害及控制措施研究[J]. 防护林科技(07): 38-40.

文勇立, 李辉, 李学伟, 等, 2007. 川西北草原土壤及冷暖季牧草微量元素含量比较[J]. 生态学报(07): 2837-2846.

邬紫荆, 曾辉, 2021. 基于meta分析的中国森林生态系统服务价值评估[J]. 生态学报, 41(14): 5533-5545.

吴彩霞, 傅华, 裴世芳, 等, 2008. 不同草地类型土壤有效态微量元素含量特征[J]. 干旱区研究(1): 137-144.

吴华, 张泽均, 胡锦矗, 2008. 唐家河自然保护区斑羚春冬季对生境的选择. 华东师范大学学报(自然科学版)(1): 135-137, 141.

吴嘉君, 徐基良, 马静, 等, 2020. 长江经济带国家级自然保护区内社区居民现状与发展对策[J]. 世界林业研究, 33(3): 81-84.

吴灵芝, 曲别曲日, 蒋平, 等, 2007. 四川马边大风顶自然保护区周边社区对当地自然保护的影响[J]. 四川动物,

26(4): 881-883.

吴永杰, 雷富民, 2013. 物种丰富度垂直分布格局及影响机制[J]. 动物学杂志, 48(5): 797.

吴元操, 2016. 周至保护区不同生计资本农户对森林资源依赖性研究[D]. 北京: 北京林业大学.

吴则焰, 林文雄, 陈志芳, 等, 2014. 武夷山不同海拔植被带土壤微生物PLFA分析[J]. 林业科学, 50(7): 105-112.

吴征镒, 1979. 论中国植被的分区问题[J]. 云南植物研究, 1(1): 1-22.

吴征镒, 1980. 中国植被[M]. 北京: 科学出版社.

吴征镒, 1991. 中国种子植物分布区类型[J]. 云南植物研究: 增刊IV: 1-139.

武建勇, 薛达元, 赵富伟, 等, 2013. 中国生物多样性调查与保护研进展, 生态与农村环境学报, 29(6): 146-151.

武云飞, 1984. 中国裂腹鱼亚科鱼类的系统分类研究[J]. 高原生物学集刊(3): 119-140.

武云飞, 1991. 青藏高原鱼类区系特征及其形成的地质史原因分析[J]. 动物学报, 339(2): 135-152.

武云飞, 吴翠珍, 1992. 青藏高原鱼类[M]. 成都: 四川科技出版社: 463-465.

夏万才, 黎大勇, 范元英, 等, 2014. 白马雪山自然保护区响古箐地区鸟类区系与资源的初步调查[J]. 西华师范大学学报(自然科学版), 35(4): 339.

夏莹霏, 胡晓东, 徐季雄, 等, 2019. 太湖浮游植物功能群季节演替特征及水质评价[J]. 湖泊科学, 31(1): 134-146.

冼耀华, 关贯勋. 郑作新, 1964. 青海省的鸟类区系[J]. 动物学报(4): 195.

向万胜, 吴金水, 肖和艾, 等, 2003. 土壤微生物的分离、提纯与纯化研究进展[J]. 应用生态学报, 14(3): 4.

向远木, 1989. 略谈白马人的丧葬制度[J]. 四川文物(4): 2.

向子军, 2019. 我国自然保护区管理中存在的问题及其对策探讨[J]. 南方农业, 13(23): 146-147.

肖治术, 李学友, 向左甫, 等, 2017. 中国兽类多样性监测网的建设规划与进展[J]. 生物多样性, 25(03): 237-245.

谢淑强, 王宇, 贾国清, 等, 2021. 贡嘎山国家级自然保护区的兽类物种多样性与区系特征[J]. 西南民族大学学报(自然科学版), 47(05): 445-454.

熊姗, 张海江, 李成, 2019. 两栖类种群数量的快速调查与分析方法[J]. 生态与农村环境学报, 35(06): 809-816.

徐凡, 2007. 白水江自然保护区周边社区贫困和自然资源利用的关系研究[D]. 北京: 北京林业大学.

徐国华, 马鸣, 吴道宁, 等, 2016. 中国8种鹫类分类、分布、种群现状及其保护[J]. 生物学通报, 51(7): 1-4.

徐建英, 2005. 保护区管理与生物多样性保护: 社区认知、政策效应与生境格局优化[D]. 北京: 中国科学院生态环境研究中心.

徐建英, 陈利顶, 吕一河, 等, 2004. 卧龙自然保护区社区居民政策响应研究[J]. 生物多样性, 12(6): 639-645.

徐建英, 陈利顶, 吕一河, 等, 2005. 保护区与社区关系协调: 方法和实践经验[J]. 生态学杂志, 24(1): 102-107.

徐丽, 2014. 森林类自然保护区生态质量评价研究: 以鼎湖山自然保护区为例[D]. 武汉: 华中农业大学.

徐林楠, 张凯, 胡红雪, 等, 2020. 基于Yaahp软件的铜陵市生态环境质量评价研究[J]. 可持续发展, 10(2): 133-139.

徐网谷, 秦卫华, 刘晓曼, 等, 2015. 中国国家级自然保护区人类活动分布现状[J]. 生态与农村环境学报, 31(6): 802-807.

许龙, 张正旺, 丁长青, 2003. 样线法在鸟类数量调查中的运用[J]. 生态杂志(05): 127-130.

许秋洁, 2019. 森林景观资源生态价值评估[D]. 昆明: 云南大学.

许志琴, 侯立玮, 王宗秀, 等, 1992. 中国松潘-甘孜造山带的造山过程[M]. 北京: 地质出版社: 1-16.

薛达元, 蒋明康, 1994. 中国自然保护区类型划分标准的研究[J]. 中国环境科学(04): 246-251.

薛玉明, 2010. 甘肃多儿自然保护区生物多样性及其生态功能初探[J]. 甘肃农业科技(7): 46-47.

薛玉明, 赵震寰, 2010. 多儿自然保护区再次发现大熊猫活动痕迹[N]. 甘南日报(汉文版), 2010-07-02(001).

薛志婧, 侯晓瑞, 程曼, 2011. 黄土丘陵区小流域尺度上土壤有机碳空间异质性[J]. 水土保持学报, 25(03): 160-163, 168.

严梦春, 2013. 论藏族的死亡观和临终关怀传统[J]. 西藏大学学报, 28(2): 67-71.

严圣华, 李兆华, 周振兴, 2007. 九宫山自然保护区社区居民对保护区态度调查及协调对策[J]. 林业调查规划, 32(1): 162-167.

杨炳元, 潘保田, 韩嘉福, 2008. 中国陆地基本地貌类型及其划分指标探讨[J]. 第四纪研究, 28(4): 535-542.

杨朝辉, 李光容, 张明明, 2019. 贵州黄牯山自然保护区兽类多样性及特征分析[J]. 南方农业学报, 50(11): 2567-2575.

杨晨希, 2007. 陇东黄土高原地区鱼类区系调查[D]. 兰州: 兰州大学.

杨成有, 刘进琪, 2013. 甘肃江河地理名录[M]. 兰州: 甘肃人民出版社: 129-140.

杨逢清, 殷鸿福, 杨恒书, 等, 1994. 松潘甘孜地块与秦岭褶皱带、扬子地台的关系及其发展史[J]. 地质学报, 68(3): 208-217.

杨浩, 曾波, 孙晓燕, 等, 2012. 蓄水对三峡库区重庆段长江干流浮游植物群落结构的影响[J]. 水生生物学报, 36(04): 715-723.

杨红, 2009. 长白山自然保护区北坡森林土壤真菌种群及其多样性研究[D]. 沈阳: 沈阳农业大学: 1.

杨红, 柳文杰, 刘合满, 等, 2021. 高寒森林植物叶片-枯落物-土壤养分含量及化学计量特征[J]. 浙江大学学报(农业与生命科学版), 47(5): 607-618.

杨辉麟, 2008. 西藏的民俗[M]. 西宁: 青海民族出版社: 252.

杨晶, 吴光, 1991. 样方法在梅花鹿种群数量调查中的应用[J]. 华东森林经理(02): 46-47.

杨景春, 李有利, 2001. 地貌学原理[M]. 北京大学出版社: 168-190.

杨岚, 文贤继, 杨晓君, 1994. 血雉属的分类研究[J]. 动物学研究(04): 21-30.

杨林章, 徐琪, 2005. 土壤生态系统[M]. 北京: 科学出版社.

杨勤业, 吴绍洪, 郑度, 2002. 自然地域系统研究的回顾与展望[J]. 地理研究, 21(4): 407-417.

杨宋琪, 祖廷勋, 王怀斌, 等, 2019. 黑河张掖段浮游植物群落结构及其与环境因子的关系[J]. 湖泊科学, 31(01): 159-170.

杨文才, 2011. 多彩迭部系列丛书[M]. 兰州: 甘肃民族出版社.

杨文健, 2007. 人力资源管理[M]. 北京: 科学出版社.

杨雪, 李奇, 王绍美, 等, 2011. 两种白刺叶片及沙堆土壤化学计量学特征的比较[J]. 中国沙漠, 31(5): 1156-1161.

杨逸畴, 冲村孝, 唐邦兴, 等, 1989. 九寨沟地貌的基本特征、形成和演化[J]. 地理, 2(3): 1-12.

杨友桃, 唐迎秋, 1995. 甘肃鱼类资源及其地理分布[J]. 甘肃科学学报(3): 73-75.

杨振国, 2010. 迭部多儿大熊猫自然保护区建设现状及保护措施[J]. 甘肃林业(03): 30-32.

杨振国, 2019. 大熊猫生境性致危因素及保护对策分析[J]. 中国畜禽种业, 15(10): 94-95.

杨振国, 唐尕让, 2017. 论多儿国家级大熊猫自然保护区森林生态旅游综合管理对策[J]. 甘肃林业(06): 35-36.

杨忠兴, 洪焰泉, 徐婷婷, 等, 2020. 云南武定狮子山洲级自然保护区旅游资源调查与评价研究[J]. 中国林副特产, 167(4): 70-75.

姚崇勇, 2004. 甘肃省爬行动物区系与地理区划[J]. 四川动物(03): 217-221.

姚崇勇, 龚大洁, 2012. 甘肃两栖爬行动物[M]. 兰州: 甘肃科学技术出版社.

姚崇勇, 李晓鸿, 许颖, 1997. 甘肃白水江国家级自然保护区综合科学考察报告[M]. 兰州: 甘肃科学技术出版社: 7-8.

姚建初, 郑永烈, 1986. 太白山鸟类垂直分布的研究[J]. 动物学研究(2): 31.

姚贤民, 吕国忠, 杨红, 等, 2007. 长白山森林土壤真菌区系研究[J]. 菌物研究, 5(1): 43-46.

姚星星, 高军, 蒋震, 等, 2018. 甘肃多儿国家级自然保护区夏季鸟类多样性及垂直分布[J]. 西北师范大学学报(自然科学版), 54(1): 48-54.

叶红, 杨小林, 王忠斌, 等, 2013. 藏东南自然保护区资源利用模式研究[J]. 林业调查规划, 38(03): 29-33.

叶琳琳, 吴晓东, 于洋, 等, 2010. 太湖不同湖区蓝藻细胞裂解速率的空间差异[J]. 环境科学学报, 30(6): 1302-1311.

殷鸿福, 1982. 中国的拉丁阶问题[J]. 地质论评, 28(3): 233-239.

游桂芝, 鲍大忠, 李丕鹏, 等, 2020. 贵州省安龙县耕地土壤有效态微量元素丰缺评价[J]. 贵州地质, 37(3): 390-395+403.

于贵瑞, 王秋凤, 方华军, 2014. 陆地生态系统碳-氮-水耦合循环的基本科学问题、理论框架与研究方法[J]. 第四纪研究, 34(4): 683-698.

于君宝, 王金达, 刘景双, 等 , 2002. 典型黑土pH值变化对微量元素有效态含量的影响研究[J]. 水土保持学报, 16(02): 93-95.

余海慧, 吴建平, 樊育英, 2009. 辽宁东部地区野猪危害调查[J]. 野生动物, 30(03): 124-128.

余琦殷, 于梦凡, 邢韶华, 等, 2014. 辽宁青龙自然保护区大型真菌种类及分布特征[J]. 干旱区资源与环境, 28(7): 135-136.

俞月凤, 彭晚霞, 宋同清, 等, 2014. 喀斯特峰丛洼地不同森林类型植物和土壤C、N、P化学计量特征[J]. 应用生态学报, 25(04): 947-954.

喻阳华, 杨丹丽, 钟欣平, 2019. 黔中喀斯特区典型土地利用类型的土壤亲合性元素特征[J]. 地球与环境, 47(04): 429-435.

袁中强, 曹春香, 鲍达明, 等, 2016. 若尔盖湿地土壤重金属元素含量的遥感反演[J]. 湿地科学, 14(1): 113-116.

约翰·马敬能, 卡伦·菲利普斯, 何芬奇, 2000. 中国鸟类野外手册[M]. 卢和芬, 何芬奇, 解焱, 译. 长沙: 湖南教育出版社: 134-499.

翟惟东, 马乃喜, 1999. 生物多样性自然保护区功能区划方法[J]. 西北大学学报(自然科学版)(05): 429-432.

翟惟东, 马乃喜, 2000. 自然保护区功能区划的指导思想和基本原则[J]. 中国环境科学(04): 337-340.

张超, 马娉琦, 1989. 地理气候学[M]. 北京: 气象出版社.

张成安, 丁长青, 2008. 中国鸡形目鸟类的分布格局[J]. 动物分类学报(02): 317-323.

张春霖, 1954. 中国淡水鱼类的分布[J]. 地理学报, 20(3): 279-284.

张春艳, 李萍, 2010. 社区田野调查法在库区移民监测评估中的应用[J]. 人民长江, 41(23): 22-25.

张光亚, 1998. 中国常见食用菌图鉴[M]. 昆明: 云南科技出版社.

张国钢, 刘冬平, 江红星, 等, 2008. 青海省鸟类记录[J]. 四川动物, 27(1): 122.

张浩, 张新, 李启权, 等, 2017. 宜宾地区土壤有效态微量元素空间变异特征及影响因素[J]. 土壤通报, 48(3): 575-582.

张厚粲, 徐建平, 2009. 现代心理与教育统计学[M]. 3版. 北京: 北京师范大学出版社.

张家诚, 1988. 气候与人类[M]. 郑州: 河南科技出版社.

张晋东, 李玉杰, 王玉君, 等, 2017. 野生大熊猫种群数量两种调查方法对比[J]. 应用与环境生物学报, 23(06): 1142-1147.

张静, 2008. 小兴安岭南坡野猪栖息地选择及对农田危害的研究[D]. 哈尔滨: 东北林业大学.

张军燕, 高志, 沈红保, 等, 2017. 拉萨河春季浮游生物群落结构特征研究[J]. 淡水渔业, 47(4): 23-28+62.

张君, 黄燕, 2011. 四川马鞍山自然保护区杜占社会经济状况调查[J]. 西华师范大学学报(自然科学版)(9): 201-204.

张俊芳, 冯佳, 谢树莲, 等, 2012. 山西宁武亚高山湖群浮游植物群落结构特征[J]. 湖泊科学, 24(01): 117-122.

张明旭, 蒽玉琴, 任春燕, 等, 2018. 甘肃迭部多儿自然保护区大型真菌初探[J]. 干旱区资源与环境, 32(9): 165-168.

张鸣天, 刘丙万, 2015. 人与野猪冲突现状及防控研究进展[J]. 安徽农业科学, 43(12): 151-153.

张鸣天, 刘丙万, 刘丹, 2015. 吉林珲春地区野猪危害防控研究[J]. 动物学杂志, 50(06): 819-827.

张乃木, 王克勤, 宋娅丽, 等, 2020. 滇中亚高山森林林下植被和凋落物生态化学计量特征[J]. 林业科学研究, 33(04): 127-134.

张荣祖, 1997. 中国哺乳动物分布[M]. 北京: 中国林业出版社.

张荣祖, 1999. 中国动物地理[M]. 北京: 科学出版社.

张荣祖, 2011. 中国动物地理[M]. 北京: 科学出版社: 315-330.

张荣祖, 赵肯堂, 1978. 关于《中国动物地理区划》的修改[J]. 动物学报(2): 93.

张泰东, 王传宽, 张全智, 2017. 帽儿山5种林型土壤碳氮磷化学计量关系的垂直变化[J]. 应用生态学报, 28(10): 3135-3143.

张孝然, 周鑫, 黄治昊, 等, 2017. 北京八达岭森林公园大型真菌的组成及生态分布[J]. 干旱区资源与环境, 31(8): 181-185.

张星利, 刘改香, 2014. 莲花山自然保护区社区社会经济状况调查[J]. 西华师范大学学报(自然科学版)(9): 66-69.

张雅蓉, 李渝, 刘彦伶, 等, 2016. 长期施肥对西南黄壤碳氮磷生态化学计量学特征的影响[J]. 土壤通报, 47(03): 673-680.

张琰, 张淼, 2012. 基于AHP法的董寨国家级自然保护区生态评价[J]. 广东农业科学, 39(6): 145-148.

张耀甲, 蒲训, 孙纪周, 等, 1997. 甘肃洮河流域种子植物区系的初步研究[J]. 云南植物研究, 19(1): 15-22.

张勇, 龚大洁, 黄帅, 等, 2020. 甘肃两栖爬行动物多样性及区系分析[J]. 四川动物, 39(5): 579-591.

张优智, 王言, 2012. 基于典型相关的农村居民收入与支出关系研究[J]. 淮南职业技术学院学报, 6(12): 11-16.

张玉龙, 王秋兵, 2005. 21世纪中国土壤科学面临的挑战与任务[J]. 沈阳农业大学学报, 36(03): 259-264.

张云, 马徐发, 郭飞飞, 等, 2015. 湖北金沙河水库浮游植物群落结构及其与水环境因了的关系[J]. 湖泊科学, 27(05): 902-910.

张泽浦, 王学军, 1998. 土壤微量元素含量空间分布的条件模拟[J]. 土壤学报, 35(03): 423-429.

张正旺, 2012. 中国濒危雉类保护生态学研究[D]. 北京: 北京师范大学.

张正旺, 丁长青, 丁平, 等, 2003. 中国鸡形目鸟类的现状与保护对策[J]. 生物多样性(05): 414-421.

张芝兰, 2015. 浅析多儿保护区存在的问题及对策[J]. 甘肃林业(6): 34-35.

章程, 谢运球, 吕勇, 等, 2006. 广西弄拉峰丛山区土壤有机质与微量营养元素有效态[J]. 中国岩溶(01): 63-66.

章克昌, 2002. 药用真菌研究开发的现状及其发展[J]. 食品与生物技术, 21(1): 99-103.

赵串串, 王媛, 高瑞梅, 2017. 青海省黄土丘陵区主要林分土壤微量元素丰缺状况研究[J]. 干旱区资源与环境, 31(3): 130-135.

赵冬冬, 2015. 西藏八宿县鸟类群落结构及多样性研究[D]. 长沙: 湖南师范大学.

赵尔宓, 1998. 中国濒危动物红皮书: 第二卷 两栖类和爬行类[M]. 北京: 科学出版社: 1-85.

赵尔宓, 2006. 中国蛇类[M]. 合肥: 安徽科学技术出版社.

赵尔宓, 黄美华, 宗愉, 等, 1998. 中国动物志: 爬行纲 第三卷 有鳞目蛇亚目[M]. 北京: 科学出版社.

赵尔宓, 赵肯堂, 周开亚, 等, 1999. 中国动物志: 爬行纲 第二卷 有鳞目蜥蜴亚目[M]. 北京: 科学出版社.

赵焕臣, 1986. 层次分析法: 一种简易的新决策方法[M]. 北京: 科学出版社.

赵建龙, 2021. 自然保护区建设管理现状与对策探讨[J]. 南方农业, 15(18): 208-209.

赵兰若, 2015. 安多藏区传统聚落与民居建筑研究[D]. 西安: 西安建筑科技大学.

赵汝能, 2004. 甘肃中草药资源志[M]. 兰州: 甘肃科学技术出版社.

赵帅营, 韩博平, 2007. 大型深水贫营养水库——新丰江水库浮游动物群落分析[J]. 湖泊科学(3): 305-314.

赵天飙, 陶波尔, 董希超, 等, 2007. 啮齿动物种群数量调查方法及其评价[J]. 中国媒介生物学及控制杂志(04): 332-334.

赵一娉, 曹扬, 陈云明, 等, 2017. 黄土丘陵沟壑区森林生态系统生态化学计量特征[J]. 生态学报, 37(16): 5451-5460.

赵正阶, 1980. 长白山鸟类垂直分布的研究[J]. 动物学研究, 1(3): 343.

郑光美, 2011. 中国鸟类分类与分布名录[M]. 北京: 科学出版社.

郑光美, 2012. 鸟类学[M]. 北京: 北京师范大学出版社.

郑光美, 2017. 中国鸟类分类与分布名录[M]. 3版. 北京: 科学出版社: 70-406.

郑克贤, 2006. 甘肃省迭部阿夏自然保护区植物多样性研究[J]. 甘肃林业科技(3): 5-9.

郑生武, 1994. 中国西北地区珍稀濒危动物志[M]. 北京: 中国林业出版社.

郑裕雄, 曹际玲, 杨智杰, 等, 2018. 氮沉降对亚热带常绿阔叶天然林不同季节土壤微生物群落结构的影响[J]. 土壤学报, 55(6): 1534-1544.

郑裕雄, 曹际玲, 杨智杰, 等, 2019. 米槠天然林和桔园土壤微生物群落结构的季节性变化[J]. 生态环境学报, 28(10): 1991-1998.

智嘎法王, 2011. 金刚舞的殊胜功德和意义[EB/OL]. (2011-02-19)[2021-11-15]. http: //blog. sina. com. cn/s/blog_5dbfa49d0100pt17. html.

中国科学院地理研究所, 1987. 中国1：1000000地貌图制图规范: 试行[M]. 北京科学出版社: 1-44.

中国科学院微生物研究所, 1973. 常见于常用真菌[M]. 北京: 科学出版社: 166-200.

中国土壤学会农业化学专业委员会, 1983. 土壤农业化学常规分析方法[M]. 北京: 科学出版社.

周俊, 2017. 问卷数据分析-破解SPSS的六类分析思路[M]. 北京: 电子工业出版社.

周应再, 余新林, 徐聪丽, 等, 2021. 基于AHP的高黎贡山国家级自然保护区保山片区生态质量评价[J]. 安徽农业科学, 49(21): 145-148, 176.

洲塔, 1996. 甘肃藏区民俗概述[J]. 中国藏学(3): 14.

朱家威, 2016. 浅谈自然保护区功能分区研究[J]. 现代农业研究(03): 8.

朱松泉, 1989. 中国条鳅志[M]. 南京: 江苏科学技术出版社.

朱松泉, 1993. 中国淡水鱼类检索[M]. 南京: 江苏科学技术出版社.

朱晓华, 杨秀春, 2001. 层次分析法在区域生态环境质量评价中的应用研究[J]. 国土资源科技管理, 18(5): 43-46.

朱新鹏, 2014. 梁子湖浮游动物群落结构及其与环境因子的关系研究[D]. 武汉: 华中农业大学.

朱雅雯, 朱普选, 2012. 青藏高原丧葬类型及空间特征[J]. 青海民族大学学报(社会科学版), 38(02): 64-67.

宗喀·漾正冈布, 杨才让塔, 2021. 甘南夏河藏族的丧葬习俗及其当代变迁-以拉卜楞寺周边村庄为中心[J]. 民族研究(04): 96-109, 141-142.

左家哺, 1990. 植物区系的数据分析[J]. 云南植物研究, 12(2): 179-185.

Andrew T Smith, 解焱, 2009. 中国兽类野外手册[M]. 长沙: 湖南教育出版社.

AGRAWAL A, 2005. Environmentality: technologies of government and the making of subjects[M]. Durham: Duke University Press.

ANGELONI N L, JANKOWSKI K J, TUCHMAN N C, et al., 2006. Effects of an invasive cattail species (*Typha×glauca*) on sediment nitrogen and microbial community composition in a freshwater wetland[J]. FEMS Microbiology Letters, 263(1): 86-92.

ARNDT S, TURVEY C, ANDREASEN N C, 1999. Correlating and predicting psychiatric symptom ratings: Spearmans r versus Kendalls tau correlation[J]. Journal of Psychiatric Research, 33(2): 97-104.

BERG G, GRUBE M, SCHLOTER M, et al., 2014. Unraveling the plant microbiome:Looking back and future perspectives[J]. Frontiers in Microbiology, 5: 1-7.

CAMARGO P B D, TRUMBORD S E, MARTINELLI L A, et al., 1999. Soil carbon dynamics in regrowing forest of eastern Amazonia[J].Global Change Biology, 5(6): 693-702.

CHAPE S, HARRISON J, SPALDING M, et al., 2005. Measuring the extent and effectiveness of protected areas as an indicator for meeting global biodiversity targets[J]. Philosophical Transactions of the Royal Society B: Biological Sciences, 360: 443-455.

Chapin F S, Matson P A, Mooney H A, 2002. Principles ofterrestrial ecosystem ecology[M]. New York: Springer.

CHEN C R, XU Z H, ZHANG S L, et al. , 2005. Soluble organic nitrogen pools in forest soils of 57 Subtropical

Australia[J]. Plant & Soil, 277(2): 285-297.

CLEVELAND C C, LIPTZIN D, 2007. C: N: P stoichiometry in soil: is there a 'Redfield ratio' for the microbial biomass?[J] Biogeochemistry, 85(3): 235-252.

CRAINE J M, JACKSON R D, 2010. Plant nitrogen and phosphorus limitation in 98 North American grassland soils[J]. Plant & Soil, 334(1-2): 73-84.

CURIEL Y J , BALDOCCHI D D, GERSHENSON A, et al., 2010. Microbial soil respiration and its dependency on carbon inputs, soil temperature and moisture[J]. Global Change Biology, 13(9): 2018-2035.

DAVIS W M, 1899. The geographical cycle[J]. Geographical journal, 14: 481-501.

DUDLEY N, 2008. Guidelines for applying protected area management categories[M]. Switzerland: IUCN.

ELSER J J, ACHARYA K, KYLE M, et al., 2003. Growth rate-stoichiometry couplings in diverse biota[J]. Ecology Letters, 6(10): 936-943.

ERVIN J, 2003. Protected area assessments in perspective[J]. Bio Science, 53(9): 819-822.

FAZHU Z, JIAO S, CHENGJIE R, et al., 2015. Land use change influences soil C, N, and P stoichiometry under 'Grain-to-Green Program' in China[J]. Scientific Reports, 5: 10195.

GÜSEWELL S, 2004. N: P ratios in terrestrial plants:variation andfunctional significance[J]. New Phytologist, 164(2): 243-266.

GÜSEWELL S, KOERSELMAN W, VERHOEVEN J, 2003. Biomass n:p ratios as indicators of nutrient limitation for plant populations in wetlands[J]. Ecological Applications, 13(2): 372-384.

HAUKE J, KOSSOWSKI T, 2011. Comparison of Values of Pearson's and Spearman's Correlation Coefficients on the Same Sets of Data[J]. Quaestiones Geographicae, 30(2): 87-93.

HILBORN R, ARCESE P, BORNER M, et al.,2006. Effective enforcement in a conservation area[J]. Science, 314(5803): 1266.

KARIMI B, TERRAT S, DEQUIEDT S, et al., 2018. Biogeography of soil bacteria and archaea across France[J]. Science Advances, 4(7): 1808.

LECHOWICE M J, 1982. The sampling characteristics of selectivity indices[J]. Ecology, 52: 22-30.

LEVERINGTON F, COSTA K L, PAVESE H, et al., 2010. A global analysis of protected area management effectiveness[J]. Environmental Management, 46(5): 685-698.

LINDSEY P A, PETRACCA L S, FUNSTON P J, et al., 2017. The performance of African protected areas for lions and their prey[J]. Biological Conservation, 209: 137-149.

LIPSON D A, SCHMIDT S K, 2004. Seasonal changes in an alpine soil bacterial community in the Colorado Rocky Mountains[J]. Applied and Environmental Microbiology, 70: 2867-2879.

LIU M H, SUI X, HU Y B, et al., 2019. Microbial community structure and the relationship with soil carbon and nitrogen in an original.Korean pine forest of Changbai Mountain, China[J]. BMC Microbiology, 19(1): 280-287.

LOREAU M, 2001. Microbial diversity, producer-decomposer interactions and ecosystem processes: a theoretical model[J]. Proceedings of the Royal Society B, 268(1464): 303-309.

MCCAIN C M, 2004. The Mid-Domain Effect Applied to Elevational Gradients: Species Richness of Small Mammals in Costa Rica[J]. Journal of Biogeography, 31(1): 346-360.

MILATOVIC L, ANTHONY B P, SWEMMER A, 2019. Estimating conservation effectiveness across protected areas in Limpopo Province, South Africa[J]. Koedoe, 61(1): 1-10.

MÜLLER M, OELMANN Y, SCHICKHOFF U, et al., 2017. Himalayan treeline soil and foliar C: N: P stoichiometry indicate nutrient shortage with elevation[J]. Geoderma, 291(1): 21-32.

NOLTE C, AGRAWAL A, SILVIUS K M, et al., 2013. Governance regime and location influence avoided deforestation success of protected areas in the Brazilian Amazon[J]. Proceedings of the National Academy of Sciences of the United States of America, 110(13): 4956-4961.

PANKRATOV T A, IVANOVA A O, DEDYSH S N, et al., 2011. Bacterial populations and environmental factors controlling cellulose degradation in an acidic Sphagnum peat[J]. Environmental Microbiology, 13: 1800-1814.

REICH P B, OLEKSYN J, 2004. Global patterns of plant leaf N and P inrelation to temperature and latitude[J]. Proceedings of the National Academy of Sciences, 101(30): 11001-11006.

REN C J, LIU W C, ZHAO F Z, et al., 2019. Soil bacterial and fungal diversity and compositions respond differently to forest development[J]. CATENA, 181: 104071.

REYNOLDS C S, 1998. What factors influence the species composition of phytoplankton in lakes of different trophic status?[J]. Hydrobio-logia, 369/370: 11-26.

RHABEKC, 1995. The elevational gradient of species richness:a uniform pattern？ [J]. Ecography, 18(2): 200.

ROGERS B F, TATE R L, 2001. Temporal analysis of the soil microbial community along a toposequence in Pineland soils[J]. Soil Biology and Biochemistry, 33(10): 1389-1401.

SHEN C C, GUNINA A, LUO Y, et al., 2020. Contrasting patterns and drivers of soil bacterial and fungal driversity across a mountain gradient[J]. Environmental Microbiology, 2020, 22(8): 3287-3310.

SHIGYO N, UMEKI K, HIRAO T, 2019. Seasonal dynamics of soil fungal and bacterial communities in cool-temperate montane forests[J]. Frontiers in Microbiology, 10: 1944.

STONE M M, KAN J J, PLANTE A F, 2015. Parent material and vegetation influence bacterial community structure and nitrogen functional genes along deep tropical soil profiles at the Luquillo Critical Zone Observatory[J]. Soil Biology & Biochemistry, 80: 273-282.

TESSIER J T, RAYNAL D J, 2003. Use of nitrogen to phosphorus ratios in plant tissue as an indicator of nutrient limitation and nitrogen saturation[J]. Journal of Applied Ecology(40): 523-534.

TORSVIK V, ØVREÅS L, 2002. Microbial diversity and function in soil: from genes to ecosystems[J]. Current Opinion in Microbiology, 5(3): 240-245.

TRESEDER K , VITOUSEK P M, 2001. Effects of soil nutrient availability on investment in acquisition of N and P in hawaiian rain forests[J]. Ecology, 82(4): 946-954 .

WANG H, YANG J P, YANG S H, et al., 2014. Effect of a 10°C-elevated temperature under different water contents on the microbial community in a tea orchard soil[J]. European Journal of Soil Biology, 62: 113-120.

WANG P, GUAN Y Y, XIAO W Y, et al., 2017. Effects of canopy gaps on the physical and chemical properties of rhizosphere and bulk soil with seasonal changes[J]. Journal of Southwest Forestry University, 37(5): 88-97.

WU Y, COLWELL R K, RAHBEK C, et al., 2013. Explaining the species richness of birds along a subtropicale levational gradientin in the Heng duan Mountains[J]. Journal of Biogeography, 40(1): 2310.

WU Z Y, LIN W X, CHEN Z F, et al., 2014. Phospholipid fatty acid analysis of soil microbes at different elevation of Wuyi Mountains[J]. Scientia Silvae Sinicae, 50(7): 105-112.

YANG Y H, MOHAMMAT A, FENG J M, et al., 2007. Storage, patterns and environmental controls of soil organic carbon in China[J]. Biogeochemistry, 84(2): 131-141.

ZHANG B L, WU X K, ZHANG G S, et al., 2016. The diversity and biogeography of the communities of Actinobacteria in the orelands of glaciers at a continental scale[J]. Environmental Research Letters, 11(5): 054012.

ZHANG Y L , WANG Z F, LUO K L, et al., 2007. The spatial distribution of trace elements in topsoil from the northern slope of Qomolangma (Everest) in China[J]. Environmental Geology, 52(4): 679-684.

附录 1　甘肃多儿国家级自然保护区土壤微生物名录

酸杆菌门 (ACIDOBACTERIA)
　酸杆菌纲 (ACIDOBACTERIA)
　　1. 酸杆菌目 (ACIDOBACTERIALES)
　　　1. 酸杆菌科 (Acidobacteriaceae)
　　　　1. 酸杆菌属 (*Acidobacterium*)
　　　　2. (*Geothrix*)
　　　　3. (*Holophaga*)

放线菌门 (ACTINOBACTERIA)
　（高 G+C 革兰氏阳性菌）
　放线菌纲 (ACTINOBACTERIA)
　　1. 酸微菌亚纲 (ACIDIMICROBIDAE)
　　　1. 酸微菌目 (ACIDIMICROBIALES)
　　　　1. 酸微菌亚目 (ACIDIMICROBINEAE)
　　　　　1. 酸微菌科 (Acidimicrobiaceae)
　　　　　　1. 酸微菌属 (*Acidimicrobium*)
　　2. 放线菌亚纲 (ACTINOBACTERIDAE)
　　　1. 放线菌目 (ACTINOMYCETALES)
　　　　1. 放线菌亚目 (ACTINOMYCINEAE)
　　　　　1. 放线菌科 (Actinomycetaceae)
　　　　　　1. (*Actinobaculum*)
　　　　　　2. 放线菌属 (*Actinomyces*)
　　　　　　3. (*Arcanobacterium*)
　　　　　　4. (*Falcivibrio*)
　　　　　　5. (*Mobiluncus*)
　　　　　　6. (*Varibaculum*)
　　　　2. (Catenulisporineae)
　　　　　1. (*Actinospicaceae*)

　　　　　　1. (*Actinospica*)
　　　　　2. (Catenulisporaceae)
　　　　　　1. (*Catenulispora*)
　　　　3. 棒杆菌亚目 (CORYNEBACTERINEAE)
　　　　　1. 棒杆菌科 (Corynebacteriaceae)
　　　　　　1. (*Bacterionema*)
　　　　　　2. (*Caseobacter*)
　　　　　　3. 棒杆菌属 (*Corynebacterium*)
　　　　　2. (Dietziaceae)
　　　　　　1. (*Dietzia*)
　　　　　3. (Gordoniaceae)
　　　　　　1. (*Gordonia*)
　　　　　　2. (*Millisia*)
　　　　　　3. (*Skermania*)
　　　　　4. 分枝杆菌科 (Mycobacteriaceae)
　　　　　　1. 分枝杆菌属 (Mycobacterium)
　　　　　　　（含结核杆菌）
　　　　　5. 诺卡氏菌科 (Nocardiaceae)
　　　　　　1. (*Micropolyspora*)
　　　　　　2. 诺卡氏菌属 (*Nocardia*)
　　　　　　3. 红球菌属 (*Rhodococcus*)
　　　　　　4. (*Smaragdicoccus*)
　　　　　　5. (Segniliparaceae)
　　　　　　1. (*Segniliparus*)
　　　　　6. (Tsukamurellaceae)
　　　　　　1. (*Tsukamurella*)
　　　　　7. (Williamsiaceae)
　　　　　　1. (*Williamsia*)

4. 弗兰克氏菌亚目 (FRANKINEAE)

1. (Acidothermaceae)

1. (*Acidothermus*)

2. 弗兰克氏菌科 (Frankiaceae)

1. 弗兰克氏菌属 (*Frankia*)

3. (Geodermatophilaceae)

1. (*Blastococcus*)

2. (*Geodermatophilus*)

3. (*Modestobacter*)

4. (Kineosporiaceae)

1. (*Cryptosporangium*)

2. (*Kineococcus*)

3. (*Kineosporia*)

5. (Nakamurellaceae)

1. (*Humicoccus*)

2. (*Nakamurella*)

3. (*Quadrisphaera*)

6. (Sporichthyaceae)

1. (*Sporichthya*)

5. (GLYCOMYCINEAE)

1. (Glycomycetaceae)

1. (*Glycomyces*)

2. (Stackerbrandtia)

6. 微球菌亚目 (MICROCOCCINEAE)

1. (Beutenbergiaceae)

1. (*Beutenbergia*)

2. (*Georgenia*)

3. (*Salana*)

2. (Bogoriellaceae)

1. (*Bogoriella*)

3. 短杆菌科 (Brevibacteriaceae)

1. 短杆菌属 (*Brevibacterium*)

4. (Cellulomonadaceae)

1. (*Cellulomonas*)

2. (*Oerskovia*)

3. (*Tropheryma*)

5. (Dermabacteraceae)

1. (*Brachybacterium*)

2. (*Dermabacter*)

6. (Dermacoccaceae)

1. (*Demetria*)

2. (*Dermacoccus*)

3. (*Kytococcus*)

7. (Dermatophilaceae)

1. (*Dermatophilus*)

2. (*Kineosphaera*)

8. (Intrasporangiaceae)

1. (*Arsenicicoccus*)

2. (*Intrasporangium*)

3. (*Janibacter*)

4. (*Knoellia*)

5. (*Kribbia*)

6. (*Ornithinicoccus*)

7. (*Ornithinimicrobium*)

8. (*Oryzihumus*)

9. (*Serinicoccus*)

10. (*Terrabacter*)

11. (*Terracoccus*)

12. (*Tetrasphaera*)

9. (Jonesiaceae)

1. (*Jonesia*)

10. (Microbacteriaceae)

1. (*Agreia*)

2. (*Agrococcus*)

3. (*Agromyces*)

4. (*Aureobacterium*)

5. (*Clavibacter*)

6. (*Cryobacterium*)

7. (*Curtobacterium*)

8. (*Frigoribacterium*)

9. (*Gulosibacter*)

10. (*Leifsonia*)

11. (*Leucobacter*)

12. (*Microbacterium*)

13. (*Microcella*)

14. (*Mycetocola*)

15. (*Okibacterium*)

16. (*Plantibacter*)

17. (*Pseudoclavibacter*)

18. (*Rathayibacter*)

19. (*Rhodoglobus*)

20. (*Salinibacterium*)

21. (*Subtercol*)

22. (*Yonghaparkia*)

23. (*Zimmermannella*)

11. 微球菌科 (Micrococcaceae)

  1. (*Acaricomes*)

  2. 节杆菌属 (*Arthrobacter*)

  3. (*Citricoccus*)

  4. (*Kocuria*)

  5. 微球菌属 (*Micrococcus*)

  6. (*Nesterenkonia*)

  7. (*Renibacterium*)

  8. 罗氏菌属 (*Rothia*)

  9. 口腔球菌属 (*Stomatococcus*)

12. (Promicromonosporaceae)

  1. (*Cellulosimicrobium*)

  2. (*Isoptericola*)

  3. (*Myceligenerans*)

  4. (*Promicromonospora*)

  5. (*Xylanibacterium*)

  6. (*Xylanimonas*)

13. (Rarobacteraceae)

  1. (*Rarobacter*)

14. (Sanguibacteraceae)

  1. (*Sanguibacter*)

15. (Yaniaceae)

  1. (*Yania*)

16. 科未定

  1. (*Actinotalea*)

  2. (*Demequina*)

  3. (*Phycicoccus*)

  4. (*Ruania*)

7. 微单孢菌亚目 (MICROMONOSPORINEAE)

  1. 微单孢菌科 (Micromonosporaceae)

    1. (*Actinocatenispora*)

    2. (*Actinoplanes*)

    3. (*Amorphosporangium*)

    4. (*Ampullariella*)

    5. (*Asanoa*)

    6. (*Catellatospora*)

    7. (*Catenuloplanes*)

    8. (*Couchiolanes*)

    9. (*Dactylosporangium*)

    10. (*Longispora*)

    11. 微单孢菌属 (*Micromonospora*)

    12. (*Pilimelia*)

    13. (*Planopolyspora*)

    14. (*Polymorphospora*)

    15. (*Salinispora*)

    16. (*Spirilliplanes*)

    17. (*Verrucosispora*)

    18. (*Virgisporangium*)

8. 丙酸杆菌亚目 (PROPIONIBACTERINEAE)

  1. (Nocardioidaceae)

    1. (*Actinopolymorpha*)

    2. (*Aeromicrobium*)

    3. (*Friedmanniella*)

    4. (*Hongia*)

    5. (*Kribbella*)

    6. (*Marmoricola*)

    7. (*Micropruina*)

    8. (*Nocardioides*)

    9. (*Pimelobacter*)

    10. (*Propionicicella*)

    11. (*Propionicimonas*)

  2. 丙酸杆菌科 (Propionibacteriaceae)

    1. (*Arachnia*)

    2. (*Brooklawnia*)

    3. (*Granulicoccus*)

    4. 江氏菌属 (*Jiangella*)

    5. (*Luteococcus*)

    6. (*Microlunatus*)

    7. 丙酸杆菌属 (*Propionibacterium*)

    8. (*Propioniferax*)

    9. (*Propionimicrobium*)

    10. (*Tessaracocccus*)

9. (PSEUDONOCARDINEAE)

  1. (Actinosynnemataceae)

    1. (*Actinokineospora*)

    2. (*Actinosynnema*)

    3. (*Lechevalieria*)

    4. (*Lentzea*)

    5. (*Saccharothrix*)

  2. (Pseudonocardiaceae)

    1. (*Actinoalloteichus*)

    2. (*Actinobispora*)

    3. (*Actinopolyspora*)

4. (*Amycolatopsis*)

5. (*Crossiella*)

6. (*Faenia*)

7. (*Goodfellowia*)

8. (*Kibdelosporangium*)

9. (*Kutzneria*)

10. (*Prauserella*)

11. (*Pseudoamycolata*)

12. (*Pseudonocardia*)

13. (*Saccharomonospora*)

14. (*Saccharopolyspora*)

15. (*Streptoalloteichu.s*)

16. (*Thermobispora*)

17. (*Thermocrispum*)

10. 链霉菌亚目 (STREPTOMYCINEAE)

　　1. 链霉菌科 (Sterptomycetaceae)

　　　1. (*Actinopycnidium*)

　　　2. (*Actinosporangium*)

　　　3. (*Chainia*)

　　　4. (*Elytrosporangium*)

　　　5. 北里菌属 (*Kitasatoa*)

　　　6. 北里孢菌属 (*Kitasatospora*)

　　　7. (*Microellobosporia*)

　　　8. (*Streptacidiphilus*)

　　　9. 链霉菌属 (*Streptomyces*)

　　　10. (*Streptoverticillium*)

11. (STREPTOSPORANGINEAE)

　　1. (Nocardiopsaceae)

　　　1. (*Nocardiopsis*)

　　　2. (*Streptomonospora*)

　　　3. (*Thermobifida*)

　　2. (Streptosporangiaceae)

　　　1. (*Acrocarpospora*)

　　　2. (*Herbidospora*)

　　　3. (*Microbispora*)

　　　4. (*Microtetraspora*)

　　　5. (*Nonomuraea*)

　　　6. (*Planobispora*)

　　　7. (*Planomonospora*)

　　　8. (*Planotetraspora*)

　　　9. (*Streptosporangium*)

　　　10. (*Thermopolyspora*)

　　3. (Thermomonosporaceae)

　　　1. (*Actinocorallia*)

　　　2. (*Actinomadura*)

　　　3. (*Excellospora*)

　　　4. (*Spirillospora*)

　　　5. (*Thermomonospora*)

2. 双歧杆菌目 (BIFIDOBACTERIALES)

　　1. 双歧杆菌科 (Bifidobacteriaceae)

　　　1. (*Aeriscardovia*)

　　　2. 双歧杆菌属 (*Bifidobacterium*)

　　　3. (*Gardnerella*)

　　　4. (*Parascardovia*)

　　　5. (*Scardovia*)

　　2. 科未定

　　　1. (*Turicella*)

3. (CORIOBACTERIDAE)

　　1. (Coriobacteriales)

　　1. (Coriobacterineae)

　　　1. (*Coriobacteriaceae*)

　　　　1. 奇异菌属 (*Atopobium*)

　　　　2. (*Collinsella*)

　　　　3. (*Coriobacterium*)

　　　　4. (*Cryptobacterium*)

　　　　5. (*Denitrobacterium*)

　　　　6. (*Eggerthella*)

　　　　7. (*Olsenella*)

　　　　8. (*Slackia*)

4. 红色杆菌亚纲 (RUBROBACTERIDAE)

　　1. 红色杆菌目 (RUBROBACTERALES)

　　1. 红色杆菌亚目 (RUBROBACTERINEAE)

　　　1. (Conexibacteraceae)

　　　　1. (*Conexibacter*)

　　　2. (Patulibacteraceae)

　　　　1. (*Patulibacter*)

　　　3. 红色杆菌科 (Rubrobacteraceae)

　　　　1. 红色杆菌属 (*Rubrobacter*)

　　　4. (Solirubrobacteraceae)

　　　　1. (*Solirubrobacter*)

　　　5. (Thermoleophilaceae)

　　　　1. (*Thermoleophilum*)

5. 球形杆菌亚纲 (SPHAEROBACTERIDAE)

  1. 球形杆菌目 (SPHAEROBACTERALES)

    1. 球形杆菌亚目 (SPHAEROBACTERINEAE)

      1. 球形杆菌科 (Sphaerobacteraceae)

        1. 球形杆菌属 (*Sphaerobacter*)

产水菌门 (AQUIFICAE)

产水菌纲 (AQUIFICAE)

  1. 产水菌目 (AQUIFICALES)

    1. 产水菌科 (Aquificaceae)

      1. 产水菌属 (*Aquifex*)

      2. (*Calderobacterium*)

      3. (*Hydrogenivirga*)

      4. (*Hydrogenobacter*)

      5. (*Hydrogenobaculum*)

      6. (*Thermocrinis*)

    2. 除硫杆菌科 (Desulfurobacteriaceae)

      1. (*Balnearium*)

      2. 除硫杆菌属 (*Desulfurobacterium*)

      3. 热弧菌属 (*Thermovibrio*)

    3. (Hydrogenothermaceae)

      1. (*Hydrogenothermus*)

      2. (*Persephonella*)

      3. (*Sulfurihydrogenibium*)

拟杆菌门 (BACTEROIDETES)

拟杆菌纲 (BACTEROIDETES)

  1. 拟杆菌目 (BACTEROIDALES)

    1. 拟杆菌科 （Bacteroidaceae)

      1. (*Acetomicrobium*)

      2. (*Anaerophaga*)

      3. (*Anaerorhabdus*)

      4. 拟杆菌属 (*Bacteroides*)

      5. (*Megamonas*)

      6. (*Pontibacter*)

    2. 紫单胞菌科 (Porphyromonadaceae)

      1. (*Barnesiella*)

      2. (*Capsularis*)

      3. (*Dysgonomonas*)

      4. (*Hallella*)

      5. (*Oribaculum*)

      6. (*Paludibacter*)

      7. (*Parabacteroides*)

      8. 紫单胞菌属 (*Porphyromonas*)（多译作"卟啉单胞菌"，但 porphyro- 应来源于希腊语"紫色"）

      9. (*Proteiniphilum*)

      10. (*Tannerella*)

      11. (*Xylanibacter*)

    3. 普雷沃氏菌科 (Prevotellaceae)

      1. 普雷沃氏菌属 (*Prevotella*)（或作"普氏菌"）

    4. 理研菌科 (Rikenellaceae)

      1. (*Alistipes*)

      2. (*Alkaliflexus*)

      3. (*Marinilabilia*)

      4. (*Petrimonas*)

      5. 理研菌属 (*Rikenella*)（注：Riken 是日语"理化学研究所"简称）

    5. 科未定

      1. (*Acetofilamentum*)

      2. (*Acetothermus*)

黄杆菌纲 (FLAVOBACTERIA)

  1. 黄杆菌目 (FLAVOBACTERIALES)

    1. 蟑螂杆状体科 (Blattabacteriaceae)

      1. 蟑螂杆状体属 (*Blattabacterium*)

    2. (Cryomorphaceae)

      1. (*Algoriphagus*)

      2. (*Brumimicrobium*)

      3. (*Crocinitomix*)

      4. (*Cryomorpha*)

      5. (*Fluviicola*)

      6. 李时珍菌属 (*Lishizhenia*)

      7. (*Owenweeksia*)

    3. 黄杆菌科 (Flavobacteriaceae)

      1. (*Aequorivita*)

      2. (*Algibacter*)

      3. (*Aquimarina*)

      4. (*Arenibacter*)

      5. 伯杰菌属 (*Bergeyella*)

      6. (*Bizionia*)

      7. 碳酸噬胞菌属 (*Capnocytophaga*)（注：多译作"二氧化碳噬纤维菌属"）

8. 噬纤维素菌属 (*Cellulophaga*)

9. 金黄杆菌属 (*Chryseobacterium*)

10. (*Cloacibacterium*)

11. (*Coenonia*)

12. (*Costertonia*)

13. (*Croceibacter*)

14. 独岛菌属 (*Dokdonia*)

15. 东海菌属 (*Donghaeana*)

16. (*Elizabethkingia*)

17. (*Empedobacter*)

18. (*Epilithonimonas*)

19. (*Flaviramulus*)

20. 黄杆菌属 (*Flavobacterium*)

21. (*Formosa*)

22. 泥滩杆菌属 (*Gaetbulibacter*)

23. 泥滩微菌属 (*Gaetbulimicrobium*)

24. (*Gelidibacter*)

25. (*Gillisia*)

26. (*Gilvibacter*)

27. 革兰菌属 (*Gramella*)

28. (*Kaistella*)

29. (*Kordia*)

30. (*Krokinobacter*)

31. (*Lacinutrix*)

32. 列文虎克菌属 (*Leeuwenhoekiella*)

33. (*Lutibacter*)

34. (*Maribacter*)

35. (*Mariniflexile*)

36. (*Marixanthomonas*)

37. (*Mesonia*)

38. (*Muricauda*)

39. (*Myroides*)

40. (*Nonlabens*)

41. (*Olleya*)

42. (*Ornithobacterium*)

43. (*Persicivirga*)

44. (*Pibocella*)

45. 极地杆菌属 (*Polaribacter*)

46. 冷弯菌属 (*Psychroflexus*)

47. (*Psychroserpens*)

48. (*Riemerella*)

49. (*Robiginitalea*)

50. (*Salegentibacter*)

51. (*Sandarakinotalea*)

52. (*Sediminibacter*)

53. (*Sediminicola*)

54. 世宗菌属 (*Sejongia*)

55. (*Stanierella*)

56. (*Stenothermobacter*)

57. (*Subsaxibacter*)

58. (*Subsaximicrobium*)

59. (*Tamlana*)

60. (*Tenacibaculum*)

61. (*Ulvibacter*)

62. (*Vitellibacter*)

63. (*Wautersiella*)

64. (*Weeksella*)

65. (*Winogradskyella*)

66. 丽水菌属 (*Yeosuana*)

67. (*Zeaxanthinibacter*)

68. 周氏菌属 (*Zhouia*)

69. (*Zobellia*)

鞘脂杆菌纲 (SPHINGOBACTERIA)

1. 鞘脂杆菌目 (SPHINGOBACTERIALES)

1. 泉发菌科 (CRENOTRICHACEAE)

　1. (*Balneola*)

　2. (*Chitinophaga*)

　3. 泉发菌属 (*Crenothrix*)

　4. (*Rhodothermus*)

　5. (*Salinibacter*)

　6. (*Terrimonas*)

　7. (*Toxothrix*)

2. (Flammeovirgaceae)

　1. (*Flammeovirga*)

　2. (*Flexithrix*)

　3. (*Persicobacter*)

　4. (*Thermonema*)

3. 屈挠杆菌科（Flexibacteraceae）

　1. (*Adhaeribacter*)

　2. (*Aquiflexum*)

　3. (*Arcicella*)

　4. (*Belliella*)

5. (*Chimaereicella*)

6. (*Cyclobacterium*)

7. 噬胞菌属 (*Cytophaga*)

8. (*Dyadobacter*)

9. (*Echinicola*)

10. (*Effluvübacter*)

11. (*Emticicia*)

12. (*Fabibacter*)

13. (*Flectobacillus*)

14. 屈挠杆菌属 (*Flexibacter*)

15. (*Hongiella*)

16. (*Hymenobacter*)

17. (*Larkinella*)

18. (*Leadbetterella*)

19. (*Marinicola*)

20. (*Meniscus*)

21. (*Microscilla*)

22. (*Niastella*)

23. (*Reichenbachiella*)

24. (*Rhodonellum*)

25. (*Roseivirga*)

26. (*Runella*)

27. (*Spirosoma*)

28. 生孢噬胞菌属 (*Sporocytophaga*)

4. 腐螺旋菌科 (Saprospiraceae)

1. (*Aureispira*)

2. (*Haliscomenobacter*)

3. (*Lewinella*)

4. 腐螺旋菌属 (*Saprospira*)

5. 鞘脂杆菌科 (*Sphingobacteriaceae*)

1. (*Olivibacter*)

2. (*Pedobacter*)

3. 鞘脂杆菌属 (*Sphingobacterium*)

6. 科未定

1. (*Niabella*)

纲未定

1. (Prolixibacter)

衣原体门 (CHLAMYDIAE)
衣原体纲 (CHLAMYDIAE)
1. 衣原体目 (CHLAMYDIALES)

1. 衣原体科 (Chlamydiaceae)

1. 衣原体属 (*Chlamydia*)

2. 嗜衣体属 (*Chlamydophila*)

2. 副衣原体科（Parachlamydiaceae）

1. 新衣原体属 (*Neochlamydia*)

2. 副衣原体属 (*Parachlamydia*)

3. 芯卡体科 (Simkaniaceae)

1. 芯卡体属 (*Simkania*)

2. 棍衣原体属 (*Rhabdochlamydia*)

4. 华诊体科 (Waddliaceae)

1. 华诊体属 (*Waddlia*)（注：WADDL 为"华盛顿动物病诊断实验室"缩写）

绿菌门 (CHLOROBI)
绿菌纲 (CHLOROBIA)
1. 绿菌目 (CHLOROBIALES)

1. 绿菌科 (Chlorobiaceae)

1. 臂绿菌属 (*Ancalochloris*)

2. 绿棒菌属 (*Chlorobaculum*)

3. 绿菌属 (*Chlorobium*)

4. 绿爬菌属 (*Chloroherpeton*)

5. 暗网菌属 (*Pelodictyon*)

6. 突柄绿菌属 (*Prosthecochloris*)

绿弯菌门 (CHLOROFLEXI)
厌氧绳菌纲 (ANAEROLINEAE)
1. 厌氧绳菌目 (ANAEROLINE ALES)

1. 厌氧绳菌科 (Anaerolineaceae)

1. 厌氧绳菌属 (*Anaerolinea*)

2. 纤绳菌属 (*Leptolinea*)

3. (*Levilinea*)

暖绳菌纲 (CALDILINEAE)
1. 暖绳菌目 (CALDILINEALES)

1. 暖绳菌科 (Caldilineaceae)

1. 暖绳菌属 (*Caldilinea*)

绿弯菌纲 (CHLOROFLEXI)
1. 绿弯菌目 (CHLOROFLEXALES)

1. 绿弯菌科 (Chloroflexaceae)

1. 绿弯菌属 (*Chloroflexus*)

2. 绿线菌属 (*Chloronema*)

3. 太阳发菌属 (*Heliothrix*)

4. 玫瑰弯菌属 (*Roseiflexus*)

2. 颤绿菌科 (Oscillochloridaceae)

1. 颤绿菌属 (*Oscillochloris*)

2. 爬管菌目 (HERPETOSIPHONALES)

1. 爬管菌科 (Herpetosiphonaceae)

1. 爬管菌属 (*Herpetosiphon*)

产金菌门 (CHRYSIOGENETES)
产金菌纲 (CHRYSIOGENETES)

1. 产金菌目 (CHRYSIOGENALES)

1. 产金菌科 (Chrysiogenaceae)

1. 产金菌属 (*Chrysiogenes*)

蓝藻门 (CYANOBACTERIA)
蓝藻纲 (CYANOBACTERIA)

注：目前有三套蓝藻分类系统，分别为NCBI、Bergey's手册及Cavalier-Smith（2002年，仅分至目）。本文采用的Bergey's手册中蓝藻内的分类，不论目科属，均为形态分类，目、科均未列名称，此处目名称为习惯用法，科不列名称；属除*Halospirulina*和*Trichodesmium*之外均标为"形态属"（Form. Genus）而非"属"（Genus）。

1. 色球藻目 (CHROOCOCCALES)

1. 第一科

1. 管孢藻属 (*Chamaesiphon*)

2. 色球藻属 (*Chroococcus*)

3. (*Cyanobacterium*)

4. (*Cyanobium*)

5. (*Cyanothece*)

6. 蓝纤维藻属 (*Dactylococcopsis*)

7. (*Gloeobacter*)

8. 黏球藻属 (*Gloeocapsa*)

9. 黏杆藻属 (*Gloeothece*)

10. 微囊藻属 (*Microcystis*)

11. 原绿球藻属 (*Prochlorococcus*)

12. 原绿藻属 (*Prochloron*)

13. 聚球藻属 (*Synechococcus*)

14. 集胞藻属 (*Synechocystis*)

2. 宽球藻目 (PLEUROCAPSALES)

1. 第一科

1. (*Cyanocystis*)

2. (*Dermocarpella*)

3. (*Stanieria*)

4. 异球藻属 (*Xenococcus*)

2. 第二科

1. 拟色球藻属 (*Chroococcidiopsis*)

2. 黏囊藻属 (*Myxosarcina*)

3. 宽球藻属 (*Pleurocapsa*)

3. 颤藻目 (OSCILATORIALES)

1. 第一科

1. 节螺藻属 (*Arthrospira*)（包含商业化螺旋藻）

2. (*Borzia*)

3. (*Crinalium*)

4. (*Geitlerinema*)

5. 盐螺旋藻属 (*Halospirulina*)

6. (*Leptolyngbya*)

7. (*Limnothrix*)

8. 鞘丝藻属 (*Lyngbya*)

9. 微鞘藻属 (*Microcoleus*)

10. 颤藻属 (*Oscillatoria*)

11. (*Planktothrix*)

12. 原绿发藻属 (*Prochlorothrix*)

13. (*Pseudanabaena*)

14. 螺旋藻属 (*Spirulina*)

15. (*Starria*)

16. 束藻属 (*Symploca*)

17. 束毛藻属 (*Trichodesmium*)

18. (*Tychonema*)

4. 念珠藻目 (NOSTOCALES)

1. 第一科

1. 鱼腥藻属 (*Anabaena*)

2. 项圈藻属 (*Anabaenopsis*)

3. 束丝藻属 (*Aphanizomenon*)

4. (*Cyanospira*)

5. (*Cylindrospermopsis*)

6. 筒孢藻属 (*Cylindrospermum*)

7. 节球藻属 (*Nodularia*)

8. 念珠藻属 (*Nostoc*)

9. 伪枝藻属 (*Scytonema*)

2. 第二科

1. 眉藻属 (*Calothrix*)

2. 胶须藻属 (*Rivularia*)

3. 单歧藻属 (*Tolypothrix*)

5. 真枝藻目 (STIGONE MATALES)

1. 第一科

1. (*Chlorogloeopsis*)

2. 费氏藻属 (*Fischerella*)

3. (*Geitleria*)

4. (*Iyengariella*)

5. 拟念珠藻属 (*Nostochopsis*)

6. 真枝藻属 (*Stigonema*)

脱铁杆菌门 (DEFERRIBACTERES)

脱铁杆菌纲 (DEFERRIBACTERES)

1. 脱铁杆菌目 (DEFERRIBACTERALES)

1. 脱铁杆菌科 (Deferribacteraceae)

1. 脱铁杆菌属 (*Deferribacter*)

2. (*Denitrovibrio*)

3. (*Flexistipes*)

4. 地弧菌属 (*Geovibrio*)

5. (*Mucispirillum*)

2. 科未定

1. 暖发菌属 (*Caldithrix*)

2. (*Synergistes*)

异常球菌-栖热菌门(DEINOCOCCUS-THERMUS)

异常球菌纲 (DEINOCOCCI)

1. 异常球菌目 (DEINOCOCCALES)

1. 异常球菌科 (Deinococcaceae)

1. 异常杆菌属 (*Deinobacter*)

2. 异常球菌属 (*Deinococcus*)

2. 特吕珀菌科 (Trueperaceae)

1. 特吕珀菌属 (*Truepera*)

2. 栖热菌目 (THERMALES)

1. 栖热菌科 (Thermaceae)

1. 海栖热菌属 (*Marinithermus*)

2. 亚栖热菌属 (*Meiothermus*)

3. 海洋栖热菌属 (*Oceanithermus*)

4. 栖热菌属 (*Thermus*)

5. 火山栖热菌属 (*Vulcanithermus*)

网团菌门 (DICTYOGLOMI)

网团菌纲 (DICTYOGLOMI)

1. 网团菌目 (Dictyoglomales)

1. 网团菌科 (Dictyoglomaceae)

1. 网团菌属 (*Dictyoglomus*)

纤维杆菌门 (FIBROBACTERES)

纤维杆菌纲 (FIBROBACTERES)

1. 纤维杆菌目 (FIBROBACTERALES)

1. 纤维杆菌科 (Fibrobacteraceae)

1. 纤维杆菌属 (*Fibrobacter*)

厚壁菌门 (FIRMICUTES)

（低 G+C 革兰氏阳性菌）

芽孢杆菌纲 (BACILLI)

1. 芽孢杆菌目 (BACILLALES)

1. (Alicyclobacillaceae)

1. (*Alicyclobacillus*)

2. (*Pasteuria*)

3. (*Sulfobacillus*)

2. 芽孢杆菌科 (Bacillaceae)

1. (*Alkalibacillus*)

2. (*Amphibacillus*)

3. (*Anoxybacillus*)

4. 芽孢杆菌属 (*Bacillus*)

5. (*Caldalkalibacillus*)

6. (*Cerasibacillus*)

7. (*Exiguobacterium*)

8. (*Filobacillus*)

9. (*Geobacillus*)

10. (*Gracilibacillus*)

11. (*Halobacillus*)

12. (*Haloactibacillus*)

13. (*Jeotgalibacillus*)

14. (*Lentibacillus*)

15. (*Marinibacillus*)

16. (*Oceanobacillus*)

17. (*Ornithinibacillus*)

18. (*Paraliobacillus*)

19. (*Paucisalibacillus*)

20. (*Pontibacillus*)

21. 糖球菌属 (*Saccharococcus*)

22. (*Salibacillus*)

23. (*Salinibacillus*)

24. (*Tenuibacillus*)

25. (*Terribacillus*)

26. (*Thalassobacillus*)

27. (*Ureibacillus*)

28. (*Virgibacillus*)

29. (*Vulcanibacillus*)

3. (Caryophanaceae)

  1. (*Caryophanon*)

4. 李斯特氏菌科 (Listeriaceae)

  1. 环丝菌属 (*Brochothrix*)

  2. 李斯特氏菌属 (*Listeria*)

5. (Paenibacillaceae)

  1. (*Ammoniphilus*)

  2. (*Aneurinibacillus*)

  3. (*Brevibacillus*)

  4. (*Cohnella*)

  5. (*Oxalophagus*)

  6. (*Paenibacillus*)

  7. (*Thermicanus*)

  8. (*Thermobacillus*)

6. (Planococcaceae)

  1. (*Filibacter*)

  2. (*Kurthia*)

  3. (*Planococcus*)

  4. (*Planomicrobium*)

  5. (*Sporosarcina*)

7. 芽孢乳杆菌科 (Sporolactobacillaceae)

  1. (*Marinococcus*)

  2. (*Sinococcus*)

  3. 芽孢乳杆菌属 (*Sporolactobacillus*)

  4. (*Tuberibacillus*)

8. 葡萄球菌科 (Staphylococcaceae)

  1. 孪生菌属 (*Gemella*)

  2. (*Joetgalicoccus*)

  3. (*Macrococcus*)

  4. (*Salinicoccus*)

  5. 葡萄球菌属 (*Staphylococcus*)

9. (Thermoactinomycetaceae)

  1. (*Laceyella*)

  2. (*Mechercharimyces*)

  3. (*Planifilum*)

  4. (*Seinonella*)

  5. (*Thermoactinomyces*)

  6. (*Thermoflavimicrobium*)

10. (Turicibacteraceae)

  1. (*Turicibacter*)

11. 科未定

  1. (*Pullulanibacillus*)

2. 乳杆菌目 (LACTOBACILLALES)

1. 气球菌科 (**AEROCOCCACEAE**)

  1. (*Abiotrophia*)

  2. 气球菌属 (*Aerococcus*)

  3. (*Dolosicoccus*)

  4. (*Eremococcus*)

  5. (*Facklamia*)

  6. (*Globicatella*)

  7. (*Ignavigranum*)

2. 肉杆菌科 (Carnobacteriaceae)

  1. (*Agitococcus*)

  2. (*Alkalibacterium*)

  3. (*Allofustis*)

  4. (*Alloiococcus*)

  5. (*Atopostipes*)

  6. 肉杆菌属 (*Carnobacterium*)

  7. 德库菌属 (*Desemzia*)

  8. (*Dolosigranulum*)

  9. (*Granulicatella*)

  10. (*Isobaculum*)

  11. (*Lactosphaera*)

  12. (*Marinilactibacillus*)

  13. (*Trichococcus*)

3. 肠球菌科（Enterococcaceae)

  1. (*Atopobacter*)

  2. (*Catellicoccus*)

  3. 肠球菌属 (*Enterococcus*)

  4. (*Melissococcus*)

  5. (*Pilibacter*)

  6. (*Tetragenococcus*)

7. 漫游球菌属 (*Vagococcus*)

4. 乳杆菌科 (Lactobacillaceae)

  1. 乳杆菌属 (*Lactobacillus*)

  2. (*Paralactobacillus*)

  3. 片球菌属 (*Pediococcus*)

5. 明串珠菌科 (Leuconostocaceae)

  1. 明串珠菌属 (*Leuconostoc*)

  2. (*Oenococcus*)

  3. (*Weissela*)

6. 颤螺旋菌科 (Oscillospiraceae)

  1. 颤螺旋菌属 (*Oscillospira*)

7. 链球菌科 (Streptococcaceae)

  1. 乳球菌属 (*Lactococcus*)

  2. (*Lactovum*)

  3. 链球菌属 (*Streptococcus*)

8. 科未定

  1. (*Acetoanaerobium*)

  2. (*Symbiobacterium*)

  3. 互营球菌属 (*Syntrophococcus*)

梭菌纲 (CLOSTRIDIA)

  1. 梭菌目 (CLOSTRIDIALES)

    1. 氨基酸球菌科 (Acidaminococcaceae)

1. (*Acetonema*)

2. 氨基酸球菌属 (*Acidaminococcus*)

3. (*Allisonella*)

4. (*Anaeroarcus*)

5. (*Anaeroglobus*)

6. (*Anaeromusa*)

7. (*Anaerosinus*)

8. (*Anaerovibrio*)

9. (*Centipeda*)

10. (*Dendrosporobacter*)

11. (*Dialister*)

12. (*Megasphaera*)

13. 光冈菌属 (*Mitsuokella*)

14. (*Papillibacter*)

15. (*Pectinatus*)

16. (*Pelosinus*)

17. (*Phascolarctobacterium*)

18. (*Propionispira*)

19. (*Propionispora*)

20. (*Quinella*)

21. (*Schwartzia*)

22. 新月形单胞菌属 (*Selenomonas*)

附录 2　甘肃多儿国家级自然保护区大型真菌名录

子囊菌亚门 ASCOMYCOTIN
盘菌纲 DISCOMYCETES

一、麦角菌目 Clavicipitales

（一）麦角菌科 **Clavicipitaceae**

  1. 蝉花 *Cordyceps sobolifera* (Hill.) Berk. et broome

  2. 冬虫夏草 *Ophiocordyceps sinensis* (Berk.) G. H. Sung

二、盘菌目 Pezizales

（二）羊肚菌科 **Morehellaceae**

  3. 羊肚菌 *Morehella esculenta* (L.) Pers.

  4. 黑脉羊肚菌 *Morehella angusticeps* Peck

  5. 尖顶羊肚菌 *Morehella conica* Fr.

  6. 粗腿羊肚菌 *Morehella crassipes* (Vent.) Pers.

  7. 小羊肚菌 *Morehella deliciosa* Fr.

8. 褐赭羊肚菌 *Morehella umbrina* Boud.

（三）马鞍菌科 **Helvellaceae**

9. 裂盖马鞍菌 *Helvella leucopus* Pers

10. 细柄马鞍菌 *Helvella elastica* Bull.:Fr.

11. 皱柄白马鞍菌 *Helvella crispa* (Scop.) Fr.

12. 棱柄马鞍菌 *Helvella lacanosa* Afz.:Fr.

13. 黑马鞍菌 *Helvella leucopus* Pers.

14. 乳白马鞍菌 *Helvella lactea* Boud.

（四）平盘菌科 **Gyromitraceae**

15. 鹿花菌 *Gyromitra esculenta* (Pers.) Fr.

16. 赭鹿花菌 *Gyromitra infula* Fr. Qul

（五）盘菌科 **Pezizaceae**

17. 林地盘菌 *Peziza sylveotris* (Boud.) Sacc. et Trott.

18. 泡质盘菌 *Peziza uesiculosa* Bull. Fr.

核菌纲 PYRENNOMYCETES

三、锤舌菌目 Helotiales

（六）地舌菌科 **Cudoniaceae**

19. 绒柄地勺 *Spathularia velutipes* Cooker et Fariow.

20. 黄地勺 *Spathularia flavida* Pers.: Fr.

担子菌亚门 BASIDIOMYCOTINA

异隔担子菌纲 HETEROBASIDIOMYCOTINA

四、银耳目 Tremellales

（七）银耳科 **Tremellaceae**

21. 胶勺 *Phlogiotis helvelloides*.

22. 银耳 *Tremella fuciformis* Berk.

23. 金耳 *Tremella aurantialba* Bandoni et Zang

五、木耳目 Auriculariales

（八）木耳科 **Auriculariaceae**

24. 黑木耳 *Auricularia auricula* (L. ex Hook.) Underw.

25. 毛木耳 *Auricularia polytricha* (Mont.) Sacc.

六、花耳目 Dacrymycetales

（九）花耳科 **Exidiaceae**

26. 桂花耳 *Guepinia spathularia* (Schw.) Fr.

七、无褶菌目（非褶菌目）Aphyllophorales

（十）鸡油菌科 **Cantharellaceae**

27. 灰喇叭菌（*Craterellus cornucopioides* (L.:Fr.) Pers.

28. 喇叭陀螺菌 *Gomphus floccosus* (Schw.) Sing.

29. 陀螺菌 *Gomphus clavatus* Gray.

（十一）珊瑚菌科 **Clavariaceae**

30. 皱锁瑚菌 *Clavulina rugosa* (Bull.:Fr.) Schroet.

31. 冠锁瑚菌 *Clavulina cristata* (Holmsk. : Fr.) Schroet.

32. 平截棒瑚菌 *Clavariadelphus truncatus* (Quél.) Donk.

（十二）枝瑚菌科 **Ramariaceae**

33. 光孢黄枝瑚菌 *Ramaria obtusissima* (Peck) Corner.

34. 疣孢黄枝瑚菌 *Ramaria flava* (Schaeff.:Fr.) Quélo.

35. 红枝瑚菌 *Ramaria rufescens* (Schaeff.: Fr.) Corner.

36. 金黄枝瑚菌 *Ramaria aurea* (Fr.) Quél.

37. 赭褐枝瑚菌 *Ramaria fennica* (Karst.) Ricken.

38. 密枝瑚菌 *Ramaria stricta* (Pers.:Fr.) Qul.

39. 葡萄色顶枝瑚菌 *Ramaria botrytis* Pers. Ricken

40. 小包枝瑚菌 *Ramaria flaccida* (Fr.) Quél

（十三）齿菌科 **Hydnaceae**

41. 长刺白齿耳菌 *Steccherinum pergameneum* (Yasuda) Ito

42. 赭黄齿耳菌 *Steccherinum ochraceum* (Pers. : Fr.) Gray

43. 翘鳞肉齿菌 *Saarcodon imbricatum* (L.:Fr.) Karst.

44. 香肉齿菌 *Sarcodon aspratus* (Berk.) S. Ito.

45. 紫肉齿菌 *Sarcodon violaceus* (Karchbr.) Pat.

46. 褐盖肉齿菌 *Sarcodon fuligineo-albus* Quel.

（十四）绣球菌科 **Sparassidaceae**

47. 绣球菌 *Sparassia crispa* (Wulf.) Fr.

（十五）猴头菌科 **Hericiaceae**

48. 猴头菌 *Hericium erinaceus* (Rull ex F.) Pers.

49. 珊瑚状猴头菇 *Hericium coralloides* (Scop.:Fr.)

（十六）多孔菌科 **Polyporaceae**

50. 肉桂色集毛菌 *Coltricia cinnamomea* (Jacq. ex Fr.) Murr.

51. 大孔菌 *Favolus alveolaris* (DC.:Fr.) Quél.

52. 松生拟层孔菌 *Fomitopsis pinicola* (Sow.ex.) Fr.

53. 木蹄褐层孔菌 *Fomes fomentarius* (L.:Fr.) Fr.

54. 黄柄小孔菌 *Microporus xanthopus* (Fr.) Pat.

（十七）韧革菌科 **Gloeostereum**

55. 粗毛硬革菌 *Stereum hirsutum* (Willd.) Fr.

（十八）灵芝科 **Ganodermataceae**

56. 灵芝 *Ganoderma lucidum* (Curt.:Fr.) Karst.

57. 树舌灵芝 *Ganoderma applanalum* Pers.

58. 层叠灵芝 *Ganoderma lobatum* (Schw.) Atk.

层菌纲 AYMENOMYCETES

八、伞菌目 **Agaricales**

（十九）蘑菇科 **Agaricaceae**

59. 淡黄蘑菇 *Agaricus fissurata* (Moeller) Moeller.

60. 白林地蘑菇 *Agarivus silvicola* (Vitt.) Satt.

61. 白鳞蘑菇 *Agaricus bernardii* (Quél.) Sacc.

62. 大肥蘑菇 *Agaricus bitorquis* (Quél.) Sacc.

63. 草地蘑菇 *Agaricus pratensis* Schaeff. : Fr.

64. 田野蘑菇 *Agaricus arvensis* Schaeff. : Fr.

65. 双孢蘑菇 *Agaricus bisporus* (Large) Sing

66. 锐鳞环柄菇 *Lepiota acutesquamosa* (Weinm.:Fr. Gill.）

67. 金粒囊皮菌 *Cystoderma fallax* A. H. Smith et Sing.

（二十）口蘑科 **Tricholomataceae**

68. 假松口蘑 *Tricholoma bakamatsutake* Hongo.

69. 粉褶口 *Tricholoma orirubens* Quél.

70. 灰褐纹口蘑 *Tricholoma portentosum* (Fr.) Quél.

71. 淡白口蘑 *Tricholoma albellum*(Fr.) Quél.

72. 杨树口蘑 *Tricholoma populinum* J. Lange.

73. 粗壮口蘑 *Tricholoma robustum* (Alb. et Schw.:Fr.) Ricken

74. 灰紫香蘑 *Lepista glaucocana* (Bres.) Sing.

75. 香杏丽蘑 *Calocybe gambosa* (Fr.) Sing.

76. 紫蜡蘑 *Laccaria amethystea* (Bull. ex Gray) Murr.

77. 褐离褶伞 *Lyophyllum leucophaeatum* (Karst.) Karst.

78. 大杯伞 *Clitocybe maxima* (Gartn. ex Mey.:Fr.) Quél.

79. 丛生斜盖伞 *Clitopilus caespitosus* Pk.

80. 苦白桩菇 *Leucopaxillus amarus* (Alb. et Schw.) Kuehn.

81. 白铦囊蘑 *Melanoleuca widofiavida* (PK.) Murr.

82. 黑白铦囊蘑 *Melanoleuca melaleuca* (Pers.:Fr.) Murr.

83. 钟形铦囊蘑 *Melanoleuca cognata* (Fr.) Konr. et maubl.

84. 洁小菇 *Mycena prua* (Pers.:Fr.) Kummer.

85. 堆金钱菌 *Collybia acervata* (Fr.) Kummer.

86. 褐黄金钱菌 *Collybia luteifolia* Gill.

87. 斑金钱菌 *Collybia maculata* (Alb. et Shw.) Fr.

88. 近裸香菇 *Lentinus subnudus* Berk.

（二十一）球盖菇科 **Strophariaceae**

89. 半球盖菇 *Stropharia semiglibata* (Batsch. : Fr.) Quél.

90. 褐黄韧伞 *Naematoloma epixanthum* (Fr.) Karst.

91. 白鳞环锈伞 *Pholiota destruens* (Brond) Gill.

92. 黄褐环锈伞 *Pholiota spumosa* (Fr.) Sing.

（二十二）鹅膏菌科 **Amanitaceae**

93. 食用鹅膏菌 *Amanita esculenta* Hongo & Matsuda.

94. 大托鹅膏菌 *Amanita* sp.

95. 橙黄鹅膏菌 *Amanita citrina* (Schaeff.) Pers. ex S. F. Gray.

96. 灰鹅膏菌 *Amanita crocea* Quei. Kuhm.

97. 赤褐鹅膏菌 *Amanita fulva* Schaeff. Fr. ex Sing.

98. 毒蝇鹅膏菌 *Amanita muscaria* L. Fr. Pers. ex Hook

99. 毒鹅膏菌 *Amanita phalloides* Peck Sace.

318

（二十三）光柄菇科 **Pluteaceae**

　　100. 草菇 *Voluariella voluacea* (Bull.:Fr.) Sing.

（二十四）蜡伞科 **Hygrophoraceae**

　　101. 青黄蜡伞 *Hygrophorus hypothejus* (Fr.) Fr.

　　102. 金蜡伞 *Hygrophorus aureus* Arrh.

　　103. 美丽蜡伞 *Hygrophorus speciosus* Pk.

　　104. 粉黄蜡伞 *Hygrophorus discoxanthus* (Fr.) Rea.

　　105. 朱红蜡伞 *Hygrophorus miniata* (Fr.) Kumer

　　106. 白蜡伞 *Hygrophorus eburneus* Bull. Fr.

　　107. 浅黄褐湿伞 *Hygrocybe flavescens* Sing.

　　108. 青绿湿伞 *Hygrocybe psittacina* (Schaeff.:Fr.) Kanst.

　　109. 鸡油蜡伞 *Hygrocybe cantharellus* Sehw. Fr.

（二十五）鬼伞科 **Coprinaceae**

　　110. 墨汁鬼伞 *Coprinopsis atramentaria* (Bull.) Fr.

　　111. 灰盖鬼伞 *Coprinus cinereus* (Schaeff.) Cooke

　　112. 晶粒鬼伞 *Coprinus micaceus* (Bull.) Fr.

　　113. 粪鬼伞 *Coprinus sterqulinus* Fr.

　　114. 白黄小脆柄菇 *Psathyrella candolleana* (Fr.) A. H. Smith.

　　115. 喜湿小脆柄菇 *Psathyrella hydrophila* (Bull. :Fr.) A. S. Smith.

（二十六）粪锈伞科 **Bolbitiaceae**

　　116. 柔锥盖伞 *Conocybe tenera* (Fr.) Kuhn.

　　117. 田头菇 *Agrocybe praecox* (Pers.:Fr.) Fayod.

（二十七）丝膜菌科 **Cortinariaceae**

　　118. 蓝丝膜菌 *Cortinarius caerulescens* (Schaeff.) Fr.

　　119. 紫丝膜菌 *Cortinarius purpurascens* Fr.

　　120. 青丝膜菌 *Cortinarius colymbadinus* Fr.

　　121. 血红丝膜菌 *Cortinarius sanguineus* (Wulf.) Fr.

　　122. 托柄丝膜菌 *Cortinarius callochrous* (Pers.) Fr.

　　123. 黄盖丝膜菌 *Cortinarius latus* (Pers.) Fr.

　　124. 黄花丝膜菌 *Cortinarius crocolitus* Quél.

　　125. 阿美尼亚丝膜菌 *Cortinarius armeniacus* (Schaeff.) Fr.

　　126. 球根白丝膜菌 *Leucocortinarius bulbiger* (Alb. et Schw.) Sing.

　　127. 茶褐丝盖伞 *Lnocybe umbrinella* Bres.

　　128. 棉毛丝盖伞 *Inocybe lanuginosa* (Bull.: Fr.) Quél.

　　129. 土黄丝盖伞 *Lnocybe praetervisa* Quél.

　　130. 污白丝盖伞 *Lnocybe geophylla* (Sow.:Fr.)

　　131. 大孢滑锈伞 *Hebeloma sacchariolens* Quél.

　　132. 芥味滑锈伞 *Hebeloma sinapicans* Fr.

（二十八）铆钉菇科 **(Gomphidiaceae)**

　　133. 红铆钉菇 *Gomphidius roseus* Karst.

134. 粘铆钉菇 *Gomphidius glutinosus* Karst.

135. 玫红柳钉菇 *Gomphidius roseus* (Fr.) Karst.

（二十九）红菇科 **Russulales**

136. 红菇 *Russula lepida* Fr.

137. 蜜黄菇 *Russula ochroleuca* (Pers.) Fr.

138. 黄红菇 *Russula lutea* (Huds.) Fr.

139. 黄孢红菇 *Russula xerampelina* (Schaeff. ex Secr.) Fr.

140. 玫瑰柄红菇 *Russula roseipes* Secr.

141. 绒紫红菇 *Russula mariae* Peck

142. 变色红菇 *Russula integra* (L.) Fr.

143. 大红菇 *Russula alutacea* (Pers.) Fr.

144. 葡紫红菇 *Russula azurea* Bres.

145. 淡紫红菇 *Russula lilacea* Quél.

146. 松乳菇 *Lactarius deliciosus* (L. ex Fr.) Gr.

147. 窝柄黄乳菇 *Lactarius scrobiculatus* (Scop.:Fr.) Fr.

148. 多汁乳菇 *Lactarius volemus* Fr.

149. 辣乳菇 *Lactarrius piperatus* (Scop. ex Fr.) Gary.

150. 粉褶乳菇 *Lactarius controversus* Fr.

151. 鲑色乳菇 *Lactarius salmonicolor* Heim et Leclair.

152. 尖顶乳菇 *Lactarius subdulcis* (Pers.:Fr.) Gray.

153. 环纹苦乳菇 *Lactarius insulsus* Fr.

154. 香乳菇 *Lactarius changbainensis* Wang

九、牛肝菌目 Boletales

（三十）网褶菌科 **Paxillaceae**

155. 黑毛桩菇 *Paxillus atrotometosus* (Batsch) Fr.

156. 卷边网褶菌 *paxillus involutus* (batsch) Fr.

（三十一）牛肝菌科 **Boletaceae**

157. 拟根牛肝菌 *Boletus radicans* Pers.:Fr.

158. 白柄粘盖牛肝菌 *Suillus albidipes* (Peck) Sing.

159. 黄粉牛肝菌 *Pulveroboletus ravenelii* (Berk. et Curt.) Murr.

160. 橙黄疣柄牛肝菌 *Leccinum aurantiacum* (Bull.) Gray.

（三十二）松塔牛肝菌科 **Strobilomycetaceae**

161. 松塔牛肝菌 *Strobilomyces strobilaceus* (Scop.:Fr.) Berk.

162. 绒盖牛肝菌 *Boletus subtomeentosus* Fr.

163. 美味牛肝菌 *Boletus edulis* Hull. Fr.

164. 厚环黏盖牛肝菌 *Suillus grevillei* Klotzsch Sing.

165. 酸味黏盖牛肝菌 *Suillus acidus* Peck Sing.

十、马勃目 Lycoperdales

（三十三）地星科 **Geastraceae**

166. 尖顶地星 *Geastrum triplex* Jungh. Fisch.

167. 粉红地星 *Geastram rufescens* Pers.

（三十四）马勃菌科 **Lycoperdaceae**

168. 多形马勃 *Lycoperdon polymorphum* Vitt.

169. 网纹马勃 *Lycoperdon gemmatum* Batsch.

170. 梨形马勃 *Lycoperdon pyriforme* Schaeff.:Pers.

171. 长柄梨形马勃 *Lycoperdon pyriforme* Schaef

172. 粗皮秃马勃 *Calvatia tatrensis* Hol.

173. 细裂硬皮马勃 *Scleoderma areolarum* Ehrenb.

附录3 甘肃多儿国家级自然保护区藻类名录

硅藻门 BACILLARIOPHYTA

（一）脆杆藻科 Fragilariaccac

1. 脆杆藻 *Fragilaria* sp.

2. 扇形藻 *Licmophora flabellata*

3. 针杆藻 *Synedra* sp.

4. 肘状针杆藻 *Synedra ulna*

5. 肘状针杆藻头端变种

   S. ulna var. *oxyrhynchus* f. *contracta*

6. 等片藻 *Diatoma vulgare* sp.

7. 普通等片藻 *Diatoma ulgare* Bory

8. 中型等片藻 *D. mesodon* sp.

9. 四环藻 *Tetracyclus radiatus*

10. 窗格平板藻 *Tabellaria fenestrata*

（二）菱形藻科 Nitzschiaceae

11. 类 S 状菱形藻 *Pseudo nitzschia*

12. 菱形藻 *Nitzschia* sp.

13. 菱板藻 *Hantzschia* sp.

（三）蹄盖蕨科 Athyriaceae Alston

14. 峨眉藻 *Ceratoneis* sp.

15. 弧形峨眉藻 *Ceratoneis arcus*

（四）桥弯藻科 Cymbellaceae

16. 箱形桥弯藻 *Cymbella cistula*

17. 桥弯藻 *Cymbella* sp.

18. 卵圆双眉藻 *Amphora ovalis*

（五）曲壳藻科 *Achnanthaceae*

19. 扁圆卵形藻

   Cocconeis placentula var. *euglypta*

20. 虱形卵形藻 *Cocconeis pediculus* Ehr.

21. 曲壳藻 *Achnanthes* sp.

（六）异极藻科 Gomphonemataceae Kützing

22. 卡兹那科夫异极藻

   Gomphonema subtile Ehr.

23. 双生双楔藻 *Didymosphenia geminata*

（七）圆筛藻科 Coscinodiscaceae

24. 直链藻 *Melosira* sp.

25. 颗粒直链藻 *Melosira granulata*

（八）舟形藻科 Naviculaceae

26. 长篦藻 *Neidium affine*

27. 舟形藻 *Nawicula* sp.

（九）双菱藻科 Surirellaceae

28. 螺旋双菱藻 *Surirella* sp.

绿藻门 CHLOROPHYTA

（十）双星藻科 Zygnemataceae

29. 双星藻 *Zygmema* sp.

30. 水棉 *Spirogyra sp.*

31. 膝接藻 *Zgogonium sinense* Jao.

32. 转板藻 *Mougeotia* sp.

（十一）丝藻科 Ulotrichaceae

33. 环丝藻 *Ulothrix zonata*

34. 细丝藻 *Ulothrix tenerrima*

35. 细链丝藻 *Leptolyngbya boryana*

36. 尾丝藻 *Uronema confervicolum*

（十二）鞘藻科 Oedogoniaceae

37. 鞘藻 *Oedogonium* sp.

（十三）卵囊藻科 Oocystaceae

38. 湖生卵囊藻 *Oocystis lacustris*

（十四）小球藻科 Chlorellaceae

39. 小球藻 *Chlorella vulgaris*

（十五）壳衣藻科 Phacotaceae

40. 新月藻 *Closterium* sp.

蓝藻门 CYANOPHYTA

（十六）颤藻科 Oscillatoriaceae

41. 颤藻 *Oscillatoria* sp.

42. 阿氏颤藻 *Oseillatoria agardhii*

43. 鞘丝藻 *Lyngbya confervoides*

（十七）伪鱼腥藻科 Pseudanabaenaceae

44. 湖丝藻 *Limnothrix* sp.

（十八）念球藻科 Nostocaceae

45. 点形念珠藻 *Nostoc commune* Vauch.

金藻门 CHRYSOPHYTA

（十九）水树藻科 Hydruraceae

46. 水树藻 *Hydrurus foetidus*

附录4　甘肃多儿国家级自然保护区地衣植物名录

（一）梅衣科 Parmeliaceae

1. 拉普兰松萝新拟 *Usnea lapponica*

2. 粉斑星点梅 *Punctelia borreri*

3. 皱衣 *Flavoparmelia caperata*

4. 长丝萝 *Dolichousnea longissima*

（二）树花衣科 Ramalinaceae

5. 中国树花 *Ramalina sinensis*

（三）肺衣科 Lobariaceae

6. 针芽肺衣 *Lobaria isidiophora*

7. *Lobaria epovae*

（四）地卷科 Peltigeraceae

8. 白腹地卷 *Peltigera leucophlebia*

（五）胶衣科 Collemataceae

9. 伯内氏猫耳衣 *Leptogium burnetiae*

10. 土星猫耳衣 *Leptogium saturninum*

（六）石蕊科 Cladoniaceae

11. 喇叭石蕊 *Cladonia pyxidata*

（七）黄烛衣科 Candelariaceae

12. 同色黄烛衣 *Candelaria concolor*

（八）蜈蚣衣科 Physciaceae

13. 丽石黄衣 *Xanthoria elegans*

14. 兰灰蜈蚣衣 *Physcia caesia*

附录5　甘肃多儿国家级自然保护区苔藓植物名录

（一）**羽藓科 Thuidiaceae**

1. 锦丝藓 *Actinothuidium hookeri* (Mitt.) Broth.

2. 绿羽藓 *Thuidium assimile* (Mitt.) A. Jaeger

3. 大羽藓 *Thuidium cymbifolium* (Dozy & Molk.)
Dozy & Molk.

（二）**青藓科 Brachytheciaceae**

4. 密枝青藓 *Brachythecium amnicolum* Muell. Hal.

5. 羽状青藓 *Brachythecium propinnatum* Redf.,
B. C. Tan & S. He

6. 匙叶毛尖藓 *Cirriphyllum cirrosum* (Schwaegr.) Grout

7. 毛尖藓 *Cirriphyllum piliferum* (Hedw.) Grout

（三）**白齿藓科 Leucodontaceae**

8. 札幌白齿藓 *Leucodon sapporensis* Besch.

9. 白齿藓 *Leucodon sciuroides* (Hedw.) Schwaegr.

（四）**丛藓科 Pottiaceae**

10. 云南红叶藓 *Bryoerythrophyllum yunnaense*
(Herz.) Chen

11. 红对齿藓 *Didymodon asperifolius* (Mitt.) H. A. Crum

12. 尖叶对齿藓 *Didymodon constrictus* (Mitt.) Saito

13. 尖叶对齿藓芒尖变种 *Didymodon constrictus* (Mitt.) Saito var. *flexicuspis* (P. C. Chen)

14. 长尖对齿藓 *Didymodon ditrichoides* (Broth.) X. J. Li & S. He

15. 北地对齿藓 *Didymodon fallax* (Hedw.) Zander

16. 反叶对齿藓 *Didymodon ferrugineus* (Schimp. ex Besch.) Hill

17. 高山赤藓 *Syntrichia sinensis* (Muell. Hal.) Ochyra

18. 折叶纽藓 *Tortella fragilis* (Hook. & Wilson) Limpr.

19. 小石藓 *Weissia controversa* Hedw.

（五）牛毛藓科 **Ditrichaceae**

20. 对叶藓 *Distichium capillaceum* (Hedw.) Bruch & Schimp.

21. 扭叶牛毛藓 *Ditrichum crispatissimum* (Muell. Hal.) Par.

22. 细牛毛藓 *Ditrichum flexicaule* (Schwaegr.) Hampe

（六）绢藓科 **Entodontaceae**

23. 厚角绢藓 *Entodon concinnus* (De Not.) Par.

24. 横生绢藓 *Entodon prorepens* (Mitt.) A. Jaeger

（七）紫萼藓科 **Grimmiaceae**

25. 北方紫萼藓 *Grimmia decipiens* (Schultz.) Lindb.

26. 卵叶紫萼藓 *Grimmia ovalis* (Hedw.) Lindb.

27. 毛尖紫萼藓 *Grimmia pilifera* P. Beauv.

28. 喜马拉雅砂藓 *Racomitrium himalayanum* (Mitt.) A. Jaeger

29. 圆蒴连轴藓 *Schistidium apocarpum* (Hedw.) Bruch & Schimp.

（八）灰藓科 **Hypnaceae**

30. 灰藓 *Hypnum cupressiforme* L. ex Hedw.

31. 假丛灰藓 *Pseudostereodon procerrimum* (Mol.) Fleisch.

（九）柳叶藓科 **Amblystegiaceae**

32. 多态拟细湿藓 *Campyliadelphus protensus* (Brid.) Kanda

33. 牛角藓 *Cratoneuron filicinum* (Hedw.) Spruce

34. 三洋藓 *Sanioia uncinata* (Hedw.) Loeske

（十）塔藓科 **Hylocomiaceae**

35. 赤茎藓 *Pleurozium schreberi* (Brid.) Mitt.

（十一）大帽藓科 **Encalyptaceae**

36. 尖叶大帽藓 *Encalypta rhaptocarpa* Schwaegr.

（十二）曲尾藓科 **Dicranellaceae**

37. 曲背藓 *Oncophorus wahlenbergii* Brid.

（十三）缩叶藓科 **Ptychomitriaceae**

38. 齿边缩叶藓 *Ptychomitrium dentatum* (Mitt.) A. Jaeger

39. 多枝缩叶藓 *Ptychomitrium polyphylloides* (Muell. Hal.) Par.

（十四）真藓科 **Bryaceae**

40. 小叶藓 *Epipterygium tozeri* (Grev.) Lindb.

41. 泛生丝瓜藓 *Pohlia cruda* (Hedw.) Lindb.

（十五）珠藓科 **Bartramiaceae**

42. 直叶珠藓 *Bartramia ithyphylla* Brid.

（十六）提灯藓科 **Mniaceae**

43. 平肋提灯藓 *Mnium laevinerve* Cardot

44. 钝叶匐灯藓 *Plagiomnium rostratum* (Schrad.) T. J. Kop.

45. 树形疣灯藓 *Trachycystis ussuriensis* (Maack & Regel) T. J. Kop.

（十七）金发藓科 **Polytrichaceae**

46. 硬叶小金发藓 *Pogonatum neesii* (Muell. Hal.) Dozy

47. 疣小金发藓 *Pogonatum urnigerum* (Hedw.) P. Beauv.

48. 黄尖拟金发藓 *Polytrichastrum xanthopilum* (Wilson ex Mitt.) G. Sm.

（十八）鳞藓科 **Theliaceae**

49. 细枝小鼠尾藓 *Myurella tenerrima* (Brid.) Lindb.

附录6 甘肃多儿国家级自然保护区蕨类植物名录

（一）石松科 **Lycopodiaceae**

1. 多穗石松 *Lycopodium annotinum* L.

（二）卷柏科 **Selaginellaceae**

2. 甘肃卷柏 *Selaginella kansuensis* Ching et Hsu

3. 江南卷柏 *S. moellendorffii* Hieronymus

4. 伏地卷柏 *S. nipponica* Fr. et Sav.

5. 圆枝卷柏 *S. sanguinolenta* L.

（三）木贼科 **Equisetaceae**

5. 问荆 *Equisetum arvense* L.

6. 木贼 *E. hiemale* L.

（四）鳞始蕨科 **Lindsaeaceae**

7. 乌蕨 *Sphenomeris chinensis* (L.) Ching

（五）碗蕨科 **Dennstaedtiaceaee**

8. 蕨 *Pteridium aquilinum* var. *latiuscul* (Desv.) Underw. ex Heller

（六）凤尾蕨科 **Pteridaceae**

9. 铁线蕨 *Adiantum capillus-veneris* L.

10. 白背铁线蕨 *A. davidii* Franch.

11. 掌叶铁线蕨 *A. pedatum* L.

13. 陇南铁线蕨 *A. roborowskii* Maxim.

14. 银粉背蕨 *Aleuritopteris argentea* (S. G. Gmelin) Fée

15. 雪白粉背蕨 *A. niphobola* (C. Christensen) Ching

（七）冷蕨科 **Cystopteridaceae**

16. 皱孢冷蕨 *Cystopteris dickieana* R. Sim

17. 高山冷蕨 *C. montana* (Lamarck) Bernhardi ex Desvaux

18. 宝兴冷蕨 *C. moupinensis* Franchet

19. 羽节蕨 *Gymnocarpium jessoense* (Koidz.) Koidz.

（八）铁角蕨科 **Aspleniaceae**

20. 甘肃铁角蕨 *Asplenium kansuense* Ching

21. 西北铁角蕨 *A. nesii* Christ

22. 北京铁角蕨 *A. pekinense* Hance

23. 华中铁角 *A. sarelii* Hooker

24. 变异铁角蕨 *A. varians* Wallich ex Hooker et Greville

（九）裸子蕨科 **Gymnogrammaceae**

25. 尖齿凤丫蕨 *Coniogramme affinis* Wall.

26. 普通凤丫蕨 *C. intermedia* Hieron.

（十）蹄盖蕨科 **Athyriaceae**

27. 华东蹄盖蕨 *Athyrium pachyphlebium* Mett.

28. 鄂西介蕨 *Dryoathyrium chinense* Ching

29. 羽节蕨 *Gymnocarpium disjunctum* Rupr.

（十一）金星蕨科 **Thelypteridaceae**

30. 卵果蕨 *Phegopteris connectilis* (Michx.) Watt

31. 延羽卵果蕨 *P. decursive-pinnata* Fee

（十二）铁角蕨科 **Aspleniaceae**

32. 甘肃铁角蕨 *Asplenium kansuense* Ching

33. 西北铁角蕨 *A. nesii* Christ

34. 北京铁角蕨 *A. pekinense* Hance

（十三）球子蕨科 **Onocleaceae**

35. 中华荚果蕨 *Matteuccia intermedia* C. Chr.

36. 东方荚果蕨 *M. orientalis* (Hook.) Trev.

37. 荚果蕨 *M. struthiopteris* (L.) Todaro

（十四）岩蕨科 **Woodsiaceae**

38. 蜘蛛岩蕨 *Woodsia andersonii* Bedd.

39. 耳羽岩蕨 *W. polystichoides* Eaton

（十五）鳞毛蕨科 **Dryopteridaceae**

40. 贯众 *Cyrtomium fortunei* J.

41. 远轴鳞毛蕨 *Dryopteris dickinsii* Franch. et Sav.

42. 豫陕鳞毛蕨 *D. pulcherrima* Ching

43. 革叶耳蕨 *Polystichum neolobatum* Nakai

44. 菱羽耳蕨 *P. rhomboideum* Ching

45. 芽胞耳蕨 *P. stenophyllum* Christ

46. 舟曲耳蕨 *P. tsuchuense* Ching

（十六）水龙骨科 **Polypodium**

47. 川滇槲蕨 *Drynaria delavayi* Chist

48. 网眼瓦韦 *Lepisorus clathratus* (Clarke) Ching

49. 高山瓦韦 *L.eilophyllus* Diels. Ching

50. 二色瓦韦 *L. bicorlor* (Takeda) Ching

51. 扭瓦韦 *L. contortus* (H. Christ) Christ

52. 大瓦韦 *L. macrosphaerus* (Bak.) Ching

53. 江南星蕨 *Microsorium fortuni* (Moore) Ching

54. 光石韦 *Pyrrosia calvata* (Baker) Ching

55. 华北石韦 *P. davidii* (Bak.) Ching

56. 毡毛石韦 *P. drakeana* (Fr.) Ching

57. 长圆石韦 *P. martini* (Gies.) Ching

58. 西南石韦 *P. mollis* (Kunze) Ching

59. 长柄石韦 *P. petiolosa* (Christ) Ching

附录7　甘肃多儿国家级自然保护区种子植物名录

裸子植物 Gymnospermae

（一）松科 Pinaceae

1. 秦岭冷杉 *Abies chensiensis* Van Tiegh

2. 黄果冷杉 *A. ernestii* Behd

3. 巴山冷杉 *A. fargesii* Franch.

4. 岷江冷杉 *A. faxoniana* Rehd. et Wils

5. 红杉 *Larix potaninii* Batal

6. 云杉 *Picea asperata* Mast

7. 青海云杉 *P. crassifolia* Kom.

8. 紫果云杉 *P. purpurea* Mast.

9. 青杆 *P. wilsonii* Mast.

10. 大果青扦 *P. neoveitchii* Mast.

11. 油松 *Pinus tabulaeformis* Carr.

（二）柏科 Cupressaceae

12. 刺柏 *Juniperus formosana* Hay.

13. 密枝圆柏 *Sabina convallium* (Rehd. et Wils.) Cheng et W. T. Wang.

14. 祁连圆柏 *S. przewalskii* Kom.

15. 方枝圆柏 *S. saltuaria* (Rehd. et Wils.) Cheng et W. T. Wang.

16. 香柏 *S. sino-alpine* Cheng et W. T. Wang.

17. 高山柏 *S. squamata* (Buch.-Hamilt.) Ant.

18. 大果圆柏 *S. tibetica* Kom.

19. 松潘叉子圆柏 *S. vulgaris* Ant. var. *erectopatens* Cheng et L. K. Fu.

（三）红豆杉科 Taxaceae

20. 红豆杉 *Taxus chinensis* (Pilg.) Rehd.

（四）麻黄科 Ephedraceae

21. 中麻黄 *Ephedra intermedia* Sch. et Mey.

22. 单子麻黄 *E. monosperma* Gmel. ex Mey.

被子植物 Angiospermae

（一）杨柳科 Salicaceae.

1. 青杨 *Populus cathayana* Rehd.

2. 宽叶青杨 *P. cathayana* Rehd. var. *latifolia* (C.Wang et C. Y. Yu) C. Wang et Tung

3. 山杨 *P. davidiana* Dode.

4. 冬瓜杨 *P. purdomii* Rehd.

5. 小叶杨 *P. simonii* Carr.

6. 秦岭柳 *Salix alfredii* Gorz

7. 垂柳 *S. babylonica* L.

8. 小垫柳 *S. brachista* Schneid

9. 河柳 *S. chaenomeloides* Kimura

10. 密齿柳 *S. characta* Schneid

11. 乌柳 *S. cheilophia* Schneid

12. 旱柳 *S. matsudana* Koidz.

13. 丝毛柳 *S. luctuosa* Levl.

14. 康定柳 *S. paraplesia* Schneid

15. 川颟柳 *S. rehderiana* Schneid.

16. 红皮柳 *S. sinopurpurea* C.Wang Ch. Y. Yang

17. 光苞柳 *S. tenella* Schneid

18. 皂柳 *S. wallichiana* Anderss

（二）桦木科 Betulaceae

19. 红桦 *Betula albo-sinensis* Burk

20. 白桦 *B. platyphylla* Suk.

21. 糙皮桦 *B. utilis* D. Don.

22. 鹅耳枥 *Carpinus turczaninowii* Hance.

23. 藏刺榛 *Corylus ferox* var. *thibetica* (Batal.) Franch.

24. 毛榛 *C. mandshurica* Maxim.

25. 虎榛 *Ostryopsis davidiana* Decne.

（三）壳斗科 Fagaceae

26. 橿子栎 *Quercus acutissima* Carruth.

27. 蒙古栎 *Quercus mongolica*

28. 辽东栎 *Q. wutaishanica* Blume

（四）榆科 Ulnaceae

29. 小叶朴 *Celtis bungeana* Bl.

30. 旱榆 *Ulmus glaucescens* Franch.

31. 榆树 *U. pumila* L.

（五）桑科 Moraceae

32. 华忽布花 *Humulus lupulus* var. *cordifolius* (Miq.) Maxim apud Franch. et Savat.

33. 葎草 *H. scandens* (Lour.) Merr.

34. 蒙桑 *Malus molica* (Bur.) Schneid.

（六）荨麻科 Urticaceae

35. 墙草 *Parietaria micrantha* Ledeb.

36. 透茎冷水花 *Pilea molica* Wedd.

37. 艾麻 *Sceptrocnide macrostachya* Maxim.

38. 荨麻 *Urtica canabina* L.

39. 宽叶荨麻 *U. laetevirens* Maxim.

40. 粗齿荨麻 *U. triangularis* Hand.-Mazz.

（七）檀香科 Santalaceae

41. 百蕊草 *Thesium chinense* Turcz. var. *chinense*

42. 急折百蕊草 *Thesium refractum* Mey.

（八）桑寄生科 Loranthaceae

43. 栗寄生 *Korthalsella japonica* (Thunb.) Engl. var. *fasciculata* (Van Tiegh.) H. S. Kiu

44. 槲寄生 *Viscum coloratum* (Kom.) Nakai

（九）蓼科 Polygonaceae

45. 荞麦 *Fagopyrum esculentum* Moench

46. 细柄野荞麦 *F. gracilipes* (Hemsl.) Damm. et Diels

47. 苦荞麦 *F. tataricum* (L.) Gzertn.

48. 木藤蓼 *Fallopia aubertii* (L. Henry) Holub

49. 蔓首乌 *F. convolvulus* (L.) A. Löve

50. 齿翅首乌 *F. dentatoalata* (F. Schmidt) Holub

51. 冰岛蓼 *Koenigia islandica* L.

52. 山蓼 *Oxyria digyna* (L.) Hill

53. 萹蓄 *Polygonum aviculare* L.

54. 酸模叶蓼 *P. lapathifolium* L.

55. 毛蓼 *P. pilosum* (Maxim.) Hemsl.

56. 两栖蓼 *P. amphibium* L.

57. 荭草 *P. orientale* L.

58. 球穗蓼 *P. sphaerostachyum* Meisn.

59. 珠芽蓼 *P. viviparum* L.

60. 牛耳酸模 *Rumex patientia* L.

61. 尼泊尔酸模 *R. nepalensis* Spreng.

62. 掌叶大黄 *R. palmatum* L.

63. 大黄 *R. officinale* Baill.

（十）藜科 Chenopodiaceae

64. 藜 *Chenopodium album* L.

65. 杖藜 *C. giganteum* D. Don

66. 灰绿藜 *C. glaucum* L.

67. 扫帚菜 *Kochia scoparia* (L.) Schrad.

68. 地肤 *Kochia scoparia* (L.) Schrad.

69. 猪毛菜 *Salsola collina* Pall.

70. 刺藜 *Teloxys aristata* Moq.

（十一）苋科 Amaranthaceae

71. 凹头苋 *Amaranthus lividus* L.

72. 反枝苋 *A. retroflexus* L.

73. 苞藜 *Baolia bracteata*

（十二）紫茉莉科 Nyctaginaceae

74. 山紫茉莉 *Oxybaphus himalaica* Edgew.

（十三）商陆科 Phytolaccaceae

75. 商陆 *Phytolacca acinosa* Roxb.

（十四）马齿苋科 Portulacaceae

76. 马齿苋 *Portulaca oleracea* L.

（十五）石竹科 Caryophyllaceae

77. 甘肃雪灵芝 *Arenaria kansuensis* Maxim.

78. 西北蚤缀 *A. przewalskii* Maxim.

79. 四齿无心菜 *A. quadridentata* (Maxim.) Williams.

80. 无心菜 *Arenaria serpyllifolia* L.

81. 卷耳 *Cerastium arvense* L.

82. 缘毛卷耳 *C. furcatum* Cham. et Schlecht.

83. 狗筋蔓 *Cucubalus baccifer* L.

84. 瞿麦 *Dianthus superbus* L.

85. 鹅肠草 *Malachium aguaticum* (L.) Fries.

86. 紫萼女娄菜 *M. tatarinowii* (Regel) Y. W. Tsui

87. 女娄菜 *M. apricum* (Turez.) Rohrb.

88. 林生孩儿参 *Pseudostellaria sylvatica* (Maxim.) Pax ex Pax et Hoffm.

89. 中国繁缕 *Stellaria chinensis* Regel

90. 繁缕 *S. media* (L.) Cyrill.

91. 森林繁缕 *S. nemorum* L.

92. 伞花繁缕 *S. umbellate* Turcz.

93. 沼泽繁缕 *S. Palustris* Ehrh.

94. 草状繁缕 *S. graminea* L.

95. 鹤草 *Silene fortunei* Vis.

96. 甘肃鹤草 *S. potaninii* Maxim.

（十六）领春木科 Eupteleaceae

97. 领春木 *Euptelea pleiospermum* Hook. f. et Thoms.

（十七）连香树科 Cercidiphyllaceae

98. 连香树 *Cercidiphyllum japonicum* S. et Z.

（十八）水青树科 Magnoliaceae

99. 水青树 *Tetracentron sinense* Oliv.

（十九）毛茛科 Ranunculaceae

100. 褐紫乌头 *Aconitum brunneum* Hand.-Mazz.

101. 松潘乌头 *A. sungpanense* Hand.-Mazz.

102. 乌头 *A. carmichaeli* Debx.

103. 露蕊乌头 *A. gymnandrum* Maxim.

104. 瓜叶乌头 *A. hemsleyanum* Pritz

105. 铁棒槌 *A. szechenyianum* Gay.

106. 高乌头 *A. sinomontanum* Nakai

107. 松潘乌头 *A. sungpanense* Hand.-Mazz.

108. 甘青乌头 *A. tanguticum* (Maxim.) Stapf

109. 类叶升麻 *Actaea asiatica* Hara

110. 小银莲花 *Anemone exigua* Maxim.

111. 疏齿银莲花 *A. geum* H. Léveillé subsp. *ovalifolia* (Brühl) R. P. Chaudhary

112. 叠裂银莲花 *A. imbricata* Maxim.

113. 草玉梅 *Anemone rivularis* Buch.-Ham ex Dc.

114. 小花草玉梅 *A. rivularis* var. *flore-minore* Maxim

115. 岷山银莲花 *A. rockii* Ulbr.

116. 大火草 *A. tomentosa* (Maxim.) Pei

117. 条叶银莲花 *A. trullifolia* Hook. f. et Thorms. var. *linearis* (Bruhl) Hand.-Mazz

118. 无距耧斗菜 *Aquilegia ecalcarata* Maxim.

119. 驴蹄草 *Caltha palustris* L.

120. 花莛驴蹄草 *C. scaposa* Hook. f. et Thoms.

121. 升麻 *Cimicifuga foetida* L.

122. 星叶草 *Circaeaster agrestis* Maxim.

123. 芹叶铁线莲 *Clematis aethusifolia* Turcz.

124. 粗齿铁线莲 *C. argentilucida* (Levl. et Vant) W. T. Wang

125. 小木通 *Clematis armandii* Frach.

126. 短尾铁线莲 *C. brevicaudata* Dc.

127. 毛花铁线莲 *C. dasyandra* Maxim.

128. 灌木铁线莲 *C. fruticosa* Turcz.

129. 薄叶铁线莲 *C. gracilifolia* Rehd. et Wils.

130. 须蕊铁线莲 *C. pogonandra* Maxim.

131. 钝萼铁线莲 *C. peterae* Hand.-Mazz.

132. 甘青铁线莲 *C. tangutica* (Maxim.) Korsh.

133. 拟蓝翠雀花 *Delpninium pseudocaeruleum* W. T. Wang

134. 扁果草 *Isopyrum anemonoides* Kar. et Kir.

135. 独叶草 *Kingdonia uniflora* Balf. f. et W. W. Sm.

136. 川赤芍 *Paeonia veitchii* Lynch

137. 毛叶草芍药 *P. obovata* var. *willmottiae* (Stapf) Stern

138. 毛茛 *Ranunculus japonicus* Thunb.

139. 云生毛茛 *R. longicaulis* C. A. Mey. var. *nephelogenes* (Edgew.) L. Liou

140. 美丽毛茛 *R. pulchellus* C. A.Mey.

141. 石龙芮 *R. sceleratus* L.

142. 高原毛茛 *R. tangutica* (Maxim.) Ovcz.

143. 黄三七 *Souliea vaginata* (Maxim.) Franch.

144. 川陕金莲花 *Trollius buddae* Schipcz.

145. 显叶金莲花 *T. tanguticus* var. *foliosus* W. T. Wang

146. 矮金莲花 *T. farrei* Stapf

147. 高山唐松草 *Thalictrum alpinum* L.

148. 弯柱唐松草 *T. uncinulatum* Franch.

149. 狭序唐松草 *T. atriplex* Finet et Gagnep

150. 贝加尔唐松草 *T. baicalense* Turcz.

151. 高原唐松草 *T. cultratum* Mall.

152. 亚欧唐松草 *T. minus* L.

153. 瓣蕊松草 *T. petaloideum* L.

154. 长柄唐松草 *T. przewalskii* Maxim.

155. 芸香叶唐松草 *T. rutifolium* Hook. f. et Thoms.

156. 钩柱唐松草 *T. uncatum* Maxim.

157. 川陕金莲花 *Trollius buddae* Schipcz.

158. 矮金莲花 *T. farrei* Stapf

159. 青藏金莲花 *T. pumilus* D. Don var. *tanguticus* Bruhl

160. 毛茛状金莲花 *T. ranunculoides* Hemsl.

161. 弯距翠雀花 *Delphinium campylocentrum* Maxim.

（二十）小檗科 Berberidaceas

162. 黄卢木 *Berberis amurensis* Rupr.

163. 短柄小檗 *B. brachypoda* Maxim.

164. 密穗小檗 *B. dasystachya* Maxim.

165. 鲜黄小檗 *B. diaphana* Maxim.

166. 置疑小檗 *B. dubia* Schneid.

167. 少齿小檗 *B. potaninii* Maxim.

168. 甘肃小檗 *B. Kansuensis* Schneid.

169. 华西小檗 *B. silva-tariouoana* Schneid.

170. 匙叶小檗 *B. vernae* Schneid.

171. 金花小檗 *B. wilsnae* Hemsl et wils.

172. 锥花小檗 *B. aggugata* Schneid

173. 刺黄花 *B. votyantha* Hemsl.

174. 淫羊藿 *Epimedium brevicornum* Maxim.

175. 桃儿七 *Sinopodophyllum hexandrum* (Royle) Ying

（二十一）樟科 Lauraceae

176. 木姜子 *Litsea pungens* Hemsl.

（二十二）罂粟科 Papaveraceae

177. 白屈菜 *Chelidonium majus* L.

178. 灰绿紫堇 *Corydalis adunca* Maxim.

179. 曲花紫堇 *C. curviflora* Maxim.

180. 赛北紫堇 *C. impatiens* (Pall.) Fisch.

181. 甘肃紫堇 *C. kansuana* Fedde

182. 铜锤紫堇 *C. linarioides* Maxim.

183. 蛇果紫堇 *C. ophiocarpa* Hook. f. et Thoms.

184. 条裂黄堇 *C. linarioides* Maxim.

185. 细果角茴香 *Hypecoum leptocarpum* Hook. f. et Thoms.

186. 小果博落回 *Macleaya microcarpa* (Maxim.) Fedde

187. 全缘绿绒蒿 *Meconopsis. integrifolia* (Maxim.) Franch

188. 五脉绿绒蒿 *M. quintuplinervia* Regel

189. 红花绿绒蒿 *M. pumicea* Maxim

190. 总状绿绒蒿 *M. horridula* var. *racemosa* (Maxim.) Prain.

（二十三）十字花科 Cruciferae

191. 硬毛南 *Arabis hirsuta* (L.) Scop.

192. 垂果南芥 *A. pendula* L.

193. 甘蓝 *Brassica oleracea* var. *capitata* L.

194. 青菜 *B. rapa* var. (L.) Kitamura

195. 白菜 *B. rapa* var. *glabra* Regel

196. 蔓菁 *B. rapa* L. var. *rapa*

197. 荠 *Capsella bursa-pastoris* (L.) Medic.

198. 碎米荠 *Cardamine hirsuta* L.

199. 弹裂碎米荠 *C. impartiens* L.

200. 白花碎米荠 *C. leucantha* (Tausch) O. E. Schulz

201. 大叶碎米荠 *C. macrophylla* Willd.

202. 紫花碎米荠 *C. purpurascens* (O. E. Schulz) Al-Shehbaz et Al.

203. 播娘蒿 *Descurainia sophia* (L.) Webb ex Prantl

204. 苞序葶苈 *Draba ladyginii* Pohle

205. 毛叶葶苈 *D. lasiophylla* Royle

206. 葶苈 *D. nemorosa* L.

207. 喜山葶苈 *D. oreades* Schrenk

208. 芝麻菜 *Eruca vesicaria* (L.) Cavan. subsp. *sativa* (Mill.) Thell.

209. 红紫糖芥 *Erysimum roseum* (Maxim.) Polatsch.

210. 独行菜 *Lepidium apetalum* Willdenow

211. 头花独行菜 *L. capitatum* Hook. f. et Thoms.

212. 楔叶独行菜 *L. cuneiforme* C. Y. Wu

213. 宽叶独行菜 *L. latifolium* L.

214. 涩芥 *Malcolmia africana* (L.) R. Br.

215. 蚓果芥 *Neotorularia humilis* (C. A. Mey.) Hedge et J. leonard

216. 蔊菜 *Rorippa indica* (L.) Hiern.

217. 沼生蔊菜 *R. palustris* (L.) Bess.

218. 垂果大蒜芥 *Sisymbrium heteromallum* C. A. Mey.

219. 菥蓂 *Thlaspi arvense* L.

（二十四）景天科 Crassulaceae

220. 狭穗八宝 *Hylotelephium angustum* (Maxim.) H. Ohba

221. 轮叶八宝 *H. verticillatum* (L.) H. Ohba

222. 弯毛孔岩草 *Kungia schoenlandii* (Raymond-Hamet) K. T. Fu

223. 瓦松 *Orostachys fimbriatus* (Turcz.) Berger

224. 费菜 *Phedimus aizoon* (L.)'t Hart

225. 乳毛费菜 *P. aizoon* (L.)'t Hart var. *scabrus* (Maxim.) H. Ohba et al.

226. 狭叶费菜 *P. aizoon* (L.)'t Hart var. *yamatutae* (Kitagawa) H. Ohba et al.

227. 唐古红景天 *Rhodiola algida* var. *tangutica* (Maxim) S. H. Fu

228. 小丛红景天 *R. dumulosa* (Franch.) S. H. Fu

229. 宽果红景天 *R. eurycarpa* (Frod.) S. H. Fu

230. 四裂红景天 *R. quadrifida* (Pall.) Fisch. et Mey.

231. 云南红景天 *Rhodiola yunnanensis* (Franch.) S. H. Fu

232. 繁缕景天 *Sedum stellariifolium* Franch.

233. 垂盆草 *S. sarmentosum* Bunge

234. 甘南景天 *S. ulricae* Frod.

（二十五）虎耳草科 Saxifragaceae

235. 落新妇 *Astilbe chinensis* (Maxim.) Franch. et Savat.

236. 多花落新妇 *A. rivularis* Buch.-Ham. var. *myriantha* (Diels) J. T. Pan

237. 长梗金腰子 *Chrysosplenium axillare* Maxim.

238. 秦岭金腰子 *C. biondianum* Engl.

239. 肾叶金腰 *C. griffithii* Hook. f. et Thoms.

240. 柔毛金腰子 *C. pilosum* var. *valdepilosum* Ohwi

241. 白溲疏 *Deutzia albida* Batal

242. 异色溲疏 *D. discolor* Hemsl.

243. 粉红溲疏 *D. rubens* Rehd.

244. 冠盖绣球 *Hydrangea anomala* D. Don

245. 东陵绣球 *H. bretschneideri* Dipp.

246. 纯兰绣球 *H. longipes* Franch.

247. 短柱梅花草 *Parnassia brevistyla* (Brieg.)

Hand.-Mazz.

248. 突隔梅花草 *P. delavayi* Franch.

249. 细叉梅花草 *P. oreophila* Hance

250. 三脉梅花草 *P. trinervis* Drude

251. 苍耳七 *P. wightiana* Wall. ex Wight et Arn.

252. 山梅花 *Philadelphus incanus* Koehne.

253. 长刺茶藨子 *Ribes alpestre* Wall. ex Decne.

254. 腺毛茶藨子 *R. giraldii* Jaucz.

255. 糖茶藨子 *R. himalense* Royle ex Decne

256. 瘤糖茶藨子 *R. himalense* Royle ex Decne var. *verruculosum* (Rehd.) L. T. Lu

257. 北方茶藨子 *R. maximowiczianum* Kom.

258. 天山茶藨子 *R. meyeri* Maxim.

259. 宝兴茶藨 *R. moupinense* Franch.

260. 美丽茶藨子 *R. pulchellum* Turcz.

261. 狭果茶藨子 *R. stenocarpum* Maxim.

262. 渐尖茶藨子 *R. takare* D. Don

263. 细枝茶藨子 *R. tenue* Jancz.

264. 七叶鬼灯檠 *Rodgersia aesculifolia* Batal.

265. 黑虎耳草 *Saxifraga atrata* Engl.

266. 棒腺虎耳草 *S. consanguinea* W. W. Smith

267. 优越虎耳草 *S. egregia* Engl.

268. 秦岭虎耳草 *S. giraldiana* Engl.

269. 山地虎耳草 *S. montana* H. Smith.

270. 青藏虎耳草 *S. przewalskii* Engl.

271. 狭瓣虎耳草 *S. pseudohirculus* Engl.

272. 球茎虎耳草 *S. sibirica* L.

273. 甘青虎耳草 *S. tangutica* Engl.

274. 爪瓣虎耳草 *S. uniguiculata* Engl.

275. 黄水枝 *Tiarella polyphylla* D. Don

（二十六）蔷薇科 Rosaceae

276. 龙牙草 *Agrimonia pilosa* var. *japonica* (Miq.) Nakai

277. 甘肃桃 *A. kansuensis* (Rehd.) Skeels

278. 西康扁桃 *A. tangutica* (Batal.) Korsh.

279. 野杏 *A. vulgaris* Lam. var. *ansu* (Maxim.) Yü et Lu

280. 微毛樱桃 *Cerasus clarofolia* (Schneid.) Yü et Li

281. 锥腺樱桃 *C. conadenia* (Koehne) Yü et Li

282. 多毛樱桃 *C. polytricha* (Koehne) Yü et Li

283. 托叶樱桃 *C. stipulacea* (Maxim.) Yü et Li

284. 毛樱桃 *C. tomentosa* (Thunb.) Wall.

285. 灰栒子 *Cotoneaster acutifolius* Turcz.

286. 匍匐栒子 *C. adpressus* Bois

287. 四川栒子 *C. ambiguus* Rehd. et Wils.

288. 散枝栒子 *C. divaricatus* Rehd. et Wils.

289. 平枝栒子 *C. horizontalis* Decne.

290. 水栒子 *C. multiflorus* Bge.

291. 毛叶水栒子 *C. submultiflorus* Popov.

292. 细枝栒子 *C. tenuipes* Rehd. et Wils.

293. 西北栒子 *C. zabelii* Schneid.

294. 甘肃山楂 *Crataegus kansuensis* Wils.

295. 蛇莓 *Duchesnea indica* (Andr.) Focke.

296. 红柄白鹃梅 *Exochorda giraldii* Hesse.

297. 东方草莓 *Fragaria orientalis* Losinsk

298. 野草莓 *F. vesca* L.

299. 水杨梅 *Geum aleppicum* Jacq.

300. 棣棠 *Kerria japonica* (L.) DC.

301. 锐齿臭樱 *Maddenia incisoserrata* Yü et Ku

302. 华西臭樱 *M. wilsonii* Koehne

303. 陇东海棠 *Malus kansuensis* (Batal.) Schneid.

304. 三叶海棠 *M. siebolidii* (Regel.) Rehd.

305. 花叶海棠 *M. transitoria* (Batal.) Schneid.

306. 中华绣线梅 *Neillia sinensis* Oliv.

307. 短梗稠李 *Padus brachypoda* (Batal.) Schneid

308. 鹅绒委陵菜 *Potentilla anserina* L.

309. 二裂委陵菜 *P. bifurca* L.

310. 高二裂委陵菜 *P. bifurca* L. var. *major* Ldb.

311. 委陵菜 *P. chinensis* Ser.

312. 金露梅 *P. fruticosa* L.

313. 银露梅 *P. glabra* Lodd.

314. 白毛银露梅 *P. glabra* Lodd. var. *mandshurica* (Maxim.) Hand.-Mazz.

315. 伏毛银露梅 *P. glabra* Lodd. var. *veitchii* (Wils.) Hand.-Mazz.

316. 多茎委陵菜 *P. multicaulis* Bge.

317. 多裂委陵菜 *P. multifida* L.

318. 小叶金露梅 *P. parvifolia* Fisch. ap. Lehm.

319. 华西委陵菜 *P. potaninii* Wolf

320. 钉柱委陵菜 *P. saundersiana* Royl

321. 等齿委陵菜 *P. simulatrix* Wolf

322. 西山委陵菜 *P. sischanensis* Bge. ex Lenm.

323. 齿裂西山委陵菜 *P. sischanensis* Bge. ex Lenm. var. *peterae* (Hand.-Mazz.) Yü et Li

324. 蕤核 *Prinsepia uniflora* Batal.

325. 齿叶扁核木 *P. uniflora* Batal. var. *serrata* Rehd.

326. 李 *Prunus salicina* Lindl.

327. 木梨 *Pyrus xerophila* Yu

328. 美蔷薇 *Rosa bella* Rehd. et Wils.

329. 西北蔷薇 *R. davidii* Crep.

330. 刺毛蔷薇 *R. farreri* Stapf et Cox.

331. 黄蔷薇 *R. hugonis* Hemsl.

332. 峨眉蔷薇 *R. omeiensis* Rolfe

333. 红花蔷薇 *R. moyesii* Hemsl. et Wils.

334. 钝叶蔷薇 *R. sertata* Rolfe.

335. 刺梗蔷薇 *R. setipoda* Hemsl. et Wils.

336. 扁刺蔷薇 *R. sweginzowii* Koehne

337. 秦岭蔷薇 *R. tsinglingensis* Pax. et Hoffm.

338. 小叶蔷薇 *R. willmottiae* Hemsl.

339. 美丽悬钩子 *Rubus amabilis* Focke

340. 喜阴悬钩子 *R. mesogaeus* Focke

341. 茅莓 *R. parvifolius* L.

342. 多腺悬钩子 *R. phoenicolasius* Maxim.

343. 菰帽悬钩子 *R. pileatus* Focke

344. 香莓 *R. pungens* Gamb. var. *oldhamii* (Miq.) Maxim.

345. 黄果悬钩子 *R. xanthocarpus* Bureau et Franch.

346. 地榆 *Sanguisorba officinalis* L.

347. 窄叶鲜卑花 *Sibiraea angustata* (Rehd.) Hand.-Mazz.

348. 鲜卑花 *S. laevigata* (L.) Maxim.

349. 华北珍珠梅 *S. kirilowii* (Regel.) Maxim.

350. 北京花楸 *Sorbus discolor* (Maxim.) Maxim.

351. 湖北花楸 *S. hupehensis* Schneid.

352. 陕甘花楸 *S. koehneana* Schneid.

353. 太白花楸 *S. tapashana* Schneid.

354. 高山绣线菊 *Spiraea alpina* Pall.

355. 绣球绣线菊 *S. blumei* G. Don

356. 毛叶绣线菊 *S. mollifolia* Rehd.

357. 蒙古绣线菊 *S. mongolica* Maxim.

358. 细枝绣线菊 *S.myrtilloides* Rehd.

359. 南川绣线菊 *S. rosthornii* Pritz

360. 三裂绣线菊 *S. trilobata* L.

361. 细弱栒子 *C. gracilis* Rehd. et Wils.

（二十七）豆科 Leguminosae

362. 直立黄芪 *Astragalus adsurgens* Pall.

363. 地八角 *A. bhotanensis* Baker

364. 草木樨状黄芪 *A. melilotoides* Pall.

365. 蒙古黄芪 *A. mongholicus* Bunge

366. 黑紫黄芪 *A. przewalskii* Bge.

367. 肾形子黄芪 *A. skythropos* Bge.

368. 青海黄芪 *A. tanguticus* Bat.

369. 小果黄芪 *A. tataricus* Franch.

370. 东俄洛黄芪 *A. tongolensis* Ulbr.

371. 膨果黄芪 *A. turgidocarpus* K. T. Fu

372. 太白杭子梢 *Campylotropis macrocarpa* (Bge.) Rehd. var. *hupehensis* (Pamp.) Iokawa et H. Ohashi

373. 树锦鸡儿 *Caragana arborescens* (Amm.) Lam.

374. 短叶锦鸡儿 *C. brevifolia* Kom.

375. 密叶锦鸡儿 *C. densa* Kom.

376. 川西锦鸡儿 *C. erinacea* Kom.

377. 鬼箭锦鸡儿 *C. jubata* (Pall.) Poir.

378. 弯耳鬼箭 *C. jubata* (Pall.) Poir. var. *recurva* Liou f.

379. 甘蒙锦鸡儿 *C. opulens* Kom.

380. 甘青锦鸡儿 *C. tangutica* Kom.

381. 红花山竹子 *Corethrodendron multijugum* (Maxim.) B. H. Choi et H. Ohashi

382. 野大豆 *Glycine soja*

383. 米口袋 *Gueldenstaedtia verna* (Georgi) Boriss. subsp. *multiflora* (Bunge)Tsui

384. 块茎岩黄芪 *Hedysarum algidum* L. Z. Shuc

385. 多序岩黄芪 *H. polybotrys* Hand.-Mazz.

386. 河北木蓝 *Indigofera bungeana* Walp.

387. 刺序木蓝 *I. silvestrii* Pamp.

388. 牧地山黧豆 *Lathyrus pratensis* L.

389. 金翼黄芪 *Astragalus chrysopterus* Bge.

390. 多花黄芪 *A. floridus* Beirth.

391. 胡枝子 *Lespedeza bicolor* Turcz.

392. 截叶铁扫帚 *L. cuneata* (Dum.-Cours.) G. Don

393. 多花胡枝子 *L. floribunda* Bge.

394. 美丽胡枝子 *L. formosa* (Vog.) Koehne

395. 绒毛胡枝子 *L. tomentosa* (Thunb.) Sieb. ex Maxim.

396. 天蓝苜蓿 *Medicago lupulina* L.

397. 小苜蓿 *M. minima* (L.) Grufb.

398. 花苜蓿 *M. ruthenica* (L.) Trautv.

399. 苜蓿 *M. sativa* L.

400. 白香草木樨 *Melilotus albus* Medic. ex Desr.

401. 黄花草木樨 *M. officinalis* (L.) Desr.

402. 华西棘豆 *Oxytropis giraldii* Ulbr.

403. 甘肃棘豆 *O. kansuensis* Bge.

404. 长梗棘豆 *O. longipedunculata* C. W. Chang

405. 黑萼棘豆 *O. melanocalyx* Bge.

406. 黄花棘豆 *O. ochrocephala* Bge.

407. 洮河棘豆 *O. taochensis* Kom.

408. 黄花木 *Piptanthus concolor* Harrow ex Craib.

409. 白刺花 *Sophora davidii* (Franch.) Skeels

410. 披针叶野决明 *Thermopsis lanceolata* R. Br.

411. 高山豆 *Tibetia himalaica* (Baker) Tsui

412. 窄叶野豌豆 *Vicia angustifolia* L. ex Reichard

413. 大花野豌豆 *V. bungei* Ohwi

414. 草藤 *V. cracea* L.

415. 多茎野豌豆 *V. multicaulis* Ledeb.

416. 救荒野豌豆 *V. sativa* L.

417. 野豌豆 *V. sepium* L.

418. 歪头菜 *V. unijuga* A. Br.

（二十八）酢浆草科 Oxalidaceae

419. 酢浆草 *Oxalis corniculata* L.

420. 山酢浆草 *O. griffithii* Edgeworth & J. D. Hooker

（二十九）牻牛儿苗科 Geraniaceae

421. 熏倒牛 *Biebersteinia heterostemon* Maxim.

422. 牻牛儿苗 *Erodium stephanianum* Willd.

423. 粗根老鹳草 *Geranium dahuricum* DC.

424. 毛蕊老鹳草 *G. eriostemon* Fisch.

425. 草原老鹳草 *G. pratense* L.

426. 甘青老鹳草 *G. pylzowianum* Maxim.

427. 鼠掌老鹳草 *G. sibiricum* L.

（三十）蒺藜科 Zygophyllaceae

428. 唐古特白刺 *Nitraria tangutorum* Bobr

429. 骆驼蓬 *Peganum harmala* L.

430. 多裂骆驼蓬 *P. multisectum* (Maxim.) Bobr.

（三十一）芸香科 Rutaceae

431. 臭檀 *Evodia daniedllii* (Benn.) Hemsl.

432. 花椒 *Zanthoxylum bungeanum* Maxim.

433. 毛叶花椒 *Z. bungeanum* Maxim. var. *pubescens* Huang

434. 川陕花椒 *Z. piasezkii* Maxim

（三十二）苦木科 Simaroubaceae

435. 臭椿 *Ailanthus atissima* (Mill.) Swingle.

（三十三）远志科 Polygalaceae

436. 远志 *Polygala tenuifolia* Willd.

437. 西伯利亚远志 *P. sibirica* L.

（三十四）大戟科 Euphorbiaceae

438. 青藏大戟 *Euphorbia altotibetica* Pauls.

439. 乳浆大戟 *E. esula* L.

440. 泽漆 *E. helioscopia* L.

441. 地锦草 *E. humifusa* Willd.

442. 甘肃大戟 *E. kansuensis* Proch.

443. 甘青大戟 *E. micractina* Boiss.

444. 大戟 *E. pekinensis* Rupr.

445. 钩腺大戟 *E. sieboldiana* Morr. et DC.

446. 高山大戟 *E. stracheyi* Boiss.

（三十五）水马齿科 Callitrichaceae

447. 沼生水马齿 *Callitriche palustris* L.

（三十六）马兜铃科 Aristolochiaceae

448. 单叶细辛 *Asarum himalaicum* Hook. f. et Thoms. ex Klotzsch.

（三十七）漆树科 Anacardiaceae

449. 毛黄栌 *Cotinus coggygria* var. *pubescens* Engl.

450. 黄连木 *Pistacia chinensis* Bunge

451. 盐肤木 *Rhus chinensis* Mill.

452. 青肤杨 *R. potaninii* Maxim.

453. 漆 *Toxicodendron vernicifere* (Stokes) F. A. Barkl.

（三十八）卫矛科 Celastraceae

454. 大芽南蛇藤 *Celastrus gemmatus* Loes.

455. 南蛇藤 *C. orbiculatus* Thumb.

456. 小卫矛 *Euonymus nanoides* Loes et Rehd.

457. 狭叶紫花卫矛 *E. porphyreus* var. *angustifolius*

458. 栓翅卫矛 *E. phellomana* Loes.

459. 八宝茶 *E. przewalskii* Maxim.

460. 石枣子 *E. sanguinea* Loes.

461. 中亚卫矛 *E. semenovii* Regel et Herder

462. 阿坝卫矛 *E. verrucosoides* var. *viridiflorus* Loes et Rehd.

（三十九）省沽油科 Staphy leaceae

463. 膀胱果 *Staphylea holocarpa* Hemsl.

（四十）槭树科 Aceraceae

464. 深灰槭 *Acer caesium* Wall. ex Brandis subsp. *giraldii* (Pax) E. Murr

465. 多齿长尾槭 *Acer caudatum* var. *multiserr* (Maxim.) Rehd.

466. 青榨槭 *A. davidii* Franch.

467. 五尖槭 *A. maximowiczii* Pax

468. 大翅色木枫 *A. pictum* Thunberg subsp. *macropterum* (W. P. Fang) H.Ohashi

469. 五角枫 *A. pictum* Thunberg subsp. *mono* (Maximowicz) H. Ohashi

470. 桦叶四蕊槭 *A. tetramerum* var. *betulifol* (Maxim.) Rehd.

471. 川甘槭 *A. yui* Fang.

（四十一）无患子科 Sapindaceae

472. 栾树 *Koelreuteria paniculata* Laxm.

473. 文冠果 *Xanthoceras sorbifolia* Bunge.

（四十二）清风藤科 Sabiaceae

474. 泡花树 *Meliosma cuneifolia* Franch.

475. 鄂西清风藤 *Sabia campanulata* Wall. ex Roxb. subsp. *ritchieae* (Rehd. et Wils.) Y. F. Wu

（四十三）凤仙花科 Balsaminaceae

476. 川西凤仙花 *Impatiens apsotis* J. D. Hooker

477. 水金凤 *I. noli-tangere* L.

478. 西固凤仙花 *I. notolopha* Maxim.

（四十四）鼠李科 Rhamnaceae

479. 黄背勾儿茶 *Berchemia flavescens* (Wall.) Brongn.

480. 多花勾儿茶 *B. floribunda* (Wall.) Brongn.

481. 勾儿茶 *B. sinica* Schneid.

482. 鼠李 *Rhamnus davuricus* Pall.

483. 圆叶鼠李 *R. globosa* Bge.

484. 刺鼠李 *R. dumetorum* Schneid.

485. 甘青鼠李 *R. tangutica* J. Vass.

486. 黑桦树 *R. maximovicziana* J. Vass.

487. 少脉雀梅藤 *Sageretia paucicostata* Maxim.

488. 酸枣 *Ziziphus jujuba* Mill. var. *spinosa* (Bge.) Hu ex H. F. Chow

（四十五）葡萄科 Vitaceae

489. 蓝果蛇葡萄 *Ampelopsis bodinieri* (Levl. & Vant.) Rehd.

（四十六）椴树科 Tiliaceae

490. 华椴 *Tilia chinensis* Maxim.

491. 亮绿椴 *T. laetevirens* Rehd. et Wils.

492. 红皮椴 *T. paucicostata* Maxim. var. *dictyoneura* (V. Engl.) H. T. Chang et E. W. Miau

493. 少脉椴 *T. paucicostata* Maxim.

（四十七）锦葵科 Malvaceae

494. 蜀葵 *Althaea rosea* Cavan.

495. 野西瓜苗 *Hibiscus trionum* L.

496. 圆叶锦葵 *Malva rotundifolia* L.

497. 野葵 *M. verticillata* L.

498. 中华野葵 *M. verticillata* L.var. *rafiqii* Abedin

（四十八）猕猴桃科 Actinidiaceae

499. 四萼猕猴桃 *Actinidia tetramera* Maxim.

500. 藤山柳 *Clematoclethra lasioclata* Maxim.

（四十九）藤黄科 Guttiferae

501. 突脉金丝桃 *Hypericum przewalskii* Maxim.

502. 黄海棠 *H. ascyron* L.

（五十）柽柳科 Tamaricaceae

503. 三春水柏枝 *Myricaria paniculata* P. Y. Zhang et Y. J. Zhang

504. 具鳞水柏枝 *Myricaria squamosa* Desv.

（五十一）堇菜科 Violaceae

505. 双花堇菜 *Viola biflora* L.

506. 圆叶小堇菜 *V. biflora* L. var. *rockiana* (W. Becker) Y. S. Chen

507. 鳞茎堇菜 *V. bulbosa* Maxim.

508. 裂叶堇菜 *V. dissecta* Ledebour

509. 西藏堇菜 *V. kunawarensis* Royle

510. 早开堇菜 *V. prionantha* Bunge

（五十二）瑞香科 Thymelaeaceae

511. 黄瑞香 *Daphne giraldii* Nitsche

512. 瘦叶瑞香 *D. modesta* Rehd.

513. 凹叶瑞香 *D. retusa* Hemsl.

514. 唐古特瑞香 *D. tangutica* Maxim.

515. 狼毒 *Stellera chamaejasme* L.

516. 河朔芫花 *Wikstroemia chamaedaphne* Meissn.

（五十三）胡颓子科 Elaeagnaceae

517. 牛奶子 *E. umbellate* Phunb.

518. 中国沙棘 *Hippophaė rhamnoides* L. subsp. *sinensis* Rousi

（五十四）柳叶菜科 Onagraceae

519. 柳兰 *Chamaenerion angustifolium* (L.) Scop.

520. 毛脉柳兰 *C. angustifolium* (L.) Holub subsp. *circumvagum* (Mosquin) Hoch

521. 高山露珠草 *Circaea alpina* L.

522. 高原露珠草 *C. alpina* L. subsp. *imaicola* (Asch. &

Mag.) Kitamura

523. 毛脉柳叶菜 *Epilobium amurense* Hausskn.

524. 柳叶菜 *E. hirsutum* L.

525. 沼生柳叶菜 *E. palustre* L.

（五十五）杉叶藻科 Hippuridaceae

526. 杉叶藻 *Hippuris vulgaris* L

（五十六）五加科 Araliaceae

527. 刺五加 *Acanthopanax senticosus*

528. 楤木 *Aralia chinensis* L.

529. 红毛五加 *A. giraldii* Harms

530. 藤五加 *A. leucorrhizus* (Oliv.) Harms

531. 竹节参 *Panax japonicus* (T. Nees) C. A. Meyer

532. 疙瘩七 *P. japonicus* (T. Nees) C. A. Meyer var. *bipinnatifidus* (Seemann) C. Y. Wu et K. M. Feng

533. 珠子参 *P. japonicus* (T. Nees) C. A. Meyer var. *major* (Burkill) C. Y. Wu et K. M. Feng

（五十七）伞形科 Umbelliferae

534. 尖瓣芹 *Acronema chinense* Wolff

535. 疏叶当归 *Angelica laxifoliata* Diels

536. 青海当归 *A. chinghaiensis* Shan

537. 疏叶当归 *A. laxifoliata* Diels

538. 当归 *A. sinensis* (Oliv.) Diels.*

539. 峨参 *Anthriscus sylvestris* (L.) Hoffm.

540. 北柴胡 *B. chinense* DC. Prodr.

541. 黄花鸭跖柴胡 *Bupleurum commelynoideum* de Boiss. var. *flaviflorum* Shan et Y. Li

542. 空心柴胡 *B. longicaule* Wall. ex DC. var. *franchetii* de Boiss.

543. 竹叶柴胡 *B. marginatum* Wall. ex DC.

544. 黑柴胡 *B. smithii* Wolff

545. 小叶黑柴胡 *B. smithii* Wolff var. *parvifolium* Shan et Y. Li

546. 田葛缕子 *Carum buriaticum* Turcz.

547. 鸭儿芹 *Cryptotaenia iaponica* Hassk.

548. 松潘矮泽芹 *Chamaesium thalictrifolium* Wolff

549. 短毛独活 *Heracleum moellendorffii* Hance

550. 长茎藁本 *Ligusticum thomsonii* C. B. Clarke

551. 宽叶羌活 *Notopterygium franchetii* H. Boissieu

552. 羌活 *N. incisum* Ting ex H. T. Chang

553. 水芹 *Oenanthe javanica* (Bl.) DC.

554. 香根芹 *Osmorhiza aristata* (Thunb.) Makino et Yabe

555. 前胡 *Peucedanum praeruptorum* Dunn

556. 异叶茴芹 *Pimpinella diversifolia* DC.

557. 直立茴芹 *P. stricta* Wolff

558. 鸡冠棱子芹 *Pleurospermum cristatum* De Boiss.

559. 松潘棱子芹 *P. franchetianum* Hemsl.

560. 异伞棱子芹 *P. heterosciadium* H. Wolff

561. 西藏棱子芹 *P. hookeri* C. B. Clarke var. *thomsonii* C. B. Clarke

562. 青藏棱子芹 *P. pulszkyi* Kanitz

563. 囊瓣芹 *Pternopetalum davidii* Franch.

564. 异叶囊瓣芹 *P. heterophyllum* Hand.-Mazz.

565. 矮茎囊瓣芹 *P. longicaule* Shan var. *humile* Shan et Pu

566. 变豆菜 *Sanicula chinensis* Bunge

567. 首阳变豆菜 *S. giraldii* Wolff

568. 鳞果变豆菜 *S. hacquetioides* Franch.

569. 迷果芹 *Sphallerocarpus gracilis* (Bess.) K.-Pol.

570. 大东俄芹 *Tongoloa elata* Wolff

571. 小窃衣 *Torilis japonica* (Houtt.) DC.

（五十八）山茱萸科 **Cornacea**

572. 青荚叶 *Helwingia japonica* (Thunb.) F. G.

573. 沙梾 *Swida bretschneidari* L. Henry

574. 红椋子 *S. hemsleyi* (Schneid. et Wanger.) Sojak

（五十九）鹿蹄草科 **Pyrolaceae**

575. 松下兰 *Hypopitya monotropa* Grantz

576. 鹿蹄草 *Pyrola rotundifolia* L.

577. 皱叶鹿蹄草 *P. rugosa* H. Andres

（六十）杜鹃花科 **Ericaceae**

578. 烈香杜鹃 *Rhododendron anthopogonoides* Maxim.

579. 美容杜鹃 *R. calophytum* Franch.

580. 头花杜鹃 *R. capitatum* Maxim.

581. 密枝杜鹃 *R. fastigitum* Franch.

582. 秀雅杜鹃 *R. concinnum* Hemsl.

583. 甘南杜鹃 *R. gannanense* Z. C. Feng et X. A. Sun

584. 粉背杜鹃 *R. hypoglaucum* Hemsl.

585. 山光杜鹃 *R. oreodoxa* Franch

586. 陇蜀杜鹃 *R. przewalskii* Maxim

587. 早春杜鹃 *R. praevernum* Hutch.

588. 青海杜鹃 *R. qinghaiense* Ching ex W. Y. Wang.

589. 黄毛杜鹃 *R. rufum* Batalin.

590. 千里香杜鹃 *R.thymifolium* Maxim.

（六十一）报春花科 Primulaceae

591. 直立点地梅 *Androsace erecta* Maxim.

592. 小点地梅 *A. gmelinii* (Gaerth.) Roem. et Schult.

593. 短葶小点地梅 *A. gmelinii* var. *geophila* Hand.-Mazz.

594. 西藏点地梅 *A. mariae* Kantz.

595. 垫状点地梅 *A. tapete* Maxim.

596. 海乳草 *Glaux maritima* L.

597. 狼尾花 *Lysimachia barystachys* Bunge.

598. 过路黄 *L. christinae* Hance

599. 珍珠菜 *L. clethroides* Duby

600. 腺药珍珠菜 *L. stenosepala* Hemsl.

601. 蔓茎报春 *Primula alsophila* Balf. f. et Forrest

602. 散布报春 *P. conspersa* Balf. f. et Purdom.

603. 黄花粉叶报春 *P. flava* Maxim

604. 多脉报春 *P. polyneura* Franch.

605. 狭萼报春 *P. stenocalyx* Maxim.

606. 甘青报春 *P. tangutica* Pax.

607. 岷山报春 *P. woodwardii* Balf. f.

（六十二）白花丹科 Plumbaginaceae

608. 二色补血草 *Limonium bicolor* (Bunge) Kuntze

609. 鸡娃草 *Plumbagella micrantha* (Ledeb.) Spach

（六十三）木樨科 Oleaceae

610. 秦连翘 *Forsythia giraldiana* Lingelsh.

611. 白蜡树 *Fraxinus chinensis* Roxb.

612. 水曲柳 *F. mandshurica* Rupr

613. 甘肃矮探春 *Jasminum humile* L. var. *kansuense* Kobuski

614. 紫丁香 *Syringa oblata* Lindl.

615. 小叶巧玲花 *S. pubescens* Turcz. subsp. *microphylla* (Diels) M. C. Chang et X. L. Chen

616. 北京丁香 *S. reticulata* (Bl.) Hara subsp. *pekinensis* (Ruprecht) P. S. Green & M. C. Chang

（六十四）马钱科 Loganiaceae

617. 巴东醉鱼草 *Buddleja albiflora* Hemsl.

618. 互叶醉鱼草 *B. alternifolia* Maxim.

619. 皱叶醉鱼草 *B. crispa* Benth.

620. 大叶醉鱼草 *B. davidii* Franch.

（六十五）龙胆科 Gentianaceae

621. 镰萼喉毛花 *Comastoma falcatum* (Turcz. ex Kar. et Kir.) Toyokuni.

622. 皱边喉毛花 *C. polycladum* (Diels et Gilg) T. N. Ho

623. 喉毛花 *C. pulmonarium* (Turcz.) Toyokuni.

624. 高山龙胆 *Gentiana algida* Pall.

625. 刺芒龙胆 *G. aristata* Maxim.

626. 粗茎秦艽 *G. crassicaulis* Duthie ex Burk.

627. 达乌里秦艽 *G. dahurica* Fisch.

628. 线叶龙胆 *G. lawrencei* Burk. var. *farreri* (I. B. Balf) T. N. Ho

629. 蓝白龙胆 *G. leucomelaena* Maxim.

630. 秦艽 *G. macrophylla* Pall.

631. 黄管秦艽 *G. officinalis* H.Smith

632. 假水生龙胆 *G. pseudo-aquatica* Kusnez.

633. 匙叶龙胆 *G. spathulifolia* Maxim. ex Kusnez.

634. 鳞叶龙胆 *G. squarrosa* Ledeb.

635. 麻花艽 *G. straminea* Maxim.

636. 扁蕾 *Gentianopsis barbata* var. *sinensis* Ma

637. 湿生扁蕾 *G. paludosa* (Hook.f.) Ma

638. 卵叶扁蕾 *G. paludosa* (Hook.f.) Ma var. *ovatodeltoidea* (Burk.) Ma ex T. N. Ho

639. 椭圆叶花锚 *Halenia elliptica* D. Don

640. 肋柱花 *Lomatogonium carinthiacum* (Wulfen) Reichenbach

641. 大花肋柱花 *L. macranthum* (Diels et Gillg) Fern.

642. 二叶獐牙菜 *Swertia bifolia* Batal.

643. 獐牙菜 *S. bimaculata* (Sieb. et Zucc.) Hook. f. et Thoms. ex C. B. Clarke

644. 红直獐牙菜 *S. erythrosticta* Maxim.

645. 四数獐牙菜 *S. tetraptera* Maxim.

646. 华北獐牙菜 *S. wolfangiana* Gruning.

（六十六）萝摩科 Asclepiadaceae

647. 白首乌 *Cynanchum bungei* Decne.

648. 牛皮消 *C. auriculatum* Royle

649. 大理白前 *C. forrestii* Schltr.

650. 竹灵消 *C. inamaenum* (Maxim.) Loes

651. 地梢瓜 *C. thesioides* (Freyn) K. Schum.

652. 杠柳 *Periploca Sepium* Bunge.

653. 汶川娃儿藤 *Tylophora nana* Schneid.

（六十七）旋花科 Convolvulaceae

654. 打碗花 *Calystegia hederacea* Wall.

655. 田旋花 *Convolvulus arvensis* L.

656. 刺旋花 *C. tragacanthoide*s Turcz.

657. 菟丝子 *Cuscuta chinensis* Lam.

658. 金灯藤 *C. japonica* Choisy

（六十八）花葱科 Polemoniaceae

659. 中华花葱 *Polemonium coeruleum* var. *chinense* Brand.

（六十九）紫草科 Boraginaceae

660. 狼紫草 *Anchusa ovata* Lehmann

661. 糙草 *Asperugo procumbens* L.

662. 倒提壶 *Cynoglossum amabile* Stapf et Drumm.

663. 大果琉璃草 *C. divaricatum* Steph.

664. 琉璃草 *C. furcatum* Wallich

665. 小花琉璃草 *C. lanceolatum* Forsk.

666. 西南琉璃草 *C. wallichii* G. Don.

667. 稀刺琉璃草 *C. wallichii* var. *glochidiatum* (Wall. ex Benth.) Kazmi

668. 鹤虱 *Lappula myosotis* V. Wolf

669. 卵盘鹤虱 *L. redowskii* (Hornem.) Greene

670. 柔毛微孔草 *Microula rockii* Johnst.

671. 甘青微孔草 *M. pseudotrichocarpa* W. T. Wang.

672. 微孔草 *M. sikkimensis* (Clarke) Htemsl.

673. 长叶微孔草 *M. trichocarpa* (Maxim.) Johnst.

674. 小叶滇紫草 *Onosma sinicum* Diels

675. 附地菜 *Trigonotis peduncularis* (Trev.)Benth.

（七十）马鞭草科 Verbenaceae

676. 光果莸 *Caryopteris tangutica* Maxim.

（七十一）唇形科 Labiatae

677. 白苞筋骨草 *Ajuga lupulina* Maxim.

678. 圆叶筋骨草 *A.ovalifolia* Bur. et Franch

679. 美花圆叶筋骨草 *A. ovalifolia* Bur. et Franch var. *calantha* (Diels) C. Y. Wu et G. Chen

680. 水棘针 *Amethystea caerulea* L.

681. 风轮菜 *Clinopodium chinense* (Benth.) O. Ktze.

682. 灯笼草 *Clinopodium polycephalum* (Vaniot) C. Y. Wu et Hsuan. ex Hsu

683. 匍匐风轮菜 *C. repens* (D. Don) Wall. ex Benth.

684. 白花枝子花 *Dracocephalum heterophyllum* Benth.

685. 岷山毛建草 *D. purdomii* W. W. Smith

686. 甘青青兰 *D. tanguticum* Maxim.

687. 香薷 *Elsholtzia ciliata* (Thunb.) Hyland.

688. 密花香薷 *E. densa* Benth.

689. 鸡骨柴 *E. fruticosa* (D. Don) Rehd.

690. 鼬瓣花 *Galeopsis bifida* Boenn.

691. 活血丹 *G. longituba* (Nakai) Kupr.

692. 鄂西香茶菜 *Isodon henryi* (Hemsl.) Kudo

693. 小叶香茶菜 *I. parvifolius* (Batalin) H. Hara

694. 碎米桠 *I. rubescens* (Hemsley) H. Hara

695. 夏至草 *Lagopsis supina* (Steph.) Ik.-Gal. ex Knorr.

696. 宝盖草 *Lamium amplexicaule* L.

697. 野芝麻 *L. barbatum* Sieb. et Zucc.

698. 益母草 *Leonurus japonicus* Houtt.

699. 薄荷 *Mentha canadensis* L.

700. 康藏荆芥 *Nepeta prattii* Levl.

701. 牛至 *Origanum vulgare* L.

702. 串铃草 *Phlomis mongolica* Turcz.

703. 糙苏 *P. umbrosa* Turcz.

704. 螃蟹甲 *P. younghusbandii* Mukerj.

705. 夏枯草 *Prunella vulgaris* L.

706. 甘西鼠尾草 *Salvia przewalskii* Maxim.

707. 粘毛鼠尾草 *S. roborowskii* Maxim.

708. 甘肃黄芩 *Scutellaria rehderiana* Diels

709. 黄芩 *S. baicalensis* Georgi

710. 甘露子 *Stachys sieboldi* Miq

711. 百里香 *Thymus mongolicus* Ronn.

（七十二）茄科 Solanaceae

712. 山莨菪 *Anisodus tanguticus* (Maxim.) Pascher.

713. 曼陀罗 *Datura stramonium* L.

714. 天仙子 *Hyoscyamus niger* L.

715. 马铃薯 *Solanum tuberosum* L.

716. 青杞 *S. septemlobum* Bge.

（七十三）玄参科 Scrophylariaceae

717. 小米草 *Euphrasia pectinata* Ten.

718. 短腺小米草 *E. regelii* Wettst.

719. 短穗兔耳草 *Lagotis brachystachya* Maxim.

720. 肉果草 *Lancea tibetica* Hook. f. et Thoms.

721. 通泉草 *Mazus pumilus* (N. L. Burman) Steenis

722. 碎米蕨叶马先蒿 *Pedicularis cheilanthifolia* Schrenk

723. 中国马先蒿 *P. chinensis* Maxim.

724. 扭盔马先蒿 *P. davidii* Franch.

725. 美观马先蒿 *P. decora* Franch.

726. 多花马先蒿 *P. floribunda* Franch.

727. 地管马先蒿 *P. geosinphon* H. Smith et Tsoong ex Tsoong

728. 藓生马先蒿 *P. muscicola* Maxim.

729. 多齿马先蒿 *P. polyodenta* Li

730. 甘南马先蒿 *P. potaninii* Maxim.

731. 反曲马先蒿 *P. recurva* Maxim.

732. 粗野马先蒿 *P. rudis* Maxim.

733. 半扭卷马先蒿 *P. semitorta* Maxim.

734. 穗花马先蒿 *P. spicata* Pall.

735. 扭旋马先蒿 *P. torta* Maxim.

736. 轮叶马先蒿 *P. verticillata* L.

737. 唐古特马先蒿 *P. vertillata* L. subsp. *tangutica* (Bonati) Tsoong

738. 细穗玄参 *Scrofella chinensis* Maxim.

739. 北水苦荬 *Veronica anagallis-aquatica* L.

740. 两裂婆婆纳 *V. biloba* L.

741. 长果婆婆纳 *V. ciliata* Fisch

742. 毛果婆婆纳 *V. eriogyne* H. Winkl.

743. 阿拉伯婆婆纳 *V. persica* Poiret

744. 婆婆纳 *V. polita* Fries

745. 光果婆婆纳 *V. rockii* Li

746. 小婆婆纳 *V. serpyllifolia* L.

747. 四川婆婆纳 *V. szechuanica* Batal.

748. 水苦荬 *V. undulata* Wall.

749. 唐古拉婆婆纳 *V. vandellioides* Maxim.

750. 尼泊尔沟酸浆 *Mimulus tenellus* Bunge var. *nepalensis* (Benth.) Tsoong

（七十四）紫葳科 **Bignoniaceae**

751. 密生波罗花 *Incarvillea compacta* Maxim.

752. 角蒿 *I. sinensis* Lam.

753. 黄花角蒿 *I. sinensis* Lam. var. *przewalskii* (Batal.) C. Y. Wu et W. C. Yi

（七十五）列当科 **Orobanchaceae**

754. 丁座草 *Boschniakia himalaica* Hook. f. et Thoms.

755. 列当 *Orobanche coerulescens* Steph.

（七十六）狸藻科 **Lentibulariaceae**

756. 高山捕虫堇 *Pinguicula alpina* L.

（七十七）车前科 **Plantaginaceae**

757. 车前 *Plantago asiatica* L.

758. 平车前 *P. depressa* Willd.

759. 大车前 *P. major* L.

（七十八）茜草科 **Rubiaceae**

760. 拉拉藤 *Galium aparine* L. var. *echinospermum* (Wallr.) Cuf.

761. 北方拉拉藤 *G. boreale* L.

762. 硬毛四叶葎 *G. bungei* Steud. var. *hispidum* (Kitagawa) Cuf.

763. 六叶葎 *G. hoffmeisteri* (Klotzsch) Ehrendorfer et Schonbeck-Temesy ex R. R. Mill

764. 车轴草 *G. odoratum* (L.) Scop.

765. 蓬子菜 *G. verum* L.

766. 白花蓬子菜 *G. verum* L. var. *lacteum* Maxim.

767. 甘肃野丁香 *Leptodermis purdomii* Hutchins.

768. 茜草 *Rubia cordifolia* L.

769. 猪殃殃 *Galium aparine* L. var. *tenerum* (Gren. et Godr) Rchb.

（七十九）忍冬科 **Caprifoliaceae**

770. 金花忍冬 *L. chrysantha* Turcz.

771. 北京忍冬 *L. elisae* Franch.

772. 葱皮忍冬 *L. ferdinandii* Franch.

773. 苦糖果 *L. fragrantissima* Lindl. et Paxt. subsp. *standishii* (Carr.) Hsu et H. J. Wang

774. 巴东忍冬 *L. henryi* Hemsl.

775. 刚毛忍冬 *L. hispida* Pall. ex Roem.

776. 甘肃忍冬 *L. kansuensis* (Batal. ex Rehd.) Pojark.

777. 金银忍冬 *L. maackii* (Rupr.) Maxim.

778. 蓝果忍冬 *Lonicera caerulea* L. var. *edulis* Turcz. ex Herd.

（八十）短梗忍冬科 **L. modesta Rehder**

779. 红脉忍冬 *L. nervosa* Maxim.

780. 岩生忍冬 *L. rupicola* Hook. f. et Thoms.

781. 红花岩生忍冬 *L. rupicola* Hook. f. et Thoms. var. *syringantha* (Maxim.) Zabel

782. 袋花忍冬 *L. saccata* Rehd.

783. 毛药忍冬 *L. serreana* Hand.-Mazz.

784. 冠果忍冬 *L. stephanocarpa* Franch.

785. 四川忍冬 *L. szechuanica* Batal.

786. 太白忍冬 *L. taipeiensis* Hsu et H. J. Wang

787. 陇塞忍冬 *L. tangutica* Maxim.

788. 盘叶忍冬 *L. tragophylla* Hemsl.

789. 毛花忍冬 *L. trichosantha* Bur. et Franch.

790. 华西忍冬 *L. webbiana* Wall. ex DC.

791. 血满草 *Sambucus adnata* Wall. ex DC.

792. 莛子藨 *Triosteum pinnatifidum* Maxim.

793. 桦叶荚蒾 *Viburnum betulifolium* Batal.

794. 球花荚蒾 *V. glomeratum* Maxim.

795. 甘肃荚蒾 *V. kansuense* Batal.

796. 蒙古荚蒾 *V. mongolicum* (Pall.) Rehd.

797. 鸡树条 *V. opulus* L. var. *calvescens* (Rehd.) Hara

798. 陕西荚蒾 *V. schensianum* Maxim.

799. 南方六道木 *Zabelia dielsii* (Graebn.) Rehd.

（八十一）败酱科 Valerianaceae

800. 异叶败酱 *Patrinia heterophylla* Bunge.

801. 岩败酱 *P. rupestris* (Pall.) Juss

802. 缬草 *Valeriana officinalis* L.

（八十二）川续断科 Dipsacaceae

803. 白花刺续断 *Acanthocalyx alba* (Hand.-Mazz.) M. J. Cannon

804. 川续断 *Dipsacus asperoides* C. Y. Chang et T. M. Ai

805. 续断 *D. japonicus* Miq.

806. 刺参 *Morina betonicoides* Benth

（八十三）葫芦科 Cucurbitaceae

807. 赤瓟 *Thladiantha dubia* Bunge

（八十四）桔梗科 Campanulaceae

808. 泡沙参 *Adenophora potanninii* Korsh.

809. 长柱沙参 *A. stenanthina* (Ledeb.) Kitagawa

810. 林沙参 *A. stenanthina* (Ledeb.) Kitagawa subsp. *sylvatica* Hong

811. 钻裂风铃草 *Campanula aristata* Wall.

812. 党参 *C. pilosula* (Franch.) Nannf.

813. 绿花党参 *C. viridiflora* Maxim.

（八十五）菊科 Compositae

814. 齿叶蓍 *Achillea acuminata* (Ledeb.) Sch.-Bip.

815. 云南蓍 *A. wilsoniana* Heim. ex Hand.-Mazz.

816. 多花亚菊 *Ajania myriantha* (Franch.) Ling ex Shih

817. 川甘亚菊 *A. potaninii* (Krasch.) Poljak.

818. 细裂亚菊 *A. przewalskii* Poljak.

819. 柳叶亚菊 *A. salicifolia* (Mattf.) Poljak.

820. 猪毛蒿 *A. scoparia* Waldst. et Kit

821. 大籽蒿 *A. sieversiana* Ehrhart ex Willd.

822. 球花蒿 *A. smithii* Mattf.

823. 甘青蒿 *A. tangutica* Pamp.

824. 毛莲蒿 *A. vestita* Wall. ex Bess.

825. 弯茎假苦菜 *Askellia flexuosa* (Ledeb.) W. A. Weber

826. 小舌紫菀 *Aster albescens* (DC.) Hand.-Mazz.

827. 椭叶小舌紫菀 *A.albescens* (DC.) Hand.-Mazz. var. *limprichtii* (Diels) Hand.-Mazz.

828. 阿尔泰狗哇花 *A. altaicus* Willd.

829. 圆齿狗哇花 *A. crenatifolius* Hand.-Mazz.

830. 重冠紫菀 *A.diplostephioides* (DC.) C. B. Clarke

831. 狭苞紫菀 *A. farreri* W. W. Smith et J. F. Jeffr.

832. 柔软紫菀 *A. flaccidus* Bunge.

833. 异苞紫菀 *A. heterolepis* Hand.-Mazz.

834. 灰枝紫菀 *A. poliothamnus* Diels

835. 舟曲紫菀 *A. sikuensis* W. W. Smith et Farr.

836. 甘川紫菀 *A. smithianus* Hand.-Mazz.

837. 缘毛紫菀 *A. souliei* Franch.

838. 丝毛飞廉 *Carduus crispus* L.

839. 高原天名精 *Carpesium lipskyi* Winkl.

840. 小花金挖耳 *C. minus* Hemsl.

841. 刺儿菜 *C. arvense* (L.) Scop. var. *integrifolium* Wimmer et Grabowski

842. 牛口刺 *C. shansiense* Petrak

843. 葵花大蓟 *C. souliei* (Franch.) Mattf.

844. 条叶垂头菊 *Cremanthodium lineare* Maxim.

845. 戟叶垂头菊 *C. potaninii* C. Winkl.

846. 尖裂假还阳参 *C. sonchifolium* (Maxim.) Pak et Kawano

847. 甘菊 *Dendranthema lavandulifolium* (Fisch.ex Trautv.) Ling et Shih

848. 阿尔泰多榔菊 *Doronicum altaicum* Pall.

849. 甘肃多榔菊 *D. gansuense* Y. L. Chen

850. 飞蓬 *Erigeron acer* L.

851. 一年蓬 *E. annus* (L.) Pers.

852. 小蓬草 *E. canadensis* L.

853. 白酒草 *Eschenbachia japonica* (Thunb.) J. Koster

854. 牛膝菊 *Galinsoga parviflora* Cavanilles

855. 细叶小苦荬 *Ixeridium gracile* (DC.) Shih

856. 中华苦荬菜 *Ixeris chinense* (Thunb.) Kitagawa

857. 苦荬菜 *I. polycephala* Cass.

858. 缢苞麻花头 *Klasea centauroides* (L.) Cassini ex Kitagawa subsp. *strangulata* (Iljin) L. Martins

859. 细叶亚菊 *Aiania tenuifolia* (Jacq.) Tzvel.

860. 黄腺香青 *Anaphalis aureo-punctata* Lingelsh et Borza

861. 淡黄香青 *A. flavescens* Hand.-Mazz.

862. 铃铃香青 *A. hancockii* Maxim.

863. 乳白香青 *A. lactea* Maxim.

864. 珠光香青 *A. margaritacea* (L.) Benth. et Hook. f.

865. 尼泊尔香青 *A. nepalensis* (Spreng.) Hand.-Mazz.

866. 牛蒡 *Arctium lappa* L.

867. 黄花蒿 *Artemisia annua* L.

868. 沙蒿 *A. desertorum* Speng.

869. 无毛牛尾蒿 *A. dubia* Wall. ex Bess var. *subdigitata* (Mattf.) Y. R. Ling

870. 白莲蒿 *A. gmelinii* Web. ex Stechm.

871. 臭蒿 *A. hedinii* Ostenf.

872. 野艾蒿 *A. lavandulaefolia* DC.

873. 蒙古蒿 *A. mongolica* (Fisch. ex Bess) Nakai

874. 灰苞蒿 *A. roxburghiana* Bess.

875. 大丁草 *Leibnitzia anandria* (L.) Nakai

876. 香芸火绒草 *L. haplcphylloides* Hand.-Mazz.

877. 长叶火绒草 *L. junpeianum* Kitamura

878. 毛莲菜 *Picris hieracioides* L.

879. 鼠麹草 *Pseudognaphalium affine* (D. Don) Anderberg

880. 川甘风毛菊 *Saussurea acroura* Cumm.

881. 沙生风毛菊 *S. arenaria* Maxim.

882. 柳叶菜风毛菊 *S. epilobioides* Maxim.

883. 球花雪莲 *S. globosa* Chen

884. 禾叶风毛菊 *S. graminea* Dunn

885. 长毛风毛菊 *S. hieracioides* Hook. f.

886. 紫苞风毛菊 *S. iodostegia* Hance

886. 风毛菊 *S. japonica* (Thunb.) DC.

888. 大耳叶风毛菊 *S. macrota* Franch.

889. 水母雪兔子 *S. medusa* Maxim.

890. 小风毛菊 *S. minuta* C. Winkl.

891. 钝苞雪莲 *S. nigrescens* Maxim.

892. 小花风毛菊 *S. parviflora* (Poir.) DC.

893. 火绒草 *Leontopodium leontopodioides* (Willd.) Beauv

894. 杨叶风毛菊 *S. populifolia* Hemsl.

895. 弯齿风毛菊 *S. przewalskii* Maxim.

896. 星状风毛菊 *S. stella* Maxim.

897. 唐古特雪莲 *S. tangutica* Maxim.

898. 变裂风毛菊 *S. variiloba* Ling

899. 鸦葱 *Scorzonera austrica* Willd.

900. 额河千里光 *Senecio argunensis* Turcz.

901. 密齿千里光 *S. densiserratus* Chang

902. 高原千里光 *S. diversipinnus* Ling

903. 羽叶千里光 *S.scandens* var. *incisus* Fr.

904. 欧洲千里光 *S. vulgaris* L.

905. 羽裂华蟹甲草 *Sinacalia tangutica* (Maxim.) B. Nord.

906. 耳柄蒲尔根 *Sinosenecio euosmus* (Hand.-Mazz.) B. Nord.

907. 蒲儿根 *S. oldhamianum* (Maxim.) B.Nord.

908. 苣荬菜 *Sonchus arvensis* L.

909. 苦苣菜 *S. oleraceus* L.

910. 空桶参 *Soroseris erysimoides* (Hand.-Mazz.) Shih

911. 皱叶绢毛菊 *S. hookeriana* (C.B. Clarke) Stebb.

912. 大头蒲公英 *Taraxacum calanthodium* Dahlst.

913. 蒲公英 *T. mongolicum* Hand.-Mazz.

914. 白缘蒲公英 *T. platypecidum* Diels

915. 深裂蒲公英 *T. scariosum* (Tausch) Kirschner et Štěpanek

916. 橙舌狗舌草 *Tephroseris rufa* (Hand.-Mazz.) B. Nord.

917. 款冬 *Tussilago farfara* L.

918. 苍耳 *Xanthium sibiricum* Patrin ex Widder

919. 异叶黄鹌菜 *Youngia heterophylla* (Hemsl.) Babcock et Stebbins

920. 卵裂黄鹌菜 *Y. japonica* (L.) DC. subsp. *elstonii* (Hochreutiner) Babcock et Stebbins

921. 川西黄鹌菜 *Y. prattii* (Babcock) Babcock et Stebbins

922. 矮火绒草 *Leontopodium nanum* (Hook. f. et Thoms.) Hand.-Mazz.

923. 弱小火绒草 *L. pusillum* (Beauv.) Hand.-Mazz.

924. 总状橐吾 *Ligularia botryodes* (C. Winkl.) Hand.-Mazz.

925. 大黄橐吾 *L. duciformis* (C.Winkl.) Hand.-Mazz.

926. 蹄叶橐吾 *L. fischeri* (Ledeb.) Turcz.

927. 莲叶橐吾 *L. nelumbifolia* (Bur. et Fr.) Hand.-Mazz.

928. 掌叶橐吾 *L. przewalskii* (Maxim.) Diels

929. 褐毛橐吾 *L. purdomii* (Turrill) Chittenden

930. 箭叶橐吾 *L. sagitta* (Maxim.) Mattf.

931. 黄帚橐吾 *L. virgaurea* (Maxim.) Mattf.

932. 盘果菊 *Nabalus tatarinowii* (Maxim.) Nakai

933. 三角叶蟹甲草 *Parasenecio deltophyllus* (Maxim.) Y. L. Chen

934. 珠毛蟹甲草 *P. roborowskii* (Maxim.) Y. L. Chen

935. 两色帚菊 *Pertya discolor* Rehd.

936. 华帚菊 *P. sinensis* Oliv.

937. 毛裂蜂斗菜 *Petasites tricholobus* Franch.

（八十六）眼子菜科 **Potamogetonaceae**

938. 篦齿眼子菜 *Stuckenia pectinata* (L.) Börner

（八十七）水麦冬科 **Juncaginaceae**

939. 海韭菜 *Triglochin maritimum* L.

940. 水麦冬 *T. palustre* L.

（八十八）禾本科 **Gramineae**

941. 细叶芨芨草 *Achnatherum chingii* (Hitchc.) Keng ex P. C. Guo

942. 醉马草 *A. inebrians* (Hance) Keng

943. 华北剪股颖 *Agrostis clavata* Trin.

944. 广序剪股颖 *A. hookeriana* C. B. Clarke ex J. D. Hooker

945. 甘青剪股颖 *A. hugoniana* Rendle

946. 小花剪股颖 *A. micrantha* Steud.

947. 看麦娘 *Alopecurus aequalis* Sobol.

948. 野燕麦 *Avena fatua* L.

949. 菵草 *Beckmannia syzigachne* (Steud.) Fern.

950. 短柄草 *Brachypodium sylvaticum* (Huas.) Beauv.

951. 无芒雀麦 *Bromus inermis* Leyss.

952. 雀麦 *B. japonicus* Thunb.

953. 大雀麦 *B. magnus* Keng

954. 旱雀麦 *B. tectorum* L.

955. 虎尾草 *Chloris virgata* Swartz.

956. 发草 *Deschampsia cespitosa* (L.) Beauv.

957. 穗发草 *D. koelerioides* Regel

958. 密穗野青茅 *Deyeuxia conferta* Keng

959. 野青茅 *D. pyramidalis* (Host) Veldkamp

960. 远东羊茅 *Festuca extremiorientalis* Ohwi

961. 羊茅 *F. ovina* L.

962. 紫羊茅 *F. rubra* L.

963. 中华羊茅 *F. sinensis* Keng

964. 高异燕麦 *Helictotrichon altius* (Hitchc.) Ohwi

965. 藏异燕麦 *H. tibeticum* (Roshev.) Holub.

966. 芒落草 *Koeleria litvinowii* Dom.

967. 落草 *K. macrantha* (Ledebour) Schultes

968. 赖草 *Leymus secalinus* (Georgi) Tzvel.

969. 甘肃臭草 *Melica przewalskii* Roshev.

970. 粟草 *Milium effusum* L.

971. 白草 *Pennisetum centrasiaticum* Tzvel.

972. 芦苇 *Phragmites australis* (Cav.) Trin ex Staudel

973. 落芒草 *Piptatherum munroi* (Stapf) Mez

974. 波伐早熟禾 *Poa albertii* Regel subsp. *poophagorum* (Bor) Olonova et G. Zhu

975. 早熟禾 *P. annua* L.

976. 堇色早熟禾 *P. araratica* Trautvetter subsp. *ianthina* (Keng ex Shan Chen) Olonova et G. Zhu

977. 光稃早熟禾 *P. araratica* Trautvetter subsp. *psilolepis* (Keng) Olonova et G. Zhu

978. 渐尖早熟禾 *P. attenuata* Trin.

979. 胎生早熟禾 *P. attenuata* Trinius var. *vivipara* Rendle

980. 法氏早熟禾 *P. faberi* Rendle

981. 草地早熟禾 *P. pratensis* L.

982. 垂枝早熟禾 *P. szechuensis* Rendle var. *debilior* (Hitchcock) Soreng et G.Zhu

983. 硬质早熟禾 *P. sphondylodes* Trin. ex Bunge.

984. 西藏早熟禾 *P. tibetica* Munro

985. 多变早熟禾 *P. versicolor* Besser subsp. *varia* (Keng ex L. Liu) Olonova et G. Zhu

986. 狗尾草 *Setaria viridis* (L.) Beauv.

987. 异花针茅 *Stipa aliena* Keng

988. 短花针茅 *S. breviflora* Griseb.

989. 长芒草 *S. bungeana* Trin.

990. 丝颖针茅 *S. capillacea* Keng

991. 大针茅 *S. grandis* P. Smirn.

992. 疏花针茅 *S. penicillata* Hand.-mazz.

993. 甘青针茅 *S. przewalskyi* Roshev.

994. 紫花针茅 *S. purpurea* Grisb.

995. 狭穗针茅 *S. regliana* Hach.

996. 长穗三毛草 *Trisetum clarkei* (Hook. f.) R. R. Stewart

997. 穗三毛 *T. spicatum* (L.) Richt.

998. 糙野青茅 *Deyeuxi scabrescens* (Griseb.) Munro ex Duthie

999. 毛蕊草 *Duthiea brachypodia* (P. Candargy) Keng et P. C. Keng

1000. 稗 *Echinochloa crusgalli* (L.) Beauv.

1001. 黑紫披碱草 *Elymus atratus* (Nevski) Hand.-Mazz.

1002. 短颖披碱草 *E. burchan-buddae* (Nevski) Tzvelev

1003. 披碱草 *E. dahuricus* Turcz.

1004. 柯孟披碱草 *E. kamoji* (Ohwi) S. L. Chen

1005. 垂穗披碱草 *E. nutans* Griseb.

1006. 老芒麦 *E. sibiricus* L.

1007. 肃草 *E. strictus* (Keng) S. L. Chen

1008. 麦宾草 *E. tangutorum* (Nevski) Hand.-Mazz.

1009. 黑穗画眉草 *Eragrostis nigra* Nees

1010. 画眉草 *E. pilosa* (L.) Beauv.

1011. 缺苞箭竹 *Fargesia denudata* T. P. Yi

1012. 华西箭竹 *F. nitida* (Mitford) P. C. Keng ex T. P. Yi

1013. 糙花箭竹 *F. scabrida* Yi

（八十九）莎草科 Cyperaceae

1014. 华扁穗草 *Blysmus sinocompressus* Tang et Wang

1015. 扁秆荆三棱 *Bolboschoenus planiculmis* (F. Schmidt) T. V. Egorova

1016. 团穗苔草 *Carex agglomerata* C. B. Clarke

1017. 尖鳞苔草 *C. atrata* L. subsp. *pullata* (Boott) Kuk.

1018. 丝秆苔草 *C. capilliculmis* S. R. Zhang

1019. 藏东苔草 *C. cardiolepis* Nees.

1020. 密生苔草 *C. crebra* V. Krecz.

1021. 无脉苔草 *C. enervis* C. A . Mey.

1022. 点叶苔草 *C. hancockiana* Maxim.

1023. 异穗苔草 *C. heterostachya* Bunge.

1024. 无穗柄苔草 *C. ivanoviae* T. V. Egorova

1025. 甘肃苔草 *C. kansuensis* Nelmes.

1026. 膨囊苔草 *C. lehmanii* Drejer

1027. 青藏苔草 *C. moorcroftii* Falc. ex Boott

1028. 云雾苔草 *C. nubigena* D. Don

1029. 圆囊苔草 *C. orbicularis* Boott

1030. 小苔草 *C. parva* Nees.

1031. 丝引苔草 *C. remotiuscula* Wahlb.

1032. 匍匐苔草 *C. rochebruni* Franch. et Savat. subsp. *reptans* (Franch.) S. Y. Liang et Y. C. Tang

1033. 粗喙苔草 *C. scabrirostris* Kukenth.

1034. 线叶嵩草 *Kobresia capillifolia* (Decne.) C. B. Clarke.

1035. 禾叶嵩草 *K. graminifolia* C. B. Clardke.

1036. 矮生嵩草 *K. humilis* (C. A. Mey.) Serg.

1037. 甘肃嵩草 *K. kansuensis* Kukenth.

1038. 大花嵩草 *K. macrantha* Böcklr.

1039. 嵩草 *K. myosuroides* (Villars) Fiori

1040. 高山嵩草 *K. pygmaea* (C. B. Clarke) C. B. Clarke

1041. 喜马拉雅嵩草 *K. royleana* (Nees) Boeckeler

1042. 西藏嵩草 *K. tibetica* Maxim.

1043. 短轴嵩草 *K. vidua* (Boott ex C. B. Clarke) Kükenth.

1044. 双柱头针蔺 *Trichophorum distigmaticum* (Kukenthal) T. V. Egorova

（九十）天南星科 Araceae

1045. 一把伞南星 *Arisaema erubescens* (Wall.) Schott

（九十一）鸭跖草科 Commelinaceae

1046. 鸭跖草 *Commelina communis* L.

（九十二）灯心草科 Juncaceae

1047. 葱状灯心草 *Juncus allioides* Franch.

1048. 小灯心草 *J. bufonius* L.

1049. 栗花灯心草 *J. castaneus* Smith

1050. 甘川灯心草 *J. leucanthus* Royle ex D.Don

1051. 单枝灯心草 *J. potaninii* Buchen.

1052. 长柱灯心草 *J. przewalskii* Buchen.

1053. 展苞灯心草 *J. thomsonii* Buchen.

（九十三）百合科 Liliaceae

1054. 高山粉条儿菜 *Aletris alpestris* Diels

1055. 腺毛粉条儿菜 *A. glandulifera* Bur. et Franch.

1056. 镰叶韭 *Allium carolinianum* DC.

1057. 野葱 *A. chrysanthum* Regel

1058. 折被韭 *A. chrysocephalum* Regel

1059. 天蓝韭 *A. cyaneum* Regel

1060. 小根蒜 *A. macrostemon* Bge

1061. 青甘韭 *A. przewalskianum* Regel

1062. 野黄韭 *A. rude* J. M. Xu

1063. 高山韭 *A. sikkmense* Baker

1064. 茖韭 *A. victorialis* L.

1065. 羊齿天门冬 *Asparagus filicinus* Ham. ex D.Don

1066. 甘肃天门冬 *A. kansuensis* Wang et Tang

1067. 七筋菇 *Clintonia udensis* Trautv. et Mey.

1068. 甘肃贝母 *Fritillaria przewalskii* Maxim. ex A. Batalin

1069. 暗紫贝母 *F. unibracteata* Hsiao et K. C. Hsia

1070. 宝兴百合 *Lilium duchartrei* Franch.

1071. 细叶百合 *L. pumilum* DC.

1072. 西藏洼瓣花 *Lloydia tibetica* Baker ex Oliver

1073. 北重楼 *Paris verticillata* M.-Bieb.

1074. 卷叶黄精 *Polygonatum cirrhifolium* (Wall.) Royle

1075. 独花黄精 *P. hookeri* Baker

1076. 玉竹 *P. oderatum* (Mill.) Druce

1077. 黄精 *P. sibiricum* Red.

1078. 轮叶黄精 *P. verticillatum* (L.) All.

1079. 牛尾菜 *Smilax riparia* A.DC.

1080. 鞘柄菝葜 *S. stans* Maxim.

1081. 扭柄花 *Streptopus obtusatus* Fassett

1082. 藜芦 *Veratrum nigrum* L.

（九十四）薯蓣科 Dioscoreaceae

1083. 穿龙薯蓣 *Dioscorea nipponica* Makino

（九十五）鸢尾科 Iridaceae

1084. 锐果鸢尾 *Iris goniocarpa* Baker

1085. 马蔺 *I. lactea* Pall.

1086. 卷鞘鸢尾 *I. potaninii* Maxim.

1087. 准噶尔鸢尾 *I. songarica* Schrenk

1088. 细叶鸢尾 *I. tenuifolia* Pall.

（九十六）兰科 Orchidaceae

1089. 一花无柱兰 *Amitostigma monanthum* (Finet) Schltr.

1090. 布袋兰 *Calypso bulbosa* (L.) Oakes var. *speciosa* (Schlechter) Makino

1091. 无苞杓兰 *Cypripediumbardolphianum* W. W. Sm. et Farrer

1092. 毛瓣杓兰 *C. fargesii* Franch.

1093. 黄花杓兰 *C. flavum* Hunt et Summerh.

1094. 毛杓兰 *C. franchetii* E. H. Wilson

1095. 西藏杓兰 *C. tibeticum* King ex Rolfe

1096. 凹舌掌裂兰 *Dactylorhiza viridis* (L.) R. M. Bateman, Pridgeon et M. W. Chase

1097. 小花火烧兰 *Epipactis helleborine* (L.) Crantz.

1098. 大叶火烧兰 *E. mairei* Schltr.

1099. 裂唇虎舌兰 *Epipogium aphyllum* (Schmidt) Sw.

1100. 二叶盔花兰 *Galearis spathulata* (Lindley) P. F. Hunt

1101. 小斑叶兰 *Goodyera repens* (L.) R. Br.

1102. 手参 *Gymnadenia conopsea* (L.) R. Br.

1103. 西南手参 *G. orchidis* Lindl.

1104. 粉叶玉凤花 *Habenaria glaucifolia* Bur. et Franch.

1105. 角盘兰 *Herminium monorchis* (L.) R. Br.

1106. 沼兰 *Malaxis monophyllos* (L.) Sw.

1107. 尖唇鸟巢兰 *Neottia acuminata* Schltr.

1108. 二叶兜被兰 *Neottianthe cucullata* (L.) Schitr.

1109. 广布小红门兰 *Ponerorchis chusua* (D. Don) Soó

1110. 广布红门兰 *Orchis chusua*

1111. 山兰 *Oreorchis patens* L.

1112. 蜻蜓舌唇兰 *Platanthera souliei* Kraenzlin

1113. 绶草 *Spiranthes sinensis* (Pers.) Ames

（九十七）胡桃科 Juglandaceae

1114. 核桃 *Juglans regia*

附录8　甘肃多儿国家级自然保护区昆虫名录

一、竹节虫目 Phasmida

（一）异脩科 Heteronemiidae

1. 竹异脩 *Carausius morosus* Brunner

二、石蛃目 Microcoryphia

（二）石蛃科 Machilidae

2. 休氏异蛃 *Allopsontus(Machilanus) hummeli* Silvestri,1934

3. 赫氏哈蛃 *Haslundichiils hednii* (Silvesrti)

三、长翅目 Mecoptera

（三）蝎蛉科 Panorpidae

4. 周氏新蝎 *Neopanorpa choui* Chen

5. 蝎蛉 *Panorpa deceptor* Esben-petersen

四、螳螂目 Mantodea

（四）螳螂科 Mantidae

6. 大刀螳 *Tenodera aridfolia* (Stoll)

7. 中华大刀螳 *Tenodera sinensis* (Saussure)

8. 华北大刀螳 *Tenodera augustipennis* Saussure

9. 广腹螳螂 *Hierodula patellifera* Serville

10. 薄翅螳螂 *Mahtis religiosa* L.

五、广翅目 Megaloptera

（五）齿蛉科 Corydalidae

11. 东方巨齿蛉 *Acanthocorydalis orientalis* (Maclachlan)

12. 中华斑鱼蛉 *Neochauiiodes sinensis* (Walker)

13. 鱼蛉 *Protohermus grandis* Thunberg

六、襀翅目 Plecoptera

（六）叉科 Nemouridae

14. 黑刺叉 *Nemoura atristrigata* Li & Yang, 2007

15. 镰尾叉 *Nemoura janeti* Wu, 1938

（七）石蝇科 Perlidae

16. 终南山钩 *Kamimuria chungnanshana* Wu, 1938

七、毛翅目 Trichoptera

（八）原石蛾科 Rhyacophilidae

17. 黄衣原石蛾 *Rhyacophila japonica* Morton

（九）纹石蛾科 Hydropsychidae

18. 格氏高原纹石蛾 *Hydropsyche* (*Mexipsyche*) *grahami* Banks

八、脉翅目 Neuroptera

（十）褐蛉科 Hemerobiidae

19. 点线脉褐蛉 *Micromus multipunctatus* Matsumura

20. 薄叶脉线蛉 *Neuronema laminata* Tjeder

21. 秦岭脉线蛉 *Neuronema laminata tsinlinga* Yang

22. 陕西脉线蛉 *Sineuronema shensiensis* Yang

（十一）草蛉科 Chrysopidae

23. 丽草蛉 *Chrysopa formosa* Brauer

24. 大草蛉 *Chrysopa pallens* (Rambur)

25. 中华通草蛉 *Chrysopa sinica* (Tjeder)

九、蜚蠊目 Blattaria

（十二）蜚蠊科 Blattidae

26. 东方蜚蠊 *Blatta orientalis* L.

（十三）姬蠊科 Blattellidae

27. 德国小蠊 *Blattella germanica* (L.)

（十四）地鳖蠊科 Corydidae

28. 中华真地鳖 *Eupolyphaga sinensis* (Walk.)

十、双翅目 Diptera

（十五）食虫虻科 Bombyliidae

29. 阿卵蜂虻 *Anthrax aygula* Fabricius.

30. 硕大蜂虻 *Bombyius maior* L.

31. 日本钩胫食虫虻 *Dasypogon japonicum* Bigot

32. 盾圆突食虫虻 *Machimus scutellaris* Coquillatt

33. 中华羽角食虫虻 *Ommatius chinensis* Fabricius

（十六）寄蝇科 Tachinidae

34. 黑须卷蛾寄蝇 *Blondelia nigripes* (Fallen)

35. 条纹追寄蝇 *Exorista fasciata* (Fallen)

36. 古毒蛾追寄蝇 *Exorista larvarum* L.

十一、革翅目 Dermaptera

（十七）肥螋科 Anisolabididae

37. 环纹肥螋 *Anisolabis annulipas* (Lucas)

38. 苏蟹肥瘦 *Carcinophora scudderi* (Bormers)

（十八）蠼螋科 Labiduridae

39. 堤岸蠼螋 *Labidura riparia* (Pallas)

（十九）垫跗螋科 Chelisochidae

40. 垫跗蠼螋 *Chelisoches* sp.

十二、蜻蜓目 Odonata

（二十）蜓科 Aeschnidae

41. 黄面蜓 *Aeschnia ornithocephala* Mclachlan

42. 角斑黑额蜓 *Planaeschna milnesi* Selys

43. 日本长尾蜓 *Gynacantha japonica* Bartenef

44. 细腰长尾蜓 *Gynacantha subinterrupta* Rambur, 1842

（二十一）蜻科 Libelluidae

45. 红蜻 *Crocothemis servilia* Drury

46. 异色多纹蜻 *Deielia phaon* Selys

47. 红小蜻 *Nannophya pygmea* Rambur

48. 白尾灰蜻 *Ortehet albistylum* Selys

49. 异色灰蜻 *Ortehet melania* Selys

50. 黄蜻 *Pantala flavescens* Fabricius

51. 黎明赤蜻 *Sympetrum baccha maturinum* Ris

52. 眉斑赤蜻 *Sympetrum eroticum ardens* Mclachlan

53. 褐顶赤蜻 *Sympetrum infuscatum* Selys

54. 双横赤蜻 *Sympetrum Ruptum* Needham

（二十二）色蟌科 Agriidae

55. 透顶色蟌 *Agrion grahami* Needae

56. 中带绿蟌 *Mnais gregoryi* Fraser

（二十三）蟌科 Agrionidae

57. 黑蟌 *Cercion calamorum* Ris

58. 截尾黄蟌 *Ceriagrion erubescens* Selys

59. 黑尾黄蟌 *Ceriagrion melanurum* Selys

60. 心斑绿蟌 *Enallagma cyathiyerrum* Charpentier

61. 亚洲瘦蟌 *Ischnura asiatica* Brauer

62. 塞内加尔瘦蟌 *Ischnura Senegalensis* (Rambur)

十三、直翅目 Orthoptera

（二十四）网翅蝗科 Arcypteridae

63. 黄脊竹蝗 *Ceracris kiangsu* Tsai

64. 青脊竹蝗 *Ceracris nigricornis nigricornis* Walker

65. 楼观雏蝗 *Ceracris louguanensis* Cheng et Tu

66. 邱氏异爪蝗 *Euchorthippus cheui* Hsia

67. 永宁异爪蝗 *Euchorthippus Yungningensis* Cheng et Chiu

68. 红腹牧草蝗 *Omocestus haemorrhoidalis* (Charp.)

69. 达氏凹背蝗 *Ptygonotus tarbinskii* Uvarov

（二十五）斑翅蝗科 Oedipodidae

70. 甘肃痂蝗 *Bryodema gansuensis* Zheng

71. 青海痂蝗 *Bryodema miramae miramae* B.-Bienko

72. 祁连山痂蝗 *Bryodema qilianshanicum* Zheng et Xi

73. 红胫痂蝗 *Bryodema* sp.

74. 东亚飞蝗 *Locusta migratoria manilensis* (Mey.)

75. 亚洲飞蝗 *Locusta migratoria migratoria* L.

76. 黄胫小车蝗 *Oedaleus infernalis* Saussure

77. 亚洲小车蝗 *Oedaleus decorus asiaticus* B. -Bienko

78. 红胫小车蝗 *Oedaleus manjius* Chang

79. 草绿蝗 *Parapleurus alliaceus* (Germar)

80. 黑翅束颈蝗 *Sphingonotus obscaratus latissinus* Uvarov

81. 盐池束颈蝗 *Sphingonotus yenchinensis* Cheng et Chiu

82. 疣蝗 *Trilophidia annulata* (Thunberg)

（二十六）斑腿蝗科 Catantopidae

83. 短星翅蝗 *Calliptamus abbreviatus* Ikonnikov

84. 黑腿星翅蝗 *Calliptamus Barbarus* (Costa)

85. 日本黄脊蝗 *Patanga japonica* (I. Bol.)

86. 小稻蝗 *Oxya intricatea* (Stal)

87. 短角外斑腿蝗 *Xenocatantops humilis brachycerus* (Will.)

（二十七）蚱科 Tetrigidae

88. 长翅长背蚱 *Paratettix uvarovi* Semenov

89. 日本蚱 *Tetrix japonica* (Bolivar)

90. 隆背蚱 *Tetrix tartara* (Bolivar)

（二十八）蜢科 Eumastacidae

91. 黑马河凹顶蜢 *Ptygomastax heimahoensis* Cheng et Hang

（二十九）锥头蝗科 Pyrgomorphidae

92. 短额负蝗 *Atractomorpha sinensis* Bol

93. 锥头蝗 *Pyrgomorpha conica deserti* B.-Bienko

（三十）剑角蝗科 Acrididae

94. 中华蚱蜢 *Acrida cinera* Thunberg

95. 异翅鸣蝗 *Mongolotettix anomopterus* (Caud.)

96. 日本鸣蝗 *Mongolotettix japonicus* (I. Bol)

（三十一）槌角蝗科 Gomphoceridae

97. 李氏大足蝗 *Gomphocerus licenti* (Chang)

98. 宽须蚁蝗 *Myrmeleotettis palpalis* Zub.

（三十二）螽斯科 Tettigoniidae

99. 中华草螽 *Conocephalus chinensis* Redtenbacher

100. 日本绿螽 *Holochlora japonica* (Brunner von Wattenwyl)

101. 中华螽斯 *Tettigonia chinensis* Willemse

（三十三）穴螽科 Rhaphidophoridae

102. 中华驼螽 *Rhaphidophora sinica* Bey-Bienko, 1962

（三十四）露螽科 Phaneropteridae

103. 镰尾露螽 *Phaneroptera falcata* Poda

（三十五）蛉蟋科 Trigonidiidae

104. 素色异针蟋 *Pteronemobius concolor* (Walker)

（三十六）蟋蟀科 Gryllidae

105. 甘肃哑蟋 *Goniogryllus gansuensis* Xie, Yu & Tang, 2006

106. 大扁头蟋 *Loxoblemmus doenitzi* Stein

107. 北京油葫芦 *Teleogryllus emma* Ohmachi & Matsumma

108. 南方油葫芦 *Teleogryllus testaceus* (Walker)

109. 翅蟋 *Velarifictorus hemelytrus* (Saussure)

（三十七）树蟋科 Oecanthidae

110. 长瓣树蟋 *Oecanthus longicauda* Matsumura

（三十八）蝼蛄科 Gryllotalpidae

111. 东方蝼蛄 *Gryllotalpa orientalis* Burmeister

112. 华北蝼蛄 *Gryllotalpa unispina* Saussure

十四、膜翅目 **Hymenoptera**

（三十九）垂角叶蜂科 Cimbicidae

113. 梨锤角叶蜂 *Cimbes carinulata* Konow

114. 杨锤角叶蜂 *Cimbes taukushi* Marl

（四十）叶蜂科 Tenthredinidae

115. 梨实叶蜂 *Hoplocampa pyricla* Rohwer

116. 落叶松红腹叶蜂 *Pristiphora erichsonii* (Hartig)

117. 杨扁角叶蜂 *Stauronematus compressicornis* (Fabricius)

118. 橄榄绿叶蜂 *Tenthredo olivacea* Klug

（四十一）姬蜂科 Ichneumonidae

119. 黑足凹眼姬蜂 *Casinaria nigripes* Gravenhorst

120. 野蚕黑瘤姬蜂 *Charops luctuosus* (Smith)

121. 日本黑瘤姬蜂 *Charops nipponicus* (Uchida)

122. 松毛虫恶姬蜂 *Echthromorpha agrestoria notulatoria* (Fabricius)

123. 斑痣瘦姬蜂 *Leptophion maculipennis* Cameron

124. 甘蓝叶蜂拟瘦姬蜂 *Netelia ocellaris* (Thomson)

125. 夜蛾瘦姬蜂 *Ophion luteus* (L.)

126. 囊爪姬蜂脊腿腹斑亚种 *Theronia atalanae gestator* Thunberg

127. 无斑黑点瘤姬蜂 *Xanthopimpla flavolineata* Cameron

（四十二）茧蜂科 Bracomidae

128. 邻绒茧蜂 *Apanteles affinis* (Nees von Esehebeck)

129. 天幕毛虫茧蜂 *Apanteles gastropachae* (Bouche)

130. 乳色绒茧蜂 *Apanteles lacteicolor* Viereck

131. 网翅革腹茧蜂 *Ascogaster veticulatus* Watancebe

132. 伏虎悬茧蜂 *Meteorus rubens* Nees

（四十三）土蜂科 Scoliidea

133. 毛长腹土蜂 *Campsomeris annulate* Fabricius

（四十四）泥蜂科 Sphecidae

134. 沙泥蜂南方亚种 *Ammophila sabulosa vagabunda* Smith

135. 角戌泥蜂 *Hoplammophila aemulans* Kohl

136. 驼腹壁泥蜂 *Sceliphron deforme* (Smith)

137. 长足泥蜂 *Podalonia* sp.

（四十五）蜜蜂科 Apidae

138. 条蜂 *Anthophora* spp.

139. 东方蜜蜂（中华蜜蜂）*Apis cerana* Fabricius

140. 熊蜂 *Bombus* spp.

141. 芦蜂 *Ceratina* sp.

142. 艳斑蜂 *Nomada* spp.

（四十六）褶翅小蜂科 Leucospidae

143. 东方褶翅小蜂 *Leucospis orientalis* Weld

（四十七）青蜂科 Chrysididae

144. 青蜂 *Chrysis* sp.

（四十八）蛛蜂科 Pompilidae

145. 童蛛蜂 *Agenioideus* Ashmead, 1902

（四十九）胡蜂科 Vespidae

146. 和马蜂 *Polistes rothneyi iwatai* van der Vecht

147. 基胡蜂 *Vespa basalis* Smith, 1852

（五十）蚁科 Formicidae

148. 黑蚂蚁 *Polyrhachis dives* Smith, F, 1857

（五十一）方头泥蜂科 Crabronidae

149. 节腹泥蜂 *Cerceris* spp.

150. 缨角泥蜂 *Crossocerus* sp.

151. 隐短柄泥蜂 *Diodontus* sp.

152. 切方头泥蜂 *Ectemnius* sp.

153. 滑胸泥蜂 *Gorytes* sp.

154. 盗方头泥蜂 *Lestica* sp.

155. 黑角结柄泥蜂 *Mellinus arvensis* (L.)

156. 角胸泥蜂 *Nysson* sp.

157. 阔额短柄泥蜂 *Passaloecus* sp.

158. 豆短翅泥蜂 *Pison* sp.

159. 三室短柄泥蜂 *Psen* sp.

160. 脊短柄泥蜂 *Psenulus* sp.

161. 短翅泥蜂 *Trypoxylon* sp.

（五十二）地蜂科 Andrenidae

162. 地蜂 *Andrena* spp.

（五十三）隧蜂科 Halictidae

163. 杜隧蜂 *Dufourea* spp.

164. 隧蜂 *Halictus* spp.

165. 淡脉隧蜂 *Lasioglossum* spp.

（五十四）切叶蜂科 Megachilidae

166. 北方小黄斑蜂 *Anthidiellum borealis* Wu

167. 裂爪蜂 *Chelostoma* sp.

168. 切叶蜂 *Mrgachile* sp.

169. 伪黄斑蜂 *Pseudoanthidium* sp.

170. 橘色准黄斑蜂 *Trachusa rubopunctatum* (Wu)

（五十五）分舌蜂科 Colletidae

171. 分舌蜂 *Colletes* sp.

172. 叶舌蜂 *Hylaeus* sp.

（五十六）准蜂科 Melittidae

173. 准蜂 *Melitta* sp.

十五、鳞翅目 Lepidoptera

（五十七）凤蝶科 Papilionidae

174. 麝凤蝶 *Byasa alcinous* (Klug.)

175. 碧凤蝶 *Papilio bianor* Cramer

176. 金凤蝶 *Papilio machaon* L.

177. 柑桔凤蝶 *Papilio xuthus* L.

178. 美妹凤蝶 *Papilio macilentus* Janson

179. 升天剑凤蝶 *Pazala euroa* (Leech)

180. 金斑剑凤蝶 *Pazala alebion* (Grey)

（五十八）绢蝶科 Parnassiidae

181. 红珠绢蝶 *Parnassius bremeri* Bremer

182. 夏梦绢蝶 *Parnassius jacquemontii* Boisduval

183. 冰清绢蝶 *Parnassius glacialis* Butler

184. 白绢蝶 *Parnassius stubbendorfii* Menetries

185. 珍珠绢蝶 *Parnassius Orleans* Oberthur

186. 小红珠绢蝶甘北亚种 *Parnassius nomion rickthofeni* Bang- Haas

187. 君主绢蝶岷山亚种 *Parnassius imperator regina* Bryk et Eisner

（五十九）粉蝶科 Pieridae

188. 绢粉蝶华北亚种 *Aporia cratagi diluta* Verity

189. 暗色绢粉蝶西北亚种 *Aporia bieti lihsieni* Bang-Haas

190. 绢粉蝶 *Aporia crataegi* (L.)

191. 小檗绢粉蝶 *Aporia. hippia* (Bremer)

192. 大翅绢粉蝶 *Aporia largeteaui* (Oberthur)

193. 箭纹绢粉蝶 *Aporia procris* Leech
194. 西梵豆粉蝶 *Colias sieversi* Grum-Grschimailo, 1887
195. 斑喙豆粉蝶 *Colias erate* (Esper)
196. 橙黄豆粉蝶 *Colias fieldii* Menetries
197. 尖钩粉蝶大陆亚种 *Gonepteryx mahaguru aspasia* (Menetries)
198. 沟粉蝶大陆亚种 *Gonepteryx rhamni camipennis* Butler
199. 突角小粉蝶 *Leptidea amurensis* (Ménétriés)
200. 圆翅小粉蝶 *Leptidea gigantean* (Leech)
201. 锯纹小粉蝶 *Leptidea serrata* Li
202. 欧洲粉蝶 *Pieris brassicae* (L.)
203. 东方粉蝶 *Pieris canidia* (Sparrman)
204. 菜粉蝶 *Pieris rapae* (L.)
205. 云粉蝶 *Pieris daplidice* (L.)
206. 大卫粉蝶 *Pieris davidis* Oberthür, 1876

（六十）眼蝶科 Satyridae
207. 阿芬眼蝶 *Aphantopus hyperanthus* (L.)
208. 喜马林眼蝶 *Aulocera brahminoides* (Moore.)
209. 四射林眼蝶 *Aulocera magica* Oberthür
210. 小型林眼蝶 *Aulocera sybillina* Oberthür
211. 白点艳眼蝶 *Callerebia albipuncta* Leech
212. 多斑艳眼蝶 *Callerebia polyphemus* Oberthür
213. 牧女珍眼蝶 *Coenonympha amaryllis* (Cramer)
214. 红眼蝶 *Erebia alcmena* Gr.-Grsh
215. 多眼蝶 *Kirinia epaminondas* (Staudinger)
216. 斗毛眼蝶 *Lasiommata deidamia* (Eversmann)
217. 苔娜黛眼蝶 *Lethe diana* (Butler)
218. 黑带黛眼蝶 *Lethe nigrfascia* Leech
219. 黄环链眼蝶 *Lopinga achine* (Scopoli)
220. 垂泪舜眼蝶 *Loxerebia ruricola* (Leech)
221. 白眼蝶 *Melanargia halimede* (Ménétriés)
222. 曼丽白眼蝶 *Melanargia meridionalis* (Felder C. & R., 1862)
223. 蛇眼蝶 *Minois dryas* (Scopoli)
224. 蒙链阴眼蝶 *Neope muirheadii* (Felder)
225. 白带眼蝶 *Satyrus alcyone* Fabricius
226. 藏眼蝶 *Tatinga tibetana* (Oberthür)
227. 云眼蝶 *Zophoesssa helle* Leech

（六十一）蛱蝶科 Nymphalidae
228. 阿蛱蝶台湾亚种 *Abrota ganga formosana* Fruhstorfer
229. 荨麻蛱蝶 *Abrota urticae* (L.)
230. 柳紫闪蛱蝶华北亚种 *Apatura ilis substituta* Butler
231. 紫闪蛱蝶西北亚种 *Apatura iris bieti* Oberthür
232. 蒙蛱蝶 *Araschnia burejana* (Bremer)
233. 斐豹蛱蝶 *Argyreus hyperbius* (L.)
234. 老豹蛱蝶 *Argyronome laodice* (Pallas)
235. 绢蛱蝶 *Calinaga Buddha* Moore
236. 灿福蛱蝶 *Fabriciana adippe* Denis et Schiffermüller
237. 蟾福蛱蝶 *Fabriciana nerippe* (Felder et Felder.)
238. 福蛱蝶 *Fabriciana niobe* (L.)
239. 孔雀蛱蝶 *Inachus io* (L.)
240. 中华黄葩蛱蝶 *Limenitis sinensium* Oberthür
241. 扬眉线蛱蝶 *Limenitis helmanni* Lederer
242. 夜迷蛱蝶 *Mimathyma nycteis* (Ménétriès.)
243. 重环蛱蝶 *Neptis alwina* (Br.-Cr.)
244. 德环蛱蝶 *Neptis dejeani* Oberthür
245. 海环蛱蝶 *Neptis thetis* Leech, 1890
246. 芯蟠蛱蝶 *Pantoporia bieti* (Oberthür, 1894.)
247. 猫蛱蝶 *Timelaea maculata* (Bremer et Gray.)

（六十二）灰蝶科 Lycaenidae
248. 琉璃灰蝶 *Celastrina argiola* (L.)
249. 蓝灰蝶 *Everes argiades* (Pallas)
250. 橙灰蝶 *Lycaena dispar* (Haworth)
251. 红灰蝶 *Lycaena phlaeas* (L.)
252. 多眼灰蝶 *Polyommatus eros* (Ochsenheimer, 1808)
253. 酢浆灰蝶 *Pseudozizeeria maha* (Kollar.)
254. 蓝燕灰蝶 *Rapala caerulea* (Bremer et Grye.)
255. 线灰蝶 *Satyrium eximium eximium* (Fixsen)
256. 红斑洒灰蝶 *Satyrium rubicundulum* (Leech)

（六十三）弄蝶科 Hesperiidae
257. 白伞弄蝶 *Bibasis gomata* (Moore, 1866)
258. 珠弄蝶 *Erynnis tages* (L.)
259. 豹弄蝶 *Thymelicus leonius* Butler

（六十四）木蠹蛾科 Cossidae
260. 柳干蠹蛾 *Holcocerus ricarius* Walker
261. 咖啡豹蠹蛾 *Zeuzera coffeae* Niether
262. 多斑豹蠹蛾 *Zeuzera multistrigata* Moore

（六十五）卷蛾科 Tortricidae
263. 棉褐带卷蛾 *Adoxophyes orana* Fischer von Roslerstamm
264. 黄卷蛾 *Archips abiephagus* (Yasuda)
265. 桦黄卷蛾 *Archips decretana* (Treitschke)

266. 云杉黄卷蛾 *Archips piceana* L.

267. 异色卷蛾 *Choristoneura diversana* Hubner

268. 冷杉芽小卷蛾 *Cymolomia hartigiana* (Saxesen)

269. 桦叶小卷蛾 *Epinotia ramella* L.

270. 油松球果小卷蛾 *Gravitarmata margarotana* (Heinemann)

271. 松褐卷蛾 *Pandemis cinnamomeana* Treitschke

272. 落叶松卷蛾 *Ptycholomoides aeriferanus* Herrich-Schaffer

273. 云杉线小卷蛾 *Zeiraphera canadensis* Mutuura et Freeman

（六十六）螟蛾科 Pyralidae

274. 黑点草螟 *Catoptria nigripunctellus* Leech

275. 云杉球果螟 *Dioryctria abietella* Denis et Schiffermuller

276. 松梢斑螟 *Dioryctria splendidella* Herrich-Schaffer

277. 玉米螟 *Ostrinia nubilalis* (Hubner)

278. 旱柳原野螟 *Proteuclaata stotzneri* (Caradja)

279. 四斑卷叶野螟 *Sylepta quadrimaculalis* Kollar

（六十七）钩蛾科 Drepanidae

280. 网山钩蛾 *Oreta vatama acutula* Watson

281. 接骨木山钩蛾 *Oreta loochooana* Swinhoe

282. 三线钩蛾 *Pseudalbara parvula* (Leech)

（六十八）尺蛾科 Geometridae

283. 琴纹尺蛾 *Abraxaphantes perampla* Swinboe

284. 杉霜尺蛾 *Alcis angulifera* (Butler)

285. 桦霜尺蛾 *Alcis repandata* (L.)

286. 针叶霜尺蛾 *Alcis secundaria* Esper

287. 掌尺蛾 *Amraica superans* (Butler)

288. 桦尺蛾 *Biston betularia* (L.)

289. 焦边尺蛾 *Bizia aexaria* (Walker.)

290. 叉线青尺蛾 *Campaea dehaliaria* Wehrli

291. 丝棉木金星尺蛾 *Calospilos suspecta* Warren

292. 落叶松尺蠖 *Erannis ankeraria* Staudinger

293. 草绿尺蛾 *Hipparchus fragilis* Oberthur

294. 青辐射尺蛾 *Iotaphora admirabilis* Oberthur

295. 缘点尺蛾 *Lomaspilis marginata amurensis* Hedemann

296. 核桃星尺蛾 *Ophthalmitis albosignaria juglandaria* Oberthur

297. 四星尺蛾 *Ophthalmitis irrorataria* (Bremer et Grey)

298. 雪尾尺蛾 *Ourapteryx nivea* Butler

299. 距岩尺蛾 *Scopula impersomata* (Walker)

300. 麻岩尺蛾 *Scopula nigropunctata subcandidata* Walker

301. 槐尺蛾 *Semiothisa cinerearia* Bremer et Grey

302. 黄尺蛾 *Sirinopteryx parallela* Wehrli

303. 黑玉臂尺蛾 *Xandrames dholaria sericea* Butler

（六十九）波纹蛾科 Thyatiridae

304. 沤泊波纹蛾 *Bombycia ocularis* L.

305. 银箧波纹蛾 *Gaurena argentisparsa* Hampson

306. 阔浩波纹蛾 *Habrosyne conscripta* Warren

307. 漂波纹蛾 *Psidopala opalescens* (Alpheraky)

（七十）枯叶蛾科 Lasiocampidae

308. 杨枯叶蛾 *Gastropacha populifolia* Esper

309. 棕色天幕毛虫 *Malacosoma denata* Mell

310. 高山天幕毛虫 *Malacosoma insignis* Lajonquiere

311. 双带天幕毛虫 *Malacosoma kirghisica* Staudinger

312. 黄褐天幕毛虫 *Malacosoma neustria testacea* Motschulsky

（七十一）蚕蛾科 ombycidae

313. 野蚕蛾 *Theophila mandarina* Moore

（七十二）大蚕蛾科 Saturniidae

314. 大尾大蚕蛾 *Actias maena* Dubernard

315. 丁目大蚕蛾 *Aglia tau amurensis* Jordan

316. 明目大蚕蛾 *Aglia frithi javanensis* Bouvier

317. 黄目大蚕蛾 *Caligula anna* Moore

318. 合目大蚕蛾 *Caligula boisduvali fallax* Jordan

319. 珠目大蚕蛾 *Caligula bonita* Jondan

320. 胡桃大蚕蛾 *Dictyoploca cachara* Moore

321. 透目大蚕蛾 *Rhodinia fugax* Butler

（七十三）天蛾科 Sphingidae

322. 鬼脸天蛾 *Acherontia lachesis* (Fabricius)

323. 黄脉天蛾 *Amorpha amurensis* Staudinger

324. 条背天蛾 *Cechenena lineosa* (Walker)

325. 白薯天蛾 *Herse convolvuli* (L.)

326. 松黑天蛾 *Hyloicus caligineus sinicus* Rothschild et Jordan

327. 椴六点天蛾 *Marumba dyras* (Walker)

328. 梨六点天蛾 *Marumba gaschkewitschi complacens* Walker

329. 红天蛾 *Pergesa elpenor lewisi* (Butler)

330. 丁香天蛾 *Psilogramma increta* (Walker)

331. 霜天蛾 *Psilogramma menephron* (Cramer)

332. 蓝目天蛾 *Smerithus planus planus* Walker

（七十四）舟蛾科 Notodontidae

333. 杨二尾舟蛾 *Cerura menciana* Moore

334. 黑带二尾舟蛾 *Cerura vinula Felina* (Butler)

335. 分月扇舟蛾 *Cerura cnastomosis* (L.)

336. 灰舟蛾 *Cnethodonta grisescens* Staudinger

337. 著蕊尾舟蛾 *Dudusa nobilis* Walker

338. 黑蕊尾舟蛾 *Dudusa sphingiformis* Moore

339. 腰带燕尾舟蛾 *Harpyia lanigera* (Butler)

340. 黄二星舟蛾 *Lampronadata cristata* (Butler)

341. 榆白边舟蛾 *Nericoides davidi* (Oberthür)

342. 烟灰舟蛾 *Notodonta tritophus uniformis* Oberthür

343. 仿白边舟蛾 *Paranerice hoenei* Kiriakoff

344. 著内斑舟蛾 *Peridea aliena* (Staudinger)

345. 栎掌舟蛾 *Phalera assimilis* (Bremer)

346. 杨剑舟蛾 *Pheosia fusiformis* Matsumura

（七十五）灯蛾科 Arctiidae

347. 黑纹北灯蛾 *Amurrhyparia leopardinula* (Strand)

348. 仿首丽灯蛾 *Callimorpha equitalis* (Kollar)

349. 黄臀灯蛾 *Epatolmis caesarea* (Goeze)

350. 斑灯蛾 *Pericallia matromula* (L.)

351. 肖浑黄灯蛾 *Rhyparioides amurensis* (Bremer)

352. 黑须污灯蛾 *Spilarctia casigneta* (Kollar)

353. 污灯蛾 *Spilarctia lutea* (Hufnagel)

354. 黑带污灯蛾 *Spilarctia quercii* (Oberthur)

（七十六）苔蛾科 Lithosiidae

355. 肉色艳苔蛾 *Asura carnea* (Poujade)

356. 路苔蛾 *Cyana adita* (Moore)

357. 缘点土苔蛾 *Eilema costipuncta* (Leech,1890)

358. 雪土苔蛾 *Eilema degenerella* (Walker)

359. 黄土苔蛾 *Eilema nigripoda* (Bremer et Grey)

360. 黄灰佳苔蛾 *Hypeugoa flavogrisea* Leech

361. 黄痣苔蛾 *Stigmatophora flava* (Motschulsky)

（七十七）夜蛾科 Noctuidae

362. 戟剑纹夜蛾 *Acromicta euphorbiae* Schiffermüller

363. 桃剑纹夜蛾 *Acromicta incretata* Hampson

364. 塞剑纹夜蛾 *Acromicta psi* L.

365. 梨剑纹夜蛾 *Acromicta rumicis* L.

366. 天剑纹夜蛾 *Acromicta tiena* Püngeler

367. 桦剑纹夜蛾 *Acromicta alni* L.

368. 皱地老虎 *Agrotis corticea* Schiffermüller

369. 黄地老虎 *Agrotis segetum* Schiffermüller

370. 黄绿组夜蛾 *Anaplectoides virens* Butler

371. 柿癣皮纹夜蛾 *Blenina senex* Butler

372. 苔藓夜蛾 *Bryophila divisa* Esper

373. 灰藓夜蛾 *Bryophila griseola* Nagano

374. 白肾裳夜蛾 *Catocala agitatrix* Graeser

375. 柳裳夜蛾 *Catocala elecata* Borkhausen

376. 缟裳夜蛾 *Catocala fraxini* L.

377. 鸥裳夜蛾 *Catocala patala* Felder

378. 客来夜蛾 *Chrysorithrum amata* Bremer

379. 袜纹夜蛾 *Chrysaspidia excelsa* Kretschmar

380. 条翠夜蛾 *Daseochaeta fasciata* Moore

381. 饰翠夜蛾 *Daseochaeta pallida* Moore

382. 巨黑颈夜蛾 *Eccrita maxima* Bremer

383. 旋皮夜蛾 *Eligma narcissus* Cramer

384. 鸽光裳夜蛾 *Ephesia columbina* Leech

385. 虚切夜蛾 *Euxoa adumbrata* (Eversmann)

386. 基剑切夜蛾 *Euxoa basigramma* (Staudinger)

387. 双轮切夜蛾 *Euxoa birivia* (Schiffermüller)

388. 黑麦切根虫 *Euxoa tritici* L.

389. 健角剑夜蛾 *Gortyna fortis* Butler

390. 棉铃实夜蛾 *Heliothis armigera* Hübner

391. 烟实夜蛾 *Heliothis assulta* Guenée

392. 花实夜蛾 *Heliothis ononis* Schiffermüller

393. 粘夜蛾 *Leucania comma* (L.)

394. 白点粘夜蛾 *Leucania loreyi* Duponchel

395. 柔粘夜蛾 *Leucania placida* Butler

396. 白钩粘夜蛾 *Leucania proxima* Leech

397. 黏虫 *Leucania separata* Walker

398. 银锭夜蛾 *Macdunnoughia crassisigna* Warren

399. 刻梦尼夜蛾 *Orthosi cruda* Schiffermüller

400. 梦尼夜蛾 *Orthosi incerta* Hüfnagel

401. 红棕狼夜蛾 *Ochropleura ellapsa* Corti

402. 疆夜蛾 *Peridroma saucia* Hübner

403. 露裙剑夜蛾 *Polyphaenis oberthuri* Staudinger

404. 镶夜蛾 *Trichosea champa* Moore

（七十八）毒蛾科 Lymantriidae

405. 轻白毒蛾 *Arctornis cloanges* Collenette

406. 白毒蛾 *Arctornis l-nigrum* (Muller)

407. 黄毒蛾 *Euproctis chrysorrhoea* (L.)

408. 折带黄毒蛾 *Euproctis flava* (Bremer)

409. 污黄毒蛾 *Euproctis hunanensis* (Collenette)

410. 侧柏毒蛾 *Parocneria Furva* (Leech)

411. 盗毒蛾 *Porthesia similis* Fueszly

412. 杨雪毒蛾 *Stilpnotia candida* Staudinger

413. 雪毒蛾 *Stilpnotia salicis* (L.)

十六、半翅目 Heimaptera

（七十九）龟蝽科 Plataspidae

414. 平龟蝽 *Brachyplatys* sp.

415. 双列圆龟蝽 *Coptosoma bifaria* Montandon

416. 双痣圆龟蝽 *Coptosoma biguttula* Motsch

417. 西蜀圆龟蝽 *Coptosoma sordidula* Montandon

（八十）盾蝽科 Scutelleridae

418. 麦扁盾蝽 *Eurygaster integriceps* Puton

419. 金绿宽盾蝽 *Poecilocoris lewisi* (Distant)

（八十一）蝽科 Pentatomidae

420. 青绿梭蝽 *Acrocorisellus serraticollis* (Jakovlev)

421. 蠋蝽 *Arma custos* (Fabricius)

422. 凹肩辉蝽 *Carbula sinica* Hsiao et Cheng

423. 稻绿蝽全绿型 *Neara viridula forma* (L.)

424. 紫翅果蝽 *Carpocoris purpureipennis* (De Geer)

425. 东亚果蝽 *Carpocoris seidenstuckeri* Tamanini

426. 绿岱蝽 *Dalpada smaragdina* (Walker)

427. 绿喙蝽 *Dinorhynchus dybowskyi* Jakovlev

428. 斑须蝽（细毛蝽）*Dolycoris baccarum* (L.)

429. 麻皮蝽 *Erthesina fullo* (Thunberg)

430. 横纹菜蝽 *Eurydema gebleri* Kolenati

431. 新疆菜蝽 *Eurydema festiva* (L.)

432. 谷蝽 *Gonopsis affinis* (Uhler)

433. 赤条蝽 *Graphosoma rubrolineata* (Westwood)

434. 茶翅蝽 *Halyomorpha picus* (Fabricius)

435. 北曼蝽 *Menida scotti* Puton

436. 紫蓝曼蝽（紫蓝蝽）*Menida violacea* Motschulsky

437. 金绿曼蝽 *Menida metallica* Hsiao et Cheng

438. 宽碧蝽 *Palomena viridissima* (Poda.)

439. 金绿真蝽（吉林金绿蝽）*Pentatoma metallifera* Motshulsky

440. 日本真蝽 *Pentatoma japonica* Distant

441. 褐真蝽 *Pentatoma armandi* Fallou

442. 角肩真蝽 *Pentatoma Angulata* Hsiao et Cheng

443. 黑益蝽 *Picromerus griseus* (Dallas)

444. 益蝽 *Picromerus lewisi* Scott

445. 二星蝽 *Stollia guttiger* (Thunberg)

446. 蓝蝽 *Zicrona caerula* (L.)

（八十二）同蝽科 Acanthosomatidae

447. 宽铗同蝽 *Acanthosoma labiduroides* Jakovlev

448. 花椒同蝽 *Acanthosoma zanthoxylum* Hsiao et Liu

449. 细齿同蝽 *Acanthosoma denticauda* Jakovlev

450. 黑背同蝽 *Acanthosoma nigrodorsum* Hsiao et Liu

451. 泛刺同蝽 *Acanthosoma spinicolle* Jakovlev

452. 黑刺同蝽 *Acanthosoma nigrospina* Hsiao et Liu

453. 直同蝽 *Elasmostethus interstinctus* (L.)

454. 甘肃直同蝽 *Elasmostethus kansuensis* Hsiao et Liu

455. 短直同蝽 *Elasmostethus brevis* Lindberg

456. 背匙同蝽 *Elasmucha dorsalis* Jakovlev

457. 匙同蝽 *Elasmucha ferrugata* (Fieber)

458. 灰匙同蝽 *Elasmucha grisea* (L.)

459. 曲匙同蝽 *Elasmucha recurva* (Dallas)

460. 板同蝽 *Platacantha armifer* Lindberg

461. 剪板同蝽 *Platacantha forfex* (Dallas)

（八十三）异蝽科 Urostylidae

462. 红足壮异蝽 *Urochela quadrinotata* Reuter

463. 短壮异蝽 *Urochela falloui* Reuter

464. 黑门娇异蝽 *Urostylis westwoodi* Scott

465. 匙突娇异蝽 *Urosty striicornis* Scott

（八十四）缘蝽科 Coreidae

466. 瘤缘蝽 *Acanthocoris scaber* (L.)

467. 波原缘蝽 *Coreus potanini* Jakovlev

468. 亚姬缘蝽 *Corizus albomarginatus* Blote

469. 月肩奇缘蝽 *Derepteryx lunata* (Distant)

470. 暗黑缘蝽 *Hygia opaca* Uhler

471. 环胫黑缘蝽 *Hygia touchei* Distant

472. 赭缘蝽 *Ochrochira fusca* Hsiao

473. 黄伊缘蝽 *Rhopalus maculates* Hsiao

474. 点伊缘蝽 *Rhopalus latus* (Jakovlev)

475. 克氏伊缘蝽 *Rhopalus kerzhneri* Gollner-Scheiding

476. 褐伊缘蝽 *Rhopalus sapporensis* (Matsumrea)

477. 点蜂缘蝽 *Riptortus pedestris* Fabricius

478. 条蜂缘蝽 *Riptortus linearis* Fabricius

（八十五）长蝽科 Lygaeidae

479. 棕古铜长蝽 *Emphanisis kiritshenkoi* Kerzhner

480. 拟方红长蝽 *Lygaeus oreophilus* (Korotschenko)

481. 横带红长蝽 *Lygaeus equestris* (L.)

482. 小长蝽 *Nysius ericae* (Schilling)

483. 淡边地长蝽 *Rhyparochromus (Panaorus) adspersus* Mulsant et Rey

（八十六）网蝽科 Tingidae

484. 角菱背网蝽 *Eteoneus angulatus* Drake et Maa

485. 狭冠网蝽 *Stephanitis anagustata* Bu

（八十七）瘤蝽科 Phymatidae

486. 中国螳瘤蝽 *Cnizocoris sinensis* Kormilev

487. 原瘤蝽 *Phymata crassipes* (Fabricius)

（八十八）猎蝽科 Reduviidae

488. 光猎蝽 *Ectrychotes andreae* (Thunberg)

489. 云斑真猎蝽 *Harpactor incertus* (Distant)

490. 红缘真猎蝽 *Harpactor rubromarginatus* Jakovlev

491. 黄足猎蝽 *Sirthenea flavipes* (Stal.)

（八十九）姬蝽科 Nabidae

492. 日本高姬蝽 *Gorpis japonicus* Kerzhner

493. 山高姬蝽 *Gorpis brevilineata* (Scott)

494. 泛希姬蝽 *Himacerus apterus* (Fabricius)

495. 小翅姬蝽 *Nabis apicalis* Matsumura

496. 波姬蝽 *Nabis potanini* Bianchi

（九十）花蝽科 Anthocoridae

497. 山地原花蝽 *Anthocoris montanus* Zheng

498. 欧原花蝽 *Anthocoris nemorum* (L.)

499. 蒙新原花蝽 *Anthocoris pilosus* (Jakovlev)

500. 黑翅小花蝽 *Orius agilis* (Flor)

501. 中国小花蝽 *Orius chinensis* Bu et Zheng

（九十一）盲蝽科 Miridae

502. 中黑苜蓿盲蝽 *Adelphocoris suturalis* Jakovlev

503. 苜蓿盲蝽 *Adelphocoris lineolatus* (Goeze)

504. 绿后丽盲蝽 *Lygocoris lucorum* (Meyer-Dur)

505. 东直头盲蝽 *Orthocephalus funestus* Jakovlev

506. 远东斜唇盲蝽 *Plagiognathus collaris* (Matsumura)

（九十二）蝉科

507. 蚱蝉 *Cryptotympana atrata* (Fabricius)

508. 蒙古寒蝉 *Meimuna mongolica* Distan

509. 唐蝉 *Tama abliqua* Liu

（九十三）角蝉科 Membracidae

510. 中华高冠角蝉 *Hypsauchenia chinensis* Chou

511. 羚羊矛角蝉 *Leptobelus gazella* Fairmaire

512. 黄胫无齿角蝉 *Nondenticentrus flavipes* Yuan et Chou

（九十四）尖胸沫蝉科 Aphrophoridae

513. 柳尖胸沫蝉 *Aphrophora costalis* Matsumura

514. 松沫蝉 *Aphrophora flavipes* Uhler

515. 白带尖胸沫蝉 *Aphrophora intermedia* Uhler

（九十五）大叶蝉科 Cicadellidae

516. 白边大叶蝉 *Kolla atramentaria* (Motschulsky)

517. 大青叶蝉 *Tettigella viridis* (L.)

（九十六）蜡蝉科 Fulgoridae

518. 斑衣蜡蝉 *Lycorma delicatula*

（九十七）球蚜科

519. 冷杉迹球蚜 *Gilletteella glandulae* Zhang

520. 杨柄叶瘿棉蚜 *Pemphigus matsumurai* Monzen

521. 蜀云杉松球蚜 *Pineus sichuananus* Zhang

522. 落叶松红瘿球蚜 *Sacchiphantes roseigalla* Li et Tsai

（九十八）群蚜科 Thelaxidae

523. 山核桃刻蚜 *Kurisakia sinocryae* Zhang

（九十九）大蚜科 Lachnidae

524. 云杉大蚜 *Cinara piceae* (Panzer)

525. 毛角大蚜 *Cinara pilicornis* (Hartig)

526. 松大蚜 *Cinara pinea* (Mordviko)

527. 柏大蚜 *Cinara tujafilina* (del Guercio)

（一〇〇）毛蚜科 Chaitophoridae

528. 柳黑毛蚜 *Chaitophorus salinigri* Shinji

（一〇一）蚜科 Aphididae

529. 麦无网蚜 *Acyrthosiphon dirhodum* (Walker)

530. 悬钩子无网蚜 *Acyrthosiphon rubiformosanum* (Takahashi)

531. 柳蚜 *Aphis farinosea* Gmelin

532. 艾蚜 *Aphis kurosawai* Takahshi

533. 车前圆尾蚜 *Dysaphis plantaginea* (Passerini)

534. 柳粉毛蚜 *Pterocomma salicis* (L.)

（一〇二）盾蚧科 Diaspidae

535. 柳雪盾蚧 *Chionaspis salicis* (L.)

536. 柳牡蛎蚧 *Lepidosaphes salicina* Borchs

537. 桑白蚧 *Pseudaulacaspis pentagona* (Targioni-Tozzetti)

（一〇三）蛛蚧科 Margarodidae

538. 吹绵蚧 *Icerya purchasi* Maskell

539. 中华松梢蚧 *Sonsaucoccus sinensis* (Chen)

十七、鞘翅目 Coleoptera

（一〇四）虎甲科 Cicindelidae

540. 金斑虎甲 *Cicindela aurulenta* Fabricius

541. 多型虎甲铜翅亚种 *Cicindela hybrida transbaicalica* Motschulsky

542. 花斑虎甲 *Cicindela laetescripta* Motschulsky

543. 斑虎甲 *Cicindela sachalinensis* Morawitz

（一〇五）步甲科 Carabidae

544. 黄胫暗步甲 *Amara congrua* Morawitz

545. 中华星步甲 *Calasoma chinensis* Krivby

546. 蠋步甲 *Dolichus halensis halensis*

547. 广屁步甲 *Pheropsophus occipitalis* (Macleay)

（一〇六）葬甲科 Silphidae

548. 黑食尸葬甲（大黑葬甲）*Necrophorus concolor* Kraatz

549. 亚洲葬甲 *Necrodes asiaticus* Portevin

550. 大红斑葬甲 *Necrodes japonicus* Harold

551. 大红葬甲 *Necrodes vespillozdes* Herbst

552. 日本葬甲 *Necrodes japonica* Motsch.

553. 埋葬甲 *Necrodes perforata* Gebler

（一〇七）锹甲科 Lucanidae

554. 黄褐前凹锹甲 *Prosopocoilus blanchardi* Parry

555. 下倾剪锹甲 *Psalidoremus inclinatus* (Motschulsky)

（一〇八）金龟科 Scarabaeidae

556. 神农洁蜣螂 *Catharsius molossus* (L.)

557. 臭蜣螂 *Copris ochus* (Motschulsky)

558. 四川蜣螂 *Copris szechaunicus* Balthasar

559. 凹背利蜣螂 *Liatongus phanaeoides* (Westwood)

560. 台风蜣螂 *Scarabaeus typhon* Fisonor

（一〇九）粪金龟科 Geotrupidae

561. 戴锤角粪金龟 *Bolbotrypes davidis* Fairmaire

562. 粪堆粪金龟 *Geotrupes stercorarius* L.

（一一〇）蜉金龟科 Aphodiidae

563. 雅蜉金龟 *Aphodius elegans* Allibert

564. 蜉金龟 *Aphodius pusillus rufangulus* Waterhouse

565. 直蜉金龟 *Aphodius rectus* Motschulsky

（一一一）花金龟科 Cetoniidae

566. 小青花金龟 *Oxycetonia jucunda* Faldermann

（一一二）丽金龟科 Rutelidae

567. 毛喙丽金龟 *Adoretus hirsutus* Ohaus

568. 铜绿异丽金龟 *Anomala corpulenta* Motschulsky

569. 深绿异丽金龟 *Anomala heydeni* Fairvaldszky

570. 多色异丽金龟 *Anomala smaragdina* Ohaus

571. 粗绿彩丽金龟 *Mimela holosericea* Fabricius

（一一三）鳃金龟科 Melolonthidae

572. 黑阿鳃金龟 *Apogonia cupreovuridis* Kolbe

573. 东北大黑鳃金龟 *Hilyotrogus diomphalia* Bates

574. 华北大黑鳃金龟 *Hilyotrogus oblita* Faldermann

575. 暗黑齿爪鳃金龟 *Hilyotrogus parallela* Motschulsky

576. 毛黄脊鳃金龟 *Hilyotrogus trichophora* Fairmaire

577. 卵玛绢金龟 *Maladera ouatula* (Faire)

578. 阔胫玛绢金龟 *Maladera verticalis* (Fairmaire)

579. 弟兄鳃金龟 *Melolontha frater* Arrow

580. 大栗鳃金龟远东亚种 *Melolonth hrppocastani mongolica* Ménétriés

581. 小云鳃金龟 *Polyphylla gracilicornis* Blanchard

（一一四）吉丁虫科 Buprestidae

582. 花椒窄吉丁 *Agrilus zanthoxylumi* Hou

583. 云杉吉丁 *Buprestis haemrrhoidalis* Herbest

584. 柳干脊吉丁 *Chalcphora* sp.

（一一五）叩甲科 Elateridae

585. 细胸叩头虫 *Agriotes subvittatus* Motschulsky

586. 虎斑叩头虫 *Elater canalicollis* Lewis

587. 叩头虫 *Elater optabilis* Lewis

588. 麦黄叩头虫 *Hemiops flava* Castelnau

589. 褐叩头虫 *Lacon binodulus* Motschlsky

590. 宽背叩头虫 *Latus* sp.

591. 褐纹叩头虫 *meianotus caudex* Lewis

592. 沟叩头虫 *Pleonomus canaliculatus* Faldermann

（一一六）红萤科 Lycidae

593. 红萤 *Lycostomus modestus* Kiesenwetter

594. 红萤 *Lyponia quadricollis* Kiesenwetter

（一一七）花萤科 Cantharidae

595. 苏突花萤 *Athemus suturellus* Motschulsky

596. 花萤 *Cantharis acgrota* Kiesenwetter

（一一八）郭公虫科 Cleridae

597. 横纹郭公虫 *Trichodes irkutensis* Laxmann

（一一九）扁甲科 Cucujidae

598. 红扁甲 *Cucujus cinnabarinus* L.

（一二〇）瓢虫科 Coccinellidae

599. 二星瓢虫 *Adalia bipunctata* (L.)

600. 日本丽瓢虫 *Callicaria superba* (Malsant)

601. 李斑瓢虫 *Callicaria geminopunctata* Liu

602. 七星瓢虫 *Callicaria sepempunctata* L.

603. 双七瓢虫 *Coccinua quatuordecimpustulata* (L.)

604. 异色瓢虫 *Harmonia axyridis* (Pallas)

605. 异色瓢虫寡斑变形 *Harmonia axyridis abfrgida* (Pallas)

606. 异色瓢虫暗黄变形 *Harmonia axyrdis ab Succinea* Hoper

607. 十三星瓢虫 *Hippodamia tredecimpunctata* (L.)

608. 菱斑巧瓢虫 *Oenopia conglobata* (L.)

609. 龟纹瓢虫 *Propylaea japonica* (Thunberg)

610. 菱斑和瓢虫 *Synharmonis conglogbata* (L.)

（一二一）拟步甲科 Tenebrionidae

611. 中华琵琶甲 *Blaps chinensis* Faidermann

612. 达氏琵琶甲 *Blaps davidea* Deyr.

613. 皱纹琵琶甲 *Blaps rugosa* Gebler

614. 黄粉虫 *Tenebrio molitor* L.

615. 黑粉虫 *Tenebrio obscurus* Fabricius

（一二二）伪叶甲科 Lagriidae

616. 灰色朽木甲 *Allecula fuliginosa* Maklin

617. 黄星朽木甲 *Allecula melanaria* Maklin

618. 异形朽木甲 *Arthomacra abnormalis* Kono

619. 黄朽木甲 *Cteniopinus hyporita* Marseul

620. 伪叶甲 *Nemostira* sp.

（一二三）赤翅虫科 Pyrochroidae

621. 赤翅虫 *Pscudodendroides aurita* Tewis

（一二四）芫菁科 Meloidae

622. 中国豆芫菁 *Epicauta chinensis* Castelnau

623. 毛胫豆芫菁 *Epicauta tibialis* Waterhouse

624. 绿芫菁 *Lytta caraganae* Pallas

625. 圆胸短翅芫菁 *Meloe corvinus* Mareul

（一二五）天牛科 Cerambycidaw

626. 三穴梗天牛 *Aryopalus foveatus* Chiang

627. 褐梗天牛 *Aryopalus rusticus* (L.)

628. 角缘花天牛 *Corymbia succedanea*

629. 十二星并脊天牛 *Glenea licenti* Pic

630. 尖跗锯天牛 *Prionus heros* (Semenov-Tian-shanskiy)

631. 椎天牛 *Spondylis buprestoides* (L.)

632. 家茸天牛 *Trichoferus campestris* (Faldermann)

（一二六）豆象科 Bruchidae

633. 腹边豆象 *Kytorhinus thermopsis* Motschulsky

（一二七）负泥虫科 Crioceridae

634. 枸杞负泥虫 *Lema decempunctata* Gebler

635. 异负泥虫 *Lilioceris impressa* (Fabricius)

636. 中华负泥虫 *Lilioceris sinica* (Heyden)

637. 长头负泥虫 *Mecoprosopus minor* (Pic)

（一二八）肖叶甲科 Eumolpidae

638. 光额叶甲 *Aetheomorpha* sp.

639. 古氏黑守瓜 *Aulacophora coomani* Laboilssiere

640. 黑足黑守瓜 *Aulacophora nigripennis* Motschulsky

641. 中华萝萝叶甲 *Chrysochus chinensis* Baly

642. 李叶甲 *Chrysochus variabilis* (Baly)

643. 艾蒿隐头叶甲 *Chrysochus koltzei* Weise

644. 毛隐头叶甲 *Chrysochus pilosellus* Suffrian

645. 桑窝额莹叶甲 *Fleutiauxia armata* (Baly)

646. 柳圆叶甲 *Piagiodera versicolora* (Laicharting)

647. 阔胫莹叶甲 *Pallasiola absithii* (Pallas)

648. 榆绿毛萤叶甲 *Pyrrhalta aenescens* Fairmaire

649. 黑圆眼叶甲 *Stylosomus submetallicus* Chen

（一二九）铁甲科 Hispidae

650. 甜菜大龟甲 *Cassida nebulosa* L.

651. 黑网沟龟甲 *Chirdopsis punctata* (Weber)

652. 淡腹双梳龟甲 *Sindiola hospita* (Bohcman)

653. 四斑尾龟甲 *Thlaspida lewisi* (Baly.)

（一三〇）卷叶象科 Attelabidae

654. 梨虎象 *Rhynchites foveipennis* Fairmaire

（一三一）象虫科 Curculionidae

655. 圆锥绿象 *Chlorophanus circumcinctus* Gyllenhyl

656. 隆脊绿象 *Chlorophanus lineolus* Motschilsky

657. 绿鳞象 *Hypomeces squamosus* Fabricius

658. 杨黄星象 *Lepyrus japonicus* Roelofs

（一三二）小蠹科 Scolytidae

659. 冷杉梢小蠹 *Cryphalus sinoabietis* Tsai et Li

660. 油松梢小蠹 *Cryphalus tabulaeformis* Tsai et Li

661. 云杉大小蠹 *Dendroctonus micans* Kugelann

662. 六齿小蠹 *Ips acuminatus* Gyllenhal

663. 重齿小蠹 *Ips Duplicatus* Sahalberg

664. 天山重齿小蠹 *Ips Hauseri* Reitter

665. 中重齿小蠹 *Ips Mannsfeldi* Wachtl

666. 光臀八齿小蠹 *Ips Nitidus* Eggers

667. 十二齿小蠹 *Ips Sexdentatus* Boernet

668. 云杉八齿小蠹 *Ips Typographus* L.

669. 尖翅细小蠹 *Pityophthorus pini* Kurentzev

670. 毛额四眼小蠹 *Polygraphus major* Stebbing

附录9　甘肃多儿国家级自然保护区脊椎动物名录

哺乳纲 MAMMALIA

一、劳亚食虫目 Eulipotyphla

（一）猬科 Erinaceidae

1. 东北刺猬 *Erinaceus amurensis*

（二）鼹科 Talpidae

2. 麝鼹 *Scaptochirus moschatus*

（三）鼩鼱科 Soricidae

3. 中鼩鼱 *Sorex caecutiens*

4. 陕西鼩鼱 *Sorex sinalis*

5. 喜马拉雅水鼩 *Chimarrogale himalayica*

二、翼手目 Chiroptera

（四）菊头蝠科 Rhinolophidae

6. 马铁菊头蝠 *Rhinolophus ferrumequinum*

（五）蝙蝠科 Vespertilionidae

7. 普通伏翼 *Pipistrellus pipistrellus*

8. 北棕蝠 *Eptesicus nilssoni*

9. 双色蝙蝠 *Vespertilio murinus*

三、灵长目 Primates

（六）猴科 Cercopithecidae

10. 猕猴 *Macaca mulatta*

四、食肉目 Carnivora

（七）犬科 Canidae

11. 狼 *Canis lupus*

12. 赤狐 *Vulpes vulpes*

13. 豺 *Cuon alpinus*

（八）熊科 Ursidae

14. 棕熊 *Ursus arctos*

15. 黑熊 *Ursus thibetanus*

（九）熊科 Ailuropodidae

16. 大熊猫 *Ailuropoda melanoleuca*

（十）鼬科 Mustelidae

17. 黄喉貂 *Martes flavigula*

18. 石貂 *Martes foina*

19. 香鼬 *Mustela altaica*

20. 黄鼬 *Mustela sibirica*

21. 猪獾 *Arctonyx collaris*

22. 水獭 *Lutra lutra*

（十一）灵猫科 Viverridae

23. 花面狸 *Paguma larvata*

（十二）灵猫科 Viverridae

24. 荒漠猫 *Felis bieti*

25. 豹猫 *Prionailurus bengalensis*

26. 猞猁 *Lynx lynx*

27. 金猫 *Pardofelis temminckii*

28. 豹 *Panthera pardus*

29. 雪豹 *Panthera uncia*

五、鲸偶蹄目 Cetartiodactyla

（十三）猪科 Suidae

30. 野猪 *Sus scrofa*

（十四）麝科 Moschidae

31. 林麝 *Moschus berezovskii*

32. 马麝 *Moschus chrysogaster*

（十五）鹿科 Cervidae

33. 毛冠鹿 *Elaphodus cephalophus*

34. 四川梅花鹿 *Cervus nippon*

35. 四川马鹿 *Cervus macneilli*

36. 狍 *Capreolus pygargus*

（十六）牛科 Bovidae

37. 四川羚牛 *Budorcas tibetanus*

38. 中华斑羚 *Naemorhedus griseus*

39. 中华鬣羚 *Capricornis milneedwardsii*

40. 岩羊 *Pseudois nayaur*

41. 西藏盘羊 *Ovis hodgsoni*

六、啮齿目 Rodenitia

（十七）松鼠科 Sciuridae

42. 岩松鼠 *Sciurotamias davidianus*

43. 花鼠 *Tamias sibiricus*

44. 隐纹花松鼠 *Tamiops swinhoei*

45. 喜马拉雅旱獭 *Marmota himalayana*

46. 沟牙鼯鼠 *Aeretes melanopterus*

47. 红白鼯鼠 *Petaurista alborufus*

48. 复齿鼯鼠 *Trogopterus xanthipes*

（十八）仓鼠科 Cricetidae

49. 高原松田鼠 *Neodon irene*

50. 根田鼠 *Alexandromys oeconomus*

51. 中华鼢鼠 *Eospalax fontanierii*

（十九）鼠科 Muridae

52. 巢鼠 *Micromys minutus*

53. 小林姬鼠 *Apodemus syluaticus*

54. 大林姬鼠 *Apodemus peninsulae*

55. 中华姬鼠 *Apodemus draco*

56. 黄胸鼠 *Rattus tanezumi*

57. 褐家鼠 *Rattus norvegicus*

58. 社鼠 *Niviventer niviventer*

59. 针毛鼠 *Niviventer fulvescens*

60. 白腹巨鼠 *Leopoldamys edwardsi*

61. 小家鼠 *Mus musculus*

（二十）竹鼠科 Rhizomyidae

62. 中华竹鼠 *Rhizomys sinensis*

（二十一）跳鼠科 Dipodidae

63. 林跳鼠 *Eozapus setchuanus*

（二十二）豪猪科 Hystricidae

64. 豪猪 *Hystrix hodgsoni*

七、兔形目 **Lagomorpha**

（二十三）鼠兔科 Ochotonidae

65. 黑唇鼠兔 *Ochotona curzoniae*

66. 藏鼠兔 *Ochotona thibetana*

67. 间颅鼠兔 *Ochotona cansus*

（二十四）兔科 Leporidae

68. 灰尾兔 *Lepus oiostolus*

鸟纲 **AVES**
一、鸡形目 Galliformes

（一）雉科 Phasianidae

1. 斑尾榛鸡 *Tetrastes sewerzowi*

2. 雪鹑 *Lerwa lerwa*

3. 红喉雉鹑 *Tetraophasis obscurus*

4. 藏雪鸡 *Tetraogallus tibetanus*

5. 血雉 *Ithaginis cruentus*

6. 红腹角雉 *Tragopan temminckii*

7. 勺鸡 *Pucrasia macrolopha*

8. 绿尾虹雉 *Lophophorus lhuysii*

9. 蓝马鸡 *Crossoptilon auritum*

10. 雉鸡 *Phasianus colchicus*

11. 红腹锦鸡 *Chrysolophus pictus*

二、雁形目 **Anseriformes**

（二）鸭科 Anatidae

12. 赤麻鸭 *Tadorna ferruginea*

13. 赤膀鸭 *Anas strepera*

14. 赤颈鸭 *Anas penelope*

15. 斑嘴鸭 *Anas poecilorhyncha*

16. 凤头潜鸭 *Aythya fuligula*

三、鸽形目 **Columbiformes**

（三）鸠鸽科 Columbidae

17. 岩鸽 *Columba rupestris*

18. 雪鸽 *Columba leuconota*

19. 斑林鸽 *Columba hodgsonii*

20. 山斑鸠 *Streptopelia orientalis*

21. 灰斑鸠 *Streptopeliu decuocto*

22. 珠颈斑鸠 *Streptopelia chinensis*

四、夜鹰目 **Caprimulgifprmes**

（四）雨燕科 Apodidae

23. 白腰雨燕 *Apus pacificus*

五、鹃形目 **Cuculiformes**

（五）杜鹃科 Cuculidae

24. 噪鹃 *Eudynamys scolopacea*

25. 大杜鹃 *Cuculus canorus*

六、鹤形目 **Gruiformes**

（六）秧鸡科 Rallidae

26. 黑水鸡 *Gallinula chloropus*

（七）鹤科 Gruidae

27. 灰鹤 *Grus grus*

七、鸻形目 **Charadriiforms**

（八）鸻科 Charadriidae

28. 凤头麦鸡 *Vanellus vanellus*

29. 金眶鸻 *Charadrius dubius*

（九）鹬科 Scolopacidae

30. 丘鹬 *Scolopax rusticola*

31. 孤沙锥 *Gallinago solitaria*

32. 红脚鹬 *Tringa totanus*

33. 林鹬 *Tringa glareola*

34. 青脚滨鹬 *Calidris temminckii*

八、鹈形目 **Pelecaniformes**

（十）鹭科 Ardeidae

35. 池鹭 *Ardeola bacchus*

36. 牛背鹭 *Bubulcus ibis*

37. 白鹭 *Egretta garzetta*

九、鹰形目 Accipitriformes

（十一）鹰科 Accipitridae

38. 黑鸢 *Milvus migrans*

39. 胡兀鹫 *Gypaetus barbatus*

40. 高山兀鹫 *Gyps himalayensis*

41. 秃鹫 *Aegypius monachus*

42. 松雀鹰 *Accipiter virgatus*

43. 雀鹰 *Accipiter nisus*

44. 苍鹰 *Accipiter gentilis*

45. 金雕 *Aquila chrysaetos*

46. 草原雕 *Aquila nipalensis*

47. 大鵟 *Buteo hemilasius*

十、鸮形目 Stigifprmes

（十二）鸱鸮科 Striqidae

48. 雕鸮 *Bubo bubo*

49. 纵纹腹小鸮 *Athene noctua*

50. 短耳鸮 *Asio flammeus*

十一、犀鸟目 Bucerotiformes

（十三）戴胜科 Upupidae

51. 戴胜 *Upupa epops*

十二、啄木鸟目 Piciformes

（十四）啄木鸟科 Picidae

52. 灰头绿啄木鸟 *Picus canus*

53. 大斑啄木鸟 *Dendrocopos major*

十三、隼形目 Falconiformes

（十五）隼科 Falconidae

54. 猎隼 *Falco cherrug*

55. 游隼 *Falco peregrinus*

56. 红隼 *Falco tinnunculus*

十四、雀形目 Passeriforme

（十六）山椒鸟科 Campephagidae

57. 暗灰鹃鵙 *Coracina melaschistos*

58. 灰喉山椒鸟 *Pericrocotus solaris*

59. 长尾山椒鸟 *Pericrocotus ethologus*

（十七）伯劳科 Laniidae

60. 红尾伯劳 *Lanius cristatus*

61. 棕背伯劳 *Lanius schach*

62. 灰背伯劳 *Lanius tephronotus*

（十八）鸦科 Corvidae

63. 黑头噪鸦 *Perisoreus internigrans*

64. 松鸦 *Garrulus glandarius*

65. 灰喜鹊 *Cyanopica cyanus*

66. 红嘴蓝鹊 *Urocissa erythrorhyncha*

67. 喜鹊 *Pica pica*

68. 星鸦 *Nucifraga caryocatactes*

69. 红嘴山鸦 *Pyrrhocorax pyrrhocorax*

70. 黄嘴山鸦 *Pyrrhocorax graculus*

71. 秃鼻乌鸦 *Corvus frugilegus*

72. 小嘴乌鸦 *Corvus corone*

73. 大嘴乌鸦 *Corvus macrorhynchos*

74. 渡鸦 *Corvus corax*

（十九）山雀科 Paridae

75. 黑冠山雀 *Parus rubidiventris*

76. 煤山雀 *Parus ater*

77. 黄腹山雀 *Parus venustulus*

78. 褐冠山雀 *Parus dichrous*

79. 褐头山雀 *Poecile montanus*

80. 大山雀 *Parus major*

81. 绿背山雀 *Parus monticolus*

（二十）百灵科 Alaudidae

82. 小云雀 *Alauda gulgula*

（二十一）扇尾莺科 Cisticolidae

83. 山鹪莺 *Prinia crinigera*

（二十一）蝗莺科 Locustellidae

84. 斑胸短翅莺 *Bradypterus thoracicus*

85. 棕褐短翅莺 *Bradypterus luteoventris*

（二十二）燕科 Hirundinidae

86. 家燕 *Hirundo rustica*

87. 金腰燕 *Cecropis daurica*

88. 毛脚燕 *Delichon urbicum*

（二十三）鹎科 Pycnonotidae

89. 白头鹎 *Pycnonotus sinensis*

（二十四）柳莺科 Phylloscopidae

90. 褐柳莺 *Phylloscopus fuscatus*

91. 黄腹柳莺 *Phylloscopus affinis*

92. 棕眉柳莺 *Phylloscopus armandii*

93. 黄腰柳莺 *Phylloscopus proregulus*

94. 黄眉柳莺 *Phylloscopus inormatus*

95. 极北柳莺 *Phylloscopus borerlis*

96. 暗绿柳莺 *Phylloscopus trochiloides*

97. 冠纹柳莺 *Phylloscopus reguloides*

98. 黄胸柳莺 *Phylloscopus cantator*

99. 金眶鹟莺 *Seicercus burkii*

（二十五）树莺科 Cettiidae

100. 栗头树莺 *Cettia castaneocoronata*

（二十六）长尾山雀科 Aegithalidae

101. 银喉长尾山雀 *Aegithalos caudatus*

102. 银脸长尾山雀 *Aegithalos fuliginosus*

103. 花彩雀莺 *Leptopoecile sophiae*

104. 凤头雀莺 *Leptopoecile elegans*

（二十七）莺鹛科 Sylviidae

105. 中华雀鹛 *Alcippe striaticollis*

106. 褐头雀鹛 *Alcippe cinereiceps*

107. 三趾鸦雀 *Paradoxornis paradoxus*

108. 白眶鸦雀 *Paradoxornis conspicllatus*

109. 棕头鸦雀 *Paradoxornis webbianus*

（二十八）绣眼鸟科 Zosteropidae

110. 白领凤鹛 *Yuhina diademata*

111. 灰腹绣眼鸟 *Zosterops palpebrosus*

（二十九）林鹛科 Timaliidae

112. 斑胸钩嘴鹛 *Pomatorhinus erythrocnemis*

113. 棕颈钩嘴鹛 *Pomatorhinus ruficollis*

（三十）噪鹛科 Leiothrichidae

114. 山噪鹛 *Garrulax davidi*

115. 黑额山噪鹛 *Garrulax sukatschewi*

116. 大噪鹛 *Garrulax maximus*

117. 斑背噪鹛 *Garrulax lunulatus*

118. 白颊噪鹛 *Garrulax sannio*

119. 橙翅噪鹛 *Garrulax elliotii*

（三十一）旋木雀科 Certhiidae

120. 欧亚旋木雀 *Certhia familiaris*

121. 高山旋木雀 *Certhia himalayana*

（三十二）䴓科 Sittidae

122. 普通䴓 *Sitta europaea*

123. 黑头䴓 *Sitta villosa*

124. 白脸䴓 *Sitta leucopsis*

125. 红翅旋壁雀 *Tichodroma muraria*

（三十三）鹪鹩科 Troglodytidae

126. 鹪鹩 *Troglodytes troglodytes*

（三十四）河乌科 Cinclidae

127. 河乌 *Cinclus cinclus*

128. 褐河乌 *Cinclus pallasii*

（三十五）椋鸟科 Sturnidae

129. 灰椋鸟 *Sturnus cineraceus*

130. 北椋鸟 *Sturnus sturnina*

（三十六）鸫科 Turdidae

131. 长尾地鸫 *Zoothera dixoni*

132. 虎斑地鸫 *Zoothera dauma*

133. 灰头鸫 *Turdus rubrocanus*

134. 棕背灰头鸫 *Turdus kessleri*

135. 白腹鸫 *Turdus pallidus*

136. 宝兴歌鸫 *Turdus mupinensis*

（三十七）鹟科 Muscicapidae

137. 红胁蓝尾鸲 *Tarsiger cyanurus*

138. 金色林鸲 *Tarsiger chrysaeus*

139. 蓝额红尾鸲 *Phoenicurus frontalis*

140. 白喉红尾鸲 *Phoenicurus schisticeps*

141. 赭红尾鸲 *Phoenicurus ochruros*

142. 北红尾鸲 *Phoenicurus auroreus*

143. 红腹红尾鸲 *Phoenicurus erythrogastrus*

144. 红尾水鸲 *Phoenicurus fuliginosa*

145. 白顶溪鸲 *Chaimarrornis leucocephalus*

146. 蓝大翅鸲 *Grandala coelicolor*

147. 小燕尾 *Enicurus scouleri*

148. 黑喉石䳭 *Saxicola torquata*

149. 蓝矶鸫 *Monticola solitarius*

150. 栗腹矶鸫 *Monticola rufiventris*

151. 锈胸蓝姬鹟 *Ficedula hodgscrii*

152. 红喉姬鹟 *Ficedula albicilla*

153. 灰蓝姬鹟 *Ficedula tricolor*

（三十八）戴菊科 Regulidae

154. 戴菊 *Regulus regulus*

（三十九）岩鹨科 Prunellidae

155. 棕胸岩鹨 *Prunella strophiata*

156. 领岩鹨 *Prunella collaris*

157. 褐岩鹨 *Prunella fulvescens*

（四十）雀科 Passeridae

158. 树麻雀 *Passer montanus*

159. 山麻雀 *Passer rutilans*

160. 白斑翅雪雀 *Montifringilla nivalis*

（四十一）鹡鸰科 Motacillidae

161. 黄鹡鸰 *Motacilla flava*

162. 灰鹡鸰 *Motacilla cinerea*

163. 山鹡鸰 *Dendronanthus indicus*

164. 白鹡鸰 *Motacilla alba*

165. 树鹨 *Anthus hodgsoni*

166. 田鹨 *Anthus richardi*

167. 林鹨 *Anthus trivialis*

168. 水鹨 *Anthus spinoletta*

（四十二）燕雀科 Fringillidae

169. 金翅雀 *Carduelis sinica*

170. 暗胸朱雀 *Carpodacus nipalensis*

171. 拟大朱雀 *Carpodacus rubicilloides*

172. 酒红朱雀 *Carpodacus vinaceus*

173. 白眉朱雀 *Carpodacus thura*

174. 北朱雀 *Carpodacus roseus*

175. 斑翅朱雀 *Carpodacus trifasciatus*

176. 红眉朱雀 *Carpodacus pulcherrimus*

177. 红胸朱雀 *Carpodacus puniceus*

178. 普通朱雀 *Carpodacus erythrinus*

179. 灰头灰雀 *Pyrrhula erythaca*

180. 黄颈拟蜡嘴雀 *Mycerobas affinis*

181. 白斑翅拟蜡嘴雀 *Mycerobas carnipes*

（四十三）鹀科 Emberizidae

182. 灰头鹀 *Emberiza spodocephala*

183. 三道眉草鹀 *Emberiza cioides*

184. 田鹀 *Emberiza rustica*

185. 戈氏岩鹀 *Emberiza godlewskii*

186. 小鹀 *Emberiza pusilla*

187. 黄喉鹀 *Emberiza elegans*

爬行纲 REPTILIA

一、蜥蜴目 Lacertiformes

（一）石龙子科 Scincidae

1. 秦岭滑蜥 *Scincella tsinlingensis*

2. 康定滑蜥 *Scincella potanini*

3. 铜蜓蜥 *Sphenomorphus indicus*

二、蛇目 Serpentiformes

（二）蝰科 Viperidae

4. 高原蝮 *Gloydius strauchi*

5. 菜花原矛头蝮 *Protobothrops jerdonii*

（三）游蛇科 Colubridae

6. 黄脊游蛇 *Coluber spinalis*

7. 白条锦蛇 *Elaphe dione*

8. 黑眉锦蛇 *Elaphe taeniura*

9. 斜鳞蛇中华亚种 *Pseudoxenodon macrops sinensis*

10. 颈槽蛇 *Rhabdophis nuchalis*

两栖纲 Amphibia

一、有尾目 Urodela

（一）小鲵科 Hynobiidae

1. 西藏山溪鲵 *Batrachuperus tibetanus*

二、无尾目 ANURA

（二）蟾蜍科 Bufonidae

2. 中华蟾蜍 *Bufo gargarizans*

3. 岷山蟾蜍 *Bufo minshanicus*

4. 花背蟾蜍 *Strauchbufo raddei*

（三）蛙科 Ranidae

5. 中国林蛙 *Rana chensinensis*

鱼纲 PISCES

一、鲤形目 Cypriniformes

（一）鲤科 Cyprinidae

1. 嘉陵江裸裂尻鱼 *Schizopygopsis kialingensis*

2. 重口裂腹鱼 *Schizothorax davidi*

（二）鳅科 Cobitidae

3. 粗壮高原鳅 *Triplophysa robusta*

4. 黑体高原鳅 *Triplophysa obscura*

（三）平鳍鳅科 Homalopteridae

5. 短身间吸鳅 *Hemimyzon abbreviata*

二、鲇形目 Siluriformes

（四）钝头鮠科 Amblycipitidae

6. 白缘𰷷 *Liobagrus marginatus*

附表

附表1 甘肃多儿国家级自然保护区保护野生植物名录

序号	中文名	学名	科名	国家重点保护野生植物级别	中国植物红皮书等级	IUCN红色等级	2019CITES附录
1	秦岭冷杉	*Abies chensiensis*	松科		三类保护	LC	
2	大果青扦	*Picea neoveitchii*	松科	二级	二类保护	CR	
3	红豆杉	*Taxus wallichiana* var. *chinensis*	红豆杉科	一级			II
4	核桃	*Juglans regia*	胡桃科		二类保护	LC	
5	蒙古栎	*Quercus mongolica*	壳斗科				III
6	苞藜	*Baolia bracteata*	苋科	二级			
7	连香树	*Cercidiphyllum japonicum*	连香树科	二级	二类保护	LC	
8	水青树	*Tetracentron sinense*	昆栏树科	二级	二类保护	LC	III
9	星叶草	*Circaeaster agresis*	毛茛科		二类保护		
10	独叶草	*Kingdonia uniflora*	星叶草科	二级	二类保护		
11	桃儿七	*Sinopodophyllum hexandrum*	小檗科	二级	三类保护		II
12	红花绿绒蒿	*Meconopsis punicea*	罂粟科	二级			
13	唐古红景天	*Rhodiola tangutica*	景天科	二级			
14	野大豆	*Glycine soja*	豆科	二级			
15	刺五加	*Acanthopanax senticosus*	五加科		三类保护		
16	竹节参	*Panax japonicus*	五加科	二级			
17	疙瘩七	*Panax japonicus* var. *bipinnatifidus*	五加科	二级			
18	珠子参	*Panax japonicus* var. *major*	五加科	二级			
19	水曲柳	*Fraxinus mandschurica*	木樨科	二级	三类保护	LC	III
20	水母雪兔子	*Saussurea medusa*	菊科	二级			
21	甘肃贝母	*Fritillaria przewalskii*	百合科	二级			
22	暗紫贝母	*Fritillaria unibracteata*	百合科	二级			

序号	中文名	学名	科名	国家重点保护野生植物级别	中国植物红皮书等级	IUCN红色等级	2019CITES附录
23	无苞杓兰	*Cypripedium bardolphianum*	兰科	二级			II
24	毛瓣杓兰	*Cypripedium fargesii*	兰科	二级			II
25	黄花杓兰	*Cypripedium flavum*	兰科	二级			II
26	毛杓兰	*Cypripedium franchetii*	兰科	二级			II
27	西藏杓兰	*Cypripedium tibeticum*	兰科	二级			II
28	手参	*Gymnadenia conopsea*	兰科	二级			II
29	西南手参	*Gymnadenia orchidis*	兰科	二级			II
30	裂唇虎舌兰	*Epipogium aphyllum*	兰科				II
31	沼兰	*Malaxis monophyllos*	兰科				II
32	山兰	*Oreorchis patens*	兰科				II
33	布袋兰	*Calypso bulbosa*	兰科				II
34	角盘兰	*Herminium monorchis*	兰科				II
35	一花无柱兰	*Amitostigma monanthum*	兰科				II
36	二叶兜被兰	*Neottianthe cucullata*	兰科				II
37	粉叶玉凤花	*Habenaria glaucifolla*	兰科				II
38	小斑叶兰	*Goodyera repens*	兰科				II
39	绶草	*Spiranthes sinensis*	兰科				II
40	广布红门兰	*Orchis chusua*	兰科				II
41	火烧兰	*Epipactis helleborine*	兰科				II
42	大叶火烧兰	*Epipactis mairei*	兰科				II

附表2 甘肃多儿国家级自然保护区药用维管植物名录

药材名藏名	植物名	学名	科名	药用部位	功效
伸筋草	多穗石松	*Lycopodium annotinum* L.	石松科	全草	祛风除湿、舒筋活血
甘肃卷柏	甘肃卷柏	*Selaginella kansuensis* Ching et Hsu	卷柏科	全草	活血通经、化瘀止血
地柏枝	江南卷柏	*Selaginella moellendorffii* Hieronymus	卷柏科	全草	清热、利尿、止血
六角草	伏地卷柏	*S. nipponica* Fr. et Sav.	卷柏科	全草	咳嗽气喘、止血
圆枝卷柏	圆枝卷柏	*S. sanguinolenta* L.	卷柏科	全草	舒筋活血、健脾止泻
问荆	问荆	*Equisetum arvense* L.	木贼科	全草	清热、利尿、止咳
木贼	木贼	*E. hiemale* L.	木贼科	全草	利尿、退翳
大叶金花草	乌蕨	*Sphenomeris chinensis* (L.) Ching	鳞始蕨科	全草、根茎	清热解毒、利湿止血
蕨菜	蕨	*Pteridium aquilinum* var. *latiuscul* (Desv.) Underw. ex Heller	碗蕨科	全草	驱风湿、利尿、解热
铁线蕨	铁线蕨	*Adiantum capillus-veneris* L.	凤尾蕨科	全草	祛风、活络、解热、止血
猪鬃草	白背铁线蕨	*A. davidii* Franch.	凤尾蕨科	全草	清热祛风、利尿消肿
铁丝七	掌叶铁线蕨	*A. pedatum* L.	凤尾蕨科	全草	利水除湿、补肾
陇南铁线蕨	陇南铁线蕨	*A. roborowskii* Maxim.	凤尾蕨科	全草	止血
银粉背蕨	银粉背蕨	*Aleuritopteris argentea* (S. G. Gmelin) Fée	凤尾蕨科	全草	活血调经、解毒消肿、利尿通乳
宝兴耳蕨	宝兴冷蕨	*Cystopteris moupinensis* Franch	冷蕨科	全草	和胃、解毒
小凤尾草	北京铁角蕨	*A. pekinense* Hance	铁角蕨科	全草	化痰止咳
华中铁角蕨	华中铁角蕨	*A. sarelii* Hooker	铁角蕨科	全草、根	清热利湿、止血生肌
尖齿凤丫蕨	尖齿凤丫蕨	*Coniogramme affinis* Wall.	裸子蕨科	全草	清热解毒
散血莲	普通凤丫蕨	*C. intermedia* Hieron.	裸子蕨科	根茎、全草	祛风除湿、散血止痛
华东蹄盖蕨	华东蹄盖蕨	*Athyrium pachyphlebium* Mett.	蹄盖蕨科	根茎	清热解毒、杀虫
鄂西个蕨	鄂西个蕨	*Dryoathyrium chinense* Ching	蹄盖蕨科	根茎	杀虫、解毒

（续表）

药材名藏名	植物名	学名	科名	药用部位	功效
贯众	中华荚果蕨	*Matteuccia intermedia* C. Chr.	球子蕨科	根茎	清热解毒
大叶蕨	东方荚果蕨	*M. orientalis* (Hook.) Trev.	球子蕨科	根茎	祛风、止血
贯众	荚果蕨	*M. struthiopteris* (L.) Todaro	球子蕨科	根茎	清热解毒、止血杀虫
贯众	贯众	*Cyrtomium fortunei* J.	鳞毛蕨科	根茎	清热解毒、止血杀虫
革叶耳蕨	革叶耳蕨	*Polystichum neolobatum* Nakai	鳞毛蕨科	根茎	治内热腹痛
光石韦	光石韦	*Pyrrosia calvata* (Bak.) Ching	水龙骨科	全草	清热、利尿
石韦	华北石韦	*P. davidii* (Bak.) Ching	水龙骨科	全草	清热止血、利尿通淋
七星剑	江南星蕨	*Microsorium fortuni* (Moore) Ching	水龙骨科	全草	清热解毒、利尿活络
蒲松果	秦岭冷杉	*Abies chensiensis* Van Tiegh	松科	球果	调经、止血、消炎
红杉	红杉	*Larix potaninii* Batal	松科	树干内皮	止痢、行气
杉塔	云杉	*Picea asperata* Mast.	松科	球果	止咳化痰
青杆	青杆	*P. wilsonii* Mast.	松科	种子	止咳化痰、理气散结
油松节	油松	*Pinus tabulaeformis* Carr.	松科	含树脂枝干	风湿肿痛
刺柏	刺柏	*Juniperus formosana* Hay.	柏科	根	退热透疹
香柏	香柏	*Sabina sino-alpine* Cheng et W. T. Wang.	柏科	枝叶	理气
高山柏	高山柏	*S. squamata* (Buch.-Hamilt.) Ant.	柏科	球果	祛风除湿、解毒消肿
大果圆柏	大果圆柏	*S. tibetica* Kom.	柏科	果、叶	清肾热、除湿、解毒
红豆杉	红豆杉	*Taxus chinensis* (Pilg.) Rehd.	红豆杉科	球果	痛经、利尿、肿瘤
中麻黄	中麻黄	*Ephedra intermedia* Sch. et Mey.	麻黄科	根茎	宣肺平喘、利水消肿
单子麻黄	单子麻黄	*E. monosperma* Gmel. ex Mey.	麻黄科	根茎	发汗解表、止咳平喘
藏刺榛	藏刺榛	*Corylus ferox* var. *thibetica* (Batal.) Franch.	桦木科	种仁	调中、开胃、明目
毛榛	毛榛	*C. mandshurica* Maxim.	桦木科	种仁	调中、开胃、明目

药材名/藏名	植物名	学名	科名	药用部位	功效
小叶朴	小叶朴	Celtis bungeana Bl.	榆科	树干	支气管哮喘
榆树	榆树	Ulmus pumila L.	榆科	果实、树皮	安神健脾、食欲不振
蛇麻草	华忽布花	Humulus lupulus var. cordifolius (Miq.) Maxim. apud Franch. et Savat.	桑科	枝叶	健胃消食、化痰止咳
律草	律草	H. scandens (Lour.) Merr.	桑科	全草	清热解毒、利尿通淋
蒙桑	蒙桑	Morus mongolica (Bureau) C. K. Schneid	桑科	根皮	消炎利尿
墙草	墙草	Parietaria micrantha Ledeb.	荨麻科	全草	清热解毒、消痈排脓
直茎麻	透茎冷水花	Pilea molica Wedd.	荨麻科	根茎	利尿解热、安胎
蝎子草	艾麻	Sceptrocnide macrostachya Maxim.	荨麻科	根	祛风湿、通经络、解毒、消肿
蝎子草	荨麻	Urtica canabina L.	荨麻科	全草	治风湿疼痛、产后抽风、惊风、麻疹 等
蝥麻	宽叶荨麻	U. laetevirens Maxim.	荨麻科	全草	祛风定惊、消食通便
百乳草	百蕊草	Thesium chinense Turcz. var. chinense	檀香科	全草	清热解毒、补肾涩精
急折百蕊草	急折百蕊草	T. refractum C. A. Mey.	檀香科	全株	感冒、中暑
胡龙须	栗寄生	Korthalsella japonica (Thunb.) Engl. var. fasciculata (Van Tiegh.) H. S. Kiu	桑寄生科	枝叶	祛风湿、补肝肾、行气活血、止痛
冬青	槲寄生	Viscum coloratum (Kom.) Nakai	桑寄生科	茎枝	舒筋活络、活血散瘀
单叶细辛	单叶细辛	Asarum himalaicum Hook. f. et Thoms. ex Klotzsch.	马兜铃科	全草	解表散寒、祛风止痛、通窍、温肺化饮
荞麦	荞麦	Fagopyrum esculentum Moench	蓼科	果实	开胃宽肠、下气消积
细柄野荞麦	细柄野荞麦	F. gracilipes (Hemsl.) Damm. et Diels	蓼科	根	利湿退黄、活血化瘀
苦荞麦	苦荞麦	F. tataricum (L.) Gzertn.	蓼科	块根	理气止痛、健脾利湿
木藤蓼	木藤蓼	Fallopia aubertii (L. Henry) Holub	蓼科	块根	清热解毒、调经止血

（续表）

药材名藏名	植物名	学名	科名	药用部位	功效
傲加措布哇	冰岛蓼	Koenigia islandica L.	蓼科	全草	热性虫病、肾炎水肿
酸浆菜	山蓼	Oxyria digyna (L.) Hill	蓼科	全草	清热利湿
扁蓄	萹蓄	Polygonum aviculare L.	蓼科	全草	利尿通淋、杀虫止痒
辣蓼草	酸模叶蓼	P. lapathifolium L.	蓼科	全草	消肿止痛
毛蓼	毛蓼	P. pilosum (Maxim.) Hemsl.	蓼科	全草	清热解毒、排脓生肌、活血
两栖蓼	两栖蓼	P. amphibium L.	蓼科	全草	清热利湿、解毒
水红花	红草	P. orientale L.	蓼科	块根	散瘀消肿、消积止痛
珠芽蓼	珠芽蓼	P. viviparum L.	蓼科	根茎	清热解毒、散瘀止血
土大黄	牛耳酸模	Rumex patientia L.	蓼科	全草	清热杀虫
牛耳大黄	尼泊尔酸模	R. nepalensis Spreng.	蓼科	根、叶	止血、止痛
北大黄	掌叶大黄	R. palmatum L.	蓼科	根、叶	泻热通便
大黄	大黄	R. officinale Baill.	蓼科	根	泻热通便、逐瘀通经
灰菜	藜	Chenopodium album L.	藜科	全草	解毒消肿、杀虫止痒
灰绿藜	灰绿藜	C. glaucum L.	藜科	全草	解毒消肿、杀虫止痒
地肤子	扫帚菜	Kochia scoparia (L.) Schrad.	藜科	全草	清热利湿、祛风止痒
地肤子	地肤	K. scoparia (L.) Schrad.	藜科	全草	清热利湿、祛风止痒
猪毛菜	猪毛菜	Salsola collina Pall.	藜科	全草	降低血压
刺藜	刺藜	Teloxys aristata Moq.	藜科	全草	活血、祛风止痒
野苋	凹头苋	Amaranthus lividus L.	苋科	全草	缓和止痛、收敛、利尿
反枝苋	反枝苋	A. retroflexus L.	苋科	全草	解毒冶痢、抗炎止血
山紫茉莉	山紫茉莉	Oxybaphus himalaica Edgew.	紫茉莉科	根	朴益脾肾、利水
商陆	商陆	Phytolacca acinosa Roxb.	商陆科	根	通二便、逐水、散结

（续表）

药材名/藏名	植物名	学名	科名	药用部位	功效
马齿苋	马齿苋	*Portulaca oleracea* L.	马齿苋科	全草	清热解毒、利尿
甘肃蚤缀	甘肃雪灵芝	*Arenaria kansuensis* Maxim.	石竹科	全草	滋阴养血、健身益气
西北蚤缀	西北蚤缀	*A. przewalskii* Maxim.	石竹科	全草	清热止咳、润肺化痰
无心菜	无心菜	*A. serpyllifolia* L.	石竹科	全草	清热解毒
狗筋蔓	狗筋蔓	*Cucubalus baccifer* L.	石竹科	根	接骨生肌、祛风除湿
瞿麦	瞿麦	*Dianthus superbus* L.	石竹科	全草	利尿通淋、破血通经
繁缕	鹅肠草	*Malachium aguaticum* (L.) Fries.	石竹科	全草	清血解毒、利尿、下乳汁
女娄菜	女娄菜	*M. apricum* (Turcz.) Rohrb.	石竹科	全草	下乳利尿、清热凉血
太子参	林生孩儿参	*Pseudostellaria sylvatica* (Maxim.) Pax ex Pax et Hoffm.	石竹科	全草	食欲不振、改善贫血
中国繁缕	中国繁缕	*Stellaria chinensis* Regel	石竹科	全草	祛风利关节
繁缕	繁缕	*S. media* (L.) Cyrill.	石竹科	全草	清热解毒、化瘀止痛、催乳
鹤草	鹤草	*Silene fortunei* Vis.	石竹科	全草	治痢疾、肠炎、蝮蛇咬伤
连香树	连香树	*Cercidiphyllum japonicum* S. et Z.	连香树科	鲜果	小儿惊风、抽搐、肢冷
褐紫乌头	褐紫乌头	*Aconitum brunneum* Hand.-Mazz.	毛茛科	块根	散寒止痛
乌头	乌头	*A. carmichaeli* Debx.	毛茛科	块根	祛风除湿、跌打损伤
火焰子	松潘乌头	*A. sungpanense* Hand.-Mazz.	毛茛科	块根	祛风除湿、跌打损伤
高乌头	高乌头	*A. sinomontanum* Nakai	毛茛科	根	祛风除湿、跌打损伤
绿豆升麻	类叶升麻	*Actaea asiatica* Hara	毛茛科	根茎	跌打损伤
草玉梅	草玉梅	*Anemone rivularis* Buch.-Ham ex Dc.	毛茛科	根茎	治肝炎、筋骨痛
野棉花	大火草	*A. tomentosa* (Maxim.) Pei	毛茛科	根茎	治肝炎、筋骨痛
马蹄叶	驴蹄草	*Caltha palustris* L.	毛茛科	根叶	清热理湿、解毒
升麻	升麻	*Cimicifuga foetida* L.	毛茛科	根	升阳透疹、散风解毒

（续表）

药材名藏名	植物名	学名	科名	药用部位	功效
山木通	粗齿铁线莲	C. argentilucida (Levl. et Vant) W. T. Wang	毛茛科	藤茎	活血通经、利水通淋
化血丹	独叶草	Kingdonia uniflora Balf. f. et W. W. Sm.	毛茛科	根、叶	散瘀、活血、止痛
赤芍	川赤芍	Paeonia veitchii Lynch	毛茛科	根	活血通经、凉血散瘀、清热解毒
毛叶草芍药	毛叶草芍药	P. obovata var. willmottiae (Stapf) Stern	毛茛科	根	养血调经、凉血止痛
毛茛	毛茛	Ranunculus japonicus Thunb.	毛茛科	全草	截疟、消肿及治疥癣
石龙芮	石龙芮	R. sceleratus L.	毛茛科	全草	治痈疖肿毒、瘰疬结核、疟疾、下肢溃疡
高原毛茛	高原毛茛	R. tangutica (Maxim.) Ovcz.	毛茛科	全草	清热解毒
珠纳曼巴	黄三七	Souliea vaginata (Maxim.) Franch.	毛茛科	根状茎	清心除烦、清热解毒
高山唐松草	高山唐松草	Thalictrum alpinum L.	毛茛科	根状茎	清热燥湿、杀菌止痢
加久巴	狭序唐松草	T. atriplex Finet et Gagnep	毛茛科	全株	治虫病、痢疾
叉岗	贝加尔唐松草	T. baicalense Turcz.	毛茛科	根茎	清热燥湿、解毒
唛黄连	高原唐松草	T. cultratum Mall.	毛茛科	根茎	清热解毒、泻火燥湿
唐松草	亚欧唐松草	T. minus L.	毛茛科	根	清热凉血、理气消肿
珠嘎曼巴	瓣蕊松草	T. petaloideum L.	毛茛科	根、茎、果实	治肺炎、肝炎、痈疽、痢疾、麻风病、外用止血
长柄唐松草	长柄唐松草	T. przewalskii Maxim.	毛茛科	根	祛风除湿
铁棒锤	芸香叶唐松草	T. rutifolium Hook. f. et Thoms.	毛茛科	全草	清热泻火、燥湿解毒
加久切哇	钩柱唐松草	T. uncatum Maxim.	毛茛科	根、根茎	弩箭射伤
三颗针	锥花小檗	Berberis aggugata Schneid	小檗科	根皮	清热解毒
黄卢木	黄卢木	B. amurensis Rupr.	小檗科	根、茎	清热解毒、散瘀止痛
短柄小檗	短柄小檗	B. brachypoda Maxim.	小檗科	根、茎皮	清热燥湿、泻火解毒

药材名藏名	植物名	学名	科名	药用部位	功效
刺黄柏	密穗小檗	*B. dasystachya* Maxim.	小檗科	根皮、茎	清湿热、解热毒
三颗针	鲜黄小檗	*B. diaphana* Maxim.	小檗科	根皮	清热利湿、散瘀
杰唯玛兴	甘肃小檗	*B. Kansuensis* Schneid.	小檗科	根皮、茎皮	治疫疠、除热病
小檗	华西小檗	*B. silva-tariouoana* Schneid.	小檗科	根	清热燥湿、止痢止泻
吉尔哇	匙叶小檗	*B. vernae* Schneid.	小檗科	根皮、根	清热解毒
三曲马此	金花小檗	*B. wilsnae* Hemsl et wils.	小檗科	根	清热、解毒、消炎
刺黄花	刺黄花	*B. votyantha* Hemsl.	小檗科	根	去火、治眼病
淫羊藿	淫羊藿	*Epimedium brevicornum* Maxim.	小檗科	茎叶	补肾助阳、祛风除湿
桃儿七	桃儿七	*Sinopodophyllum hexandrum* (Royle) Ying	小檗科	根、根状茎	止咳化痰、月经不调
木姜子	木姜子	*Litsea pungens* Hemsl.	樟科	果实	健脾燥湿、消疮毒
地黄连	白屈菜	*Chelidonium majus* L.	罂粟科	全草	镇痛止咳、利尿解毒
蝎子花	灰绿紫堇	*Corydalis adunca* Maxim.	罂粟科	根、全草	清热解毒
紫堇	曲花紫堇	*C. curviflora* Maxim.	罂粟科	全草	清热解毒、利胆
赛北紫堇	赛北紫堇	*C. impatiens* (Pall.) Fisch.	罂粟科	全草	活血散瘀、行气止痛、清热解毒
铜棒锤	铜锤紫堇	*C. linarioides* Maxim.	罂粟科	块根	活血化瘀、祛风湿、止痛
扭果黄堇	蛇果紫堇	*C. ophiocarpa* Hook. f. et Thoms.	罂粟科	全草	活血止痛、祛风止痒
甲打色尔娃	条裂黄堇	*C. linarioides* Maxim.	罂粟科	全草	活血散瘀、消肿止疼、除风湿
细果角茴香	细果角茴香	*Hypecoum leptocarpum* Hook. f. et Thoms.	罂粟科	全草	清热解毒、镇痛、凉血
三钱三	小果博落回	*Macleaya microcarpa* (Maxim.) Fedde	罂粟科	全草	祛风解毒、散瘀消肿
吾巴拉	全缘绿绒蒿	*Meconopsis integrifolia* (Maxim.) Franch	罂粟科	全草	清热解毒、消炎止痛
欧摆完保	五脉绿绒蒿	*M. quintuplinervia* Regel	罂粟科	全草	清热泻火
阿柏几麻鲁	红花绿绒蒿	*M. pumicea* Maxim	罂粟科	花茎、果实	镇痛、止咳、固涩、抗菌

（续表）

药材名	藏名	植物名	学名	科名	药用部位	功效
总状绿绒蒿		总状绿绒蒿	*M. horridula* var. *racemosa* (Maxim.) Prain.	罂粟科	全草	消炎、止骨痛、治头痛
	文珠日-赫其	垂果南芥	*Arabis pendula* L.	十字花科	果实	清热、解毒、消肿
甘蓝		甘蓝	*Brassica oleracea* var. *capitata* L.	十字花科	种子	清利湿热、散结止痛、益肾补虚
芥菜		芥菜	*Capsella bursa-pastoris* L. Medic.	十字花科	叶子	利脾、利水、止血、明目
	俄莫	碎米荠	*Cardamine hirsuta* L.	十字花科	全草	清热解毒、祛风除湿
弹裂碎米荠		弹裂碎米荠	*C. impartiens* L.	十字花科	全草	妇女经血不调
菜子七		白花碎米荠	*C. leucantha* (Tausch) O. E. Schulz	十字花科	全草、根状茎	清热解毒、化痰止咳
大叶碎米荠		大叶碎米荠	*C. macrophylla* Willd.	十字花科	全草	利小便、止血及治败血病
朝鲜葶苈子		紫花碎米荠	*C. purpurascens* (O. E. Schulz) Al-Shehbaz et Al.	十字花科	全草	清热利湿、治筋骨疼痛
葶苈子		播娘蒿	*Descurainia sophia* (L.) Webb ex Prantl	十字花科	种子	泻肺平喘、行水消肿
葶苈子	希王拉普	葶苈	*D. nemorosa* L.	十字花科	种子	泻肺降气、消肿除痰、止咳定喘
	冈托巴	喜山葶苈	*D. oreades* Schrenk	十字花科	全草	解肉食中毒
		红紫糖芥	*Erysimum roseum* (Maxim.) Polatsch.	十字花科	全草	健脾和胃、利尿强心
葶苈子		独行菜	*Lepidium apetalum* Willdenow	十字花科	种子	清热止血、泻肺平喘、行水消肿
席擦拉普		蚓果芥	*Neotorularia humilis* (C. A. Mey.) Hedge et J. leonard	十字花科	全草	消食、解肉食中毒
野菜子		蔊菜	*Rorippa indica* (L.) Hiem.	十字花科	全草	清热利尿、活血通经、健胃理气
野菜子		沼生蔊菜	*R. palustris* (L.) Bess.	十字花科	全草	清热利尿、解毒
垂果大蒜芥		垂果大蒜芥	*Sisymbrium heteromallum* C. A. Mey.	十字花科	全草、种子	止咳化痰、清热、解毒
大芥		菥蓂	*Thlaspi arvense* L.	十字花科	全草、种子	清热解毒、消肿排脓、利肝明目
狮儿草		狭穗八宝	*Hylotelephium angustum* (Maxim.) H. Ohba	景天科	全草	清热、利肺、顺气
轮叶八宝		轮叶八宝	*H. verticillatum* (L.) H. Ohba	景天科	全草	活血化瘀、解毒消肿

药材名藏名	植物名	学名	科名	药用部位	功效
瓦松	瓦松	*Orostachys fimbriatus* (Turcz.) Berger	景天科	全草	止血、活血、敛疮
养心草	费菜	*Phedimus aizoon* (L.) 't Hart	景天科	全草	活血、止血、宁心、利湿、消肿、解毒
红景天	唐古红景天	*Rhodiola tangutica* (Maxim.) S. H. Fu.	景天科	根、茎、花	利肺、退烧
小丛红景天	小丛红景天	*R. dumulosa* (Franch.) S. H. Fu	景天科	根颈	补肾、养心安神、调经活血、明目
四裂红景天	四裂红景天	*R. quadrifida* (Pall.) Fisch. et Mey.	景天科	根和花	清热退烧、利肺
云南红景天	云南红景天	*R. yunnanensis* (Franch.) S. H. Fu	景天科	全草	消炎、消肿、接筋骨
石头草	垂盆草	*Sedum sarmentosum* Bunge	景天科	全草	清热解毒、消肿利尿
木活	落新妇	*Astilbe chinensis* (Maxim.) Franch. et Savat.	虎耳草科	全草	祛风、清热、止咳
红升麻	多花落新妇	*A. rivularis* Buch.-Ham. var. *myriantha* (Diels) J. T. Pan	虎耳草科	根茎	祛风解表、镇痛
柔毛金腰子	柔毛金腰子	*Chrysosplenium pilosum* var. *valdepilosum* Ohwi	虎耳草科	全草	清热、利尿、退黄、排石
冠盖绣球	冠盖绣球	*Hydrangea anomala* D.Don	虎耳草科	根、叶	活血散瘀、清热、抗疟
短柱梅花草	短柱梅花草	*Parnassia brevistyla* (Brieg.) Hand.-Mazz.	虎耳草科	全草	清热解毒、凉血止血
细叉梅花草	细叉梅花草	*P. oreophila* Hance	虎耳草科	全草	清热退烧
三脉梅花草	三脉梅花草	*P. trinervis* Drude	虎耳草科	全草	清热解毒、止咳化痰
苍耳七	苍耳七	*P. wightiana* Wall. ex Wight et Arn.	虎耳草科	全草	能清湿热、止血
山梅花	山梅花	*Philadelphus incanus* Koehne.	虎耳草科	根皮	清热利湿
岩陀	七叶鬼灯檠	*Rodgersia aesculifolia* Batal.	虎耳草科	根茎	清热化湿、止血生肌
阿仲茶保	黑虎耳草	*Saxifraga atrata* Engl.	虎耳草科	花	祛风清热、凉血解毒
虎耳草	虎耳草	*S. stolonifera* Meerb	虎耳草科	全草	清热解毒、祛风止痛
黄水枝	黄水枝	*Tiarella polyphylla* D. Don	虎耳草科	全草	清热解毒、祛风止痛
仙鹤草	龙牙草	*Agrimonia pilosa* var. *japonica* (Miq.) Nakai	蔷薇科	全草	收敛止血、止痢

（续表）

药材名藏名	植物名	学名	科名	药用部位	功效
蛇莓	蛇莓	*Duchesnea indica* (Andr.) Focke.	蔷薇科	全草	清热凉血、消肿解毒
红柄白鹃梅	红柄白鹃梅	*Exochorda giraldii* Hesse.	蔷薇科	根皮、树皮	通络止痛
野草莓	野草莓	*Fragaria vesca* L.	蔷薇科	果实	清热解毒、收敛止血
水杨梅	水杨梅	*Geum aleppicum* Jacq.	蔷薇科	茎	清热利湿、解毒消肿
中华绣线梅	中华绣线梅	*Neillia sinensis* Oliv.	蔷薇科	根	利水除湿、清热止血
短梗稠李	短梗稠李	*Padus brachypoda* (Batal.) Schneid	蔷薇科	叶	止咳化痰
蕨麻	鹅绒委陵菜	*Potentilla anserina* L.	蔷薇科	根	健脾益胃、生津止渴
地红花	二裂委陵菜	*P. bifurca* L.	蔷薇科	根	产后出血
金露梅	金露梅	*P. fruticosa* L.	蔷薇科	花、叶	健脾、化湿、清暑、调经
银露梅	银露梅	*P. glabra* Lodd.	蔷薇科	叶	清热、健胃、调经
蕤仁	蕤仁	*Prinsepia uniflora* Batal.	蔷薇科	果仁	心腹邪结气、明目
李仁	李	*Prunus salicina* Lindl.	蔷薇科	种子	润燥通便、利尿
木瓜	木梨	*Pyrus xerophila* Yu	蔷薇科	果实	平肝和胃、祛湿舒筋
美蔷薇	美蔷薇	*Rosa bella* Rehd. et Wils.	蔷薇科	花、果	固精涩肠、缩尿、止泻、养血、活血
黄蔷薇	黄蔷薇	*R. hugonis* Hemsl.	蔷薇科	根、叶	止痛收敛
秦岭蔷薇	秦岭蔷薇	*R. tsinglingensis* Pax. et Hoffm.	蔷薇科	根、果实	活血、通络、收敛
蛇泡勒	茅莓	*R. parvifolius* L.	蔷薇科	根茎、叶	散瘀、止痛、解毒、杀虫
多腺悬钩子	多腺悬钩子	*R. phoenicolasius* Maxim.	蔷薇科	根、叶	祛风除湿、补肾壮阳
黄果悬钩子	黄果悬钩子	*R. xanthocarpus* Bureau et Franch.	蔷薇科	全草	消炎止痛
地榆	地榆	*Sanguisorba officinalis* L.	蔷薇科	根	凉血止血、清热解毒、培清养阴、消肿敛疮
鲜卑花	鲜卑花	*S. laevigata* (L.) Maxim.	蔷薇科	果序	消食化积、理气止痛

（续表）

药材名/藏名	植物名	学名	科名	药用部位	功效
直立黄芪	直立黄芪	*Astragalus adsurgens* Pall.	豆科	种子	强壮剂、治神经衰
地八角	地八角	*A. bhotanensis* Baker	豆科	全草	清热、解毒、利尿
黄芪	金翼黄芪	*Astragalus chrysopterus* Bunge	豆科	根	益气固表、利水托疮
苦豆根	草木樨状黄芪	*Astragalus melilotoides* Pall.	豆科	根	益气固表、利水托疮
佐木兴	树锦鸡儿	*Caragana arborescens* (Amm.) Lam.	豆科	全草	滋养、通乳、利尿、祛风湿
扎马	短叶锦鸡儿	*C. brevifolia* Kom.	豆科	根	解毒、消炎
河北木蓝	河北木蓝	*Indigofera bungeana* Walp.	豆科	全草	清热止血、消肿生肌
胡枝子	胡枝子	*Lespedeza bicolor* Turcz.	豆科	根、花	益肝明目、清热利尿、通经活血
夜关门	截叶铁扫帚	*L. cuneata* (Dum.-Cours.) G. Don	豆科	茎	消食除积、清热利湿、祛痰止咳
铁鞭草	多花胡枝子	*L. floribunda* Bge.	豆科	根	消积散瘀
三妹木	美丽胡枝子	*L. formosa* (Vog.) Koehne	豆科	茎	清热利湿利尿、通淋
白香草木樨	白香草木樨	*Melilotus albus* Medic. ex Desr.	豆科	全草	清热利湿、消毒解肿、小儿惊风
金花草	黄花草木樨	*M. officinalis* (L.) Desr.	豆科	全草	清热解毒、绞肠痧、白喉、乳蛾
黄花木	黄花木	*Piptanthus concolor* Harrow ex Craib.	豆科	种子	清肝明目、利水、润肠
野豌豆	野豌豆	*Vicia sepium* L.	豆科	全草	补肾调经、祛痰止咳
歪头菜	歪头菜	*V. unijuga* A. Br.	豆科	全草	补虚、调肝、理气、止痛
酸酸草	酢浆草	*Oxalis corniculata* L.	酢浆草科	全草	清热解毒、消肿散结
三块瓦	山酢浆草	*Oxalis griffithii* Edgeworth & J. D. Hooker	酢浆草科	全草	利尿解热
熏倒牛	熏倒牛	*Bieberstenia heterostemon* Maxim.	牻牛儿苗科	果实	清热镇惊
老鹳草	牻牛儿苗	*Erodium stephanianum* Willd.	牻牛儿苗科	全草	祛风湿、活血通络、清热解毒
毛蕊老鹳草	毛蕊老鹳草	*Geranium eriostemon* Fisch.	牻牛儿苗科	全草	疏风通络、强筋健骨
老鹳草	甘青老鹳草	*G. pylzowianum* Maxim.	牻牛儿苗科	全草	清热解毒、祛风活血

（续表）

药材名藏名	植物名	学名	科名	药用部位	功效
风露草	鼠掌老鹳草	G. sibiricum L.	牻牛儿苗科	全草	湿症、跌打损伤
骆驼蓬子	骆驼蓬	Peganum harmala L.	蒺藜科	全草	止咳平喘、祛风湿、消肿毒
多裂骆驼蓬	多裂骆驼蓬	P. multisectum (Maxim.) Bobr.	蒺藜科	全草、种子	宣肺止咳、祛湿消肿、祛湿止痛
臭檀	臭檀	Evodia danieellii (Benn.) Hemsl.	芸香科	种子	中下气开郁、止呕止痛
花椒	花椒	Zanthoxylum bungeanum Maxim.	芸香科	果皮	温中散寒、除湿、止痛、杀虫、解鱼腥毒
远志	远志	Polygala tenuifolia Willd.	远志科	根皮	益智安神、散郁化痰
远志	西伯利亚远志	P. sibirica L.	远志科	根皮	益智安神、散郁化痰
猫眼草	乳浆大戟	Euphorbia esula L.	大戟科	全草	拔毒消肿止痒
泽漆	泽漆	Euphorbia helioscopia L.	大戟科	全草	利尿消肿、祛痰止痒
地锦草	地锦草	E. humifusa Willd.	大戟科	全草	清热利湿、活血止血
大戟	大戟	E. pekinensis Rupr.	大戟科	根	逐水通便、消肿散结
川吾	钩腺大戟	E. sieboldiana Morr. et DC.	大戟科	根状茎	泻下利利尿
高山大戟	高山大戟	E. stracheyi Boiss.	大戟科	根	止血祛瘀、生肌止痛
沼生水马齿	沼生水马齿	Callitriche palustris L.	水马齿科	全草	清热解毒、利尿消肿
黄连木	黄连木	Pistacia chinensis Bunge	漆树科	树皮、叶	清热、利湿、解毒
五倍子	盐肤木	Rhus chinensis Mill.	漆树科	虫瘿	敛肺降火、止泻止血
五倍子	青麸杨	R. potaninii Maxim.	漆树科	虫瘿	敛肺降火、止泻止血
南蛇藤	南蛇藤	Celastrus orbiculatus Thumb.	卫矛科	根茎	活血行气、消肿解毒
八宝茶	八宝茶	Euonymus przewalskii Maxim.	卫矛科	翅枝	祛瘀调经、通络止痛
膀胱果	膀胱果	Staphylea holocarpa Hemsl.	省沽油科	果实	祛风除湿
青榨槭	青榨槭	Acer davidii Franch.	槭树科	根、枝、叶	清热解毒、行气止痛

370

（续表）

药材名/藏名	植物名	学名	科名	药用部位	功效
五角枫	五角枫	Acer pictum Thunberg subsp. mono (Maximowicz) H. Ohashi	槭树科	根	祛风止痛
桦叶四蕊槭	桦叶四蕊槭	Acer tetramerum var. betulifol (Maxim) Rehd.	槭树科	枝	散风热
栾花	栾树	Koelreuteria paniculata Laxm.	无患子科	花	消目肿
文冠果	文冠果	Xanthoceras sorbifolia Bunge.	无患子科	木材、枝叶	祛风除湿、消肿止痛
灵寿茨	泡花树	Meliosma cuneifolia Franch.	清风藤科	根皮	利水、解毒
清风藤	鄂西清风藤	Sabia campanulata Wall. ex Roxb. subsp. ritchieae (Rehd.et Wils.) Y. F. Wu	清风藤科	根、茎叶	祛风利湿、活血解毒
勾儿茶	勾儿茶	Berchemia sinica Schneid.	鼠李科	根	散瘀消肿
老乌眼	鼠李	Rhamnus davuricus Pall.	鼠李科	树皮	清热、通便
酸枣	酸枣	Ziziphus jujuba Mill. var. spinosa (Bge.) Hu ex H. F. Chow	鼠李科	种子	补肝宁心、敛汗生津
上山龙	蓝果蛇葡萄	Ampelopsis bodinieri (Levl. & Vant.) Rehd.	葡萄科	根	消肿解毒、止痛止血、排脓生肌、祛风除湿
蜀葵	蜀葵	Althaea rosea (L.) Cavan.	锦葵科	根	除客热、利肠胃
小秋葵	野西瓜苗	Hibiscus trionum L.	锦葵科	全草	清热解毒、祛风除湿、止咳、利尿
野葵	野葵	Malva verticillata L.	鼠李科	种子、根	利水滑窍、润便利尿
红旱莲	黄海棠	Hypericum ascyron L.	藤黄科	全草	活血调经、止咳
奥木吾	具鳞水柏枝	Myricaria squamosa Desv.	柽柳科	枝	瘟病时疫、脏腑毒热
双花堇菜	双花堇菜	Viola biflora L.	堇菜科	全草	活血散瘀、止血
圆叶小堇菜	圆叶小堇菜	V. biflora L. var. rockiana (W. Becker) Y. S. Chen	堇菜科	全草	清热解毒
鳞茎堇菜	鳞茎堇菜	V. bulbosa Maxim.	堇菜科	全草	清热解毒
裂叶堇菜	裂叶堇菜	V. dissecta Ledebour	堇菜科	全草	清热解毒
西藏堇菜	西藏堇菜	V. kunawarensis Royle	堇菜科	全草	清热解毒
早开堇菜	早开堇菜	V. prionantha Bunge	堇菜科	全草	清热解毒

（续表）

药材名藏名	植物名	学名	科名	药用部位	功效
祖师麻	黄瑞香	*Daphne giraldii* Nitsche	瑞香科	茎皮	祛风湿、止痛
狼毒	狼毒	*Stellera chamaejasme* L.	瑞香科	根	祛痰、消积、止痛
黄芫花	河朔芫花	*Wikstroemia chamaedaphne* Meissn.	瑞香科	花、叶、根	泻水饮、破积聚
牛奶子	牛奶子	*Elaeagnus umbellate* Phunb.	胡颓子科	根、叶、果实	清热利湿、止血
沙棘	中国沙棘	*Hippophaë rhamnoides* L. subsp. *sinensis* Rousi	胡颓子科	果实	止咳祛痰
铁筷子	柳兰	*Chamaenerion angustifolium* (L.) Scop.	柳叶菜科	全草	消肿利水、下乳、润肠
跳筋草	高山露珠草	*Circaea alpina* L.	柳叶菜科	全草	养心安神、消食、止咳、解毒、止痒
水接骨丹	柳叶菜	*Epilobium hirsutum* L.	柳叶菜科	全草	清热调经、止痛
楤木	楤木	*Aralia chinensis* L.	五加科	树皮	活血散瘀
五加皮	红毛五加	*A. giraldii* Harms	五加科	茎皮	祛风除湿、强筋壮骨
五加皮	藤五加	*A. leucorrhizus* (Oliv.) Harms	五加科	茎皮	祛风除湿、强筋壮骨
竹节参	竹节参	*Panax japonicus* (T. Nees) C. A. Meyer	五加科	根茎	抗炎、延缓衰老、降血糖
疙瘩七	珠子参	*P. japonicus* (T. Nees) C. A. Meyer var. *bipinnatifidus* (Seemann) C. Y. Wu et K. M. Feng	五加科	根状茎	补肺、养阴、活络、止血
珠子参	珠子参	*P. japonicus* (T. Nees) C. A. Meyer var. *major* (Burkill) C. Y. Wu et K. M. Feng	五加科	根状茎	补肺、养阴、活络、止血
红果当归	疏叶当归	*Angelica laxifoliata* Diels	伞形科	根	补血活血、调经止痛
当归	当归	*A. sinensis* (Oliv.) Diels	伞形科	根	补血活血、调经止痛
田七	峨参	*Anthriscus sylvestris* (L.) Hoffm.	伞形科	根	益气健脾、活血止痛
柴胡	北柴胡	*Bupleurum chinense* DC. Prodr.	伞形科	根	和解表里、疏肝升阳
黑柴胡	黑柴胡	*B. smithii* Wolff	伞形科	根	和解少阳、祛风除痹
小叶黑柴胡	小叶黑柴胡	*B. smithii* Wolff var. *parvifolium* Shan et Y. Li	伞形科	根或全草	和解退热、疏肝解郁

（续表）

药材名/藏名	植物名	学名	科名	药用部位	功效
田葛缕子	田葛缕子	*Carum buriaticum* Turcz.	伞形科	根	行气散寒、消食健胃、镇静祛风
鸭儿芹	鸭儿芹	*Cryptotaenia japonica* Hassk.	伞形科	全草	治虚弱、尿闭及肿毒
独活	短毛独活	*Heracleum moellendorffii* Hance	伞形科	根	治风寒感冒、头痛、风湿痹痛、腰腿酸痛
羌活	宽叶羌活	*Notopterygium franchetii* H. Boissieu	伞形科	根	散寒、除湿、止痛
羌活	羌活	*N. incisum* Ting ex H. T. Chang	伞形科	根、根茎	散表寒、祛风湿、利关节、止痛
水芹	水芹	*Oenanthe javanica* (Bl.) DC.	伞形科	全草	清热利湿、降血压
香根芹	香根芹	*Osmorhiza aristata* (Thunb.) Makino et Yabe	伞形科	根	止痛、治风寒
前胡	前胡	*Peucedanum praeruptorum* Dunn	伞形科	根	散风清热、化痰
异叶茴芹	异叶茴芹	*Pimpinella diversifolia* DC.	伞形科	全草	活血散瘀、消肿止痛、祛风解毒
西藏棱子芹	西藏棱子芹	*P. hookeri* C. B. Clarke var. *thomsonii* C. B. Clarke	伞形科	全草	理气止痛、活血祛瘀
山芹菜	变豆菜	*Sanicula chinensis* Bunge	伞形科	全草	解毒、止血
迷果芹	迷果芹	*Sphallerocarpus gracilis* (Bess.) K.-Pol.	伞形科	根、根茎	祛肾寒、敛黄水
小窃衣	小窃衣	*Torilis japonica* (Houtt.) DC.	伞形科	果实、全草	治慢性腹泻、杀虫止痒
小通草	青荚叶	*Helwingia japonica* (Thunb.) F. G.	山茱萸科	全株	清热、解毒、活血、消肿
红棕子皮	红棕子	*Cornus hemsleyi* (Schneid. et Wanger.) Sojak	山茱萸科	树皮	祛风止痛、舒筋活络
土花	松下兰	*Hypopitya monotropa* Grantz	鹿蹄草科	全草	镇咳、补虚
鹿寿草	鹿蹄草	*Pyrola rotundifolia* L.	鹿蹄草科	全草	补虚益肾、祛风除湿、活血调经
鹿蹄草	皱叶鹿蹄草	*P. rugosa* H. Andres	鹿蹄草科	全草	补肾强骨、止咳止血、强心降压
小叶枇杷	烈香杜鹃	*Rhododendron anthopogonoides* Maxim.	杜鹃花科	叶、嫩枝	祛痰、止咳、平喘
秀雅杜鹃	秀雅杜鹃	*R. concinuum* Hemsl.	杜鹃花科	花叶	清热拔毒、调经止血
嘎蒂	直立点地梅	*Androsace erecta* Maxim.	报春花科	全草	清热解毒、消肿止痛

（续表）

药材名藏名	植物名	学名	科名	药用部位	功效
喉咙草	短葶小点地梅	A. gmelinii var. geophila Hand.-Mazz.	报春花科	全草	清热解毒、消肿止痛
尕的	西藏点地梅	A. mariae Kantz.	报春花科	全草	清热解毒、消炎止痛
垫状点地梅	垫状点地梅	A. tapete Maxim.	报春花科	全草	祛风清热、消肿解毒
麻雀舌头	海乳草	Glaux maritima L.	报春花科	根、皮、叶	根有散气止痛功效，皮可退热，叶能祛风、消肿
狼尾花	狼尾花	Lysimachia barystachys Bunge.	报春花科	全草或根茎	活血利水、解毒消肿
金钱草	过路黄	L. christinae Hance	报春花科	全草	利水通淋、清热解毒、散瘀消肿祛风散寒
活血莲	珍珠菜	L. clethroides Duby	报春花科	全草	清热化湿、消肿止痛
活血莲	腺药珍珠菜	L. stenosepala Hemsl.	报春花科	全草	清热利湿、活血散瘀、解毒消痈
二色补血草	二色补血草	Limonium bicolor (Bunge) Kuntze	白花丹科	全草	补血、止血
刺矶松	鸡娃草	Plumbagella micrantha (Ledeb.) Spach	白花丹科	全草	解毒、杀虫
秦皮	白蜡树	Fraxinus chinensis Roxb.	木樨科	树皮	清热燥湿、收湿
水曲柳	水曲柳	F. mandshurica Rupr	木樨科	树皮	清热燥湿、清肝明目、活血调经
紫丁香	紫丁香	Syringa oblata Lindl.	木樨科	树皮	治黄疸肝炎、腹泻
巴东醉鱼草	巴东醉鱼草	Buddleja albiflora Hemsl.	马钱科	花蕾	止咳化痰
白皮	互叶醉鱼草	B. alternifolia Maxim.	马钱科	全草	收敛止血
酒药花	大叶醉鱼草	B. davidii Franch.	马钱科	枝叶	杀虫止痒
好来干那	镰萼喉毛花	Comastoma falcatum (Turcz. ex Kar. et Kir.) Toyokuni.	龙胆科	全草	利胆、退黄、清热、健胃、治伤
高山龙胆	高山龙胆	Gentiana algida Pall.	龙胆科	全草	泻火解毒
刺芒龙胆	刺芒龙胆	G. aristata Maxim.	龙胆科	全草	清热解毒
粗茎秦艽	粗茎秦艽	G. crassicaulis Duthie ex Burk.	龙胆科	根	祛风除湿、活血舒筋、清热、利尿

（续表）

药材名/藏名	植物名	学名	科名	药用部位	功效
小叶秦艽	达乌里秦艽	G. dahurica Fisch.	龙胆科	根	清热、解毒、止咳、祛痰
大叶龙胆	秦艽	G. macrophylla Pall.	龙胆科	全草	祛风湿、清湿热、止痹痛
匙叶龙胆	匙叶龙胆	G. spathulifolia Maxim. ex Kusnez.	龙胆科	全草	解毒、利咽
鳞叶龙胆	鳞叶龙胆	G. squarrosa Ledeb	龙胆科	全草	清热利湿、解毒消痈
麻花艽	麻花艽	G. straminea Maxim.	龙胆科	全草	祛风除湿、活血舒筋、清热利尿、消炎、止痛
剪萼龙胆	扁蕾	Gentianopsis barbata var. sinensis Ma	龙胆科	全草	清热解毒
湿生扁蕾	湿生扁蕾	G. paludosa (Hook. f.) Ma	龙胆科	全草	清热利湿、解毒
黑及草	椭圆叶花锚	Halenia elliptica D. Don	龙胆科	全草	清热利湿
助柱花	助柱花	Lomatogonium carinthiacum (Wulfen) Reichenbach	龙胆科	全草	清热利湿、解毒
当药	獐牙菜	Swertia bimaculata (Sieb. et Zucc.) Hook. f. et Thoms. ex C. B. Clarke	龙胆科	全草	清热、健胃、利湿
隔山消	白首乌	Cynanchum bungei Decne.	萝藦科	块根	补肝肾、强筋骨、益精血、健脾消食、解毒疗疮
飞来鹤	牛皮消	C. auriculatum Royle	萝藦科	全草	解毒消肿、养阴补虚、通经下乳、消痰散结
大理白前	大理白前	C. forrestii Schltr.	萝藦科	根	清热邪、利尿、生肌止痛
竹灵消	竹灵消	C. inamaenum (Maxim.) Loes	萝藦科	根	除烦清热、散毒、通疝气
地梢瓜	地梢瓜	C. thesioides (Freyn) K. Schum.	萝藦科	全草及果实	补肺气、清热降火、生津止渴、消炎止痛
香加皮	杠柳	Periploca Sepium Bunge.	萝藦科	根皮	祛风湿、壮筋骨
面根藤	打碗花	Calystegia hederacea Wall.	旋花科	根茎	健脾益气、利尿
田旋花	田旋花	Convolvulus arvensis L.	旋花科	全草	祛风止痒、止痛

（续表）

药材名/藏名	植物名	学名	科名	药用部位	功效
菟丝子	菟丝子	*Cuscuta chinensis* Lam.	旋花科	种子	补肝肾、安胎
菟丝子	金灯藤	*C. japonica* Choisy	旋花科	种子	补肝肾、明目
花葱	中华花葱	*Polemonium coeruleum* var. *chinense* Brand	花葱科	全草	祛痰、止咳、降脂
狼紫草	狼紫草	*Anchusa ovata* Lehmann	紫草科	叶	解毒止痛
狗尿花	倒提壶	*Cynoglossum amabile* Step et Drumm.	紫草科	全草	清热化痰、止血
大赖毛子	大果琉璃草	*C. divaricatum* Steph.	紫草科	根	清热解毒
铁箍散	琉璃草	*C. furcatum* Wallich	紫草科	根皮	清热解毒、活血散瘀
牙痈草	小花琉璃草	*C. lanceolatum* Forsk.	紫草科	全草、根	清热解毒、利尿消肿、活血
鹤虱	鹤虱	*Lappula myosotis* V. Wolf	紫草科	果实	杀虫、清热解毒、健脾和胃
微孔草	微孔草	*Microula sikkimensis* (Clarke) Htemsl.	紫草科	全草	治疗眼疾、痘疹
鸡肠草	附地菜	*Trigonotis peduncularis* (Trev.) Benth.	紫草科	全草	温中健胃、消肿止痛、止血
光果莸	光果莸	*Caryopteris tangutica* Maxim.	马鞭草科	全草	调经止血
白苞筋骨草	白苞筋骨草	*Ajuga lupulina* Maxim.	唇形科	全草	清热解毒
雪里青	圆叶筋骨草	*A. ovalifolia* Bur. et Franch	唇形科	全草	清热解毒、祛痰止咳、凉血止血
水棘针	水棘针	*Amethystea caerulea* L.	唇形科	全草	止痢止泻、健胃消食
落地梅花	风轮菜	*Clinopodium chinense* (Benth.) O. Ktze.	唇形科	全草	疏风清热、解毒消肿
白花枝子花	白花枝子花	*Dracocephalum heterophyllum* Benth.	唇形科	全草	治疗高血压、淋巴结核、气管炎
甘青青兰	甘青青兰	*D. tanguticum* Maxim.	唇形科	全草	治胃炎、肝炎、头晕、神疲、关节炎及折疮
香薷	香薷	*Elsholtzia ciliata* (Thunb.) Hyland.	唇形科	干燥地上	发汗解表、化湿和中、利水消肿
双翅草	鸡骨柴	*E. fruticosa* (D. Don) Rehd.	唇形科	枝叶和花序	发表透疹、解毒止痒
鼬瓣花	鼬瓣花	*Galeopsis bifida* Boenn.	唇形科	全草、种子	清热解毒、明目退翳

（续表）

药材名/藏名	植物名	学名	科名	药用部位	功效
活血丹	活血丹	G. longituba (Nakai) Kupr.	唇形科	全草	利湿通淋、消暑解毒
小叶香茶菜	小叶香茶菜	I. parvifolius (Batalin) H. Hara	唇形科	全草	清热利湿、活血散瘀
碎米桠	碎米桠	I. rubescens (Hemsley) H. Hara	唇形科	全草	清热解毒、利湿抗癌
夏至草	夏至草	Lagopsis supina (Steph.) Ik.-Gal. ex Knorr.	唇形科	全草	养血调经
宝盖草	宝盖草	Lamium amplexicaule L.	唇形科	全草	消热利湿、活血祛风
野芝麻	野芝麻	L. barbatum Sieb. et Zucc.	唇形科	全草、花	散瘀、消积调经、利湿
益母草	益母草	Leonurus japonicus Houtt.	唇形科	全草	活血调经、利尿消肿
薄荷	薄荷	Mentha canadensis L.	唇形科	全草	祛风热、清头目、透疹
牛至	牛至	Origanum vulgare L.	唇形科	全草、花	消瘀、消积调经、利湿
串铃草	串铃草	Phlomis mongolica Turcz.	唇形科	全草	祛风除湿、活血止痛
糙苏	糙苏	P. umbrosa Turcz.	唇形科	全草、根	散风、解毒、止咳
螃蟹甲	螃蟹甲	P. younghusbandii Mukerj.	唇形科	块根	治感冒咳嗽、支气管炎
夏枯草	夏枯草	Prunella vulgaris L.	唇形科	花、果穗	清肝明目、散结消肿
甘肃丹参	甘西鼠尾草	Salvia przewalskii Maxim.	唇形科	根	活血祛瘀药、安神药
黄芩	黄芩	Scutellaria baicalensis Georgi	唇形科	根	清热燥湿、凉血安胎、解毒功效
地椒	百里香	Thymus mongolicus Ronn.	唇形科	根	通气消痛
山莨菪	山莨菪	Anisodus tanguticus (Maxim.) Pascher.	茄科	根	镇痛
洋金花	曼陀罗	Datura stramonium L.	茄科	花、叶、种子	麻醉、镇痛、止咳、平喘
天仙子	天仙子	Hyoscyamus niger L.	茄科	种子	解痉、止痛、安神
青杞	青杞	Solanum septemlobum Bge.	茄科	全草	清热解毒
小米草	小米草	Euphrasia pectinata Ten.	玄参科	全草	去眼袋、消疲劳

（续表）

药材名/藏名	植物名	学名	科名	药用部位	功效
短腺小米草	短腺小米草	E. regelii Wettst.	玄参科	全草	清热、除烦、利尿
短穗兔耳草	短穗兔耳草	Lagotis brachystachya Maxim.	玄参科	全草	清肺止咳、降压调经
巴雅巴	肉果草	Lancea tibetica Hook. f. et Thoms.	玄参科	全草	愈合脉管、涩脉止血、生脂、消散
汤湿草	通泉草	Mazus pumilus (N. L. Burman) Steenis	玄参科	全草	止痛、健胃、解毒消肿
马先蒿	碎米蕨叶马先蒿	Pedicularis cheilanthifolia Schrenk	玄参科	根、花序	强心安神、利尿消肿
马先蒿	马先蒿	P. ikomai Sasaki	玄参科	根	祛风湿药、利小便药
玄参	细穗玄参	Scrofella chinensis Maxim.	玄参科	根	凉血滋阴、泄水解读
水苦荬	北水苦荬	Veronica anagallis-aquatica L.	玄参科	全草	清热利湿、止血化瘀
婆婆纳	婆婆纳	V. polita Fries	玄参科	全草	治氙气、腰疼、白带
密生波罗花	密生波罗花	Incarvillea compacta Maxim.	紫葳科	花、种子、根	清热燥湿、祛风止痛、健胃
萝蒿	角蒿	I. sinensis Lam.	紫葳科	全草	祛风湿、解毒、杀虫
莫夺比	丁座草	Boschniakia himalaica Hook. f. et Thoms.	列当科	全草	风湿关节疼痛、月经不调
列当	列当	Orobanche coerulescens Steph.	列当科	根	补肾、强筋
车前草	车前	Plantago asiatica L.	车前科	全草	利尿、清热、明目、祛痰
车前	平车前	P. depressa Willd.	车前科	全株	利尿、清热、明目、祛痰
车前	大车前	P. major L.	车前科	全草、种子	清热利尿、渗湿通淋、明目、祛痰
拉拉藤	拉拉藤	Galium aparine L. var. echinospermum (Wallr.) Cuf.	茜草科	全草	清热解毒、消肿止痛、利尿、散瘀
猪殃殃	猪殃殃	G. aparine L. var. tenerum (Gren.et Godr) Rchb.	茜草科	全草	清热解毒、消肿止痛、利尿
散血丹	硬毛四叶葎	G. bungei Steud. var. hispidum (Kitagawa) Cuf.	茜草科	全草	清热解毒、利尿、消肿
三叶草	车轴草	G. odoratum (L.) Scop.	茜草科	全草	止咳、止喘、镇痉

（续表）

药材名藏名	植物名	学名	科名	药用部位	功效
蓬子菜	蓬子菜	G. verum L.	茜草科	全草	清热解毒、行血、止痒、利湿
茜草	茜草	Rubia cordifolia L.	茜草科	根、茎	凉血止血、化瘀
金银花	忍冬	Lonicera japonica Thumb.	忍冬科	花蕾	清热解毒、抗炎、补虚疗风
大金银花	苦糖果	L. fragrantissima Lindl. et Paxt. subsp. standishii (Carr.) Hsu et H. J. Wang	忍冬科	枝叶	祛风除湿、清热止痛
血满草	血满草	Sambucus adnata Wall. ex DC.	忍冬科	全草、根	祛风利水、散瘀通络
接骨草	接骨草	S. javanica Blume	忍冬科	全草	跌打损伤
接骨木	接骨木	S. williamsii Hance	忍冬科	茎皮、根皮	舒筋活血、生肌张骨
天王七	莛子藨	Triosteum pinnatifidum Maxim.	忍冬科	根	祛风湿、调经活血
桦叶荚蒾	桦叶荚蒾	Viburnum betulifolium Batal.	忍冬科	茎叶	治小儿疳积
鸡树条紫	鸡树条	V. opulus L. var. calvescens (Rehd.) Hara	忍冬科	嫩枝、叶、果实	祛风通络、活血消肿
墓回头	异叶败酱	Patrinia heterophylla Bunge.	败酱科	根	妇女崩中、赤白带下
岩败酱	岩败酱	P. rupestris (Pall.) Juss	败酱科	全草	清热解毒、祛瘀排脓
缬草	缬草	Valeriana officinalis L.	败酱科	根茎、根	安神、调经、强筋骨
川续断	川续断	Dipsacus asperoides C. Y. Chang et T. M. Ai	川续断科	根	行血消肿、生肌止痛、续筋接骨、强腰膝、安胎
续断	续断	D. japonicus Miq.	川续断科	根	补肝肾、续胫骨
刺参	红花刺参	Morina betonicoides Benth	川续断科	全草	催吐外用治化脓性创伤
赤爬	赤爬	Thladiantha dubia Bunge	葫芦科	果实、块根	理气、活血止痛
沙参	沙参	Adenophora stricta Miq.	桔梗科	根	清热养阴、润肺止咳
钻裂风铃草	钻裂风铃草	Campanula aristata Wall.	桔梗科	全草	清热解毒、止痛
党参	党参	C. pilosula (Franch.) Nannf.	桔梗科	根	补中益气、健脾益肺

（续表）

药材名藏名	植物名	学名	科名	药用部位	功效
一支蒿	云南蓍	*Achillea wilsoniana* Heim. ex Hand.-Mazz.	菊科	全草	清热解毒、活血消肿
多花亚菊	多花亚菊	*Ajania myriantha* (Franch.) Ling ex Shih	菊科	花序	清肺、止咳化痰
柳叶亚菊	柳叶亚菊	*A. salicifolia* (Mattf.) Poljak.	菊科	全草	清肺止咳
坎巴嘎保	细叶亚菊	*A. tenuifolia* (Jacq.) Tzvel.	菊科	茎枝	治痈疔、肾病、肺病
淡黄香青	淡黄香青	*A. flavescens* Hand.-Mazz.	菊科	全草	清热燥湿、用于疮癣
大孖香艾	乳白香青	*A. lactea* Maxim.	菊科	全草	活血散瘀、平肝潜阳、祛痰外用止血
扎瓦	尼泊尔香青	*A. nepalensis* (Spreng.) Hand.-Mazz.	菊科	全株	清热平肝、止咳定喘
牛蒡子	牛蒡	*Arctium lappa* L.	菊科	果实	疏散风热、解毒利咽
青蒿	黄花蒿	*Artemisia annua* L.	菊科	全草	清热解暑、除蒸解虐
牛尾蒿	无毛牛尾蒿	*A. dubia* Wall. ex Bess var. *subdigitata* (Mattf.) Y. R. Ling	菊科	全株	平喘祛痰、凉血、杀虫
白莲蒿	白莲蒿	*A. gmelinii* Web. ex Stechm.	菊科	全草	清热、解毒、祛风、利湿
臭蒿	臭蒿	*A. hedinii* Ostenf.	菊科	全草	清热、解毒、凉血、消炎、除湿
野艾蒿	野艾蒿	*A. lavandulaefolia* DC.	菊科	全草	清热、解毒、止血、消炎
蒙古蒿	蒙古蒿	*A. mongolica* (Fisch. ex Bess) Nakai	菊科	全草	清热、解毒、止血、消炎
灰苞蒿	灰苞蒿	*A. roxburghiana* Bess.	菊科	全草	温经、散寒、止血
坎加	球花蒿	*A. smithii* Mattf.	菊科	全草	消肿解毒、杀虫
毛莲蒿	毛莲蒿	*A. vestita* Wall. ex Bess.	菊科	全草	清热、消炎、祛风、利湿
石灰条	小苦紫菀	*Aster albescens* (DC.) Hand.-Mazz.	菊科	全草	解毒消肿、杀虫、止咳
路旁菊	圆齿狗哇花	*A. crenatifolius* Hand.-Mazz.	菊科	全草	解毒消炎、止咳
清苑	紫菀	*A. tataricus* L. f.	菊科	全草	治风寒咳嗽气喘、虚劳咳吐脓血
江才尔	丝毛飞廉	*Carduus crispus* L.	菊科	全草	散瘀止血、清热利湿
挖耳子草	高原天名精	*Carpesium lipskyi* Winkl.	菊科	全草	清热解毒、祛痰、截疟

（续表）

药材名/藏名	植物名	学名	科名	药用部位	功效
散血草	小花金挖耳	*C. minus* Hemsl.	菊科	全草	解毒消肿、清热凉血
小蓟	刺儿菜	*C. arvense* (L.) Scop. var. *integrifolium* Wimmer et Grabowski	菊科	全草、根	凉血止血、祛瘀消肿
牛口刺	牛口刺	*C. shansiense* Petrak	菊科	根	凉血消肿、行瘀消肿
葵花大蓟	葵花大蓟	*C. souliei* (Franch.) Mattf.	菊科	全草	凉血止血、散瘀消肿
育尖色鲁	条叶垂头菊	*Cremanthodium lineare* Maxim.	菊科	全草	清热消肿、健胃止吐
苦碟子	尖裂假还阳参	*C. sonchifolium* (Maxim.) Pak et Kawano	菊科	全草	清热、消肿
甘菊	甘菊	*Dendranthema lavandulifolium* (Fisch. ex Trautv.) Ling et Shih	菊科	全草	清热祛湿
阿尔泰多榔菊	阿尔泰多榔菊	*Doronicum altaicum* Pall.	菊科	全草	祛痰止咳、宽胸利气
野蒿	一年蓬	*Erigeron annus* (L.) Pers.	菊科	全草	消食止泻、清热解毒、截疟
小蓬草	小蓬草	*E. canadensis* L.	菊科	全草	消炎止血、祛风湿
白酒草	白酒草	*Eschenbachia japonica* (Thunb.) J. Koster	菊科	根、全草	消肿镇痛、祛风化痰
牛膝菊	牛膝菊	*Galinsoga parviflora* Cavanilles	菊科	全草	止血、消炎
苦荬菜	苦荬菜	*Ixeris polycephala* Cass.	菊科	全草	清热解毒、凉血、消痈排脓、祛瘀止痛
缢苞麻花头	缢苞麻花头	*Klasea centauroides* (L.) Cassini ex Kitagawa subsp. *strangulata* (Iljin) L. Martins	菊科	根	清热解毒
大丁草	大丁草	*Leibnitzia anandria* (L.) Nakai	菊科	全草	清热利湿、解毒消肿
老头草	火绒草	*L. leontopodioides* (Willd.) Beauv.	菊科	全草	治疗蛋白尿及血尿
两色帚菊	两色帚菊	*Pertya discolor* Rehd.	菊科	花序	止咳平喘
毛裂蜂斗菜	毛裂蜂斗菜	*Petasites tricholobus* Franch.	菊科	全草	止咳化痰
毛莲菜	毛莲菜	*Picris hieracioides* L.	菊科	全草	利尿、消肿、解毒、镇痛、凉血、祛痰
鼠麹草	鼠麹草	*Pseudognaphalium affine* (D. Don) Anderberg	菊科	茎叶	镇咳、祛痰、治气喘和支气管炎

（续表）

药材名/藏名	植物名	学名	科名	药用部位	功效
沙生风毛菊	沙生风毛菊	*Saussurea arenaria* Maxim.	菊科	叶	清热解毒、凉血止血
柳叶菜风毛菊	柳叶菜风毛菊	*S. epilobioides* Maxim.	菊科	全草	镇痛、止血、解毒、愈疮
匝亦把漠卡	禾叶风毛菊	*S. graminea* Dunn	菊科	全草	清热凉血、疏肝行气、清利湿热
莪吉秀	长毛风毛菊	*S. hieracioides* Hook. f.	菊科	根、茎	泻水逐饮
风毛菊	风毛菊	*S. japonica* (Thunb.) DC.	菊科	全草	治牙龈炎、祛风活血、散瘀止痛、风湿痹痛、跌打损伤、麻疹、感冒头痛、腰腿痛
水母雪莲	水母雪莲	*S. medusa* Maxim.	菊科	全草	主治风湿性关节炎、月经不调
漏子多保	钝苞雪莲	*S. nigrescens* Maxim.	菊科	全草	治流行性感冒、咽肿痛、麻疹、食物中毒
星状风毛菊	星状风毛菊	*S. stella* Maxim.	菊科	全草	除湿通络
额河千里光	额河千里光	*Senecio argunensis* Turcz.	菊科	全草	清热解毒
羽叶千里光	羽叶千里光	*S. scandens* var. *incisus* Fr.	菊科	全草	治脉瘟、疮痈肿毒、肠刺痛、外伤、骨折
蒲儿根	蒲儿根	*S. oldhamianum* (Maxim.) B. Nord.	菊科	全草	清热解毒、治痈疖肿毒
苣荬菜	苣荬菜	*Sonchus arvensis* L.	菊科	全草	清热解毒、利湿排脓、凉血止血
败酱草	苦苣菜	*S. oleraceus* L.	菊科	全草	清热解毒、凉血止血
空桶参	空桶参	*Soroseris erysimoides* (*Hand.-Mazz.*) *Shih*	菊科	全草	治跌打损伤、咽喉肿痛
蒲公英	蒲公英	*Taraxacum mongolicum* Hand.-Mazz.	菊科	全草	清热解毒、利尿
款冬花	款冬	*Tussilago farfara* L.	菊科	花蕾	润肺下气、止咳化痰
切才尔	苍耳	*Xanthium sibiricum* Patrin ex Widder	菊科	全草、果实	温病时疫、脏腑之热症
黄狗头	异叶黄鹌菜	*Youngia heterophylla* (Hemsl.) Babcock et Stebbins	菊科	全草	清热解毒、消肿止痛
篦齿眼子菜	篦齿眼子菜	*Stuckenia pectinata* (L.) Börner	眼子菜科	全草	清热解毒；治肺炎、疮疖

（续表）

药材名/藏名	植物名	学名	科名	药用部位	功效
海韭菜	海韭菜	*Triglochin maritimum* L.	水麦冬科	全草、果实	清热养阴、生津止渴
水麦冬	水麦冬	*T. palustre* L.	水麦冬科	全草	消炎、止泻
醉马草	醉马草	*Achnatherum inebrians* (Hance) Keng ex Tzrelev	禾本科	全草	麻醉、镇静、止痛
看麦娘	看麦娘	*Alopecurus aequalis* Sobol.	禾本科	全草	利湿消肿、解毒
燕麦	野燕麦	*Avena fatua* L.	禾本科	秆、叶	补虚损
菵草	菵草	*Beckmannia syzigachne* (Steud.) Fern.	禾本科	种子	清热、利胃肠、益气
虎尾草	虎尾草	*Chloris virgata* Swartz.	禾本科	全草	祛风除湿、解毒杀虫
黑穗画眉草	黑穗画眉草	*Eragrostis nigra* Nees	禾本科	全草	清热、止咳、镇痛
白草	白草	*Pennisetum centrasiaticum* Tzvel.	禾本科	全草	清热利尿、凉血止血
狗尾草	狗尾草	*Setaria viridis* (L.) Beauv.	禾本科	全草	治痈瘀、面癣
天南星	一把伞南星	*Arisaema erubescens* (Wall.) Schott	天南星科	块茎	燥湿化痰、祛风止痉、散结消肿
鸭跖草	鸭跖草	*Commelina communis* L.	鸭跖草科	全草	清热解毒、利水消肿
野灯心草	小灯心草	*Juncus bufonius* L.	灯心草科	全草	清热、利尿、止血
三头灯心草	栗花灯心草	*J. castaneus* Smith	灯心草科	全草	清热、利尿
野葱	野葱	*Allium chrysanthum* Regel	百合科	全株	发汗、散寒、消肿、健胃
野蒜	小根蒜	*A. macrostemon* Bge	百合科	全株	温补、预防贫血及解毒
高山韭	高山韭	*A. sikkmense* Baker	百合科	鳞茎	补脾胃、补肾、消炎、清热
茖葱	茖韭	*A. victorialis* L.	百合科	鳞茎	通阳散结、行气导滞
聂象	羊齿天门冬	*Asparagus filicinus* Ham. ex D. Don	百合科	块根	清热润肺、养阴润燥、止咳、杀虫、止痛消肿
扁秆荆三棱	扁秆荆三棱	*Bolboschoenus planiculmis* (F. Schmidt) T. V. Egorova	莎草科	全草	止咳化痰、活血化瘀

（续表）

药材名藏名	植物名	学名	科名	药用部位	功效
甘肃天门冬	甘肃天门冬	Asparagus kansuensis Wang et Tang	莎草科	块根	虚劳咳嗽、肺热燥咳、阴虚口渴、消渴、便秘
七筋菇	七筋菇	Clintonia udensis Trautv. et Mey.	莎草科	根	有小毒、散瘀止痛
甘肃贝母	甘肃贝母	Fritillaria przewalskii Maxim. ex A. Batalin	莎草科	鳞茎	清热润肺、止咳化痰
暗紫贝母	暗紫贝母	F. unibracteata Hsiao et K. C. Hsia	莎草科	鳞茎	清热润肺、化痰止咳、散结消肿
宝兴百合	宝兴百合	Lilium duchartrei Franch.	莎草科	鳞茎	润肺止咳、清热安神
细叶百合	细叶百合	L. pumilum DC.	莎草科	鳞茎	解毒消肿、活血祛瘀
西藏洼瓣花	西藏洼瓣花	Lloydia tibetica Baker ex Oliver	莎草科	鳞茎	祛痰止咳、外用治痈肿疮毒、外伤出血
北重楼	北重楼	Paris verticillata M.-Bieb.	莎草科	根	治疗咽喉肿痛、毒蛇咬伤
老虎姜	卷叶黄精	Polygonatum cirrhifolium (Wall.) Royle	莎草科	根状茎	补中益气、补精髓、滋润心肺、生津养胃
黄精	黄精	P. sibiricum Red.	莎草科	根状茎	补脾、润肺生津
老虎姜	轮叶黄精	P. verticillatum (L.) All.	莎草科	根状茎	滋润心肺、生津养胃、补精髓
牛尾菜	牛尾菜	Smilax riparia A. DC.	莎草科	根状茎	祛痰、止咳、通络止痛、活血化瘀
藜芦	藜芦	Veratrum nigrum L.	莎草科	根、根茎	催吐、祛痰、杀虫
穿龙山	穿龙薯蓣	Dioscorea nipponica Makino	薯蓣科	根状茎	活血舒精、祛风除湿
高原鸢尾	卷鞘鸢尾	Iris potaninii Maxim.	鸢尾科	种子	退热、解毒、驱虫
准噶尔鸢尾	准噶尔鸢尾	I. songarica Schrenk	鸢尾科	根、种子	消肿止痛
细叶鸢尾	细叶鸢尾	Iris tenuifolia Pall.	鸢尾科	根、种子	安胎养血
毛瓣杓兰	毛瓣杓兰	Cypripedium fargesii Franch.	兰科	根、根状茎	补肝肾、明目、利尿、解毒、活血
蝉棱七	毛杓兰	C. franchetii E. H. Wilson	兰科	根、根状茎	理气、活血、消肿、止咳、止痛

（续表）

药材名藏名	植物名	学名	科名	药用部位	功效
手掌参	手参	*Gymnadenia conopsea* (L.) R. Br.	兰科	块茎	补血益气、生津止泻
手掌参	西南手参	*G. orchidis* Lindl.	兰科	块茎	滋养、生津、止血
西介拉巴	粉叶玉凤花	*Habenaria glaucifolia* Bur. et Franch.	兰科	块茎	治阳痿
角盘兰	角盘兰	*Herminium monorchis* (L.) R. Br.	兰科	全草	滋阴补肾、健脾胃、调经
百步还阳丹	二叶兜被兰	*Neottianthe cucullata* (L.) Schltr.	兰科	全草	醒脑回阳、活血散瘀、接骨生肌
广布小红门兰	广布小红门兰	*Ponerorchis chusua* (D. Don) Soó	兰科	块茎	清热解毒、补肾益气、安神
绶草	绶草	*Spiranthes sinensis* (Pers.) Ames	兰科	全草	滋阴益气、凉血解毒、润肺止咳、消炎解毒

附表3　甘肃多儿国家级自然保护区珍稀濒危野生动物名录

中文名	学名	中国特有种	国家重点保护野生动物	中国脊椎动物红色名录等级	IUCN濒危等级	CITES附录等级	三有动物	省级保护动物
脊索动物门 CHORDATA								
哺乳纲 MAMMALIA								
劳亚食虫目	EULIPOTYPHLA							
猬科	Erinaceidae							
东北刺猬	*Erinaceus amurensis*			LC	LC		√	
鼹科	Talpidae							
麝鼹	*Scaptochirus moschatus*	√		NT	LC		√	
鼩鼱科	Soricidae							
中鼩鼱	*Sorex caecutiens*			NT	LC			
陕西鼩鼱	*Sorex sinalis*	√		NT	DD			
喜马拉雅水麝鼩	*Chimarrogale himalayica*			VU	LC			
翼手目	CHIROPTERA							
菊头蝠科	Rhinolophidae							
马铁菊头蝠	*Rhinolophus ferrumequinum*			LC	LC			
蝙蝠科	Vespertilionidae							
普通伏翼	*Pipistrellus pipistrellus*			LC	LC			
北棕蝠	*Eptesicus nilssoni*			LC	LC			
双色蝙蝠	*Vespertilio murinus*			LC	LC			
灵长目	PRIMATES							
猴科	Cercopithecidae							
猕猴	*Macaca mulatta*		二级	LC	LC	II		
食肉目	CARNIVORA							
犬科	Canidae							
狼	*Canis lupus*		二级	NT	LC	II	√	
赤狐	*Vulpes vulpes*		二级	NT	LC		√	
豺	*Cuon alpinus*		一级	EN	EN	II		
熊科	Ursidae							
棕熊	*Ursus arctos*		二级	VU	LC	I	√	

中文名	学名	中国特有种	国家重点保护野生动物	中国脊椎动物红色名录等级	IUCN濒危等级	CITES附录等级	三有动物	省级保护动物
黑熊	*Ursus thibetanus*		二级	VU	VU	I		
大熊猫科	Ailuropodidae							
大熊猫	*Ailuropoda melanoleuca*	√	一级	VU	VU	I		
鼬科	Mustelidae							
黄喉貂	*Martes flavigula*		二级	NT	LC	III		
石貂	*Martes foina*		二级	EN	LC			
香鼬	*Mustela altaica*			NT	NT		√	
黄鼬	*Mustela sibirica*			LC	LC	III	√	
猪獾	*Arctonyx collaris*			NT	NT		√	
水獭	*Lutra lutra*		二级	EN	NT	I		
灵猫科	Viverridae							
花面狸	*Paguma larvata*			NT	LC		√	√
猫科	Felidae							
荒漠猫	*Felis bieti*	√	一级	CR	VU	II		
猞猁	*Lynx lynx*		二级	EN	LC	II		
金猫	*Felis temmincki*		一级	CR	NT	I		
豹猫	*Prionailurus bengalensis*		二级	VU	LC	II	√	√
豹	*Panthera pardus*		一级	N	NT	I		
雪豹	*Panthera uncia*		一级	EN	EN	I		
鲸偶蹄目	CETARTIODACTYLA							
猪科	Suidae							
野猪	*Sus scrofa*			LC	LC		√	
麝科	Moschidae							
林麝	*Moschus berezovskii*		一级	CR	EN	II		
马麝	*Moschus chrysogaster*		一级	CR	EN	II		
鹿科	Cervidae							
毛冠鹿	*Elaphodus cephalophus*		二级	VU	VU		√	√
四川梅花鹿	*Cervus Nippon*	√	一级	CR	LC			
四川马鹿	*Cervus macneilli*	√	二级	CR	LC			
狍	*Capreolus pygargus*			NT	LC		√	√
牛科	Bovidae							

（续表）

中文名	学名	中国特有种	国家重点保护野生动物	中国脊椎动物红色名录等级	IUCN濒危等级	CITES附录等级	三有动物	省级保护动物
四川羚牛	*Budorcas tibetanus*	√	一级	VU	VU	II		
中华鬣羚	*Capricornis milneedwardsii*		二级	VU	NT	I		
中华斑羚	*Naemorhedus griseus*		二级	VU	VU	I		
岩羊	*Pseudois nayaur*		二级	LC	LC			
西藏盘羊	*Ovis hodgsoni*	√	一级	NT	NT	I		
啮齿目	RODENTIA							
松鼠科	Sciuridae							
岩松鼠	*Sciurotamias davidianus*	√		LC	LC		√	
花鼠	*Eutamias sibiricus*			LC	LC		√	
隐纹花松鼠	*Tamiops swinhoei*			LC	LC		√	
喜马拉雅旱獭	*Marmota himalayana*			LC	LC		√	
沟牙鼯鼠	*Aeretes melanopterus*	√		NT	NT		√	
红白鼯鼠	*Petaurista alborufus*	√		LC	LC		√	
复齿鼯鼠	*Trogopterus xanthipes*	√		VU	NT		√	
仓鼠科	Cricetidae							
高原松田鼠	*Neodon irene*			LC	LC			
根田鼠	*Alexandromys oeconomus*	√		LC	LC			
中华鼢鼠	*Eospalax fontanierii*	√		LC	LC			
鼠科	Muridae							
巢鼠	*Micromys minutus*			LC	LC			
小林姬鼠	*Apodemus syluaticus*			LC	LC			
大林姬鼠	*Apodemus peninsulae*			LC	LC			
中华姬鼠	*Apodemus draco*			LC	LC			
黄胸鼠	*Rattus tanezumi*			LC	LC			
褐家鼠	*Rattus norvegicus*			LC	LC			
社鼠	*Niviventer niviventer*			LC	LC		√	
针毛鼠	*Niviventer fulvescens*			LC	LC			
白腹巨鼠	*Leopoldamys edwardsi*			LC	LC			
小家鼠	*Mus musculus*			LC	LC			
竹鼠科	Rhizomyidae							

（续表）

中文名	学名	中国 特有种	国家重点保 护野生动物	中国脊椎动物 红色名录等级	IUCN 濒危等级	CITES 附录等级	三有 动物	省级保 护动物
中华竹鼠	*Rhizomys sinensis*			LC	LC		√	
跳鼠科	Dipodidae							
林跳鼠	*Eozapus setchuanus*	√		LC	LC			
豪猪科	Hystricidae							
豪猪	*Hystrix hodgsoni*			LC			√	
兔形目	LAGOMORPHA							
鼠兔科	Ochotonidae							
黑唇鼠兔	*Ochotona curzoniae*			LC	LC			
藏鼠兔	*Ochotona thibetana*			LC	LC			
间颅鼠兔	*Ochotona cansus*	√		LC	LC			
兔科	Leporidae							
灰尾兔	*Lepus oiostolus*			LC	LC		√	
鸟纲 AVES								
鸡形目	GALLIFORMES							
雉科	Phasianidae							
斑尾榛鸡	*Tetrastes sewerzowi*	√	一级	NT	NT			
雪鹑	*Lerwa lerwa*			NT	LC		√	√
红喉雉鹑	*Tetraophasis obscurus*	√	一级	VU	LC	I		
藏雪鸡	*Tetraogallus tibetanus*		二级	NT	LC	I		
血雉	*Ithaginis cruentus*		二级	NT	LC	II		
红腹角雉	*Tragopan temminckii*		二级	NT	LC			
勺鸡	*Pucrasia macrolopha*		二级	LC	LC			
绿尾虹雉	*Lophophorus lhuysii*	√	一级	EN	VU	I		
蓝马鸡	*Crossoptilon auritum*	√	二级	NT	NT			
雉鸡	*Phasianus colchicus*			LC	LC		√	
红腹锦鸡	*Chrysolophus pictus*	√	二级	NT	LC			
雁形目	ANSERIFORMES							
鸭科	Anatidae							
赤麻鸭	*Tadorna ferruginea*			LC	LC		√	
赤膀鸭	*Anas strepera*			LC	LC		√	
赤颈鸭	*Anas penelope*			LC	LC		√	

中文名	学名	中国特有种	国家重点保护野生动物	中国脊椎动物红色名录等级	IUCN濒危等级	CITES附录等级	三有动物	省级保护动物
斑嘴鸭	*Anas poecilorhyncha*			LC	LC		√	
凤头潜鸭	*Aythya fuligula*			LC	LC		√	
鸽形目	COLUMBIFORMES							
鸠鸽科	Columbidae							
岩鸽	*Columba rupestris*			LC	LC		√	
雪鸽	*Columba leuconota*			LC	LC		√	√
斑林鸽	*Columba hodgsonii*			LC	LC		√	
山斑鸠	*Streptopelia orientalis*			LC	LC		√	
灰斑鸠	*Streptopelia decaocto*			LC	LC		√	
珠颈斑鸠	*Streptopelia chinensis*			LC	LC		√	
夜鹰目	CAPRIMULGIFORMES							
雨燕科	Apodidae							
白腰雨燕	*Apus pacificus*			LC	LC		√	
鹃形目	CUCULIFORMES							
杜鹃科	Cuculidae							
噪鹃	*Eudynamys scolopacea*			LC	LC		√	
大杜鹃	*Cuculus canorus*			LC	LC		√	
鹤形目	GRUIFORMES							
秧鸡科	Rallidae							
黑水鸡	*Gallinula chloropus*			LC	LC		√	
鹤科	Gruidae							
灰鹤	*Grus grus*		二级	NT	LC	II		
鸻形目	CHARADRIIFORMES							
鸻科	Charadriidae							
凤头麦鸡	*Vanellus vanellus*			LC	NT		√	
金眶鸻	*Charadrius dubius*			LC	LC		√	
鹬科	Scolopacidae							
丘鹬	*Scolopax rusticola*			LC	LC		√	
孤沙锥	*Gallinago solitaria*			LC	LC		√	
红脚鹬	*Tringa totanus*			LC	LC		√	
林鹬	*Tringa glareola*			LC	LC		√	

（续表）

中文名	学名	中国 特有种	国家重点保 护野生动物	中国脊椎动物 红色名录等级	IUCN 濒危等级	CITES 附录等级	三有 动物	省级保 护动物
青脚滨鹬	*Calidris temminckii*			LC	LC		√	
鹈形目	PELECANIFORMES							
鹭科	Ardeidae							
池鹭	*Ardeola bacchus*			LC	LC		√	
牛背鹭	*Bubulcus ibis*			LC	LC		√	
白鹭	*Egretta garzetta*			LC	LC		√	√
鹰形目	ACCIPITRIFORMES							
鹰科	Accipitridae							
黑鸢	*Milvus migrans*		二级	LC	LC	II		
胡兀鹫	*Gypaetus barbatus*		一级	NT	NT	II	√	
高山兀鹫	*Gyps himalayensis*		二级	NT	NT	II		
秃鹫	*Aegypius monachus*		一级	NT	NT	II	√	
松雀鹰	*Accipiter virgatus*		二级	LC	LC	II		
雀鹰	*Accipiter nisus*		二级	LC	LC	II	√	
苍鹰	*Accipiter gentilis*		二级	NT	LC	II	√	
金雕	*Aquila chrysaetos*		一级	VU	LC	II		
草原雕	*Aquila nipalensis*		一级	VU	EN	II	√	
大鵟	*Buteo hemilasius*		二级	VU	LC	II	√	
鸮形目	STRIGIFORMES							
鸱鸮科	Striqidae							
雕鸮	*Bubo bubo*		二级	NT	LC	II		
纵纹腹小鸮	*Athene noctua*		二级	LC	LC	II		
短耳鸮	*Asio flammeus*		二级	NT	LC	II	√	
犀鸟目	BUCEROTIFORMES							
戴胜科	Upupidae							
戴胜	*Upupa epops*			LC	LC		√	
啄木鸟目	PICIFORMES							
啄木鸟科	Picidae							
灰头绿啄木鸟	*Picus canus*			LC	LC		√	
大斑啄木鸟	*Dendrocopos major*			LC	LC		√	

（续表）

中文名	学名	中国特有种	国家重点保护野生动物	中国脊椎动物红色名录等级	IUCN濒危等级	CITES附录等级	三有动物	省级保护动物
隼形目	FALCONIFORMES							
隼科	Falconidae							
猎隼	*Falco cherrug*		一级	EN	EN	II		
游隼	*Falco peregrinus*		二级	NT	LC	I		
红隼	*Falco tinnunculus*		二级	LC	LC	II		
雀形目	PASSERIFORMES							
山椒鸟科	Campephagidae							
暗灰鹃鵙	*Coracina melaschistos*			LC	LC		√	
灰喉山椒鸟	*Pericrocotus solaris*			LC	LC		√	
长尾山椒鸟	*Pericrocotus ethologus*			LC	LC		√	
伯劳科	Laniidae							
红尾伯劳	*Lanius cristatus*			LC	LC		√	
棕背伯劳	*Lanius schach*			LC	LC		√	
灰背伯劳	*Lanius tephronotus*			LC	LC		√	
鸦科	Corvidae							
黑头噪鸦	*Perisoreus internigrans*	√	一级	VU	VU		√	
松鸦	*Garrulus glandarius*			LC	LC			
灰喜鹊	*Cyanopica cyanus*			LC	LC		√	
红嘴蓝鹊	*Urocissa erythrorhyncha*			LC	LC		√	
喜鹊	*Pica pica*			LC	LC		√	
星鸦	*Nucifraga caryocatactes*			LC	LUC			
红嘴山鸦	*Pyrrhocorax pyrrhocorax*			LC	LC			
黄嘴山鸦	*Pyrrhocorax graculus*			LC	LC			
秃鼻乌鸦	*Corvus frugilegus*			LC	LC		√	
小嘴乌鸦	*Corvus corone*			LC	LC			
大嘴乌鸦	*Corvus macrorhynchos*			LC	LC			
渡鸦	*Corvus corax*			LC	LC		√	√
山雀科	Paridae							
黑冠山雀	*Parus rubidiventris*			LC	LC		√	
煤山雀	*Parus ater*			LC	LC		√	
黄腹山雀	*Parus venustulus*	√		LC	LC		√	

中文名	学名	中国特有种	国家重点保护野生动物	中国脊椎动物红色名录等级	IUCN濒危等级	CITES附录等级	三有动物	省级保护动物
褐冠山雀	*Parus dichrous*			LC	LC		√	
褐头山雀	*Poecile montanus*			LC	LC		√	
大山雀	*Parus major*			LC	LC		√	
绿背山雀	*Parus monticolus*			LC	LC		√	
百灵科	Alaudidae							
小云雀	*Alauda gulgula*			LC	LC		√	
扇尾莺科	Cisticolidae							
山鹪莺	*Prinia crinigera*			LC	LC			
蝗莺科	Locustellidae							
斑胸短翅莺	*Bradypterus thoracicus*			LC	LC			
棕褐短翅莺	*Bradypterus luteoventris*			LC	LC			
燕科	Hirundinidae							
家燕	*Hirundo rustica*			LC	LC		√	
金腰燕	*Cecropis daurica*			LC	LC		√	
毛脚燕	*Delichon urbicum*			LC	LC			
鹎科	Pycnonotidae							
白头鹎	*Pycnonotus sinensis*			LC	LC		√	
柳莺科	Phylloscopidae							
褐柳莺	*Phylloscopus fuscatus*			LC	LC		√	
黄腹柳莺	*Phylloscopus affinis*			LC	LC		√	
棕眉柳莺	*Phylloscopus armandii*			LC	LC		√	
黄腰柳莺	*Phylloscopus proregulus*			LC	LC		√	
黄眉柳莺	*Phylloscopus inormatus*			LC	LC		√	
极北柳莺	*Phylloscopus borerlis*			LC	LC		√	
暗绿柳莺	*Phylloscopus trochiloides*			LC	LC		√	
冠纹柳莺	*Phylloscopus reguloides*			LC	LC		√	
黄胸柳莺	*Phylloscopus cantator*			LC	LC			
金眶鹟莺	*Seicercus burkii*			LC	LC			
树莺科	Cettiidae							
栗头树莺	*Cettia castaneocoronata*			LC	LC			
长尾山雀科	Aegithalidae							

中文名	学名	中国特有种	国家重点保护野生动物	中国脊椎动物红色名录等级	IUCN濒危等级	CITES附录等级	三有动物	省级保护动物
银喉长尾山雀	*Aegithalos caudatus*			LC	LC		√	
银脸长尾山雀	*Aegithalos fuliginosus*	√		LC	LC		√	
花彩雀莺	*Leptopoecile sophiae*			LC	LC			
凤头雀莺	*Leptopoecile elegans*	√		NT	NT		√	
莺鹛科	Sylviidae							
中华雀鹛	*Alcippe striaticollis*	√	二级	LC	LC			
褐头雀鹛	*Alcippe cinereiceps*			LC	LC			
三趾鸦雀	*Paradoxornis paradoxus*	√	二级	NT	LC		√	
白眶鸦雀	*Paradoxornis conspicllatus*	√	二级	NT	LC		√	
棕头鸦雀	*Paradoxornis webbianus*			LC	LC			
绣眼鸟科	Zosteropidae							
白领凤鹛	*Yuhina diademata*			LC	LC			
灰腹绣眼鸟	*Zosterops palpebrosus*			LC	LC		√	
林鹛科	Timaliidae							
斑胸钩嘴鹛	*Pomatorhinus erythrocnemis*			LC	LC			
棕颈钩嘴鹛	*Pomatorhinus ruficollis*			LC	LC			
噪鹛科	Leiothrichidae							
山噪鹛	*Garrulax davidi*	√		LC	LC		√	
黑额山噪鹛	*Garrulax sukatschewi*	√	一级	LC	IUCN		√	
大噪鹛	*Garrulax maximus*	√	二级	LC	LC		√	
斑背噪鹛	*Garrulax lunulatus*	√	二级	LC	LC		√	
白颊噪鹛	*Garrulax sannio*			LC	LC		√	
橙翅噪鹛	*Garrulax elliotii*	√	二级	LC	LC		√	
旋木雀科	Certhiidae							
欧亚旋木雀	*Certhia familiaris*			LC	LC			
高山旋木雀	*Certhia himalayana*			LC	LC			
䴓科	Sittidae							
普通䴓	*Sitta europaea*			LC	LC			
黑头䴓	*Sitta villosa*			NT	LC			

中文名	学名	中国特有种	国家重点保护野生动物	中国脊椎动物红色名录等级	IUCN濒危等级	CITES附录等级	三有动物	省级保护动物
白脸鸸	*Sitta leucopsis*			NT	LC			
红翅旋壁雀	*Tichodroma muraria*			LC	LC			
鹪鹩科	Troglodytidae							
鹪鹩	*Troglodytes troglodytes*			LC	LC			
河乌科	Cinclidae							
河乌	*Cinclus cinclus*			LC	LC			
褐河乌	*Cinclus pallasii*			LC	LC			
椋鸟科	Sturnidae							
灰椋鸟	*Sturnus cineraceus*			LC	LC		✓	
北椋鸟	*Sturnus sturnina*			LC	LC		✓	
鸫科	Turdidae							
长尾地鸫	*Zoothera dix0ni*			LC	LC			
虎斑地鸫	*Zoothera dauma*			LC	LC		✓	
灰头鸫	*Turdus rubrocanus*			LC	LC			
棕背灰头鸫	*Turdus kessleri*			LC	LC		✓	
白腹鸫	*Turdus pallidus*			LC	LC		✓	
宝兴歌鸫	*Turdus mupinensis*	✓		LC	LC		✓	
鹟科	Muscicapidae							
红胁蓝尾鸲	*Tarsiger cyanurus*			LC	LC		✓	
金色林鸲	*Tarsiger chrysaeus*			LC	LC			
蓝额红尾鸲	*Phoenicurus frontalis*			LC	LC			
白喉红尾鸲	*Phoenicurus schisticeps*			LC	LC			
赭红尾鸲	*Phoenicurus ochruros*			LC	LC			
北红尾鸲	*Phoenicurus auroreus*			LC	LC		✓	
红腹红尾鸲	*Phoenicurus erythrogastrus*			LC	LC			
红尾水鸲	*Phoenicurus fuliginosa*			LC	LC			
白顶溪鸲	*Chaimarrornis leucocephalus*			LC	LC			
蓝大翅鸲	*Grandala coelicolor*			LC	LC			
小燕尾	*Enicurus scouleri*			LC	LC			
黑喉石䳭	*Saxicola torquata*			LC	LC		✓	
蓝矶鸫	*Monticola solitarius*			LC	LC			

中文名	学名	中国特有种	国家重点保护野生动物	中国脊椎动物红色名录等级	IUCN濒危等级	CITES附录等级	三有动物	省级保护动物
栗腹矶鸫	*Monticola rufiventris*			LC	LC			
锈胸蓝姬鹟	*Ficedula hodgscrii*			LC	LC			
红喉姬鹟	*Ficedula albicilla*			LC	LC		√	
灰蓝姬鹟	*Ficedula tricolor*			LC	LC			
戴菊科	Regulidae							
戴菊	*Regulus regulus*			LC	LC		√	
岩鹨科	Prunellidae							
棕胸岩鹨	*Prunella strophiata*			LC	LC			
领岩鹨	*Prunella collaris*			LC	LC			
褐岩鹨	*Prunella fulvescens*			LC	LC			
雀科	Passeridae							
树麻雀	*Passer montanus*			LC	LC		√	
山麻雀	*Passer rutilans*			LC	LC		√	
白斑翅雪雀	*Montifringilla nivalis*			LC	LC			
鹡鸰科	Motacillidae							
黄鹡鸰	*Motacilla flava*			LC	LC		√	
灰鹡鸰	*Motacilla cinerea*			LC	LC		√	
山鹡鸰	*Dendronanthus indicus*			LC	LC		√	
白鹡鸰	*Motacilla alba*			LC	LC		√	
树鹨	*Anthus hodgsoni*			LC	LC		√	
田鹨	*Anthus richardi*			LC	IUCN		√	
林鹨	*Anthus trivialis*			LC	LC		√	
水鹨	*Anthus spinoletta*			LC	LC		√	
燕雀科	Fringillidae							
金翅雀	*Carduelis sinica*			LC	LC		√	
暗胸朱雀	*Carpodacus nipalensis*			LC	LC			
拟大朱雀	*Carpodacus rubicilloides*			NT	LC		√	
酒红朱雀	*Carpodacus vinaceus*			LC	LC		√	
白眉朱雀	*Carpodacus thura*			LC	LC		√	
北朱雀	*Carpodacus roseus*		二级	LC	LC		√	
斑翅朱雀	*Carpodacus trifasciatus*			LC	LC		√	

（续表）

中文名	学名	中国特有种	国家重点保护野生动物	中国脊椎动物红色名录等级	IUCN濒危等级	CITES附录等级	三有动物	省级保护动物
红眉朱雀	*Carpodacus pulcherrimus*			LC	LC		√	
红胸朱雀	*Carpodacus puniceus*			LC	LC		√	
普通朱雀	*Carpodacus erythrinus*			LC	LC		√	
灰头灰雀	*Pyrrhula erythaca*			LC	LC		√	
黄颈拟蜡嘴雀	*Mycerobas affinis*			LC	LC			
白斑翅拟蜡嘴雀	*Mycerobas carnipes*			LC	LC			
鹀科	Emberizidae							
灰头鹀	*Emberiza spodocephala*			LC	LC		√	
三道眉草鹀	*Emberiza cioides*			LC	LC		√	
田鹀	*Emberiza rustica*			LC	LC		√	
戈氏岩鹀	*Emberiza godlewskii*			LC	LC		√	
小鹀	*Emberiza pusilla*			LC	LC		√	
黄喉鹀	*Emberiza elegans*			LC	LC		√	
爬行纲 REPTILIA								
蜥蜴目	LACERTIFORMES							
石龙子科	Scincidae							
康定滑蜥	*Scincella potanini*	√		LC	LC		√	
秦岭滑蜥	*Scincella tsinlingensis*	√		LC	LC		√	
铜蜓蜥	*Lygosoma indicum*			LC	LC		√	
蛇目	SERPENTIFORMES							
蝰科	Viperidae							
高原蝮	*gkistrodon strauchi*	√		NT	NT		√	
菜花原矛头蝮	*Protobothrops jerdonii*			LC	LC		√	
游蛇科	Colubridae							
黄脊游蛇	*Coluber spinalis*			LC	LC		√	
颈槽蛇	*Rhabdophis nuchalis nuchalis*			LC	LC		√	
白条锦蛇	*Elaphe dione*			LC	LC		√	
斜鳞蛇中华亚种	*Pseudoxenodon macrops sinensis*			LC	LC		√	

（续表）

中文名	学名	中国特有种	国家重点保护野生动物	中国脊椎动物红色名录等级	IUCN濒危等级	CITES附录等级	三有动物	省级保护动物
黑眉锦蛇	*Elaphe taeniura*			VU	VU		√	
两栖纲 AMPHIBIA								
有尾目	CAUDATA							
小鲵科	Hynobiidae							
西藏山溪鲵	*Batrachuperus tibetanus*	√	二级	VU	VU		√	√
无尾目	ANURA							
蟾蜍科	Bufonidae							
中华蟾蜍	*Bufo bufogargarizans*			LC	LC		√	
岷山蟾蜍	*Bufo minshanicus*				LC		√	√
花背蟾蜍	*Bufo raddei*			LC	LC		√	
蛙科	Ranidae							
中国林蛙	*Rana chensinensis*	√		LC	LC		√	
硬骨鱼纲 OSTEICHTHYES								
鲤形目	CYPRINIFORMES							
鲤科	Cyprinidae							
嘉陵江裸裂尻鱼	*Schizopygopsis kialingensis*	√		VU	VU			√
重口裂腹鱼	*Schizothorax davidi*	√	二级	EN	EN			√
平鳍鳅科	Homalopteridae							
短身间吸鳅	*Hemimyzon abbreviata*	√		DD	DD			
鳅科	Cobitidae							
粗壮高原鳅	*Triplophysa robusta*	√		LC	LC			
黑体高原鳅	*Triplophysa obscura*	√		DD	DD			
鲶形目	SILURIFORMES							
钝头鮠科	Bagridae							
白缘䰶	*Liobagrus marginatus*	√		VU	VU			

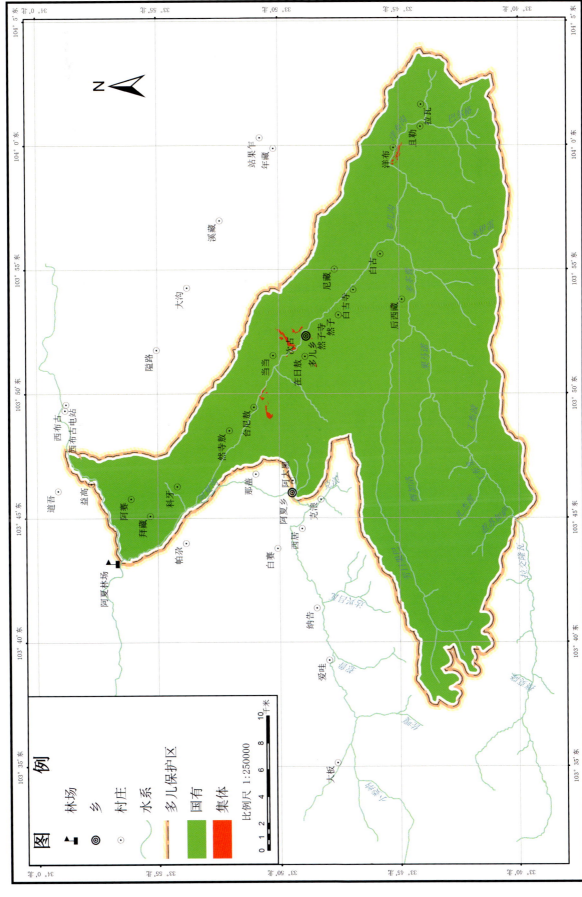

附图1 甘肃多儿国家级自然保护区林权示意图

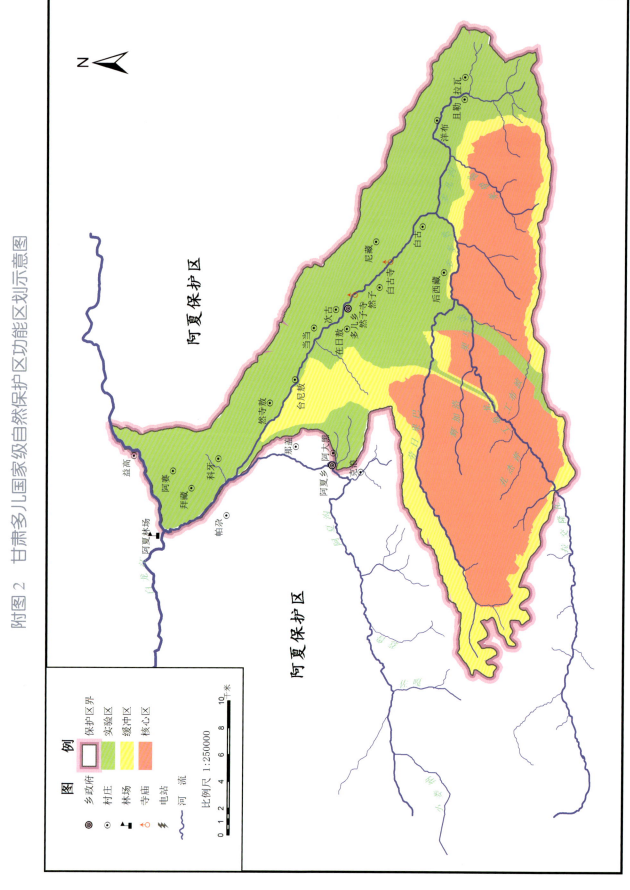

附图2　甘肃多儿国家级自然保护区功能区划示意图

阿夏保护区

阿夏保护区

图　例

图	例	
◎	乡政府	保护区界
⊙	村庄	实验区
▲目	林场	缓冲区
⚑	寺庙	核心区
⚡	电站	
∿	河　流	

比例尺　1:250000

0 1 2　4　6　8　10 千米

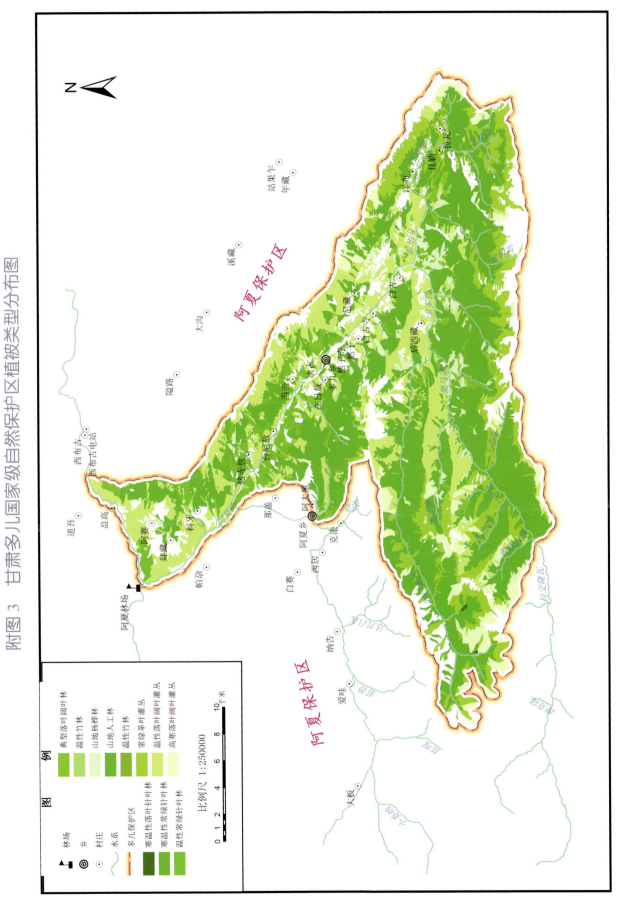

附图3 甘肃多儿国家级自然保护区植被类型分布图

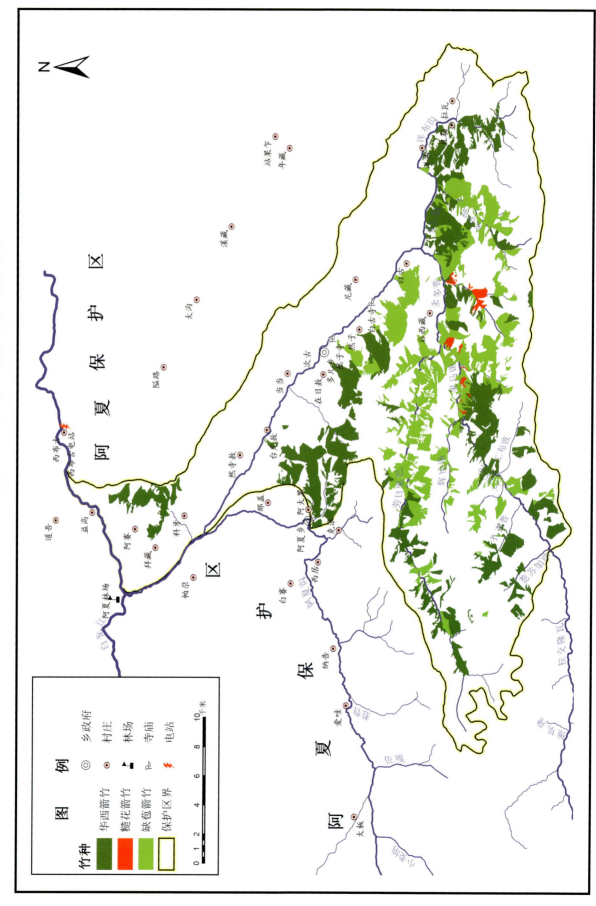

附图 4　甘肃多儿国家级自然保护区大熊猫主食竹分布图

附图 5　甘肃多儿国家级自然保护区重点监测区域分布图

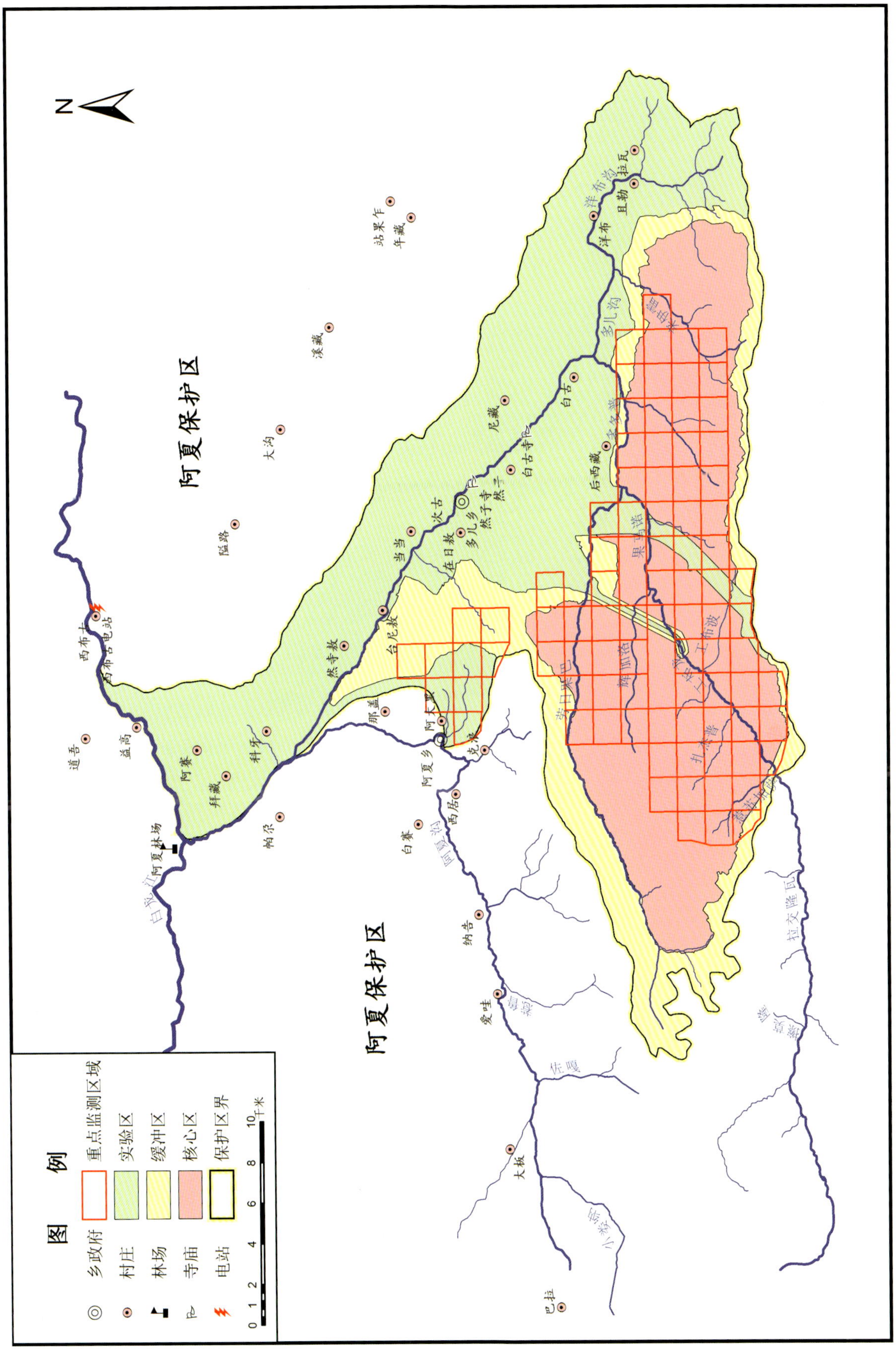

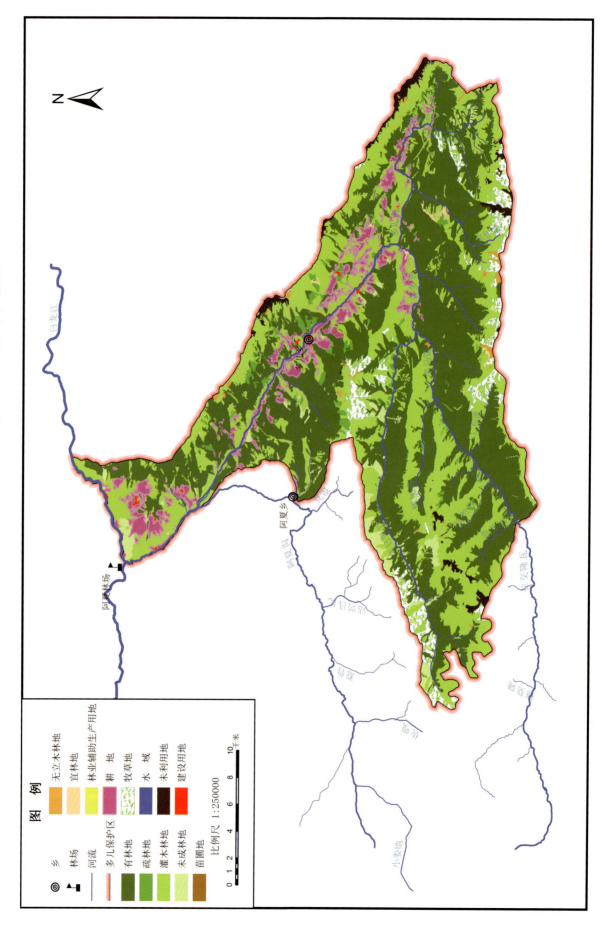

附图6　甘肃多儿国家级自然保护区土地利用示意图

彩图2-1　钙质泥质板岩手标本（左）及镜下照片（右，已染色）

彩图2-2　微晶灰岩手标本（左）及镜下照片（右，已染色）

彩图2-3　块状粉-微晶灰岩手标本（左）和镜下照片（右，已染色）

彩图2-4　板状微晶灰岩手标本（左）和镜下照片（右，已染色）

彩图2-5　砂质板岩手标本（左）和镜下照片（右，已染色）

彩图2-6　冰蚀洼地　　　　　　　　　　　彩图2-7　冰川擦痕面

彩图2-8　支沟冲洪积扇

彩图2-10　沟旁厚大坡积、崩积体

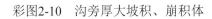

彩图2-9　沟旁滑坡体

彩图2-11　沟旁河流阶地

彩图2-12　沟旁厚大坡积、崩积体

彩图2-13　构造地貌

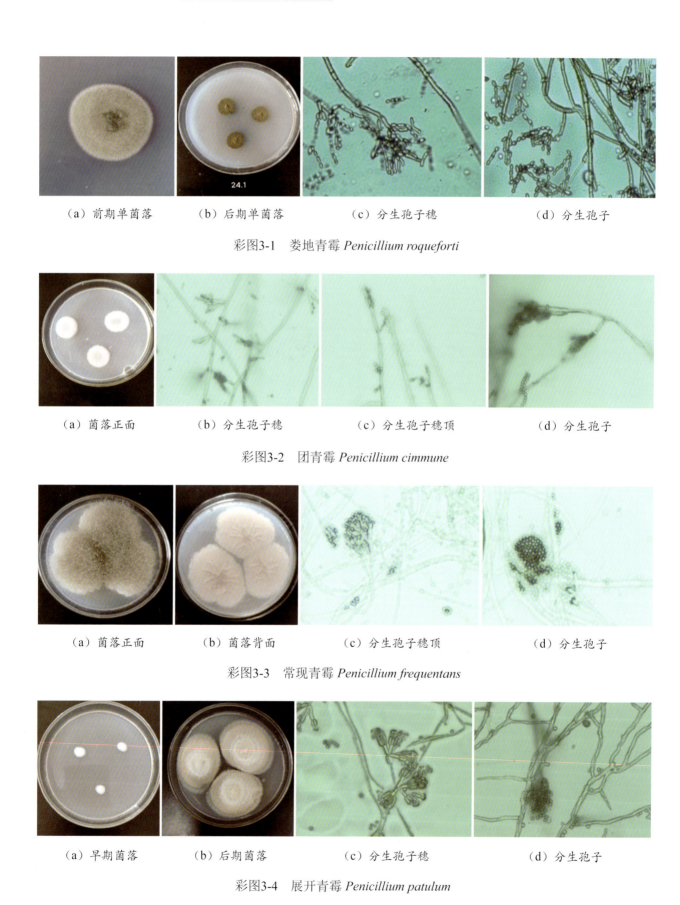

（a）前期单菌落　　　　（b）后期单菌落　　　　（c）分生孢子穗　　　　（d）分生孢子

彩图3-1　娄地青霉 *Penicillium roqueforti*

（a）菌落正面　　　　（b）分生孢子穗　　　　（c）分生孢子穗顶　　　　（d）分生孢子

彩图3-2　团青霉 *Penicillium cimmune*

（a）菌落正面　　　　（b）菌落背面　　　　（c）分生孢子穗顶　　　　（d）分生孢子

彩图3-3　常现青霉 *Penicillium frequentans*

（a）早期菌落　　　　（b）后期菌落　　　　（c）分生孢子穗　　　　（d）分生孢子

彩图3-4　展开青霉 *Penicillium patulum*

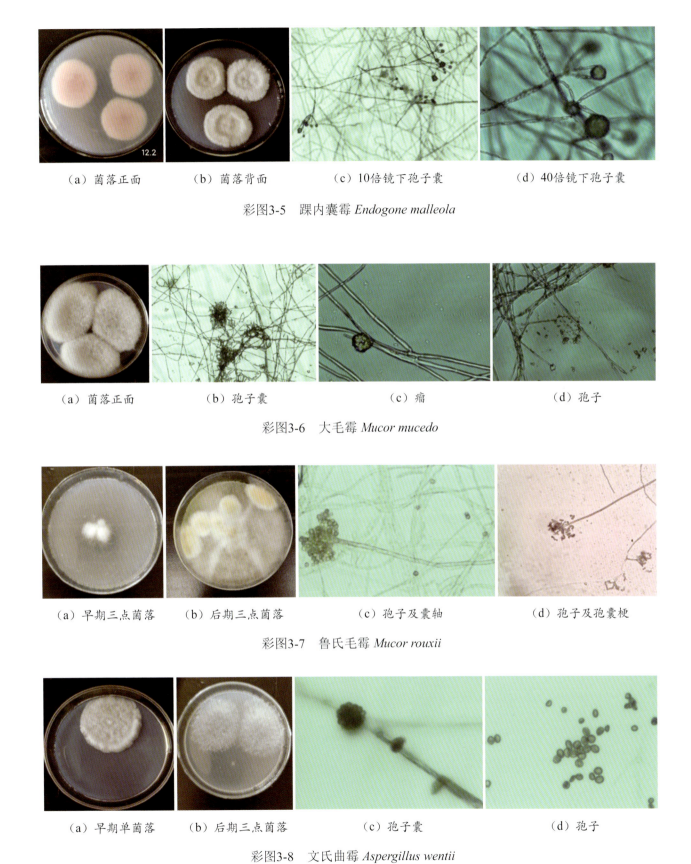

（a）菌落正面　　　　（b）菌落背面　　　　（c）10倍镜下孢子囊　　　（d）40倍镜下孢子囊

彩图3-5　踝内囊霉 *Endogone malleola*

（a）菌落正面　　　　（b）孢子囊　　　　　（c）瘤　　　　　　　　（d）孢子

彩图3-6　大毛霉 *Mucor mucedo*

（a）早期三点菌落　　（b）后期三点菌落　　（c）孢子及囊轴　　　　（d）孢子及孢囊梗

彩图3-7　鲁氏毛霉 *Mucor rouxii*

（a）早期单菌落　　　（b）后期三点菌落　　（c）孢子囊　　　　　　（d）孢子

彩图3-8　文氏曲霉 *Aspergillus wentii*

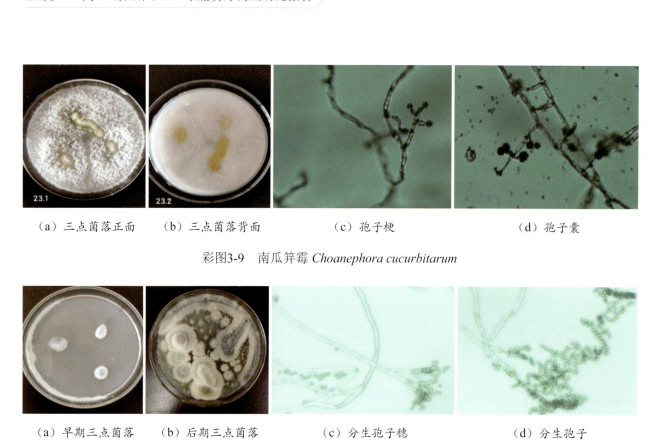

（a）三点菌落正面　　（b）三点菌落背面　　　　（c）孢子梗　　　　　　（d）孢子囊

彩图3-9　南瓜笄霉 *Choanephora cucurbitarum*

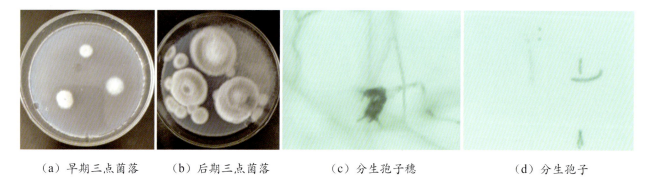

（a）早期三点菌落　　（b）后期三点菌落　　　（c）分生孢子穗　　　　（d）分生孢子

彩图3-10　圆弧青霉 *Penicillium cyclopium*

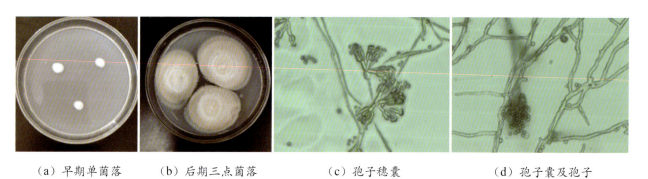

（a）早期三点菌落　　（b）后期三点菌落　　　（c）分生孢子穗　　　　（d）分生孢子

彩3-11　纠错青霉 *Penicillium implicatum*

（a）早期单菌落　　　（b）后期三点菌落　　　　（c）孢子穗囊　　　　（d）孢子囊及孢子

彩图3-12　曲柄犁头霉 *Absidia reflexca*

彩图3-13　赭鹿花菌 *Gyromitro infula*　　　彩图3-14　金耳 *Tremella aurantialba*

彩图3-15　黄地勺 *Spathularia flavida*　　　彩图3-16　树舌灵芝 *Ganoderma lucidum*

彩图3-17　巨多孔菌　　　　　　　　　　彩图3-18　青绿湿伞 *Hygrocybe psittacina*
Meripilus giganteus (Pers.Fr.) Karst.

彩图3-19　红枝瑚菌（A）　　　　　　　　彩图3-20　长柄梨形马勃
Ramaria rufescens (Schaeff. Fr.) Corner　　　　　*Lycoperdon pyriforme*

411

彩图4-1　颗粒直链藻 *Melosira granulata*　　　彩图4-2　肘状针杆藻 *Synedra ulna*

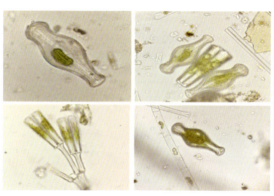 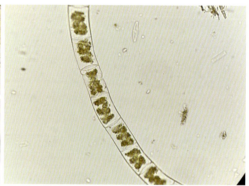

彩图4-3　双生双楔藻 *Didymosphenia geminata*　　彩图4-4　膝接藻 *Zgogonium sinense*

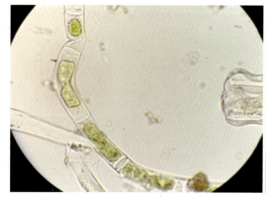 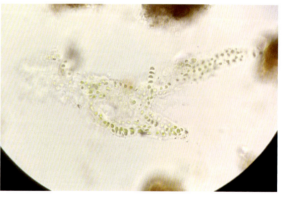

彩图4-5　细链丝藻 *Hormidium subtile*　　　彩图4-6　水树藻 *Hydrurus foetidus*

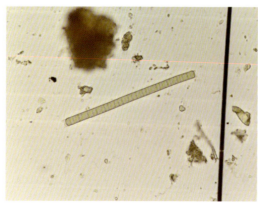 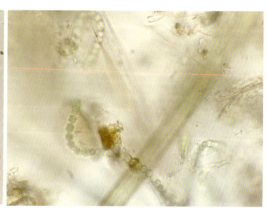

彩图4-7　鞘丝藻 *Lyngbya confervoide*　　　彩图4-8　点型念珠藻 *Nostoc punctiforme*

彩图4-9
拉普兰松萝 *Usnea lapponica*

彩图4-10
书带蕨 *Haplopteris flexuosa*

彩图4-11
掌叶铁线蕨 *Adiantum pedatum*

彩图4-12 文冠果 *Xanthoceras sorbifolium*　　　　　彩图4-13 川赤芍 *Paeonia anomala*

彩图4-14 青海云杉 *Picea crassifolia*

彩图4-15　桃儿七 *Sinopodophyllum hexandrum*

彩图4-17　红花绿绒蒿 *Meconopsis punicea*

彩图4-16　西南手参 *Gymnadenia orchidis*

彩图4-19　水青树 *Tetracentron sinense*

彩图4-18 粉叶玉凤花 *Habenaria glaucifolla*

彩图4-20 独叶草 *Kingdonia uniflora*

彩图5-1　陕西屏顶螳 *Phyllothelys shaanxiense*　　　彩图5-2　日本蚱 *Tetrix japonica*（Bolívar, 1887）

彩图5-3　斑衣蜡蝉 *Lycorma delicatula*

彩图5-4 峨眉腹露蝗 *Fruhstorferiola omei*

彩图5-5 日本条螽 *Ducetia japonica*

彩图5-6
管䗛 *Sipyloidea* sp.

彩图5-7
柑橘凤蝶 *Papilio xuthus*

彩图5-8
苎麻双脊天牛
Paraglenea fortunei

彩图5-9
嘉陵江裸裂尻鱼
Schizopygopsis kialingensis

彩图5-10
重口裂腹鱼
Schizothorax davidi

彩图5-11
西藏山溪鲵
Batrachuperus tibetanus

彩图5-12　中华蟾蜍 *Bufo gargarizan*　　　彩图5-13　中国林蛙 *Rana chensinensis*

彩图5-14 白条锦蛇 *Elaphe dione*

彩图5-15 铜蜓蜥 *Sphenomorphus indicus*

彩图5-16 若尔盖锦蛇 *Elaphe zoigeensis*

彩图5-17　灰喉山椒鸟 *Pericrocotus solaris*

彩图5-18　丘鹬 *Scolopax rusticola*

彩图5-19　白领凤鹛 *Yuhina diademata*

彩图5-20　暗灰鹃鵙 *Coracina melaschistos*

彩图5-21

煤山雀 *Parus ater*

彩图5-23　　棕眉柳莺 *Phylloscopus armandii*

彩图5-22　　黄腹山雀 *Parus venustulus*

彩图5-24　　红喉雉鹑 *Tetraophasis obscurus*

彩图5-25　　蓝马鸡 *Crossoptilon auritum*

彩图5-26 绿尾虹雉 *Lophophorus lhuysii*

彩图5-27 淡腹雪鸡 *Tetraogallus tibetanus*

彩图5-28 大噪鹛 *Garrulax maximus*

彩图5-29 黑额山噪鹛 *Garrulax sukatschewi*

彩图5-30 黑熊 *Ursus thibetanus*

彩图5-31 林麝 *Moschus berezovskii*

彩图5-32 四川羚牛 *Budorcas tibetanus*

彩图5-33 隐纹花松鼠 *Tamiops swinhoei*

彩图5-34 大熊猫 *Ailuropoda melanoleuca* 粪便

彩图5-35 大熊猫取食痕迹

彩图5-36 中华鬣羚 *Capricornis milneedwardsii*

彩图5-37 四川梅花鹿 *Cervus nippon*

彩图5-38　猕猴 *Macaca mulatta*

彩图5-39　黄喉貂 *Martes flavigula*

彩图5-40　狼 *Canis lupus*

彩图5-41　赤狐 *Vulpes vulpes*

彩图5-42
豹猫
Prionailurus bengalensis

彩图5-43
荒漠猫 *Felis bieti*

彩图5-44 狍 *Capreolus pygargus*

彩图5-45 岩羊 *Pseudois nayaur*

彩图6-2　然子寺

彩图6-1　远眺多儿乡

彩图6-3　洋布水磨群

彩图6-4　高筒帽

彩图6-5　尼藏村

彩图6-7
日常使用的铜器

彩图6-6
然子寺新建民居会客厅布局

彩图6-8
白古寺大经堂前廊

自然景观：冷杉纯林

自然景观：来伊雷植被景观

自然景观：工布隆植被

自然景观：苏尹亚黑（裸岩景观）

自然景观：原始森林

自然景观：远眺洋布梁

自然景观：流石滩与草甸

自然景观：针阔叶混交林（洋布沟）

工作照：途中小憩

工作照：植物调查

工作照：飞越险滩

工作照：鱼类调查

工作照：监测进行时

工作照：安装红外相机

工作照：地质考察

工作照：调查成果评审

工作照：物种鉴定

工作照：社区访谈

工作照：采集大型真菌

工作照：发现化石

工作照：测量土壤剖面

工作照：拍张特写

工作照：测量熊猫粪便